从素数到复数的几何意义

高红卫 著

科学出版社
北京

内 容 简 介

本书借助经典数学中数与形、有限与无限、归纳与演绎等分析方法，从研究乘幂及阶乘的几何意义入手，导出对 e 和 π 等超越数的几何意义理解，揭示e与 π之间的内在几何关系，并以此为基础，研究超越数的分类方法及其生成规则. 在研究虚数及复数几何意义基础上揭示了欧拉公式的几何意义，给出了复数开方与乘方的代数公式等系列全新结果，并在研究空间扩张运算和旋转运算规则基础上导出任意维度球性空间中球性几何对象表面积与体积的代数公式. 最后从 n 维几何对象切割与重整角度，研究部分类型高次代数方程复代数解的性质与结构，给出两类高次方程的复代数通解公式.

本书力求通俗易懂，可供有关研究人员、学校师生、科技工作者、中等文化程度以上数学爱好者阅读.

图书在版编目(CIP)数据

从素数到复数的几何意义/高红卫著. —北京: 科学出版社, 2017. 8

ISBN 978-7-03-054114-7

I. ①从… II. ①高… III. ①代数几何–研究 IV. ①O187

中国版本图书馆 CIP 数据核字 (2017) 第 196332 号

责任编辑: 李 欣／责任校对: 邹慧卿
责任印制: 张 伟／封面设计: 陈 敬

科学出版社 出版
北京东黄城根北街 16 号
邮政编码: 100717
http://www.sciencep.com

北京凌奇印刷有限责任公司 印刷

科学出版社发行 各地新华书店经销

*

2017 年 8 月第 一 版 开本: 720 × 1000 1/16
2017 年 9 月第二次印刷 印张: 22 3/4
字数: 443 000

POD定价: 139. 00元
（如有印装质量问题，我社负责调换）

前　言

迄今, 人类社会经历了两次具有文明史上里程碑意义的“大发现”:“地理大发现”与“物理大发现”. 当前我们正在经历第三次具有里程碑意义的大发现:“数理大发现”.

就整体而言, 地理大发现始于 13 世纪, 兴于 14 世纪, 显著收敛于 17 世纪. 物理大发现始于 16 世纪, 兴于 17 世纪, 显著收敛于 20 世纪. 数理大发现始于 19 世纪, 兴于 20 世纪, 预计将显著收敛于 23 世纪. 请注意, 这里讲的“显著收敛”是指该领域新的重大发现相对于“大发现”前中期而言不再显著. 由此看出, 人类的每次大发现, 从开始到基本完成需要 500 年左右的时间, 虽然不是那么精确, 但宏观而言还是靠谱的.

500 年对于一个人的生命而言, 确实漫长, 但对于数以亿年计的宇宙生命而言, 这只不过是短短一瞬间. 将来的人类社会还会有什么划时代的大发现, 目前不仅难以预见, 而且连想象都很困难, 就像哥伦布时代的人们无法预判和想象“物理大发现”时代和“数理大发现”时代一样.

19 世纪的代数学显示出两种针锋相对的特征: 一种是越来越专注于一些表达式约束的严格界定, 使得数学变得越来越严谨、缜密; 另一种则使用符号化、形式化的方法使得数学越来越一般化、越来越抽象化. 事实上, 正是 19 世纪上半叶的乔治 · 皮考克和乔治 · 布尔开了数理逻辑学的先河. 乔治 · 皮考克把“算术”代数与“符号”代数分离开来. 算术代数的基础是数, 它的运算是算术运算. 然而, 符号代数是一门科学, 仅仅依靠确定的法则来看待标记与符号的结合, 完全独立于符号本身的具体值. 乔治 · 布尔则独立地发明了布尔代数, 把符号的组合法则应用于逻辑学, 使得仅仅具有“0”与“1”两种状态的机器可以按照严格的逻辑进行拟人化的推理与判断. 笔者定义“数理大发现始于 19 世纪”正式基于上述历史事实.

以智能化为核心的新科技革命和新产业革命, 正在将人类从繁重的体力劳动与脑力劳动中解放出来, 一切非创造性劳动都将被人工智能机器所替代. 以通信技术、计算技术、网络技术、大数据技术的发展为前奏的人工智能技术 (AIT, artificial intelligence technology) 将成为本轮科技革命和产业革命的核心, 相关学科领域的综合创新将同步推进, 其中新数理基础理论的突破对于 AIT 的发展至关重要.

如果说互联网的发展得益于数据库技术和搜索引擎技术的突破, 那么, 高维度大数据库技术、大数据智能管理引擎和大数据智能解析引擎、信息智能交换引擎技术、智能搜索引擎技术的突破, 对于 AIT 的发展将至关重要. 这五种新技术是人类

从 "万维网" 时代进入到 "万能网" 时代的一串 "金钥匙". 当然, 大数据的采集技术与大数据的安全技术必不可少.

大数据具有异构 (非结构化)、全维 (数据种类无限制)、动态 (数据刷新速度快), 以及聚合 (单一数据使用价值低, 聚合数据使用价值高) 等特点, 经典数据管理与分析方法已不够用, 需要一套能够自然容纳异构、多维、动态、聚合数据的概念模型与分析方法提供新的基础支撑. 同时, 由于大数据本身往往并不能直接使用, 需要一套规则将大数据预制成可供直接使用的 "应用数据预制模块"(正如砂砾无法直接用来盖楼, 需要将砂砾预制成水泥预制件才可用来盖楼一样), 因此所谓 "信息的智能化交换" 实际上需要建立一套 "应用数据预制模块" 交换规则; 所谓智能搜索引擎技术实际上需要引入新的 "智能化聚合数据搜索" 算法 (区块链技术似乎正在向此方向逼近).

在 "高维度大数据库技术、大数据智能管理引擎和大数据智能解析引擎、信息智能交换引擎技术、智能搜索引擎技术" 这一串开启 "万能网" 大门的 "金钥匙" 中, "高维度大数据库技术" 将是需要人类锻造的第一把 "金钥匙". 笔者认为, "数理大发现" 的第二个里程碑将以突破二维表单关系型数据库理论的约束、形成适合于 "高维度大数据库技术" 所需要的相应逻辑法则与算法为起点.

如果让高维度空间的结构对应于高维度大数据库的结构, 让各层级空间中的几何对象及其连接关系对应于各层级大数据组合及数据之间的关系, 让相同层级和不同层级子空间之间的关系对应于相同层级大数据组合与不同层级数据组合之间的关系, 且让各层级几何对象特征量对应于不同类型数据组合所包含的一般潜在信息量 (popularly capacity of potential information), 那么大数据的智能化管理、智能化解析, 以及信息的智能化交换、智能化搜索技术所需要的算法和工具就有可能建立在新的数理逻辑基础之上.

我们知道, 关系型数据库所依赖的数理基础是二维表中蕴含的 "种类坐标" 关系及其逻辑. 在存储数据时, 首先 (在纵坐标上) 定义数据的 "种"、(在横坐标上) 列举数据的各类特性 (定义数据的 "类"), 形成 (二维表) 数据库中的一个 "元组", 按一定规则存放到介质上, 完成存储. 读取数据时, 可以使用对满足 "种" "类" 条件的 "与" "或" "非" 逻辑, 采取 "排除法" 或者 "摘取法", 根据包含、并列、除非等逻辑关系从二维表中准确地提取某一个或者某一组数据.

本书以其姊妹篇《空间结构与几何对象》为基础, 进一步研究了高维度空间的结构、各层级空间中的几何对象及其连接关系、相同层级和不同层级子空间之间的关系、各层级几何对象特征量, 以及与这些概念相关联的代数学、几何学、数论等方面的内容, 获得了一系列有趣的新概念. 这些新概念为运用多维空间结构概念分析引导建立多维数据库理论做了较为系统的基础知识铺垫 (当然, 真正建立 "多维数据库理论" 的工作是一项更为庞大、复杂的科学工程). 这两本书中的观点和概念对于启发和引导更优秀的研究者开展深入研究、形成更完善的理论体系可以起到敲门砖的作用.

人类正在进入全面数字化、网络化、智能化的全球“信息文明”时代, 迫切需要重新梳理、重新认识支撑“信息文明”发展的数理基础. 大众对于这些数理基础的深入理解将有助于推动全球“信息文明”时代的全面发展. 这些数理基础的精髓可能存在于浅显的数学现象之中, 在数学已经构建起如此宏大、如此精巧体系的今天, 唯有反复回顾数学的发展历程、不断反刍最简单的数学概念才有可能获得一些新数理基础的原初发现.

为了节省读者的时间, 笔者尽可能不重复在《空间结构与几何对象》中已经研究过的内容. 另外, 考虑到可读性, 避免因为词晦涩拗口而使一些读者敬而远之, 笔者尽可能用通俗的表达与归纳推理方式获得结论, 优先使用初等数学和初级方法推演、归纳形成结果, 并且基本上没有证明环节. 虽然这样做显得不十分严谨, 但是有助于起到引导思考、启发研究思路的作用, 希望得到大多数读者的认可.

感谢科学出版社给予的大力支持与帮助, 感谢审稿、编排等专家付出的心血, 感谢我的家人和朋友给予我一贯的理解、支持和鼓励.

由于笔者学识有限, 书中难免存在不妥之处, 望广大读者不吝指正.

邮箱地址: gaohw191@sina.com

高红卫

2017 年 4 月末于北京

目　　录

第 1 章　几何对象形体特征量表达

1.1　几何对象的形体特征量及其表达

为方便研究, 首先定义几个概念.

定义 0　具有位置属性、表面属性和尺度属性的抽象事物, 称为几何对象.

在数学中, 几何对象的属性必可用相应的特征量描述. 其中, 位置属性以形位特征量描述, 表面属性以形数特征量描述, 尺度属性以形体特征量描述.

所谓几何对象形位特征量, 通俗而言是指以特定坐标系原点为参照, 以特定的测量标准为依据, 表达几何对象 (包括点、线、面、体等) 的方向与距离 (两者联合确定几何对象的空间位置) 等几何特征参数. 关于这方面的内容, 经典几何学已经形成了相当系统和完整的概念.

所谓几何对象形数特征量, 通俗而言是指以 0 级表面 (几何对象自身) 为参照, 以 n 维空间中 n 级表面的计数规则为依据, 表达几何对象各个表面层级上表面的数量这一几何特征参数. 关于这方面的初步研究内容, 请参见《空间结构与几何对象》.

所谓几何对象形体特征量, 通俗而言是指以 0 维空间中 (唯一种类) 几何对象 (通常被称为 “点”) 的空间容量大小 (定义恒为 1) 为基础尺度, 在确定的空间维度下, 表达各类几何对象 (诸如线、面、体等) 所占据空间大小 (诸如长度、面积、体积等) 的几何特征参数.

虽然在经典几何学中主要研究几何对象的形位特征量及其运算规则, 但是也广泛地涉及形数特征量、形体特征量及它们的初步运算规则.

上述三种几何概念皆为三元属性, 即某一特定几何属性必然对应三个概念：维度、形状、特征量. 其中, 维度与形状的概念在三种属性描述中是通用的, 可以相互比较, 而空间位置概念、表面数量概念以及空间体量概念构成了三种几何学属性概念范畴的基本差异性.

本书重点研究描述几何对象形体特征量概念的表达及其运算问题, 所涉及的数学概念范畴与描述几何对象形位特征量概念的表达及其运算、形数特征量概念的表达及其运算一起构成几何学的完整概念系统.

通常, 长度、面积、体积、超体积等是人们对于不同维度几何对象形体特征量的形象化名词表述. 虽然对于低维度空间中的几何对象而言, 这些表述的几何意义是清楚的，也是够用的，但是对于 5 维及以上维度空间中的几何对象，其形体特征量的形象化表述难以找到合适的名词 (也无必要). 因此在本书后序内容中，我们将“几何对象形体特征量”简称为“形体特征量”或者“特征量”.

谈到几何对象的面积、体积乃至通用的形体特征量，必然要与几何对象边长 (以下称为表达基) 的乘积或者乘幂概念联系起来.

几何对象的形体特征量 (占用空间的容量) 涉及两种参数 —— 表达基以及表达维度，或者说，对于未知的形体特征量而言，它是表达基与表达维度的函数.

表达基与表达维度分别对应于乘幂的底数与指数. 如果乘幂的底数以及指数不限于整数甚至不限于实数，那么乘幂就可以成为表达任一族几何对象形体特征量的通用方式.

几何对象形体特征量一共存在三种表达方式：几何对象的表达基变化而表达维度不变 (称为变表达基几何对象)；几何对象的表达基不变而表达维度变化 (称为变表达维度几何对象)；几何对象的表达维度和表达基皆是变化的 (称为基维双变几何对象).

几何对象的重整：泛指对几何对象进行同维度切割与拼接操作的思维实验过程. 最简单的重整例子是将一个长方形适当切割后拼接为一个正方形.

本章以下的内容仅仅研究变表达维度或者变表达基情形下几何对象表达与重整所对应的特征量变化规则，为后续章节的深入研究提供最基本的概念铺垫.

考虑到 n 维几何对象的形体特征量总可以用任意数 x 的幂指形式 x^n 表达 (其中，x 和 n 不限于整数，甚至不限于实数)，因此我们用 $y = x^n$ 表示一般几何对象的形体特征量. 其中，x 为表达基，n 为表达维度.

由于 $x^0 = 1$，所以 0 维几何对象形体特征量恒为 1. 称 0 维空间中的几何对象为基础几何对象，人们通常称之为“点”.

与前面已经介绍的位置属性形位特征量以及表面属性形数特征量概念相对应，几何对象的尺度属性形体特征量以 0 维几何对象形体特征量 (恒为 1) 为基础，以确定的表达基以及确定表达维度对任意维度几何对象的尺度进行表达.

若 n 为整数，则 $y = x^n$ 称为以 x 为表达基的整维度几何对象形体特征量；若 n 为非整数，则 $y = x^n$ 称为以 x 为表达基的非整维度几何对象形体特征量. 若 x 为整数，则 $y = x^n$ 称为整表达基 n 维几何对象形体特征量；若 x 为非整数，则 $y = x^n$ 称为非整表达基 n 维几何对象形体特征量. 若 x 为整数且 n 为整数，则 $y = x^n$ 称为以 x 为表达基的 n 维整表达基几何对象形体特征量.

除非特别说明，本章所称“数”均指正实数.

定义 1　若 y 可由 x 以 n 次幂形式表达，则称 x 为 y 的表达基，n 为 y 基于 x 表达的维度，且称 y 为基于 x 表达的 n 维数 (简称 y 为 x 基 n 维数，记为 $y = x^n$).

根据定义 1 和幂运算规则，可以导出如下结果.

(1) 如果 $x = y$, 则有 n=1 使得 $y = x^n$ 成立.

(2) 如果 $x < y$, 则有 $n > 1$ 使得 $y = x^n$ 成立.

(3) 如果 $x > y$, 则有 $n < 1$ 使得 $y = x^n$ 成立.

当 n=1 时, 称 x 为 y 的本征表达基, 此时的 n 称为 y 的本征表达维度.

当 $n \neq 1$ 时, 称 x 为 y 的非本征表达基, 此时的 n 称为 y 的非本征表达维度.

虽然本征表达维度所表示的几何意义非常简单, 但是它是研究非本征表达维度的重要概念基础.

特别地, 当表达基 $x = 0$, $n \geqslant 0$ 时, $y = x^n = 0^n = 0$, 这意味着在任意维度空间中皆可以存在特征量为 0 的几何对象.

当表达基 $x = 1$, $n \geqslant 0$ 时, $y = x^n = 1^n$=1, 这意味着在任意维度空间中皆可以存在特征量为 1 的几何对象.

以上两种情形下称 y 为幂等 (idempotent) 数. 只有 0 以及 1 为幂等数, 当 x 取其他实数时, y 均为非幂等数. 因此从数所对应的几何对象形体特征量表达性质上看, 整数 0 以及 1 是不同于其他数的两个特殊数.

虽然 0 以及 1 同为幂等数, 但在许多性质上相互之间也存在着重要差别, 这些差别并非毫无意义, 它们决定着数所对应的几何对象形体特征量表达之相关概念基础.

(1) 当几何对象并非 2 个及以上几何对象同维度重整构成 (仅为单一原生几何对象) 时, $y = 0$ 只能由 $x = 0$ 表达 (对应 “0 的任意次幂为 0” 概念); 当几何对象由 2 个及以上几何对象同维度重整构而成 (非单一原生几何对象) 时, $y = 0$ 可以由 $x \neq 0$ 表达 (对应 “任意次多项式求和等于 0”, 即 “方程式” 的概念).

(2) 当 y=1 且表达基 x=1 时, 存在对应的无穷多个表达维度, 使得 $y = x^n = 1^n = 1$ 成立 (对应 “1 的任意次幂为 1” 概念).

(3) 存在对应 y=1 的无穷多个非 0 表达基 x, 使得 $y = x^0 = 1$ 成立, 此时所对应的表达维度为 0, 即当 y=1 且 $x \neq 0$ 时, $n \equiv 0$(对应 “任何非 0 数的 0 次幂为 1” 概念).

小结一下

如果一个非重整几何对象的表达基 x 为 0, 那么这个几何对象的形体特征量 y 必为 0, 在任意维度空间中皆如此. 如果一个重整几何对象的形体特征量 y 为 0, 其表达基 x 不一定为 0(这是由多项式构成代数方程式的前提条件).

不为 0 的任意表达基 x 在 $n = 0$ 维空间中皆是表达特征量为 1 的几何对象, 因此 0 维几何对象被称为几何点 (简称为点). 特别地, 如果一个几何对象表达基 x 为 1, 那么任意维度下这类几何对象的形体特征量 y 恒为 1.

如果一个几何对象形体特征量为非 0 非 1 的任意数 y, 那么这个几何对象的表达基 x 可以为 y(在 $n = 1$ 维空间度量), 也可以为非 0 非 1 的其他数 (在 $n \neq 0$ 以

及 $n \neq 1$ 维空间中度量). 非 0 非 1 的表达基集合 $X = \{x_1, x_2, x_3, \cdots\}$ 配合不同表达维度形成的若干乘幂可以指向同一个数, 但此时各个乘幂表达式的几何意义各不相同. 比如 $2^4 = 16 = y_1$, $4^2 = 16 = y_2$, 前者代表一个边长为 2 的超立方体体积, 后者为一个边长为 4 的正方形面积, 两者虽然在数值上相同, 但是几何意义截然不同.

通常, 人们比较两个数时总是缺省地认为它们的表达维度相同. 实际上, 即使从数值上看两者相等, 但是它们的表达维度可能并不相同. 因此, 作为几何对象的形体特征量, 在不清楚它们的维度是否相同时, 一般不宜对它们进行直接比较, 除非已知两者对应的几何对象表达维度相同.

在后续讨论中, 表达基 x 为 0 以及 1 的情形称为特殊情形, 表达基 x 不为 0 以及 1 的情形称为一般情形. 讨论特殊情形时将会事先申明, 若无事先申明, 即可认为是讨论一般情形.

定义 2 对于任意两个特征量, 若表达基相同且表达维度相同, 则它们为全同特征量; 若表达基相同但表达维度不同, 则它们为同基特征量; 若表达基不同但表达维度相同, 则它们为同维特征量; 若表达基不同且表达维度也不同, 则它们为全异特征量.

为了统一表述标准, 基于表达式 $y = x^n$ 表示 y 为一个维度为 n 的几何对象特征量, 我们用 $z = |y| = |x^n|$ 表示 z 为几何对象特征量的去维度值 (简称为纯量), 纯量 $z = |y| = |x^n|$ 简记为 $z = |x^n|$. 换言之, z 是特征量 y 的纯量. 从这个意义上讲, 所谓纯量实际上是一种表达基和维度皆未标定的数 (非标定数). 考虑到前述 y 已经作为特征量符号, x 已经作为表达基符号, n 已经作为维度符号, z 已作为特征量 y 的纯量符号, 这意味着在本书中, 字母 z, n, y 和 x 均被赋予了特定的意义.

由定义 2 可推出以下性质:

(1) 两个全同特征量对应的纯量一定相同;

(2) 两个同维特征量各自对应的纯量不一定相同;

(3) 两个同基特征量各自对应的纯量不一定相同;

(4) 两个全异特征量各自对应的纯量不一定相异.

比如, 4^2=16, 2^4=16, 16^1=16, 虽然它们的运算结果从数值上看相同, 但从几何意义上看, 它们是全异特征量. 第一种特征量的表达基为 4, 表达维度为 2; 第二种特征量的表达基为 2, 表达维度为 4; 而特征量 16^1 的表达基为 16, 维度为 1, 它们的确对应着表达基和表达维度各不相同的 3 种几何对象.

从几何意义上看, 两个全同特征量要求表达基和表达维度都相同, 这实际上要求两者同时对应同维空间中的同表达基几何对象. 如果两个几何对象在同一空间中的坐标值也相同, 则两个全同特征量对应同一个几何对象; 如果两个几何对象在同一空间中的坐标值不同, 则两个全同特征量对应同一空间中两个具有相同形体特征量的几何对象.

两个同维不同基特征量必然分别对应同维度空间中的两个不同几何对象 (哪怕从坐标上看其中嵌套于另一个之中).

两个同基不同维特征量必然分别对应不同维度空间中具有相同表达基的两个几何对象.

两个全异特征量虽然所对应的纯量不一定相异, 但由于它们的表达基和维度都不相同, 表明两者必然分别对应不同维度空间中具有不同表达基的几何对象.

一般地, 设两个任意特征量 $y_1 = x^n$ 及 $y_2 = w^m$, 若 $x = w$ 且 $n = m$, 则 $y_1 = y_2$, 此时称 y_1 与 y_2 全同, 记为 $w^m \equiv x^n$. 若 $x = w$ 但 $n \neq m$, 则 $y_1 \neq y_2$, 此时称 y_1 与 y_2 同基不同维. 若 $n = m$ 但 $x \neq w$, 则 $y_1 \neq y_2$, 此时称 y_1 与 y_2 同维不同基. 若 $n \neq m$ 且 $x \neq w$, 则此时称 y_1 与 y_2 全异.

定义 3　当 $y_1 = y_2$ 时, 若 $y_2 = w^m = y_1 = x^n$, 称表达基 w 可由表达基 x 跨 $n - m$ 维表达.

当 $n = m$ 时, 表达基 w 是表达基 x 的跨 0 维表达, 此时必有 $w = x$.

特别地, 当 $m = 1$ 且 $n > 1$ 时, 如果 $w = x^n$, 则表达基 w 是表达基 x 的跨 $n - 1$ 维表达.

显然, 当 $n = 1$ 且表达基 $x > 0$ 时, 几何对象特征量 x^1 皆与其对应的纯量 z 相同, 此时 $z = |x^1| = x$. 换言之, 当 $n = 1$ 且表达基 $x > 0$ 时, 几何对象的特征量就是纯量. 这是一种非常特殊的情形.

一般情况下, 当 $n \neq 1$ 且 $x \neq 1$ 时, $z = |x^n| \neq x$, 即当维度和表达基皆不为 1 时, n 维几何对象的形体特征量所对应的纯量与几何对象的表达基不同. 关于这一点很容易证明: 因为表达基 x 不等于 1, 如果 $n \neq 1$, 则根据对数公式 $n = \log_x z$ 知, $x \neq z$.

因此, 同一个实数 z 作为一个纯量可以对应不同维度几何对象的形体特征量, 如果它不是出现在形体特征量的纯量表达式 $z = |x^n|$ 中, 无法判定它对应的几何对象表达基与维度.

1.2　对数换底公式的几何意义

我们可以用几何对象形体特征量解释对数概念如下: 当 $n \geqslant 1$ 时, 表达基 x 对应对数概念中的底数, 表达维度 n 就是通常所说的对数, 而特征量 y 则是对数概念中的真数, 即

$$n = \log_x y \tag{1-1}$$

根据定义 3 可以认为, 真数 y 是底数 x 的跨 $n - 1$ 维表达. 据此, 我们可以直观地解释真数 y 和底数 x 的几何关系: y 是以 x 为表达基的几何对象经 $n - 1$ 次递

进扩张后所获几何对象之形体特征量, 而 n 则是以 x 为表达基的几何对象经 $n-1$ 次递进扩张后所获几何对象所在空间的维度.

"递进扩张" 概念的几何含义定义：设 $n \geqslant 0$, 在 $n+1$ 维空间中, 相对距离为 x, 形体特征量皆为 x^n 的两个 n 维几何对象相耦合, 形成一个形体特征量为 x^{n+1} 的 $n+1$ 维几何对象, 称此过程为 n 维几何对象的递进扩张.

最基本地, 当 $n=0$ 时, 一个特征量为 1 的 0 维几何对象与特征量同为 1 的另一个 0 维几何对象在 1 维空间相耦合 (两者间的耦合距离为 x), 必然在 1 维空间形成一个特征量为 x 的 1 维几何对象. 这意味着在 1 维空间中, 距离为 x 的任意两个几何对象相耦合, 必然形成一条长度为 x 的线段.

在欧氏空间中, 我们称 "点" 为基础几何对象, 直线段为基本几何对象.

这也意味着, 虽然两个 n 维几何对象在 $n+1$ 维空间中相耦合的结果只能在 $n+1$ 维空间中观察其全貌、测量其形体特征量, 但 n 维几何对象是 $n+1$ 维递进扩张几何对象的构造要素, 仅需定义 n 维几何对象 (作为扩张基础), 就可以推导出由递进扩张过程所形成的 $\geqslant n+1$ 维几何对象的几何特征量.

这个概念很重要, 可以推广至 $n>0$ 的任意维度空间. 后续内容将反复使用这个概念.

我们进一步讨论对数运算的几何意义.

在对数运算中存在一种称为 "换底运算" 的特殊运算规则. 对特征量 y(真数) 取对数的方法, 不仅可以用来将不同特征量 y(真数) 之间的乘除及乘方与开方运算简化为同一表达基 (底数) 前提下的维度 (对数) 之加减及乘除运算, 还可以借助于一个既不同于真数也不同于底数的公共表达基来研究特征量 y(真数) 与其表达基 (底数) 之间的表达关系 (通常称为换底运算). 这意味着借助于底数作为表达基, 可考察不同特征量所对应的几何对象维度之间的关系.

例如, 设 $y=x^n$ 表示 y 是一个 x 基 n 维几何对象特征量, 而 $\log_{\mathrm{e}} y=n_1$ 求出的是以 e 为表达基情形下形体特征量 y 所对应的几何对象维度 n_1. 因此, y 既可以是 n 维数, 也可以是 n_1 维数, 这取决于表达基是取 x 还是取 e.

如果我们得到两个对数表达式：$\log_x y_1=n_1$, $\log_x y_2=n_2$, 那么所求出的分别是以 x 为表达基情形下形体特征量 y_1 所对应的几何对象维度 n_1 以及形体特征量 y_2 所对应的几何对象维度 n_2.

对数运算中的所谓 "换底公式" $\log_{y_2} y_1=\dfrac{\log_x y_1}{\log_x y_2}$ 指出, 以 y_2 为表达基的几何对象特征量 y_1 之维度 n, 等于选择 x 作为表达基的几何对象特征量 y_1 之维度 n_1 除以同样选择 x 作为表达基的几何对象特征量 y_2 之维度 n_2. 这意味着如果一个特征量及其表达基可同时被另一个表达基表达时, 两者的表达维度之比存在, 且有

$n=\dfrac{n_1}{n_2}$. 显然, "维度之比" 为有理数, 但有理数不一定是整数, 这实际上引出了几何对象特征量的 "非整维度" 或 "分维度" 的概念.

1.3 形体特征量的非整维度表达

由于选定某个表达基表达任意特征量时其维度 n 并不一定是整数 (n 为整数仅仅对应一些特殊情形), 于是有必要仔细研究形体特征量的非整维度表达问题.

比如, 纯量 z=16 可以对应的特征量 y 是 2 基 4 维数, 也可以对应特征量 y 是 4 基 2 维数, 因为 $\log_2 16=4; \log_4 16=2$, 即 $16=2^4=4^2$.

而对于特征量 $y=8$ 而言, 在以 $x=2$ 为表达基时可以与整维度 3 联合表达之, 即 $y=8=x^n=2^3$, 但是若以 $x=\mathrm{e}$ 为表达基, 则无法用一个整维度准确地表达之. 换言之, 在以 e 为表达基时, 特征量 8 所对应的几何对象维度必然大于 1; 又由于 8 不是 e 的整指数幂, 因此以 e 为表达基的特征量 8 所对应的几何对象具有大于 1 的非整维度. 同样地, 若以 $x=10$ 为表达基, 因为 $10>8$, 所以特征量 8 所对应的几何对象此时维度必然小于 1; 又由于 8 不是 10 的整指数幂, 所以以 10 为表达基的特征量 8 所对应的几何对象具有小于 1 的非整维度.

为研究方便, 我们总是假定空间维度是整数, 而空间中几何对象的维度可以为整数或非整数. 即作为参照系, 空间维度必须保持为整数, 以便于对整维度几何对象、非整维度几何对象及它们的表达基、形体特征量加以准确描述和区别. 当某几何对象具有非整维度时, 并不意味着该几何对象所在空间为非整维度.

我们同时规定, 几何对象的维度总是小于或等于其所在空间的维度; 几何对象所在空间的维度简称为空间维度, 几何对象自身所具有的维度简称为几何维度.

进一步地延伸上述概念: 一个形体特征量 y 对应着具有特定几何维度和确定表达基的某种几何实体. 由于一个纯量可以对应若干个几何对象的形体特征量, 所以一个纯量可以对应具有不同维度和 (或) 不同表达基的若干种几何实体, 即纯量对应着表达基和表达维度均未标定的几何实体. 我们称形体特征量 y 为几何标定量, 称纯量 z 为几何非标定量.

作为一种逻辑上的拓展, 几何标定量除了包含维度和表达基皆已标定这种情形外, 还应该包含表达基未标定但维度已标定, 以及表达基已标定但维度未标定这两种情形.

以上四类量所对应的几何实体各自具有什么样的性质呢?

以几何的观点看, 表达基未标定但维度已标定的几何对象就是通常所谓的 "空间"; 表达基已经标定但维度未标定的几何对象可称为 "泛几何实体", 表达基和维度均已标定的几何对象称为 "几何实体", 表达基和维度均未标定的量所对应的几

何对象称为 “泛空间”.

这样, 我们就有了四种概念定义: 泛空间、空间、泛几何实体和几何实体.

我们知道, 当 x,n 皆为变量时, $y=x^n$ 是一个幂指数函数; 当 n 为常量而 x 为变量时, $y=x^n$ 是一个幂函数; 当 x 为常量而 n 为变量时, $y=x^n$ 是一个指数函数; 当 x,n 皆确定时, $y=x^n$ 是一个幂指数. 其中, 泛空间的形体特征量可用表达基以及维度皆为变量的幂指数函数表达, 空间的形体特征量可用确定维度下以表达基为变量的幂函数表达, 泛几何实体的形体特征量可用确定表达基下以维度为变量的指数函数表达, 几何对象的形体特征量可用具有确定表达基以及确定维度的幂指数表达.

由上述概念可以推出: 泛空间包含各种可能的表达基与各种可能的维度相匹配所共同表达的几何对象之集合 (确定泛空间全部可能表达基与全部可能表达维度的过程就是求幂指数函数方程解的过程); 空间包含确定维度与全部可能表达基所共同表达的几何对象之集合 (确定空间全部可能表达基的过程就是求一元 n 次幂函数方程解的过程); 泛几何实体包含确定表达基与全部可能表达维度所共同表达的几何实体之集合 (确定泛几何实体全部可能表达维度的过程就是求指数方程解的过程); 几何实体则是一个由确定维度与确定表达基所共同表达的几何对象.

回到分维度概念研究话题.

特征量表达式 $y=2^1$ 对应着一个 1 维空间中的一个 1 维几何实体, 而特征量表达式 $y=2^{\frac{2}{5}}\times 2^{\frac{1}{5}}\times 2^{\frac{2}{5}}$ 则对应着 3 维空间中的一个几何实体.

虽然我们也可以用特征量表达式 $y=2^1\times 2^0\times 2^0$ 对应 3 维空间中另一个几何实体, 但它仅仅是在 3 维空间中 “观察” 一个 1 维几何实体所得到的结果. 也可以这样理解: 当 1 维几何实体被视为 3 维空间中一个几何对象时, 仅仅在第一维度上存在一条长度为 2 的线段, 另外在直线上还蜷缩着两种具有逻辑几何维度的逻辑几何对象, 这两种 “逻辑几何对象” 寄生于 1 维几何对象之中, 因此它们的特征量具有非显性.

这种特征量具有非显性的逻辑几何对象并非子虚乌有, 它们是存在的, 并且是有意义的. 如果我们让一元 m 次代数方程 $a_0x^m+a_1x^{m-1}+\cdots+a_mx^0=0$ 中的变量 x 最高次项对应于 a_0 个相同的 m 维几何对象之特征量, $m\geqslant 1$, 则 m 次多项式中的每一项都可以写成在 m 维空间中观察到的几何实体特征量表达式的形式: 变量 x 的指数小于 m 的各次项皆与因子 x^0 相乘 “补齐”, 即方程可以改写为 $a_0x^m+a_1x^{m-1}\times x^0+\cdots+a_m(\underbrace{x^0\times x^0\times\cdots\times x^0}_{\text{共 } m \text{ 个}})=0$, 此时由于表达基是未知的变量, 而 m 总是确定的值, 所以方程左边各项求和的结果对应于一组 m 维空间特征量之和, 变量 x 对应着空间的 “全部可能表达基” 集合 (一个 m 维空间, 必然存在至少存在一个、至多存在 m 个不同的表达基, 使得最多 m 组不同形态的几何实体可以驻留其中). 方程的每一个解都对应着空间 "全部可能表达基" 集合中的一个元素. 根据代数理论知道, 一元 m 次代数方程至少存在一个解, 至多存在 m 个不同的解; m 维空间驻留的几何实体组合中包含至少存在 1 种、至多 m 种不同的公共表达基. 关于这一概念, 后续第 8 章的内容还要进一步展开研究.

一元 2 次以上代数方程的解可以具有根号的形式, 这意味着 2 维及以上维度空间中几何实体的表达基可以具有非整数甚至非有理数维度.

具有非整维度几何实体的概念可借助于以下的思维实验来理解. 设想存在一个边长为 a 的 3 维正立方体水槽, 在其中注入一定数量的水, 我们把水槽中水占用的体积作为一个几何对象整体看待, 其形体特征量可以表达为 $a^2 \times a^\delta = a^{2+\delta}, 0 < \delta \leqslant 1$. 其中, 当水槽未注满水时, $0 < \delta < 1$, 称 $2+\delta$ 为几何对象的分维度.

定义 4 设几何对象特征量 $y = x^{n+\delta}$, 当 $\delta = 0$ 时, 称 y 为基 x 的 n 维数, 其对应的几何实体为 n 维; 当 $0 < \delta < 1$ 时, 称 y 为基 x 的 n+1 维数, 其对应的几何实体为 $n + \delta$ 维; 当 $\delta = 1$ 时, 称 y 为基 x 的 $n + 1$ 维数, 其对应的几何实体为 $n + 1$ 维.

特别地, 当 $y = x^n = 1$ 时, 若表达基 $x \neq 1$ 且 $x > 0$, 则 $n \equiv 0$. 此时特征量 y=1 是任意表达基 x 的 0 维表达 (这意味着, 表达基 x 的定义在 $n = 0$ 时总是存在的); 同时当表达基 $x = 1$ 时, 特征量 y=1 是表达基 x 的任意维表达 (这意味着, 特征量 y 的维度在 $x = 1$ 时是任意的).

由于表达基 x=1 时特征量 y 存在非唯一的表达维度, 所以在对数定义中, 人们排除了表达基 x=1 作为底数的资格. 又由于 $n \equiv 0$ 时表达基可以取任意值 (对应 y=1), 所以当真数为 1 时, 无论底数取何值, 对数值皆为 0. 当对数值 $n = \log_x y$ 为非整数时, n 即为以 x 为表达基的特征量 y 之非整表达维度. 因此不能简单地讲特征量 y 是整维度数或者是非整维度数, 还要看是在什么表达基前提下.

1.4 整数的非整维度与非整数的整维度

通常所称的 "自然数数列" 指不包括整数 0 的正整数数列. 在自然数数列中, 1 是一个非常特别的数, 它除了能作为自身的表达基外, 不能作为其他任何数的表达基. 与 1 完全不同的是, 其他任何自然数都既能作为自身的表达基, 又能作为其他自然数的表达基.

当非 1 自然数 x 作为全部自然数 y 的表达基时, 由 x 表达的某些数具有整维度, 而另一些则具有非整维度.

比如, 当 x=2 时, 仅仅特征量 y=$\{4, 8, 16, 32, \cdots\}$在被 x 表达时具有整维度, 而 3, 5, 6, 7, 9, 10 等特征量 y 在被 x 表达时均具有非整维度.

由于自然数有无穷多个, 而每个自然数都可由其他非 1 自然数表达, 所以每个自然数都有无穷多个非 1 可行表达基.

下面我们采用升序排列的非 1 自然数作为表达基, 分别研究自然数列被若干个可行表达基表达的部分情形, 以便于找出其中蕴含的某些规律.

(1) 由于 $2^0=1$, 于是包括 1 在内的全部自然数, 均可以用表达基 2 进行表达, 而表达维度 n 则是一个由整数和非整数构成的混合数列：0, 1, $1+m_1$,2, $2+m_2$, $2+m_3$, $2+m_4$,3, $3+m_5$, $3+m_6$, $3+m_7$, $3+m_8$, $3+m_9$, $3+m_{10}$, $3+m_{11}$,4, $\cdots$, 即有

$2^0=1$	$2^1=2$	$2^{1+m_1}=3$	$2^2=4$	$2^{2+m_2}=5$	$2^{2+m_3}=6$
$2^{2+m_4}=7$	$2^3=8$	$2^{3+m_5}=9$	$2^{3+m_6}=10$	$2^{3+m_7}=11$	$2^{3+m_8}=12$
$2^{3+m_9}=13$	$2^{3+m_{10}}=14$	$2^{3+m_{11}}=15$	$2^4=16$	$\cdots$	

(2) 如果以 3 为表达基, 则自然数列的表达维度 n 为另一个由整数和非整数共同组成的数列：0, $0+n_1$, 1, $1+n_2$, $1+n_3$, $1+n_4$, $1+n_5$, $1+n_6$,2, $2+n_7$, $2+n_8$, $2+n_9$, $2+n_{10}$, $2+n_{11}$, $2+n_{12}$, $2+n_{13}$, $\cdots$, 即有

$3^0=1$	$3^{0+n_1}=2$	$3^1=3$	$3^{1+n_2}=4$	$3^{1+n_3}=5$	$3^{1+n_4}=6$
$3^{1+n_5}=7$	$3^{1+n_6}=8$	$3^2=9$	$3^{2+n_7}=10$	$3^{2+n_8}=11$	$3^{2+n_9}=12$
$3^{2+n_{10}}=13$	$3^{2+n_{11}}=14$	$3^{2+n_{12}}=15$	$3^{3+n_{13}}=16$	$\cdots$	

如果愿意, 我们可以使用任何一个非 1 自然数作为表达基来表达整个自然数列.

由上述两个例子我们可以直观地看出, 在自然数 16 以内, 若以 2 为表达基, 则存在 16, 8, 4, 2, 1 这样 5 个特征量所对应的表达维度为整数; 若以 3 为表达基, 则仅存在 9, 3, 1 这样 3 个特征量所对应的表达维度为整数.

不难验证, 若以 4 为表达基, 则仅存在 16, 4, 1 这样 3 个特征量具有整表达维度; 若以 5 至 16 中的任意一个自然数 x 为表达基, 则仅存在 $y=x$ 和 $y=1$ 这两个特征量具有整表达维度; 若以 ⩾17 的任意一个自然数 x 为表达基表达 1 至 16 范围的特征量, 则仅存在 $y=1$ 这一个特征量具有整表达维度.

根据幂的运算规律, 表达基 x 的值越趋近于 1, 相同表达维度下所能表达的特征量 y 值越小; 同时, 表达基 x 的值越小, 在相同表达范围内出现整维度特征量 y 的频度也越高.

进一步地, 若以非整数 $x=1.1$ 为表达基, 则在被表达的非整特征量 $1\leqslant y\leqslant 16$ 范围内, 存在 30 个具有整维度的特征量：

$1.1^0=1$

$1.1^1=1.1$

$1.1^2=1.21$

$1.1^3 = 1.331$

$1.1^4 = 1.4641$

$1.1^5 = 1.61051$

$1.1^6 = 1.771561$

$1.1^7 = 1.9487171$

$1.1^8 = 2.14358881$

$1.1^9 = 2.357947691$

$1.1^{10} = 2.5937424601$

$1.1^{11} = 2.85311670611$

$1.1^{12} = 3.138428376721$

$1.1^{13} = 3.4522712143931$

$1.1^{14} = 3.79749833583241$

$1.1^{15} = 4.177248169415651$

$1.1^{16} = 4.5949729863572161$

$1.1^{17} = 5.05447028499293771$

$1.1^{18} = 5.559917313492231481$

$1.1^{19} = 6.1159090448414546291$

$1.1^{20} = 6.72749994932560009201$

$1.1^{21} = 7.400249944258160101211$

$1.1^{22} = 8.1402749386839761113321$

$1.1^{23} = 8.95430243255237372246531$

$1.1^{24} = 9.849732675807611094711841$

$1.1^{25} = 10.8347059433883722041830251$

$1.1^{26} = 11.91817653772720942460132761$

$1.1^{27} = 13.109994191499930367061460371$

$1.1^{28} = 14.4209936106499234037676064081$

$1.1^{29} = 15.86309297171491574414436704891$

虽然此时的表达基 x 和特征量 y 已经不局限于自然数, 但是它们显示出: “表达基 x 的值越趋近于 1, 相同表达维度下所能表达的特征量 y 值越小; 同时, 表达基 x 的值越小, 在相同表达范围内出现整维度特征量 y 的频度也越高” 的趋势仍然存在.

如果我们进一步缩小表达基的数值, 被表达数在 1 到 16 范围内以整维度出现的特征量数量将进一步增加, 同时相同数量的整维度表达式所表达的特征量范围显著地缩小. 比如, 取表达基 y=1.01, 仍取表达式个数为 30 个, 则有

$1.01^0 = 1$

1.01^{1}= 1.01
1.01^{2}= 1.0201
1.01^{3}= 1.030301
1.01^{4}= 1.04060401
1.01^{5}= 1.0510100501
1.01^{6}= 1.061520150601
1.01^{7}= 1.07213535210701
1.01^{8}= 1.0828567056280801
1.01^{9}= 1.093685272684360901
1.01^{10}= 1.10462212541120451001
1.01^{11}= 1.1156683466653165551101
1.01^{12}= 1.126825030131969720661201
1.01^{13}= 1.13809328043328941786781301
1.01^{14}= 1.1494742132376223120464911401
1.01^{15}= 1.160968955369998535166956051501
1.01^{16}= 1.17257864492369852051862561201601
1.01^{17}= 1.1843044313729355057238118681361701
1.01^{18}= 1.196147475686664860781049986817531801
1.01^{19}= 1.20810895044353150938886048668570711901
1.01^{20}= 1.2201900399479668244827490915525641902001
1.01^{21}= 1.232391940347446492727576582468089832102101
1.01^{22}= 1.24471585975092095765485234829277073042312201
1.01^{23}= 1.2571630183484301672314008717756984377273532301
1.01^{24}= 1.269734648531914468903714880493455422104626762401
1.01^{25}= 1.28243199501723361359275202929838997632567303002501
1.01^{26}= 1.2952563149674059497286795495913738760889297603252601
1.01^{27}= 1.308208878117080009225966345087287614849819057928512701
1.01^{28}=1.32129096689825080931822600853816049099831724850779782801
1.01^{29}=1.3345038765672333174114082686235420959083004209928758062901

由上述事实我们得到以下启示：当表达式个数趋于无穷多时，无限趋于 1 的表达基所能表达的特征量数值将无限趋于某一非无穷大的无穷位数值. 读者可自行验算，当表达基为 $x=\dfrac{10^k+1}{10^k}$ 时，x 的小数位长度为 k，$y=x^n=\dfrac{(10^k+1)^n}{(10^k)^n}$，$y$ 的整数位只有 1 位，而其小数位则有 $k\times n$ 位，y 的总长度为 $k\times n+1$ 位. 当 $k\to\infty$ 时，特征量 y 的位数也趋于无穷大.

我们知道, 极限值 $a \to b$ 是指数 a 无限趋于 b 但不等于 b; 而极端值 $a = b$ 是指 a 不断地趋于 b 直到与 b 相等. 严格而言, 某个表达式的极限值不同于其极端值, 因为极端值是永远不可能达到的极限目标值, 但是许多情形下事实上将它们混合使用.

比如, 自然对数的底数 $\lim\limits_{n\to\infty}\left(1+\dfrac{1}{n}\right)^n \to \mathrm{e}$, 它只是一个极限值, 而非极端值; 与之对应的另一个极限值的表达式为 $\lim\limits_{n\to 0}\left(1+\dfrac{1}{n}\right)^n \to 1$. 通常, 人们为简便起见把它们写成 $\lim\limits_{n\to\infty}\left(1+\dfrac{1}{n}\right)^n = \mathrm{e}$ 以及 $\lim\limits_{n\to 0}\left(1+\dfrac{1}{n}\right)^n = 1$. 绝大多数情况下, 这样做并不至于引起逻辑混乱. 换言之, 采用极端值替代极限值并无多大风险, 除非需要研究两者间的细微差别. 在不至于引起逻辑混乱的情形下, 本书也采用极端值与极限值混用的方式.

动态地考察, 对于 $x = \left(1+\dfrac{1}{n}\right)$ 而言, 当表达维度 n 无限趋于 0 但大于 0 时, 特征量 $y = x^n$ 无限趋于 1; 当表达维度 n 无限趋于 ∞ 但小于 ∞ 时, 特征量 $y = x^n$ 无限趋于 e. 在 (1, e) 区间内, 存在趋于无穷多个特征量可以表达趋于无穷多种几何对象, 它们的形体特征量 $1 < y < \mathrm{e}$ 构成一个序列, 在这个序列中, 所有的 y 值皆为伪 e 值. 实际上, 如果对 e 值取任意长的有限位数, 也对应于一种伪 e 值.

另一方面, 对于 $x = \left(1-\dfrac{1}{n}\right)$ 而言, 当表达维度 n 无限趋于 0 但大于 0 时, 特征量 $y = x^n$ 无限趋于 1; 当表达维度 n 无限趋于 ∞ 但小于 ∞ 时, 特征量 $y = x^n$ 无限趋于 $\dfrac{1}{\mathrm{e}}$. 在 $\left(1,\dfrac{1}{\mathrm{e}}\right)$ 区间内, 存在趋于无穷多个特征量可以表达趋于无穷多种几何对象, 它们的形体特征量 $1 > y > \dfrac{1}{\mathrm{e}}$ 构成一个序列, 在这个序列中, 所有的 y 值皆为伪 $\dfrac{1}{\mathrm{e}}$ 值. 实际上, 如果对 $\dfrac{1}{\mathrm{e}}$ 值取任意长的有限位数, 也对应于一种伪 $\dfrac{1}{\mathrm{e}}$ 值.

通常, 为简便起见, 人们也把 $\lim\limits_{n\to\infty}\left(1-\dfrac{1}{n}\right)^n \to \dfrac{1}{\mathrm{e}}$ 以及 $\lim\limits_{n\to 0}\left(1-\dfrac{1}{n}\right)^n \to 1$ 分别写成 $\lim\limits_{n\to\infty}\left(1-\dfrac{1}{n}\right)^n = \dfrac{1}{\mathrm{e}}$ 以及 $\lim\limits_{n\to 0}\left(1-\dfrac{1}{n}\right)^n = 1$.

从上述分析可以看出, 特征量区间 $\left(1,\dfrac{1}{\mathrm{e}}\right)$ 与表达维度整数区间 $(0,\infty)$ 之间存在一一对应关系, 表达维度整数区间 $(0,\infty)$ 中的每一个数值刚好对应特征量区间 $\left(1,\dfrac{1}{\mathrm{e}}\right)$ 的表达维度, 而起媒介作用的表达基 x 则是无限趋于 1 但小于 1 的数.

同样地, 特征量区间 (1, e) 与表达维度整数区间 $(0,\infty)$ 之间也存在一一对应关系, 表达维度整数区间 $(0,\infty)$ 中的每一个数值刚好对应特征量区间 (1, e) 的表达维度, 而起媒介作用的表达基 x 则是无限趋于 1 但大于 1 的数.

我们已经尝试过以有限位的非整数作为表达基表达自然数的情形, 是否也可以使用像 e 以及 $\frac{1}{\mathrm{e}}$ 这些趋于无限位数的非整数作为表达基来表达自然数呢? 答案是肯定的.

当我们选取超越数 e 作为表达基时, $x=\mathrm{e}$, 根据对数运算法则, 选取表达维度 $n=\log_{\mathrm{e}}y$. 当 $0\leqslant n<\infty$ 时, $y=\mathrm{e}^n$ 即可以表达全部自然数. 其中仅有 $y=1$, $n=\log_{\mathrm{e}}y=0$ 这一个维度值是整数, 其余维度值皆取非整数 (当 $y\geqslant 2$ 时, $n=\log_{\mathrm{e}}y$ 全部为非整数). 这意味着, 以超越数 e 作为表达基时, e^n 能够表达全部自然数, 但仅有 $\mathrm{e}^0=1$ 时为整维度数, $\mathrm{e}^n\geqslant 2$ 所对应的特征量 y 虽然皆为整数, 但此时它们全部是非整维度数.

当我们选取超越数 e 的倒数 $\frac{1}{\mathrm{e}}$ 作为表达基时, $x=\frac{1}{\mathrm{e}}$, 根据对数运算法则, 选取表达维度 $n=\log_{\frac{1}{\mathrm{e}}}y$, 当 $0\geqslant n>-\infty$ 时, $y=\left(\frac{1}{\mathrm{e}}\right)^n$ 即可以表达全部自然数. 其中仅有 $y=1$, $n=\log_{\mathrm{e}}y=0$ 这一个维度值是整数, 其余维度值皆取非整负数(当 $y\geqslant 2$ 时, $n=\log_{\mathrm{e}}y$ 全部为非整负数). 这意味着, 以超越数 $\frac{1}{\mathrm{e}}$ 作为表达基时, $\left(\frac{1}{\mathrm{e}}\right)^n$ 能够表达全部自然数, 但仅有 $\mathrm{e}^0=1$ 时为整维度数, $\left(\frac{1}{\mathrm{e}}\right)^n\geqslant 2$ 所对应的特征量 y 虽然皆为整数, 但此时它们全部是非整维度数.

读者也不难验证, 当我们选取超越数 $x=\pi$ 作为表达基时, 根据对数运算法则, 选取表达维度 $n=\log_{\pi}y$, $0\leqslant n<\infty$ 时, π^n 即可以表达全部自然数. 进一步地, 当我们选取超越数 $x=\mathrm{e}\times\pi$ 作为表达基时, 根据对数运算法则, 选取表达维度 $n=\log_{\mathrm{e}\times\pi}y$, $0\leqslant n<\infty$ 时, $(\mathrm{e}\times\pi)^n$ 也可以表达全部自然数.

这意味着一个几何对象的形体特征量本身也可以是另一个几何对象的表达基, 甚至像 e 以及 π 这样的无穷维度特征量, 本身也可以被选为自然数的表达基.

以上研究表明, 整表达基与整维度搭配仅仅能表达部分整特征量, 它们是全部可能表达情形中的特殊情形, 并不是普遍情形, 甚至由整表达基与非整维度搭配或者以非整表达基与整表达维度搭配也不是最一般的情形. 最一般的情形是由非整数表达基与非整数表达维度搭配形成的几何对象形体特征量, 比如 $x=\pi$, $\mathrm{e}+\pi\leqslant y\leqslant\mathrm{e}\times\pi$, $y=x^n$ 就是由非整数表达基与非整数表达维度搭配形成的几何对象形体特征量.

1.5 非整维度的几何意义

继续讨论 1.3 节中提出的概念.

回忆表达式 $8=4^{1.5}$, 其中出现了非整维度, 即 8 是 2 维空间中以 4 为表达基的几何实体形体特征量. 该几何实体具有非整维度 1.5, 其中包含一个整维度及另一个分维度. 如果概念认识仅到此为止, 似乎没有什么值得研究的. 但是, 当我们列出: $2^3=2^1\times2^1\times2^1=2^{(1+1+1)}$, $4^{1.5}=4^1\times4^{0.5}\times4^0=4^{(1+0.5+0)}$, $8^1=8^1\times8^0\times8^0=8^{(1+0+0)}$ 三个式子后, 问题就变得有趣起来.

一方面根据定义, 2^3 与 $4^{1.5}$ 及 8^1 是三个全异特征量 (不同基且不同维), 对应 3 种不同维度空间中的几何对象形体特征量. 另一方面, 上述具有三种几何对象的特征量数值上又相同. 那么我们如何有效区别上述三种表达式所对应的几何意义呢?

统一上述现象的数学概念是空间标架. 即, 上述三种几何对象将仅仅作为同一空间标架中的 3 种不同形状几何实体而存在, 并非 3 种不同空间标架中的几何实体.

根据前述, 表达基未标定但维度已标定的几何对象是通常所谓的“空间”, 空间标架是指在其中已经定义了一个及以上几何实体的某一具体空间.

比如, 在 $2^3=2^1\times2^1\times2^1=2^{(1+1+1)}$, $4^{1.5}=4^1\times4^{0.5}\times4^0=4^{(1+0.5+0)}$, $8^1=8^1\times8^0\times8^0=8^{(1+0+0)}$ 三个式子表明, 在欧氏空间中确定了一个 3 维空间标架. 在此空间标架下, 特征量等于 8 的几何对象可以有无限多种表达方式, 除了上述三种表达方式外, 还存在 $\mathrm{e}^{\log_{\mathrm{e}}8}$, $\pi^{\log_{\pi}8}$ 以及 $(\mathrm{e}\times\pi)^{\log_{(\mathrm{e}\times\pi)}8}$ 等表达方式.

如何确定一个几何对象的空间标架呢? 以下我们来详细讨论这个问题.

对于表达基和表达维度已经分别确定为 x 及 m 的几何对象而言, 其所在空间标架的维度值 $n\geqslant m$; 若干个表达基不同、表达维度皆小于或等于 n 的几何实体可以共存于一个空间标架之中.

如果某个几何实体与其所在的空间标架维度值相同, 则称其与空间标架同构. 对于整维度空间标架而言, 分维度几何对象不可能与其所在空间标架同构; 反之, 对于分维度空间标架而言, 整维度几何对象不可能与其所在空间标架同构.

比如对于具有正整数表达基和正整数表达维度的几何实体而言, 形体特征量为素数者所在空间标架只能是 1 维的, 因此该类几何实体的表达基与其形体特征量相同.

一般而言, 一共存在 3 种类型的几何实体.

(1) 表达基等于形体特征量, 此时其所在空间标架一定是 1 维的, 此类几何实体的维度恒等于 1;

(2) 表达基大于形体特征量, 此时其所在空间标架的维度大于 1, 而表达基小于 1;

(3) 表达基小于形体特征量, 此时所在空间标架的维度是大于 1, 且表达基也大于 1.

需要提请注意的是, 空间标架的维度可以是整数, 也可以是非整数. 某一空间标架维度是整数时, 并不意味着其中的几何实体维度必然是整数, 可以是整数或者非整数; 某一空间标架维度是非整数时, 意味着其中的几何实体维度必然是非整数, 不可能是整数.

对于空间标架维度是整数、其中的几何实体维度是非整数的情形, 还要区分两种类别: 一种类别是, 几何实体的每个维度都是非整数; 另一种类别是, 几何实体的部分维度是非整数, 部分维度是整数 (包括 0).

有了空间标架的概念, 我们就可以很方便地讨论几何对象的切割与拼接, 几何对象的 "递进升维扩张" 与 "回归降维回溯" 概念了. 从这个意义上看, 空间标架概念提供了一种构造多维关系数据库替代二维关系数据库的可能性.

对于几何实体形体特征量 $2^3=2^1\times2^1\times2^1=2^{(1+1+1)}$, $4^{1.5}=4^1\times4^{0.5}\times4^0=4^{(1+0.5+0)}$, $8^1=8^1\times8^0\times8^0=8^{(1+0+0)}$ 而言, $2^3=2^1\times2^1\times2^1=2^{(1+1+1)}$ 的含义是, 以 2 为表达基的初始 1 维几何对象共进行了 2 次完整的递进升维扩张, 每次完整的扩张过程都使得基础几何对象增加一个完整维度, 所以该表达式对应着 3 维空间标架中存在一个正则 3 维几何对象; $4^{1.5}=4^1\times4^{0.5}\times4^0=4^{(1+0.5+0)}$ 的含义是, 以 4 为表达基的初始 1 维几何对象共进行 2 次递进升维扩张, 其中第 1 次扩张并未完整地进行 (该扩张过程仅使得基础几何对象增加半个维度), 第 2 次扩张属于虚拟扩张, 并未实际地进行 (该扩张过程并未增加基础几何对象的维度), 所以该表达式对应着 3 维空间标架中存在的一个表达基为 4 的几何对象, 它使用了 2 个维度 (或称其示性维度为 2), 是一个 1.5 维的几何实体 (或称其为 2 维非正则几何实体); 而 $8^1=8^1\times8^0\times8^0=8^{(1+0+0)}$ 的含义是, 以 8 为表达基的初始 1 维几何对象共进行了 2 次虚拟递进扩张, 每次扩张过程都并未增加基础几何对象的维度, 所以该表达式对应着 3 维空间标架中存在一个 1 维几何对象, 它使用了 1 个维度, 是一个 1 维几何实体.

我们知道, 与空间标架同构的几何实体维度与空间标架维度相同. 那么, 凡是维度小于空间标架维度的几何实体都必然存在 "表面蜷缩" 现象. 3 维空间标架中存在的 1 维几何对象形体特征量表达式 $8^1=8^1\times8^0\times8^0$, 准确地描述了 3 维空间标架下几何对象的部分高维度表面蜷缩于低维度表面之中的事实. 在这个例子中, 3 维空间标架中存在的几何对象有 2 个维度的表面蜷缩于 1 维表面之中, 因此出现了二次蜷缩现象.

而对于 $4^{1.5}=4^1\times4^{0.5}\times4^0$ 而言, 3 维空间标架中存在的示性 2 维几何对象有半个维度未完全扩张; 另有 1 个维度的表面蜷缩于具有实际 1.5 个维度的几何实体表面之中, 形成 3 维空间标架下示性 2 维、实际 1.5 维的几何实体, 其 2 维表面上蜷缩着第 3 维度的表面.

由此看来, 所谓的素数, 实质上是对应这样一类 1 维几何对象: 在特征量、表达基和表达维度均为整数前提下, 除了能用 $p^{(1+0+0+\cdots+0)}$ 表达之外, 不能用任何其他类似于 $q^{(1+m+\cdots)}$ 形式的表达式所表达其形体特征量, 其中 $m \neq 0$. 也就是说, 任何一个素数 p 都对应一种特殊的几何对象, 它们即使存在于大于 1 的空间标架下, 也只能用表达式 $p^{(1+0+0+\cdots+0)}$ 表达其形体特征量. 从这个意义上看, 素数是绝对的 “线性数”, 因为它们所对应的几何对象只能是欧氏 1 维空间中那些具有特定整数长度的线段: 线段的长度不能被分解为 2 个及以上整数因子.

判断某个大于 1 的自然数是否素数, 实际上是判断其是否可以改写为非 $p^{(1+0+0+\cdots+0)}$ 的表达形式.

比如, $7^1 = 7^{(1+0+0+\cdots)}$, $6^1 = 6^{(1+0+0+\cdots)}$, 其中 7 和 6 都不是某个整数自乘的结果, 它们可分别表达为 $7^{1+\log_7 1}$ 以及 $6^{1+\log_6 1}$ 的形式, 但是 6 还可以被表达为 $6^1 = 2^{(1+\log_2 3)}$, 或者 $6^1 = 3^{(1+\log_3 2)}$ 的形式, 其中 $\log_2 3 \times \log_3 2 = 1$. 令 $\log_2 3 = \delta_1$, $\log_3 2 = \delta_2$, 则有 $6^1 = 6^{(1+0+0+\cdots)} = 2^{1+\delta_1} = 3^{1+\delta_2}$, 以及 $\delta_1\delta_2 = 1$ 两组关系存在, 从而确保 6 是合数. 而 7 则不存在类似的关系, 所以 7 是素数.

由于 $\log_p 1 \equiv 0$, 于是对于大于 1 的任意正整数 p 而言, 如果其有且仅有 $p^{1+\log_p 1}$ 这一种表达方式, 它一定是素数, 否则它一定是合数.

几何实体的形体特征量一共存在 2 种等价表达式: 纯量等价表达、同维特征量等价表达.

比如, $6^1 = 6^{(1+0+0+\cdots)} = 2^{1+\delta_1} = 3^{1+\delta_2+0}$ 是一种纯量等价表达式, 因为, 在表达式 $6 = 2^{1+\delta_1} = 3^{1+\delta_2+0}$ 中 $\delta_1 > 1$, $\delta_2 < 1$, 这意味着 $6 = 2^{1+\delta_1}$ 对应着一个 3 维空间标架中以 2 为表达基的 3 维几何实体特征量; 而 $6 = 3^{1+\delta_2}$ 对应着一个 3 维空间标架中以 3 为表达基的 2 维几何实体特征量; $6^1 = 6^{(1+0+0+\cdots)}$ 对应着一个 3 维空间标架中以 6 为表达基的 1 维几何实体特征量, 它们分别对应着完全不同的几何实体.

还比如, $2^3 \times 1.5^3 = 27$, 它相对于 $3^3 = 27$ 而言也是一个纯量等价表达, 前者是 6 维几何实体, 后者是 3 维几何实体.

以下我们来分析另一个同维特征量等价表达的例子.

3^3 代表一个 3 维正立方体的体积, 即在 3 维空间标架下以 3 作为表达基, 它对应一个正则几何对象. 在 3 维空间标架下若分别以 6, 9, 12 作为表达基, 可分别获得与 3 维正立方体 $3\times3\times3$ 具有相同体积但具有不同形状的同维特征量等价 3 维体, 它们的特征量表达式分别为 $6\times3\times1.5$, $9\times2\times1.5$ 以及 $12\times1.5\times1.5$.

其中, 特征量表达式 $6\times3\times1.5$ 可以视为长度为 6 的线段 “正交扩张” 成宽为 3

的非正则平面 (记为 6^{1+m_1}), 之后该平面再 "正交扩张" 成高为 1.5 的非正则 3 维体 (记为 $6^{1+m_1+n_1}$); 特征量表达式 $9\times2\times1.5$ 可以视为长度为 9 的线段 "正交扩张" 成宽为 2 的非正则平面 (记为 9^{1+m_2}), 之后该平面再 "正交扩张" 成高为 1.5 的非正则 3 维体 (记为 $9^{1+m_2+n_2}$); 特征量表达式 $12\times1.5\times1.5$ 可以视为长度为 12 的线段 "正交扩张" 成宽为 1.5 的非正则平面 (记为 12^{1+m_3}), 之后该平面再次 "正交扩张" 成高为 1.5 的非正则 3 维体 (记为 $12^{1+m_3+n_3}$).

根据前述, 对于等纯量表达的不同几何实体而言, 它们的表达基与表达维度负相关. 因为存在表达基不等式 $6<9<12$, 显然有维度不等式 $m_1+n_1>m_2+n_2>m_3+n_3$. 尽管如此, 由于存在 $m_1+n_1<1$, $m_2+n_2<1$, 以及 $m_3+n_3<1$ 的共同属性, 且它们皆对应同一个 3 维空间标架, 因此上述 3 个特征量表达式的关系既属于等纯量表达, 也属于同示性维等特征量表达.

几何实体的同示性维等特征量等价表达一定是纯量等价表达, 但纯量等价表达不一定是同示性维等特征量等价表达.

笔者认为, 几何学大致可分为三大类: 形位几何学 (经典几何学的主要内容, 主要研究几何对象的形位关系)、表面几何学 (主要研究几何对象各层级表面的数量特性与关联特性)、尺度几何学 (主要研究几何对象的形体特征量及其与表达基、表达维度之间的关系). 三种几何学之间存在天然的联系, 只是研究的重点不同而已. 到目前为止, 还没有人系统化地研究过尺度几何理论, 人们对于整维度特征量对应的几何概念已经比较清晰, 但对于非整维度特征量对应的几何概念认识还不十分清晰. 比如, 在欧氏空间中 0 维几何对象对应着 "点" 的概念, 1 维几何对象对应着 "线" 的概念, 那么 0.5 维几何对象对应着什么概念, 对此还没有非常明晰的几何解释.

虽然我们在代数学中已经习惯于用 $\sqrt{y}$ 表示对 y 开 2 次方的概念, 甚至用 $\sqrt[m]{y}$ 表示 y 的 $\dfrac{1}{m}$ 次方 (对 y 开 m 次方) 的概念, 但是通常我们并没有从几何实体的表达维度这个角度来理解 "开根号" 这种运算符号的几何意义. 以下我们将要说明, $\sqrt{y}$ 对应着以 y 为表达基的 0.5 维几何对象, $\sqrt[m]{y}$ 对应着以 y 为表达基的 $\dfrac{1}{m}$ 维几何对象.

为方便讨论, 我们首先回顾几个基本概念.

表达式 $y=x^n$ 中, 当特征量 y 已知时, 开平方的意义是通过降维回溯找出其对应的表达基 x, 记为 $\sqrt{y}=x^{\frac{n}{2}}$; 类似地, 开立方的意义是通过特征量 y 找出其对应的 $\dfrac{n}{3}$ 维几何对象之表达基 x, 记为 $\sqrt[3]{y}=x^{\frac{n}{3}}$.

一般地, 当对应 n 维几何对象之形体特征量 x^n 的特征量 y 已知时, 对特征量

y 开 m 次方的意义是通过特征量 y 找出其对应的 $\dfrac{n}{m}$ 维几何对象之表达基 x, 记为

$$\sqrt[m]{y}=x^{\frac{n}{m}} \tag{1-2}$$

特别地, 当 $n=1$ 且 $m=2$ 时, $y=x^{0.5}=x^{\frac{1}{2}}$ 对应一个 1 维空间标架中存在的几何对象形体特征量, 它由表达基 x 表达, 它对应着一条长度为 $\sqrt{x}$ 的直线. 如果认为 x 是一条线段的标准长度的话, 那么长度为 $\sqrt{x}$ 的直线可以直观地理解为一条未按照标准长度画完的直线, 该直线具有半个维度. 比如, $\sqrt{2}=1.414\cdots$, 说明几何实体的表达基是一条 1 维空间标架下长度表达基为 2 的直线, 其示性维度为 1, 实际维度为 0.5. 1 维标架下表达基为 2 的 "半个维度直线" 长度为 $1.414\cdots$, 而不是表达基 2 的一半.

如果 $\dfrac{m}{n}$ 为有理数, 则 $\sqrt[m]{y}=x^{\frac{n}{m}}$ 意味着其所对应的几何对象具有有理数实际维度, 但这仅仅是非整维度几何对象的一些特殊情形. 更一般的情形是, 在整维度空间标架中, 非正则几何对象具有无理数维度. 在复空间标架中几何对象甚至可以具有虚数、复数维度, 这些内容将在后续章节进一步研究.

我们知道了 $x^{0.5}$ 的几何意义之后, 再讨论 $y=x^{n+0.5}$ 的几何意义也就比较容易了.

一方面, 根据幂指数计算规则, 我们很容易得到: $x^{n+0.5}=x^{n}\times x^{0.5}$. 另一方面我们知道, 在欧氏空间中, x^{n} 对应于一个以 x 为表达基的 n 维正则几何对象特征量, 而 $x^{n+0.5}$ 对应于以 x 为表达基的 n 维正则几何对象向 $n+1$ 维空间扩张的距离, 扩张完成后在 n+1 维空间之中形成一个以 x 为表达基、形体特征量为 $x^{n+0.5}$ 的几何对象, 其向 n+1 维空间的扩张仅完成半个维度就终止了, 故其示性维度为 $n+1$, 其实际维度为 $n+0.5$.

请注意, 如前所述, 使得作为扩张基础的 n 维正则几何对象刚好增加半个维度 $\left(\dfrac{1}{2}\text{ 维度}\right)$的扩张过程不是向第 n+1 维空间扩张 $\dfrac{x}{2}$ 距离, 而是扩张 $x^{\frac{1}{2}}$ 距离. 虽然, 此时扩张进程并未使得 n 维正则几何对象 (完整地) 扩张为 n+1 维正则几何对象, 但是只要扩张进程开始 (n 维正则几何对象向 n+1 维空间扩张的维度 $\delta>0$), 那么 n 维正则几何对象就已经突变为 n+1 维空间标架中的 $n+\delta$ 维几何实体, 其示性维度为 n+1.

一般地, 对于几何对象特征量 $x^{n+\delta}$ 而言, 当 $\delta=0$ 时, $x^{n+\delta}$ 对应着以 x 为表达基的 n 维正则几何对象; 当 $0<\delta<1$ 时, $x^{n+\delta}$ 对应着以 x 为表达基的 n+1 维非正则几何对象; 当 $\delta=1$ 时, $x^{n+\delta}=x^{n+1}$ 对应着以 x 为表达基的 n+1 维正则几何对象.

以上我们所讨论的内容仅仅局限于几何对象的最高维度出现非整维度的情形,

实际上更一般的情形是几何对象的若干维度为整维度, 若干维度为非整维度. 以下我们来讨论这类情形的表达问题.

对于欧氏空间而言, n 维空间标架中以 x 为表达基的 $q+\sum\limits_{i=1}^{n-q}\delta_i$ 维几何对象的形体特征量记为

$$y=x^{q+\sum\limits_{i=1}^{n-q}\delta_i} \tag{1-3}$$

其中 $q\geqslant 0$ 且为整数, $0\leqslant\delta_i\leqslant 1$, $q+\sum\limits_{i=1}^{n-q}\delta_i\leqslant n$. 请注意, 其中 n 为空间标架维度, q 以及 δ_i 对应几何对象的实际维度, 且 q 为几何对象的整维度, δ_i 对应几何对象的各个非整维度, 我们不能将 $\sum\limits_{i=1}^{n-q}\delta_i$ 运算所得到的整数并入 q 中, 因为它们是几何对象所具有的两种不同性质的维度.

当 $n-q=\sum\limits_{i=1}^{n-q}\delta_i=0$ 时, $q=n$ 为正整数, x^n 对应以 x 为表达基的 n 维正则几何对象.

当 $n-q=\sum\limits_{i=1}^{n-q}\delta_i>0$ 时, 无论 $q+\sum\limits_{i=1}^{n-q}\delta_i$ 是否为整数, $x^{q+\sum\limits_{i=0}^{n-q}\delta_i}$ 皆对应 n 维空间中以 x 为表达基的非正则几何对象. 即当 $(n-q)=\sum\limits_{i=1}^{n-q}\delta_i>0$ 时, 必有

$$\left(q+\sum_{i=1}^{n-q}\delta_i\right)<n \tag{1-4}$$

关系存在.

换言之, $\sum\limits_{i=1}^{n-q}\delta_i$ 是 n 维空间中以 x 为表达基的 $q+\sum\limits_{i=1}^{n-q}\delta_i$ 维几何实体的全部非整维度之和, q 是其全部整维度之和. 总之, 不论几何对象正则与否, 也不论整维度和非整维度出现的顺序如何, n 维空间中以 x 为表达基的几何对象特征量总可以用 $y=x^{q+\sum\limits_{i=1}^{n-q}\delta_i}$ 的形式予以表达.

比如, 某 $n=4$ 维空间标架下以 16 为表达基几何对象的形体特征量为 $16\times 16^{0.25}\times 16^{0.5}\times 16^{0.25}=256$, 则 $q=1$, $\delta_1=0.25$, $\delta_2=0.5$, $\delta_3=0.25$. 上述参数表明, 这是一个存在于 4 维空间标架中以 $x=16$ 为表达基、示性维度为 4 的几何对象. 该几何对象的生成过程可描述如下：首先由 0 维空间的点向 1 维空间扩张, 形成长度为 16 的 1 维空间整维度几何对象; 以此为基础向 2 维空间进行四分之一维度扩

张, 形成一个 2 维非正则几何对象; 以此 2 维非正则几何对象为基础向第 3 维空间进行二分之一维度扩张, 形成一个 3 维非正则几何对象; 最后以此 3 维非正则几何对象为基础, 向第 4 维空间扩张四分之一维度, 得到一个形体特征量为 256 的 4 维非正则几何对象. 不难验证, 任意颠倒几何对象的生成过程步骤顺序, 式 (1-3) 总是成立. 因此, 我们不能把这个几何实体与 8 维空间标架下表达基为 2 的正则几何实体特征量 $y=2^8$ 混同对待, 或者与 4 维空间标架下表达基为 4 的正则几何实体特征量 $y=4^4$ 混同对待.

根据式 (1-3) 我们不难构造出这样一种几何对象, 它的表达基为 x, 维度范围确定 $\left(\text{从 0 到 } \frac{1}{\mathrm{e}}\text{, 除了 0 为整数外, 其余全部为非整数}\right)$. 根据定义, 这种几何对象称为分维度空间. 当分维度空间中存在分维度几何实体时, 称之为分维度空间标架.

上述概念形式化表达如下: 由于 $\lim\limits_{m\to\infty}\left(1-\frac{1}{m}\right)^m=\frac{1}{\mathrm{e}}$, 令 $m\geqslant 1$ 为整数, 设 $\left(1-\frac{1}{m}\right)^m=\delta_m$, 则当 m 值取遍正整数时, $\sum\limits_{m=1}^{\infty}\left(1-\frac{1}{m}\right)^m$ 构成一个以 0 为第一个元素, 以 $\frac{1}{\mathrm{e}}$ 为最后一个元素的无穷求和数列. 如果让这个求和数列作为一种分维度空间的维度表达式, 不难得

$$x^{0+\sum\limits_{m=1}^{\infty}\delta_m}=x^{\sum\limits_{m=1}^{\infty}\left(\frac{m-1}{m}\right)^m} \tag{1-5}$$

当 $x=c$ 为某一确定的数值时, 式 (1-5) 对应一个以 c 为表达基, 在趋于无穷多个维度的分维度空间标架中的非正则几何实体之形体特征量, 这个与所在分维度空间标架同构的非正则几何实体形体特征量可以表述为

$$y_m=1\times c^{\frac{1}{4}}\times c^{\frac{8}{27}}\times c^{\frac{81}{256}}\times\cdots\times c^{\frac{1}{\mathrm{e}}}$$

当 $m\to\infty$ 时我们这样理解上式所对应的几何对象扩张过程: 以 0 维空间表达基为 c 的几何对象为基础, 第 1 次扩张过程仅扩张至 1 维空间的四分之一个维度, 得到 1 维空间中以 c 为表达基的非正则几何对象, 之后每次扩张都需要占用欧氏整维度空间的 1 个示性维度, 但均为非正则扩张. 随着扩张次数越来越多, 每次扩张过程的扩张次数虽越来越大, 但实际维度增大的数值越来越小, 直到扩张次数最终趋于无穷大时, 最后一次扩张过程的扩张维度不会超过 $\frac{1}{\mathrm{e}}$.

我们这样理解上述几何扩张过程的几何意义: 表达基为 c 的几何对象在 0 维空间中是一个点 (维度为 0, 具有单位形体特征量), 接着表达基为 c 的几何对象在 1 维空间标架下扩张 $\frac{1}{4}$ 维度, 之后的扩张维度皆大于 $\frac{1}{4}$ 但小于等于 $\frac{1}{\mathrm{e}}$. 在整个递

进扩张过程中几何对象的扩张维度总是变化的 (每次扩张的实际维度互不相同), 其扩张维度值大小的变化趋势与扩张过程所涉及的维度正相关, 而其扩张维度值大小的变化的速率与扩张过程所涉及的维度负相关. 具体而言, 第 m 次扩张在 m 维空间进行, 第 m 次扩张的维度为 $\left(\dfrac{m-1}{m}\right)^m$, m 越大, $\left(\dfrac{m-1}{m}\right)^m$ 取值也越大; 但当 $m\to\infty$ 时, $\left(\dfrac{m-1}{m}\right)^m=\dfrac{1}{\mathrm{e}}$.

式 (1-5) 所对应的几何概念很好地说明了式 (1-3) 的几何意义. 以下我们来研究 n 维空间中以 c 为表达基的几何对象形体特征量的另外一种情形.

我们知道, $\lim\limits_{m\to\infty}\left(1+\dfrac{1}{m}\right)^m=\mathrm{e}$. 令 $m\geqslant 1$ 为整数, $\left(1+\dfrac{1}{m}\right)^m=\delta_m$, 则当 m 值取遍正整数时, $\sum\limits_{m=1}^{\infty}\left(1+\dfrac{1}{m}\right)^m$ 构成一个以 2 为第一个元素, 以 e 为最后一个元素的无穷数列, 由此获得一个趋于无穷多个维度的分维度空间标架表达式

$$x^{\sum\limits_{m=1}^{\infty}\left(\frac{m+1}{m}\right)^m} \tag{1-6}$$

当 $x=c$ 为某一确定的数值时, 不难得到一个以 c 为表达基, 在趋于无穷多个维度的分维度空间标架中的非正则几何实体之形体特征量, 这个与所在分维度空间标架同构的非正则几何实体形体特征量可以表述为

$$y=c^{\sum\limits_{m=1}^{\infty}\left(\frac{m+1}{m}\right)^m} \tag{1-7}$$

式 (1-7) 对应一个在无穷大维度空间中以 c 为表达基的非正则几何对象, 它的形体特征量可以表述为

$$y_m=c^2\times c^{\frac{9}{4}}\times c^{\frac{64}{27}}\times c^{\frac{625}{256}}\times\cdots\times c^{\mathrm{e}}$$

我们这样理解上式所对应的几何对象扩张过程: 以 2 维空间表达基为 c 的 2 维几何对象 (跨越空间标架 3 个维度, 即 0 维、1 维、2 维) 为基础, 第 1 次扩张过程占用空间标架的 3 个维度, 得到 6 维空间中以 c 为表达基的正则几何对象, 之后每次扩张都需要占用空间标架中的 3 个维度, 其中有两个维度为正则扩张, 另有一个维度为非正则扩张, 扩张次数可趋于无穷大, 但最后一次递进扩张的扩张维度不会超过 e. 在整个递进扩张过程中几何对象的扩张维度总是变化的 (每次扩张的实际维度互不相同), 其扩张维度大小的变化趋势与扩张过程所在空间维度正相关, 而其扩张维度大小变化的速率与扩张过程所在空间维度负相关. 具体而言, 第 m 次

扩张在 m 维空间进行, 第 m 次扩张的维度为 $\left(\dfrac{m+1}{m}\right)^m$, m 越大, $\left(\dfrac{m+1}{m}\right)^m$ 取值也越大; 但当 $m\to\infty$ 时, $\left(\dfrac{m+1}{m}\right)^m=\mathrm{e}$.

在这种扩张模式中, 几何对象除在初始第 1 次扩张过程结束时表现出整维度特性外, 在后续趋于无限大的任意次递进扩张过程中, 都表现出非整维度扩张特性, 且每次扩张的实际维度均不相同.

小结一下

当 $\delta_m=\sum\limits_{m=1}^{\infty}\left(1-\dfrac{1}{m}\right)^m$ 时, 上述第一种几何对象形体特征量表达式 $y_m=c^{\sum\limits_{m=1}^{\infty}\delta_m}$, 其所对应的前 6 个几何对象的形体特征量表达式为

$$
\begin{aligned}
&y_1=c^0=1\\
&y_2=c^{0+\left(1-\frac{1}{2}\right)^2}=c^{0+\frac{1}{4}}=c^{0+\left(\frac{1}{2}\right)^2}\\
&y_3=c^{0+\frac{1}{4}+\left(1-\frac{1}{3}\right)^3}=c^{0+\frac{1}{4}+\frac{8}{27}}=c^{0+\left(\frac{1}{2}\right)^2+\left(\frac{2}{3}\right)^3}\\
&y_4=c^{0+\frac{1}{4}+\frac{8}{27}+\left(1-\frac{1}{4}\right)^4}=c^{0+\frac{1}{4}+\frac{8}{27}+\frac{81}{256}}=c^{0+\left(\frac{1}{2}\right)^2+\left(\frac{2}{3}\right)^3+\left(\frac{3}{4}\right)^4}\\
&y_5=c^{0+\frac{1}{4}+\frac{8}{27}+\frac{81}{256}+\left(1-\frac{1}{5}\right)^5}=c^{0+\frac{1}{4}+\frac{8}{27}+\frac{81}{256}+\frac{1024}{3125}}=c^{0+\left(\frac{1}{2}\right)^2+\left(\frac{2}{3}\right)^3+\left(\frac{3}{4}\right)^4+\left(\frac{4}{5}\right)^5}\\
&y_6=c^{0+\frac{1}{4}+\frac{8}{27}+\frac{81}{256}+\frac{1024}{3125}+\left(1-\frac{1}{6}\right)^6}=c^{0+\frac{1}{4}+\frac{8}{27}+\frac{81}{256}+\frac{1024}{3125}+\frac{15625}{46656}}\\
&\quad=c^{0+\left(\frac{1}{2}\right)^2+\left(\frac{2}{3}\right)^3+\left(\frac{3}{4}\right)^4+\left(\frac{4}{5}\right)^5+\left(\frac{5}{6}\right)^6}
\end{aligned}
$$

当 $\delta_m=\sum\limits_{m=1}^{\infty}\left(1+\dfrac{1}{m}\right)^m$ 时, 上述第二种几何对象形体特征量表达式 $y=c^{\sum\limits_{m=1}^{\infty}\left(\frac{m+1}{m}\right)^m}$ 所对应的前 6 个几何对象的形体特征量表达式为

$$
\begin{aligned}
&y_1=c^2=x^{\left(\frac{2}{1}\right)^1}\\
&y_2=c^{2+\left(1+\frac{1}{2}\right)^2}=c^{2+\frac{9}{4}}=c^{2+\left(\frac{3}{2}\right)^2}\\
&y_3=c^{2+\frac{9}{4}+\left(1+\frac{1}{3}\right)^3}=c^{2+\frac{9}{4}+\frac{64}{27}}=c^{2+\left(\frac{3}{2}\right)^2+\left(\frac{4}{3}\right)^3}\\
&y_4=c^{2+\frac{9}{4}+\frac{64}{27}+\left(1+\frac{1}{4}\right)^4}=c^{2+\frac{9}{4}+\frac{64}{27}+\frac{625}{256}}=c^{2+\left(\frac{3}{2}\right)^2+\left(\frac{4}{3}\right)^3+\left(\frac{5}{4}\right)^4}\\
&y_5=c^{2+\frac{9}{4}+\frac{64}{27}+\frac{625}{256}+\left(1+\frac{1}{5}\right)^5}=c^{2+\frac{9}{4}+\frac{64}{27}+\frac{625}{256}+\frac{7776}{3125}}=c^{2+\left(\frac{3}{2}\right)^2+\left(\frac{4}{3}\right)^3+\left(\frac{5}{4}\right)^4+\left(\frac{6}{5}\right)^5}\\
&y_6=c^{2+\frac{9}{4}+\frac{64}{27}+\frac{625}{256}+\frac{7776}{3125}+(1+\frac{1}{6})^6}=c^{2+\frac{9}{4}+\frac{64}{27}+\frac{625}{256}+\frac{7776}{3125}+\frac{117649}{46656}}\\
&\quad=c^{2+\left(\frac{3}{2}\right)^2+\left(\frac{4}{3}\right)^3+\left(\frac{5}{4}\right)^4+\left(\frac{6}{5}\right)^5+\left(\frac{7}{6}\right)^6}
\end{aligned}
$$

在上述第一族特征量表达式中, 我们发现 y_1 至 y_6 所对应的几何对象分别具有 0 至 5 维共 6 个维度, 这表明扩张序号为 m 的特征量所对应的几何对象所在空

间维度为 $m-1$, 即 0 维空间中的 0 维正则几何对象存在是前提, 以此为基础, 后续每次扩张都涉及 1 个维度空间, 且每个维度的扩张都具有非正则性.

而第二族特征量表达式中 y_1 至 y_6 所对应的几何对象分别具有欧氏空间标架的 2 至 17 维度, 从 0 维算起共涉及 18 个维度. 这表明扩张序号为 m 的特征量所对应的几何对象所在空间标架维度为 $2+3(m-1)$, 即以 2 维空间标架中的 2 维正则几何对象为基础, 每次递进扩张都涉及空间标架中的 3 个维度 (其中两个维度的扩张具有正则性, 一个维度的扩张具有非正则性).

上述分析表明, 两个几何对象族的形体特征量虽然同为分维度数, 但是同一序列 m 位次上 (扩张次数相同时) 的特征量 y_m 所对应的几何对象相差 $2m$ 个空间标架维度, 尽管当 $m\to\infty$ 时它们所在的空间标架维度都趋于无穷, 但是当特征量的序列位次 m 相同时, 两者属于不同维度空间标架中的几何对象, 不能直接比较特征量大小.

类似的分析方法, 将在后续关于超越数的分析内容中用到.

另外, 当表达基 $0<x<1$ 为确定值时, 纯量表达式 $z=|x^n|$ 中的 n 越大, z 值越小; 当表达基 $1<x<\infty$ 为确定值时, 纯量表达式 $z=|x^n|$ 中的 n 越大, z 值越大; 当表达基 $x=1$ 时, 纯量表达式 $z=|x^n|$ 中的 n 无论取什么值, $z\equiv 1$. 这表明, 存在三种类型的几何对象: 第一种几何对象的特征量对应的纯量大小与其所在空间标架维度负相关 (表达基 $0<x<1$); 第二种几何对象的特征量对应的纯量大小与其具有的空间标架维度正相关 (表达基 $1<x<\infty$); 再考虑 $x=1$ 的情形, 此时几何对象的特征量对应的纯量大小与其空间标架维度不相关 (恒为 1). 在这三种情形中, 通常不选择 $x=1$ 作为几何对象特征量的表达基, 也不选择 $x>1$ 作为趋于无限大整维度几何对象特征量的表达基. 一般选择 $0<x<1$ 作为趋于无限整维度几何对象特征量的表达基, 或者选择 $1<x<\infty$ 作为趋于无限小分维度几何对象特征量的表达基.

为简便起见, 在不至于引起逻辑混乱的情形下, 后续将具有常量表达基 c(但未指定具体数值) 的几何对象形体特征量表达式 $y=c^n$ 与 $y=x^n$ 混用 (尽管 c^n 只是 $\{x^n\}$ 集合中的一个元素, 但两者同构, 且都不涉及具体数值).

1.6 数的维度与广义体积公式

如果我们把表达基定义为某几何对象的基本边长, 那么有趣的是, 对于前述 $2^{2.5}=2^{2+0.5}=2^2\times 2^{0.5}$ 而言, 其所对应的几何对象之形体特征量刚好与底面积为 4, 高度为 $3\sqrt{2}$ 的 3 维四棱锥体的体积相同. 为什么出现这种情况? 是巧合还是必然? 如果是必然, 那么许多难以用初等方法推导但在初等数学中广泛使用的几何对象面积、体积公式就可以使用初等方法推导出来. 即若把几何对象面积、体积公式的运用视为演绎过程, 则必然存在一种归纳过程, 可以用初等的方法自然地推导出这些面积、体积公式.

为了回答这个问题, 我们有必要深入研究几何对象的广义体积 (在本书中统称为几何对象的形体特征量) 概念, 并严格区分纯量等价几何对象、同维度特征量等价几何对象的概念. 以下重点研究 "同维度特征量等价几何对象" 的概念, 这个概念是几何对象同维度切割与拼接的基础, 也是几何对象重整性质判别的基础, 还是代数方程式成立的几何基础.

我们知道, 一个 3 维正立方体的体积为 $V = a^3$, 其中 $x = a$ 为表达基; 一个 3 维正四棱柱体的体积为 $V = a^2 \times h$, 其中 h 为四棱柱体的高; 一个 3 维正四棱锥体的体积为 $V = \frac{1}{3}a^2 \times h$; 一个 3 维正四棱台体的体积为

$$V = \frac{1}{3}(a^2 + b^2 + \sqrt{a^2b^2}) \times h \tag{1-8}$$

其中, 下底面边长为 a, 上底面边长为 b, 高为 h.

上述 4 个体积表达式看似无多大直接关联度, 实际上它们具有统一的内在逻辑形式, 构成 "同维度特征量等价几何对象" 的基本性质.

由于 3 维正四棱台的下底面边长为 a, 上底面边长为 b, 高为 h, 所以当 $b \neq a$, $h \neq a$, $h \neq b$, 且 $b > 0$, $h > 0$, $a > 0$ 时, 3 维正四棱台的体积可用式 (1-8) 原形表达; 当 $b \neq a$, $h \neq a$, 且 $b = 0$, $h > 0$, $a > 0$ 时, 3 维正四棱台蜕化为 3 维正四棱锥, 它的体积可用式 (1-8) 的第一种变形 $V = \frac{1}{3}a^2 \times h$ 表达; 当 $b = a$, $h \neq a$, 且 $h > 0$, $a > 0$ 时, 3 维正四棱台蜕化为 3 维正四棱柱, 它的体积可用式 (1-8) 的第二种变形 $V = a^2 \times h$ 表达; 当 $b = a$, $h = a$, 且 $a > 0$ 时, 3 维正四棱台蜕化为 3 维正六面体, 它的体积可用式 (1-8) 的第三种变形 $V = a^3$ 表达.

如果参数选择适当, 上述四种表达式可以表达一组 3 维特征量等价几何对象.

比如, 对于式 (1-8) 而言, 令 $a = 3$, $b = 2$, $h = 6$, 则有 $V = 38$. 如果一个 3 维正四棱锥体的体积也为 38, 且令 $a = 3$, 那么其高度 $h = \frac{38}{3}$; 如果一个 3 维正四棱柱体的体积也为 38, 且令 $a = 3$, 那么其高度 $h = \frac{38}{9}$; 如果一个 3 维正立方体的体积也为 38, 那么其边长为 $a = \sqrt[3]{38}$.

我们称式 (1-8) 为 3 维正四棱体的广义体积通用表达式.

类似地, 我们还可得到以下 3 维正三棱体的广义体积通用表达式.

分别令 a 和 b 为下底面正三角形的边长和上底面正三角形的边长, h_1 为下底面正三角形的高, h_2 为上底面正三角形的高, h_3 为三棱体的高, 有 3 维正三棱台的

体积表达式

$$
\begin{aligned}
V_3 &= \frac{1}{3}\left[\left(\frac{1}{2}a \times h_1\right) + \left(\frac{1}{2}b \times h_2\right) + \sqrt{\left(\frac{1}{2}a \times h_1\right)\left(\frac{1}{2}b \times h_2\right)}\right] \times h_3 \\
&= \frac{1}{6}\left(ah_1 + bh_2 + \sqrt{ah_1bh_2}\right)h_3 \qquad (1\text{-}9)
\end{aligned}
$$

当 $b \neq a$, $h_3 \neq a$, $h_3 \neq b$, 且 $b>0$, $h_3>0$, $a>0$ 时, 3 维正三棱台的体积可用式 (1-9) 原形表达; 当 $h_3 \neq a$, 且 $b=0$, $h_2=0$, $h_3>0$, $a>0$ 时, 3 维正三棱台蜕化为 3 维正三棱锥, 它的体积可用式 (1-9) 的第一种变形 $V_3=\frac{1}{6}a \times h_1 \times h_3$ 表达; 当 $b=a$, $h_2=h_1$, $h_3 \neq a$, 且 $h_3>0$, $a>0$ 时, 3 维正三棱台蜕化为 3 维正三棱柱, 它的体积可用式 (1-9) 的第二种变形 $V_3=\frac{1}{2}a \times h_1 \times h_3$ 表达; 当 $b=a$, $h_3=a$, 且 $a>0$ 时, 3 维正三棱台蜕化为 3 维五面体 (3 个全等正四边形作为柱面, 2 个全等正三角形作为上底面和下底面), 它的体积可用式 (1-9) 的第三种变形 $V_3=\frac{1}{2}a \times h_1^2$ 表达; 当 $b=a$, $h_3=h_1$, 且 $a>0$ 时, 3 维正三棱台蜕化为 3 维五面体 (3 个全等四边形作为柱面, 2 个全等正三角形作为上底面和下底面), 它的体积可用式 (1-9) 的第四种变形 $V_3=\frac{1}{2}a^2 \times h_1$ 表达.

我们称式 (1-9) 为 3 维正底面三棱体的广义体积表达式.

类似地, 我们还可以推出 4 维正八棱体的广义体积通用表达式.

我们知道, 一个 1 维欧氏正则几何对象 (直线段) 由 0 维边界构成其一个顶点, 一个 2 维欧氏正则几何对象 (四边形) 由 2 条边 (1 维边界) 共一个顶点, 一个 3 维正则几何对象 (正立方体) 由 3 个平面 (2 维边界) 共一个顶点, 那么 4 维正则几何对象必有 4 个立方体 (3 维边界) 共一个顶点, n 维正则几何对象由 n 个 $n-1$ 维正则几何对象 ($n-1$ 维边界) 共一个顶点; 另一方面, n 维正则几何对象共有 2^n 个顶点. 于是, 一个 4 维正则几何对象共有 16 个顶点, 32 条边, 24 个面, 8 个正则 3 维体 “表面”; 我们还知道, 1 维正则锥形几何对象有 1 个棱, 2 维正则锥形几何对象有 2 个棱, 3 维正则锥形几何对象有 4 个棱, 那么 4 维正则锥形几何对象有 8 个棱, n 维正则锥形几何对象有 2^{n-1} 个棱.

如果令 1 维线段的长度为 a, 那么其广义体积为 $V_1=a$; 如果令 2 维几何对象的一个边长为 a, 另一个边长为 b, 高为 h, 那么其广义体积为 $V_2=\frac{1}{2}(a+b)\times h$; 如果令 3 维几何对象的下底 (正方形) 边长为 a, 上底 (正方形) 的边长为 b, 高为 h, 那么其广义体积为 $V_3=\frac{1}{3}(a^2+b^2+\sqrt{a^2b^2})\times h$; 如果令 4 维几何对象的下底 (正

立方体) 边长为皆为 a, 上底 (正立方体) 的边长皆为 b, 高为 h, 那么其广义体积为

$$V_4=\frac{1}{4}(a^3+b^3+2\times\sqrt{a^3b^3})\times h \tag{1-10}$$

实际上, 对于 $n\geqslant 2$ 维具有正则上、下底 (四类 $n-1$ 维) 欧氏几何对象而言, 其广义体积表达式为

$$V_n=\frac{1}{n}(a^{n-1}+b^{n-1}+(n-2)\times\sqrt{a^{n-1}b^{n-1}})\times h \tag{1-11}$$

当 $a\neq b$, $a\neq h$, $b\neq h$ 且 $b>0$, $h>0$, $a>0$ 时, 式 (1-10) 即为 4 维八棱台体的广义体积表达式.

当 $b=0$, $h>0$, $a>0$ 时, 4 维正八棱台蜕化为 4 维正八棱锥, 它的体积可用式 (1-10) 的第一种变形 $V_4=\frac{1}{4}a^3\times h$ 表达; 当 $b=a$, $h\neq a$, 且 $h>0$, $a>0$ 时, 4 维正八棱台蜕化为 4 维正八棱柱, 它的体积可用式 (1-10) 的第二种变形 $V_4=a^3\times h$ 表达; 当 $b=a$, $h=a$, 且 $a>0$ 时, 4 维正八棱台蜕化为 4 维的超立方体, 它的体积可用式 (1-10) 的第三种变形 $V_4=a^4$ 表达.

读者不难验证:

当 $n=2$ 且参数 $a>0,b=0,h>0$ 时, 式 (1-10) 可表示三角形的面积;

当 $n=2$ 且参数 $a>0,a>b>0,h>0$ 时, 式 (1-11) 可表示梯形的面积;

当 $n=2$ 且参数 $a>0,b=a,h>0$, $h\neq a$ 时, 式 (1-11) 可表示矩形的面积;

当 $n=2$ 且参数 $a>0,b=a,h=a$ 时, 式 (1-11) 可表示正方形的面积.

当 $n=3$ 且参数 $a>0,b=0,h>0$ 时, 式 (1-11) 可表示四棱锥体的体积;

当 $n=3$ 且参数 $a>0,a>b>0,h>0$ 时, 式 (1-11) 可表示四棱台体的体积;

当 $n=3$ 且参数 $a>0,b=a,h>0$, $h\neq a$ 时, 式 (1-11) 可表示四棱柱体的体积;

当 $n=3$ 且参数 $a>0,b=a,h=a$ 时, 式 (1-11) 可表示正立方体的体积.

当 $n=4$ 且参数 $a>0,b=0,h>0$ 时, 式 (1-11) 可表示四维八棱锥体的体积;

当 $n=4$ 且参数 $a>0,a>b>0,h>0$ 时, 式 (1-11) 可表示四维八棱台体的体积;

当 $n=4$ 且参数 $a>0,b=a,h>0$, $h\neq a$ 时, 式 (1-11) 可表示四维八棱柱体的体积;

当 $n=4$ 且参数 $a>0,b=a,h=a$ 时, 式 (1-11) 可表示四维超立方体的体积.

当 $n=5$ 且参数 $a>0,b=0,h>0$ 时, 式 (1-11) 可表示五维十六棱锥体的体积;

当 $n=5$ 且参数 $a>0,a>b>0,h>0$ 时, 式 (1-11) 可表示五维十六棱台体的体积;

当 $n=5$ 且参数 $a>0, b=a, h>0,\ h\neq a$ 时, 式 (1-11) 可表示五维十六棱柱体的体积;

当 $n=5$ 且参数 $a>0, b=a, h=a$ 时, 式 (1-11) 可表示五维正则几何对象的体积.

一般地, 对于具有 n 维正则广义上、下底的几何对象而言：参数 $a>0, b=0, h>0$ 时, 式 (1-11) 可表示 n 维 2^{n-1} 棱锥体的体积; 参数 $a>0, a>b>0, h>0$ 时, 式 (1-11) 可表示 n 维 2^{n-1} 棱台体的体积; 参数 $a>0, b=a, h>0,\ h\neq a$ 时, 式 (1-11) 可表示 n 维 2^{n-1} 棱柱体的体积; 参数 $a>0, b=a, h=a$ 时, 式 (1-11) 可表示 n 维正则几何对象的体积.

其中, 式 (1-11) 表示的 n 维 2^{n-1} 棱锥体广义体积可以改写为

$$V_n=\frac{1}{n}a^{n-1}\times h \tag{1-12}$$

借用上述概念, 我们首先通过将广义柱体分割为广义锥体的方法对已经研究过的分维度几何对象概念进行重新认识, 然后将结果推广到更高维度空间中的分维度几何对象.

前面我们已经分析了 $2^{0.5}$ 的几何意义, 它对应着一条 1 维线段, 其长度为 $\sqrt{2}$. 当然我们也可以视其为一个广义台体 (1 维空间中的台体), 其维度为 0.5, 高度为 $\sqrt{2}$, 其广义上、下底面积均为 1, 因此该广义台体就是线段自身, 其广义体积就是其长度.

相应地, $2^{1.5}$ 的几何意义代表从 1 维空间中的一条长度为 2 的线段向 2 维空间正交扩张, 其扩张维度为 0.5(扩张高度为 $\sqrt{2}$), 形成一个上下底边长为 2、高为 $\sqrt{2}$ 的矩形. 我们可在 2 维空间中简单地将该矩形分拆为 2 个底边长为 2、高度为 $\frac{\sqrt{2}}{2}$的广义 2 维锥体 (两个全等的等腰三角形) 以及 2 个底边长为 $\sqrt{2}$、高度为 1 的广义 2 维锥体 (两个全等的等腰三角形), 根据三角形的面积公式 $S=\frac{1}{2}a\times h$ 知道, 4 个等腰三角形的面积均为 $\frac{\sqrt{2}}{2}$, 则 4 个等腰三角形的总面积为 $2\sqrt{2}$. 当然, 我们也可以把它等价地变换为 1 个具有 $2\sqrt{2}$ 高度, 底边长度仍为 2 的 “瘦型” 等腰三角形, 根据式 (1-12) 其面积同样为 $2\sqrt{2}$.

对于 $2^{2.5}$ 而言, 意味着面积为 4 的一个正方形向第 3 维空间正交扩张, 扩张维度为 0.5(扩张高度为 $\sqrt{2}$), 形成上下底面积为 2^2、高为 $\sqrt{2}$、形体特征量为 $2^2\times\sqrt{2}$ 的 3 维非正则六面体. 采用与分拆高度为 $\sqrt{2}$、宽度为 2 的矩形相似的方法, 我们可将该非正则六面体分拆为 2 个底面积为 2^2, 高度均为 $\frac{\sqrt{2}}{2}$的正四棱锥体以及 4 个底面积为 $2\times\sqrt{2}$、高为 1 的四棱锥体, 根据 3 维四棱锥体的体积公

式 $V_3 = \frac{1}{3}a^2 \times h$, 不难验证, 2 个底面积为 2^2, 高度均为 $\frac{\sqrt{2}}{2}$ 的正四棱锥体的体积为 $\frac{1}{3}\left(2^2 \times \frac{\sqrt{2}}{2}\right) \times 2 = \frac{2^2\sqrt{2}}{3}$, 4 个底面积为 $2 \times \sqrt{2}$、高为 1 的四棱锥体体积为 $\frac{1}{3}((2\times\sqrt{2})\times 1)\times 4 = \frac{2^3\sqrt{2}}{3}$, 上述 6 个四棱锥体体积求和为 $\frac{2^2\sqrt{2}}{3} + \frac{2^3\sqrt{2}}{3} = 2^2 \times \sqrt{2}$; 另一方面, 根据式 (1-12) 它们还等价于 1 个底面积为 2^2, 高度为 $3\sqrt{2}$ 的 3 维四棱锥体.

对于 $2^{3.5}$ 而言, 意味着体积为 8 的正立方体向第 4 维空间正交扩张, 扩张维度为 0.5(扩张的广义高度为 $\sqrt{2}$), 形成形体特征量为 $2^3 \times \sqrt{2}$ 的非正则 4 维八胞 3 维体几何对象. 采用与分拆非正则 3 维六面体几何对象相似的方法, 我们可将该非正则 4 维八胞 3 维体分拆为 2 个 "底" 体积为 2^3, 高度均为 $\frac{\sqrt{2}}{2}$ 的 4 维正八棱锥体以及 6 个 "底" 体积为 $2^2 \times \sqrt{2}$、高为 1 的 4 维正八棱锥体, 根据 4 维八棱锥体的体积公式 $V_4 = \frac{1}{4}a^3 \times h$, 不难验证, 2 个 "底" 体积为 2^3, 高度均为 $\frac{\sqrt{2}}{2}$ 的 4 维正八棱锥体的体积为 $\frac{1}{4}\left(2^3 \times \frac{\sqrt{2}}{2}\right) \times 2 = 2\sqrt{2}$, 6 个 "底" 体积为 $2^2 \times \sqrt{2}$、高为 1 的 4 维八棱锥体体积为 $\frac{1}{4}((2^2 \times \sqrt{2}) \times 1) \times 6 = 6\sqrt{2}$, 上述 8 个 4 维八棱锥体体积求和为 $2\sqrt{2} + 6\sqrt{2} = 2^3 \times \sqrt{2}$; 另一方面, 根据式 (1-12) 它们还等价于 1 个基础形体特征量为 2^3, 高度为 $4\sqrt{2}$ 的 4 维八棱之广义锥体.

一般地, 对于 $y = x^{(n-1)+0.5}$ 而言, 意味着 $n-1$ 维空间中基础形体特征量为 x^{n-1} 的正则几何对象向第 n 维空间正交扩张, 扩张维度为 0.5, 扩张的广义高度为 $\sqrt{x}$, 形成形体特征量为 $x^{n-1}\sqrt{x}$ 的 n 维非正则几何对象. 与之具有同一形体特征量的广义锥形几何对象是 2 个基础形体特征量为 x^{n-1}, 广义高度为 $\frac{\sqrt{x}}{2}$ 的 n 维 2^{n-1} 棱之广义锥体以及 $2n-2$ 个基础形体特征量为 $x^{n-2}\sqrt{x}$, 广义高度为 $\frac{x}{2}$ 的 n 维 2^{n-1} 棱之广义锥体, 它们等价于一个基础形体特征量为 x^{n-1}, 高度为 $n\sqrt{x}$ 的 n 维 2^{n-1} 棱广义锥体.

归纳上述推导过程, 我们得到上述三类具有 0.5 分维度几何对象之形体特征量统一计算公式为

$$V_n = \frac{1}{n}\left(\left(x^{n-1} \times \frac{\sqrt{x}}{2}\right) \times 2 + \left(\left(x^{n-2}\sqrt{x}\right) \times \frac{x}{2}\right) \times (2n-2)\right) = x^{n-1} \times \sqrt{x} \quad (1\text{-}13)$$

其中, $n \geqslant 1$.

由于 $x^{(n-1)+0.5} = x^{(n-1)+\frac{1}{2}}$ 只是一种特殊情形, 我们需要了解更一般的情形, 将前式中的数字 2 替换为取值范围为大于 1 的整数型变量 m, 则对于 $x^{(n-1)+\frac{1}{m}}$ 而言, 基础形体特征量为 x^{n-1} 的正则几何对象向第 n 维空间正交扩张, 扩张维度为 $\frac{1}{m}$, 扩张 (广义) 高度为 $\sqrt[m]{x}$, 形成形体特征量为 $x^{n-1} \times \sqrt[m]{x}$ 的 n 维几何对象; 与之具有同一形体特征量的广义锥形几何对象是 2 个基础形体特征量为 x^{n-1}, 广义高度为 $\frac{\sqrt[m]{x}}{2}$ 的 n 维 2^{n-1} 棱之广义锥体以及 $2n-2$ 个基础形体特征量为 $x^{n-2} \times \sqrt[m]{x}$, 广义高度为 $\frac{x}{2}$ 的 n 维 2^{n-1} 棱之广义锥体; 它们还等价于一个基础形体特征量为 $\frac{1}{n}x^{n-1}$, 高度为 $n\sqrt[m]{x}$ 的 2^{n-1} 棱之 n 维广义锥体.

它们的形体特征量统一计算公式为

$$\begin{aligned} V_n &= \frac{1}{n}\left(\left(x^{n-1} \times \frac{\sqrt[m]{x}}{2}\right) \times 2 + \left(\left(x^{n-2} \times \sqrt[m]{x}\right) \times \frac{x}{2}\right) \times (2n-2)\right) \\ &= x^{n-1} \times \sqrt[m]{x} \end{aligned} \tag{1-14}$$

其中, $n \geqslant 1$.

利用式 (1-14), 很容易得到整维度正则 n 维几何对象的同维度锥形切割特征量表达式. 令 x^{n-1} 对应基础几何对象形体特征量, x 对应基础几何对象向 n 维空间整维度扩张的广义 “高度”. 由于整维度正则 n 维几何对象具有 $2n$ 个 $n-1$ 维广义 “表面”, 所以其能被对称的切割为 $2n$ 个 2^{n-1} 棱广义锥, 它们的广义体积求和表达式为 $V_n = \frac{1}{n}\sum_{i=1}^{2n} x^{n-1} \times \frac{\sqrt[m]{x}}{2}$. 对于每个 2^{n-1} 棱广义 “锥形” 几何对象而言, $\frac{1}{n}x^{n-1} \times \frac{x}{2}$ 对应其形体特征量 (体积), $\frac{x}{2}$ 对应它们的统一广义 “高度”, x^{n-1} 对应它们的统一基础形体特征量, $\frac{1}{n}$ 对应它们的统一特征量系数 (与维度相关).

其中, 每个广义锥存在 2^{n-1} 个棱即意味着 (欧氏空间中)n 维几何对象的基础几何对象具有 2^{n-1} 个顶点. 在 n 维欧氏空间中, 如果这些顶点均与另一组 2^{n-1} 个顶点相连, 则形成 2^{n-1} 个广义垂直棱, 所形成的 n 维几何对象必为广义柱体或方体; 如果这些顶点均与另一个顶点相连, 则形成 2^{n-1} 个广义斜棱, 所形成的 n 维几何对象必为广义锥体.

例如, 设某非整维度几何对象的基础几何对象维度为 99, 向第 n =100 维空间扩张的维度为 $\frac{1}{m} = \frac{1}{3}$, 表达基 x=8, 则此时的 $y = x^{n-1+\frac{1}{m}}$ 对应一个表达基为 8, 基础几何对象特征量为 8^{99}, 在第 100 维空间中的广义高度为 2 的 100 维非正则且非锥形几何对象, 其广义体积为 $V_{100} = 8^{99} \times \sqrt[3]{8}$, 该几何对象的前 99 个维度属于整维度, 最后一个维度属于非整维度.

在形体特征量方面, 这个非整维度几何对象的第一种同维度等价几何对象是 2 个 2^{99} 棱 100 维广义锥体 (每个 2^{99} 棱广义锥体的基础几何对象特征量为 $\frac{8^{99}}{100}$, 广义高度均为 1), 以及 198 个 2^{99} 棱 100 维广义锥体 (每个 2^{99} 棱广义锥体的基础几何对象特征量为 $\frac{8^{98} \times 2}{100}$, 广义高度均为 2) 的特征量求和, 根据式 (1-14) 知道,

$$V_{100} = \frac{1}{100}\left(\left(8^{99} \times \frac{\sqrt[3]{8}}{2}\right) \times 2 + \left(\left(8^{98} \times \sqrt[3]{8}\right) \times \frac{8}{2}\right) \times (200-2)\right)$$

在形体特征量方面, 这个非整维度几何对象的第二种同维度等价几何对象是 1 个 100 维 2^{99} 棱广义锥体, 其基础几何对象特征量为 $\frac{8^{99}}{100}$, 广义高度为 $100 \times \sqrt[3]{8}$, 其广义体积为 $V_{100} = \frac{8^{99}}{100}(100 \times \sqrt[3]{8})$.

在形体特征量方面, 这个非整维度几何对象的第三种同维度等价几何对象是 200 个 100 维 2^{99} 棱广义锥体, 其基础几何对象特征量为 $\frac{8^{99}}{100}$, 广义高度为 $\frac{\sqrt[3]{8}}{2}$, 其广义体积为 $V_{100} = \sum\limits_{i=1}^{200} \frac{8^{99}}{100} \times \frac{\sqrt[3]{8}}{2}$.

以上 4 种具有不同表达方式的 100 维几何对象的形体特征量 (广义体积) 均为 509258994083621521567111422102344540262867098416484062659035112338595324940834176545849344.

需要特别提请读者注意的是, 不要试图以 3 维 2^{99} 棱体的概念去想象 100 维 2^{99} 棱体的模样, 因为 100 维 2^{99} 棱体与 3 维 2^{99} 棱体是两种截然不同的几何对象. 最简单的区别在于: 3 维 2^{99} 棱体的一级表面为平面, 而 100 维 2^{99} 棱体的一级 "表面" 为 99 维体.

以上讨论的情形中, 几何实体的非整维度均为有理数, 表达基皆为整数. 实际上几何实体的非整维度为无理数, 表达基为无理数时, 上述广义体积公式也成立 (保持空间标架的维度 n 为整数). 比如, 当 $m = \pi$, $x = \mathrm{e}$ 时, 上述特征量等价的 4 种类型 n 维几何对象形体特征量表达式分别为: $\mathrm{e}^{n-1+\frac{1}{\pi}}$, $\frac{1}{n}\left(\left(\mathrm{e}^{n-1} \times \frac{\sqrt[\pi]{\mathrm{e}}}{2}\right) \times 2 + \left(\left(\mathrm{e}^{n-2} \times \sqrt[\pi]{\mathrm{e}}\right) \times \frac{\mathrm{e}}{2}\right) \times (2n-2)\right)$, $\frac{1}{n}\left(\mathrm{e}^{n-1} \times n \times \sqrt[\pi]{\mathrm{e}}\right)$, 以及 $\frac{1}{n}\sum\limits_{i=1}^{2n} \mathrm{e}^{n-1} \times \frac{\sqrt[\pi]{\mathrm{e}}}{2}$.

1.7 正则几何对象的平凡重整与非平凡重整

在上一节研究几何对象广义体积公式时我们已经简单地讨论过几何对象的同维度切割与拼接操作问题, 本节内容将以此起点深入讨论几何对象的同维度切割与拼接以及变维度切割与搭接问题.

我们知道, 在通常的代数运算中, 加法运算可以不加区别地混用具有不同维度的纯量, 比如 $5+2^2+3^3$. 但是从几何的观点看, 几何对象特征量之间的加法运算均应属于 "空间标架维度相同" 几何对象拼接所对应的特征量求和运算, 前式可表述为: $(5\times1\times1)+(2^2\times1)+3^3$ 或者 $(\sqrt[3]{5})^3+(\sqrt[3]{2^2})^3+3^3$, 虽然这两种表达式都显得迂腐, 但从几何意义上看则比较清晰. 这两种表达方式都对应于 3 维空间标架中几何实体的拼接过程, 其结果对应于新的 "3 维几何对象" 特征量, 它们与 $3^2+4^2+5^2$ 所表达的几何意义是平权的 —— 它们都代表几何实体的同维 (度) 拼接运算, 我们称之为几何实体的平凡重整运算.

同维拼接 (平凡重整) 运算的几何意义可以这样直观地理解: 两条直线在 1 维空间中拼接过程对应于它们各自的一个端点 (一个 1 级表面) 相连接, 形体特征量对应于两条直线的长度相加; 两个平面在 2 维空间中拼接对应它们各自的一条边线 (一个 1 级表面) 相连接, 形体特征量对应于两个平面的面积相加; 两个立方体在 3 维空间中相接对应于它们各自的一个表平面 (一个 1 级表面) 相连接, 形体特征量对应于两个立方体的体积相加.

欧氏正则几何对象的拼接与几何对象的部分 1 级表面相连接概念密切相关. 对于直线而言, 0 级表面就是直线自身, 1 级表面就是它的端点, 一共存在 1 个 0 级表面和 2 个 1 级表面; 对于平面而言, 0 级表面就是平面自身, 1 级表面就是它的边线, 2 级表面是它的拐点, 一共存在 1 个 0 级表面和 4 个 1 级表面, 4 个 2 级表面; 对于 3 维体而言, 0 级表面就是 3 维体自身, 1 级表面就是它的表平面, 2 级表面是它的棱线, 3 级表面就是它的顶点, 一共存在 1 个 0 级表面和 6 个 1 级表面, 12 个 2 级表面, 8 个 3 级表面, $\cdots$ 显然, 欧氏正则几何对象 1 级表面总数为 $2n$. (关于几何对象表面级数的定义及不同级次表面数的计算, 请参阅《空间结构与几何对象》.

对于两个特征量相同的欧氏 1 维正则几何对象之 1 维拼接而言, 虽然拼接仅仅涉及几何对象各自 1 个 1 级表面 (端点), 但是因为进行了 1 维拼接, 各自损失 1 个 1 级表面, 所得到的仍然是 1 条直线和 2 个端点, 所不同的是直线长度增加了一倍.

对于两个特征量相同的欧氏 2 维正则几何对象的 2 维拼接而言, 虽然拼接仅仅涉及几何对象各自 1 个 1 级表面, 但是因为 3 维拼接, 各自损失 1 个 1 级表面、2 个 2 级表面, 另外还有 2 个 1 级表面因为 1 维拼接而相互成为延长线, 实际上最终拼接形成的几何对象仍然只有 4 个 1 级表面, 所不同的是此时已经由拼接前的正方形变为长方形了.

对于两个特征量相同的欧氏 3 维正则几何对象的 3 维拼接而言, 虽然拼接仅仅涉及几何对象各自 1 个 1 级表面, 但是因为整体拼接, 各自损失 1 个 1 级表面、4 个 2 级表面以及 4 个 3 级表面, 另外有 4 个 1 级表面因为 2 维拼接而相互成为延长面、4 个 2 级表面因为 1 维拼接而相互成为延长线, 实际上最终拼接形成的几何对象仍然只有 6 个 1 级表面和 12 个 2 级表面以及 8 个 3 级表面, 所不同的是此时已经由拼接前的正方体变为长方体了.

由此可知, 两个同维度几何对象的一个 1 级表面拼接即意味着两个几何对象合并为一个新的几何对象, 所形成的新几何对象保持拼接前的维度不变, 我们称之为同维拼接.

由于一个几何对象的 0 级表面就是几何对象自身, 由前述几何对象的递进扩张规律知道, 两个同维度几何对象的 0 级表面搭接即意味着两个几何对象全维度拼接. 而两个几何对象全维度拼接不可能在几何实体所在空间标架中完成, 因为在维度与几何实体维度相同的空间标架中, 两个几何实体只能有一个 1 级或 1 级以上表面相互连接, 所以任何同维度几何实体的 0 级表面连接即意味着升维, 或者说, 两个几何对象的全维度拼接只能在更高维度空间标架中进行, 所形成的几何对象必然具有更高的维度, 我们称两个几何对象全维度拼接为同维度搭接, 或者称为几何实体的非平凡重整.

典型情形是, 任何原点都有且仅有 0 级表面, 因此任何两个原点的同维度搭接都必然为全维度拼接. 逻辑上讲, 无表面接触者不能视为拼接, 而每个原点仅有 1 个 0 级表面, 两个原点的 1 个 0 级表面接触即为全维度拼接, 这种拼接必然是同维度搭接. 换言之, 在 0 维空间中不可能存在几何对象的同维度搭接过程, 因为 0 维几何对象没有 1 级表面.

举例, $6^0+4^0+5^0=3^1$ 与 $2^2+3^2+6^2=7^2$ 形式上就可以看出差异: 任何 2 个及以上 0 维数相加, 结果不为 0 维数; 任何 2 个及以上 $n\geqslant 1$ 维数相加, 结果可为 n 维数. 对应地, 由于在 0 维空间不存在几何对象的拼接过程, 当然也就不可能存在几何对象的 0 维空间切割过程. 举例, $5^0\neq 2^0+3^0$, 即 $a^0\neq b^0+c^0$.

在 1.6 节讨论中我们已经知道, 当 $n\geqslant 1$ 时一类 n 维非正则几何对象必然存在两种 n 维锥形几何对象的特征量与之等价的情形, 并且对于 n 维正则几何对象而言也存在一种特征量与之等价的 n 维锥形几何对象与之特征量等价, 即当 $n\geqslant 1$ 时 n 维正则几何对象总可以进行同维度锥形切割与拼接.

同维度锥形切割是一种处理几何实体平凡重整问题的较好方法, 而整维度正则几何对象的正则切割则在许多情况下无法实现. 我们知道, $a^1=b^1+c^1$ 这个等式总是成立, 这意味着, 在 1 维空间标架中, 整维度正则几何对象的正则切割无条件可实现; $a^2 = b^2 + c^2$ 这个等式有条件成立, 这意味着, 在 2 维空间标架中, 整维度正则几何对象的正则切割有条件可实现; 当 $n \geqslant 3$ 时 $a^n = b^n + c^n$ 这个等式不成立 (费马大定理), 但是 $a^n = b^n + c^n + d^n + \cdots$ 有可能成立, 比如在 3 维、4 维、5 维空间标架下, 分别存在 $3^3 + 4^3 + 5^3 = 6^3$, $2^4 + 2^4 + 3^4 + 4^4 + 4^4 = 5^4$, $4^5 + 5^5 + 6^5 + 7^5 + 9^5 + 11^5 = 12^5$ 等整维度正则几何对象的正则切割表达式. 有关整维度非整表达基表示的相关内容, 我们将在第 8 章继续讨论.

代数知识指出, 纯量的加法运算与乘法运算具有等价性, 即加法可以转换为乘法, 乘法也可以转换为加法. 比如, 2×3×5×6=180=20+30+50+80. 但在几何对象形体特征量计算中, 不存在这种等价性, 即同维拼接运算 (特征量加法运算表达式) 不能替代同维度搭接运算 (特征量乘法运算表达式), 同维度搭接运算也不能替代同维拼接运算, 两者的几何意义完全不同. 比如, 作为几何实体特征量表达式而言, 2×3×5×6=180 与 $20^1 + 30^1 + 50^1 + 80^1 = 180^1$ 的几何意义, 前者对应一个 4 维几何实体特征量, 而后者对应一个 1 维几何实体特征量.

又比如, 一方面当 $a = b$ 时, $a^2 + b^2 = 2a^2 = 2b^2$, 两个边长相同的正方形同维度拼接, 成为面积增大一倍的矩形. 另一方面, 当 $a = b$ 时, $a^2 \times b = b^2 \times a = a^3 = b^3$, 边长为 a 的正方形正交升维扩张, 可得到一个边长为 a 的正立方体. 尽管当 $a = b = 2$ 时两个表达式所对应的纯量皆为 8, 但它们在几何意义上却不能混为一谈.

当边长为 a 的正方形正交升维扩张, 其特征量表达式为 $a \times a = a^2$, 可以理解为 “一条长度为 $a > 0$ 的直线以其 0 级表面与另一长度为 a 的直线的 0 级表面相搭接”, 并且两者在 2 维空间中的距离为 a, 称为整维度正则扩张; 如果一条长度为 a 的直线以其 0 级表面与另一长度为 $b(b > 0, b \neq a)$ 的直线的 0 级表面相拼接, 并且两者在 2 维空间中的距离为 a, 称之为整维度非正则扩张; 如果一条长度为 a 的直线以其 0 级表面与另一长度为 a 的直线的 0 级表面相搭接, 并且两者在 2 维空间中的距离为 $c(a > c > 0)$, 称之为非整维度正则扩张; 如果一条长度为 a 的直线以其 0 级表面与另一长度为 $b(b > 0, b \neq a)$ 的直线的 0 级表面相搭接, 并且两者在 2 维空间中的距离为 $c(a > c > 0)$, 称之为非整维度非正则扩张.

无论何种情形, 一旦一个 n 维几何对象的 0 级表面参与搭接过程时, 就自动符合升维扩张的规则, 此时升维扩张的结果是得到一个 n+1 空间标架下的几何对象.

这给了我们一个启示, 凡涉及 0 级表面搭接者, 其形体特征量计算表达式必可用求积方式表达; 凡涉及 1 级表面拼接者, 其形体特征量计算表达式必可用求和方式表达. 相应地, 当 $n \geqslant 2$ 时, 降维切割所得到的等价几何对象特征量表达式必可为求积方式, 同维切割所得到的等价几何对象特征量表达式必可为求和方式. 特别地, 当 $n = 1$, $x \neq 1$ 时, $x^1 \neq x_1^0 \times x_2^0$.

我们称几何对象间的同维切割与拼接为几何对象平凡重整, 称几何对象间的变维切割与拼接为几何对象非平凡重整.

以上述概念为基础, 我们来讨论正则几何对象的平凡重整与非平凡重整问题.

1. 对开切割法

研究一组简单的例子.

以 x 为表达基的 2 维欧氏正则几何对象是一个正四边形, 其具有 2 组 (每组含 2 条相互平行的直线)1 维表面. 用一根直线过其中 1 组平行线的 (2 个) 中点, 将该正四边形划分为 2 个形体特征量相等的矩形, 每个矩形的面积为 $\frac{x}{2}\times x=\frac{x^2}{2}$.

以 x 为表达基的 3 维欧氏正则几何对象, 它是一个正六面体, 其具有 3 组 (每组 2 个相互平行的平面)2 维表面. 用一个 2 维平面, 过其中 2 组相互平行的平面的 (4 个) 中心点将该正六面体划分为 2 个形体特征量相等的非正则 3 维体. 每个非正则 3 维体的体积为 $\frac{x}{2}\times x^2=\frac{x^3}{2}$.

以 x 为表达基的 4 维欧氏正则几何对象是一个正则 4 维八胞体, 其具有 4 组 (每组 2 个相互对称的立方体)3 维表面. 用一个 3 维立方体, 过其中 3 组相互对称的立方体的 (6 个)中心点将该正则 4 维八胞体划分为 2 个形体特征量相等的非正则 4 维胞体, 每个非正则 4 维胞体的广义体积为 $\frac{x}{2}\times x^3=\frac{x^4}{2}$.

以 x 为表达基的 5 维欧氏正则几何对象是一个正则 5 维十胞体, 其具有 5 组 (每组 2 个相互对称的超立方体)4 维表面. 用一个 4 维超立方体, 过其中 4 组相互对称的超立方体的 (8 个) 中心点将该正则 5 维十胞体划分为 2 个形体特征量相等的非正则 5 维胞体, 每个非正则 5 维胞体的广义体积为 $\frac{x}{2}\times x^4=\frac{x^5}{2}$.

更高维度的对开切割可类推.

由于切割所得到的几何对象总是 2 个, 且互为镜像, 所以我们也可形象地称这种切割方法为 "镜像切割法". 由于对开切割法是一种同维度切割, 所以将采用对开切割法获得的同维度几何对象拼接成一个几何对象的操作属于同维度拼接 (平凡重整).

对开切割法进一步研究. 先看一个例子.

设存在形体特征量为 3.5^5 的正则 5 维几何对象, 其 1 级表面为形体特征量为 3.5^4 的正则 4 维几何对象.

以一个形体特征量为 3.5^4的正则 4 维几何对象过正则 5 维几何对象广义中心点切割之, 可得到 2 个形体特征量均为 $\frac{3.5}{2}\times 3.5^4$ 的非正则 5 维几何对象.

继续用一个形体特征量为 $\frac{3.5}{2}\times 3.5^3$的 4 维非正则几何对象切割每个形体特征

量均为 $\frac{3.5}{2}\times 3.5^4$ 的非正则 5 维几何对象, 共可得到 4 个 $\left(\frac{3.5}{2}\right)^2\times 3.5^3$ 的非正则 5 维几何对象.

继续用一个形体特征量为 $\left(\frac{3.5}{2}\right)^2\times 3.5^2$的 4 维非正则几何对象切割每个形体特征量均为 $\left(\frac{3.5}{2}\right)^2\times 3.5^3$ 的非正则 5 维几何对象, 共可得到 8 个 $\left(\frac{3.5}{2}\right)^3\times 3.5^2$ 的非正则 5 维几何对象.

继续用一个形体特征量为$\left(\frac{3.5}{2}\right)^3\times 3.5$ 的 4 维非正则几何对象切割每个形体特征量均为 $\left(\frac{3.5}{2}\right)^3\times 3.5^2$ 的非正则 5 维几何对象, 共得到 16 个 $\left(\frac{3.5}{2}\right)^4\times 3.5$ 的非正则 5 维几何对象.

最后用一个形体特征量为 $\left(\frac{3.5}{2}\right)^4$ 的 4 维非正则几何对象切割每个形体特征量均为 $\left(\frac{3.5}{2}\right)^4\times 3.5$ 的非正则 5 维几何对象, 共得到 32 个 $\left(\frac{3.5}{2}\right)^5$ 的正则 5 维几何对象.

至此, 形体特征量为 3.5^5 的 5 维正则几何对象已经被 5 种不同的 4 维几何对象切割为 32 个形体特征量均为 $\left(\frac{3.5}{2}\right)^5$ 的 5 维几何对象, 于是我们可以由 32 个特征量为 $\left(\frac{3.5}{2}\right)^5$ 的正则 5 维几何对象拼接成一个形体特征量为 3.5^5 的 5 维正则几何对象, 或由 16 个特征量为 $\left(\frac{3.5}{2}\right)^4\times 3.5$ 的非正则 5 维几何对象拼接成一个形体特征量为 3.5^5 的 5 维正则几何对象, 或者由 8 个特征量为 $\left(\frac{3.5}{2}\right)^3\times 3.5^2$ 的非正则 5 维几何对象拼接成一个形体特征量为 3.5^5 的 5 维正则几何对象, 或者由 4 个特征量为 $\left(\frac{3.5}{2}\right)^2\times 3.5^3$ 的非正则 5 维几何对象拼接成一个形体特征量为 3.5^5 的 5 维正则几何对象, 还或者由 2 个特征量为 $\frac{3.5}{2}\times 3.5^4$ 的非正则 5 维几何对象拼接成一个形体特征量为 3.5^5 的 5 维正则几何对象.

一般地, 保留公共表达基的对开切割仅能进行 $n-1$ 轮, 第 $1\leqslant p\leqslant n-1$ 轮切割后可获得2^{n-1} 个特征量为 $\left(\frac{x}{2}\right)^p x^{n-p}$ 的非正则几何对象. 经 n 轮 “对开切割”

后，形体特征量为 x^n 的正则几何对象将被切割成 2^n 个具有形体特征量 $\left(\frac{x}{2}\right)^n$ 的 n 维基本单元 (正则几何对象). 也就是说, 经过 n 轮 "对开切割" 后, 形体特征量为 x^n 的正则几何对象就会变为原表达基减半的 n 维正则几何对象. 一般地, 有 $\sqrt[n]{\sum_{i=1}^{2^n} x^n} = 2x$ 成立, n 为正整数.

演绎. 一个形体特征量为 x^1 的 1 维正则几何对象只能由 2^1 个具有形体特征量 $\left(\frac{x}{2}\right)^1$ 的 1 维基本单元构成; 一个形体特征量为 x^2 的 2 维正则几何对象只能由 2^2 个具有形体特征量 $\left(\frac{x}{2}\right)^2$ 的 2 维基本单元构成; 一个形体特征量为 x^3 的 3 维正则几何对象只能由 2^3 个具有形体特征量 $\left(\frac{x}{2}\right)^3$ 的 3 维基本单元构成, 等等. 反而言之, 一个特征量为 x^n 的 n 维正则几何对象必可由2^n 个特征量为 $\left(\frac{x}{2}\right)^n$ 的正则几何对象平凡重整获得. 要想以少于 2^n 个正则几何对象平凡重组为特征量为 x^n 的 n 维正则几何对象, 必须满足若干个特征量为 $\left(\frac{x}{2}\right)^n$的正则几何对象平凡重整获得一些具有 "中间件" 性质的正则几何对象. 比如, 设 $x = 5$, $n = 2$, 则必有 4 个特征量为 $\left(\frac{5}{2}\right)^2$ 的正则几何对象平凡重整获得特征量为 5^2 之几何实体. 平凡重整过程如下: 将 4 个特征量为 $\left(\frac{5}{2}\right)^2$ 的正则几何对象两两对接, 形成两组 2.5×5 的矩形 (分别命名为 A, B), 从 A 切割出 2.5×1 几何实体 (命名为 C), 从 B 切割出 2.5×2 几何实体 (命名为 D), A 的特征量变为 2.5×4, B 的特征量变为 2.5×3; 将 C, D 的特征量求和得到一个特征量 2.5×3 的几何对象 (命名为 E), 从 E 切割出 0.5×3 与 B 拼接, 使得 B 变为特征量为 3×3 的正则几何对象; 将 E 剩余的 3×2 几何对象切割成 2 个特征量为 1.5×2 的几何实体, 并将这 2 个几何实体拼接为特征量为 1.5×4 的几何实体, 最后与特征量变为 2.5×4 的 A 拼接, 得到一个特征量为 4×4 的几何实体. 于是最终完成了将 4 个特征量为 $\left(\frac{5}{2}\right)^2$ 的正则几何对象平凡重整为 3×3 和 4×4 两个正则几何实体.

由此可知, 费马大定理的本质是: 对于任何 3 维及以上整维度、整表达基正则几何实体而言, 不可能将与其等价的 2^n 个特征量为 $\left(\frac{x}{2}\right)^n$ 的整维度正则几何对象平凡重整为 2 个整维度、整表达基正则几何实体.

2. 二项切割法

设表达基 $x = a + b$, n 维正则几何对象的特征量表达式可记为

$$\begin{aligned} x^n &= (a+b)^n = x^{n-1}(a+b) = x^{n-1}\times a + x^{n-1}\times b \\ &= (a+b)^{n-1}\times a + (a+b)^{n-1}\times b \end{aligned}$$

则当 $a = b$ 时上述关系式对应 "对开切割法" 切割的几何对象拼接关系.

一般情形下 $a \neq b$, 上述关系式就对应 "二项切割法" 切割的几何对象拼接关系.

先看一个例子. 设 x=3.5 为非整数, 可表示为 x=3+0.5. 在 5 维空间标架中, 表达基为 3.5 的 4 维几何对象向第 5 维度扩张距离为 3, 形成 $3.5^4\times3$ 的非正则 5 维几何对象; 同时另有 1 个表达基也为 3.5 的 4 维几何对象向第 5 维度扩张距离为 0.5, 形成 1 个 $3.5^4\times0.5$ 的非正则 5 维几何对象. 将特征量为 $3.5^4\times3$ 的非正则 5 维几何对象与特征量为 $3.5^4\times0.5$ 的非正则 5 维几何对象进行同维拼接, 即可获得表达基为 3.5 的正则 5 维几何对象.

拼接过程的逆过程即为切割过程. 使用二项切割法, 可以将一个特征量为 3.5^5 的几何对象逐级切割为若干个仅有 1 维正则, 其余维度全部非正则, 表达基为 3.5 的 5 维非正则几何对象. 以下分析切割步骤.

第 1 轮切割: 把特征量为 3.5^5 的正则 5 维几何对象切割为一个 $3.5^4\times3$ 的非正则 5 维几何对象与一个特征量为 $3.5^4\times0.5$ 的非正则 5 维几何对象.

第 2 轮切割: 首先对形体特征量为 $3.5^4\times3$ 的非正则 5 维几何对象进行第 2 轮切割, 形成 1 个形体特征量为 $3.5^3\times3\times3$ 的几何对象及 1 个形体特征量为 $3.5^3\times3\times0.5$ 的几何对象; 其次对于经第 1 轮切割所获得的形体特征量为 $3.5^4\times0.5$ 的 1 个几何对象进行第 2 轮切割, 得到 1 个形体特征量为 $3.5^3\times0.5\times3$ 的几何对象及 1 个形体特征量为 $3.5^3\times0.5\times0.5$ 的几何对象.

总体而言, 经过 2 轮切割, 我们得到 1 个形体特征量为 $3.5^3\times3\times3$ 的几何对象, 2 个形体特征量为 $3.5^3\times3\times0.5$ 的几何对象, 以及 1 个形体特征量为 $3.5^3\times0.5\times0.5$ 的几何对象.

使用同样的方法, 进行第 3 轮切割.

首先, 对形体特征量为 $3.5^3\times3\times3$ 的几何对象进行第 3 轮切割. 得到 1 个形体特征量为 $3.5^2\times3\times3\times3$ 的几何对象及 1 个形体特征量为 $3.5^2\times3\times3\times0.5$ 的几何对象; 其次, 对 2 个形体特征量为 $3.5^3\times3\times0.5$ 的几何对象分别进行第 3 轮切割, 各得到 1 个形体特征量为 $3.5^2\times3\times0.5\times3$ 的几何对象及 1 个形体特征量为 $3.5^2\times3\times0.5\times0.5$ 的几何对象; 最后, 对形体特征量为 $3.5^3\times0.5\times0.5$ 的几何对象进行第 3 轮切割, 形成 1 个形体特征量为 $3.5^2\times0.5\times0.5\times3$ 的几何对象及 1 个形体特

征量为 $3.5^2 \times 0.5 \times 0.5 \times 0.5$ 的几何对象.

经过 3 轮切割, 我们得到 1 个形体特征量为 $3.5^2 \times 3 \times 3 \times 3$ 的几何对象, 3 个形体特征量为 $3.5^2 \times 3 \times 3 \times 0.5$ 的几何对象, 3 个形体特征量为 $3.5^2 \times 3 \times 0.5 \times 0.5$ 的几何对象, 以及 1 个形体特征量为 $3.5^2 \times 0.5 \times 0.5 \times 0.5$ 的几何对象.

相似地, 经过第 4 轮切割, 我们得到 1 个形体特征量为 $3.5 \times 3 \times 3 \times 3 \times 3$ 的几何对象, 4 个形体特征量为 $3.5 \times 3 \times 3 \times 3 \times 0.5$ 的几何对象, 6 个形体特征量为 $3.5 \times 3 \times 3 \times 0.5 \times 0.5$ 的几何对象, 4 个形体特征量为 $3.5 \times 3 \times 0.5 \times 0.5 \times 0.5$ 的几何对象, 以及 1 个形体特征量为 $3.5 \times 0.5 \times 0.5 \times 0.5 \times 0.5$ 的几何对象.

综上分析, 5 种 (16 个) 具有相同表达基的 5 维非正则几何对象可以同维拼接为 1 个 5 维正则几何对象.

令 $x = 3.5$, $a = 3$, $b = 0.5$, 将上述分析视为一般 5 维正则几何对象拼接成的代数表达式的一种特例, 则可以还原出一个具有特殊含义的代数方程

$$xa^4 + 4xa^3b + 6xa^2b^2 + 4xab^3 + xb^4 - x^5 = 0$$

并由此得到

$$a^4 + 4a^3b + 6a^2b^2 + 4ab^3 + b^4 - x^4 = 0 \tag{1-15}$$

于是, 一个 5 维几何对象的切割与拼接方案最终同一个一元 4 次代数方程发生了联系, 这类方程使得某些高次代数方程的构造及其解具有了可以辨识的几何意义.

读者不难验证, 当 $x = a + b$, $n \geqslant 0$ 且 $a \neq b$ 时, n 维正则几何对象进行同维度二项切割后的各种几何对象数量及拼接关系代数表达式为 $\sum\limits_{m=0}^{n} \dfrac{n!}{(n-m)!m!} b^{n-m} a^m = x^n$, 其中 $\dfrac{n!}{(n-m)!m!}$ 为第$m+1$ 种 n 维非正则几何对象 (简称为 “几何碎块”) 的个数, $b^{n-m}a^m$ 为第 $m+1$ 种 “几何碎块” 的单个形体特征量. 第 8 章我们将讨论这类方程解的结构及其求解问题.

二项切割法进一步研究.

令 $x_1 = a$, $\lambda = b$, 上述几何对象的形体特征量为 $y = x^n = (x_1 + \lambda)^n$, 显然, 在几何碎块特征量表达式中保留公共表达基 x 的二项切割最多可以进行 $n-1$ 轮, 若进行第 n 轮二项切割, 则作为公共表达基的 x 就不再出现在几何碎块特征量表达式中. 若无须保留公共表达基 (部分几何碎块仅有 x_1 或者 λ 作为其表达基), 则可进行 n 轮切割.

第 1 轮切割之后得到

$$x^n = (x_1 + \lambda)^n$$

$$=x_1 \times x^{n-1} + (\lambda \times x^{n-1})$$

第 2 轮切割之后得到

$$\begin{aligned} x^n =&(x_1+\lambda)^n \\ =&x_1(x_1 \times x^{n-2} + \lambda \times x^{n-2}) + x_1 \times \lambda \times x^{n-2} + \lambda \times \lambda \times x^{n-2} \\ =&x_1^2 \times x^{n-2} + 2x_1 \times \lambda \times x^{n-2} + \lambda^2 \times x^{n-2} \end{aligned}$$

第 3 轮切割之后得到

$$\begin{aligned} x^n =&(x_1+\lambda)^n \\ =&x_1^2(x_1 \times x^{n-3} + \lambda \times x^{n-3}) + 2x_1(x_1 \times \lambda \times x^{n-3} + \lambda^2 \times x^{n-3}) \\ &+ x_1\lambda^2 \times x^{n-3} + \lambda^3 \times x^{n-3} \\ =&x_1^3 \times x^{n-3} + 3x_1^2 \times \lambda \times x^{n-3} + 3x_1 \times \lambda^2 \times x^{n-3} + \lambda^3 \times x^{n-3} \end{aligned}$$

第 4 轮切割之后得到

$$\begin{aligned} x^n =&(x_1+\lambda)^n \\ =&x_1^3(x_1 \times x^{n-4} + \lambda \times x^{n-4}) + 3x_1^2(x_1 \times \lambda \times x^{n-4} + \lambda^2 \times x^{n-4}) \\ &+ 3x_1(x_1 \times \lambda^2 \times x^{n-4} + \lambda^3 \times x^{n-4}) + x_1 \times \lambda^3 \times x^{n-4} + \lambda^4 \times x^{n-4} \\ =&x_1^4 \times x^{n-4} + 4x_1^3 \times \lambda \times x^{n-4} + 6x_1^2 \times \lambda^2 \times x^{n-4} + 4x_1 \times \lambda^3 \times x^{n-4} \\ &+ \lambda^4 \times x^{n-4} \end{aligned}$$

由上述各式归纳整理, 不难得到第 p 轮二项切割法切割后所获几何对象拼接关系及形体特征量通用表达式为

$$x^n = (x_1+\lambda)^n = \sum_{k=0}^{p} \frac{p!}{(p-k)!k!}(x_1^{p-k} \times \lambda^k \times x^{n-p}) \tag{1-16}$$

其中, $1 \leqslant p \leqslant n$ 且 p 为整数. 显然, 当 $1 \leqslant p < n$ 时, 原始公共表达基 x 存在于几何碎片的形体特征量表达式中; 当 $p = n$ 时, 原始公共表达基 x 从几何碎片的形体特征量表达式中消失.

称 $x_1^{p-k} \times \lambda^k \times x^{n-p}$为在第 p 轮切割后获得的几何对象 (几何碎块单体) 之形体特征量, 对应的 $\dfrac{p!}{(p-k)!k!}$ 是经 p 轮切割后各种几何对象的数量分布情况.

一般而言, 以 $x = x_1 + \lambda$ 为表达基的 n 维正则欧氏几何对象经 p 轮 “二项切割” 之后, 将形成 $p+1$ 种共 $\displaystyle\sum_{k=0}^{p} \frac{p!}{(p-k)!k!}$ 个 n 维 “几何碎块”—— 非正则 n 维体.

3. 锥形切割法

根据 1.6 节知道, 3 维立方体可以有若干种具有等体积的几何形状, 其中有两种是锥体. 这说明正则几何对象与锥形几何对象之间存在同维度切割与拼接 (平凡重整) 的情形. 本节我们重点讨论 n 维正则几何对象的锥形切割问题, 并且从 2 维正则几何对象的锥形切割方法开始分析.

以 x 为表达基的 2 维欧氏正则几何对象是一个正四边形, 其具有 2×2 个 1 维表面. 以其每个 1 维表面 (直线) 的 2 个端点为起点, 分别向正四边形的中心点划线, 可将该正四边形划分为 4 个形体特征量相等的等腰三角形, 每个等腰三角形的面积为 $\dfrac{1}{2}\times x\times\dfrac{x}{2}=\dfrac{x^2}{4}$.

以 x 为表达基的 3 维欧氏正则几何对象是一个正六面体, 其具有 2×3 个 2 维表面. 以其每个 2 维表面的 4 条边为起始, 分别向正六面体的中心点同时切割 (以不破坏其他切割平面为原则), 可将该正六面体划分为 6 个形体特征量相等的四棱锥体. 每个四棱锥体的体积为 $\dfrac{1}{3}\times x^2\times\dfrac{x}{2}=\dfrac{x^3}{6}$.

而以 x 为表达基的 4 维欧氏正则几何对象是一个正八胞体, 其具有 2×4 个 3 维表面. 以其每个 3 维表面的 6 个平面为起始, 分别向正八胞体的中心点同时切割 (以不破坏其他切割 3 维体为原则), 可将该正八胞体划分为 8 个形体特征量相等的广义八棱锥体. 每个广义八棱锥体的广义体积为 $\dfrac{1}{4}\times x^3\times\dfrac{x}{2}=\dfrac{x^4}{8}$.

一般地, 以 x 为表达基的 n 维欧氏正则几何对象的广义体积(形体特征量) 可用 x^n 表达, 每个 n 维广义锥体的形体特征量均为 $\dfrac{1}{n}\times x^{n-1}\times\dfrac{x}{2}=\dfrac{x^n}{2n}$, 则由 $2n$ 个 n 维广义锥体可以拼接出 1 个 n 维正则几何对象. 换言之, 1 个 n 维欧氏正则几何对象, 总可以被切割为 $2n$ 个 n 维 2^{n-1} 棱广义锥体, 每个广义锥体的 "高度" 均为 $\dfrac{x}{2}$, 广义 "底面积" 均为以 x 为表达基的 $n-1$ 维正则几何对象特征量.

锥形切割法进一步研究. 也是先看一个例子.

形体特征量为 3.5^5 对应的 5 维正则几何对象具有 10 个 4 维表面, 每个 4 维表面包含 2×8 个顶点, 因此第 1 轮切割可得到 10 个基础形体特征量为 3.5^4, 广义高度为 $\dfrac{3.5}{2}$ 的 5 维 8 棱广义锥, 每个 5 维 8 棱广义锥的形体特征量为 $\dfrac{1}{5}\times3.5^4\times\dfrac{3.5}{2}$, 它们拼接后的形体特征量为

$$V_5=10\left(\frac{1}{5}\times3.5^4\times\frac{3.5}{2}\right)=3.5^5$$

其中, 形体特征量 3.5^4 所对应的几何对象称为 5 维 8 棱广义锥的基础几何对象 (称

为广义底, 这个概念来自于 3 维锥体的底的概念类比).

使用同样的原则对特征量 3.5^4 对应的 5 维 8 棱广义锥的基础几何对象进行第 2 轮切割. 由于特征量 3.5^4 对应的基础几何对象具有 8 个 3 维表面, 每个 3 维表面包含 6 个顶点, 因此可切割出 8 个基础形体特征量为 3.5^3, 广义高度为 $\frac{3.5}{2}$ 的 4 维 6 棱广义锥, 每个 4 维 6 棱广义锥的形体特征量为 $\frac{1}{4}\times 3.5^3\times\frac{3.5}{2}$, 它们拼接后的形体特征量为

$$V_4 = 8\left(\frac{1}{4}\times 3.5^3\times\frac{3.5}{2}\right) = 3.5^4$$

使用同样的原则对特征量 3.5^3 所对应的基础几何对象进行第 3 轮切割. 由于特征量 3.5^3 对应的基础几何对象具有 6 个 2 维面, 每个 2 维面包含 4 个顶点, 因此可切割出 6 个基础形体特征量为 3.5^2, 广义高度为 $\frac{3.5}{2}$ 的 3 维 4 棱锥, 每个 3 维 4 棱锥的形体特征量为 $\frac{1}{3}\times 3.5^2\times\frac{3.5}{2}$, 它们拼接后的形体特征量为

$$V_3 = 6\left(\frac{1}{3}\times 3.5^2\times\frac{3.5}{2}\right) = 3.5^3$$

使用同样的原则对特征量 3.5^2 所对应的基础几何对象进行第 4 轮切割. 由于特征量为 3.5^2 对应的基础几何对象具有 4 个 1 维表面 (实际上是 4 条边), 每个 1 维表面包含 2 个顶点, 因此可切割出 4 个基础形体特征量为 3.5, 广义高度为 $\frac{3.5}{2}$ 的 2 维 2 棱广义锥 (实际上是三角形), 每个 2 维 2 棱广义锥的形体特征量为 $\frac{1}{2}\times 3.5\times\frac{3.5}{2}$, 它们拼接后的形体特征量为

$$V_2 = 4\left(\frac{1}{2}\times 3.5\times\frac{3.5}{2}\right) = 3.5^2$$

其中, $\frac{1}{2}\times 3.5\times\frac{3.5}{2}$ 代表 4 次切割后基本几何单元形体特征量, 它是一个底边长为 3.5 且高为 $\frac{3.5}{2}$ 的等腰三角形的面积.

如果把形体特征量为 3.5^5 对应的 5 维正则几何对象视为 6 维广义锥的基础几何对象, 则上述切割过程描述的就是一个不断地对广义锥的基础几何对象进行锥形切割的过程. 将上述切割过程记录下来, 则有

$$\begin{aligned}
V_5 &= 10\left(\frac{1}{5}\times 3.5^4\times\frac{3.5}{2}\right)\\
&= 10\left(\frac{1}{5}\times 8\left(\frac{1}{4}\times 3.5^3\times\frac{3.5}{2}\right)\times\frac{3.5}{2}\right)
\end{aligned}$$

$$= 10\left(\frac{1}{5}\times 8\left(\frac{1}{4}\times 6\left(\frac{1}{3}\times 3.5^2\times\frac{3.5}{2}\right)\times\frac{3.5}{2}\right)\times\frac{3.5}{2}\right)$$
$$= 10\left(\frac{1}{5}\times 8\left(\frac{1}{4}\times 6\left(\frac{1}{3}\times 4\left(\frac{1}{2}\times 3.5^1\times\frac{3.5}{2}\right)\times\frac{3.5}{2}\right)\times\frac{3.5}{2}\right)\times\frac{3.5}{2}\right) = 3.5^5$$

由上述分析可归纳出, 以 x 为表达基的欧氏 n 维正则几何对象, 总可以被切割成 $2n$ 个 n 维 $2(n-1)$ 棱广义锥, 其广义高度为 $\frac{x}{2}$, 每个 n 维 $2(n-1)$ 棱锥的基础几何对象皆为表达基为 x 的欧氏 $n-1$ 维正则几何对象; 欧氏 $n-1$ 维正则几何对象又可切割成 $2\,(n-1)$ 个 $n-1$ 维广义锥体 ($n-1$ 维 $2\,(n-2)$ 棱锥), 4 次切割获得的所有广义锥形几何碎块的广义高度皆为 $\frac{x}{2}$, 3.5^1 为 4 个 2 维锥形几何实体的基础几何对象特征量 (等腰三角形的底边长). 归纳上述表达式中蕴含的切割关系, 得到

$$\begin{aligned} y =& 2n\left\{\frac{1}{n}\times 2(n-1)\left[\frac{1}{n-1}\times\cdots\times 2(n-(n-2))\left(\frac{1}{n-(n-2)}\times x\times\frac{x}{2}\right)\times\cdots\times\frac{x}{2}\right]\times\frac{x}{2}\right\} \\ =& (2^{n-1}n!)\times\left(\frac{1}{n!}\right)\times(x)\times\left(\frac{x}{2}\right)^{n-1} = x^n \end{aligned} \tag{1-17}$$

由上述分析归纳, 欧氏 n 维锥形几何对象的基础 (正则) 几何对象 $n-1$ 轮切割结果之关系可由形体特征量关系式表达如下:

$$V_n = x\prod_{k=2}^{n} 2k\times\frac{1}{k}\times\frac{x}{2} = x^n \tag{1-18}$$

其中, k 为锥形切割的轮次.

显然当 $1\leqslant k\leqslant n-1$ 时, 式 (1-18) 中乘积符号之前的 x 是经 $n-1$ 轮通透切割后尚未被切割的表达基.

特别地, 当 $k=1$ 时, $2n\left(\frac{1}{n}\times x^{n-1}\times\frac{x}{2}\right) = x^n$, 表明切割过程从表达基为 x 的 n 维正则基础几何对象开始, 共切割出 $2n$ 个 n 维广义锥, 广义高度为 $\frac{x}{2}$; 当 $k=n-1$ 时, $2[n-(n-1-1)]\left(\frac{1}{n-(n-1-1)}\times x\times\frac{x}{2}\right) = 4\left(\frac{1}{2}\times x\times\frac{x}{2}\right) = x^2$, 表明切割过程进行到此已经切割到 2 维欧氏平面 (正四边形), 得到 4 个底边长为 x, 高为 $\frac{x}{2}$ 的等腰三角形, 如果再进行下一轮切割, 即展开对 4 个等腰三角形的锥形切割.

由式 (1-17) 可归纳出以下结论.

第 1 轮切割从 n 维正则几何对象开始, 共得到 $2n$ 个 n 维 $2(n-1)$ 棱广义锥.

第 2 轮切割对象是作为 n 维 $2(n-1)$ 棱广义锥基础几何对象的 $n-1$ 维正则几何对象, 每次切割得到 $2(n-1)$ 个 $n-1$ 维 $2(n-2)$ 棱广义锥; 本轮共切割 $2n$ 次, 故共获得 $2n(2(n-1))$ 个 $n-1$ 维 $2(n-2)$ 棱广义锥.

第 3 轮切割对象是作为 $n-1$ 维 $2(n-2)$ 棱广义锥基础几何对象的 $n-2$ 维正则几何对象, 每次切割得到 $2(n-2)$ 个 $n-2$ 维 $2(n-3)$ 棱广义锥; 本轮共切割 $2n(2(n-1))$ 次, 故共获得 $2n(2(n-1)2(n-2))$ 个 $n-2$ 维 $2(n-3)$ 棱广义锥.

……

第 k 轮切割对象是作为 $n-(k-1)$ 维 $2[n-(k-1)]$ 棱广义锥基础几何对象的 $n-(k-1)$ 维正则几何对象, 每次获得 $2[n-(k-1)]$ 个 $n-(k-1)$ 维 $2(n-k)$ 棱广义锥; 本轮共切割 $2n(2(n-1)\cdots2(n-(k-1)))$ 次, 故共获得 $2n(2(n-1)2(n-2)\cdots2(n-(k-1)))$ 个 $n-(k-1)$ 维 $2(n-k)$ 棱广义锥.

持续地切割各级广义锥的基础几何对象 (共 $k=n-1$ 轮), 最终获得 $2n(2(n-1)2(n-2)\cdots2(n-((n-1)-1)))=2n(2(n-1)2(n-2)\cdots4)$ 个 2 维 2 棱广义锥 (底边长度为 x, 高度为 $\dfrac{x}{2}$ 的等腰三角形).

举例. 当 $n=3$, $x=3.5$ 时, 一共可进行 $n-1=2$ 轮切割.

第 1 轮切割从 3 维正则几何对象开始, 共得到 $2n=6$ 个 3 维 $2(n-1)=4$ 棱锥.

第 2 轮切割对象是作为 3 维 4 棱广义锥基础几何对象的 2 维正则几何对象, 每次切割得到 4 个 2 维 2 棱广义锥; 本轮共切割 $2n=6$ 次, 故共获得 $2n(2(n-1))=24$ 个 $n-1=2$ 维 $2(n-2)=2$ 棱广义锥. 实际上是本轮切割仅在第一轮锥形切割获得的 6 个 4 棱锥的底面上刻画出 24 个等腰三角形, 其底边长为 3.5, 其高度为 $\dfrac{3.5}{2}$.

无论 n 是奇数还是偶数, $2n$ 总是偶数, 根据《素数研究与参考手册》第 14 页给出的偶数连乘表达式, 设偶数 $b=2n$ 且 $n\geqslant2$, 那么 $n-1$ 轮通透锥形切割获得的几何碎块数量 $2n(2(n-1)2(n-2)\cdots4)$可以表达为 $2^{\frac{b}{2}-1}\left(\dfrac{b}{2}\right)!=2^{n-1}n!$. 于是式 (1-18) 可以改写为

$$V_n=2^{n-1}n!x\prod_{k=2}^{n}\frac{1}{k}\times\frac{x}{2}=x^n \tag{1-19}$$

从几何对象拼接的角度看, $2^{n-1}n!$ 个以 x 为表达基的 2 维 2 棱广义锥构成 $\dfrac{2^{n-1}n!}{4}$ 个以 x 为表达基 (底面积为 x^2) 的 3 维 4 棱锥的底面. 顺序地, $\dfrac{2^{n-1}n!}{4}$ 个以 x 为表达基的 3 维 4 棱锥又构成 $\dfrac{2^{n-1}n!}{4\times6}$ 个以 x 为表达基 (基础几何对象特征量为 x^3) 的 4 维 6 棱广义锥的广义底面; $\dfrac{2^{n-1}n!}{4\times6}$ 个以 x 为表达基的 4 维 6 棱广义

锥又构成 $\dfrac{2^{n-1}n!}{4\times6\times8}$ 个以 x 为表达基 (基础几何对象特征量为 x^4) 的 5 维 8 棱广义锥的广义底面.

一般地, 设 c 为含有公共表达基 x 的广义锥几何对象的维度且 $2\leqslant c\leqslant n$, 于是有, 计算 n 维正则几何对象中包含 $c-1$ 维广义锥底个数的通用表达式为 $\dfrac{2^{n-1}n!}{2^{c-2}(c-1)!}$. 例如, 设 $n=5$, 当 $c=5$ 时 5 维正则几何对象包含的 4 维锥底共 10 个, 当 $c=4$ 时 5 维正则几何对象包含的 3 维锥底共 80 个, 当 $c=3$ 时 5 维正则几何对象包含的 2 维锥底共 480 个, 当 $c=2$ 时 5 维正则几何对象包含的 1 维锥底共 1920 个.

读者不难验证, $\dfrac{2^{n-1}n!}{2^{c-2}(c-1)!}=\prod\limits_{k=c}^{n}2k$.

需要提请注意的是, 以上分析中包含了一个具有特别意义的事实: 若干低维几何对象形体特征量之和所对应的纯量, 可以大于包容这些低维几何对象之高维几何对象形体特征量所对应的数值.

比如, 令 $x=3.5$, 以 3.5 为表达基的 5 维正则几何对象特征量为 $3.5^5=525.21875$, 对其进行第 1 轮切割后, 获得以 10 个 4 维正则几何对象为广义底, 1.75 为广义高的 5 维 8 棱广义锥. 每个广义底的形体特征量为 $3.5^4=150.0625$.

我们知道, 同维度几何对象是可以拼接的, 且拼接获得的几何对象特征量就是被拼接几何对象特征量之和. 从纯数值上看, 10 个形体特征量为 150.0625 的 4 维正则几何对象特征量之和 (数值) 远大于 525.21875, 这里似乎出现了悖论. 但是, 实际上考虑 150.0625 为 4 维数, 10 个 4 维数之和仍为 4 维数, 而 525.21875 为 5 维数, 两者同基不同维, 属于不同维度空间中几何对象的特征量, 所以不能直接比较大小.

联想到系统理论中存在 “整体大于局部之和” 的概念, 在这里刚好找到其数学注解 —— 无论 (低维) 系统局部特征量之和从数值上看有多么大, 它们都是属于构造高维度系统整体的分系统; 或者说哪怕 (高维) 系统整体的特征量单纯从数值上看小于 (低维) 局部特征量之和, 它仍然能够容纳足够多的低维度分系统.

理解上述概念最浅显的例子是: 由边长为 3.5 的 4 条直线构成正四边形, 其边长之和为 14, 但其面积仅为 12.25; 换言之, 面积为 12.25 的正四边形可以容纳长度之和为 14 的 4 条直线.

上述分析通过不断地降维对正则几何对象的 1 级 “表面” 进行锥形切割, 从而实现对整个正则几何对象从高维到 2 维的锥形切割, “通透” 切割是锥形切割的显著特点.

在锥形切割方式下, 对 n 维正则几何对象进行保留公共表达基的锥形碎块切

割也仅能进行 $n-1$ 轮, 第 n 轮的切割对象将是一条长度为 x 的直线, 无法对其进一步地进行锥形切割.

锥形切割的一个显著特点是: 使用锥形切割法切割后的几何对象特征量表达式不包含任何求和项, 这也意味着对于正则几何对象的锥形切割与拼接过程属于非平凡重整过程. 虽然这种非平凡重整过程比较简单, 但是却提供了对几何对象非平凡切割与重整过程进行深入研究的基础.

第 2 章　超越数 e 的几何意义理解

2.1　二项式展开系数与二项表达基特征量和谐性研究

二项式展开系数是一个耳熟能详的概念, 但经研究发现, 形如式 (2-1) 的 n 次二项式展开系数与正则几何对象二项表达基 (见 1.7 节)$x=1+10^m$ 的 n 维特征量 y 之间, 存在某些特殊的数组划分结构对应关系.

$$y=(1+10^m)^n \tag{2-1}$$

为分析简便起见, 这里规定 m 及 n 皆取自然数.

对于式 (2-1) 而言, 我们定义 $\{y|_m\}_n$ 代表对特征量 y 的划分, 其规则是：由右至左按每 m 个数字一组顺序划分 y 对应的纯量为 $n+1$ 个独立的数组 (其中第 $n+1$ 个数组仅有一位数字), 称 $\{y|_m\}_n$ 为 y 的 m 长度划分 (简称为 y 的 m 划分). 对于二项表达基为 $x=1+10^m$ 的 n 维几何对象形体特征量 y 而言, $\{y|_m\}_n$ 共包含 $n+1$ 个独立数组.

对于一般的二项式 $y=(a+b^m)^n$ 而言, 其展开系数共有 $n+1$ 个, 如果将其按下述规则整理：从右至左每组 m 位、大于或等于 m 位者不变、不足 m 位者左侧补 0, 整理后的数组简记为 $\{y_{(n)}\}_m$, 那么对于特定的 n, 当 m 大于或等于适当值 m_s 时, $y=(1+10^m)^n$ 的 $\{y|_m\}_n$ 所包含的 $n+1$ 个数组刚好能正确地对应由 n 次二项式 $y=(1+10^m)^n$ 展开后的各项系数整理得到的数组 $\{y_{(n)}\}_m$.

举例：当 m =2 且 n 由 0 变化到 8 时, 二项式 $y=(1+10^2)^n$ 的展开式系数整理成 $\{y_{(n)}\}_m$ 后的排列为

$n=0$　1

$n=1$　1 1

$n=2$　1 02 01

$n=3$　1 03 03 01

$n=4$　1 04 06 04 01

$n=5$　1 05 10 10 05 01

$n=6$　1 06 15 20 15 06 01

$$n = 7 \quad 1\ 07\ 21\ 35\ 35\ 21\ 07\ 01$$

$$n = 8 \quad 1\ 08\ 28\ 56\ 70\ 56\ 28\ 08\ 01$$

显然, 将上述 n=0 至 n=8 时二项式展开系数 $\{y_{(n)}\}_m$ 各数组间的空格去掉, 获得的结果与 n=0 至 n=8 对应的 $y=(1+10^2)^n$ 的几何对象形体特征量 y 的计算结果相同, 分别为: 1, 101, 10201, 1030301, 104060401, 10510100501, 1061520150601, 107213535210701, 10828567056280801. 但是, 当 $n=9$ 时, $m=2$ 所对应的二项式展开系数整理成 $\{y_{(n)}\}_m$ 后所构成的数组与划分 $\{y|_m\}_n$ 不同, 即去掉 $\{y_{(n)}\}_m$ 数组间的空格后所获得的数字与特征量表达式 $y=(1+10^2)^n$ 的计算结果不同:

1093684126126843609001 $\neq$ 1093685272684360901.

如果与 $y=(1+10^m)^n$ 值对应的 $\{y|_m\}_n$ 数组与 $\{y_{(n)}\}_m$ 中数组之间存在对应相等关系, 则称二项式 $(1+10^m)^n$ 的值为 n 次和谐数, 反之称其为 n 次非和谐数.

对于一个确定的 n 而言, 定义 m_s 为使得 $y=(1+10^m)^n$ 成为 n 次和谐数的最小指数, 于是 $m_s-m=\psi(n,m)$ 称为 $y=(1+10^m)^n$ 的不和谐度. 当 $\psi(n,m)\leqslant 0$ 时, $y=(1+10^m)^n$ 是和谐数 (不和谐度为 0 或和谐裕度为 $|\psi(n,m)|$); 当 $\psi(n,m)>0$ 时, $y=(1+10^m)^n$ 为非和谐数 (不和谐度大于 0).

$y=(1+10^m)^n$ 作为 n 次和谐数的存在需要满足一定的条件. 满足 $\psi(n,m)\leqslant 0$ 的条件蕴含了 m 值与 n 值之间的和谐搭配关系: 当 $m\geqslant n$ 时, $y=(1+10^m)^n$ 一定为和谐数, 此种情形称 y 为无条件和谐数; 当 $m<n$ 但在 m 值与 n 值的合理搭配范围内 ($m\geqslant m_s$) 时, $\{y|_m\}_n$ 与 $\{y_{(n)}\}_m$ 是对应相等的, 称 y 为 n 次和谐数; 当 m 值小于与 n 值的和谐搭配范围 ($m_s>m$) 时, $\{y|_m\}_n$ 与 $\{y_{(n)}\}_m$ 不是对应相等的, 此时称 y 为 n 次非和谐数.

表 2-1 列举了部分 m_s 值与 n_s 值的和谐搭配关系. (其中, m_s 值为与 n_s 值和谐搭配的 m 值下限, 或者说 n_s 值为与 m_s 值和谐搭配的 n 值上限, 即 0$\leqslant n\leqslant n_s$ 或 $m\geqslant m_s$ 时 $y=(1+10^m)^n$ 为 n 次和谐数.)

表 2-1 部分 m_s 值与 n_s 值的和谐搭配关系表

m_s	1	2	3	4	5	6	7	8	9	10	11	12	13	14	15
n_s	4	8	12	15	19	22	25	29	32	36	39	42	46	49	53
m_s	16	17	18	19	20	21	22	23	24	25	26	27	28	29	30
n_s	56	59	63	66	69	73	76	79	83	86	89	93	96	99	103

表 2-1 指出, 当 m_s=1 时, 0$\leqslant n\leqslant$4; 当 m_s=2 时, 0$\leqslant n\leqslant$8; 当 m_s=3 时, 0$\leqslant n\leqslant$12; 当 m_s=30 时, 0$\leqslant n\leqslant$103, $y=(1+10^m)^n$ 皆为和谐数. 另外一些典型的 m_s 值与 n 值搭配范围为: 当 m_s=300 时, 0$\leqslant n\leqslant$1001; 当 m_s=900 时, 0$\leqslant n\leqslant$2995; 当 m_s=3000 时, 0$\leqslant n\leqslant$9972; 当 m_s=6000 时, 0$\leqslant n\leqslant$19939. 根据趋势笔者猜想,

当 n 足够大时, $m_s \to \dfrac{3}{10}n$. 由于当 n 取较小值时部分 $m_s = \dfrac{1}{4}n$, 所以只能是 $m_s \to \dfrac{3}{10}n$, 而无法达到 $m_s = \dfrac{3}{10}n$ 程度. 有兴趣的读者不妨继续研究, 证实或证伪这个猜想.

以下首先以 n=9, 分别对应于 m=3 以及 $m=2$ 为例, 研究和谐数与非和谐数之间的差异.

一般二项式 $(a+b)^9$ 对应的展开系数为

$$\{1, 9, 36, 84, 126, 126, 84, 36, 9, 1\}$$

(1) 由表 2-1 知, 当 n=9 时, $y=(1+10^3)^9$ 为和谐数, 即 $y=(1+10^3)^9=$ 1009036084126126084036009001, 特征量 y 从右至左划分所得到 10 个数组 $\{y|_3\}_9=$ {1, 009, 036, 084, 126, 126, 084, 036, 009, 001}, 刚好与二项式 $(1+10^3)^9$ 之各项展开系数{1, 009, 036, 084, 126, 126, 084, 036, 009, 001}按 "从右至左每组 m_s 位、大于或等于 m_s 位者不变、不足 m_s 位者左侧补 0" 的规则整理后的数组 $\{y_{(9)}\}_3$ 相一致. 由于 $\{y|_3\}_9$ 与 $\{y_{(9)}\}_3$ 相一致, 因此这里的 y 为和谐数.

(2) 当 n=9, m=2 时, 二项式 $(1+10^2)^9$ 对应的展开系数仍为

$$\{1, 9, 36, 84, 126, 126, 84, 36, 9, 1\}$$

但 $y=(1+10^2)^9=$ 1093685272684360901 的划分 $\{y|_2\}_9$={1, 09, 36 , 85, 27, 26, 84, 36, 09, 01}, 与 $y=(1+10^2)^9$ 的 10 个展开系数整理集合 $\{y_{(9)}\}_2$={1, 09, 36, 84, 126, 126, 84, 36, 09, 01}不一致, 因此这里的 y 为非和谐数. $\{y_{(9)}\}_2$ 中两个值为 126 数组的百位数 1 在 $\{y|_2\}_9$ 中分别被进位到其左侧的另一个数组, 使得左侧数组的数值发生了变化, 我们称这种现象为 "搭接进位".

对比上述两组数据, 我们发现: $\{y_{(9)}\}_2$ 中的 10 个数组之间不包含搭接进位信息, 而在 $\{y|_2\}_9$ 中的 10 个数组之中有 2 组存在搭接进位现象, 且数组间搭接进位的最大进位深度为 1.

一般地, 若 $\{y|_m\}_n$ 数组间存在相邻 $m_s - m = \psi(n, m)$ 次递进搭接进位, 且进位深度为 k, $k \geqslant 1$, 则称 y 为 k 阶非和谐数.

要提请读者注意的是, 上述例子中, 刚好存在 $k=1$, $\psi(9,2)=1$ 的关系.

在研究了和谐数、$k=1$ 的非和谐数内部结构之后, 我们继续研究 $k>1$ 的 3 种非和谐数情形, 以便导出更加重要的结果.

1. 2 阶非和谐数举例

当 n=13 且 m=2 时, 由表 2-1 及上述分析知道, 由于 $m_s - m = \psi(13, 2)$=2, 所以 y 必为非和谐数, 其非和谐度为 2. 以下分析其非和谐阶次.

由表 2-1 知, 当 n=13 且 m_s=4 时,y 为和谐数. 当 n=13 且 $m = 2$ 时,y 为非和谐数, 其所对应的二项式展开系数整理数组为 $\{y_{(13)}\}_2$={1, 13, 78, 286, 715, 1287, 1716, 1716, 1287, 715, 286, 78, 13, 01}; 而当 n=13 且 m=2 时不难得到 $y = (1 + 10^2)^{13}$ =113809328043328941786781301, 有 $\{y|_2\}_{13}$={1, 13, 80, 93, 28, 04, 33, 28, 94, 17, 86, 78, 13, 01}.

显然, $\{y|_2\}_{13} \neq \{y_{(13)}\}_2$. 我们从右至左查找 $\{y_{(13)}\}_2$ 与 $\{y|_2\}_{13}$ 的数据差异:

第 1 个数据差异出现在从右至左 (顺序下同) 的第 4 个数组, 前者为 286, 后者为 86, 存在数据搭接进位现象. 其处于高位的 2 位数 02 与从右至左的第 5 个数组之低位数 15 搭接求和.

第 2 个数据差异出现在第 5 个数组, 前者为 715, 后者为 17, 存在数据搭接进位现象. 其低位数 15 与第 4 个数组的高位数 02 搭接求和变为 17, 其高位数 07 与第 6 个数组的低位数 87 搭接求和.

第 3 个数据差异出现在第 6 个数组, 前者为 1287, 后者为 94, 存在数据搭接进位现象. 其低位数 87 与第 5 个数组的高位数 07 搭接求和变为 94, 其高位数 12 则进位与第 7 个数组的低位数 16 搭接求和.

第 4 个数据差异出现在第 7 个数组, 前者为 1716, 后者为 28, 存在数据搭接进位现象. 其低位数 16 与第 6 个数组的高位数 12 搭接求和变为 28, 其高位数 17 则与第 8 个数组的低位数 16 搭接求和.

第 5 个数据差异出现在第 8 个数组, 前者为 1716, 后者为 33, 存在数据搭接进位现象. 其低位数 16 与第 7 个数组的高位数 17 搭接求和变为 33, 其高位数 17 则与第 9 个数组的低位数 87 搭接求和.

第 6 个数据差异出现在第 9 个数组, 前者为 1287, 后者为 04, 存在数据搭接进位现象. 其低位数 87 与第 8 个数组的高位数 17 搭接求和变为 104, 其中 100 以数字 1 继续进位与第 10 组数据的低位 15 求和, 第 9 组数据就变为 04, 其高位数 12 则与第 10 个数组的低位数 15 搭接求和.

第 7 个数据差异出现在第 10 个数组, 前者为 715, 后者为 28, 存在数据搭接进位现象. 其低位数 15 与第 9 个数组的高位数 12 搭接求和后, 再与第 8 组数据进位而来的 1 求和, 变为 28, 其高位数 07 则与第 11 个数组的低位数 86 搭接求和.

第 8 个数据差异出现在第 11 个数组, 前者为 286, 后者为 93, 存在数据搭接进位现象. 其低位数 86 与第 10 个数组的高位数 07 搭接求和变为 93, 其高位数 02 则与第 12 个数组的低位数 78 搭接求和.

第 9 个数据差异出现在第 12 个数组, 前者为 78, 后者为 80, 存在数据搭接进位现象. 其低位数 78 与第 11 个数组的高位数 02 搭接求和变为 80, 其高位数 00 则与第 13 个数组的低位数 13 搭接求和.

在上述 9 个数据差异中, 存在最大深度为 2 的递进搭接进位现象, 根据前述定

义, $m_s - m = 2 = \psi(13,2)$, $y = (1+10^2)^{13}$ 是一个不和谐度为 2 的不和谐数. 另一方面, 我们知道在本例中, $\{y|_2\}_{13}$ 的搭接进位深度为 2, 这说明, 有可能连续递进求和所涉及的数组递进搭接进位阶数与 $m_s - m$ 的结果表达的是同一个事实.

为了验证这个规律, 我们以下继续分别列举 3 阶非和谐数以及 4 阶非和谐数的例子各一个, 并以此为基础进一步归纳不和谐数构造的一般性质.

2. 3 阶非和谐数举例

当 n=16 且 m=2 时, 查表 2-1 知, 对应的 m_s=5, 因此 y 值应为 3 阶非和谐数. 以下是具体分析验证过程.

当 n=16 且 m_s=5 时有二项式展开系数表 $\{y_{(16)}\}_5$={1, 00016, 00120, 00560, 01820, 04368, 08008, 11440, 12870, 11440, 08008, 04368, 01820, 00560, 00120, 00016, 00001}.

而当 n=16 且 m=2 时, 有 y 值的划分数据表 $\{y|_2\}_{16}$={1, $\underline{17}$, $\underline{25}$, $\underline{78}$, $\underline{64}$, $\underline{49}$, $\underline{23}$, $\underline{69}$, $\underline{85}$, $\underline{20}$, $\underline{51}$, $\underline{86}$, $\underline{25}$, $\underline{61}$, $\underline{20}$, 16, 01}.

其中, 下划线之上的数值全部都是数据搭接求和过程形成的数据. 按照数据搭接求和规则, 我们仍然从 y 值的低位数开始数据搭接求和运算, $20 = 20 + 00; 61 = 60+01; 25 = 20+05; 86 = 68+18; 51 = 08+43; 20 = 40+80-100; 85 = 70+14+1; 69 = 40+28+1; 23 = 08+14+1; 49 = 68+80+1-100; 64 = 20+43+1; 78 = 60+18; 25 = 20+05; 17 = 16+01$. 其中, 64, 23, 69, 85, 20 分别涉及 2 个数据递进搭接求和运算, 为 2 次搭接求和数据, 而 49 则涉及 3 个数据递进搭接求和运算, 为 3 次搭接求和形成的数据. 全部递进搭接求和运算过程不存在比 3 次搭接求和更多的情形, 即进位深度为 3, 由此我们验证了以 $1+10^2$ 为表达基的 16 维几何对象之特征量 $y = (1+10^2)^{16}$ =117257864492369852051862561201601 为 3 阶非和谐数. 同时, 该数的不和谐度为 $\psi(16,2) = m_s - m = 3$.

3. 4 阶非和谐数举例

当 n=20 且 m=2 时, 查表 2-1 知, m_s=6, $\psi(20,2) = m_s - m = 4$, 则 y 值应为 4 阶非和谐数, 以下是具体分析验证过程.

当 n=20 且 m_s=6 时有二项式展开系数表 $\{y_{(20)}\}_6$={1, 000020, 000190, 001140, 004845, 015504, 038760, 077520, 125970, 167960, 184756, 167960, 125970, 077520, 038760, 015504, 004845, 001140, 000190, 000020, 000001}.

而当 n=20 且 m=2 时有 y 值的划分数据表 $\{y|_2\}_{20}$={1, $\underline{22}$, $\underline{01}$, $\underline{90}$, $\underline{03}$, $\underline{99}$, $\underline{47}$, $\underline{96}$, $\underline{68}$, $\underline{24}$, $\underline{48}$, $\underline{27}$, $\underline{49}$, $\underline{09}$, $\underline{15}$, $\underline{52}$, $\underline{56}$, $\underline{41}$, $\underline{90}$, 20, 01}.

其中, 下划线之上的数值全部都是搭接求和过程形成的数据. 按照数据搭接求和规则, 我们从 y 值的低位数开始搭接求和运算: $90 = 190 - 100; 41 = 40 + 01; 56 =$

$45+11; 52=04+48; 15=60+55-100; 09=20+87+01+1-100; 49=70+75+03+1-100; 27=60+59+07+1-100; 48=56+79+12+1-100; 24=60+47+16+1-100; 68=70+79+18+1-100; 96=20+59+16+1; 47=60+75+12-100; 99=04+87+07+1; 03=45+55+03-100; 90=40+48+01+1; 01=90+11-100; 22=20+01+1.$ 在上述运算式中, 减号对应着进位, 加号对应着求和.

不难看出, 有些数据只有进位而自身没有求和, 有些数据只有求和而自身无进位, 而有些数据既有求和自身也有进位, 但每个数据表达式中所包含的加号与减号数量最多为 4, 刚好与最大的递进次数为 4 相对应. 因此根据每个数据表达式中所包含的运算符数量也可判定非和谐数的阶数. 这样我们就验证了以 $1+10^2$ 为表达基的 20 维几何对象之特征量 $y=(1+10^2)^{20}=12201900399479668244827490915525641902001$ 为 4 阶非和谐数.

沿着上述思路我们继续推演一种非常特殊的情形. 当 m=1, $0 \leqslant n \leqslant 11$ 时有 y 值的划分数据表 $\{y|_1\}_{11}$ 为

$$
\begin{array}{c}
n=0\quad 1\\
n=1\quad 1\ \ 1\\
n=2\quad 1\ \ 2\ \ 1\\
n=3\quad 1\ \ 3\ \ 3\ \ 1\\
n=4\quad 1\ \ 4\ \ 6\ \ 4\ \ 1\\
n=5\quad 1\ \ 6\ \ 1\ \ 0\ \ 5\ \ 1\\
n=6\quad 1\ \ 7\ \ 7\ \ 1\ \ 5\ \ 6\ \ 1\\
n=7\quad 1\ \ 9\ \ 4\ \ 8\ \ 7\ \ 1\ \ 7\ \ 1\\
n=8\quad 2\ \ 1\ \ 4\ \ 3\ \ 5\ \ 8\ \ 8\ \ 8\ \ 1\\
n=9\quad 2\ \ 3\ \ 5\ \ 7\ \ 9\ \ 4\ \ 7\ \ 6\ \ 9\ \ 1\\
n=10\quad 2\ \ 5\ \ 9\ \ 3\ \ 7\ \ 4\ \ 2\ \ 4\ \ 6\ \ 0\ \ 1\\
n=11\quad 2\ \ 8\ \ 5\ \ 3\ \ 1\ \ 1\ \ 6\ \ 7\ \ 0\ \ 6\ \ 1\ \ 1
\end{array}
$$

由表 2-1 知道, 由于 m=1 时, 仅仅对应于 $0 \leqslant n \leqslant 4$ 的 $\{y|_1\}_{11}$ 无搭接进位. 当 $5 \leqslant n \leqslant 8$ 必然出现 1 阶搭接求和数据, 比如 $n=5$ 时 $\{y|_1\}_5$ 从右至左展开其非和谐后 6=5+1; 1=0+1; 0=0+0. 当 $9 \leqslant n \leqslant 12$ 时, 必然出现 2 阶搭接求和数据, 比如 $n=9$ 时 $\{y|_1\}_9$ 从右至左展开后的结果如下: 6=6+0; 7=4+3; 4=6+8−10; 9=6+2+1; 7=4+2+1; 5=6+8+1−10; 3=9+3+1−10; 2=1+1, 其中的 "+" 对应着递进求和, 而 "−" 则对应着向左进位.

在上述 $0 \leqslant n \leqslant 11$ 的 y 值划分 $\{y|_1\}_n$ 数据表中, $n=10$ 所对应的数为{2, 5, 9, 3, 7, 4, 2, 4, 6, 0, 1}, $n=11$ 所对应的数为{2, 8, 5, 3, 1, 1, 6, 7, 0, 6, 1, 1}这意味着 $y=(1+10)^{10}=25937424601$, $y=(1+10)^{11}=285311670611$, 也就是说, 在

$m=1$, $\dfrac{n}{m}=10$ 的情形与 $\dfrac{n}{m}=11$ 情形之间, 有可能出现与超越数 e 相关联的数字, 这种数值虽然会以整数的面貌出现, 但是对于寻找超越数 e 的几何意义仍然十分重要.

读者不难验证, 当我们选取 $m=6, n=10^6$ 时, 几何对象形体特征量表达式 $y=(1+10^6)^{10^6}=2.718280469319377\cdots\times10^{6000000}$, 其前 6 位数字与 e 的前 6 位数字完全相同; 而当我们选取 $m=7, n=10^7$ 时, $y=(1+10^7)^{10^7}=2.718281692544966\cdots\times 10^{70000000}$, 其前 7 位数字与 e 的前 7 位数字完全相同.

这给了我们一个重要的提示: 如果能让 m 与 n 保持 $n=10^m$ 这种特定的互相关联关系, 确保 $y=(1+10^m)^{10^m}$ 的展开系数表 $\{y_{(n)}\}_m$ 与 y 值的划分数据表 $\{y|_m\}_n$ 处于对应的不和谐状态, 有可能使得它们的前 m 位与 e 的前 m 位数字相同. 当位数 m 趋于无穷大时, 就会得到趋于无穷多位数字与 e 相同的结果. 这将十分有力地帮助我们找到超越数 e 的几何特征量意义.

由于计算 $y=(1+10^m)^{10^m}$ 得到的结果是整数, 当 m 较大时计算 $y=(1+10^m)^{10^m}$ 将得到一个非常大的整数, 为了得到一个小数, 我们尝试将 $y=(1+10^m)^{10^m}$ 改写为 $y=\left(1+\dfrac{1}{10^m}\right)^{10^m}$, 当 $m=6$ 和 $m=7$ 时, 我们分别得到 $y=\left(1+\dfrac{1}{10^6}\right)^{10^6}=2.7180469\cdots$ 以及 $y=\left(1+\dfrac{1}{10^7}\right)^{10^7}=2.7181693\cdots$, 显然它们的前 6 位、前 7 位连同小数点一起与超越数 e 的前 6 位、前 7 位完全相同.

因此, 我们有理由相信, 超越数 e 与 $y=(1+10^\infty)^{10^\infty}$ 的无限划分 $\{y|_1\}_\infty$ 之间存在不可分割的天然联系. 这种天然联系在于 $y=(1+10^\infty)^{10^\infty}$ 的二项展开系数与 y 作为特征量计算时进位求和所得到的结果处在趋于无限阶不和谐状态, 或者说, 超越数 e 的不和谐度趋于无穷大, 即 $\psi(\infty,1)\to\infty$.

2.2 超越数 e 的二项式展开级数表达

上一节我们初步研究了 $n=10^m$, $x=(1+10^m)$ 时出现的进位求和截止点右移以及 $(1+10^m)^n=y$ 的前 m 位与 e 的前 m 位数字相同这一有趣现象, 本节我们进一步研究这一现象, 以期直接获得超越数 e 的几何特征量意义.

令 $y=x^n$ 且 $n=10^m$, $x=1+10^m$, 有

$$y=x^n=(1+10^m)^n=(1+10^m)^{10^m} \tag{2-2}$$

式 (2-2) 引出了关联表达基的概念, 二项表达基 $x=1+10^m$ 中包含了一个与二项式指数相同的求和项, 使得表达基与几何对象所在空间的维度关联起来. 不同

于 $y=(1+10^m)^n$ 中 n 取任意大于或等于零的整数, 这种关联性有助于我们深入研究二项表达基前提下几何对象特征量的某些特定的几何意义.

设 m=1, 则有 $n=10^1$, $y=(1+10^1)^{10^1}=25937424601$, 因为 $\{y_{(10)}\}_1$={1, 10, 45, 120, 210, 252, 210, 120, 45, 10, 1}, 而 $\{y|_1\}_{10}$={2, 5, 9, 3, 7, 4, 2, 4, 6, 0, 1}, 根据规则, $\{y|_1\}_{10}$ 中各数组可以分别表达为 (由右至左): {1, 0, 1+5, 4+0, 2+0, 1+1+2, 2+5+0, 2+1+0, 2+2+5, 1+4, 1+1}, 最多存在 2 个求和符号, 所以 y 是一个 2 阶非和谐数.

对比 $\{y_{(10)}\}_1$ 及 $\{y|_1\}_{10}$ 不难看出, 要将 $\{y_{(10)}\}_1$ 中的 (最长 3 位) 各数组变换为 $\{y|_1\}_{10}$ 中的 (最长 1 位) 数组, 必须要对 $\{y_{(10)}\}_1$ 的数组进行 "折叠", "折叠" 的计算规则就是递进求和. 之所以要进行 "折叠", 是因为 $\{y|_1\}_{10}$ 中的某些数组位数小于 $\{y_{(10)}\}_1$ 中的对应数组位数. 如果能确保 $\{y|_m\}_n$ 中的全部数组位数 m 大于或等于 $\{y_{(n)}\}_m$ 中的对应数组位数, 则将 $\{y|_m\}_n$ 中各数组间的 "," 去掉, 即可获得和谐数 y 值.

当 $n=10, m=2$ 时, $y=(1+10^2)^{10}$= 110462212541120451001, 因为 $\{y_{(10)}\}_2$= {1, 10, 45, 120, 210, 252, 210, 120, 45, 10, 01}, 而 $\{y|_2\}_{10}$={1, 10, 46, 22, 12, 54, 11, 20, 45, 10, 01}, 根据规则 $\{y|_2\}_{10}$ 中各数组可以分别表达为 (由右至左): {1, 10, 45, 20, 10+1, 52+2, 10+2, 20+2, 45+1, 10, 01}, 所以 y 是一个 1 阶非和谐数.

当 $n=10, m=3$ 时, $y=(1+10^3)^{10}=1010045120210252210120045010001$, 因为此时有 $\{y_{(10)}\}_3$={1, 010, 045, 120, 210, 252, 210, 120, 045, 010, 001}, 而 $\{y|_3\}_{10}$={1, 010, 045, 120, 210, 252, 210, 120, 045, 010, 001}, 所以此时 y 是一个和谐数.

对上述分析过程简单归纳一下即可知道, 是 $\{y_{(n)}\}_m$ 中最大数组的位数决定了 m_s 值的大小. 当 $\{y_{(n)}\}_m$ 中最大数组的位数小于或等于 m 时, y 是一个和谐数; 当 $\{y_{(n)}\}_m$ 中最大数组的位数大于 m 时, y 是一个非和谐数; 当 $\{y_{(n)}\}_m$ 中最大数组的位数恰好等于 m 时, $m_s=m$. 于是当 n 变化时, 只要满足 $m\geqslant m_s$ 条件, 所对应的 y 必定皆为和谐数.

笔者研究发现, $y=(1+10^m)^n$ 有一个非常好的性质, 那就是, 对于 $y=(1+10^m)^n$ 的特征量 y 而言, 当 $m\geqslant 1$ 时, 将 $\{y_{(n)}\}_m$ 中的数组从右至左起逐个数组递进乘 10^m 并逐一求和运算, 结果皆为 $y=(1+10)^n$.

比如, 已知 $y=(1+10)^{10}=25937424601$ 是一个非和谐数, n=10 所对应的特征量为和谐数时最小 m 值为 m_s=3, 即

$$y=(1+10^3)^{10}=1010045120210252210120045010001$$

如果将 $\{y_{(10)}\}_3$ 中数组从右至左起逐个数组递进乘 10 并逐一求和运算, 可得到

001

+010

+045

+120

+210

+252

+210

+120

+045

+010

+001

=25937424601, 与 $y=(1+10)^{10}=25937424601$ 相同.

读者很容易验证, 当 $n=10$, $m=4$ 时, 将 $\{y_{(10)}\}_4$ 中的数组从右至左起逐个数组递进乘 10 并逐一求和运算, 也可得到 25937424601, 并且 $n=10$, $m=5$ 时, 将 $\{y_{(10)}\}_5$ 中的数组从右至左起逐个数组递进乘 10 并逐一求和运算, 仍可得到 25937424601. 实际上, 当 $m\geqslant 1$ 且 $n\geqslant 1$ 时虽然 $\{y_{(n)}\}_m$ 各不相同, 但 $\{y_{(n)}\}_m$ 中的数组从右至左起逐个数组递进乘 10 并逐一求和运算结果都一样.

以下研究 m=2 的情形. 根据式 (2-2), 设 m=2, 则有 $n=10^2$, $y=(1+10^2)^{10^2}=$
27048138294215260932671947108075308336779383827810027768902010491171015143
06739279439456014346744590973356513754835642683125192817668324279804963223
29650055217977882315938008175933291885667484249510001.

根据表 2-1 知, 这是一个不和谐度 $\psi(100,2)=28$ 的非和谐数, 或者说, 它的进位深度为 $k=28$, 即它是一个 k 阶非和谐数.

根据表 2-1 知道, n=100 所对应的和谐搭配为 m_s=30. 当 m_s=30, n= 100 时, 有和谐数 $y=(1+10^{30})^{100}$ =10000000000000000000000000001000000000000000000000
00000004950000000000000000000000000161700000000000000000000000003921225000
00000000000000000007528752000000000000000000000119205240000000000000000000
00160075608000000000000000000001860878943000000000000000000019022318084000
00000000000000017310309456440000000000000000141629804643600000000000000001
05042105110670000000000000007110542499799200000000000004418694267732360
00000000000002533384713499886400000000000134586062904681465000000000000066
50134872937201800000000003066451080298820830000000001323415729392122674
40000000000053598337040380968297000000002041841411062132125600000000733
20668851776562692000000024865270306254660391200000007977607556590036875
51000000242519269720337121015504000000699574816500972464467800000001917
35320078044305076360000000499881370203472652520510000001241084781194828654
53368000000293723398216109448239637600000663246383068634237960472000001430

12501349174257560226775000294692427022540894366527900000580717429720889409
48698145000109506715318796288646116502000197720458214493298944377017500342
00295474939381439027376000056700489866346869227861176000090139240300346304
92634340800013746234145802811501267369720020116440213369968050635175200028
25880887116257416636846040003811653289598672794533420240004937823579707371
57473647622000614484712141361795967205929600734709981908149973439050568000
84413487283064039501507937600093206558875049876949581681100098913082887808
0326811887228001008913445455641933348124972560989130828878080326811887228
0009320655887504987694958168110008441348728306403950150793760007347099819
0814997343905056800061448471214136179596720592960049378235797073715747364
7622000381165328959867279453342024000282588088711625741663684604000201164
4021336996805063517520001374623414580281150126736972000901392403003463049
2634340800005670048986634686922786117600003420029547493938143902737600001
9772045821449329894437701750010950671531879628864611650200005807174297208
8940948698145000029469242702254089436652790000014301250134917425756022677
500006632463830686342379604720000000293723398216109448239637600000012410847
8119482865453368000000049988137020347265252051000000019173532007804430507
63600000000069957481650097246446780000000024251926972033712101550400000007
97760755659003687551000000000248652703062546603912000000007332066885177
65626920000000000204184141106213212560000000000535983370403809682970000
0000013234157293921226740000000000030664510802988208300000000000665013
48729372018000000000000134586062904681465000000000000253338471349988640
00000000000004418694267732360000000000000071105424997992000000000000000
010504210511067000000000000000141629804643600000000000000001731030945
64400000000000000000190223180840000000000000000001860878943000000000
0000000000160075608000000000000000000001192052400000000000000000000000
752875200000000000000000000000003921225000000000000000000000000161700000
0000000000000000000004950000000000000000000000000001000000000000000000
000000000001. 而

$$\{y_{(100)}\}_{30} = \{000000000000000000000000000001,$$
$$000000000000000000000000000100, 000000000000000000000000004950,$$
$$000000000000000000000000161700, 000000000000000000000003921225,$$
$$000000000000000000000075287520, 000000000000000000001192052400,$$

000000000000000000016007560800, 000000000000000000186087894300,
000000000000000001902231808400, 000000000000000017310309456440,
000000000000000141629804643600, 000000000000001050421051106700,
000000000000007110542499799200, 000000000000044186942677323600,
000000000000253338471349988640, 000000000001345860629046814650,
000000000006650134872937201800, 000000000030664510802988208300,
000000000132341572939212267400, 000000000535983370403809682970,
000000002041841411062132125600, 000000007332066885177656269200,
000000024865270306254660391200, 000000079776075565900368755100,
000000242519269720337121015504, 000000699574816500972464467800,
000001917353200780443050763600, 000004998813702034726525205100,
000012410847811948286545336800, 000029372339821610944823963760,
000066324638306863423796047200, 000143012501349174257560226775,
000294692427022540894366527900, 000580717429720889409486981450,
001095067153187962886461165020, 001977204582144932989443770175,
003420029547493938143902737600, 005670048986634686922786117600,
009013924030034630492634340800, 013746234145802811501267369720,
020116440213369968050635175200, 028258808871162574166368460400,
038116532895986727945334202400, 049378235797073715747364762200,
061448471214136179596720592960, 073470998190814997343905056800,
084413487283064039501507937600, 093206558875049876949581681100,
098913082887808032681188722800, 100891344545564193334812497256,
098913082887808032681188722800, 093206558875049876949581681100,
084413487283064039501507937600, 073470998190814997343905056800,
061448471214136179596720592960, 049378235797073715747364762200,
038116532895986727945334202400, 028258808871162574166368460400,
020116440213369968050635175200, 013746234145802811501267369720,
009013924030034630492634340800, 005670048986634686922786117600,
003420029547493938143902737600, 001977204582144932989443770175,

001095067153187962886461165020, 000580717429720889409486981450,
000294692427022540894366527900, 000143012501349174257560226775,
000066324638306863423796047200, 000029372339821610944823963760,
000012410847811948286545336800, 000004998813702034726525205100,
000001917353200780443050763600, 000000699574816500972464467800,
000000242519269720337121015504, 000000079776075565900368755100,
000000024865270306254660391200, 000000007332066885177656269200,
000000002041841411062132125600, 000000000535983370403809682970,
000000000132341572939212267400, 000000000030664510802988208300,
000000000006650134872937201800, 000000000001345860629046814650,
000000000000253338471349988640, 000000000000044186942677323600,
000000000000007110542499799200, 000000000000001050421051106700,
000000000000000141629804643600, 000000000000000017310309456440,
000000000000000001902231808400, 000000000000000000186087894300,
000000000000000000016007560800, 000000000000000000001192052400,
000000000000000000000075287520, 000000000000000000000003921225,
000000000000000000000000161700, 000000000000000000000000004950,
000000000000000000000000000100, 000000000000000000000000000001}

将 $y=(1+10^{30})^{100}$ 对应的数从右至左每两位数一组进行深度为 $k=28$ 的数组搭接求和, 可以得到与 $y=(1+10^2)^{10^2}$ 相同的结果, 但是那样做十分笨拙且十分困难. 相似地, 我们将 $\{y_{(100)}\}_{30}$ 中的数组从右至左起逐个数组递进乘 10^2 并逐一进行求和, 很容易得到与 $y=(1+10^2)^{10^2}$ 相同的运算结果. 即

000000000000000000000000000001
+000000000000000000000000000100
+000000000000000000000000004950
+000000000000000000000000161700
……
+ 000000000000000000000000161700
+ 000000000000000000000000004950
+ 000000000000000000000000000100

+ 0000000000000000000000000000001

27048138294215260932671947108075308336779383827810027768902010491171015143
06739279439456014346744590973356513754835642683125192817668324279804963223
29650055217977882315938008175933291885667484249510001

实际上, 当 $m \geqslant 1$ 且 $n=p^2, p \geqslant 1$ 时虽然 $y=(1+10^m)^{p^2}$ 对应的 $\{y_{(n)}\}_m$ 各不相同, 但各个 $\{y_{(n)}\}_m$ 中的数组从右至左起逐个数组递进乘 10^m 并逐一求和运算结果都与 $y=(1+10^m)^{p^2}$ 运算结果相同.

读者不难验证, 当 $m \geqslant 1$ 且 $p \geqslant 1$, $q \geqslant 1$, $n=p^q$, $0 \leqslant k \leqslant n$ 时, 虽然 $y=(1+10^m)^n$ 对应的 $\{y_{(n)}\}_m$ 各不相同, 但各个 $\{y_{(n)}\}_m$ 中的数组从右至左起逐个数组递进乘 $10^{m\times k}$ 并逐一求和运算, 结果都与 $y=(1+10^m)^{p^q}$ 的运算结果相同, 即有 $(1+10^m)^{p^q}=\sum\limits_{k=0}^{p^q} B(p^q,k)10^{m\times k}$, 其中 $B(p^q,k)$ 是 p^q 次二项式 $(1+10^m)^{p^q}$ 展开后的第 $k+1$ 个系数, B 是英文单词 Binomial 的第一个字符.

在上述分析中我们注意到, 对于式 (2-2) 而言, m=1 时, y 的最高位数为 2; m=2 时, y 的首 2 位数为 27; 并且不难验证, m=3 时, y 的首 3 位数为 271; m=4 时, y 的首 4 位数为 2718, m=5 时, y 的首 5 位数为 27182; m=6 时, y 的首 6 位数为 271828; m=7 时, y 的首 7 位数为 2718281, 等等.

这些现象表明, 关联表达基的概念与 e 值的形成有着密切关系, 或者说, e 值去掉小数点后 (记为 e′) 与表达基为 $x=1+10^m$, 维度 n=10^m, m 趋于无限大时的几何对象特征量 y 值相对应, 借助于 $(1+10^m)^{p^q}=\sum\limits_{k=0}^{p^q} B(p^q,k)10^{m\times k}$ 的思路, 我们可以把式 (2-2) 改写成等效的级数形式

$$y=(1+10^m)^{10^m}=\sum_{k=0}^{10^m} B(10^m,k)10^{m\times k} \tag{2-3}$$

其中, $1 \leqslant m < \infty$. y 与 e′ 从最高位起对应相同的数字共 m 个. 如果我们能将式 (2-3) 求出的 y 变为具有一位整数的小数, 那么 m 为有限数时 y 就成为有效位数为 m 的 e 值.

沿着这个思路, 我们设想当 $m \to \infty$ 时, 如果能让 y 变为仅有一位整数的小数, 那么它就与超越数 e 等价.

当 $m \to \infty$ 时, 如何让 y 变为具有一位整数的小数呢? 这需要研究 $m \to \infty$ 的过程中 y 的位数变化情况.

由式 (2-2) 知道, 当 $m=1$ 时, y 的位数为 11; 当 $m=2$ 时, y 的位数为 201; 当 $m=3$ 时, y 的位数为 3001; 当 $m=4$ 时, y 的位数为 40001. 实际上, 当 m 为有限

整数时, y 也为有限整数且其位数为 $m\times 10^m+1$. 那么要在保留 1 位整数的前提下给 y 加上小数点则必须让 y 被 $10^{m\times 10^m}$ 除. 于是 $m\to\infty$ 时式 (2-3) 中的 y 被 $10^{m\times 10^m}$ 除之后与超越数 e 相同, 上述关系可表示为级数形式

$$\lim_{m\to\infty}\left(\frac{1}{10^{m\times 10^m}}\sum_{k=0}^{10^m}B(10^m,k)10^{m\times k}\right)=\mathrm{e} \tag{2-4}$$

据此, 当 $m\to\infty$ 时, 我们可通过无穷级数求极限获得超越数 e.

式 (2-4) 表明, e 值作为非整数因子, 与另一个整数因子 $10^{m\times 10^m}$ 相乘可得到一个位数趋于无穷的非和谐整数 y.

另一方面, 对于式 (2-3) 而言, 尽管 $m\to\infty$ 时其对应一个趋于无限大的非和谐整数 y, 但是仍然存在 $m_s>m$ 可得到一个 "更大的" 的 "无限大和谐整数", 逻辑上讲 "无限大和谐整数" 是存在的, 因为只要选择的 m_s 足够大, 使得 m_s 小于但趋于 10^m 关系成立, 就可获得一个 "无限大和谐整数", 这说明无穷大的整数之间也存在和谐数与非和谐数的差别, 有兴趣的读者可继续研究, 定义这种差别.

同时, 式 (2-4) 还表明, 形体特征量趋于 e 且维度趋于无限的正则几何对象, 可以由维度趋于无穷、数量趋于无穷的几何 "颗粒" 拼接构成. 由此我们想到, 将式 (2-4) 中的数值 10 替换为大于 0 的实数会出现什么情况.

读者不难验证, 当把式 (2-4) 中的 10 置换为大于 1 的任意正实数 a 时, 得到式

$$\lim_{m\to\infty}\left(\frac{1}{a^{m\times a^m}}\sum_{k=0}^{a^m}B(a^m,k)a^{m\times k}\right)=\mathrm{e} \tag{2-5}$$

由此我们获得了超越数 e 的通用级数表达式, 其中 a 为大于 1 的任意实数.

特别地, 当 $a=1$ 时, 式 (2-5) 对应的表达式求极限结果

$$\lim_{m\to\infty}\left(\frac{1}{a^{m\times a^m}}\sum_{k=0}^{a^m}B(a^m,k)a^{m\times k}\right)=2$$

而当选取 $0<a<1$ 时, 式 (2-5) 对应的表达式求极限结果

$$\lim_{m\to\infty}\left(\frac{1}{a^{m\times a^m}}\sum_{k=0}^{a^m}B(a^m,k)a^{m\times k}\right)=1$$

比较式 (2-3) 及式 (2-4), 两者仅仅相差一个 $\dfrac{1}{10^{m\times 10^m}}$ 因子, 当 $m\to\infty$ 时, e 值作为非整数因子与另一个整数因子 $10^{m\times 10^m}$ 相乘, 即可得到一个趋于无穷大的非和谐整数 y, 此时的 y 与 e 值相比只是缺少一个小数点, 不妨称此时的 y 为 "整超越数". 对应地, 应该称 e 为非整超越数.

以上我们通过式 (2-2) 研究了特征量为 $y=\mathrm{e}$, 表达基为 $x=(1+10^m)$, 维度为 $n=10^m$ 且 $m\to\infty$ 的正则几何对象, 并且通过式 (2-5) 进一步研究了表达基为

$x = (1 + a^m)$, 维度为 $n = a^m$ 且 $m \to \infty$ 的正则几何对象, 当 a 为大于 1 的任意实数时, 特征量为 $y = \mathrm{e}$.

但是在式 (2-5) 的无穷级数表达式中, 包含一个趋于无穷多项系数的求和运算, 其结果为穷大, 为了获得超越数 e 还需要另一个趋于特定的无穷大数作为除数 (或者是乘以一个特定的无穷小数), 显得不简练. 以下我们通过引入无限趋于 1 的非整数表达基更加直观和简练地获得作为几何对象特征量 e 的几何意义.

首先, 我们对式 (2-1) 表达基中的 10^m 取倒数, 使得表达基 $x = 1 + \dfrac{1}{10^m}$ 变为非整数, 得到

$$y = (1 + 10^{-m})^n = \left(1 + \frac{1}{10^m}\right)^n \tag{2-6}$$

根据表 2-1 的提示, 当 m=2, 且 n 依次取 0 至 8 的整数, 又根据式 (2-6) 可以得到

n= 0　1

n= 1　1. 01

n= 2　1. 02 01

n= 3　1. 03 03 01

n= 4　1. 04 06 04 01

n= 5　1. 05 10 10 05 01

n= 6　1. 06 15 20 15 06 01

n= 7　1. 07 21 35 35 21 07 01

n= 8　1. 08 28 56 70 56 28 08 01

显然, 在二项式展开系数第一个系数之后加上一个小数点, 在合理的 m_s 值与 n 值搭配关系范围内直接拼接二项式系数 (各种同维度几何碎块数量) 所得到数值与 y 值相同, 显示出和谐关系.

但是, 当 $n = 10^m$ 时, m 值必然远离与 n 值搭配的和谐关系范围, 或者说 $m \ll m_s$, 此时 y 值必为非和谐数, 且其非和谐度趋于无穷大 $\psi(10^m, m) = m_s - m \to \infty$.

将式 (2-6) 改写为与式 (2-2) 对应的形式

$$y = x^n = x^{10^m} = \left(1 + \frac{1}{10^m}\right)^{10^m} \tag{2-7}$$

不难验证:

若 m=0, 则 y=2;

若 m=1, 则 y=2.5937424601;

若 m=2, 则 y=2.704813829421526093267194710807530833677938382781002776890201049117101514306739279439456014346744590973356513754835642683125192817

668324279804963223296500552179778823159380081759332918856674842495100 01;

若 m=3, 则 y=2.71$\cdots$;

若 m=4, 则 y=2.718$\cdots$;

若 m=5, 则 y=2.7182$\cdots$;

若 m=6, 则 y=2.71828$\cdots$;

若 m=7, 则 y=2.718281$\cdots$;

……

若 $m \to \infty$, 则 $y \to$ e.

由式 (2-3) 我们得到

$$y=(1+10^{-m})^{10^m}=\sum_{k=0}^{10^m} B(10^m,k)10^{-m\times k} \tag{2-8}$$

进一步地, 若 $m \to \infty$, 则有

$$\lim_{m\to\infty}\left(\sum_{k=0}^{10^m} B(10^m,k)10^{-m\times k}\right)=\mathrm{e} \tag{2-9}$$

由于式 (2-7) 所对应的几何对象与式 (2-2) 所对应的几何对象维度相同、表达基不同, 且它们对应的几何特征量仅相差一个比例项, 所以二者对应的几何对象是相似几何对象, 并且是同一个空间标架 (趋于无穷大维度) 中的相似几何对象. 也就是说, 研究式 (2-2) 对应的几何对象所得到的几何特性, 除尺度数值外均可以移植到式 (2-7) 所对应的几何对象. 反之亦然.

从几何特征上看, 由于两者是相似的, 所以虽然两者的表达基 (表达尺度) 不同, 但两者的表面层级数相同 (均拥有 10^m+1 级表面), 且每一层级上的表面数对应相同, 或者说两者具有相同的表面几何特性.

由此看来, 表达基 (表达尺度) 既可以是整数, 也可以是非整数, 无论表达基取整数还是非整数, 只影响它所表达的几何对象之尺度几何特征量大小, 不影响它所表达的几何对象之表面几何特性. 或者说, 几何对象的表面几何特性与其表达尺度无关, 这与分形理论中的标度无关特性相似.

另一方面, 将式 (2-9) 中的 10 更换为大于 1 的任意实数 a(含整数、有理数、无理数以及超越数) 时, 式 (2-10) 都成立

$$\lim_{m\to\infty}\left(\sum_{k=0}^{a^m} B(a^m,k)a^{-m\times k}\right)=\mathrm{e} \tag{2-10}$$

为了理解其中的含义, 我们将式 (2-9) 及式 (2-10) 中的级数表达式分别改写为

式 (2-2) 中使用的二项式表达的形式

$$y = x^n = \left(1+\frac{1}{10^m}\right)^n = \left(1+\frac{1}{10^m}\right)^{10^m} \tag{2-11}$$

$$y = x^n = \left(1+\frac{1}{a^m}\right)^n = \left(1+\frac{1}{a^m}\right)^{a^m} \tag{2-12}$$

不难发现, 当 $m \to \infty$ 时, 式 (2-11) 只是式 (2-12) 的一种特殊形式. 另外, 式 (2-10) 比式 (2-5) 更具一般性, 且更方便于使用.

2.3 $\frac{1}{\mathrm{e}}$ 的二项式展开级数表达

以下我们研究与式 (2-7) 相关的另一种情形: 令 n=10^m, 且令 $x = \left(1-\frac{1}{10^m}\right)$, 又有

$$y = x^n = x^{10^m} = \left(1-\frac{1}{10^m}\right)^{10^m} \tag{2-13}$$

采取与二项式展开系数求和相同的规则处理求差二项式展开系数. 设 m=1, 则 n= 10, $y = \left(1-\frac{1}{10}\right)^{10}$. 根据表 2-1 知, n=10 所对应的和谐搭配为 m_s=3, $\psi(10,3) = m_s - m = 2$, y 是一个 2 阶非和谐数.

当 m_s=3, n= 10 时, 有和谐数

$$y = (1+10^3)^{10} = 1010045120210252210120045010001$$

当 m=1, n= 10 时, 有非和谐数 $y = (1+10)^{10}$ =25937424601, 将其从右至左每一位一组错位求和, 得到的结果为 3486784401.

将当 m_s=3, n= 10 时得到的和谐数从右至左每 3 位一组的正负交错且错一位求和:

001

−010

+045

−120

+210

−252

+210

−120

+045

−010

+001

得到的结果也为 3486784401, 说明和谐数与非和谐数之间存在可公度性.

实际上, 上述式子可以改写为 $10000000000 - 010000000000 + 04500000000 - 1200000000 + 210000000 - 25200000 + 2100000 - 120000 + 04500 - 0100 + 001 = 3486784401$

对于 $y = (1-10^{-m})^{10^m}$ 而言, 可仿照超越数 e 的二项式展开系数求和表达式, 将此类求和式写成级数形式:

$$y = (1-10^{-m})^{10^m} = \sum_{k=0}^{10^m} B(10^m, k)10^{-m\times k}(-1)^k \tag{2-14}$$

相似地, 我们还可以得到

$$y = (1-10^{m})^{10^m} = \frac{1}{10^{m\times 10^m}}\sum_{k=0}^{10^m} B(10^m, k)10^{m\times k}(-1)^k \tag{2-15}$$

由式 (2-14) 及 (2-15) 我们得到

$$\lim_{m\to\infty}\left(\sum_{k=0}^{10^m} B(10^m, k)10^{-m\times k}(-1)^k\right) = \frac{1}{\mathrm{e}} \tag{2-16}$$

$$\lim_{m\to\infty}\left(\frac{1}{10^{m\times 10^m}}\sum_{k=0}^{10^m} B(10^m, k)10^{m\times k}(-1)^k\right) = \frac{1}{\mathrm{e}} \tag{2-17}$$

如果将式 (2-16) 中的 10 更换为大于 1 的任意实数 a, 得到式 (2-18)

$$\lim_{m\to\infty}\left(\sum_{k=0}^{a^m} B(a^m, k)a^{-m\times k}(-1)^k\right) = \frac{1}{\mathrm{e}} \tag{2-18}$$

与式 (2-10) 相同的是, 式 (2-18) 在 a 为大于 1 的任意实数 (含整数、有理数、无理数以及超越数) 时皆成立.

此外, $-\mathrm{e}$ 以及 $-\dfrac{1}{\mathrm{e}}$ 的级数表达式如下, 其中 a 为大于 1 的任意实数:

$$\lim_{m\to\infty}\left(\sum_{k=0}^{a^m} B(a^m, k)a^{-m\times k}(-1)\right) = -\mathrm{e} \tag{2-19}$$

$$\lim_{m\to\infty}\left(\sum_{k=0}^{a^m} B(a^m, k)a^{-m\times k}(-1)^{k+1}\right) = -\frac{1}{\mathrm{e}} \tag{2-20}$$

2.4 超越数 e 的进一步研究

将超越数 e 写为二项式展开级数形式有助于了解其形成机理. 通常 e 写成二项式幂形式 $\lim\limits_{n\to\infty}\left(1+\dfrac{1}{n}\right)^n=\mathrm{e}$以及其他几种级数形式, 其中 $\lim\limits_{n\to\infty}\left(1+\dfrac{1}{n}\right)^n=\mathrm{e}$ 所对应的几何意义是: 以表达基大于 1 但无限趋于 1 的 x 表达基, 经趋于无限次递进扩张之后所形成的趋于无限维度正则几何对象之形体特征量; 而式 (2-10) 的出现实际上表明: 以表达基大于 1 但无限趋于 1 的 x 表达基, 经趋于无限次递进扩张之后所形成的趋于无限维度正则几何对象, 可以被切割成趋于无限多个 "趋于无限维度的几何碎块", 它们的形体特征量求和为 e.

这个概念很重要, 它不仅说明了超越数 e 的几何意义, 实际上也揭示了通过超越数 e 的几何意义区分超越数的类别, 以及根据超越数的类别特征生成新的同类超越数的方法. 得到上述概念后, 超越数 e 的本质就现出原形, 不再那么神秘.

另一方面, 通过 $\lim\limits_{m\to\infty}\left(1+\dfrac{1}{a^m}\right)^{a^m}=\mathrm{e}$以及 $\lim\limits_{m\to\infty}\left(\sum\limits_{k=0}^{a^m}B(a^m,k)a^{-m\times k}\right)=\mathrm{e}$ 的对比, 我们还知道了加法与乘法互通的几何意义: 乘法对应着几何对象的升维扩张过程, 加法对应着几何碎块的同维度拼接过程.

由此我们进一步地知道, 欧氏正则几何对象的基本特点是表达基确定不变且每次升维扩张的高度与表达基皆相同. 这两个约束条件就限制了以其他形式表达几何对象形体特征量 e 的可能性. 在第 3 章我们将要研究的超越数 π 的几何意义与 e 存在根本差别之一, 就是其每次扩张都采用变化的扩张高度, 从这个意义上讲, 作为几何对象形体特征量的超越数 π 所对应的几何对象, 比作为几何对象形体特征量的超越数 e 所对应的几何对象更为 "复杂" 一些. 同时, 也由于它们所对应的几何对象形成机理不同, 导致它们的应用方式与应用领域不同. 超越数 e 对于具有非周期特性领域的数值或几何分析是不可或缺的, 而超越数 π 则对于具有周期特性领域的数值或几何分析是不可或缺的. 后续我们还将讨论, 刘维尔超越数可以视为一种一维几何对象特征量, 无法应用于高维度场合. 这里又出现了一个问题: 既然存在作为一维几何对象形体特征量的超越数以及作为无穷维度几何对象形体特征量的超越数, 是否存在作为二维、三维乃至任意维度几何对象形体特征量的超越数? 后续章节我们将讨论这个问题.

获得了上述认识, 我们再回过头来解剖式 (2-12) 所揭示的内在几何意义.

当 $m\to\infty$ 且 $a=10$ 时, 式 (2-12) 对应的是一种趋于无限维度几何对象之几何特征量, 它的表达基为 $\left(1+\dfrac{1}{10^m}\right)$, 维度为 10^m, $y=x^n=\left(1+\dfrac{1}{10^m}\right)^n=$

$\left(1+\dfrac{1}{10^m}\right)^{10^m}$ 是一个典型的非和谐数, 取其有效位数为 $m+1$ 时, 有

$$\begin{aligned}
&m=0, \quad y=2\\
&m=1, \quad y=2.5\\
&m=2, \quad y=2.70\\
&m=3, \quad y=2.716\\
&m=4, \quad y=2.7181\\
&m=5, \quad y=2.71826\\
&m=6, \quad y=2.718280\\
&m=7, \quad y=2.7182816\\
&\cdots\cdots\\
&m=k, \quad y=\mathrm{e}_k
\end{aligned}$$

其中, e_k 为与 e 值比较其准确值位数等于 k 的伪 e 值. 也就是说, 当我们使用一个具有有限准确位数为 k 的伪 e 值时, 实际上使用的是由 $\left(1+\dfrac{1}{10^k}\right)^{10^k}$ 所得到的特征量 y 中的 e_k 值.

相似地, 对应于式 (2-18), 当 $m\to\infty$ 且 $a=10$ 时, $y=x^n=\left(1-\dfrac{1}{10^m}\right)^n=\left(1-\dfrac{1}{10^m}\right)^{10^m}$, 取小数点后有效位数为 $m+1$ 时, 有

$$\begin{aligned}
&m=0, \quad y=0.5\\
&m=1, \quad y=0.34\\
&m=2, \quad y=0.366\\
&m=3, \quad y=0.3677\\
&m=4, \quad y=036786\\
&m=5, \quad y=0.367877\\
&m=6, \quad y=0.3678792\\
&m=7, \quad y=0.36787942\\
&\cdots\cdots\\
&m=k, \quad y=\frac{1}{\mathrm{e}_k}
\end{aligned}$$

同样地, $\dfrac{1}{\mathrm{e}_k}$ 为 e 值准确值位数等于 k 的伪 $\dfrac{1}{\mathrm{e}}$ 值. 也就是说, 当我们需要一个

具有有限位数 k 的伪 $\frac{1}{\mathrm{e}}$ 值时, 直接选择由 $\left(1-\frac{1}{10^k}\right)^{10^k}$ 得到的特征量 y 中的 $\frac{1}{\mathrm{e}_k}$ 即可.

由于 e 作为几何对象形体特征量对应于一个维度趋于无穷的欧氏正则几何对象, 且维度确定时其表达基确定不变, 并且每次升维扩张的高度与表达基相同, 所以所有含有 e 值因子的特征量都对应某个与 e 值对应的几何对象相似的几何对象, 虽然它们的取值不同, 但是它们是同一类超越数. 即以下表达式

$$\lim_{m\to\infty}\left(\sum_{k=0}^{a^m} B(a^m,k)a^{-m\times k}h\right)=h\times\mathrm{e} \tag{2-21}$$

在 a 为大于 1 的任意实数 (含整数、有理数、无理数以及超越数), h 为非 0 实数时, 式 (2-21) 皆成立.

$$\lim_{m\to\infty}\left(\sum_{k=0}^{a^m} B(a^m,k)a^{-m\times k}(-1)^k h\right)=\frac{h}{\mathrm{e}} \tag{2-22}$$

在 a 为大于 1 的任意实数 (含整数、有理数、无理数以及超越数), h 为非 0 实数时式 (2-22) 皆成立.

于是, 当 $h=\mathrm{e}$ 时, 式 (2-21) 的结果为 e^2, 而式 (2-22) 的结果为 1; 同时当 $h=\pi$ 时, 式 (2-21) 的结果为 $\mathrm{e}\pi$, 而式 (2-22) 的结果为 $\frac{\pi}{\mathrm{e}}$. 它们都代表着同一空间标架下欧氏正则几何对象的形体特征量, 它们作为形体特征量所对应的几何对象属于相似几何对象, 如果说形体特征量 e 是一个超越数, 那么此时的 e^2, $\mathrm{e}\pi$ 以及 $\frac{\pi}{\mathrm{e}}$ 就也应该是超越数, 而 1 则是一个蜕化为整数的 “超越数”.

在了解了作为几何特征量的 e 的二项展开式级数意义之后, 我们还可以获得一些关于 e 的其他表达方式, 因为级数展开的几何意义就是同维度切割与拼接, 而几何对象的切割方法不止一种, 它们所对应的拼接方法也就不止一种, 于是 e 的级数表达式必然不止一种.

比如, 阶乘倒数的无穷求和级数对应于几何特征量 e 的表达式: $\lim\limits_{m\to\infty}\left(\sum\limits_{n=0}^{m}\frac{1}{n!}\right)$ $=\mathrm{e}$; 由于 $n!=\dfrac{\left(\frac{n-1}{2}\right)!(n+1)!}{2\left(\frac{n+1}{2}\right)!}$, 所以又有 $\lim\limits_{m\to\infty}\left(\sum\limits_{n=0}^{m}\dfrac{2\left(\frac{n+1}{2}\right)!}{\left(\frac{n-1}{2}\right)!(n+!)!}\right)=\mathrm{e}$.

当 h 为非 0 实数时下述表达式成立:

$$\lim_{m\to\infty}\left(\sum_{n=0}^{m}\frac{h}{n!}\right)=h\times\mathrm{e},\quad \lim_{m\to\infty}\sum_{n=0}^{m}\left(\frac{1}{n!\times h}\right)=\frac{\mathrm{e}}{h}$$

相应地, 对于 $h=\pi$ 的特殊情形, 有

$$\lim_{m\to\infty}\left(\sum_{n=0}^{m}\frac{\pi}{n!}\right)=\pi\times \mathrm{e},\quad \lim_{m\to\infty}\sum_{n=0}^{m}\left(\frac{1}{n!\times\pi}\right)=\frac{\mathrm{e}}{\pi}$$

2.5　对形体特征量为 e 的几何对象进行切割

在第 1 章, 我们研究了对欧氏正则几何对象进行切割的三种方法, 在 2.3 节和 2.4 节给出了两种 e 的级数表达方法, 这两种 e 的级数表达方法实际上也是对被切割的几何对象进行拼接的两种表述. 考虑到与第 1 章给出的切割与拼接方法相对应的要求, 以下同样使用 3 种方法对 e 所对应的几何对象进行切割 (简称为对 e 进行切割), 这三种方法实际上也给出了 e 的三种级数表达方法, 使得 e 的级数表达方法达到 5 种.

使用对开切割法: 根据第 1 章的研究知道, 对开切割法是一种比较容易理解其几何意义的切割方法.

我们设 $x=\left(1+\frac{1}{n}\right)$, $n\to\infty$ 时, 有 $y=x^n=\mathrm{e}$. 已知, 保留初始公共表达基不被切割的对开切割仅能进行 $n-1$ 轮, 第 $1\leqslant p\leqslant n-1$ 轮切割后可获得 2^{n-1} 个特征量为 $\left(\frac{x}{2}\right)^p x^{n-p}$ 的非正则几何对象. 经 n 轮 "对开切割" 后, 形体特征量为 x^n 的正则几何对象将被切割成 2^n 个具有新的表达基 $\frac{x}{2}$、单个形体特征量为 $\left(\frac{x}{2}\right)^n$ 的 n 维基本单元 (正则几何对象).

于是, 我们得到超越数 e 的一族伪值求和级数表达式: $y=x^n=\left(\frac{x}{2}\right)^p x^{n-p}$. 由于 $x=\left(1+\frac{1}{n}\right)$, 所以不难得到 $y=x^n=\sum\limits_{p=1}^{2^{n-1}}\left(\frac{n+1}{2n}\right)^p\left(\frac{n+1}{n}\right)^{n-p}$, 极限的情形下, 得到超越数 e 的另一种求和级数表达式 (保留初始公共表达基不被切割)

$$\lim_{n\to\infty}\left(\sum_{p=1}^{2^{n-1}}\left(\frac{n+1}{2n}\right)^p\left(\frac{n+1}{n}\right)^{n-p}\right)=\mathrm{e}\tag{2-23}$$

使用二项切割法: 根据第 1 章的研究知道, 一般而言, 以 $x=x_1+\delta$ 为表达基的 n 维正则欧氏几何对象经 p 轮 "二项切割" 之后, $0\leqslant p\leqslant n$, 将形成 $p+1$ 种共 $\sum\limits_{k=0}^{p}B(p,k)$ 个 n 维 "颗粒"—— 正则或非正则 n 维体, 同维度拼接方式的具体表达式为

$$y=x^n=(x_1+\delta)^n=\sum_{k=0}^{p}B(p,k)(x_1^{p-k}\times\delta^k(x_1+\delta)^{n-p})\tag{2-24}$$

其中, $1 \leqslant p < n$ 且 p 为整数. 称 $x_1^{p-k} \times \delta^k \times (x_1+\delta)^{n-p}$ 为在第 p 轮切割后获得的第 k 类几何 "碎块"(单体) 的几何特征量, 对应的 $B(p,k)$ 是经 p 轮切割后第 k 类几何 "碎块" 的数量.

当 $\delta = \dfrac{1}{n}$ 时, 式 (2-24) 变为

$$y = x^n = (x_1+\delta)^n = \sum_{k=0}^{p} B(p,k)\left(x_1^{p-k}\left(\frac{1}{n}\right)^k\left(x_1+\frac{1}{n}\right)^{n-p}\right);$$

当 $p = n$ 时, 式 (2-24) 变为 $y = x^n = (x_1+\delta)^n = \sum\limits_{k=0}^{n} B(n,k)\left(x_1^{n-k}\left(\dfrac{1}{n}\right)^k\right)$;

当 $p = n-1$ 时, 式 (2-24) 变为

$$y = x^n = (x_1+\delta)^n = \sum_{k=0}^{n-1} B(n-1,k)\left(x_1^{n-k-1}\left(\frac{1}{n}\right)^k \times \left(x_1+\frac{1}{n}\right)\right); \tag{2-25}$$

当 $x_1 = 1, \delta = \dfrac{1}{n}$ 时, 式 (2-25) 变为 $y = x^n = (x_1+\delta)^n = \sum\limits_{k=0}^{n-1} B(n-1,k)\left(\dfrac{1}{n}\right)^k \left(1+\dfrac{1}{n}\right)$, 于是有

$$y = x^n = \lim_{n\to\infty}\left(\sum_{k=0}^{n-1} B(n-1,k)\left(\frac{1}{n}\right)^k\left(1+\frac{1}{n}\right)\right) = \mathrm{e} \tag{2-26}$$

对于式 (2-25) 而言, 当 x_1 取大于零的实数集 $R = \{r_1, r_2, r_3, \cdots, r_i\}$ 时, 分别对其求极限所得到的极限值序列集合为 $Y = \{y_1, y_2, y_3, \cdots, y_i\} = \{r_1\mathrm{e}, r_2\mathrm{e}, r_3\mathrm{e}, \cdots, r_i\mathrm{e}\}$. 特别地, 当 $x_1 = r_i = 1$ 时, $y_i = \mathrm{e}$.

这意味着, $x_1 = 1$ 是二项表达基表达形体特征量为 e 的无限维度正则几何对象的必要条件, 而 $\delta = \dfrac{1}{n}$ 则是其充分条件.

由逻辑学理论我们知道, 对于某类判定而言, 必要条件是大前提, 充分条件是小前提. 在满足大前提的条件下, 满足不同小前提的情形可以得到同类事物中的不同种的判定结论. 换言之, 必要条件是判定事物是否属于同类的前提, 充分条件是判定某类事物中某种事物是否个性化存在的依据. 比如, 判定张三是否是中国外交官, 首先判定他是否具有中国国籍, 然后再判定他是否具有外交官身份, 如果大前提和小前提都满足, 那么张三就是中国外交官; 如果只满足 "具有中国国籍" 这个大前提, 不满足 "外交官身份" 这个小前提, 那么张三只能被称为中国人, 但同时不能排除张三是从事其他职业的中国人的可能性; 如果给出的小前提不止一个, 那么依据若干个小前提判断, 在一个满足某一大前提的人群中, 可以判定若干具有特定职业的中国人.

以下我们通过分析与 e 同族的伪 e 值所表达的几何对象进行有限次二项切割的规律, 发现满足同一大前提 (e 族超越数) 与不同小前提 (某种 e 族超越数) 的规律.

对于式 (2-25) 而言, 当 $x_1 = 1$, $r > 0$ 为实数, $\delta = \dfrac{r}{n}$, 且 $n \to \infty$ 时, 可获得 e 类 r 种超越数的表达式

$$y = x^n = \lim_{n\to\infty}\left(\sum_{k=0}^{n-1} B(n-1,k)\left(\frac{r}{n}\right)^k \left(1+\frac{r}{n}\right)\right) = \mathrm{e}^r \tag{2-27}$$

以下是部分伪 e^r 值的通用表达式:

当 n=1 时, $(\mathrm{e}^r)_1 = 1 + r$;

当 n=2 时, $(\mathrm{e}^r)_2 = 1+\dfrac{r}{2}+\dfrac{r}{2}\left(1+\dfrac{r}{2}\right)$;

当 n=3 时, $(\mathrm{e}^r)_3 = 1+\dfrac{r}{3}+\dfrac{2r}{3}\left(1+\dfrac{r}{3}\right)+\dfrac{r^2}{9}\left(1+\dfrac{r}{3}\right)$;

当 n=4 时, $(\mathrm{e}^r)_4 = 1+\dfrac{r}{4}+\dfrac{2r}{3}\left(1+\dfrac{r}{4}\right)+\dfrac{3r^2}{16}\left(1+\dfrac{r}{4}\right)+\dfrac{r^3}{64}\left(1+\dfrac{r}{4}\right)$;

当 n=5 时, $(\mathrm{e}^r)_5 = 1+\dfrac{r}{5}+\dfrac{4r}{5}\left(1+\dfrac{r}{5}\right)+\dfrac{6r^2}{25}\left(1+\dfrac{r}{5}\right)+\dfrac{4r^3}{125}\left(1+\dfrac{r}{5}\right)+\dfrac{r^4}{625}\left(1+\dfrac{r}{5}\right)$;

……

当 $n \to \infty$ 时, 有真 e^r 值表达式

$$(\mathrm{e}^r)_\infty = \lim_{n\to\infty}\left(\sum_{k=0}^{n-1} B(n-1,k)\left(\frac{r}{n}\right)^k \left(1+\frac{r}{n}\right)\right) = \mathrm{e}^r \tag{2-28}$$

逻辑上讲, 当 $r < n$ 为正实数时式 (2-28) 的结果皆为超越数. 这意味着 e 族超越数趋于无穷多个.

于是对于式 (2-27) 而言, 当 $x_1 = 1$, 且 r 取实数集 $R_* = \{(r<0),(r>0)\}$ 的元素之一时, 令 n 趋于无穷大且分别对式 (2-27) 求极限所得到的极限值序列必取下列集合的元素

$$Y = \left\{\left(\frac{1}{\mathrm{e}^r}, r<0\right), (\mathrm{e}^r, r>0)\right\} \tag{2-29}$$

其中, 当 $r > 0$ 且 $r = 1$ 时, $\mathrm{e}^r = \mathrm{e}$. 当 $r = 0$ 时 n 维几何对象的二项切割与同维度拼接无定义 (不符合二项切割的定义).

由式 (2-29) 知, 对特征量为 e 族超越数的无限维度正则几何对象进行二项切割时, 二项表达基 $x = \left(c+\dfrac{r}{n}\right)$ 中的常量 c 只能是 1, 变量 $\dfrac{r}{n}$ 则与维度 n 关联. 比如, 对特征量为 e^{e} 的无限维度正则几何对象进行二项切割, 二项表达基中的常量是

1, 变量则是与维度关联的 $\dfrac{\mathrm{e}}{n}$; 对特征量为 e^{π} 的无限维度正则几何对象进行二项切割, 二项表达基中的常量是 1, 变量则是与维度关联的 $\dfrac{\pi}{n}$.

我们知道, 对于 n 维正则几何对象而言, 完全二项切割需要进行 $n-1$ 轮才能实现, 令 $k=n-1$, 从第 $k=0$ 轮开始, 每一轮二项切割中包含的切割次数分别为 $1, 2, 4, 8, \cdots, 2^k$, $k=n-1$ 次切割可以获得 $\dfrac{\sum\limits_{k=0}^{n-1}2^k+1}{2}=2^{n-1}$ 个 n 维几何对象 (n 维 "颗粒").

式 (2-27) 表明, 当 n 为有限数时, e^r 均为可用分数表达 (即伪 e^r 值均为有理数). 当 n 趋于无穷大时, e^r 值为一个位数趋于无穷多的 "分数". 或者说, e^r 值为一个分子与分母数值的位数均趋于无限的分数所形成的 "无限有理数". 这里所谓的 "无限有理数" 就是超越数, 它仍然是一种 "比数"—— 两个位数趋于无穷的数之比. 因此也可以把无理数理解为 "无限有理数". 由上述分析可知, 任何试图以有限项求和表达式来表达 e 值都是无法实现的, 对 e 值所表征的几何对象进行有限次完全二项切割也是不可行的.

虽然 e 被称为 "无理数", 但它与通过开方运算获得的无理数 (比如 $\sqrt{2}$) 在几何性质上是可区分的. 开方运算获得的无理数对应于某个 2 维几何对象尺度特性量的表达基, 而 e 值这类 "无限有理数" 则属于无限维度正则几何对象的广义体积 (形体特征量). 当然如果需要, e 值也可以作为其他几何对象的表达基, 只不过这种无理数并非 "开方运算" 的结果.

在做出上述严格的几何概念区分之后, 我们得到下述新的认识.

(1) 开方运算 $\sqrt[n]{y}=x$ 所对应的几何意义是已知几何的特征量与维度求解表达基, 它的逆运算为乘方运算 $y=x^n$(已知表达基 x 和维度 n 求几何特征量 y).

(2) 对数运算 $\log_x y=n$ 对应的几何意义是已知特征量和表达基求表达维度, 而它的逆运算 —— 求反对数运算 $\mathrm{Antlog}_x n=\log_x^{-1}n=x^n=y$(已知维度和表达基求几何特征量) 也是乘方运算.

显然, 乘方运算存在两种逆运算: 对数运算与开方运算, 但它们的已知条件不同, 前者已知表达基和特征量求维度, 后者已知特征量和维度求表达基.

使用锥形切割法: 根据第 1 章对于锥形切割法的分析知道, 对 n 维几何对象进行保留表达基因子的锥形切割, 实际上是对 $n+1$ 维锥形几何对象的基础正则 (欧氏) 几何对象进行递进深入切割, 直至对最后一批基础正则 (欧氏) 几何对象 (正四边形) 实现切割完成为止.

事实上, 我们总是无法对具有无穷维度的几何对象直接进行无穷轮完全切割, 只能从对有限维度的同类几何对象的有限轮完全切割过程找出规律和性质, 再将它们推广到趋于无限维度的几何对象.

以下将首先研究获得与 e 值 (几何对象特征量) 具有相同几何性质的伪 e 值 (几何对象特征量) 进行锥形切割的规律, 然后将切割规律推广到趋于无限维度 e 值所对应的几何对象.

锥形切割过程的描述从 1 维几何对象开始.

当 n=1 时, 几何对象的形体特征量为 $y = x$=(1+1)=2, 由于伪 e 值 y 为 1 维数 (对应一条线段的长度), 保留原始公共表达基的锥形切割方法要求切割轮次 $1 \leqslant p \leqslant n-1$, 而 1 维数 (对应一条线段的长度) 不能进行锥形切割 (因为其基础几何对象是线段的两个端点为"点"几何对象), 端点属于 0 维空间几何对象, 而 0 维空间几何对象是不允许进行切割的, 即 1 维几何对象允许锥形切割的次数为 0, 不满足 $1 \leqslant p$ 的条件.

当 n=2 时, 几何对象的形体特征量为 $y = x^2 = \left(1+\dfrac{1}{2}\right)^2 = \dfrac{9}{4}$, 由于 y 为 2 维数 (对应一个正四边形的面积), 满足 $1 \leqslant p \leqslant n-1$ 切割轮次的要求, 又由于 $n-1=1$, 所以对 2 维几何对象最多只能进行 1 轮切割. 根据第 1 章介绍的方法, 2 维正则几何对象具有 4 个广义面 (实际上是 4 条边), 因此可切割出 4 个基础几何特征量为 $\dfrac{3}{2}$, 且广义高度为 $\dfrac{3}{4}$ 的 2 维广义棱锥, 实际上是底边长均为 $\dfrac{3}{2}$, 高度均为 $\dfrac{3}{4}$ 的 4 个等腰三角形, 4 个等腰三角形的面积之和为 $4 \times \dfrac{1}{2}\left(\dfrac{3}{2} \times \dfrac{3}{4}\right) = \dfrac{9}{4}$.

当 n=3 时, 锥形几何对象的形体特征量为 $y = x^3 = \left(1+\dfrac{1}{3}\right)^3 = \dfrac{64}{27}$, 由于伪 e 值 y 为 3 维数 (一个正立方体的体积) 满足 $1 \leqslant p \leqslant n-1$ 切割轮次的要求, 又由于 $n-1=2$, 所以最多可以进行 2 轮切割.

首先进行第 1 轮切割. 根据第 1 章介绍的方法, 3 维数 $\left(1+\dfrac{1}{3}\right)^3$ 对应的 3 维几何对象具有 6 个 2 维广义面, 因此可切割出 6 个基础几何特征量为 $\left(1+\dfrac{1}{3}\right)^2$, 且广义高度为 $\dfrac{1+\dfrac{1}{3}}{2}$ 的 3 维广义棱锥, 其体积之和为 $6 \times \dfrac{1}{3}\left(\left(1+\dfrac{1}{3}\right)^2 \times \dfrac{1+\dfrac{1}{3}}{2}\right) = \dfrac{64}{27}$.

以下进行第 2 轮切割 —— 对 6 个特征量为 $\left(1+\dfrac{1}{3}\right)^2$ 的几何对象进行切割. 单一 2 维正则几何对象具有 4 个广义面 (实际上是 4 条边), 因此可切割出 4 个基

础几何特征量为 $1+\frac{1}{3}$, 且广义高度为 $\frac{1+\frac{1}{3}}{2}$ 的 2 维广义棱锥 (实际上是底边长均为 $1+\frac{1}{3}$, 高度均为 $\frac{1+\frac{1}{3}}{2}$ 的 4 个等腰三角形). 必然地, 累计获得 24 个 2 维 2 棱广义锥, 即底边长均为 $1+\frac{1}{3}$, 高度均为 $\frac{1+\frac{1}{3}}{2}$ 的等腰三角形, 对它们对应的面积求和得到立方体的表面积 $24\times\frac{1}{2}\left(\left(1+\frac{1}{3}\right)\frac{1+\frac{1}{3}}{2}\right)=\frac{32}{3}$.

当 n=4 时, 锥形几何对象的形体特征量为 $y=x^4=\left(1+\frac{1}{4}\right)^4=\frac{625}{256}$, 由于伪 e 值 y 为 4 维数 (一个正多胞体的体积), 满足 $1\leqslant p\leqslant n-1$ 切割轮次的要求, 又由于 $n-1=3$, 因此最多可以进行 3 轮切割.

首先进行第 1 轮切割. 根据第 1 章介绍的方法, 4 维数 $y=x^4=\left(1+\frac{1}{4}\right)^4=\frac{625}{256}$ 对应的 4 维几何对象具有 8 个 3 维广义面, 因此可切割出 8 个基础几何特征量为 $\left(1+\frac{1}{4}\right)^3$, 且广义高度为 $\frac{1+\frac{1}{4}}{2}$ 的 4 维广义棱锥, 得到

$$8\times\frac{1}{4}\left(\left(1+\frac{1}{4}\right)^3\frac{1+\frac{1}{4}}{2}\right)=\frac{625}{256}.$$

以下进行第 2 轮切割 —— 对 8 个特征量为 $\left(1+\frac{1}{4}\right)^3$ 的几何对象进行切割. 单一 3 维正则几何对象具有 6 个广义面 (实际上就是 6 个平面), 因此可切割出 6 个基础几何特征量为 $\left(1+\frac{1}{4}\right)^2$, 且广义高度为 $\frac{1+\frac{1}{4}}{2}$ 的 3 维广义棱锥 (实际上就是底面积均为 $\left(1+\frac{1}{4}\right)^2$, 高度均为 $\frac{1+\frac{1}{4}}{2}$ 的 6 个 3 维正 4 棱锥). 必然地, 累计获得 48 个 3 维 4 棱锥 (底面积均为 $\left(1+\frac{1}{4}\right)^2$, 高度均为 $\frac{1+\frac{1}{4}}{2}$), 超立方体的 3 维表体积为 $48\times\frac{1}{3}\left(\left(1+\frac{1}{4}\right)^2\frac{1+\frac{1}{4}}{2}\right)=\frac{125}{8}$.

以下进行第 3 轮切割 —— 对 48 个特征量为$\left(1+\dfrac{1}{4}\right)^2$的几何对象进行切割. 单一 2 维正则几何对象具有 4 个广义面 (实际上是 4 条边), 因此可切割出 4 个基础几何特征量为 $1+\dfrac{1}{4}$, 且广义高度为 $\dfrac{1+\dfrac{1}{4}}{2}$ 的 2 维广义棱锥(实际上是底边长均为 $1+\dfrac{1}{4}$, 高度均为 $\dfrac{1+\dfrac{1}{4}}{2}$ 的 4 个等腰三角形). 必然地, 累计获得 192 个 2 维 2 棱广义锥(底边长均为 $1+\dfrac{1}{4}$, 高度均为 $\dfrac{1+\dfrac{1}{4}}{2}$ 的等腰三角形), 超立方体的 2 维表面积为 $192\times\dfrac{1}{2}\left(\left(1+\dfrac{1}{4}\right)\dfrac{1+\dfrac{1}{4}}{2}\right)=75.$

根据式 (1-17) 知, 当 $x=1+\dfrac{1}{n}$ 时,

$$\begin{aligned}y&=2n\left\{\frac{1}{n}\times 2(n-1)\left[\frac{1}{n-1}\times\cdots\times 2(n-(n-2))\left(\frac{1}{n-(n-2)}\times x\times\frac{x}{2}\right)\right.\right.\\&\qquad\left.\left.\times\cdots\times\frac{x}{2}\right]\times\frac{x}{2}\right\}\\&=(2^{n-1}n!)\times\left(\frac{1}{n!}\right)\times(x)\times\left(\frac{x}{2}\right)^{n-1}=x^n\end{aligned}$$

将 $x=1+\dfrac{1}{n}$ 代入上式, 可得到该族几何对象形体特征量的另一种形式表达式

$$y=(2^{n-1}n!)\left(\frac{1}{n!}\right)\left(1+\frac{1}{n}\right)\left(\frac{1+\dfrac{1}{n}}{2}\right)^{n-1}$$

当维度 n 趋于无穷大, 对上式取极限, 得到 n 维正则几何对象形体特征量为

$$y=\lim_{n\to\infty}2^{n-1}n!\left[\frac{1}{n!}\left(1+\frac{1}{n}\right)\left(\frac{1+\dfrac{1}{n}}{2}\right)^{n-1}\right]=\mathrm{e}\tag{2-30}$$

有趣的是, 我们还可以这样理解式 (2-30) 的意义：由 $2^{n-1}n!$ 个形体特征量为 $\left(\dfrac{1+\dfrac{1}{n}}{2}\right)^{n-1}$ 的 $n-1$ 维正则几何对象, 统一以高度$\left(\dfrac{1}{n}\right)!\left(1+\dfrac{1}{n}\right)$ 进行升维扩张

形成形体特征量为 e 族数 n 维非正则几何对象. 因此, 该式又可改写为

$$y=\lim_{n\to\infty}\sum_{k=1}^{2^{n-1}n!}\left[\frac{1}{n!}\left(\frac{1+\dfrac{1}{n}}{2}\right)^{n-1}\left(1+\frac{1}{n}\right)\right]=\mathrm{e} \tag{2-31}$$

根据式 (2-28) 的形式, 我们还可得到式 (2-31) 更为一般的形式

$$y=\lim_{n\to\infty}\sum_{k=1}^{2^{n-1}n!}\left[\frac{1}{n!}\left(\frac{1+\dfrac{r}{n}}{2}\right)^{n-1}\left(1+\frac{r}{n}\right)\right] \tag{2-32}$$

当 $r=0$ 时, $y=1$; 当 $r<0$ 时, $y=-\mathrm{e}^{-r}$; 当 $r>0$ 时, $y=\mathrm{e}^{r}$.

式 (2-32)对应着一个 e^r 族超越数的另一种形式, 或者说对应着特征量为 e^r 族超越数的趋于无穷维几何对象的另一种切割与拼接方式. 其中, $\left(\dfrac{1+\dfrac{r}{n}}{2}\right)^{n-1}$ 为广义 "底面积", $1+\dfrac{r}{n}$ 为广义 "高度", $\dfrac{1}{n!}$ 为广义锥 "体积" 系数.

另一方面, 由式 (1-17) 还可以反演出表达基为 $x=1+\dfrac{1}{n}$ 的 n 维正则几何对象形体特征量的另一种形式:

$$y=\left\{2n\left[\frac{1}{n}\left(1+\frac{1}{n}\right)^{n-1}\frac{1+\dfrac{1}{n}}{2}\right]\right\}$$

于是, 我们又得到

$$y=\lim_{n\to\infty}\sum_{k=1}^{2n}\left[\frac{1}{2n}\left(1+\frac{1}{n}\right)^{n-1}\left(1+\frac{1}{n}\right)\right]=\mathrm{e} \tag{2-33}$$

以及

$$y=\lim_{n\to\infty}\sum_{k=1}^{2n}\left[\frac{1}{2n}\left(1+\frac{r}{n}\right)^{n-1}\left(1+\frac{r}{n}\right)\right]=\mathrm{e}^r \tag{2-34}$$

式 (2-33) 及式 (2-34)对应着 e^r 族超越数的另一种形式, 或者说对应着特征量为 e^r 族超越数的趋于无穷维几何对象的另一种切割与拼接方式, 其中, $\left(1+\dfrac{r}{n}\right)^{n-1}$ 为广义 "底面积", $1+\dfrac{r}{n}$ 为广义 "高度", $\dfrac{1}{2n}$ 为广义锥 "体积" 系数.

基于上述认识, 我们还可推导出无穷多个 e^r 族超越数的求和级数表达式, 比如

$$y=\lim_{n\to\infty}\sum_{k=1}^{3n}\left[\frac{1}{3n}\left(1+\frac{r}{n}\right)^{n-1}\left(1+\frac{r}{n}\right)\right]=\mathrm{e}^r$$

$$y=\lim_{n\to\infty}\sum_{k=1}^{\mathrm{e}\times n}\left[\frac{1}{\mathrm{e}\times n}\left(1+\frac{r}{n}\right)^{n-1}\left(1+\frac{r}{n}\right)\right]=\mathrm{e}^r$$

$$y=\lim_{n\to\infty}\sum_{k=1}^{\pi\times n}\left[\frac{1}{\pi\times n}\left(1+\frac{r}{n}\right)^{n-1}\left(1+\frac{r}{n}\right)\right]=\mathrm{e}^r$$

这说明对于对应着特征量为 e^r 族超越数的趋于无穷维几何对象的锥形切割与拼接方式有趋于无穷多种.

基于锥形切割原理, 通常大家熟知的超越数 e(为超越数族 e^r 中的一种特殊情形) 可用求积级数表达. 由于求积运算与求和运算具有可转换性, 又可获得超越数 e 及其同族数基于同维度切割与拼接关系的求和级数表达式. 在未进行几何对象形体特征量分析前, 这些结果是难以凭空想象的, 即使推导出了类似的表达式, 也会因为不了解其几何意义而被忽略.

2.6 空间性质映射

于是对于式 (2-27) 而言, 当 $x_1=1$, 且 r 取实数集 $\mathrm{R}_*=\{(r<0),(r>0)\}$ 的元素之一时, 令 n 趋于无穷大且分别对式 (2-27) 求极限所得到的极限值序列必取下列集合的元素 (式 (2.29))

$$Y=\left\{\left(\frac{1}{\mathrm{e}^r},r<0\right),(\mathrm{e}^r,r>0)\right\}$$

其中, 当 $r>0$ 且 $r=1$ 时, $\mathrm{e}^r=\mathrm{e}$. 当 $r=0$ 时 n 维几何对象的二项切割与同维度拼接无定义 (不符合二项切割的定义).

由式 (2-29) 知, 对特征量为 e 族超越数的无限维度正则几何对象进行二项切割时, 二项表达基 $x=\left(c+\dfrac{r}{n}\right)$ 中的常量 c 只能是 1, 变量 $\dfrac{r}{n}$ 则与维度 n 关联.

首先分析指数幂数列 e^r 的形成过程. 根据式 (2-29) 知道, 当二项表达基中的常量 $x_1=1$ 且维度 n 趋于无穷大时, 此类几何对象的特征量表达式可以记为

$$Y=\left\{\left(\frac{1}{\mathrm{e}^r},r<0\right),(\mathrm{e}^r,r>0)\right\}$$

其中, $(\mathrm{e}^r,r>0)$ 对应于集合 Y 的一个子集. 显然, 当 n 趋于无穷大时, r 依次取 1 及正整数值所获得的 e^r 序列值构成一个等比数列, 简记为 $\mathrm{e},\mathrm{e}^2,\mathrm{e}^3,\cdots$, 其公比数为 e; 对数列 $\mathrm{e},\mathrm{e}^2,\mathrm{e}^3,\cdots$ 取自然对数, 得到正整数数列 1, 2, 3, $\cdots$, 又构成一个等差数列, 公差数为 1. 实际上, 当 r 为正实数时, e^r 序列值构成一个无穷数列, 对数列中的每个值取对数, 获得正实数集.

于是, 有趣的现象出现了:

对于 $y=\lim\limits_{n\to\infty}\left(1+\dfrac{r}{n}\right)^n=\lim\limits_{n\to\infty}\left(\dfrac{n+r}{n}\right)^n=\mathrm{e}^r$ 而言, 当 r 取遍正实数时, e^r 代表一组同维 (全部趋于无限维度) 不同基 (r 为正实数) 几何实体特征量; 另一方面, e^r 本身又代表以 e 作为统一表达基, 当 r 为正实数时的同基不同维几何对象序列的形体特征量表达式. 这表明, 当 r 为正实数时, e^r 既对应一组同维不同基正则几何对象形体特征量序列, 又对应一组同基不同维正则几何对象尺度几何特征量序列.

我们称这种现象为空间性质映射, 即 r 为正实数且 $n\to\infty$、具有同一空间标架、形体特征量为 $\left(\dfrac{n+r}{n}\right)^n$ 的一组正则几何对象集合 A, 与 r 为正实数且表达基为 e、形体特征量为 e^r 的另一组正则几何对象集合 B 之间存在映射关系. 换言之, 此时具有同一空间标架的一族几何对象与具有不同空间标架的另一族几何对象存在映射关系, 使得我们能够方便、快捷地在有限维度空间中处理趋于无限维度空间中的几何问题.

更一般地, 令 $d=a+b\mathrm{i}$ 为复数, 有

$$y=\lim_{n\to\infty}\left(1+\frac{a+b\mathrm{i}}{n}\right)^n=\mathrm{e}^{a+b\mathrm{i}}=\mathrm{e}^a\mathrm{e}^{b\mathrm{i}} \tag{2-35}$$

$$y=\lim_{n\to\infty}2^{n-1}n!\left[\frac{1}{n!}\left(1+\frac{a+b\mathrm{i}}{n}\right)\left(\frac{1+\dfrac{a+b\mathrm{i}}{n}}{2}\right)^{n-1}\right]=\mathrm{e}^{a+b\mathrm{i}}=\mathrm{e}^a\mathrm{e}^{b\mathrm{i}} \tag{2-36}$$

$$y=\lim_{n\to\infty}\sum_{k=1}^{2n}\left[\frac{1}{2n}\left(1+\frac{a+b\mathrm{i}}{n}\right)^{n-1}\left(1+\frac{a+b\mathrm{i}}{n}\right)\right]=\mathrm{e}^{a+b\mathrm{i}}=\mathrm{e}^a\mathrm{e}^{b\mathrm{i}} \tag{2-37}$$

以及

$$y=\lim_{n\to\infty}\sum_{k=1}^{2^{n-1}n!}\left[\frac{1}{n!}\left(\frac{1+\dfrac{a+bi}{n}}{2}\right)^{n-1}\left(1+\frac{a+bi}{n}\right)\right]=\mathrm{e}^{a+b\mathrm{i}}=\mathrm{e}^a\mathrm{e}^{b\mathrm{i}} \tag{2-38}$$

根据式 (2-28) 对 r 的定义, 又有

$$y=\lim_{n\to\infty}\left(1+\frac{r(a+b\mathrm{i})}{n}\right)^n=\mathrm{e}^{r(a+b\mathrm{i})} \tag{2-39}$$

$$y=\lim_{n\to\infty}2^{n-1}n!\left[\frac{1}{n!}\left(1+\frac{r(a+b\mathrm{i})}{n}\right)\left(\frac{1+\dfrac{r(a+b\mathrm{i})}{n}}{2}\right)^{n-1}\right]=\mathrm{e}^{r(a+b\mathrm{i})} \tag{2-40}$$

$$y=\lim_{n\to\infty}\sum_{k=1}^{2n}\left[\frac{1}{2n}\left(1+\frac{r(a+b\mathrm{i})}{n}\right)^{n-1}\left(1+\frac{r(a+b\mathrm{i})}{n}\right)\right]=\mathrm{e}^{r(a+b\mathrm{i})} \tag{2-41}$$

以及

$$y=\lim_{n\to\infty}\sum_{k=1}^{2^{n-1}n!}\left[\frac{1}{n!}\left(\frac{1+\dfrac{r(a+b\mathrm{i})}{n}}{2}\right)^{n-1}\left(1+\frac{r(a+b\mathrm{i})}{n}\right)\right]=\mathrm{e}^{(a+b\mathrm{i})} \tag{2-42}$$

相似地, 式 (2-39) 至式 (2-42) 对应的几何对象维度 n 趋于无穷大, 当 r 依次取 1 及正整数值所获得的 $\mathrm{e}^{r(a+b\mathrm{i})}$ 序列值依次构成一个等比数列, 简记为 $\mathrm{e}^{(a+b\mathrm{i})}, \mathrm{e}^{2(a+b\mathrm{i})}, \mathrm{e}^{3(a+b\mathrm{i})}, \cdots, \mathrm{e}^{r(a+b\mathrm{i})}$, 其公比数为 $\mathrm{e}^{a+b\mathrm{i}}$; 对等比数列 $\mathrm{e}^{(a+b\mathrm{i})}$, $\mathrm{e}^{2(a+b\mathrm{i})}$, $\mathrm{e}^{3(a+b\mathrm{i})}, \cdots, \mathrm{e}^{r(a+b\mathrm{i})}$ 取自然对数, 得到正复数数列 $(a+b\mathrm{i}), 2(a+b\mathrm{i}), 3(a+b\mathrm{i}), \cdots, r(a+b\mathrm{i})$, 又构成一个等差数列, 公差数为 $a+b\mathrm{i}$.

于是, 对于 $y=\lim\limits_{n\to\infty}\left(1+\dfrac{r(a+b\mathrm{i})}{n}\right)^{n}=\mathrm{e}^{r(a+b\mathrm{i})}$ 而言, 当 r 取遍正实数时, $\mathrm{e}^{r(a+b\mathrm{i})}$ 代表一组同维 (全部趋于无限维度) 不同基的数族, 它们对应 n 维复空间中具有不同表达基的同维度正则几何对象的尺度几何特征量; 另一方面, $\mathrm{e}^{r(a+b\mathrm{i})}$ 又代表以 e 作为统一的表达基, 当 r 取遍正实数时的同基不同维几何对象序列的形体特征量表达式. 这表明, 当 r 取遍正实数时, $\mathrm{e}^{r(a+b\mathrm{i})}$ 既对应一组同维不同基正则几何对象尺度几何特征量序列, 又对应一组同基不同维正则几何对象形体特征量序列.

我们称这种现象为复空间性质映射, 即当 r 取遍正实数, 且 $n\to\infty$、具有同一空间标架、形体特征量为 $\left(\dfrac{n+r(a+b\mathrm{i})}{n}\right)^{n}$ 的一组正则几何对象集合 A, 与 r 取遍正实数且表达基为 e、形体特征量为 $\mathrm{e}^{r(a+b\mathrm{i})}$ 的另一组正则几何对象集合 B 之间存在映射关系. 具有同一空间标架的一族几何对象与具有不同空间标架的另一族几何对象存在映射关系, 使得我们能够方便、快捷地在有限维度复空间中处理趋于无限维度复空间中的几何问题 (详见第 8 章相关内容).

如果一族维度相同而表达基不同的几何对象的形体特征量, 与另一族表达基相同而维度不同的几何对象形体特征量对应相等, 则称两者存在空间性质映射关系.

第 3 章　超越数 π 的几何意义理解

3.1　关于 π 的非圆周率意义

在研究 π 的非圆周率意义之前, 我们首先简要回顾一下 π 的圆周率意义.

设一个圆的内接正四边形对角线长度为 1, 以该长度为基准, 测量被圆的对角线一分为二的 2 个半圆的弧长, 分别得到弧长值 $\frac{\pi}{2}$. 将 2 个半圆的弧长值相加, 得到整个圆的弧长值为 $\frac{\pi}{2}+\frac{\pi}{2}=\pi$, 即圆的周长相对于其直径 1 的比值为 $\frac{\pi}{1}=\pi$, 这个 π 值就是所谓的圆周率.

当圆的直径相对于 1 成某比例变化时, 其周长也将相对于 π 成同比例变化. 如同 1 是圆的直径参数中的基本比例因子一样, π 是圆的周长参数中的基本比例因子. 或者说, 任何实数都可用基本比例因子 1 衡量其大小, 任何圆周长都可用基本比例因子 π 衡量其大小.

实际上, 由于圆弧与直线是两种不同类型的几何对象 (直线可存在于 1 维欧氏空间中, 弧线必须存在于至少 2 维欧氏空间中), 所以用直线作为基准测量弧线的长度, 理论上讲必须要将直线与弧线同时分解到 "点" 的精细度 (其尺度大小趋于 0 但大于 0) 后方可进行, 而直线上与弧线上 "点" 的数量皆趋于无穷多, 所以我们获得的弧长不可能是有限位数的准确结果. 但是, 直径为 1 的所谓 "单位圆" 的周长总是确定的且为 π, 所以只要能给出某圆的直径准确值 d, 就能立即获得该圆周长 (以 π 为计量单位) 的 "准确" 结果 (为 $d\times\pi$).

由于 π 是一个超越数, 其位数趋于无穷多, 所以测量任何圆周长所获得的准确结果都只能存在于代数公式状态, 因此工程技术上实际使用的圆周长也只能是满足特定精度需要的近似数 (称为伪 π 值).

以直线为基准测量弧线的长度时, 为了获得足够精确的测量结果, 常规的做法是: 将用于测量 (比对) 的基准 (直线) 尺度缩减到趋于 0 的长度, 并且在整个测量过程中准确地确定每次测量的起点、终点及测量基准的初始方向, 测量完成后再对历次测量结果简单求和. 完美的测量必须进行趋于无穷多次, 然后对结果进行趋于无限次累加 (实际上这是一个微分遍历测量加积分还原测量结果的过程). 虽然从操作上看这些要求是难以满足的, 但是从逻辑上讲这样的测量方法是合理的, 因为只有这样做才能将曲线视为近似的直线, 解决测量基准与被测对象间的空间性质不一致问题, 以便获得圆弧长度的任意精度值.

以上是常规概念中圆周率 π 的几何意义.

由于存在不止一种 π 的数学表达方式, 每一种数学表达方式都对应着一种几何存在, 所以 π 值反映的应该是一组具有广泛数学意义的几何存在. 如果仅仅将 π 限制在圆周率意义范围内, 就显得过于狭隘.

事实上, 在后续内容中我们将会看到, 计算 π 值的表达式可以趋于无穷多, 这说明 π 值可以对应众多几何对象的同一类几何性质, 这就是我们从不同角度分析 π 的 "非圆周率意义"(不仅仅依赖于圆的周长与直径之比来获得 π 值) 的客观基础.

我们首先从欧氏几何对象在欧氏空间递归扩张过程中几何特征量的变化规律角度, 理解 π 的非圆周率意义.

首先明确一个概念: 升维扩张与升维凸起扩张. 升维扩张通常指平行扩张, 比如在欧氏空间中, 一维直线 "升维扩张" 指该直线上的每一个点与另一与之平行的直线上的每一个点之间对应连线, 获得一个四边形二维平面. 升维凸起扩张则指一个几何对象向高一维度空间中的一个特定 "点" 进行扩张. 比如在欧氏空间中, 一维直线 "升维凸起扩张" 指该直线上的每一个点与该直线外的某一个点之间对应连线, 获得一个三角形二维平面.

以下是一个特定升维凸起扩张过程的描述.

设 0 维空间存在一个点 (0 维几何对象), 向第 1 维空间升维凸起扩张 $\sqrt{2}$ 高度, 形成一条长度为 $\sqrt{2}$ 的 1 维直线段 (隐含着表达基 $x=2$, 扩张半个维度), 它具有 2 个端点. 2 条长度为 $\sqrt{2}$ 的 1 维直线段同维度对接 (双方的端点之一重合, 双方互为对方的延长线), 得到一条长度为 $2\sqrt{2}$ 的 1 维直线段, 它仍然只含有 2 个端点, 因为各自有一个端点在与对方对接之后消失.

以长度为 $2\sqrt{2}$ 的直线段 (1 维几何对象) 为基础几何对象, 向第 2 维空间升维凸起扩张, 形成一个高度为 $\sqrt{\dfrac{2-\sqrt{2}}{2}}$ 的等腰三角形 (广义 2 棱锥体), 它的面积为 $2\sqrt{2-\sqrt{2}}$, 它含有 3 个顶点. 让两个这样的等腰三角形进行同维度对接 (2 个等腰三角形之底边重合), 形成一个 2 维正四边形, 它的面积为 $4\sqrt{2-\sqrt{2}}$, 它含有 4 个顶点和 4 条边, 因为有 2 个端点和 2 条三角形底边在三角形对接后消失.

以 2 维空间中面积为 $4\sqrt{2-\sqrt{2}}$ 的正四边形为基础几何对象, 向第 3 维空间凸起扩张, 形成一个高度为 $\sqrt{\dfrac{2-\sqrt{2+\sqrt{2}}}{2-\sqrt{2}}}$ 的 3 维 4 棱锥体, 其体积为 $4\sqrt{2-\sqrt{2+\sqrt{2}}}$. 2 个这样的 3 维 4 棱锥体同维度对接 (作为它们基础几何对象的 2 个正四边形重合), 形成一个 3 维 8 面体, 它的体积为 $8\sqrt{2-\sqrt{2+\sqrt{2}}}$, 它含有 6 个顶点.

以体积为 $8\sqrt{2-\sqrt{2+\sqrt{2}}}$ 的 3 维 8 面体为基础几何对象, 向第 4 维空间凸起扩张, 形成一个广义高度为 $\dfrac{\sqrt{2-\sqrt{2+\sqrt{2+\sqrt{2}}}}}{\sqrt{2-\sqrt{2+\sqrt{2}}}}$ 的 4 维 6 棱锥体, 其尺度几何特征量 (广义体积) 为 $8\sqrt{2-\sqrt{2+\sqrt{2+\sqrt{2}}}}$; 2 个这样的 4 维 6 棱锥体同维度对接 (作为它们基础几何对象的 2 个 3 维 4 棱锥体重合), 得到一个 4 维 32 面体, 它的尺度几何特征量 (广义体积) 为 $16\sqrt{2-\sqrt{2+\sqrt{2+\sqrt{2}}}}$, 它含有 8 个顶点.

以广义体积为 $16\sqrt{2-\sqrt{2+\sqrt{2+\sqrt{2}}}}$ 的 4 维 32 面体为基础几何对象, 向第 5 维空间凸起扩张, 形成一个广义高度为 $\dfrac{\sqrt{2-\sqrt{2+\sqrt{2+\sqrt{2+\sqrt{2}}}}}}{\sqrt{2-\sqrt{2+\sqrt{2+\sqrt{2}}}}}$ 的 5 维 8 棱锥体, 其尺度几何特征量 (广义体积) 为 $16\sqrt{2-\sqrt{2+\sqrt{2+\sqrt{2+\sqrt{2}}}}}$; 2 个这样的 5 维 8 棱锥体同维度对接 (作为它们基础几何对象的 2 个 4 维 32 面体重合), 得到一个 5 维 80 面体, 它的尺度几何特征量 (广义体积) 为 $32\sqrt{2-\sqrt{2+\sqrt{2+\sqrt{2+\sqrt{2}}}}}$, 它含有 10 个顶点.

以广义体积为 $32\sqrt{2-\sqrt{2+\sqrt{2+\sqrt{2+\sqrt{2}}}}}$ 的 5 维 80 面体为基础几何对象, 向第 6 维空间凸起扩张, 形成一个广义高度为 $\dfrac{\sqrt{2-\sqrt{2+\sqrt{2+\sqrt{2+\sqrt{2+\sqrt{2}}}}}}}{\sqrt{2-\sqrt{2+\sqrt{2+\sqrt{2+\sqrt{2}}}}}}$ 的 6 维 10 棱锥体, 其尺度几何特征量 (广义体积) 为 $32\sqrt{2-\sqrt{2+\sqrt{2+\sqrt{2+\sqrt{2+\sqrt{2}}}}}}$; 2 个这样的 6 维 10 棱锥体同维度对接 (作为它们基础几何对象的 2 个 5 维 80 面体重合), 得到一个 6 维 160 面体, 它的尺度几何特征量 (广义体积) 为 $64\sqrt{2-\sqrt{2+\sqrt{2+\sqrt{2+\sqrt{2+\sqrt{2}}}}}}$, 它含有 12 个顶点.

以广义体积为 $64\sqrt{2-\sqrt{2+\sqrt{2+\sqrt{2+\sqrt{2+\sqrt{2}}}}}}$ 的 6 维 160 面体为基础几何对象, 向第 7 维空间凸起扩张, 形成一个广义高度为

$\dfrac{\sqrt{2-\sqrt{2+\sqrt{2+\sqrt{2+\sqrt{2+\sqrt{2+\sqrt{2}}}}}}}}{\sqrt{2-\sqrt{2+\sqrt{2+\sqrt{2+\sqrt{2+\sqrt{2}}}}}}}$ 的 7 维 12 棱锥体, 其尺度几何特征量 (广义体积) 为

$64\sqrt{2-\sqrt{2+\sqrt{2+\sqrt{2+\sqrt{2+\sqrt{2+\sqrt{2}}}}}}}$; 2 个这样的 7 维 12 棱锥体同维度对接 (作为它们基础几何对象的 2 个 6 维 160 面体重合), 得到一个 7 维 280 面体, 它的尺度几何特征量 (广义体积) 为 $128\sqrt{2-\sqrt{2+\sqrt{2+\sqrt{2+\sqrt{2+\sqrt{2+\sqrt{2}}}}}}}$, 它含有 14 个顶点.

按照这样的规律, 可以一直凸起扩张并对接地推演下去.

归纳上述过程, 我们得到以下一般性概念:

一个广义锥形几何对象升维凸起扩张后的几何对象与另一同时凸起扩张形成的相同几何对象同维度共底对接, 成为下一次升维凸起扩张的基础几何对象.

当维度 $n\geqslant 0$ 时, 凸起扩张形成 $n+1$ 维 $2n$ 棱广义锥体, 单个 $n+1$ 维 $2n$ 棱广义锥体的体积为 $2^n\sqrt{2-[n层\sqrt{2}嵌套求和]}$, 2 个 n 维 $2n$ 棱广义锥体同维度 "底面" 对接可形成一个广义多面体, 该广义多面体所包含的 2 个广义锥体在完成对接后 "底面" 消失, 且广义多面体的体积为 $2^{n+1}\sqrt{2-[n层\sqrt{2}嵌套求和]}$, 它含有 $2n$ 个顶点.

为记述方便, 我们将 $[n层\sqrt{2}嵌套求和]$ 简记为 $h^n_{\sqrt{2}}$.

由上述过程递推, 当维度 $n\geqslant 0$ 且表达基 $x=2$ 时, 可以得到以下 $n+1$ 维几何对象特征量表达式

$$y_{n+1}=2\left(2^n\sqrt{2-h^{n-1}_{\sqrt{2}}}\times\frac{\sqrt{2-h^n_{\sqrt{2}}}}{\sqrt{2-h^{n-1}_{\sqrt{2}}}}\right)\tag{3-1}$$

其中, $\dfrac{\sqrt{2-h^n_{\sqrt{2}}}}{\sqrt{2-h^{n-1}_{\sqrt{2}}}}$ 为 n 维几何对象向 $n+1$ 维空间凸起扩张的广义高度, $2^n\sqrt{2-h^{n-1}_{\sqrt{2}}}$ 为凸起扩张的基础几何对象特征量, 乘积因子 2 表明每次凸起扩张后都由 2 个相同的 $n+1$ 维广义锥形几何对象对接形成复合 $n+1$ 维多面体几何对象, 它的特征

量由 2 个相同的 $n+1$ 维广义锥形几何对象的特征量求和而成.

$$n \to \infty, \quad y_{n+1} = 2\left(2^n\sqrt{2-h_{\sqrt{2}}^{n-1}} \times \frac{\sqrt{2-h_{\sqrt{2}}^{n}}}{\sqrt{2-h_{\sqrt{2}}^{n-1}}}\right) \to \pi \tag{3-2}$$

即：当维度 n 趋于无穷大时, n 维 "凸起扩张 + 对接" 所形成的 $n+1$ 维几何对象特征量 y_{n+1} 将趋于值 π.

简化式 (3-1), 得到

$$y_{n+1} = 2\left(2^n\sqrt{2-h_{\sqrt{2}}^{n}}\right) \tag{3-3}$$

式 (3-3) 对应的是表达基为 2 的 n 维正则几何对象向 $n+1$ 维空间扩张, 扩张高度为 $\sqrt{2-h_{\sqrt{2}}^{n}}$ 的两个 $n+1$ 维非正则几何对象广义 (底面) 对接后, 所形成的几何对象特征量.

当维度 $n \geqslant 0$ 时, 式 (3-1) 及式 (3-3) 所对应的 $n+1$ 维几何对象特征量形成以下几何特征量序列

$n=0, \quad y_{n+1} = 2\sqrt{2} = 2.8284\cdots$

$n=1, \quad y_{n+1} = 4\sqrt{2-\sqrt{2}} = 3.0614\cdots$

$n=2, \quad y_{n+1} = 8\sqrt{2-\sqrt{2+\sqrt{2}}} = 3.1214\cdots$

$n=3, \quad y_{n+1} = 16\sqrt{2-\sqrt{2+\sqrt{2+\sqrt{2}}}} = 3.1365\cdots$

$n=4, \quad y_{n+1} = 32\sqrt{2-\sqrt{2+\sqrt{2+\sqrt{2+\sqrt{2}}}}} = 3.1403\cdots$

$n=5, \quad y_{n+1} = 64\sqrt{2-\sqrt{2+\sqrt{2+\sqrt{2+\sqrt{2+\sqrt{2}}}}}} = 3.1412\cdots$

$n=6, \quad y_{n+1} = 128\sqrt{2-\sqrt{2+\sqrt{2+\sqrt{2+\sqrt{2+\sqrt{2+\sqrt{2}}}}}}} = 3.1415\cdots$

$\cdots\cdots$

$n=100, \quad y_{n+1} = 3.14159265358979323846264338327950288419716939937510582097494 45\cdots$

(其前 62 位与 π 的前 62 位相同)

$\cdots\cdots$

$n \to \infty, \quad y_{n+1} = 2\left(2^n\sqrt{2-h_{\sqrt{2}}^{n}}\right) \to \pi$

即：当维度 n 趋于无穷大时, n 维 "扩张 + 对接" 所形成的 $n+1$ 维几何对象特征量 y_{n+1} 将趋于值 π.

请注意, 以上两种情形中的 π 已经不是圆的周长与直径之比, 而是 2 个具有趋于无限维度的几何对象对接所形成的广义多面体之广义体积.

由于以上两种情形中隐含着表达基 $x=2$, 所以当 $n\to\infty$ 时 $n+1$ 维几何对象特征量表达式 $y_{n+1}=2(2^n\sqrt{2-h^n_{\sqrt{2}}})\to\pi$, 可以改写为

$$y_{n+1}=2x^n\sqrt{x-h^n_{\sqrt{x}}}\to\pi \tag{3-4}$$

读者不难验证, 仅仅当 $x=2$ 且 $n\to\infty$ 时式 (3-4) 成立.

很容易地, 当 $x=2$ 且 $n\to\infty$ 时我们得到

$$y_{n+1}=\frac{1}{2x^n\sqrt{x-h^n_{\sqrt{x}}}}\to\frac{1}{\pi} \tag{3-5}$$

以及

$$y_{n+1}=x^n\sqrt{x-h^n_{\sqrt{x}}}\to\frac{\pi}{2} \tag{3-6}$$

$$y_{n+1}=\frac{1}{x^n\sqrt{x-h^n_{\sqrt{x}}}}\to\frac{2}{\pi} \tag{3-7}$$

由此不难看出, 这里的 π 及 $\frac{1}{\pi}$ 分别对应着空间标架维度相同, 但表达基不同且每次实际扩张维度不同的两个欧氏非正则几何对象. 因此从几何意义上讲, 此时 π 的几何意义不再是一个圆的周长与其直径之比, 而是对应着几何对象的广义体积.

实际上每个表达式所对应的 π 都具有不同的几何意义, 或者可以说, 若干种趋于无穷维度的几何对象的形体特征量都趋于 π.

3.2　通过逻辑推导获得包含超越数因子 e 的超越数 π

通过上述研究我们发现, 几何特征量 π 可以由一个趋于无穷大的数与另一个趋于无穷小的数相乘获得, 由此我们可以借助于简单的数学概念推导, 构造出 π 的另一些表达方式 (实际上也是构造出另一些维度空间标架趋于无穷的几何对象形态).

我们知道, 在 n 取正整数的前提下, 维度相同的两个 n 维几何特征量存在以下关系：$n!<n^n$. 极限情况下, $\lim\limits_{n\to\infty}\frac{n!}{n^n}\to 0$, 于是我们得到一个取值趋于 0 的极小数, 并且令这个极小数是一个 n 维几何对象向 $n+1$ 维空间扩张的高度.

另一方面, 考虑到构造超越数 π 还需要一个当维度趋于无穷大时特征量也趋于无穷大的整维度极大因子与极小因子相匹配.

我们尝试对已知的超越数 e 的表达式进行改造, 构造出一个包含超越数因子 e 的超越数 π.

首先我们将 $\left(1+\frac{1}{n}\right)^{n}$ 中的维度参数 n 变为 n^2, 获得一个新的因子 $\left(1+\frac{1}{n}\right)^{n^2}$, 将其取极限获得 $\lim\limits_{n\to\infty}\left(1+\frac{1}{n}\right)^{n^2}\to\infty$, 将因子 $\left(1+\frac{1}{n}\right)^{n^2}$ 与因子 $\frac{n!}{n^n}$ 相乘, 然后取极限, 尝试着获得构造出 π 的另一种表达式.

由于 $\lim\limits_{n\to\infty}\frac{n!}{n^n}\left(1+\frac{1}{n}\right)^{n^2}\to\infty$, 说明与极大因子 $\lim\limits_{n\to\infty}\left(1+\frac{1}{n}\right)^{n^2}\to\infty$ 相比, 极小因子 $\lim\limits_{n\to\infty}\frac{n!}{n^n}\to 0$ 还不够小.

我们知道, 小于 1 的数自乘一次所得到的数比自乘前更小, 于是得到 $\lim\limits_{n\to\infty}\left(\frac{n!}{n^n}\right)^2\to\to 0$(使用 2 个 “→” 符号, 是为了表明 $\lim\limits_{n\to\infty}\left(\frac{n!}{n^n}\right)^2$ 比 $\lim\limits_{n\to\infty}\frac{n!}{n^n}$ 更趋近于 0).

将因子 $\left(1+\frac{1}{n}\right)^{n^2}$ 与因子 $\left(\frac{n!}{n^n}\right)^2$ 相乘, 然后取极限, 我们得到的结果是 $\lim\limits_{n\to\infty}\left(\frac{n!}{n^n}\right)^2\left(1+\frac{1}{n}\right)^{n^2}\to 0$. 这说明极小因子 $\lim\limits_{n\to\infty}\left(\frac{n!}{n^n}\right)^2\to\to 0$ 已经够小, 但极大因子 $\lim\limits_{n\to\infty}\left(1+\frac{1}{n}\right)^{n^2}\to\infty$ 却不够大了.

将极大因子 $\left(1+\frac{1}{n}\right)^{n^2}$ 进行自乘, 得到 $\lim\limits_{n\to\infty}\left(\left(1+\frac{1}{n}\right)^{n^2}\right)^2\to\to\infty$.

将因子 $\left(\left(1+\frac{1}{n}\right)^{n^2}\right)^2$ 与因子 $\left(\frac{n!}{n^n}\right)^2$ 相乘, 然后取极限, 得到的结果是 $\lim\limits_{n\to\infty}\left(\frac{n!}{n^n}\right)^2\left(\left(1+\frac{1}{n}\right)^{n^2}\right)^2\to\infty$. 这说明 $\lim\limits_{n\to\infty}\left(\frac{n!}{n^n}\right)^2\to\to 0$ 又不够小了.

于是我们将极小因子缩小 n 倍, 得到

$$\frac{1}{n}\left(\frac{n!}{n^n}\right)^2=\frac{((n)!)^2}{n^{2n+1}} \tag{3-8}$$

并再次将极大因子与极小因子相乘后求极限, 得到的结果是

$$\lim_{n\to\infty}\frac{(n!)^2}{n^{2n+1}}\left(\left(1+\frac{1}{n}\right)^{n^2}\right)^2=\frac{2\pi}{\mathrm{e}} \tag{3-9}$$

这是一个十分漂亮的结果! 根据上述推导过程给出的提示信息, 我们对式 (3-9) 进行改造, 得到

$$\lim_{n\to\infty}\frac{(n!)^2}{n^{2n+1}}\left(\left(1+\frac{1}{n}\right)^{n^2}\right)^2\left(1+\frac{1}{n}\right)^n=2\pi \tag{3-10}$$

进一步地, 我们得到

$$\begin{aligned}&\lim_{n\to\infty}\frac{(n!)^2}{2n^{2n+1}}\left(\left(1+\frac{1}{n}\right)^{n^2}\right)^2\left(1+\frac{1}{n}\right)^n\\&=\lim_{n\to\infty}\frac{(n!)^2}{2n^{2n+1}}\left(1+\frac{1}{n}\right)^{n(2n+1)}=\pi\end{aligned} \tag{3-11}$$

由于

$$\lim_{n\to\infty}\left(1+\frac{1}{n}\right)^{2n+1}=\mathrm{e}^2 \tag{3-12}$$

最终, 我们得到一个包含超越数 e 作为因子的超越数 π 的表达式:

$$\lim_{n\to\infty}\frac{(n!)^2}{2n^{2n+1}}\left(1+\frac{1}{n}\right)^{n(2n+1)}=\lim_{n\to\infty}\frac{(n!)^2}{2n^{2n+1}}\mathrm{e}^{2n}=\pi \tag{3-13}$$

其中, 当 $n\to\infty$ 时, $\frac{(n!)^2}{2n^{2n+1}}$ 为 π 的非整维度极小因子, 而 e^{2n} 为 π 的整维度极大因子.

这是笔者所知的第一个包含超越数 e 因子的超越数 π 的表达式.

以上我们通过纯粹的数值逻辑概念推导获得了一个特别的几何对象特征量表达式, 尽管它的特征量取值也为 π, 但它与作为圆周率 π 的几何意义完全不是一回事, 并且也与前述其他表达式对应的几何对象也不相同.

对比一下当几何对象的维度等于大于 1 时, 式 (3-1) 及式 (3-3) 与式 (3-11) 所对应的部分伪 π 值, 可以看出它们的取值不重合且取值的升降序趋势也不同, 它们是完全不同的两个序列, 仅当 $n\to\infty$ 时两个序列有一个重合的值 π.

改造式 (3-13), 我们还可以得到 $\lim_{n\to\infty}\frac{(n!)^2}{n^{2n+1}}\left(\left(1+\frac{1}{n}\right)^{n^2}\right)^2\left(1+\frac{1}{n}\right)^{2n}=2\mathrm{e}\pi$.

这是一个含有两个经典超越数的表达式, 如果回归 π 的圆周率几何意义, 并且令圆的半径为 e, 归纳整理上式我们得到以 e 为半径的圆的周长表达式

$$\lim_{n\to\infty}\left(\frac{(n!)^2}{n^{2n+1}}\left(1+\frac{1}{n}\right)^{2n(n+1)}\right)=2\mathrm{e}\pi \tag{3-14}$$

其中, 当 $n\to\infty$ 时, $\frac{(n!)^2}{n^{2n+1}}$ 为 $2\mathrm{e}\pi$ 的非整维度极小因子, 而 $\left(1+\frac{1}{n}\right)^{2n(n+1)}$ 为 $2\mathrm{e}\pi$

的整维度极大因子.

表 3-1 两种求极限表达式部分伪值对照表

n	式 (3-1) 及式 (3-3) 部分伪 π 值	n	式 (3-13) 部分伪 π 值
1	2.82843	1	4.00000
2	3.06147	2	3.60406
3	3.12145	4	3.38542
4	3.13655	8	3.26757
5	3.14033	16	3.20575
6	3.14128	32	3.17399
7	3.14151	64	3.15787
8	3.14157	128	3.14975
9	3.14159	256	3.14568
10	3.14159	512	3.14364

这种以 e 为半径的圆的周长表达式, 不显著地依赖随维度 n 变化而递进运算的前一个结果, 使用起来比较方便, 因此在第 5 章研究球性空间特性时将会用到.

3.3 通过整数连乘表达式构造超越数 π 以及 $\frac{1}{\pi}$

根据《素数研究与应用参考手册》的推导, 超越数 π 还可由整数连乘表达式组合表达.

自然数的奇性连乘表达式为 $n_a\# = \dfrac{2^{\frac{n-1}{2}-n}(n+1)!}{\left(\dfrac{n+1}{2}\right)!}$. 当 n 为奇数时, $n_a\#$ 为整数; 当 n 为偶数时, $n_a\#$ 为无理数, 且与超越数 π 关联.

自然数的偶性连乘表达式为 $n_b\# = 2^{\frac{n}{2}}\left(\dfrac{n}{2}\right)!$. 当 n 为偶数时, $n_b\#$ 为整数; 当 n 为奇数时, $n_b\#$ 为无理数, 且与超越数 π 关联.

我们来研究一下运用奇性连乘表达式与偶性连乘表达式共同表达自然数阶乘的概念.

首先令 $n_c = n_d - 1$, 且令 $n_d = 1, 2, 3, \cdots$, 即有奇性连乘表达式与偶性连乘表达式的积为自然数的阶乘 $n!$:

$$\frac{2^{\frac{n_c-1}{2}-n_c}(n_c+1)!}{\left(\dfrac{n_c+1}{2}\right)!} \times 2^{\frac{n_d}{2}}\left(\frac{n_d}{2}\right)! = n! \tag{3-15}$$

再令 $n_d = n_c - 1$, 且令 $n_c = 1, 2, 3, \cdots$, 也有奇性连乘表达式与偶性连乘表达式的

积为自然数的阶乘 $n!$:

$$\frac{2^{\frac{n_a-1}{2}-n_a}(n_a+1)!}{\left(\frac{n_a+1}{2}\right)!}\times 2^{\frac{n_b}{2}}\left(\frac{n_b}{2}\right)!=n! \tag{3-16}$$

分别化简式 (3-15) 与式 (3-16), 分别得到

$$n_c=n_d-1\text{时},\quad \frac{2^{\frac{n_c-1}{2}-n_c}(n_c+1)!}{\left(\frac{n_c+1}{2}\right)!}\times 2^{\frac{n_d}{2}}\left(\frac{n_d}{2}\right)!=n_d!;$$

$$n_d=n_c-1\text{时},\quad \frac{2^{\frac{n_a-1}{2}-n_a}(n_a+1)!}{\left(\frac{n_a+1}{2}\right)!}\times 2^{\frac{n_b}{2}}\left(\frac{n_b}{2}\right)!=\frac{\left(\frac{n_c-1}{2}\right)!(1+n_c)!}{2\left(\frac{1+n_c}{2}\right)!}!$$

由于式 (3-15) 与式 (3-16) 等价且等价时 $n_d=1,2,3,\cdots$ 以及 $n_c=1,2,3,\cdots$ 皆为自然数 n, 所以有

$$n!=\frac{\left(\frac{n-1}{2}\right)!(1+n)!}{2\left(\frac{1+n}{2}\right)!} \tag{3-17}$$

若某自然数 n 的偶性连乘表达式被该自然数的奇性连乘表达式除, 其结果是当 $n\geqslant 1$ 时, 有 $\dfrac{2^{\frac{n}{2}}\left(\frac{n}{2}\right)!\left(\frac{n+1}{2}\right)!}{2^{\frac{n-1}{2}-n}(n+1)!}=\sqrt{\dfrac{\pi}{2}}$, 即有

$$\left(\frac{2^{1+n}\left(\frac{n}{2}\right)!\left(\frac{1+n}{2}\right)!}{(1+n)!}\right)^2=\pi \tag{3-18}$$

若某自然数 n 的奇性连乘表达式除以该自然数的偶性连乘表达式, 其结果是当 $n\geqslant 1$ 时, 有 $\dfrac{2^{\frac{n-1}{2}-n}(n+1)!}{2^{\frac{n}{2}}\left(\frac{n}{2}\right)!\left(\frac{n+1}{2}\right)!}=\sqrt{\dfrac{2}{\pi}}$, 即有

$$\left(\frac{(1+n)!}{2^{1+n}\left(\frac{n}{2}\right)!\left(\frac{1+n}{2}\right)!}\right)^2=\frac{1}{\pi} \tag{3-19}$$

简单地, 有 $\left(\dfrac{\sqrt{2}n_b\#}{n_a\#}\right)^2 = 2\left(\dfrac{n_b\#}{n_a\#}\right)^2 = \pi$ 以及 $\left(\dfrac{n_a\#}{\sqrt{2}n_b\#}\right)^2 = \dfrac{1}{2}\left(\dfrac{n_a\#}{n_b\#}\right)^2 = \dfrac{1}{\pi}$. 读者不难验证, 当 $n > 0$ 为正实数时, 此两式也成立.

这说明超越数 π 可以对应偶性连乘与奇性连乘结果之比的平方再乘以 2, 即根据式 (3-18) 知, 以比数 $\dfrac{2^{1+n}\left(\dfrac{n}{2}\right)!\left(\dfrac{1+n}{2}\right)!}{(1+n)!}$ 作为表达基形成的欧氏 2 维正则几何对象形体特征量等于 π.

回忆 “化圆为方” 或者 “化方为圆” 的历史纠葛, 其实在这里已经得到化解. 我们知道, 圆的面积公式是 $r^2\pi$, 当 $r = 1$ 时, 单位圆的面积就等于 π. 由于 $\left(\dfrac{2^{1+n}\left(\dfrac{n}{2}\right)!\left(\dfrac{1+n}{2}\right)!}{(1+n)!}\right)^2 = \pi$, 即一个圆可以化为一个正方形, 它们的边长为 $\dfrac{2^{1+n}\left(\dfrac{n}{2}\right)!\left(\dfrac{1+n}{2}\right)!}{(1+n)!} = \sqrt{\pi}$. 当然, 这种 “正方形” 只是逻辑上存在, 因为无论如何也不可能获得刻度精度为无穷位数的 “尺子” 可以用来测量长度为 $\sqrt{\pi}$ 的边长.

而奇性连乘与偶性连乘结果之比的平方再除以 2, 即以比数 $\dfrac{n_a\#}{n_b\#}$ 为表达基的欧氏 2 维正则几何对象形体特征量的一半等于 $\dfrac{1}{\pi}$, 或者说将以比数 $\dfrac{n_a\#}{n_b\#}$ 为表达基的欧氏 2 维正则几何对象对称地一分为二, 其单个 2 维几何对象的形体特征量为 $\dfrac{1}{\pi}$.

请注意, 在上述表达基中, 用于 “相比” 的数突破了自然数的概念, 由于 $\sqrt{\dfrac{\pi}{2}}$ 以及 $\sqrt{\dfrac{2}{\pi}}$ 皆为无理数, 说明相比的两个数不限于自然数的情形下, 无理数也可以成为 “比数” 的结果. 毕达哥拉斯的 “凡数皆可比” 之说, 以一种全新的面貌出现.

根据 $\left(\dfrac{2^{1+n}\left(\dfrac{n}{2}\right)!\left(\dfrac{1+n}{2}\right)!}{(1+n)!}\right)^2 = \pi$, 令 $n = 1$, 不难得到 $\left(2\left(\dfrac{1}{2}\right)!\right)^2 = \pi$; 根据 $\left(\dfrac{(1+n)!}{2^{1+n}\left(\dfrac{n}{2}\right)!\left(\dfrac{1+n}{2}\right)!}\right)^2 = \dfrac{1}{\pi}$, 令 $n = 1$, 也不难得到 $\left(\dfrac{1}{2\left(\dfrac{1}{2}\right)!}\right)^2 = \dfrac{1}{\pi}$.

上述两式表明, 边长为 $2\left(\frac{1}{2}\right)!$ 的正方形其面积为超越数 π, 边长为 $\dfrac{1}{2\left(\frac{1}{2}\right)!}$ 的正方形其面积为 $\frac{1}{\pi}$. 有趣的是所谓 "化方为圆" 或者 "化圆为方" 的问题, 在新的意义下得到逻辑上的解决: 因为半径为 1 的圆, 其面积即为 π, 而边长为 $2\left(\frac{1}{2}\right)!$ 的正方形其面积也为 π.

相似地, 我们可以令 $n \geqslant 2$, 获得趋于无穷多个不含变量、仅由比数及其阶乘表达 π 及 $\frac{1}{\pi}$ 的简单等式. 这也表明, 对于半径为 1 的圆的 "化圆为方" 问题有趋于无限多种逻辑上的解决方案.

比如, 令 $n = 2$, 不难得到 $\left(\frac{4}{3}\left(\frac{3}{2}\right)!\right)^2 = \pi$. 当然地, 也有 $\left(\dfrac{3}{4\left(\frac{3}{2}\right)!}\right)^2 = \frac{1}{\pi}$ 等.

式 (3-18) 及 (3-19) 是笔者推导出来的超越数 π 及其倒数 $\frac{1}{\pi}$ 的最为浅显的代数表达式.

若从比数自身来看, 它们并非简单的自然数之比, 而是包含某些自然数比的阶乘及自然数与阶乘之比. 在第 4 章我们还将会看到, 刘维尔超越数既不同于超越数 π, 也不同于超越数 e, 它是另一种类型的超越数.

到目前为止, 已经被人证明为超越数的数有 e, π, eπ, e^{π}, $2^{\sqrt{2}}$, sin1, $\log_{\mathrm{e}} a, a \neq 1$, 以及刘维尔超越数等, 虽然已知超越数的个数是不可数的, 但是还没有发现有人对超越数进行分类, 因此超越数究竟有多少种类, 到现在为止尚没有明确的结论. 笔者猜想超越数不仅数量趋于无穷多, 而且其种类数也趋于无穷多. 因为几何对象的维度可以趋于无穷多, 在每个大于或等于 1 的维度上都应该存在至少 1 种几何对象的超越数类型的形体特征量. 比如刘维尔超越数对应着 1 维几何对象形体特征量; 超越数 π 既可以对应 2 维几何对象形体特征量 (如果不计较比数阶乘维度的话), 也可以对应趋于无穷大维度几何对象特征量; 而超越数 e 对应着趋于无穷大维度几何对象形体特征量 (尽管它的表达基可以有趋于无穷多种, 见式 (2-10)).

以下介绍的是通过阶乘 (阶乘是连乘的一种特殊形式) 获得超越数 π 及其倒数 $\frac{1}{\pi}$ 的另一些途径及另一些有趣的几何性质.

由于 $\lim\limits_{n\to\infty}\frac{1}{n} = 0$, 而 $\lim\limits_{n\to\infty}\left(\frac{1}{n}\right)! = 1$, 虽然 $\lim\limits_{n\to\infty}\frac{n!}{2n!} = \frac{1}{2}$, 但是 $\lim\limits_{n\to\infty}\left(\frac{n!}{2n!}\right)! =$

$\frac{\sqrt{\pi}}{2}$. 进一步地, $\lim\limits_{n\to\infty}\left(\left(\frac{n!}{2n!}\right)!\right)^2=\frac{\pi}{4}$, 于是得到

$$\lim_{n\to\infty}\left(2\left(\frac{n!}{2n!}\right)!\right)^2=\pi$$

当然地, 又有

$$\lim_{n\to\infty}\frac{1}{\left(2\left(\frac{n!}{2n!}\right)!\right)^2}=\frac{1}{\pi}$$

更有趣的是 $\lim\limits_{n\to\infty}\left(2\left(\frac{(n-m)!}{2n!}\right)!\right)^2=\pi$, 其中$m=0$; $\lim\limits_{n\to\infty}\left(2\left(\frac{(n-m)!}{2n!}\right)!\right)^2=4$, 其中$0<m\leqslant n$; $\lim\limits_{n\to\infty}\left(2\left(\frac{(n-m)!}{2n!}\right)!\right)^2=\infty$, 其中$m<0$.

回顾式 (3-11), $\lim\limits_{n\to\infty}\frac{(n!)^2}{2n^{2n+1}}\left(1+\frac{1}{n}\right)^{n(2n+1)}=\pi$. 当 $n=1$ 时有

$$\frac{(n!)^2}{2n^{2n+1}}\left(1+\frac{1}{n}\right)^{2n^2+n}=4 \tag{3-20}$$

由于当 $n=1$ 时式 (3-20) 的值 4 对应一条 1 维直线的特征量, 而 $\lim\limits_{n\to\infty}\left(2\left(\frac{(n-m)!}{2n!}\right)!\right)^2=4$, $0<m\leqslant n$, 逻辑上讲对应于一个 2 维几何对象的特征量. 与上述两个结果具有相同数值的几何对象形体特征量还有长半轴长度为 1、短半轴长度为 0 的“椭圆”周长. 即, 当 $b=0, a=1$ 时, 有

$$C=4a\int_0^{\frac{\pi}{2}}\sqrt{1-\frac{a^2-b^2}{a^2}\sin^2 p}\mathrm{d}p=4$$

此时的椭圆实际上已经蜕化为一条理论上的回形线 (形体特征量数值上相等于一条 1 维的直线的特征量).

在上述三个几何特征量皆等于 4 的表达式之间究竟存在什么样的几何关系, 我们不妨简单分析一下.

对于$C=4a\int_0^{\frac{\pi}{2}}\sqrt{1-\frac{a^2-b^2}{a^2}\sin^2 p}\mathrm{d}p=4$ 而言, “椭圆” 的周长为 4(长半轴为 1 的重合回形线), 但该 “椭圆” 的面积 $S=\pi ab=0$, 可以认为是将一个长半轴长度为 1、短半轴长度为 0 的椭圆沿其短半轴方向压缩在了 1 维空间 (椭圆度无限大) 所得到的结果.

当 $n=1$ 时, $\frac{(n!)^2}{2n^{2n+1}}\left(1+\frac{1}{n}\right)^{2n^2+n}=4$(可以视为 1 维空间中一条 1 维直线);

当 $n=2$ 时, $\frac{(n!)^2}{2n^{2n+1}}\left(1+\frac{1}{n}\right)^{2n^2+n}=\frac{59049}{16384}\approx 3.60406$;

当 $n=3$ 时, $\frac{(n!)^2}{2n^{2n+1}}\left(1+\frac{1}{n}\right)^{2n^2+n}=\frac{8796093022208}{2541865828329}\approx 3.46049$;

当 $n\to\infty$ 时, $\frac{(n!)^2}{2n^{2n+1}}\left(1+\frac{1}{n}\right)^{2n^2+n}=\pi$.

从逻辑关系上看, π 值可以对应一个位数趋于无穷大的比数. 当 $0<n<\infty$ 时, 式 (3-11) 对应的几何对象形体特征量应该小于 4 但大于 π.

另一方面, 当 $b=a=1$ 时, $C=4a\int_0^{\frac{\pi}{2}}\sqrt{1-\frac{a^2-b^2}{a^2}\sin^2 p}dp=2\pi>4$, 说明随着椭圆度的减小, 椭圆的周长逐渐加大. 当椭圆度为 $0(b=a)$ 时, 椭圆蜕变为圆, 其周长最大 $(2a\pi)$.

以上的简单分析说明, 虽然当 $n=1$ 时, $\frac{(n!)^2}{2n^{2n+1}}\left(1+\frac{1}{n}\right)^{2n^2+n}=4$, 与 $b=0, a=1$ 时 $C=4a\int_0^{\frac{\pi}{2}}\sqrt{1-\frac{a^2-b^2}{a^2}\sin^2 p}dp=4$ 具有相同的几何对象形体特征量数值, 但是当 $n\to\infty$ 时 $\lim\limits_{n\to\infty}\frac{(n!)^2}{2n^{2n+1}}\left(1+\frac{1}{n}\right)^{2n^2+n}=\pi$ 表明存在一个表达基与维度关联的、趋于无穷维度的几何对象形体特征量为 π, 而当 $b=a=1$ 时 $C=4a\int_0^{\frac{\pi}{2}}\sqrt{1-\frac{a^2-b^2}{a^2}\sin^2 p}dp=2\pi$ 对应一个 2 维几何对象 (圆) 的周长. 或者说, $n=1$ 时 $\frac{(n!)^2}{2n^{2n+1}}\left(1+\frac{1}{n}\right)^{2n^2+n}=4$ 对应的是 1 维几何对象的形体特征量, 而 $b=0, a=1$ 时 $C=4a\int_0^{\frac{\pi}{2}}\sqrt{1-\frac{a^2-b^2}{a^2}\sin^2 p}dp=4$ 对应的则是 2 维几何对象的一级表面形体特征量.

后续章节我们会看到, 球性空间与欧氏空间不同处之一, 在于 n 维球性几何对象的一级表面不能等同于 $n-1$ 个基础几何对象, 而在欧氏空间中 n 维正则几何对象的一级表面可以等同于 $n-1$ 个基础几何对象.

3.4 对形体特征量为 π 的几何对象进行切割

我们对 $\lim\limits_{n\to\infty}\dfrac{(n!)^2}{2n^{2n+1}}\left(1+\dfrac{1}{n}\right)^{2n^2+n}=\pi$ 进行改写, 得到

$$\begin{aligned}
&\lim_{n\to\infty}\frac{(n!)^2}{2n^{2n+1}}\left(1+\frac{1}{n}\right)^{2n^2+n}\\
=&\lim_{n\to\infty}\left(\frac{(n!)^2}{2n^{2n+1}}\right)\left(1+\frac{1}{n}\right)^{2n^2}\left(1+\frac{1}{n}\right)^{n}\\
=&\lim_{n\to\infty}\mathrm{e}\left(\frac{(n!)^2}{2n^{2n+1}}\right)\left(1+\frac{1}{n}\right)^{2n^2}\\
=&\lim_{n\to\infty}\sum_{p=1}^{(n!)^2}\mathrm{e}\left(\frac{\left(1+\dfrac{1}{n}\right)^{2n^2}}{2n^{2n+1}}\right)\\
=&\pi
\end{aligned}\tag{3-21}$$

于是, 具有形体特征量 π 且趋于无穷维度的几何对象可以被切割为趋于无穷多个基础几何对象特征量为 e、高度为 $\dfrac{\left(1+\dfrac{1}{n}\right)^{2n^2}}{2n^{2n+1}}$ 的非正则几何对象.

同时, 我们还可以得到

$$\lim_{n\to\infty}\sum_{p=1}^{(n!)^2}\left(\frac{\left(1+\dfrac{1}{n}\right)^{2n^2}}{2n^{2n+1}}\right)=\frac{\pi}{\mathrm{e}}$$

以及

$$\lim_{n\to\infty}\frac{(n!)^2\left(1+\dfrac{1}{n}\right)^{2n^2}}{2n^{2n+1}}=\frac{\pi}{\mathrm{e}}$$

笔者推测它们应该是超越数.

当 $1\leqslant n<\infty$ 时, 表达式 $(n!)^2\left(\dfrac{\left(1+\dfrac{1}{n}\right)^{2n^2}}{2n^{2n+1}}\right)\mathrm{e}$ 对应于一族伪 π 值, 最大值为 2e, 最小值为 π^+(π^+ 指趋于 π 但大于 π). 以下是维度 n 取 1 至 7 时所对应的伪 π 值

$$
\begin{aligned}
n &= 1, \quad 2\mathrm{e} \\
n &= 2, \quad 1.60181\mathrm{e} \\
n &= 3, \quad 1.45989\mathrm{e} \\
n &= 4, \quad 1.38667\mathrm{e} \\
n &= 5, \quad 1.34191\mathrm{e} \\
n &= 6, \quad 1.31171\mathrm{e} \\
n &= 7, \quad 1.28995\mathrm{e}
\end{aligned}
$$

由于特征量为 e 的无穷维度几何对象为正则几何对象, 且在第 2 章对其切割方法进行了讨论, 我们可直接引用到对特征量为 π 的无穷维度几何对象切割结论中来.

使用对开切割法 由式 (2-23) 及式 (3-21), 不难得到

$$
\begin{aligned}
&\lim_{n\to\infty}\sum_{p=1}^{(n!)^2}\mathrm{e}\left(\frac{\left(1+\dfrac{1}{n}\right)^{2n^2}}{2n^{2n+1}}\right) \\
&=\lim_{n\to\infty}\sum_{p=1}^{(n!)^2}\left(\frac{\left(1+\dfrac{1}{n}\right)^{2n^2}}{2n^{2n+1}}\right)\sum_{q=1}^{2^{n-1}}\left(\frac{n+1}{2n}\right)^q\left(\frac{n+1}{n}\right)^{n-q} \\
&=\pi
\end{aligned}
\tag{3-22}
$$

即把形体特征量为 π 的无穷维度几何对象切割成 $(n!)^2$ 个形体特征量相同的无穷维度几何碎块, 它们的基础几何对象特征量皆为 e 且由 2^{n-1} 种 (注意是 2^{n-1} "种"且每种一个、各不相同) 几何碎块拼接而成, $(n!)^2$ 个几何碎块皆以特征量皆为 e 的基础几何对象升维扩张而成, 它们的升维扩张高度皆为 $\dfrac{\left(1+\dfrac{1}{n}\right)^{2n^2}}{2n^{2n+1}}$, 对 $(n!)^2$ 个几何碎块进行同维度拼接后的形体特征量为 π.

使用二项切割法 由式 (2-26) 及 (3-21), 不难得到

$$
\lim_{n\to\infty}\sum_{p=1}^{(n!)^2}\mathrm{e}\left(\frac{\left(1+\dfrac{1}{n}\right)^{2n^2}}{2n^{2n+1}}\right)
$$

$$
\begin{aligned}
&= \lim_{n\to\infty}\sum_{p=1}^{(n!)^2}\left(\frac{\left(1+\dfrac{1}{n}\right)^{2n^2}}{2n^{2n+1}}\right)\sum_{k=0}^{n-1}B(n-1,k)\left(\frac{1}{n}\right)^k\left(1+\frac{1}{n}\right)\\
&= \pi
\end{aligned}
\tag{3-23}
$$

即把形体特征量为 π 的无穷维度几何对象切割成 $(n!)^2$ 个形体特征量相同的无穷维度几何碎块, 它们的基础几何对象特征量皆为 e 且由 n 种 (注意是 n “种” 且每种一个、各不相同) 几何碎块拼接而成, $(n!)^2$ 个几何碎块皆以特征量皆为 e 的基础几何对象升维扩张而成, 它们的升维扩张高度皆为 $\dfrac{\left(1+\dfrac{1}{n}\right)^{2n^2}}{2n^{2n+1}}$, 对 $(n!)^2$ 个几何碎块进行同维度拼接后的形体特征量为 π.

我们注意到, 对开切割法与二项切割法没有本质的区别, 皆可获得 $(n!)^2$ 个形体特征量相同的无穷维度几何碎块, 这些几何碎块的基础几何对象的形体特征量皆为 e, $(n!)^2$ 个基础几何对象的升维扩张高度皆为 $\dfrac{\left(1+\dfrac{1}{n}\right)^{2n^2}}{2n^{2n+1}}$, 所不同的是形体特征量皆为 e 的基础几何对象被切割成的碎块种类数不同, 前者为 2^{n-1} 种, 后者为 n 种.

使用锥形切割法 由式 (2-30) 及 (3-21), 不难得到

$$
\begin{aligned}
&\lim_{n\to\infty}\sum_{p=1}^{(n!)^2}\mathrm{e}\left(\frac{\left(1+\dfrac{1}{n}\right)^{2n^2}}{2n^{2n+1}}\right)\\
&= \lim_{n\to\infty}\sum_{p=1}^{(n!)^2}\left(\frac{\left(1+\dfrac{1}{n}\right)^{2n^2}}{2n^{2n+1}}\right)\sum_{q=1}^{2^{n-1}n!}\left[\left(\frac{1+\dfrac{1}{n}}{2}\right)^{n-1}\left(\frac{1+\dfrac{1}{n}}{n!}\right)\right]\\
&= \pi
\end{aligned}
\tag{3-24}
$$

即把形体特征量为 π 的无穷维度几何对象切割成 $(n!)^2$ 个形体特征量相同的无穷维度几何碎块, 它们的基础几何对象特征量皆为 e 且由 $2^{n-1}n!$ 个 (注意是 $2^{n-1}n!$ “个” 且每个皆相同) 几何碎块拼接而成, $(n!)^2$ 个几何碎块皆以特征量皆为 e 的基础几何对象升维扩张而成, 它们的升维扩张高度皆为 $\dfrac{\left(1+\dfrac{1}{n}\right)^{2n^2}}{2n^{2n+1}}$, 对 $(n!)^2$ 个几何碎块进行同维度拼接后的形体特征量为 π.

我们注意到, 锥形切割法与对开切割法及二项切割法也没有本质的区别, 皆可获得 $(n!)^2$ 个形体特征量相同的无穷维度几何碎块, 这些几何碎块的基础几何对象的形体特征量皆为 e, $(n!)^2$ 个基础几何对象的升维扩张高度皆为 $\dfrac{\left(1+\dfrac{1}{n}\right)^{2n^2}}{2n^{2n+1}}$, 所不同的是形体特征量皆为 e 的基础几何对象被切割成的碎块种类与数量不相同, 锥形切割法的 $(n!)^2$ 个几何碎块的基础几何对象的几何碎块为 $2^{n-1}n!$ 个 (一种), 与前两者皆不同.

由式 (2-33) 及 (3-21), 不难得到另一种表达式

$$\begin{aligned}
&\lim_{n\to\infty}\sum_{p=1}^{(n!)^2}\mathrm{e}\left(\frac{\left(1+\dfrac{1}{n}\right)^{2n^2}}{2n^{2n+1}}\right)\\
&=\lim_{n\to\infty}\sum_{p=1}^{(n!)^2}\left(\frac{\left(1+\dfrac{1}{n}\right)^{2n^2}}{2n^{2n+1}}\right)\sum_{q=1}^{2n}\left[\left(1+\frac{1}{n}\right)^{n-1}\left(\frac{1+\dfrac{1}{n}}{2n}\right)\right]\\
&=\pi
\end{aligned}\tag{3-25}$$

即把形体特征量为 π 的无穷维度几何对象切割成 $(n!)^2$ 个形体特征量相同的无穷维度几何碎块, 它们的基础几何对象特征量皆为 e 且由 $2n$ 种 (注意是 $2n$ "个" 且每个皆相同) 几何碎块拼接而成, $(n!)^2$ 个几何碎块皆以特征量皆为 e 的基础几何对象升维扩张而成, 它们的升维扩张高度皆为 $\dfrac{\left(1+\dfrac{1}{n}\right)^{2n^2}}{2n^{2n+1}}$, 对 $(n!)^2$ 个几何碎块进行同维度拼接后的形体特征量为 π.

类似地, 我们还可以得到

$$\lim_{n\to\infty}\sum_{p=1}^{(n!)^2}\left(\frac{\left(1+\dfrac{1}{n}\right)^{2n^2}}{2n^{2n+1}}\right)\sum_{q=1}^{\pi\times\mathrm{e}\times n}\left[\left(1+\frac{1}{n}\right)^{n-1}\left(\frac{1+\dfrac{1}{n}}{\pi\times\mathrm{e}\times n}\right)\right]=\pi$$

即把形体特征量为 π 的无穷维度几何对象切割成 $(n!)^2$ 个形体特征量相同的无穷维度几何碎块, 它们的基础几何对象特征量皆为 e 且由 $\pi\times\mathrm{e}\times n$ 种 (注意是 $\pi\times\mathrm{e}\times n$ "个" 且每个皆相同) 几何碎块拼接而成, $(n!)^2$ 个几何碎块皆以特征量皆为 e 的基础几何对象升维扩张而成, 它们的升维扩张高度皆为 $\dfrac{\left(1+\dfrac{1}{n}\right)^{2n^2}}{2n^{2n+1}}$, 对 $(n!)^2$ 个几何

碎块进行同维度拼接后的形体特征量为 π.

显然, 这里出现了特征量为 e 的基础几何对象的 "超越切割" 概念. 与此相对应地, 非超越切割即为代数切割.

以下是代数切割与超越切割的几个更一般的例子:

$$\lim_{n\to\infty}\sum_{p=1}^{(n!)^2}\left(\frac{\left(1+\frac{1}{n}\right)^{2n^2}}{2n^{2n+1}}\right)\sum_{q=1}^{2n}\left[\left(1+\frac{1}{n}\right)^{q-1}\left(\frac{1+\frac{1}{n}}{2n}\right)\right]=\frac{\mathrm{e}^2-1}{2\mathrm{e}}\pi$$

$$\lim_{n\to\infty}\sum_{p=1}^{(n!)^2}\left(\frac{\left(1+\frac{1}{n}\right)^{2n^2}}{2n^{2n+1}}\right)\sum_{q=1}^{\pi\times\mathrm{e}\times n}\left[\left(1+\frac{1}{n}\right)^{q-1}\left(\frac{1+\frac{1}{n}}{\mathrm{e}\times n}\right)\right]=\frac{\mathrm{e}^{\mathrm{e}\pi}-1}{\mathrm{e}^2}\pi$$

$$\lim_{n\to\infty}\sum_{p=1}^{(n!)^2}\left(\frac{\left(1+\frac{1}{n}\right)^{2n^2}}{2n^{2n+1}}\right)\sum_{q=1}^{\pi\times\mathrm{e}\times n}\left[\left(1+\frac{1}{n}\right)^{q-1}\left(\frac{1+\frac{1}{n}}{\pi\times\mathrm{e}\times n}\right)\right]=\frac{\mathrm{e}^{\mathrm{e}\pi}-1}{\mathrm{e}^2}$$

$$\lim_{n\to\infty}\sum_{p=1}^{(n!)^2}\left(\frac{\left(1+\frac{1}{n}\right)^{2n^2}}{2n^{2n+1}}\right)\sum_{q=1}^{\pi\times\mathrm{e}\times n}\left[\left(1+\frac{1}{n}\right)^{q-1}\left(\frac{1+\frac{1}{n}}{\pi\times n}\right)\right]=\frac{\mathrm{e}^{\mathrm{e}\pi}-1}{\mathrm{e}}$$

$$\lim_{n\to\infty}\sum_{p=1}^{(n!)^2}\left(\frac{\left(1+\frac{1}{n}\right)^{2n^2}}{2n^{2n+1}}\right)\sum_{q=1}^{\pi\times\mathrm{e}\times n}\left[\left(1+\frac{1}{n}\right)^{n+q-1}\left(\frac{1+\frac{1}{n}}{\pi\times n}\right)\right]=\mathrm{e}^{\mathrm{e}\pi}-1$$

类似的表达式还可以列出许多, 有兴趣的读者不妨深入挖掘其中的几何意义内涵.

3.5 空间性质映射进一步研究

我们对 $\lim\limits_{n\to\infty}\frac{(n!)^2}{2n^{2n+1}}\left(1+\frac{1}{n}\right)^{2n^2+n}=\pi$ 进行改写, 得到

$$\lim_{n\to\infty}\frac{(n!)^2}{2n^{2n+1}}\left(1+\frac{1}{n}\right)^{2n^2}\mathrm{e}=\pi \tag{3-26}$$

这表明, 当 $n\to\infty$ 时超越数 π 中包含有超越数因子 e, 此时若把式 (3-26) 中的超

越数 e 去掉, $\lim\limits_{n\to\infty}\dfrac{(n!)^2}{2n^{2n+1}}\left(1+\dfrac{1}{n}\right)^{2n^2}=\dfrac{\pi}{\mathrm{e}}$可视为一个形体特征量为 e 的 n 维正则基础几何对象向 n+1 维空间扩张的广义高度, 那么式 (3-26) 中的超越数 π 就对应于一个形体特征量为 e 的 n 维基础几何对象扩张为 n+1 维空间后, 所形成非正则几何对象的形体特征量.

在 2.6 节我们已经研究过 n 维正则几何对象的形体特征量 e 的空间性质映射问题, 本节我们重点研究 n+1 维非正则几何对象的形体特征量 π 的空间性质映射问题.

根据 e 的指数幂 e^m的形成过程 $y_n=\lim\limits_{n\to\infty}\left(1+\dfrac{m}{n}\right)^n=\lim\limits_{n\to\infty}\left(\dfrac{n+m}{n}\right)^n=\mathrm{e}^m$, 再根据 $\lim\limits_{n\to\infty}\left(\dfrac{(n!)^2}{2n^{2n+1}}\left(1+\dfrac{1}{n}\right)^{2n^2}\right)^m=\left(\dfrac{\pi}{\mathrm{e}}\right)^m$, 我们得到, 当 n 趋于无穷大时, m 依次取 0 及正整数值时 $\lim\limits_{n\to\infty}\left(\dfrac{(n!)^2}{2n^{2n+1}}\left(1+\dfrac{1}{n}\right)^{2n^2}\right)^m\left(\dfrac{n+m}{n}\right)^n$所获得的 π 族序列值依次构成一个等比数列, 简记为 1, π, π^2, $\cdots$, 其公比数为 π. 对此数列取以 π 为底的对数, 得到正整数数列 0, 1, 2, 3, 4,$\cdots$, 构成一个等差数列, 公差数为 1.

根据第 2 章给出的定义：如果一族维度相同而表达基不同的几何对象的形体特征量, 与另一族表达基相同而维度不同的几何对象形体特征量值对应相等, 则称两者存在空间性质映射关系.

对于 $\lim\limits_{n\to\infty}\left(\dfrac{(n!)^2}{2n^{2n+1}}\left(1+\dfrac{1}{n}\right)^{2n^2}\right)^m\left(\dfrac{n+m}{n}\right)^n=\left(\dfrac{\pi}{\mathrm{e}}\right)^m\mathrm{e}^m=\pi^m$ 而言, π^m 代表一组同维 (全部趋于无限维度 n+1) 不同基 ($0\leqslant m$) 数, 它们对应 n+1 维欧氏空间中具有不同表达基、且最后一次升维扩张高度不同的非正则几何对象的尺度几何特征量; 另一方面, 当 $m\geqslant 0$ 时, π^m 又代表以 π 作为统一的表达基, 具有不同维度欧氏正则几何对象的形体特征量表达序列. 这表明, 当 $0\leqslant m$ 时, π^m 既对应一组同基不同维正则几何对象尺度几何特征量序列, 又对应一组同维不同基且最后一次升维扩张高度不同的非正则几何对象形体特征量序列.

可见性质映射的媒介是几何对象形体特征量序列所对应的纯量序列. 不同空间的性质存在映射关系不要求两类空间中几何对象形体特征量序列所对应的纯量序列一一对应相同, 但如果两类空间中几何对象形体特征量序列所对应的纯量序列一一对应相同, 则几何对象所在的两类空间一定存在映射关系.

3.6 超越数 π 的亲缘数研究

在获得几何特征量为 π 的无限维度几何对象生成规律之后, 自然地想到是否可以通过相似的方法获得更多类似于 π 的无限维度几何对象特征量, 这些特征量对应的几何对象所在空间维度趋于无限大, 其形体特征量位数趋于无限多但数值并非无限大. 笔者猜想这种同类的几何对象特征量与 π 一样是超越数. 为安全起见, 我们以下暂时称这类数为 π 的亲缘数.

首先研究第一种情形. 采用与 3.1 节相似但收敛速度更快的方法.

设 0 维空间存在一个点, 向第 1 维空间伸展扩张, 形成一条长度为 $\sqrt{3}$ 的 1 维直线段 (隐含表达基为 3), 它含有 2 个端点, 两条长度为 $\sqrt{3}$ 的直线段对接得到长度为 $2\sqrt{3}$ 的线段.

以长度为 $2\sqrt{3}$ 的 1 维直线段为基础几何对象, 向第 2 维空间伸展扩张高度 $\dfrac{6\sqrt{3-\sqrt{6+\sqrt{6}}}}{2\sqrt{3}}$, 形成一个面积为 $6\sqrt{3-\sqrt{6+\sqrt{6}}}$ 的非正则四边形. 两个面积为 $6\sqrt{3-\sqrt{6+\sqrt{6}}}$ 的四边形对接得到面积为 $12\sqrt{3-\sqrt{6+\sqrt{6}}}$ 的四边形.

以面积为 $12\sqrt{3-\sqrt{6+\sqrt{6}}}$ 的四边形为基础几何对象, 向第 3 维空间伸展扩张, 形成一个高度为 $\dfrac{36\sqrt{3-\sqrt{6+\sqrt{6+\sqrt{6+\sqrt{6}}}}}}{12\sqrt{3-\sqrt{6+\sqrt{6}}}}$ 的非正则 3 维六面体, 其体积为 $36\sqrt{3-\sqrt{6+\sqrt{6+\sqrt{6+\sqrt{6}}}}}$. 两个体积为 $36\sqrt{3-\sqrt{6+\sqrt{6+\sqrt{6+\sqrt{6}}}}}$ 的六面体对接得到体积为 $72\sqrt{3-\sqrt{6+\sqrt{6+\sqrt{6+\sqrt{6}}}}}$ 的六面体.

以体积为 $72\sqrt{3-\sqrt{6+\sqrt{6+\sqrt{6+\sqrt{6}}}}}$ 的 3 维体为基础几何对象, 向第 4 维空间伸展扩张, 形成一个广义高度为 $\dfrac{216\sqrt{3-\sqrt{6+\sqrt{6+\sqrt{6+\sqrt{6}+\sqrt{6+\sqrt{6}}+\sqrt{6+\sqrt{6}}}}}}}{72\sqrt{3-\sqrt{6+\sqrt{6}+\sqrt{6}+\sqrt{6}}}}$ 的非正则 4 维体, 其广义体积为 $216\sqrt{3-\sqrt{6+\sqrt{6+\sqrt{6+\sqrt{6}+\sqrt{6+\sqrt{6}}+\sqrt{6+\sqrt{6}}}}}}$.

两个体积为 $216\sqrt{3-\sqrt{6+\sqrt{6+\sqrt{6+\sqrt{6}+\sqrt{6+\sqrt{6}+\sqrt{6+\sqrt{6}}}}}}}$ 的四维体对接得到体积为 $432\sqrt{3-\sqrt{6+\sqrt{6+\sqrt{6+\sqrt{6}+\sqrt{6+\sqrt{6}+\sqrt{6+\sqrt{6}}}}}}}$ 的四维体.

按照这样的规律, 可以一直推演下去, 得到如下一般形式:

当表达基$x=3$ 且 $n\geqslant 0$ 时, $n+1$ 维空间非整维度非正则 $n+1$ 维体的广义体积为 $y_{n+1}=2^{n+1}x^n\sqrt{x-h^{2n}_{\sqrt{x(x-1)}}}$.

由上述表达形式, 可以得到以下几何特征量序列:

$$n=0, y_{n+1}=2\sqrt{3}=3.4641016151\cdots$$

$$n=1, y_{n+1}=12\sqrt{3-\sqrt{6+\sqrt{6}}}=3.6634291637\cdots$$

$$n=2, y_{n+1}=72\sqrt{3-\sqrt{6+\sqrt{6+\sqrt{6+\sqrt{6}}}}}=3.6689868889\cdots$$

$$n=3, y_{n+1}=432\sqrt{3-\sqrt{6+\sqrt{6+\sqrt{6+\sqrt{6+\sqrt{6+\sqrt{6}}}}}}}=3.6691412873\cdots$$

……

$$n\to\infty,\quad y_{n+1}=2^{n+1}3^n\sqrt{3-h^{2n}_{\sqrt{6}}}=\pi_3 \tag{3-27}$$

为了解当表达基 $x=2$ 且 $n\geqslant 0$ 时, $n+1$ 维空间非整维度非正则 $n+1$ 维体的广义体积是否也为 $y_{n+1}=2^{n+1}x^n\sqrt{x-h^{2n}_{\sqrt{x(x-1)}}}$, 我们得到

$$n=0, y_{n+1}=2\sqrt{2}=2.8284271247\cdots$$

$$n=1, y_{n+1}=8\sqrt{2-\sqrt{2+\sqrt{2}}}=3.1214451523\cdots$$

$$n=2, y_{n+1}=32\sqrt{2-\sqrt{2+\sqrt{2+\sqrt{2+\sqrt{2}}}}}=3.1403311570\cdots$$

$$n=3, y_{n+1}=128\sqrt{2-\sqrt{2+\sqrt{2+\sqrt{2+\sqrt{2+\sqrt{2+\sqrt{2}}}}}}}=3.1415138011\cdots$$

……

$$n\to\infty, y_{n+1}=2^{n+1}2^n\sqrt{2-h^{2n}_{\sqrt{2}}}=\pi_2$$

此式与式 (3-4) 对应的表达式 $\lim\limits_{n\to\infty} 2x^n\sqrt{x-h^n_{\sqrt{x}}}\to\pi$ 虽然存在差异, 但是最终结果相同. 为研究方便, 本节研究取 $n\to\infty$, $y_{n+1}=2^{n+1}2^n\sqrt{2-h^{2n}_{\sqrt{2\times 1}}}=\pi_2$ 形式. 考虑到内在规律一致性, 我们将 π 及其亲缘数表达形式统一记为

$$n\to\infty, y_{n+1}=2^{n+1}x^n\sqrt{x-h^{2n}_{\sqrt{x(x-1)}}}=\pi_x \tag{3-28}$$

其中, $x>1$.

x 为大于 1 的实数时, 我们把式 $(3-28)$ 中的 π_x 视为位数趋于无限多的非正则几何对象特征量, 其中 $2^{n+1}x^n$ 对应 2^{n+1} 个特征量为 x^n 基础几何对象拼接后形成的 n 维基础几何对象总特征量, $\sqrt{x-h^{2n}_{\sqrt{x(x-1)}}}$对应基础几何对象向 $n+1$ 维空间扩张的广义高度 (当 $n\to\infty$ 时广义扩张高度总是趋于 0).

以上我们讨论了 $x=3$ 以及 $x=2$ 时的情形, 以下我们继续验证 x={4, 5, 6, 7, 2016, 20016}的情形, 最后讨论 x 大于 1 的实数等更一般情形.

当表达基 $x=4$ 且 $n\geqslant 0$ 时, $n+1$ 维空间非整维度非正则 $n+1$ 维体的广义体积为 $y_{n+1}=2^{n+1}x^n\sqrt{x-h^{2n}_{\sqrt{x(x-1)}}}$, 我们得到

$n=0, y_{n+1}=2\sqrt{4}=4$

$n=1, y_{n+1}=16\sqrt{4-\sqrt{12+\sqrt{12}}}=4.1587014970\cdots$

$n=2, y_{n+1}=128\sqrt{4-\sqrt{12+\sqrt{12+\sqrt{12+\sqrt{12}}}}}=4.1611753720\cdots$

$n=3, y_{n+1}=1024\sqrt{4-\sqrt{12+\sqrt{12+\sqrt{12+\sqrt{12+\sqrt{12+\sqrt{12}}}}}}}=4.1612140250\cdots$

……

$$n\to\infty,\quad y_{n+1}=2^{n+1}4^n\sqrt{4-h^{2n}_{\sqrt{12}}}=\pi_4 \tag{3-29}$$

当表达基 $x=5$ 且 $n\geqslant 0$ 时, $n+1$ 维空间非整维度非正则 $n+1$ 维体的广义体积为 $y_{n+1}=2^{n+1}x^n\sqrt{x-h^{2n}_{\sqrt{x(x-1)}}}$, 我们得到

$n=0, y_{n+1}=2\sqrt{5}=4.4721359550\cdots$

$n=1, y_{n+1}=20\sqrt{5-\sqrt{20+\sqrt{20}}}=4.6072996881\cdots$

$n=2, y_{n+1}=200\sqrt{5-\sqrt{20+\sqrt{20+\sqrt{20+\sqrt{20}}}}}=4.6086456852\cdots$

$$n=3, y_{n+1}=2000\sqrt{5-\sqrt{20+\sqrt{20+\sqrt{20+\sqrt{20+\sqrt{20+\sqrt{20}}}}}}}=4.6086591447\cdots$$

……

$$n\to\infty,\quad y_{n+1}=2^{n+1}5^{n}\sqrt{5-h_{\sqrt{20}}^{2n}}=\pi_5 \tag{3-30}$$

当表达基 $x=6$ 且 $n\geqslant 0$ 时, $n+1$ 维空间非整维度非正则 $n+1$ 维体的广义体积为 $y_{n+1}=2^{n+1}x^{n}\sqrt{x-h_{\sqrt{x(x-1)}}^{2n}}$, 我们得到

$$n=0, y_{n+1}=2\sqrt{6}=4.8989794856\cdots$$

$$n=1, y_{n+1}=24\sqrt{6-\sqrt{30+\sqrt{30}}}=5.0184596840\cdots$$

$$n=2, y_{n+1}=288\sqrt{6-\sqrt{30+\sqrt{30+\sqrt{30+\sqrt{30}}}}}=5.0192855095\cdots$$

$$n=3, y_{n+1}=3456\sqrt{6-\sqrt{30+\sqrt{30+\sqrt{30+\sqrt{30+\sqrt{30+\sqrt{30}}}}}}}=5.0192912442\cdots$$

……

$$n\to\infty,\quad y_{n+1}=2^{n+1}6^{n}\sqrt{6-h_{\sqrt{30}}^{2n}}=\pi_6 \tag{3-31}$$

当表达基 $x=7$ 且 $n\geqslant 0$ 时, $n+1$ 维空间非整维度非正则 $n+1$ 维体的广义体积为 $y_{n+1}=2^{n+1}x^{n}\sqrt{x-h_{\sqrt{x(x-1)}}^{2n}}$, 我们得到

$$n=0, y_{n+1}=2\sqrt{7}=5.2915026221\cdots$$

$$n=1, y_{n+1}=28\sqrt{7-\sqrt{42+\sqrt{42}}}=5.3996267469\cdots$$

$$n=2, y_{n+1}=392\sqrt{7-\sqrt{42+\sqrt{42+\sqrt{42+\sqrt{42}}}}}=5.4001757766\cdots$$

$$n=3, y_{n+1}=5488\sqrt{7-\sqrt{42+\sqrt{42+\sqrt{42+\sqrt{42+\sqrt{42+\sqrt{42}}}}}}}=5.4001785777\cdots$$

……

$$n\to\infty,\quad y_{n+1}=2^{n+1}7^{n}\sqrt{7-h_{\sqrt{42}}^{2n}}=\pi_7 \tag{3-32}$$

当表达基 $x=2016$ 且 $n\geqslant 0$ 时, $n+1$ 维空间非整维度非正则 $n+1$ 维体的广

义体积为 $y_{n+1}=2^{n+1}x^n\sqrt{x-h^{2n}_{\sqrt{x(x-1)}}}$, 我们得到

$$n=0, y_{n+1}=24\sqrt{14}=89.799777282574593254\cdots$$

$$\begin{aligned} n=1, y_{n+1}&=8064\sqrt{2016-\sqrt{4062240+\sqrt{4062240}}}\\ &=89.805347814983762205\cdots \end{aligned}$$

$$\begin{aligned} n=2, y_{n+1}&=32514048\sqrt{2016-\sqrt{4062240+\sqrt{4062240+\sqrt{4062240+\sqrt{4062240}}}}}\\ &=89.805347815326405482\cdots \end{aligned}$$

$n=3$,

$$\begin{aligned} y_{n+1}=&131096641536\\ &\times\sqrt{2016-\sqrt{4062240+\sqrt{4062240+\sqrt{4062240+\sqrt{4062240+\sqrt{4062240+\sqrt{4062240}}}}}}}\\ =&89.805347815326405503\cdots \end{aligned}$$

……

$$n\to\infty,\quad y_{n+1}=2^{n+1}2016^n\sqrt{2016-h^{2n}_{\sqrt{4062240}}}=\pi_{2016}$$

读者可自行验证:

$$n\to\infty,\quad y_{n+1}=2^{n+1}20016^n\sqrt{20016-h^{2n}_{\sqrt{20016\times 20015}}}=\pi_{2016}=282.957594\cdots$$

以上我们讨论了 x 取大于 1 的部分整数值时 π 的亲缘数. 以下我们讨论当 x 取部分非整数值时 π 的亲缘数.

当表达基 $x=\mathrm{e}$ 且 $n\geqslant 0$ 时, $n+1$ 维空间非整维度非正则 $n+1$ 维体的广义体积表达式为 $y_{n+1}=2^{n+1}x^n\sqrt{x-h^{2n}_{\sqrt{x(x-1)}}}$, 我们得到

$$n=0, y_{n+1}=2\sqrt{\mathrm{e}}=3.2974425414\cdots$$

$$n=1, y_{n+1}=4\mathrm{e}\sqrt{\mathrm{e}-\sqrt{\mathrm{e}(\mathrm{e}-1)+\sqrt{\mathrm{e}(\mathrm{e}-1)}}}=3.5145231500\cdots$$

$$n=2, y_{n+1}=8\mathrm{e}^2\sqrt{\mathrm{e}-\sqrt{\mathrm{e}(\mathrm{e}-1)+\sqrt{\mathrm{e}(\mathrm{e}-1)+\sqrt{\mathrm{e}(\mathrm{e}-1)+\sqrt{\mathrm{e}(\mathrm{e}-1)}}}}}=3.5219236127\cdots$$

$$\begin{aligned} n=3, y_{n+1}&=16\mathrm{e}^3\sqrt{\mathrm{e}-\sqrt{\mathrm{e}(\mathrm{e}-1)+\sqrt{\mathrm{e}(\mathrm{e}-1)+\sqrt{\mathrm{e}(\mathrm{e}-1)+\sqrt{\mathrm{e}(\mathrm{e}-1)+\sqrt{\mathrm{e}(\mathrm{e}-1)+\sqrt{\mathrm{e}(\mathrm{e}-1)}}}}}}}\\ &=3.5221740646\cdots \end{aligned}$$

……

$$n\to\infty,\quad y_{n+1}=2^{n+1}\mathrm{e}^n\sqrt{\mathrm{e}-h^{2n}_{\sqrt{\mathrm{e}(\mathrm{e}-1)}}}\to\pi_{\mathrm{e}} \tag{3-33}$$

当表达基 $x=\pi$ 且 $n\geqslant 0$ 时, $n+1$ 维空间非整维度非正则 $n+1$ 维体的广义体积表达式为 $y_{n+1}=2^{n+1}x^n\sqrt{x-h^{2n}_{\sqrt{x(x-1)}}}$, 我们得到

$$n=0, y_{n+1}=2\sqrt{\pi}=3.5449077018\cdots$$

$$n=1, y_{n+1}=4\pi\sqrt{\pi-\sqrt{\pi(\pi-1)+\sqrt{\pi(\pi-1)}}}=3.7367091598\cdots$$

$$n=2, y_{n+1}=8\pi^2\sqrt{\pi-\sqrt{\pi(\pi-1)+\sqrt{\pi(\pi-1)+\sqrt{\pi(\pi-1)+\sqrt{\pi(\pi-1)}}}}}=3.7415789658\cdots$$

$$n=3, y_{n+1}=16\pi^3\sqrt{\pi-\sqrt{\pi(\pi-1)+\sqrt{\pi(\pi-1)+\sqrt{\pi(\pi-1)+\sqrt{\pi(\pi-1)+\sqrt{\pi(\pi-1)+\sqrt{\pi(\pi-1)}}}}}}}$$
$$=3.7417023275\cdots$$

……

$$n\to\infty,\quad y_{n+1}=2^{n+1}\pi^n\sqrt{\pi-h^{2n}_{\sqrt{\pi(\pi-1)}}}\to\pi_\pi \tag{3-34}$$

以上我们讨论了 $x\geqslant 2$ 的实数情形, π 的亲缘数 π_x 表现出与 x 取值间很好的正相关性, 即 x 取值越大则 π_x 的值越大. 以下我们来讨论当 $0<x<2$ 且 n 取有限值时, $n+1$ 空间中具有同类扩张性质的部分几何对象之特征量表达式 $y_{n+1}=2^{n+1}x^n\sqrt{x-h^{2n}_{\sqrt{x(x-1)}}}$ 的取值情况.

首先看 $0<x\leqslant 1$ 的情形.

当 $0<x<1$ 时, 选取 3 种情形列表如下 (表 3-2).

表 3-2

n	$x=\frac{1}{10}$ 时特征量 y_{n+1}	$x=\frac{1}{100}$ 时特征量 y_{n+1}	$x=\frac{1}{1000}$ 时特征量 y_{n+1}
0	0.632456	0.2	0.063246
1	0.148−0.243i	0.0093−0.0202i	0.000660−0.001549i
2	0.0116−0.0662i	0.000076−0.000679i	$6.49\times10^{-7}-6.402\times10^{-6}$i
3	0.00076−0.01402i	$4.32\times10^{-7}-0.0000152$i	$3.8\times10^{-10}-1.513\times10^{-8}$i
4	0.00005−0.00285i	$2.27\times10^{-9}-3.14\times10^{-7}$i	$2.0\times10^{-13}-3.154\times10^{-11}$i
5	$2.95\times10^{-6}-0.000571$i	$1.16\times10^{-11}-6.32\times10^{-9}$i	$1.01\times10^{-16}-6.372\times10^{-14}$i

由表 3-2 不难看出, 当 $0<x<1$ 时, y_{n+1} 在 $n\geqslant 1$ 时取复数, 不属于 π 的亲缘数.

当 $x=1$ 且 $n\geqslant 0$ 时, $y_{n+1}=2^{n+1}$, 也不属于 π 的亲缘数.

当 $1<x<2$ 且 $n\geqslant 0$ 时, 选取 5 种情形列表如下:

由表 3-3 不难看出, 当 $1<x<2$ 时, y_{n+1} 在 $n\geqslant 0$ 时皆属于 π 的亲缘数.

通过上述分析, 我们发现了一种特别的现象：从 $0\leqslant n\leqslant 10$ 这个区间观察,

当 x 大于 2 时, y_{n+1} 的取值与 x 值正相关且大于 π; 但是当 $1 < x < 2$ 时, 情况变得复杂起来. 当 x 小于 2 但接近于 2 时, y_{n+1} 的取值接近于 π; 当 x 远小于 2 时, y_{n+1} 的取值与 x 值逆相关且大于 π; 当 $\frac{11}{10} < x < \frac{199}{100}$ 时, y_{n+1} 的取值有一个 "凹陷" 的趋势. 经过迭代计算, 笔者获得了一个较小的 π 亲缘数, 即当表达基为 $x = \frac{12665615122856051}{9177283084621610}$ 且 $n = 10$ 时, $y_{11} = 2.91073797300995310916\cdots$; 而当 $n = 100$, x 取同一个值时有

$$\begin{aligned}y_{101} =& 2.910737973972827379003689261848155010581687677382269263270199905\\&02619752043651377099027 52\cdots\end{aligned}$$

表 3-3

n	$x = \frac{199}{100}$, y_{n+1}	$x = \frac{19}{10}, y_{n+1}$	$x = \frac{11}{10}, y_{n+1}$	$x = \frac{101}{100}, y_{n+1}$	$x = \frac{1001}{1000}, y_{n+1}$
0	2.8213471959	2.7568097504	2.0976176963	2.0099751242	2.0009997501
1	3.1159700312	3.0670108909	2.9034102157	3.3251828278	3.6265183442
2	3.1351622881	3.0893114758	3.1361116528	3.9840230011	4.7245302373
3	3.1363762875	3.0908598262	3.1877525327	4.1813437980	5.0988951223
4	3.1364529365	3.0909670718	3.1985817834	4.2322090848	5.2002571229
5	3.1364577754	3.0909744989	3.1985817834	4.2448312419	5.2260741059
6	3.1364580809	3.0909750132	3.2012901158	4.2479340861	5.2325487898
7	3.1364581002	3.0909750488	3.2013859960	4.248695083	5.2341663111
8	3.1364581014	3.0909750513	3.2014058065	4.2488816183	5.2345700136
9	3.1364581015	3.0909750515	3.2014098996	4.2489273352	5.2346707458
10	3.1364581015	3.0909750515	3.2014107453	4.2489385393	5.2346958790

通过上述分析, 我们还发现: 当 $1 < x < 2$ 时, x 的值越接近于 1, π_x 的取值越大. 极限情况下, 当 $x = 1$ 且 $n \to \infty$ 时, $\pi_1 = 2^{n+1} \to \infty$(不收敛).

由于当 $x = 1$ 时 $x - 1 = 0$, $x(x-1) = 0$, y_{n+1} 对应表达基为 2、扩张高度恒为 1 的几何对象特征量, 它不同于 π_2、π_3 及其他定表达基、变扩张高度几何对象特征量. 因此, 尽管 $x = 1$ 时 y_{n+1} 与 π_2、π_3 等由同一形式的表达式表达, 但此时 y_{n+1} 不是与 π 同类的亲缘数, 即 π_1 不存在. 于是我们得到

$$\lim_{n\to\infty} 2^{n+1}x^n\sqrt{x - h^{2n}_{\sqrt{x(x-1)}}} = \pi_x$$

$x > 1$ 且取有限值.

3.7 从圆周率角度看 π 亲缘数的几何意义

虽然 π 具有 n 维几何对象形体特征量的意义, 但同时它还具有 2 维圆的周率意义. 以下我们回到 2 维圆的周率角度研究 π 及其亲缘数的几何意义.

π 亲缘数通用表达式为 $\lim\limits_{n\to\infty} 2^{n+1}x^n\sqrt{x-h^{2n}_{\sqrt{x(x-1)}}}=\pi_x$,　$x>1$ 且取有限值. 由 3.6 节的研究结果知道, 当 $x>1$ 且 $n\to\infty$ 时, 只有超越数 π 属于整个 π 亲缘数系列中一个已知其具有 “圆周率” 性质的数, 那么, 当 $x>1$ 且 $n\to\infty$ 时, 其他 π 亲缘数的几何意义是什么呢?

粗看起来这是一个毫无头绪的问题, 我们还是采用解析的方法予以研究.

回到本章开始给出的概念: 考虑到半径为 a 的圆周长为 $C=2a\pi$, 当 $a=\dfrac{1}{2}$ 时该圆的周长为 $C_{\frac{1}{2}}=\pi$, 由于该圆的内接正四边形对角线长度为 1, 以该长度为基准, 测量 (被内接正四边形对角线一分为二的)2 个半圆的弧长, 分别得到弧长值 $\dfrac{\pi}{2}$. 将 2 个半圆的弧长值相加, 得到整个圆的弧长值为 $\dfrac{\pi}{2}+\dfrac{\pi}{2}=\pi$,即圆的周长相对于其直径 1 的比值为 $\dfrac{\pi}{1}=\pi$, 这个 π 值就是所谓的圆周率.

当圆的直径相对于 1 成比例变化时, 其周长也将相对于 π 成比例变化. 如同 1 是圆的直径参数中的比例因子一样, π 是圆的周长中的比例因子. 或者说, 任何大于 1 的实数都含有因子 1, 对应地, 任何直径大于 1 的圆之周长值都含有因子 π.

另一方面, 由于 π 亲缘数的本质是表达基 x 大于 1 时无限维度几何对象的形体特征量, 其中 $x=2$ 时获得的 $\pi_2=\pi$ 值, 既是趋于无穷维度几何对象的形体特征量, 也对应于圆周率.

如果一定要将亲缘数 π_x 与 “圆周率” 概念 π 挂钩, 那么 π_x 必须是对应特定半径之圆的一段弧长或圆周长, 或者说, 必须存在趋于无限维度空间欧氏几何对象的形体特征量序列与具有同一维度的不同半径圆弧长度序列之间的一一映射关系. 以下通过具体的分析获得相关结论.

首先, 已知半径为 a 的圆周长为 $C=2a\pi$, 当 $a=2$ 时该圆的周长为 $C_2=4\pi$, 则其周长的 $\dfrac{1}{4}$ 即为 π. 由于 $x=2$ 时存在等式 $y_{n+1}=\lim\limits_{n\to\infty} 2^{n+1}2^n\sqrt{2-h^{2n}_{\sqrt{2}}}=\pi_2=\pi$, 意味着在趋于无限维度空间中欧氏几何对象的形体特征量 y_{n+1}与半径为 2 的圆周长 C_2 之间存在关系 $\pi_2=\dfrac{C_2}{4}=\pi$, 表明在长度为 $\dfrac{C_2}{4}$ 的圆弧中, 包含 2^{2n+1} 段半径为 2 的圆的微弧, 每段微弧长度为 $\sqrt{2-h^{2n}_{\sqrt{2}}}$, 它们构成直径为 4 的圆的 $\dfrac{1}{4}$ 周长, 其值为 π.

对应地, 当 $a=3$ 时该圆的周长为 $C_3=6\pi$, 其周长的 $\dfrac{1}{6}$ 即为 π. 由于 $x=3$ 时存在关系式 $y_{n+1}=\lim\limits_{n\to\infty} 2^{n+1}3^n\sqrt{3-h^{2n}_{\sqrt{6}}}=\pi_3>\pi$, 意味着在趋于无限维度空间中欧氏几何对象的形体特征量 y_{n+1} 与半径为 3 的圆周长 C_3 之间存在关系 $\pi_3>\dfrac{C_3}{6}$,

表明若存在总数为 $2^{n+1}3^n$ 段半径为 3 的圆的微弧, 每段微弧长度为 $\sqrt{3-h^{2n}_{\sqrt{6}}}$, 则它们的总长度大于直径为 6 的圆的 $\frac{1}{6}$ 周长.

进一步地, 当 $a=4$ 时该圆的周长为 $C_4=8\pi$, 其周长的 $\frac{1}{8}$ 即为 π. 由于 $x=4$ 时存在关系式 $y_{n+1}=\lim\limits_{n\to\infty}2^{n+1}4^n\sqrt{4-h^{2n}_{\sqrt{12}}}=\pi_4>\pi$, 意味着在趋于无限维度空间中欧氏几何对象的形体特征量 y_{n+1}与半径为 4 的圆周长 C_4 之间存在关系 $\pi_4>\frac{C_4}{8}$, 表明若存在总数为 $2^{n+1}4^n$ 段半径为 4 的圆的微弧, 每段微弧长度为 $\sqrt{4-h^{2n}_{\sqrt{12}}}$, 则它们的总长度大于直径为 8 的圆的 $\frac{1}{8}$ 周长 π.

于是, 我们可以得到一个大于等于 1 的比值序列: $\frac{\pi_2}{\pi},\frac{\pi_3}{\pi},\frac{\pi_4}{\pi}\cdots$, 它们分别对应 $x=\{2,3,4,\cdots\}$ 时, 总数为 $2^{n+1}x^n$、半径为 x 的圆的微弧 (每段微弧长度为 $\sqrt{x-h^{2n}_{\sqrt{x(x-1)}}}$) 总长度与半径为 x 的圆周长的 $\frac{1}{2x}$ 之比. 这意味着, 当 x 增大时, 每段微弧的长度 $\sqrt{x-h^{2n}_{\sqrt{x(x-1)}}}$相对缩短的速率小于微弧总数 $2^{n+1}x^n$ 相对增长的速率, 即当 $x\to\infty$ 时, $\sqrt{x-h^{2n}_{\sqrt{x(x-1)}}}$ 将趋于 0 但大于 0, 极限情形时无穷多个长度趋于 0 的微弧 (点) 构成一条长度趋于无穷大的直线. 这可以解释当 $x=2$ 时 $\pi_x=\pi$, 而当 $x=2016$ 时 $\pi_x=89.8053478\cdots$, 且当 $x=20016$ 时 $\pi_x=282.957594\cdots$.

上述主要分析基于 $x>1$ 所对应的 π 亲缘数, 这些 π_x 都是趋于无限 n 维几何对象形体特征量, 也都对应于半径 $a=x$ 的圆弧之一段弧长. 当 $a=x$ 趋于无穷大时, 圆弧变为直线段, π_x 对应一条点数趋于无穷多的直线段. 对于 $0<x<1$ 所对应的 π 亲缘数, 我们将在第 4 章及第 6 章继续研究.

第 4 章　超越数再认识

4.1 概　　述

经典理论指出, 代数数是指由整数经加减乘除及开方运算获得的数. 方程的代数解指满足方程的解可用代数数表达. 相应地, 超越数是指不能由整数经加减乘除及开方运算获得的数, 比如 e 和 π 都是超越数. 超越数的全称是 "超越代数数"——意指超越代数方法处理的数, 或者说是不能由代数方法处理的数.

若 u 为一整系数一元代数方程的代数解, 使得

$$f(x)=a_nx^n+a_{n-1}x^{n-1}+\cdots+a_1x+a_0=0 \tag{4-1}$$

成立, 则称 u 为代数数.

如果式 (4-1) 的系数为有理数, 则用各个系数分母的最小公倍数乘以各项系数, 便可得到一个整系数方程. 因此, 若 u 为一有理数系数一元代数方程的解, 则 u 也称为代数数.

经典理论还指出, 一个一元代数方程的次数就是这个代数方程首项所包含变量的次数. 如果一个代数数 u 是满足 2 个及 2 个以上一元有理系数代数方程的代数解, 其中必有一个代数方程的次数最小 (设为 n), 此时称 u 为 n 次代数数.

不能作为任何 $\geqslant 1$ 次一元有理系数代数方程代数解的数 $\bar{u}$ 称为超越代数数, 简称为超越数.

在前几章我们曾经讨论过, 以数的表达维度概念分析, 代数数与超越代数数概念虽然存在本质差别, 但并非没有共同点, 某些情形下，它们可以用同一个表达式表达, 当表达式中变量的次数取有限值时其所表达的是代数数 u, 当表达式中变量的次数取无限值时所表达的是超越数 $\bar{u}$.

比如超越数 e 的表达式$y=\left(\dfrac{n+1}{n}\right)^n=(n+1)^n\left(\dfrac{1}{n}\right)^n$, 当 $n\to\infty$ 时, $y=\mathrm{e}$ 为超越数; 当 n 为有限正整数时, y 为代数地. 又比如超越数 π 的表达式 $y=\dfrac{(n!)^2}{2n^{2n+1}}\left(1+\dfrac{1}{n}\right)^{n(2n+1)}$, 当 $n\to\infty$ 时, $y=\pi$ 为超越数; 当 n 为有限正整数时, y 为代数数.

通常我们把与超越数使用同一个表达式表达的代数数称为伪超越数. 当然也

可以反而言之, 把与代数数使用同一个表达式表达的超越数称为伪代数数. 伪代数数与代数数都属于实数.

这意味着: 对于同一表达式而言, 其所能表达的伪代数数仅有 1 个 (仅当表达式中变量次数趋于无限大值时), 而该表达式所表达的伪超越数则构成一个代数数列 (变量次数取 1 到任意大的有限值).

从这个意义上看, 通常的求极限运算是引领我们从有限维度空间分析走向无限维度空间分析的关键一步, 也是我们识别超越数与构造超越数的一种有效方法.

就实数而言, 无限维度空间便于处理两类在有限维度空间难于处理的数: 无限大数和无限小数. 在第 1 章和第 2 章我们曾经讨论过, 某些无限大数和无限小数之积可以构成超越数 e 和 π. 我们现在要问: 无限大数和无限小数之积可以构成除 e 和 π 之外的其他超越数吗? 答案应该是肯定的, 因为经典理论告诉我们: 几乎所有的实数都是超越数.

当然, 困难也是显而易见的, 因为到目前为止人们还没有找到一种规则, 可以方便地判定任意一种无限大数与另一种无限小数之积可以构成超越数.

以下我们简单梳理一下第 1 到第 3 章讨论过的一些概念:

(1) 超越数可用与代数数兼容的表达式表达;

(2) 构造超越数的基本方法是对代数数表达式求极限;

(3) 超越数可由一个求极限为趋于 0 的数和另一个求极限趋于无限大数之积构成.

比如, $\lim\limits_{n\to\infty}\left(\dfrac{1}{n}\right)^n = 0$, $\lim\limits_{n\to\infty}(n+1)^n = \infty$, 但 $\lim\limits_{n\to\infty}\left(\dfrac{1}{n}\right)^n(n+1)^n = \mathrm{e}$; $\lim\limits_{n\to\infty}\dfrac{(n!)^2}{2n^{2n+1}} = 0$, $\lim\limits_{n\to\infty}\left(1+\dfrac{1}{n}\right)^{n(2n+1)} = \infty$, 但 $\lim\limits_{n\to\infty}\dfrac{(n!)^2}{2n^{2n+1}}\left(1+\dfrac{1}{n}\right)^{n(2n+1)} = \pi$.

为研究方便起见, 以符号 w 代表超越数, $w = \{\mathrm{e}, \pi, \cdots\}$, 伪超越数 (代数数) 简记为 w_i, $1 \leqslant i < n$, w_i 对应超越数 w 的第 i 个伪超越数; 当 $i = n \to \infty$ 时, $w_i = w_n = w$ 为超越数.

为了从几何意义上了解超越数与代数数之间的联系与区别, 本章借助于在第 1 章介绍的几种切割方法, 以及第 2 章和第 3 章研究过的对 e 和 π 进行切割的原理, 重点研究通过对 e 和 π 所对应的几何对象进行切割几何意义的理解获得对超越数构造的新认识.

4.2 e 族数的代数表达

首先我们回顾一下对指定维度下伪 e 值进行片式切割的情形.

当 $n=5$ 时, $y=x^5=\left(1+\frac{1}{5}\right)^5=\frac{7776}{3125}$, y 为 5 维数 (一个正 5 维体的广义体积), 它是众多伪 e 值数列中的普通代表. 它可以被切割成 $1\times1\times1\times1\times\left(1+\frac{1}{5}\right)$, $\frac{1}{5}\times1\times1\times1\times\left(1+\frac{1}{5}\right)$, $1\times\frac{1}{5}\times1\times1\times\left(1+\frac{1}{5}\right)$, $1\times1\times\frac{1}{5}\times1\times\left(1+\frac{1}{5}\right)$, $1\times1\times1\times\frac{1}{5}\times\left(1+\frac{1}{5}\right)$, $\frac{1}{5}\times\frac{1}{5}\times1\times1\times\left(1+\frac{1}{5}\right)$, $1\times\frac{1}{5}\times\frac{1}{5}\times1\times\left(1+\frac{1}{5}\right)$, $1\times1\times\frac{1}{5}\times\frac{1}{5}\times\left(1+\frac{1}{5}\right)$, $\frac{1}{5}\times1\times\frac{1}{5}\times1\times\left(1+\frac{1}{5}\right)$, $\frac{1}{5}\times1\times1\times\frac{1}{5}\times\left(1+\frac{1}{5}\right)$, $1\times\frac{1}{5}\times1\times\frac{1}{5}\times\left(1+\frac{1}{5}\right)$, $\frac{1}{5}\times1\times\frac{1}{5}\times\frac{1}{5}\times\left(1+\frac{1}{5}\right)$, $\frac{1}{5}\times\frac{1}{5}\times1\times\frac{1}{5}\times\left(1+\frac{1}{5}\right)$, $\frac{1}{5}\times\frac{1}{5}\times\frac{1}{5}\times1\times\left(1+\frac{1}{5}\right)$, $1\times\frac{1}{5}\times\frac{1}{5}\times\frac{1}{5}\times\left(1+\frac{1}{5}\right)$ 和 $\frac{1}{5}\times\frac{1}{5}\times\frac{1}{5}\times\frac{1}{5}\times\left(1+\frac{1}{5}\right)$ 这 16 个 5 维体.

在不考虑空间 "摆放" 角度差异的前提下, 上述 5 维几何对象可以归类统计为 1 个 $1^4\times\left(1+\frac{1}{5}\right)$, 4 个 $1^3\times\frac{1}{5}\times\left(1+\frac{1}{5}\right)$, 6 个 $1^2\times\left(\frac{1}{5}\right)^2\times\left(1+\frac{1}{5}\right)$, 4 个 $1\times\left(\frac{1}{5}\right)^3\times\left(1+\frac{1}{5}\right)$, 1 个 $\left(\frac{1}{5}\right)^4\times\left(1+\frac{1}{5}\right)$. 由于 $1+\frac{1}{5}=\frac{6}{5}$, 我们不难得到关于一个正 5 维体切割的多项等式为 $\frac{6}{5}\left(\left(\frac{1}{5}\right)^4+4\times\left(\frac{1}{5}\right)^3+6\times\left(\frac{1}{5}\right)^2+4\times\frac{1}{5}+1\right)=\frac{7776}{3125}$, 将其化简之后得到等式

$$\left(\frac{1}{5}\right)^4+4\times\left(\frac{1}{5}\right)^3+6\times\left(\frac{1}{5}\right)^2+4\times\frac{1}{5}+1-\frac{1296}{625}=0 \tag{4-2}$$

设 $x=\frac{1}{5}$, 则简单地有 $x^4+4x^3+6x^2+4x-\frac{671}{625}=0$, 进一步地整理前式可得到等式 $625x^4\times1+2500x^3\times1^2+3750x^2\times1^3+2500x\times1^4-671\times1^5=0$.

这表明, 几何特征量为 671 的 5 维几何对象可以被切割成 625 个 $\left(\frac{1}{5}\right)^4\times1$, 2500 个 $\left(\frac{1}{5}\right)^3\times1^2$, 3750 个 $\left(\frac{1}{5}\right)^2\times1^3$ 以及 2500 个 $\frac{1}{5}\times1^4$ 这样几类 5 维 "颗粒". 将形体特征量为 671 的 5 维正则几何对象缩小为形体特征量为$\frac{7776}{3125}$ 的 5 维几何对象, 可以切割成 $\frac{6}{5}$ 个 $\left(\frac{1}{5}\right)^4\times1$, $\frac{24}{5}$ 个 $\left(\frac{1}{5}\right)^3\times1^2$, $\frac{36}{5}$ 个 $\left(\frac{1}{5}\right)^2\times1^3$, $\frac{24}{5}$ 个

$\dfrac{1}{5}\times 1^4$ 以及 $\dfrac{6}{5}$ 个 1^5 这样几类 5 维“颗粒”.

仔细判读上述结果, 我们不难发现, 这样的切割方案中, 5 维“颗粒”具有 2 个“公共边长”, 一个是 1, 另一个是 $\dfrac{1}{5}$. 当切割所得到的“颗粒”数不为整数时, 可将几何对象的尺度“放大”(以消除表达式中的分母), 可以使得“颗粒”的数量为整数, 各类“颗粒”之间的数量比关系不变.

相似地, 当 n=6 时, $y=x^6=\left(1+\dfrac{1}{6}\right)^6=\dfrac{117649}{46656}$, y 为 6 维数 (一个正 6 维正则几何对象的广义体积). 根据式 (4-2) 及片式切割方法知道, 若 $x=\dfrac{1}{6}$, 采用同样的方法可获得关于一个正 6 维体切割的多项等式为

$$\begin{aligned}&\frac{7}{6}(x^5+5x^4+10x^3+10x^2+5x+1)-\frac{117649}{46656}=0\\&x^5+5x^4+10x^3+10x^2+5x+1-\frac{16807}{7776}=0\\&x^5+5x^4+10x^3+10x^2+5x-\frac{9031}{7776}=0\end{aligned}\tag{4-3}$$

由式 (4-2) 和式 (4-3) 归纳出对应于伪 e 值的一般 n 次代数方程为

$$\left(\frac{n+1}{n}\right)\left(\sum_{m=0}^{n-1}\frac{(n-1)!}{(n-m-1)!m!}x^m\right)-\left(\frac{n+1}{n}\right)^n=0\tag{4-4}$$

解方程式 (4-4), 得到一个特解: $x=\left(\dfrac{n\left(\dfrac{n+1}{n}\right)^n}{n+1}\right)^{\frac{1}{n-1}}-1$, 当 n 为正整数时 $x=\dfrac{1}{n}$. 为简便起见, 记 $x=\dfrac{1}{n}$, 整理式 (4-4) 得到

$$\left(\frac{n+1}{n}\right)\sum_{m=0}^{n-1}\frac{(n-1)!}{(n-m-1)!m!}\times\frac{1}{n^m}=\left(\frac{n+1}{n}\right)^n\tag{4-5}$$

由于 $\lim\limits_{n\to\infty}\left(\dfrac{n+1}{n}\right)^n=\mathrm{e}$, 根据式 (4-5) 不难得到

$$\mathrm{e}=\lim_{n\to\infty}\left(\frac{n+1}{n}\right)\sum_{m=0}^{n-1}\frac{(n-1)!}{(n-m-1)!m!}\times\frac{1}{n^m}\tag{4-6}$$

由于 $\lim\limits_{n\to\infty}\left(\dfrac{n+1}{n}\right)=1$, 所以式 (4-6) 可以简写为 $\lim\limits_{n\to\infty}\sum\limits_{m=0}^{n-1}\dfrac{(n-1)!}{(n-m-1)!m!n^m}=\mathrm{e}$.

这表明, e 可以用一个收敛的无穷级数表达 —— 由维度趋于无穷且个数趋于无穷的几何对象的形体特征量求和得到.

综上, 我们得到 e 族数代数表达式

$$\left(\frac{n+1}{n}\right)\sum_{m=0}^{n-1}\frac{(n-1)!}{(n-m-1)!m!n^m}=\mathrm{e}_n \tag{4-7}$$

由于 $\left(\frac{n+1}{n}\right)$ 是个求和项中提取的公因子, 将其还原到各求和项并不影响运算结果, 因此式 (4-7) 又可改写为 $\sum\limits_{m=0}^{n-1}\frac{(n-1)!(n+1)}{(n-m-1)!m!n^{m+1}}=\mathrm{e}_n$.

由于有限个分数求和总是可以通分为一个分数, 因此 e 族数恒为分数 (比数). 当 $n\to\infty$ 时, 超越数 e 可以视为两个趋于无穷大数之比值, 由此可见无穷大整数之间也有大小之分.

另一方面, 如果令 $x^m=\frac{n+1}{n^{m+1}}$, 则由式 (4-4) 整理可以得到

$$\sum_{m=0}^{n-1}\frac{(n-1)!}{(n-m-1)!m!}x^m-\mathrm{e}_n=0 \tag{4-8}$$

其中, x 为形体特征量求和关系满足式 (4-8) 的 n 种 (注意是 n 种不是 n 个) 几何碎块的公共表达基, $\frac{(n-1)!}{(n-m-1)!m!}$为以 x 为表达基的 m 维 (第 m+1 种) 几何碎块个数. 根据几何对象特征量求和规则知道, 仅有相同空间标架维度下的几何对象特征量才能求和. 因此, 式 (4-8) 的几何解释为: n 组 n 维空间标架下的同基几何对象与另一个 n 维空间标架下的正则几何对象形体特征量相同. 其中, 每组同基非正则几何对象形体特征量可展开为 $\frac{(n-1)!}{(n-m-1)!m!}x^m=\frac{(n-1)!}{(n-m-1)!m!}x^m\times 1^{n-m}$.

由上述分析可以看出, 超越数 e 并不神秘, 它既是趋于无穷维欧氏正则几何对象的广义体积, 也是 n 组 $n\to\infty$ 维空间标架下的同基几何对象形体特征量之和.

式 (4-7) 对应的 e 族数中除 e 之外皆为代数数, 仅有 e 为超越数, e 族数中最小者为 2, 最大者为 e. 其前五个伪超越数为

$$\mathrm{e}_1=2$$

$$\mathrm{e}_2=9/4$$

$$\mathrm{e}_3=64/27$$

$$\mathrm{e}_4=625/256$$

$$\mathrm{e}_5=7776/3125$$

对于式 (4-8) 而言, 当 $m=0$ 时变量 $x=1$, 自动获得, 无须求解; 当 $m>0$ 时变量 x 才有意义, 所以对于伪超越数 e_n 而言, 变量 x 仅有 $n-1$ 个非 1 解, 或者说, n 组 $n\to\infty$ 维空间标架下的同基几何对象仅有一个是正则的 (点), 其表达基为 1, 特征量也为 1; 其余的皆为非正则几何对象.

将 $\mathrm{e}_2=\left(\dfrac{3}{2}\right)^2$ 至 $\mathrm{e}_5=\left(\dfrac{6}{5}\right)^5$ 分别代入式 (4-8), 得到的解 x 就是 n 维空间标架下非正则几何对象的表达基. 比如, $n=2$ 时 $x_2=\dfrac{5}{4}$; $n=3$ 时 $x_2=\dfrac{1}{9}(-9-8\sqrt{3})$, $x_3=\dfrac{1}{9}(-9+8\sqrt{3})$; $n=4$ 时 $x_2=-1+\dfrac{5\times\sqrt[3]{5}}{4\times\sqrt[3]{4}}$, $x_3=-1-\dfrac{5\times\sqrt[3]{5}(1-\sqrt{3}\mathrm{i})}{8\times\sqrt[3]{4}}$, $x_4=-1-\dfrac{5\times\sqrt[3]{5}(1+\sqrt{3}\mathrm{i})}{8\times\sqrt[3]{4}}$; $n=5$ 时 $x_2=\dfrac{1}{25}(-25-6\times\sqrt[4]{5^3}\times\sqrt[4]{6})$, $x_3=\dfrac{1}{25}(-25+6\times\sqrt[4]{5^3}\times\sqrt[4]{6})$, $x_4=\dfrac{1}{25}(-25-6\times\sqrt[4]{5^3}\times\sqrt[4]{6}\mathrm{i})$, $x_5=\dfrac{1}{25}(-25+6\times\sqrt[4]{5^3}\times\sqrt[4]{6}\mathrm{i})$. 其中, $n=2$ 时共有两种各 2 个 2 维空间标架下几何对象, 它们的边长集合为 $x=\{x_1,x_2\}$, 其中 $x_1=1$, $x_2=\dfrac{5}{4}$.

2 维空间标架下的第一种 (正则) 几何 “颗粒” 共 2 个, 它们的形体特征量之和为 $x_1^0+x_1^1=2$.

2 维空间标架下的第二种第 1 个 (非正则)几何 “颗粒” 的形体特征量为 $x_2^0=1$, 第二种第 2 个 (非正则) 几何 “颗粒” 的形体特征量为 $x_2^1=\dfrac{5}{4}$, 2 个非正则几何对象特征量在同一空间标架维度下可以求和, 其和为 $x_2^0+x_2^1=\dfrac{9}{4}$.

$n=3$ 时共有三种各 4 个 3 维空间标架下几何对象,它们的边长集合为 $x=\{x_1,x_2,x_3\}$, 其中 $x_1=1, x_2=\dfrac{1}{9}(-9-8\sqrt{3}), x_3=\dfrac{1}{9}(-9+8\sqrt{3})$.

3 维空间标架下的第一种 (正则) 几何 “颗粒” 共 4 个, 它们的形体特征量之和为 $x_1^0+2x_1^1+x_1^2=4$.

3 维空间标架下的第二种第一类 (非正则) 几何 “颗粒” 共 1 个, 它的形体特征量为 $x_2^0=1$; 第二种第二类 (非正则) 几何 “颗粒” 共 2 个, 它们的形体特征量求和后为 $x_2^1=2\times\dfrac{1}{9}(-9-8\sqrt{3})=\dfrac{2}{9}(-9-8\sqrt{3})$; 第二种第三类 (非正则) 几何 “颗粒” 共 1 个, 它的形体特征量为 $x_2^2=\left(\dfrac{1}{9}(-9-8\sqrt{3})\right)^2$; 3 维空间标架下第二种三类 4 个 (非正则) 几何 “颗粒” 形体特征量之和为 $x_2^0+2x_2^1+x_2^2=\dfrac{64}{27}$.

3 维空间标架下的第三种第一类 (非正则) 几何 “颗粒” 共 1 个, 它的形体特征

量为 $x_3^0=1$; 第三种第二类 (非正则) 几何 "颗粒" 共 2 个, 它们的形体特征量求和后为 $x_3^1=2\times\frac{1}{9}(-9+8\sqrt{3})=\frac{2}{9}(-9+8\sqrt{3})$; 第三种第三类 (非正则) 几何 "颗粒" 共 1 个, 它的形体特征量为 $x_3^2=\left(\frac{1}{9}(-9+8\sqrt{3})\right)^2$; 3 维空间标架下第三种三类 4 个 (非正则) 几何 "颗粒" 形体特征量之和为 $x_3^0+2x_3^1+x_3^2=\frac{64}{27}$.

n 为其他情形下的结果可由类推获得.

归纳一下: n 维几何对象共可切割为 n 种各 2^{n-1} 个 n 维空间标架下几何对象, 它们的边长集合为 $x=\{x_1,x_2,x_3,\cdots,x_n\}$, 其中 $x_1=1$.

n 维空间标架下的第一种 (正则) 几何 "颗粒" 共 2^{n-1} 个, 它们的形体特征量之和为 2^{n-1}.

n 维空间标架下的第 k 种第$m+1$ 类 (非正则) 几何 "颗粒" 共 $\frac{(n-1)!}{(n-m-1)!m!}$ 个 $(0\leqslant m\leqslant n-1,\ 2\leqslant k\leqslant n)$, 它的形体特征量为 $\frac{(n-1)!}{(n-m-1)!m!}x_n^m$. n 维空间标架下第 k 种 $m+1$ 类 $\frac{(n-1)!}{(n-m-1)!m!}$ 个 (非正则) 几何 "颗粒" 形体特征量之和为 $\sum_{m=0}^{n-1}\frac{(n-1)!}{(n-m-1)!m!}x_n^m=\left(\frac{n+1}{n}\right)^n$.

由此可知, 超越数 e 作为特征量所对应的几何对象可以由趋于无穷个 $n\to\infty$ 维非正则几何 "颗粒" 拼接而成, 这个概念很重要, 它将成为我们后续探索求解高次代数方程方法的切入点, 详细的内容将在第 8 章讨论.

4.3 π 族数的代数表达

以下我们来研究 π 族数的代数表达问题.

根据式 (3-23) 知道, $\lim\limits_{n\to\infty}\sum\limits_{p=1}^{(n!)^2}\frac{\left(1+\frac{1}{n}\right)^{2n^2}}{2n^{2n+1}}\sum\limits_{k=0}^{n-1}B(n-1,k)\left(\frac{1}{n}\right)^k\left(1+\frac{1}{n}\right)=\pi$, 将此式稍作变化, 得到

$$\lim_{n\to\infty}\sum_{q=0}^{n-1}B(n-1,q)\left(\frac{1+n}{n^{q+1}}\sum_{p=1}^{(n!)^2}\frac{\left(1+\frac{1}{n}\right)^{2n^2}}{2n^{2n+1}}\right)=\pi \tag{4-9}$$

令 $x^q = \dfrac{1+n}{n^{q+1}} \sum\limits_{p=1}^{(n!)^2} \dfrac{\left(1+\dfrac{1}{n}\right)^{2n^2}}{2n^{2n+1}}$, 则有 $\lim\limits_{n\to\infty} \sum\limits_{q=0}^{n-1} \dfrac{(n-1)!}{(n-q-1)!q!} x^q = \pi$, 从而有

$$\sum_{q=0}^{n-1} \frac{(n-1)!}{(n-q-1)!q!} x^q = \pi_n \tag{4-10}$$

式 (4-10) 即为 π 族数的代数表达式. 其中, 变量 x 对应满足式 (4-10) 的表达基集合, $\dfrac{(n-1)!}{(n-q-1)!q!}$ 为以 x 为表达基的 q 维几何碎块个数.

显然, 式 (4-10) 对应的 π_n 与 4.3 节导出的 e_n 在表达式的形式上相同, 所不同的是 $x^q = \dfrac{1+n}{n^{q+1}} \sum\limits_{p=1}^{(n!)^2} \dfrac{\left(1+\dfrac{1}{n}\right)^{2n^2}}{2n^{2n+1}}$, 而 $x^m = \dfrac{n+1}{n^{m+1}}$.

如果令 $q = m$, 则有 $\dfrac{x^q}{x^m} = \sum\limits_{p=1}^{(n!)^2} \dfrac{\left(1+\dfrac{1}{n}\right)^{2n^2}}{2n^{2n+1}}$. 而 $\lim\limits_{n\to\infty} \sum\limits_{p=1}^{(n!)^2} \dfrac{\left(1+\dfrac{1}{n}\right)^{2n^2}}{2n^{2n+1}} = \dfrac{\pi}{e}$, 这说明, 当 $n \to \infty$ 且 $m = n-1$, $q = n-1$ 时, 两种特征量之比为两种超越数之比.

根据几何对象特征量求和规则知道, 仅有同空间标架维度下的几何对象特征量才能求和, 因此

$$\frac{(n-1)!}{(n-q-1)!q!} x^q = \frac{(n-1)!}{(n-q-1)!q!} x^q \times 1^{n-q} \tag{4-11}$$

由上述分析可以看出, 超越数 π 也并不神秘, 与超越数 e 一样, 它也可以表示为趋于无穷维欧氏空间中一组非正则几何对象拼接后的广义体积.

π 族数中除 π 之外皆为代数数, 仅有 π 为超越数. 其前五个 π 族伪超越数为

$\pi_1 = 4$

$\pi_2 = 59049/16384$

$\pi_3 = 8796093022208/2541865828329$

$\pi_4 = 1309672370553016662597656 25/386856262276681335905976 32$

$\pi_5 = 181013622150700953664158341754720755058003148 8/5421010862427522170037264004349708557128906 25$

这个 π 族数中最大者为 4, 最小者为 π.

与 4.3 节导出的 e_n 相似地, 当 $n \geqslant 2$ 时将部分 π 族伪超越数分别代入式 (4-10), 得到的解 x 就是 n 维空间标架下非正则几何对象的表达基. 比如, $n=2$ 时, 2 个非正则几何碎块的表达基为 $x_2 = 42665/16384$; $n=3$ 时两种各 4 个非正则几何碎块

的表达基分别为

$$x_2=(-1594323-2097152\sqrt{2})/1594323, x_3=(-1594323+2097152\sqrt{2})/1594323$$

其中, $n=2$ 时共有 2 个 2 维空间标架下非正则几何对象, 它们的公共边长为 $x_2=42665/16384$, 2 维空间标架下的第一个 “颗粒” 的形体特征量为 $x^0=1$, 第二个 “颗粒” 的形体特征量为 $x^1=229709/65536$, 二者在同一空间标架维度下可以求和, 其和为 59049/16384.

$n=3$ 时共有两种各 4 个 3 维空间标架下非正则几何对象, 它们的公共边长分别为 $x_2=(-1594323-2097152\sqrt{2})/1594323$, $x_3=(-1594323+2097152\sqrt{2})/1594323$. 3 维空间标架下的第一种第一个非正则几何 “颗粒” 共 1 个, 它的形体特征量为 $x_2^0=1$; 第一种第二类非正则几何 “颗粒” 共 2 个, 它们的形体特征量为 $x_2^1=2\times(-1594323-2097152\sqrt{2})/1594323$; 第一种第三类非正则几何 “颗粒” 共 1 个, 它们的形体特征量为 $x_2^2=((-1594323-2097152\sqrt{2})/1594323)^2$; 3 维空间标架下第一种三类 4 个几何 “颗粒” 形体特征量之和为 8796093022208/2541865828329.

3 维空间标架下的第二种第一个非正则几何 “颗粒” 共 1 个, 它的形体特征量为 $x_3^0=1$; 第二种第二类非正则几何 “颗粒” 共 2 个, 它们的形体特征量为 $x_3^1=2\times(-1594323+2097152)/1594323$; 第二种第三类非正则几何 “颗粒” 共 1 个, 它们的形体特征量为 $x_3^2=((-1594323+2097152)/1594323)^2$; 3 维空间标架下第二种三类 4 个几何 “颗粒” 形体特征量之和为 8796093022208/2541865828329.

n 为大于 3 的自然数其他情形下的结果由类推获得.

超越数 π 可以由趋于无穷个 n 维非正则几何 “颗粒” 拼接而成, 这个概念很重要. 说明至少超越数 e 和 π 都是由两个趋于无穷位数之比构成, 或者说两个趋于无穷位数之比可以构成超越数.

4.4　π 族数与 e 族数的联合表达

以上我们求得了 e 族数及 π 族数的代数表达式, 将两者简单地结合, 我们就可以获得 eπ 族数的代数表达式.

首先, 我们有

$$\lim_{n\to\infty}\sum_{m=0}^{n-1}B(n-1,m)\frac{n+1}{n^{m+1}}\sum_{q=0}^{n-1}B(n-1,q)\left(\frac{1+n}{n^{q+1}}\sum_{p=1}^{(n!)^2}\frac{\left(1+\dfrac{1}{n}\right)^{2n^2}}{2n^{2n+1}}\right)=\mathrm{e}\pi \tag{4-12}$$

进一步地, 我们获得 e 族数与 π 族数的联合代数表达式

$$\sum_{m=0}^{n-1}B(n-1,m)\frac{n+1}{n^{m+1}}\sum_{q=0}^{n-1}B(n-1,q)\left(\frac{1+n}{n^{q+1}}\sum_{p=1}^{(n!)^2}\frac{\left(1+\frac{1}{n}\right)^{2n^2}}{2n^{2n+1}}\right)=\mathrm{e}_n\pi_n \quad (4\text{-}13)$$

令 $x^m=\frac{n+1}{n^{m+1}}\sum_{q=0}^{n-1}B(n-1,q)\left(\frac{1+n}{n^{q+1}}\sum_{p=1}^{(n!)^2}\frac{\left(1+\frac{1}{n}\right)^{2n^2}}{2n^{2n+1}}\right)$, 有

$$\sum_{m=0}^{n-1}B(n-1,m)x^m\times 1^{n-m}=\mathrm{e}_n\pi_n \quad (4\text{-}14)$$

对于 $n=1$ 到 $n=5$ 的自然数而言, 由式 (4-13) 得到 eπ 族数的前五个数为

$\mathrm{e}_1\pi_1=8$

$\mathrm{e}_2\pi_2=531441/65536$

$\mathrm{e}_3\pi_3=562949953421312/68630377364883$

$\mathrm{e}_4\pi_4=81854523159563541412353515625/9903520314283042199192993792$

$\mathrm{e}_5\pi_5=14075619258438506156924952654847085913310324850688/169406589450860067813664500135928392410278320312 5$

这个 eπ 族数中最小者为 8, 最大者为 eπ. eπ 族数的大小与 n 的变化正相关, 这与 e 族数的情形相同.

同样地, 将 $\mathrm{e}_2\pi_2=531441/65536$, $\mathrm{e}_3\pi_3=562949953421312/68630377364883$ 分别代入式 (4-14), 得到的解 x 就是 n 维空间标架下非正则几何对象的表达基. 比如, $n=2$ 时 $x_2=465905/65536$; $n=3$ 时

$$x_2=(-14348907-16777216\sqrt{6})/14348907$$

$$x_3=(-14348907+16777216\sqrt{6})/14348907$$

其中, $n=2$ 时共有 2 个 2 维空间标架下非正则几何对象, 它们的公共边长为 $x_2=465905/65536$, 2 维空间标架下的第一个 "颗粒" 的形体特征量为 $x_2^0=1$, 第二个 "颗粒" 的形体特征量为 $x_2^1=465905/65536$, 二者在同一空间标架维度下可以求和, 其和为 531441/65536.

$n=3$ 时共有两种各三类 4 个 3 维空间标架下非正则几何对象. 3 维空间标架下的第一种第一类 "颗粒" 共 1 个, 它的形体特征量为 $x_2^0=1$; 第一种第二类 "颗粒" 共 2 个, 它们的形体特征量为 $x_2^1=2\times(-14348907-16777216\sqrt{6})/14348907$; 第一种第三类 "颗粒" 共 1 个, 它们的形体特征量为 $x_2^2=((-14348907-16777216\sqrt{6})/14348907)^2$; 3 维空间标架下第一种三类 4 个几何 "颗粒" 形体特征量之和为 562949953421312/68630377364883.

3 维空间标架下的第二种第一类 "颗粒" 共 1 个, 它的形体特征量为 $x_3^0 = 1$; 第二种第二类 "颗粒" 共 2 个, 它们的形体特征量为 $x_3^1 = 2 \times ((-14348907 + 16777216\sqrt{6})/14348907)$; 第二种第三类 "颗粒" 共 1 个, 它们的形体特征量为 $x_3^2 = ((-14348907 + 16777216\sqrt{6})/14348907)^2$; 3 维空间标架下第二种第三类 4 个几何 "颗粒" 形体特征量之和为 562949953421312/68630377364883.

其他情形下的结果由类推获得.

两个超越数 e 与 π 之积也可以由趋于无穷个 n 维非正则几何 "颗粒" 拼接而成, 这个概念说明超越数 e 与 π 之积是由两个趋于无穷位数之比构成, 或者说两个趋于无穷位数之比可以构成 e 与 π 之积, 根据超越数族的统一规则, e 与 π 之积也应该是超越数, 即 eπ 应该是另一个超越数.

相似的情形, 我们得到

$$\lim_{n\to\infty}\left(\sum_{m=0}^{n-1} B(n-1,m)\frac{n+1}{n^{m+1}}\right)\Bigg/\left(\sum_{q=0}^{n-1} B(n-1,q)\left(\frac{1+n}{n^{q+1}}\sum_{p=1}^{(n!)^2}\frac{\left(1+\dfrac{1}{n}\right)^{2n^2}}{2n^{2n+1}}\right)\right)=\frac{\mathrm{e}}{\pi} \tag{4-15}$$

进一步地, 我们获得 e 族数除 π 族数的联合代数表达式

$$\left(\sum_{m=0}^{n-1} B(n-1,m)\frac{n+1}{n^{m+1}}\right)\Bigg/\left(\sum_{q=0}^{n-1} B(n-1,q)\left(\frac{1+n}{n^{q+1}}\sum_{p=1}^{(n!)^2}\frac{\left(1+\dfrac{1}{n}\right)^{2n^2}}{2n^{2n+1}}\right)\right)=\frac{\mathrm{e}_n}{\pi_n} \tag{4-16}$$

令

$$x^m=\left(\frac{n+1}{n^{m+1}}\right)\Bigg/\left(\sum_{q=0}^{n-1} B(n-1,q)\left(\frac{1+n}{n^{q+1}}\sum_{p=1}^{(n!)^2}\frac{\left(1+\dfrac{1}{n}\right)^{2n^2}}{2n^{2n+1}}\right)\right),$$

则有

$$\sum_{m=0}^{n-1} B(n-1,m)x^m\times 1^{n-m}=\frac{\mathrm{e}_n}{\pi_n}$$

简单地, 有

$$\lim_{n\to\infty}\sum_{m=0}^{n-1} B(n-1,m)x^m\times 1^{n-m}=\frac{\mathrm{e}}{\pi} \tag{4-17}$$

两个超越数 e 与 π 之比也可以由趋于无穷个 n 维非正则几何 "颗粒" 拼接而成, 这个概念说明超越数 e 与 π 之比是由两个趋于无穷位数之比构成, 或者说两个趋于无穷位数之比可以构成 e 与 π 之比, 根据超越数族的统一规则, e 与 π 之比也应该是超越数, 如果 e 与 π 之比是超越数, 则 e/π 是一个小于 1 大于 0 的超越数.

将 (4-15) 的比数倒置, 我们得到

$$\lim_{n\to\infty}\left(\sum_{q=0}^{n-1}B(n-1,q)\left(\frac{1+n}{n^{q+1}}\sum_{p=1}^{(n!)^2}\frac{\left(1+\dfrac{1}{n}\right)^{2n^2}}{2n^{2n+1}}\right)\right)\Bigg/\left(\sum_{m=0}^{n-1}B(n-1,m)\frac{n+1}{n^{m+1}}\right)=\frac{\pi}{\mathrm{e}} \tag{4-18}$$

进一步地, 我们获得 π 族数除 e 族数的联合代数表达式

$$\left(\sum_{q=0}^{n-1}B(n-1,q)\left(\frac{1+n}{n^{q+1}}\sum_{p=1}^{(n!)^2}\frac{\left(1+\dfrac{1}{n}\right)^{2n^2}}{2n^{2n+1}}\right)\right)\Bigg/\left(\sum_{m=0}^{n-1}B(n-1,m)\frac{n+1}{n^{m+1}}\right)=\frac{\pi_n}{\mathrm{e}_n} \tag{4-19}$$

令

$$x^m=\left(\sum_{q=0}^{n-1}B(n-1,q)\left(\frac{1+n}{n^{q+1}}\sum_{p=1}^{(n!)^2}\frac{\left(1+\dfrac{1}{n}\right)^{2n^2}}{2n^{2n+1}}\right)\right)\Bigg/\left(\frac{n+1}{n^{m+1}}\right),$$

有

$$\frac{1}{\sum\limits_{m=0}^{n-1}B(n-1,m)}x^m\times 1^{n-m}=\frac{\pi_n}{\mathrm{e}_n}$$

简单地, 有

$$\lim_{n\to\infty}\frac{1}{\sum\limits_{m=0}^{n-1}B(n-1,m)}x^m\times 1^{n-m}=\frac{\pi}{\mathrm{e}} \tag{4-20}$$

这个 π/e 族数中最大者为 2, 最小者为 π/e.

两个超越数 π 与 e 之比也可以由趋于无穷个 n 维非正则几何 “颗粒” 拼接而成, 这个概念说明超越数 π 与 e 之比是由两个趋于无穷位数之比构成, 或者说两个趋于无穷位数之比可以构成 π 与 e 之比, 根据超越数族的统一规则, π 与 e 之比也应该是超越数, 如果 π 与 e 之比是超越数, 则 π/e 是一个大于 1 小于 2 的超越数.

以上我们简要推导了 eπ 族数、e/π 族数以及 π/e 族数的生成及其几何意义, 并通过求极限运算获得了 eπ, e/π 以及 π/e, 它们皆由两个趋于无穷位数之比构成, 应该各自对应一个超越数.

4.5　π 族数与 e 族数的相互包含表达与超越数因子分解

由式 (3-21) 知, $\lim\limits_{n\to\infty}\sum\limits_{p=1}^{(n!)^2} \mathrm{e}\left(\dfrac{\left(1+\dfrac{1}{n}\right)^{2n^2}}{2n^{2n+1}}\right)=\pi$, 我们可将其改写为

$$\lim_{n\to\infty}\frac{1}{\sum\limits_{p=1}^{(n!)^2}\dfrac{\left(1+\dfrac{1}{n}\right)^{2n^2}}{\pi 2n^{2n+1}}}=\lim_{n\to\infty}\frac{2n^{2n+1}\pi}{(n!)^2\left(1+\dfrac{1}{n}\right)^{2n^2}}=\mathrm{e} \tag{4-21}$$

式 (3-21) 和式 (4-21) 分别列出了超越数 π 的表达式中含有超越数因子 e 以及超越数 e 的表达式中含有超越数 π 倒数因子的情形, 这样的表达式相当有趣, 未见以往的研究文献记载. 由式 (3-21) 和式 (4-21) 可知, 超越数也是可以进行超越数因子分解的, 真是闻所未闻! 但这毕竟是事实, 我们必须面对.

根据式 (4-21), 当 n 为 1 至 5 时, 获得一组含有超越数 π 因子的伪 e 值如下:

$\mathrm{e}_1=\pi/2$

$\mathrm{e}_2=(4096\ \pi)\ /\ 6561$

$\mathrm{e}_3=(94143178827\ \pi)\ /\ 137438953472$

$\mathrm{e}_4=(1511157274518286468382 72\ \pi)\ /\ 2095475792884826660 15625$

$\mathrm{e}_5=(17347234759768070944119244813919067382 8125\ \pi)\ /\ 232785007909852049$
465224204931482452492288

需要提请注意的是, 这个伪 e 值序列与由式 (4-7) 获得的伪 e 值序列不同, 前者整个序列中仅有一个数是超越数, 其余皆为代数数. 而由式 (4-21) 获得的伪 e 值序列中全部为超越数, 其最小值 $\dfrac{\pi}{2}$ 为超越数, 最大值 e 也为超越数, 其余的超越数都是由一个有理数与超越数 π 之积构成.

当 n 趋于无穷大时, 式 (4-21) 对应的值由一个 “趋于无穷位的有理数” $\varepsilon=\dfrac{\mathrm{e}}{\pi}$(其实为无理数) 与超越数 π 相乘, 获得另一个超越数 e, 即有 $\varepsilon\pi=\mathrm{e}$. 根据统一的内在规则推断, ε 也为超越数.

由式 (3-21), 当 $1\leqslant n<\infty$ 时, $\sum\limits_{p=1}^{(n!)^2} \mathrm{e}\left(\dfrac{\left(1+\dfrac{1}{n}\right)^{2n^2}}{2n^{2n+1}}\right)$ 为一族含有超越数因子 e 的伪 π 值. 当 $1\leqslant n\leqslant\infty$ 时, 其最大值为 2e, 最小值为 π. 以下是维度 n 取 1 至 5 时所对应的含有超越数因子 e 的伪 π 值:

$\pi_1 = 2\mathrm{e}$

$\pi_2 = (6561\mathrm{e})/4096$

$\pi_3 = (137438953472\mathrm{e})/\ 94143178827$

$\pi_4 = (2095475792884826660156\,25\mathrm{e})/\ 1511157274518286468382\,72$

$\pi_5 = (232785007909852049465224204931482452492288\ \mathrm{e})\ /\ 17347234759768070944119244813919067382\,8125$

这个含有超越数因子 e 的伪 π 值序列的最小值为 π 为超越数, 最大值为 2e, 也为超越数. $1 \leqslant n < \infty$ 时, 序列中的每个数都是超越数(皆为一个有理数与 e 相乘), 当 n 趋于无穷大时, 对应的序列值由一个趋于无穷位有理数$\dfrac{1}{\varepsilon} = \dfrac{\pi}{\mathrm{e}}$(其实为无理数)与超越数 e 相乘, 获得另一个超越数 π. 该序列的存在也间接地验证了超越数趋于无穷多的结论.

以上的分析表明, 在 e 值序列与 π 值序列世界中, 亚里斯多德的看法或许是正确的: 所有的数都可表达为比数, 只不过要附加一个条件: 允许比数的位数皆趋于无穷.

到此为止我们了解到, 超越数 π 中含有因子 $\dfrac{1}{\varepsilon} = \dfrac{\pi}{\mathrm{e}}$ 以及超越数因子 e, 而超越数 e 中含有因子 $\varepsilon = \dfrac{\mathrm{e}}{\pi}$ 以及超越数因子 π, 两者通过 ε 互为关联, 且关联的媒介分别为

$$\lim_{n\to\infty} \sum_{p=1}^{(n!)^2} \frac{\left(1+\dfrac{1}{n}\right)^{2n^2}}{2n^{2n+1}} = \frac{\pi}{\mathrm{e}} = \frac{1}{\varepsilon} \tag{4-22}$$

以及

$$\lim_{n\to\infty} \frac{1}{\displaystyle\sum_{p=1}^{(n!)^2} \frac{\left(1+\dfrac{1}{n}\right)^{2n^2}}{2n^{2n+1}}} = \frac{\mathrm{e}}{\pi} = \varepsilon \tag{4-23}$$

由前述伪 e 序列数及伪 π 序列数以及求极限的推导知:

当 $1 \leqslant n < \infty$ 时, $\mathrm{e}_n = \dfrac{1}{\varepsilon_n}\pi$; 当 $n \to \infty$ 时, $\mathrm{e}_n = \dfrac{1}{\varepsilon_n}\pi = \dfrac{\mathrm{e}}{\pi} \times \pi = \mathrm{e}$.

当 $1 \leqslant n < \infty$ 时, $\pi_n = \varepsilon_n \mathrm{e}$; 当 $n \to \infty$ 时, $\pi_n = \varepsilon_n \mathrm{e} = \dfrac{\pi}{\mathrm{e}} \times \mathrm{e} = \pi$.

以文字叙述, 则有: 当 n 大于等于 1 但小于无穷大时, 伪 e 序列数由一个有理数 $\dfrac{1}{\varepsilon_n}$ 与超越数 π 相乘, 获得一个伪 e 超越数族; 当 n 趋于无穷大时, 获得由一个位数趋于无穷的 “有理数” $\dfrac{1}{\varepsilon_n}$ 与超越数 π 相乘的超越数 e.

当 n 大于等于 1 但小于无穷大时, 伪 π 序列数由一个有理数 ε_n 与超越数 e 相乘, 获得一个伪 π 超越数族; 当 n 趋于无穷大时, 获得由一个位数趋于无穷的 "有理数" ε_n 与超越数 e 相乘的超越数 π.

由于当 n 趋于无穷大时 ε_n 及 $\dfrac{1}{\varepsilon_n}$ 皆为超越数, 于是我们又可获得关于 ε_n 及 $\dfrac{1}{\varepsilon_n}$ 的取值序列集合: $\varepsilon_n=\left\{2,\cdots,\dfrac{\pi}{\mathrm{e}}\right\}$, $\dfrac{1}{\varepsilon_n}=\left\{\dfrac{1}{2},\cdots,\dfrac{\mathrm{e}}{\pi}\right\}$.

上述概念就构成了超越数 π 和 e 以及伪 π 序列数、伪 e 序列数因子分解的基础.

4.6 φ 族数的代数表达

归纳上述分析得到, 对于一个以 n 为指数变量的代数表达式而言, n 取大于等于 1 的整数时分别计算代数表达式的值所获得的一族数, 称为数族. 当 n 趋于无穷大时对代数表达式求极限所获得的极限值可以是超越数或非超越数, 无论是超越数还是非超越数, 皆以极限值的名称命名该数族. 比如, $y=\left(1+\dfrac{1}{n}\right)^n$ 称为 e 族数表达式, 当 n 为有限值时, 称 y 为伪 e 值.

以上我们研究了两类超越数族的代数表达问题. 以下我们来研究它们与 "黄金分割数" 有关的 φ 族数的关系问题.

我们知道, 将一条具有单位长度的线段进行一次非对称切割, 令 x 为切割后较长线段的长度 (表达基), 则另一较短线段长度为 $1-x$. 如果 "x 对整条线段长度之比" 同 "较短线段长度 $1-x$ 对较长线段长度 x 之比" 相同, 则该次切割为 "黄金分割". 即

$$\frac{1}{x}=\frac{x}{1-x} \tag{4-24}$$

由式 (4-24) 得到

$$x^2+x-1=0 \tag{4-25}$$

解方程 (4-25)得到的正根为 $x=\dfrac{\sqrt{5}-1}{2}\approx 0.618$, 通常称这个数为黄金分割数, 称 $\dfrac{1}{x}=\dfrac{2}{\sqrt{5}-1}\approx 1.618$为 "黄金分割率"(通常记为 φ), 而把满足 "黄金分割率" 特征比例的事物 (几何对象、音乐对象等) 所表现出来的美学规律称为 "黄金分割律".

另一方面:

$$\frac{2}{\sqrt{5}-1}=\lim_{n\to\infty}\frac{\dfrac{1}{\sqrt{5}}\left[\left(\dfrac{\sqrt{5}+1}{2}\right)^{n}+\left(\dfrac{\sqrt{5}-1}{2}\right)^{n}\right]}{\dfrac{1}{\sqrt{5}}\left[\left(\dfrac{\sqrt{5}+1}{2}\right)^{n-1}+\left(\dfrac{\sqrt{5}-1}{2}\right)^{n-1}\right]}$$

$$=\lim_{n\to\infty}\frac{\left(\dfrac{\sqrt{5}+1}{2}\right)^{n}+\left(\dfrac{\sqrt{5}-1}{2}\right)^{n}}{\left(\dfrac{\sqrt{5}+1}{2}\right)^{n-1}+\left(\dfrac{\sqrt{5}-1}{2}\right)^{n-1}} \tag{4-26}$$

式 (4-26) 又可以改写为

$$\frac{2}{\sqrt{5}-1}=\lim_{n\to\infty}\frac{(\sqrt{5}+1)^{n}+(\sqrt{5}-1)^{n}}{2[(\sqrt{5}+1)^{n-1}+(\sqrt{5}-1)^{n-1}]}=\frac{\sqrt{5}+1}{2} \tag{4-27}$$

它也代表 n 维空间中 2 个正则 n 维几何对象特征量之和 $(\sqrt{5}+1)^n+(\sqrt{5}-1)^n$ 与另外 2 个非正则 n 维几何对象 (因为 $2\neq\sqrt{5}+12\neq\sqrt{5}-1$) 特征量之和 $2(\sqrt{5}+1)^{n-1}+2(\sqrt{5}-1)^{n-1}$ 的比值. 式 (4-27) 表明, 不仅在 1 维、2 维等有限维度空间存在满足 “黄金分割律” 的几何对象特征量搭配关系, 而且在趋于无穷维度空间也同样存在满足 “黄金分割律” 的几何对象特征量搭配关系.

考察式 (4-27) 我们发现, 它与 $\lim\limits_{n\to\infty}\dfrac{(n+1)^n}{n^n}$ 相似, 都是 2 个 n 维度几何对象特征量之比, 其中, 式 (4-27) 分母中存在的数字 2 可以视为 $n-1$ 维几何对象同维度拼接后向第 n 维空间扩张了整数高度 2 之后成为一个 n 维几何对象. 这意味着 $2(\sqrt{5}+1)^{n-1}$ 对应着以 $(\sqrt{5}+1)^{n-1}$ 为基础的几何对象, 它向第 n 维空间进行非正则扩张时扩张高度不是 $\sqrt{5}+1$, 而是 2); $2(\sqrt{5}-1)^{n-1}$ 对应着以 $(\sqrt{5}-1)^{n-1}$ 为基础的几何对象, 它向第 n 维空间进行非正则扩张时扩张高度不是 $\sqrt{5}-1$, 而是 2).

式 (4-27) 与 $\lim\limits_{n\to\infty}\dfrac{(n+1)^n}{n^n}$ 所不同的是, $\lim\limits_{n\to\infty}\dfrac{(n+1)^n}{n^n}$ 代表 2 个正则几何对象特征量之比, 而式 (4-27) 代表 2 个非正则几何对象之比.

有趣的是, $\lim\limits_{n\to\infty}\dfrac{(n+1)^n}{n^n}$ 中的 2 个相比较的几何对象的表达基随着维度的增加一直在变, 而式 (4-27) 中的 2 个相比较的几何对象的表达基随着维度的变化一直不变, 所以尽管两者均为一个特定数列的后项与前项之比, 但两者的几何意义是不一样的.

类似式 (4-27) 的情形还可以举出许多例子. 比如

$$\frac{1}{\sqrt{3}-1}=\lim_{n\to\infty}\frac{(\sqrt{3}+1)^n+(\sqrt{3}-1)^n}{2(\sqrt{3}+1)^{n-1}+2(\sqrt{3}-1)^{n-1}}=\frac{\sqrt{3}+1}{2} \tag{4-28}$$

显然, 它是另一个类 φ 族数, 其近似值为 1.366, 它也代表 n 维空间中 2 个正则 n 维几何对象特征量之和 $(\sqrt{3}+1)^n+(\sqrt{3}-1)^n$ 与另外 2 个非正则 n 维几何对象特征量之和 $2(\sqrt{3}+1)^{n-1}+2(\sqrt{3}-1)^{n-1}$ 的比值.

还比如

$$\frac{3}{2(\sqrt{4}-1)}=\lim_{n\to\infty}\frac{(\sqrt{4}+1)^n+(\sqrt{4}-1)^n}{2(\sqrt{4}+1)^{n-1}+2(\sqrt{4}-1)^{n-1}}=\frac{3}{2}$$

事实上, 类似的表达方式可以用一组通用表达式统一表达: 当 $a\geqslant 2$ 为整数时, 有

$$\frac{a-1}{2(\sqrt{a}-1)}=\lim_{n\to\infty}\frac{(\sqrt{a}+1)^n+(\sqrt{a}-1)^n}{2(\sqrt{a}+1)^{n-1}+2(\sqrt{a}-1)^{n-1}}=\frac{1+\sqrt{a}}{2} \tag{4-29}$$

显然, 它对应着全部类 φ 族数, 它们代表 n 维空间中 2 个正则 n 维几何对象特征量之和 $(\sqrt{a}+1)^n+(\sqrt{a}-1)^n$ 与另外 2 个非正则 n 维几何对象特征量之和 $2(\sqrt{a}+1)^{n-1}+2(\sqrt{a}-1)^{n-1}$ 的比值. 其中, 当 a 为奇性平方数时, 求极限的结果为奇平方数的序号 (1 为第一个奇性平方数); 当 a 为偶性平方数时, 求极限的结果为偶性平方数序号与 $\frac{1}{2}$ 之和. 其中, 当 $a=5$ 时 $\frac{1+\sqrt{a}}{2}$ 约等于 1.618.

实际上, 当 a 是不为 1 的正实数时, 式 (4-29) 皆成立, 其结果全部属于类 φ 族数.

再往前走一步, 当 $n\to\infty$ 时式 (4-29) 可以改写为

$$\lim_{n\to\infty}\frac{(\sqrt{a}+1)^n+(\sqrt{a}-1)^n}{2(\sqrt{a}+1)^{n-1}+2(\sqrt{a}-1)^{n-1}}=\lim_{n\to\infty}\frac{(\sqrt{a}+1)^n}{2(\sqrt{a}+1)^{n-1}}=\frac{1+\sqrt{a}}{2}$$

我们令 $x=\sqrt{a}+1$, 则有 $y_{n+1}=\lim\limits_{n\to\infty}\left(\frac{1}{2x^{n-1}}x^n\right)=\frac{x}{2}$. 特别地, 当 $x=\sqrt{5}+1$ 时, $y_{n+1}=\frac{\sqrt{5}+1}{2}=\phi$.

由此, 我们看到了通过式 (4-29) 变形获得含有 φ 因子及超越数 e 与 π 因子表达式的可能性.

读者不难验证, 当 a 取自然数 1 至 5 时, $y_{n+1}=\lim\limits_{n\to\infty}\left(\frac{\sqrt{a}}{n}+1\right)^n(\sqrt{a}+1)^n\Big/$

$2(\sqrt{a}+1)^{n-1}\left(\dfrac{2^{n+1}\left(\dfrac{n}{2}\right)!\left(\dfrac{n+1}{2}\right)!}{(n+1)!}\right)^{a}$ 的取值分别为

$$\begin{aligned}
&a=1,\ y_{n+1}=\frac{\mathrm{e}}{\sqrt{\pi}}\\
&a=2,\quad y_{n+1}=\frac{(1+\sqrt{2})\mathrm{e}^{\sqrt{2}}}{2\pi}\\
&a=3,\quad y_{n+1}=\frac{(1+\sqrt{3})\mathrm{e}^{\sqrt{3}}}{2\sqrt{\pi^3}}\\
&a=4,\quad y_{n+1}=\frac{3\mathrm{e}^2}{2\pi^2}\\
&a=5,\quad y_{n+1}=\frac{(1+\sqrt{5})\mathrm{e}^{\sqrt{5}}}{2\sqrt{\pi^5}}=\frac{\mathrm{e}^{\sqrt{5}}}{\sqrt{\pi^5}}\phi
\end{aligned}$$

一般地, 有

$$a=k,y_{n+1}=\frac{(1+\sqrt{k})\mathrm{e}^{\sqrt{k}}}{2\sqrt{\pi^k}}=\frac{\mathrm{e}^{\sqrt{k}}}{\sqrt{\pi^k}}\phi_k$$

另外, 根据欧拉–伽马函数的定义, $\int_0^\infty t^{m-1}\mathrm{e}^{-t}\mathrm{d}t=\Gamma(m)$, 我们将式 (4-29) 进行改写, 得到 $\lim\limits_{n\to\infty}\dfrac{\left(\dfrac{1}{a}\right)!(\sqrt{a}+1)^n+(\sqrt{a}-1)^n}{2(\sqrt{a}+1)^{n-1}+2(\sqrt{a}-1)^{n-1}}$.

当 a 取自然数 1 至 5 时, $y_{n+1}=\lim\limits_{n\to\infty}\dfrac{\left(\dfrac{1}{a}\right)!(\sqrt{a}+1)^n+(\sqrt{a}-1)^n}{2(\sqrt{a}+1)^{n-1}+2(\sqrt{a}-1)^{n-1}}$ 的取值分别为

$$\begin{aligned}
&a=1,\quad y_{n+1}=1\\
&a=2,\quad y_{n+1}=\frac{(1+\sqrt{2})}{4}\sqrt{\pi}\\
&a=3,\quad y_{n+1}=\frac{(1+\sqrt{3})}{2}\Gamma\left(\frac{4}{3}\right)\\
&a=4,\quad y_{n+1}=\frac{3}{2}\Gamma\left(\frac{5}{4}\right)\\
&a=5,\quad y_{n+1}=\frac{(1+\sqrt{5})}{2}\Gamma\left(\frac{6}{5}\right)=\Gamma\left(\frac{6}{5}\right)\phi
\end{aligned}$$

显然, 当 $a=2$ 时, 通过阶乘运算将欧拉–伽马函数值与超越数 π 联系起来了.

4.7　π 的圆周率意义再认识与化圆为方的可能性

显然, 在 4.6 节讨论的含有 φ 因子及超越数 e 与 π 因子表达式中, 我们不难发现 $\lim\limits_{n\to\infty}\left(\dfrac{2^{n+1}\left(\dfrac{n}{2}\right)!\left(\dfrac{n+1}{2}\right)!}{(n+1)!}\right)^2=\pi$, 实际上当 n 为大于 0 的任意整数时, $\left(\dfrac{2^{n+1}\left(\dfrac{n}{2}\right)!\left(\dfrac{n+1}{2}\right)!}{(n+1)!}\right)^2\equiv\pi$, 或者 $\dfrac{\left(2^{n+1}\left(\dfrac{n}{2}\right)!\left(\dfrac{n+1}{2}\right)!\right)^2}{((n+1)!)^2}\equiv\pi$. 对此我们可以解释为: 令 $((n+1)!)^2$ 为圆的直径, 令 $\left(2^{n+1}\left(\dfrac{n}{2}\right)!\left(\dfrac{n+1}{2}\right)!\right)^2$ 为圆的周长, 那么当 n 为大于 0 的任意整数时, 表达式 $\dfrac{\left(2^{n+1}\left(\dfrac{n}{2}\right)!\left(\dfrac{n+1}{2}\right)!\right)^2}{((n+1)!)^2}\equiv\pi$ 就刚好对应着圆周率的概念.

而对应于表达式$\left(\dfrac{2^{n+1}\left(\dfrac{n}{2}\right)!\left(\dfrac{n+1}{2}\right)!}{(n+1)!}\right)^2\equiv\pi$ 的概念, 若将其中的 $\dfrac{2^{n+1}\left(\dfrac{n}{2}\right)!\left(\dfrac{n+1}{2}\right)!}{(n+1)!}$ 视为某正方形的边长, 那么 $\dfrac{\left(2^{n+1}\left(\dfrac{n}{2}\right)!\left(\dfrac{n+1}{2}\right)!\right)^2}{((n+1)!)^2}\equiv\left(\dfrac{2^{n+1}\left(\dfrac{n}{2}\right)!\left(\dfrac{n+1}{2}\right)!}{(n+1)!}\right)^2\equiv\pi$ 就对应着“化圆为方”的几何参数关系.

虽然从表达式上看, “化圆为方” 已经成为可能, 但是要找到刻度为 $\dfrac{2^{n+1}\left(\dfrac{n}{2}\right)!\left(\dfrac{n+1}{2}\right)!}{(n+1)!}$ 的尺子却不现实, 因为 $\dfrac{2^{n+1}\left(\dfrac{n}{2}\right)!\left(\dfrac{n+1}{2}\right)!}{(n+1)!}$是由偶数连乘解析式 $2^{\frac{n}{2}}\left(\dfrac{n}{2}\right)!$ 除以奇数连乘解析式 $\dfrac{2^{\frac{n-1}{2}-n}(n+1)!}{\left(\dfrac{n+1}{2}\right)!}$ 演化而来, 以下我们进行简要推演.

$\lim\limits_{n\to\infty}\dfrac{2^{\frac{n}{2}}\left(\dfrac{n}{2}\right)!}{\dfrac{2^{\frac{n-1}{2}-n}(n+1)!}{\left(\dfrac{n+1}{2}\right)!}}=\sqrt{\dfrac{\pi}{2}}$, 即 $\lim\limits_{n\to\infty}\dfrac{2^{\frac{n}{2}}\left(\dfrac{n}{2}\right)!}{\dfrac{2^{\frac{n-1}{2}}(n+1)!}{\left(\dfrac{n+1}{2}\right)!}}2^{n}=\sqrt{\dfrac{\pi}{2}}$, 于是又有

$$\lim_{n\to\infty}\frac{2^{\frac{n}{2}}\left(\dfrac{n}{2}\right)!}{\dfrac{2^{\frac{n-1}{2}}(n+1)!}{\left(\dfrac{n+1}{2}\right)!}}2^{n+1}=\sqrt{2\pi},\lim_{n\to\infty}\left(\frac{2^{\frac{n}{2}}\left(\dfrac{n}{2}\right)!}{\dfrac{2^{\frac{n-1}{2}}(n+1)!}{\left(\dfrac{n+1}{2}\right)!}}2^{n+1}\right)^2=2\pi,$$

由于 $\dfrac{2^{\frac{n}{2}}}{2^{\frac{n-1}{2}}}=2^{\frac{1}{2}}$, 所以

$$\lim_{n\to\infty}\left(\frac{2^{\frac{n-1}{2}}\left(\dfrac{n}{2}\right)!}{\dfrac{2^{\frac{n-1}{2}}(n+1)!}{\left(\dfrac{n+1}{2}\right)!}}2^{n+1}\right)^2=\pi,$$

即有

$$\lim_{n\to\infty}\left(\frac{\left(\dfrac{n+1}{2}\right)!\left(\dfrac{n}{2}\right)!}{(n+1)!}2^{n+1}\right)^2=\pi.$$

其中, $\lim\limits_{n\to\infty}\dfrac{\left(\dfrac{n+1}{2}\right)!\left(\dfrac{n}{2}\right)!}{(n+1)!}=0$, 而 $\lim\limits_{n\to\infty}2^{n+1}=\infty$, 将两者相乘求极限, 得到 $\lim\limits_{n\to\infty}\dfrac{\left(\dfrac{n+1}{2}\right)!\left(\dfrac{n}{2}\right)!}{(n+1)!}2^{n+1}=\sqrt{\pi}$, 表明特征量为 π 的正方形之边长必须由一个趋于无穷小的数与趋于无穷大的数相乘获得, 其中趋于无穷大的数为 2^{n+1}, 而趋于无穷小的数 $\dfrac{\left(\dfrac{n+1}{2}\right)!\left(\dfrac{n}{2}\right)!}{(n+1)!}$ 则是由两个阶乘数之积除以另一个阶乘数构成, 通常的尺子是不可能有这样的刻度的. 因此, “化圆为方” 逻辑上可行, 实际操作上不可行.

尽管如此, 在当今的计算机时代, $\dfrac{\left(2^{n+1}\left(\dfrac{n}{2}\right)!\left(\dfrac{n+1}{2}\right)!\right)^2}{((n+1)!)^2}\equiv\left(2^{n+1}\left(\dfrac{n}{2}\right)!\left(\dfrac{n+1}{2}\right)!\Big/(n+1)!\right)^2\equiv\pi$ 这个恒等表达式却可以使得任意精度要求下的 “化圆为

方” 几何关系转换都成为可能, 因此可以认为 $\dfrac{\left(2^{n+1}\left(\dfrac{n}{2}\right)!\left(\dfrac{n+1}{2}\right)!\right)^2}{((n+1)!)^2} \equiv \left(\dfrac{2^{n+1}\left(\dfrac{n}{2}\right)!\left(\dfrac{n+1}{2}\right)!}{(n+1)!}\right)^2 \equiv \pi$ 不仅具有数学逻辑意义, 而且具有实际应用意义.

4.8　泛空间、空间、泛几何实体、几何实体特征量几何意义比较

根据第 1 章的研究知道, 表达基和维度均未标定的量所对应的几何对象称为“泛空间”, 显然 e 族数表达式 $\left(\dfrac{n+1}{n}\right)^n$ 属于一种泛空间特征量表达式. 泛空间是一类空间的集合, 它们的形体特征量、表达基与维度各自构成一个集合. 当 n 取趋于无穷大值时, 所对应的空间形体特征量为超越数 e; 当 n 取有限值时, 所对应的各个空间形体特征量全部为 e 族伪超越数.

回顾式 (4-9) 对应的表达式 $\lim\limits_{n\to\infty}\sum\limits_{q=0}^{n-1}B(n-1,q)\left(\dfrac{1+n}{n^{q+1}}\sum\limits_{p=1}^{(n!)^2}\dfrac{\left(1+\dfrac{1}{n}\right)^{2n^2}}{2n^{2n+1}}\right) = \pi$, 其中的几何对象形体特征量表达式为 $\sum\limits_{q=0}^{n-1}B(n-1,q)\left(\dfrac{1+n}{n^{q+1}}\sum\limits_{p=1}^{(n!)^2}\dfrac{\left(1+\dfrac{1}{n}\right)^{2n^2}}{2n^{2n+1}}\right)$, 变量 n 既出现在表达基中又出现在表达维度中, 根据第 1 章的研究知道, 表达基和维度均未标定的表达式所对应的几何对象称为 “泛空间”, 显然这个表达式属于一种泛空间特征量表达式. 当 n 取趋于无穷大值时, 其所对应的空间特征量为超越数 π; 当 n 取有限值时, 该表达式所对应的空间特征量取一组 π 族伪超越数.

从这个意义上看, π 族数表达式 $\sum\limits_{q=0}^{n-1}B(n-1,q)\left(\dfrac{1+n}{n^{q+1}}\sum\limits_{p=1}^{(n!)^2}\dfrac{\left(1+\dfrac{1}{n}\right)^{2n^2}}{2n^{2n+1}}\right)$ 与 e 族数表达式 $\left(\dfrac{n+1}{n}\right)^n$ 具有对等的几何意义, 皆为 “泛空间” 形体特征量表达式.

对于常数 φ 的求极限表达式所对应的表达式 $\dfrac{(\sqrt{5}+1)^n}{2(\sqrt{5}+1)^{n-1}}$ 而言, 根据第 1 章

的研究, 这个表达式对应着一族 "泛几何实体", 因为表达式中表达基已经确定, 表达维度未标定. 当 n 取任意有限值时, 表达式对应一族几何实体特征量, 皆为确定的代数数; 当 n 趋于无限大时, 表达式的值对应一个特定的几何实体特征量, 其位数趋于无穷, 即通常所谓的 "黄金分割律" 常数 φ. 同时, 当 n 取任意有限值时, 表达式 $\dfrac{(\sqrt{5}+1)^n}{2(\sqrt{5}+1)^{n-1}}$ 的取值称为伪 φ 值, 伪 φ 值与常数 φ 一起构成 φ 族数.

对于超越数 π 的另一种表达式 $\left(\dfrac{2^{n+1}\left(\dfrac{n}{2}\right)!\left(\dfrac{n+1}{2}\right)!}{(n+1)!}\right)^2$ 而言, 无论表达基变量 n 取何值, 表达式的取值都不变. 根据第 1 章的研究知道, 表达基未标定但维度已标定的几何对象就是通常所谓的 "空间", 那么式 $\left(\dfrac{2^{n+1}\left(\dfrac{n}{2}\right)!\left(\dfrac{n+1}{2}\right)!}{(n+1)!}\right)^2\equiv\pi$对应的就是一种 2 维空间形体特征量. 这种空间的形体特征量是恒定的且为超越数, 无论表达基中的变量 n 取何值, 其形体特征量皆为 π. 通常情况下, 空间的形体特征量随着表达基的变化而变化, 但是这里的 $\left(\dfrac{2^{n+1}\left(\dfrac{n}{2}\right)!\left(\dfrac{n+1}{2}\right)!}{(n+1)!}\right)^2\equiv\pi$不随着表达基中变量 n 的变化而变化, 我们称之为特征量守恒空间. 在特征量守恒的 2 维空间, 化圆为方或者化方为圆成为可能.

根据第 1 章的研究, 表达基与表达维度同时确定的几何对象称为几何实体. 由于几何实体特征量表达式仅对应一个确定的幂数, 所以不存在 "数族".

至此, 我们可以简单地归纳一下泛空间、空间、泛几何实体、几何实体形体特征量的几何意义:

"泛空间" 形体特征量表达式中, 表达基与表达维度包含同一变量 n. 对应于变量 n 的每一个有限值, 表达式取不同的值, 皆为非超越数. 当变量 n 趋于无穷大时, 表达式的取值对应于一个趋于无穷维度空间的形体特征量, 这个形体特征量可以是超越数或者非超越数; 其中的非超越数为 $0^{\pm}$、±1 或者 $\pm\infty$, 此六种情形下, 变量 n 由 1 变到无穷大过程中对应的数列为非超越数列; 当变量 n 趋于无穷大对应的表达式取值为超越数时, 变量 n 由 1 变到无穷大过程中对应的数列为超越数列 (由该表达式生成的全部伪超越数与一个超越数共同构成一个以超越数命名的超越数族). 通俗而言, "泛空间" 为表达基与维度同步变化的几何对象集合. 以下列举六种典型的 "泛空间" 形体特征量表达式.

π 族数表达式：

$$\sum_{q=0}^{n-1} B(n-1,q)\left(\frac{1+n}{n^{q+1}}\sum_{p=1}^{(n!)^2}\frac{\left(1+\dfrac{1}{n}\right)^{2n^2}}{2n^{2n+1}}\right)$$

当 n 取自然数 1 至 ∞ 时，

$$y_{n+1}=\sum_{q=0}^{n-1} B(n-1,q)\left(\frac{1+n}{n^{q+1}}\sum_{p=1}^{(n!)^2}\frac{\left(1+\dfrac{1}{n}\right)^{2n^2}}{2n^{2n+1}}\right)$$

的取值分别为

$$\begin{aligned}
&n=1,\quad y_{n+1}=4\\
&n=2,\quad y_{n+1}=\frac{59049}{16384}\\
&n=3,\quad y_{n+1}=\frac{8796093022208}{2541865828329}\\
&\cdots\cdots\\
&n\to\infty,\quad y_{n+1}=\pi
\end{aligned}$$

$-\pi$ 族数表达式：

$$\sum_{q=0}^{n-1} B(n-1,q)\left(\frac{1-n}{n^{q+1}}\sum_{p=1}^{(n!)^2}\frac{\left(1+\dfrac{1}{n}\right)^{2n^2}}{2n^{2n+1}}\right)$$

当 n 取自然数 1 至 ∞ 时，

$$y_{n+1}=\sum_{q=0}^{n-1} B(n-1,q)\left(\frac{1-n}{n^{q+1}}\sum_{p=1}^{(n!)^2}\frac{\left(1+\dfrac{1}{n}\right)^{2n^2}}{2n^{2n+1}}\right)$$

的取值分别为

$$\begin{aligned}
&n=1,\quad y_{n+1}=0\\
&n=2,\quad y_{n+1}=-\frac{19683}{16384}\\
&n=3,\quad y_{n+1}=-\frac{4398046511104}{2541865828329}
\end{aligned}$$

$$\cdots\cdots$$

$$n \to \infty, \quad y_{n+1} = -\pi$$

∞ 族数表达式:

$$\sum_{q=0}^{n-1} B(n-1,q)\left(\frac{1+n}{n^q}\sum_{p=1}^{(n!)^2}\frac{\left(1+\dfrac{1}{n}\right)^{2n^2}}{2n^{2n+1}}\right)$$

当 n 取自然数 1 至 ∞ 时,

$$y_{n+1} = \sum_{q=0}^{n-1} B(n-1,q)\left(\frac{1+n}{n^q}\sum_{p=1}^{(n!)^2}\frac{\left(1+\dfrac{1}{n}\right)^{2n^2}}{2n^{2n+1}}\right)$$

的取值分别为

$$\begin{aligned}
&n=1, \quad y_{n+1} = 4\\
&n=2, \quad y_{n+1} = \frac{59049}{8192}\\
&n=3, \quad y_{n+1} = \frac{8796093022208}{847288609443}\\
&\cdots\cdots\\
&n \to \infty, \quad y_{n+1} = \infty
\end{aligned}$$

$-\infty$ 族数表达式:

$$\sum_{q=0}^{n-1} B(n-1,q)\left(\frac{1-n}{n^q}\sum_{p=1}^{(n!)^2}\frac{\left(1+\dfrac{1}{n}\right)^{2n^2}}{2n^{2n+1}}\right)$$

当 n 取自然数 1 至 ∞ 时,

$$y_{n+1} = \sum_{q=0}^{n-1} B(n-1,q)\left(\frac{1-n}{n^q}\sum_{p=1}^{(n!)^2}\frac{\left(1+\dfrac{1}{n}\right)^{2n^2}}{2n^{2n+1}}\right)$$

的取值分别为

$$n=1, \quad y_{n+1} = 0$$

$$n=2,\quad y_{n+1}=-\frac{19683}{8192}$$

$$n=3,\quad y_{n+1}=-\frac{4398046511104}{847288609443}$$

$$\cdots\cdots$$

$$n\to\infty,\quad y_{n+1}=-\infty$$

1 族数表达式:

$$\sum_{q=0}^{n-1}B(n-1,q)\left(\frac{1+n}{\left(2\left(\frac{1}{2}\right)!\right)^2 n^{q+1}}\sum_{p=1}^{(n!)^2}\frac{\left(1+\frac{1}{n}\right)^{2n^2}}{2n^{2n+1}}\right)$$

当 n 取自然数 1 至 ∞ 时,

$$y_{n+1}=\sum_{q=0}^{n-1}B(n-1,q)\left(\frac{1+n}{\left(2\left(\frac{1}{2}\right)!\right)^2 n^{q+1}}\sum_{p=1}^{(n!)^2}\frac{\left(1+\frac{1}{n}\right)^{2n^2}}{2n^{2n+1}}\right)$$

的取值分别为

$$n=1,\quad y_{n+1}=\frac{4}{\pi}$$

$$n=2,\quad y_{n+1}=\frac{59049}{16384\pi}$$

$$n=3,\quad y_{n+1}=\frac{8796093022208}{2541865828329\pi}$$

$$\cdots\cdots$$

$$n\to\infty,\quad y_{n+1}=1$$

−1 族数表达式:

$$\sum_{q=0}^{n-1}B(n-1,q)\left(\frac{1-n}{\left(2\left(\frac{1}{2}\right)!\right)^2 n^{q+1}}\sum_{p=1}^{(n!)^2}\frac{\left(1+\frac{1}{n}\right)^{2n^2}}{2n^{2n+1}}\right)$$

当 n 取自然数 1 至 ∞ 时,

$$y_{n+1}=\sum_{q=0}^{n-1}B(n-1,q)\left(\frac{1-n}{\left(2\left(\frac{1}{2}\right)!\right)^2 n^{q+1}}\sum_{p=1}^{(n!)^2}\frac{\left(1+\frac{1}{n}\right)^{2n^2}}{2n^{2n+1}}\right)$$

的取值分别为

$$
\begin{aligned}
&n=1, \quad y_{n+1}=0 \\
&n=2, \quad y_{n+1}=-\frac{19683}{16384\pi} \\
&n=3, \quad y_{n+1}=-\frac{4398046511104}{2541865828329\pi} \\
&\cdots\cdots \\
&n\to\infty, \quad y_{n+1}=-1
\end{aligned}
$$

0^+ 族数表达式：

$$
\sum_{q=0}^{n-1}B(n-1,q)\left(\frac{1+n}{\left(n\left(\frac{1}{2}\right)!\right)^2 n^{q+1}}\sum_{p=1}^{(n!)^2}\frac{(1+\frac{1}{n})^{2n^2}}{2n^{2n+1}}\right)
$$

当 n 取自然数 1 至 ∞ 时,

$$
y_{n+1}=\sum_{q=0}^{n-1}B(n-1,q)\left(\frac{1+n}{\left(n\left(\frac{1}{2}\right)!\right)^2 n^{q+1}}\sum_{p=1}^{(n!)^2}\frac{\left(1+\frac{1}{n}\right)^{2n^2}}{2n^{2n+1}}\right)
$$

的取值分别为

$$
\begin{aligned}
&n=1, \quad y_{n+1}=\frac{16}{\pi} \\
&n=2, \quad y_{n+1}=\frac{59049}{16384\pi} \\
&n=3, \quad y_{n+1}=\frac{35184372088832}{22876792454961\pi} \\
&\cdots\cdots \\
&n\to\infty, \quad y_{n+1}=0^+
\end{aligned}
$$

0^- 族数表达式：

$$
\sum_{q=0}^{n-1}B(n-1,q)\left(\frac{-1-n}{\left(n\left(\frac{1}{2}\right)!\right)^2 n^{q+1}}\sum_{p=1}^{(n!)^2}\frac{\left(1+\frac{1}{n}\right)^{2n^2}}{2n^{2n+1}}\right)
$$

当 n 取自然数 1 至 ∞ 时,

$$y_{n+1}=\sum_{q=0}^{n-1}B(n-1,q)\left(\frac{-1-n}{\left(n\left(\frac{1}{2}\right)!\right)^{2}n^{q+1}}\sum_{p=1}^{(n!)^2}\frac{\left(1+\frac{1}{n}\right)^{2n^2}}{2n^{2n+1}}\right)$$

的取值分别为

$$\begin{aligned}
&n=1,\quad y_{n+1}=-\frac{16}{\pi}\\
&n=2,\quad y_{n+1}=-\frac{59049}{16384\pi}\\
&n=3,\quad y_{n+1}=-\frac{35184372088832}{22876792454961\pi}\\
&\cdots\cdots\\
&n\to\infty,\quad y_{n+1}=0^{-}
\end{aligned}$$

“空间” 形体特征量表达式中, 仅表达基中包含变量 n. 若对应于变量 n 的每一个值, 表达式取相同的值, 则称表达式作为形体特征量所对应的空间为 “常量空间”, 比如, $\left(\dfrac{2^{n+1}\left(\frac{n}{2}\right)!\left(\frac{n+1}{2}\right)!}{(n+1)!}\right)^2\equiv\pi$; 若对应于变量 n 的每一个值, 表达式取不同的值, 则称表达式作为形体特征量所对应的空间为 “变量空间”, 比如, n^2, $\left(\dfrac{1}{n}\right)^2$ 等. 空间形体特征量求和表达式是构造代数方程的基础, 也是解释代数方程几何意义的关键所在. 比如, $n^2+2n=1$, 其中, n 为变量, 其几何意义是 2 个 2 维几何对象的形体特征量之和等于 1, 根据代数方程理论, n 必有 2 个解, 或者说, 2 维空间中存在两种表达基使得 2 个 2 维几何对象的形体特征量之和等于 1, 解方程知, $n=\{1-\sqrt{2},1+\sqrt{2}\}$.

泛几何实体形体特征量表达式中, 表达基为不变量, 仅表达维度包含变量 n, 对应于变量 n 的每一个值, 表达式取不同的值. 泛几何实体形体特征量是不同维度下具有相同表达基的几何实体形体特征量的集合的代数表达, 比如 $\{\sqrt{3},(\sqrt{3})^2,(\sqrt{3})^3,\cdots\}=3^{\frac{n}{2}},n=1,2,3,\cdots$.

几何实体形体特征量表达式中不存在任何变量, 只是一个确定的幂数, 比如, 5^7 对应 7 维空间中表达基为 5 的几何实体形体特征量, 不存在该几何实体形体特征量 “数族”.

我们已经发现了一个“常量空间”表达式 $\left(\dfrac{2^{n+1}\left(\dfrac{n}{2}\right)!\left(\dfrac{n+1}{2}\right)!}{(n+1)!}\right)^2 \equiv \pi$, 是否存在另一个“常量空间”表达式使得 $f^a(n) \equiv \mathrm{e}$ 成立 (其中 a 为某确定的有限数值)? 逻辑上讲, 既然 e 类泛空间存在, 那么 e 空间 (e 类泛空间的必要成员) 应该是存在的. 笔者未能发现 e 空间的表达式 (表达维度 a 确定的前提下, 形体特征量是恒定的且为超越数 e, 无论表达基中的变量 n 取何值), 有兴趣的读者可自行探索.

4.9 e 族数、π 族数及 φ 族数的可转换性

以下我们选取两种泛空间特征量表达式 (e 族数表达式、π 族数表达式) 以及一种泛几何对象特征量表达式 (φ 族数表达式), 展开对三种几何对象之间相互转换关系的研究.

首先研究式 $\dfrac{(\sqrt{5}+1)^n+(\sqrt{5}-1)^n}{2((\sqrt{5}+1)^{n-1}+(\sqrt{5}-1)^{n-1})}$ 对应的 φ 族数几何意义. 式中的 n 对应的仅仅是几何对象表达维度变量, 这与 e 族数以及 π 族数中的 n 对应的既是几何对象表达维度变量又是表达基变量不同. 这一差异导致了: e 族数以及 π 族数表达式中包含的变量 n 趋于无穷大所对应的值分别是超越数 e 及 π, 而 φ 族数表达式中包含的变量 n 趋于无穷大所对应的值只是一个普通的无理数.

φ 族数涉及 4 个 n 维几何实体特征量的运算, 其中 $(\sqrt{5}+1)^n$ 以及 $(\sqrt{5}-1)^n$ 分别对应表达基为 $\sqrt{5}+1$ 以及 $\sqrt{5}-1$ 的 n 维正则几何实体; 而 $2(\sqrt{5}+1)^{n-1}$ 以及 $2(\sqrt{5}-1)^{n-1}$ 则分别对应两个 n 维非正则几何实体 (因为 $\sqrt{5}+1\neq 2$, $\sqrt{5}-1\neq 2$, 即: 两个 $n-1$ 维正则几何对象的表达基分别为 $\sqrt{5}+1$ 以及 $\sqrt{5}-1$, 而其最后一次非正则的扩张高度均为 2, 最终形成了两个 n 维非正则几何实体). 两个同维不同基正则几何对象特征量之和, 与另外两个同维不同基非正则几何对象特征量之和相除, 得到 φ 族数表达式.

那么, 是否可以将 φ 族数表达式中两个同维不同基非正则几何对象的最后一次扩张高度 2 更换为一个与维度变量 n 关联的因子而使得 φ 族数变为一个超越数族呢?

答案是肯定的.

由式 (4-29), 当 $a\geqslant 1$ 为整数时有

$$\lim_{n\to\infty}\frac{(\sqrt{a}+1)^n+(\sqrt{a}-1)^n}{\left(\dfrac{\sqrt{a}}{n}+1\right)^{n-1}((\sqrt{a}+1)^{n-1}+(\sqrt{a}-1)^{n-1})}=k\mathrm{e}^{-m} \tag{4-30}$$

其中, $m=\sqrt{a}$, 即 $m\geqslant 1$; $k=m+1$, 即 $k\geqslant 2$.

显然, 它对应着某类 e 族数, 它们代表 n 维空间中 2 个正则 n 维几何对象特征量之和 $(\sqrt{a}+1)^n+(\sqrt{a}-1)^n$与另外 2 个非正则 n 维几何对象特征量之和 $\left(\frac{\sqrt{a}}{n}+1\right)^{n-1}(\sqrt{a}+1)^{n-1}+\left(\frac{\sqrt{a}}{n}+1\right)^{n-1}(\sqrt{a}-1)^{n-1}$ 的比值. 特别地, 当 a 为整数的平方数时, 求极限得到 m 为平方数的序号 (令 1 为第一个平方数), $k=m+1$ 为整数.

由式 (4-30), 当 $a\geqslant 1$ 为整数时, 又有

$$\lim_{n\to\infty}\frac{\left(\frac{\sqrt{a}}{n}+1\right)^{n-1}((\sqrt{a}+1)^{n-1}+(\sqrt{a}-1)^{n-1})}{(\sqrt{a}+1)^n+(\sqrt{a}-1)^n}=k^{-1}\mathrm{e}^m \tag{4-31}$$

其中, $m=\sqrt{a}$, 即 $m\geqslant 1$; $k=m+1$, 即 $k\geqslant 2$.

显然, 它也对应着式 (4-30) 给出的某类 e 族数的倒数.

由式 (4-31), 当 $a\geqslant 1$ 为整数时, 又有

$$\lim_{n\to\infty}\frac{\left(\frac{\sqrt{a}}{n}+1\right)^{n-1}\left(\left(\frac{\sqrt{a}}{n}+1\right)^{n-1}+\left(\frac{\sqrt[n]{a}}{a}-1\right)^{n-1}\right)}{\left(\frac{\sqrt{a}}{n}+1\right)^{n}+\left(\frac{\sqrt[n]{a}}{a}-1\right)^{n}}=\mathrm{e}^m \tag{4-32}$$

其中, $m=\sqrt{a}$, 即 $m\geqslant 1$.

自然地, 当 $a\geqslant 1$ 为整数时, 也有

$$\lim_{n\to\infty}\left(\frac{\left(\frac{\sqrt{a}}{n}+1\right)^{n}+\left(\frac{\sqrt[n]{a}}{a}-1\right)^{n}}{\left(\frac{\sqrt{a}}{n}+1\right)^{n-1}\left(\left(\frac{\sqrt{a}}{n}+1\right)^{n-1}+\left(\frac{\sqrt[n]{a}}{a}-1\right)^{n-1}\right)}\right)=\mathrm{e}^{-m} \tag{4-33}$$

其中, $m=\sqrt{a}$, 即 $m\geqslant 1$.

上述我们通过将 φ 族数表达式中的常量更换为与维度关联的高维度因子获得了含超越数 e 的表达式, 是否可以通过将 φ 族数表达式中的常量更换为与维度无关的因子获得含超越数 π 的表达式呢?

答案也是肯定的.

考虑将 $\left(2\left(\frac{1}{2}\right)!\right)^{2a}$ 作为升维扩张高度因子加入到式 (4-29) 中, 当 $a\geqslant 1$ 为整

数时, 有

$$\lim_{n\to\infty}\frac{((\sqrt{a}+1)^n+(\sqrt{a}-1)^n)}{\left(2\left(\frac{1}{2}\right)!\right)^{2a}((\sqrt{a}+1)^{n-1}+(\sqrt{a}-1)^{n-1})}=k\pi^{-m} \tag{4-34}$$

其中, $m=a$, 即 $m\geqslant 1$; $k=\sqrt{a}+1$, $k\geqslant 2$.

相应地, 当 $a\geqslant 1$ 为整数时, 又有

$$\lim_{n\to\infty}\frac{\left(\frac{\sqrt{a}}{n}+1\right)^n+\left(\frac{\sqrt[n]{a}}{a}-1\right)^n}{\left(2\left(\frac{1}{2}\right)!\right)^{2a}\left(\left(\frac{\sqrt{a}}{n}+1\right)^{n-1}+\left(\frac{\sqrt[n]{a}}{a}-1\right)^{n-1}\right)}=\pi^{-m} \tag{4-35}$$

其中, $m=a$, $m\geqslant 1$.

由式 (4-33) 及式 (4-35) 不难得到

$$\lim_{n\to\infty}\frac{\left(\frac{\sqrt{a}}{n}+1\right)^n+\left(\frac{\sqrt[n]{a}}{a}-1\right)^n}{\left(\frac{\sqrt{a}}{n}+1\right)^{n-1}+\left(\frac{\sqrt[n]{a}}{a}-1\right)^{n-1}}\equiv 1 \tag{4-36}$$

当 $a\geqslant 1$ 时, 该表达式对应一个趋于无穷维度几何对象特征量, 值恒为 1.

显然, 当 $a\geqslant 1$ 为整数时有

$$\lim_{n\to\infty}\left(\left(\frac{\sqrt{a}}{n}+1\right)^n+\left(\frac{\sqrt[n]{a}}{a}-1\right)^n\right)\left(\left(\frac{\sqrt{a}}{n}+1\right)^{n-1}+\left(\frac{\sqrt[n]{a}}{a}-1\right)^{n-1}\right)=\mathrm{e}^{2\sqrt{a}} \tag{4-37}$$

因为

$$\lim_{n\to\infty}\left(\left(\frac{\sqrt{a}}{n}+1\right)^n+\left(\frac{\sqrt[n]{a}}{a}-1\right)^n\right)=\lim_{n\to\infty}\left(\left(\frac{\sqrt{a}}{n}+1\right)^{n-1}+\left(\frac{\sqrt[n]{a}}{a}-1\right)^{n-1}\right)=\mathrm{e}^{\sqrt{a}}.$$

4.10 刘维尔超越数亲缘数及其与 e 和 π 的关联

历史上, 康托尔证明了超越数的存在性, 而刘维尔则指出了超越数的可构造性, 问题似乎已经解决. 但是, 时至今日人们还是很难根据刘维尔和康托尔给出的概念判别一个数是否为超越数, 也很难利用刘维尔和康托尔给出的概念生成所需要的超越数. 本节的内容将讨论超越数亲缘数的一些构造方法, 并结合超越数对应的几何对象特征量性质构造出若干超越数亲缘数, 笔者猜想它们都是超越数, 至于它们是否是超越数, 需要有兴趣、有能力的读者深入研究并给出证明.

我们知道, 刘维尔超越数的一般构造式为

$$\begin{aligned} y &= a_1 10^{-1!} + a_2 10^{-2!} + a_3 10^{-3!} + \cdots + a_m 10^{-m!} + a_{m+1} 10^{-(m+1)!} + \cdots \\ &= 0.a_1 a_2 000 a_3 00000000000000000 a_4 000 \cdots \end{aligned} \tag{4-38}$$

其中, a_i 是从 1 到 9 的任意数字. 根据 (4-38) 式构造出的超越数, 每个求和项中的数字非常具有规律性.

虽然刘维尔超越数难以像 e 和 π 那样在数学与科技领域得到广泛运用, 但无论如何, 刘维尔的开创性工作仍然给我们指出了构造超越数的一种前进方向.

为研究简便起见, 我们首先将式 (4-38) 中的任意数码 a_i 全部指定为 1, 则典型的刘维尔超越数 (我们把它记为 $\alpha_{(10,m!)}$) 的表达式为

$$\begin{aligned} \alpha_{(10,m!)} &= \lim_{n\to\infty}\left(\sum_{m=1}^{n}\frac{1}{10^{m!}}\right) = \frac{1}{10} + \frac{1}{10^2} + \frac{1}{10^6} + \frac{1}{10^{24}} + \frac{1}{10^{120}} + \cdots \\ &= 0.110001\cdots \end{aligned} \tag{4-39}$$

仔细考察一下式 (4-39), 我们发现经典刘维尔超越数的几何意义比较明确, 它对应于一组趋于无穷多个几何对象特征量求和. 由于只有同维度几何对象的特征量才能求和, 因此表达式中每一项对应的几何对象示性维度皆相同, 即刘维尔超越数对应着某个维度空间标架下的趋于无穷多几何对象特征量求和. 并且, 如果其表达基 $x = \dfrac{1}{10}$, 其表达维度为 $m!$, $m = 1, 2, 3, \cdots, n$, $n \to \infty$, 这意味着在 n 维空间标价下一个 $n \to \infty$ 维正则几何对象的特征量与 $n-1$ 个非正则几何对象的特征量求和, 得到一个刘维尔超越数.

现在我们设想存在一组表达基为 $x = \dfrac{1}{2}$, 维度为 $m!$ 的非正则几何对象特征量求和, 其中 a_m 为 $m!$ 维几何对象的个数且皆取值为 1. 则将上述式 (4-39) 略作改变, 可得到

$$\begin{aligned} \alpha_{(2,m!)} &= \lim_{n\to\infty}\left(\sum_{m=1}^{n}\frac{1}{2^{m!}}\right) = \frac{1}{2} + \frac{1}{2^2} + \frac{1}{2^6} + \frac{1}{2^{24}} + \frac{1}{2^{120}} + \cdots \\ &= 0.765625\cdots \end{aligned} \tag{4-40}$$

基于同样的理由, 再对式 (4-40) 作些改变, 又可得到

$$\begin{aligned} \alpha_{(\mathrm{e},m!)} &= \lim_{n\to\infty}\left(\sum_{m=1}^{n}\frac{1}{\mathrm{e}^{m!}}\right) = \frac{1}{\mathrm{e}} + \frac{1}{\mathrm{e}^2} + \frac{1}{\mathrm{e}^6} + \frac{1}{\mathrm{e}^{24}} + \frac{1}{\mathrm{e}^{120}} + \cdots \\ &= 0.505693\cdots \end{aligned} \tag{4-41}$$

由于式 (4-41) 的构造与式 (4-40) 的构造原理完全相同, 因此 $\alpha_{(\mathrm{e},m!)}$ 也是刘维尔超越数的亲缘数.

我们再给出一个与 $\alpha_{(\mathrm{e},m!)}$ 相似的刘维尔超越数亲缘数 $\alpha_{(\pi,m!)}$, 如式 (4-42) 所列.

$$\begin{aligned}\alpha_{(\pi,m!)} &= \lim_{n\to\infty}\left(\sum_{m=1}^{n}\frac{1}{\pi^{m!}}\right)=\frac{1}{\pi}+\frac{1}{\pi^{2}}+\frac{1}{\pi^{6}}+\frac{1}{\pi^{24}}+\frac{1}{\pi^{120}}+\cdots\\ &= 0.420671\cdots\end{aligned}\tag{4-42}$$

如果愿意, 我们可以将式 (4-39) 中的参数 10 改为大于 1 的任意实数 r, 以获得性质与 $\alpha_{(10,m!)}$ 相同的刘维尔超越数亲缘数数 $\alpha_{(r,m!)}$.

由于几何对象形体特征量求和的前提是几何对象所在空间标架维度相同, 所以刘维尔超越数本身就是 $n\to\infty$ 维空间标架下的趋于无穷多非正则几何对象特征量与一个正则几何对象特征量求和, 而其亲缘数也全部为 $n\to\infty$ 维空间标架下的趋于无穷多非正则几何对象特征量与一个正则几何对象特征量求和. 虽然构成刘维尔超越数及其亲缘数的每个几何碎块形体特征量所对应的几何对象的表达基 (各自) 相同, 但在统一的 n 维空间标架下每种几何对象的表达基皆不相同, 所以它们的空间标架结构相同, 形体特征量的性质也相同, 但特征量不同. 从这个意义上看, 如果刘维尔数是超越数, 那么它的亲缘数都应该是超越数.

以下我们给出一个更有趣的表达式, 其在同一空间标架维度下构成复合特征量的每个 n 维几何对象的形体特征量所对应的几何对象皆具有不同的表达基:

$$\begin{aligned}\alpha_{(m,m!)} &= \lim_{n\to\infty}\left(\sum_{m=1}^{n}\frac{1}{m^{m!}}\right)=1+\frac{1}{2^{2}}+\frac{1}{3^{6}}+\frac{1}{4^{24}}+\frac{1}{5^{120}}+\cdots\\ &= 1.251371\cdots\end{aligned}\tag{4-43}$$

虽然式 (4-43) 的构造与式 (4-39) 的构造不完全相同 (每个求和项所对应的几何对象表达基不同), 但是由于它作为几何对象形体特征量所对应的性质仍然满足表达超越数性质的要求, 所以它也应该是一个超越数的表达式.

我们已经知道, 对于一个几何对象而言, **表达基和表达维度皆未标定者称为“泛空间”, 表达基已标定但表达维度未标定者称为“泛几何实体”, 表达基未标定但表达维度已标定者称为“空间”, 表达基与表达维度皆已标定者称为“几何实体”**.

由于$\alpha_{(10,m!)}=\lim\limits_{n\to\infty}\left(\sum\limits_{m=1}^{n}\dfrac{1}{10^{m!}}\right)=\lim\limits_{n\to\infty}\left(\sum\limits_{m=1}^{n}\left(\dfrac{1}{10}\right)^{m!}\right)$, 且 $n\to\infty$ 事实上将维度 n 标定为无穷大, m 及 $m!$ 也被间接地标定, 于是根据定义, 刘维尔超越数 $\alpha_{(10,m!)}$ 也可以当作一个表达基为 $\dfrac{1}{10}$, 表达维度为无穷大的 “几何实体” 形体特征量来对待. 与此相似的 $\alpha_{(2,m!)}$、$\alpha_{(\mathrm{e},m!)}$、$\alpha_{(\pi,m!)}$ 等都是属于特定的 “几何实体” 形

体特征量. 当 n 取 1 至小于无穷大的任意整数值时, 由 $\sum_{m=1}^{n}\left(\frac{1}{10}\right)^{m!}$, $\sum_{m=1}^{n}\left(\frac{1}{2}\right)^{m!}$, $\sum_{m=1}^{n}\left(\frac{1}{\mathrm{e}}\right)^{m!}$, $\sum_{m=1}^{n}\left(\frac{1}{\pi}\right)^{m!}$ 等可分别计算出伪 $\alpha_{(10,m!)}$、伪 $\alpha_{(2,m!)}$、伪 $\alpha_{(\mathrm{e},m!)}$、伪 $\alpha_{(\pi,m!)}$ 值序列.

对于$\alpha_{(m,m!)}=\lim\limits_{n\to\infty}\left(\sum\limits_{m=1}^{n}\frac{1}{m^{m!}}\right)=\lim\limits_{n\to\infty}\left(\sum\limits_{m=1}^{n}\left(\frac{1}{m}\right)^{m!}\right)$而言, $n\to\infty$ 事实上将维度 n 标定为无穷大, m 及 $m!$ 也被间接地标定, 于是根据定义, 于是 $\alpha_{(m,m!)}$ 也是一个特定的 "几何实体" 形体特征量. 当 n 取 1 至小于无穷大的任意整数值时, 由 $\sum_{m=1}^{n}\left(\frac{1}{m}\right)^{m!}$ 我们可计算出伪 $\alpha_{(m,m!)}$ 值序列.

如果我们将$\alpha_{(m,m!)}=\lim\limits_{n\to\infty}\left(\sum\limits_{m=1}^{n}\frac{1}{m^{m!}}\right)=\lim\limits_{n\to\infty}\left(\sum\limits_{m=1}^{n}\left(\frac{1}{m}\right)^{m!}\right)$略加改造, 获得一个变表达基(表达基未被标定) 的几何对象形体特征量表达式 $\alpha_{(r,m!)}=\lim\limits_{n\to\infty}\left(\sum\limits_{m=1}^{n}\frac{1}{r^{m!}}\right)=\lim\limits_{n\to\infty}\left(\sum\limits_{m=1}^{n}\left(\frac{1}{r}\right)^{m!}\right)$, 其中 r 为大于 1 且小于无限大的确定实数, 那么根据定义, 则 $\alpha_{(r,m!)}$ 对应一个表达维度已标定、表达基为 $\frac{1}{r}$(未标定) 之 "空间" 形体特征量. 显然, 各类无限维度的 "几何实体" 之集合构成了无限维度的 "空间", 由于表达基未标定, 所以空间的形体特征量是不可计量的, 换言之, "空间" 的形体特征量对应于一个特征量的集合而不可能是某一具体的数值.

由此我们了解到, 通常所谓的 "刘维尔超越数"实际上也可以构成一个特定的 "几何实体" 形体特征量, 它是构成 "空间" 形体特征量 $\alpha_{(r,m!)}=\lim\limits_{n\to\infty}\left(\sum\limits_{m=1}^{n}\frac{1}{r^{m!}}\right)=\lim\limits_{n\to\infty}\left(\sum\limits_{m=1}^{n}\left(\frac{1}{r}\right)^{m!}\right)$ 这个特定集合的元素之一. 这就明确地向我们提示：如果刘维尔数超越数所在的 "空间" 形体特征量集合 $\alpha_{(r,m!)}=\lim\limits_{n\to\infty}\left(\sum\limits_{m=1}^{n}\frac{1}{r^{m!}}\right)=\lim\limits_{n\to\infty}\left(\sum\limits_{m=1}^{n}\left(\frac{1}{r}\right)^{m!}\right)$ 中的元素皆为超越数, 那么超越数就有无穷过多个, 因为大于 1 且小于无限大的实数有无限多个. 这可能是笔者发现的刘维尔类超越数的一个极有用的性质, 如果真是这样, 刘维尔超越数将会令人刮目相看.

进一步地, 我们将式 (4-43) 中的阶乘指数 $m!$ 改为某一确定数 a 的阶乘 $a!$, 又

有

$$\alpha_{(m,a!)}=\lim_{n\to\infty}\left(\sum_{m=1}^{n}\frac{1}{m^{a!}}\right) \tag{4-44}$$

当 $0\leqslant a\leqslant 1$ 时, $\alpha_{(m,a!)}\to\infty$.

当 a 为大于 1 的有理实数时, $\alpha_{(m,a!)}$ 为一个含有超越数 π 的 zeta 函数值.

当 a 为大于 1 的无理实数时, $\alpha_{(m,a!)}$ 为一个含有 Γ 函数的 zeta 函数值.

比如:

$$\lim_{n\to\infty}\left(\sum_{m=1}^{n}\frac{1}{m^{\frac{3}{2}!}}\right)=\mathrm{zeta}\left(\frac{3\sqrt{\pi}}{4}\right)$$
$$\lim_{n\to\infty}\left(\sum_{m=1}^{n}\frac{1}{m^{\frac{5}{2}!}}\right)=\mathrm{zeta}\left(\frac{15\sqrt{\pi}}{8}\right)$$
$$\lim_{n\to\infty}\left(\sum_{m=1}^{n}\frac{1}{m^{\frac{7}{2}!}}\right)=\mathrm{zeta}\left(\frac{105\sqrt{\pi}}{16}\right)$$
$$\lim_{n\to\infty}\left(\sum_{m=1}^{n}\frac{1}{m^{\sqrt{2}!}}\right)=\mathrm{zeta}\left(\Gamma\left(1+\sqrt{2}\right)\right)$$
$$\lim_{n\to\infty}\left(\sum_{m=1}^{n}\frac{1}{m^{\sqrt{3}!}}\right)=\mathrm{zeta}\left(\Gamma\left(1+\sqrt{3}\right)\right)$$
$$\lim_{n\to\infty}\left(\sum_{m=1}^{n}\frac{1}{m^{\mathrm{e}!}}\right)=\mathrm{zeta}\left(\Gamma\left(1+\mathrm{e}\right)\right)$$
$$\lim_{n\to\infty}\left(\sum_{m=1}^{n}\frac{1}{m^{\pi!}}\right)=\mathrm{zeta}\left(\Gamma\left(1+\pi\right)\right)$$
$$\lim_{n\to\infty}\left(\sum_{m=1}^{n}\frac{1}{m^{\phi!}}\right)=\mathrm{zeta}\left(\Gamma\left(1+\phi\right)\right)$$

当 a 为大于 1 的有限整数时, $\alpha_{(m,a!)}$ 对应着由 zeta 函数值确定的一个小于 1 的有理数与 π 的 $a!$ 次幂之积. 比如:

$$\lim_{n\to\infty}\left(\sum_{m=1}^{n}\frac{1}{m^{2!}}\right)=\frac{\pi^2}{6}$$
$$\lim_{n\to\infty}\left(\sum_{m=1}^{n}\frac{1}{m^{3!}}\right)=\frac{\pi^6}{945}$$
$$\lim_{n\to\infty}\left(\sum_{m=1}^{n}\frac{1}{m^{4!}}\right)=\frac{236364091\pi^{24}}{201919571963756521875}$$

$$\lim_{n\to\infty}\left(\sum_{m=1}^{n}\frac{1}{m^{a!}}\right)=k\pi^{a!},\quad k<1$$

根据定义, 维度与表达基皆已标定的表达式称为 "几何实体" 形体特征量表达式, 显然, $\alpha_{(m,a!)}$ 对应着 "几何实体" 形体特征量. 关于 a 为大于 1 的有限整数时 $\alpha_{(m,a!)}$ 表达式的几何意义相关的概念我们将在第 5 章详细讨论.

更进一步地, 我们将式 (4-44) 中确定数的阶乘指数 $a!$ 改为指数 a, 有

$$\alpha_{(m,a)}=\lim_{n\to\infty}\left(\sum_{m=1}^{n}\frac{1}{m^{a}}\right)\tag{4-45}$$

当 $0\leqslant a\leqslant 1$ 时, $\alpha_{(m,a)}\to\infty$; 当 a 为大于 1 的偶数时, $\alpha_{(m,a)}$ 为一个有理数与 π 的偶数次幂之积; 当 a 为大于 1 的奇数及非整数时, $\alpha_{(m,a)}$ 为一个 zeta 函数值.

比如:

$$\lim_{n\to\infty}\left(\sum_{m=1}^{n}\frac{1}{m^{2}}\right)=\frac{\pi^2}{6}$$

$$\lim_{n\to\infty}\left(\sum_{m=1}^{n}\frac{1}{m^{4}}\right)=\frac{\pi^4}{90}$$

$$\lim_{n\to\infty}\left(\sum_{m=1}^{n}\frac{1}{m^{6}}\right)=\frac{\pi^6}{945}$$

$$\lim_{n\to\infty}\left(\sum_{m=1}^{n}\frac{1}{m^{3}}\right)=\mathrm{zeta}\,(3)$$

$$\lim_{n\to\infty}\left(\sum_{m=1}^{n}\frac{1}{m^{\frac{3}{2}}}\right)=\mathrm{zeta}\left(\frac{3}{2}\right)$$

$$\lim_{n\to\infty}\left(\sum_{m=1}^{n}\frac{1}{m^{\frac{5}{2}}}\right)=\mathrm{zeta}\left(\frac{5}{2}\right)$$

$$\lim_{n\to\infty}\left(\sum_{m=1}^{n}\frac{1}{m^{\sqrt{2}}}\right)=\mathrm{zeta}\left(\sqrt{2}\right)$$

$$\lim_{n\to\infty}\left(\sum_{m=1}^{n}\frac{1}{m^{\sqrt{3}}}\right)=\mathrm{zeta}\left(\sqrt{3}\right)$$

$$\lim_{n\to\infty}\left(\sum_{m=1}^{n}\frac{1}{m^{\mathrm{e}}}\right)=\mathrm{zeta}\,(\mathrm{e})$$

$$\lim_{n\to\infty}\left(\sum_{m=1}^{n}\frac{1}{m^{\pi}}\right)=\mathrm{zeta}\,(\pi)$$

$$\lim_{n\to\infty}\left(\sum_{m=1}^{n}\frac{1}{m^{\phi}}\right)=\mathrm{zeta}\,(\phi)$$

由于 a 取确定值时 $a!$ 与 a 一样是一个确定值, 所以式 (4-45) 与式 (4-44) 没有本质区别, 都是 "几何实体" 形体特征量表达式. 有趣的是, 这类几何实体在维度分别取奇数和偶数时形体特征量的类别不同, 关于这种现象的几何原因, 我们将在第 5 章详细讨论.

由式 (4-43), 我们还可以获得另一种刘维尔超越数亲缘数表达式:

$$\begin{aligned}\alpha_{(m!,m!)}&=\lim_{n\to\infty}\left(\sum_{m=1}^{n}\frac{1}{m!^{m!}}\right)=1+\frac{1}{2^2}+\frac{1}{6^6}+\frac{1}{24^{24}}+\frac{1}{120^{120}}+\cdots\\&=1.25002\cdots\end{aligned}\tag{4-46}$$

相似地, 由于 $\dfrac{1}{m!}$ 与 $\dfrac{1}{m}$ 一样是不变表达基, 所以式 (4-46) 与式 (4-43) 没有本质区别, 都是 "几何实体" 形体特征量表达式.

另一方面, 对于式 (4-45) 进行不改变本质的简单变化, 得到

$$\alpha_{(m!,a)}=\lim_{n\to\infty}\left(\sum_{m=1}^{n}\frac{1}{(m!)^{a}}\right)\tag{4-47}$$

当 $a=1$ 时, $\alpha_{(m!,a)}=\lim\limits_{n\to\infty}\left(\sum\limits_{m=1}^{n}\dfrac{1}{(m!)^{a}}\right)=\mathrm{e}-1$; 当 a 为大于 1 的整数时, $\alpha_{(m!,a)}$ 为系列广义超几何函数的极限值减去 1. 反而言之, 超越数 e 与超几何函数的极限值有一定渊源关系.

由此, 超越数 e 可以被写成级数的形式:

$$\mathrm{e}=1+\lim_{n\to\infty}\left(\sum_{m=1}^{n}\left(\frac{1}{m!}\right)^{1}\right)=\alpha_{(m,1)!}+1\tag{4-48}$$

显然, 通过式 (4-48) 我们把一类 "几何实体" 的形体特征量 $\alpha_{(m!,1)}$ 与超越数 e 关联起来了. 由 (4-44) 知, 超越数 π 也与一类 "几何实体" 的形体特征量 $\alpha_{(m,a!)}$ 有关, 从这个意义上看, 超越数 e 与超越数 π 是有渊源的 "几何实体" 的形体特征量.

根据式 (4-43) 及式 (4-48), 我们很容易构造出另一与超越数 e 及 π 有着渊源关系的数 $\omega_{(m,m!)}$ 表达式

$$\begin{aligned}\omega_{(m,m!)}&=1+\lim_{n\to\infty}\left(\sum_{m=1}^{n}\frac{1}{m^{m!}}\right)\\&=2.251371\cdots\end{aligned}\tag{4-49}$$

但是, $\omega_{(m,m!)}$ 代表的是另一个趋于无穷维度"几何实体"之几何形体特征量.

与此相似, 我们还可以得到 $\omega_{(2,m!)}=1+\alpha_{(2,m!)}$, $\omega_{(3,m!)}=1+\alpha_{(3,m!)}$, $\omega_{(4,m!)}=1+\alpha_{(4,m!)}$, $\omega_{(10,m!)}=1+\alpha_{(10,m!)}$ 以及 $\omega_{(m!,m!)}=1+\lim\limits_{n\to\infty}\left(\sum\limits_{m=1}^{n}\dfrac{1}{m!^{m!}}\right)=2.250021$ 等一系列与刘维尔超越数具有亲缘关系的数, 它们均为趋于无穷维度"几何实体"之几何形体特征量.

当然, 如果我们把刘维尔超越数$\alpha_{(10,m!)}=\lim\limits_{n\to\infty}\left(\sum\limits_{m=1}^{n}\dfrac{1}{10^{m!}}\right)$ 理解为 1 维空间中趋于无穷条长度不同的线段长度求和, 那么刘维尔超越数就可以称为线性超越数; 如果把刘维尔超越数$\alpha_{(10,m!)}=\lim\limits_{n\to\infty}\left(\sum\limits_{m=1}^{n}\dfrac{1}{10^{m!}}\right)$ 理解为一个分维度空间中趋于无穷多个的分维度几何对象特征量求和, 那么刘维尔超越数又可称为分维度超越数.

4.11　超越数 π 亲缘数进一步研究

上一节我们研究了与超越数 e 构造方式相似且与刘维尔超越数关联的数, 并且得出结论: 这类数的个数趋于无限多. 本节内容主要研究与 π 同类的亲缘数生成问题.

我们知道, 超越数 π 也可以被写成级数的形式

$$\pi=\lim_{n\to\infty}4\left(1+\sum_{m=1}^{n}(-1)^m\left(\frac{1}{1+2m}\right)\right) \tag{4-50}$$

根据定义知道, 这也是一个"几何实体"的形体特征量. 我们对式 (4-50) 稍做改造, 可以得到一组含有超越数 π 的数 β, 其表达式如下

$$\beta_a=\lim_{n\to\infty}4\left(1+\sum_{m=1}^{n}(-1)^m\left(\frac{1}{1+2m}\right)^a\right) \tag{4-51}$$

其中, a 为大于或等于 1 的实数. 式 (4-50) 表明, 超越数 π 仅仅是当 $a=1$ 所获得的结果, 即

$$\beta_1=\lim_{n\to\infty}4\left(1+\sum_{m=1}^{n}(-1)^m\left(\frac{1}{1+2m}\right)^1\right)=\pi$$

当 a 取偶数与奇数时, 式 (4-51) 获得结果皆为"几何实体"形体特征量, 但是表现形式显示出差异. 比如, 当 $a=2$ 时式 (4-51) 的结果为 4 倍的卡特兰数, 当 $a>2$

为偶数时式 (4-51) 的结果为系列双伽马函数值. 以下是 a 取若干奇数情形下的 β 族数表达式:

$$\beta_3=\lim_{n\to\infty}4\left(1+\sum_{m=1}^{n}(-1)^m\left(\frac{1}{1+2m}\right)^3\right)=\frac{\pi^3}{8}$$

$$\beta_5=\lim_{n\to\infty}4\left(1+\sum_{m=1}^{n}(-1)^m\left(\frac{1}{1+2m}\right)^5\right)=\frac{5\pi^5}{384}$$

$$\beta_7=\lim_{n\to\infty}4\left(1+\sum_{m=1}^{n}(-1)^m\left(\frac{1}{1+2m}\right)^7\right)=\frac{61\pi^7}{46080}$$

$$\beta_9=\lim_{n\to\infty}4\left(1+\sum_{m=1}^{n}(-1)^m\left(\frac{1}{1+2m}\right)^9\right)=\frac{277\pi^9}{2064384}$$

由上述 β_1 至β_9 中有理数系数构成的序列 $\left\{1,\frac{1}{8},\frac{5}{384},\frac{61}{46080},\frac{277}{2064384},\cdots\right\}$, 为了能够单独研究这个系数序列的性质, 我们将式 (4-51) 改写为

$$\lim_{n\to\infty}\frac{4\left(1+\sum\limits_{m=1}^{n}(-1)^m\left(\frac{1}{1+2m}\right)^a\right)}{\left(2\left(\frac{1}{2}\right)!\right)^{2a}}=\frac{\beta_a}{\pi}\tag{4-52}$$

当 a 为奇数时获得 $\frac{\beta_a}{\pi}=\left\{1,\frac{1}{8},\frac{5}{384},\frac{61}{46080},\frac{277}{2064384},\frac{50521}{3715891200},\cdots\right\}$.

我们对式 (4-51) 稍做改造, 并令 $a\geqslant 2$ 为偶数, 又可以得到一组含有超越数 π 的数 γ, 其表达式如下

$$\lambda=\lim_{n\to\infty}4\left(1+\sum_{m=1}^{n}(-1)^m\left(\frac{1}{1+m}\right)^a\right)\tag{4-53}$$

当 $a=2$ 时, 有

$$\lambda_2=\lim_{n\to\infty}4\left(1+\sum_{m=1}^{n}(-1)^m\left(\frac{1}{1+m}\right)^2\right)=\frac{\pi^2}{3}$$

以下是 a 取若干偶数情形下的 λ 族数表达式:

$$\lambda_4=\lim_{n\to\infty}4\left(1+\sum_{m=1}^{n}(-1)^m\left(\frac{1}{1+m}\right)^4\right)=\frac{7\pi^4}{180}$$

$$\lambda_6=\lim_{n\to\infty}4\left(1+\sum_{m=1}^{n}(-1)^m\left(\frac{1}{1+m}\right)^6\right)=\frac{31\pi^6}{7560}$$

$$\lambda_8 = \lim_{n\to\infty} 4\left(1+\sum_{m=1}^{n}(-1)^m\left(\frac{1}{1+m}\right)^8\right) = \frac{127\pi^8}{302400}$$

$$\lambda_{10} = \lim_{n\to\infty} 4\left(1+\sum_{m=1}^{n}(-1)^m\left(\frac{1}{1+m}\right)^{10}\right) = \frac{73\pi^{10}}{1710720}$$

由上述 λ_2 至 λ_{10} 中的有理数系数构成的序列

$$\left\{\frac{1}{3},\frac{7}{180},\frac{31}{7560},\frac{127}{302400},\frac{73}{1710720},\cdots\right\}$$

为了能够单独研究这个序列的性质, 我们将式 (4-53) 改写为

$$\lim_{n\to\infty}\frac{4\left(1+\sum_{m=1}^{n}(-1)^m\left(\frac{1}{1+m}\right)^a\right)}{\left(2\left(\frac{1}{2}\right)!\right)^{2a}} = \frac{\lambda_a}{\pi} \tag{4-54}$$

当 $a \geqslant 2$ 为偶数时, 有 $\dfrac{\lambda_a}{\pi} = \left\{\dfrac{1}{3},\dfrac{7}{180},\dfrac{31}{7560},\dfrac{127}{302400},\dfrac{511}{11975040},\cdots\right\}$.

根据式 (4-51) 及式 (4-53) 知, 当 $a \geqslant 1$ 为奇数时 β_a 的值以及当 $a \geqslant 2$ 为偶数时 λ_a 的值皆为 "几何实体" 特征量, 并且这两组特征量都含有共同的超越数因子 π. 虽然两者的表达式不同, 但是都指向同一类几何实体特征量, 两者合并可形成一个对应 $a \geqslant 1$ 的无穷维度几何对象形体特征量序列 $\{\beta_a, \lambda_{a+1}\}$, β_a 以及 λ_{a+1} 皆含有共同的超越数因子 π.

当然, 由此我们还不难构造出含有超越数 e 的类似表达式:

当 $a \geqslant 1$ 为奇数时, 有

$$\lim_{n\to\infty}\frac{4\left(1+\sum_{m=1}^{n}(-1)^m\left(\frac{1}{1+2m}\right)^a\right)}{\left(2\left(\frac{1}{2}\right)!\right)^{2a}}\left(1+\frac{1}{n}\right)^{na} = \frac{\beta_a}{\pi}\mathrm{e}^a$$

当 $a \geqslant 2$ 为偶数时, 有

$$\lim_{n\to\infty}\frac{4\left(1+\sum_{m=1}^{n}(-1)^m\left(\frac{1}{1+m}\right)^a\right)}{\left(2\left(\frac{1}{2}\right)!\right)^{2a}}\left(1+\frac{1}{n}\right)^{na} = \frac{\lambda_a}{\pi}\mathrm{e}^a$$

上述两式都指向同一类几何实体特征量, 两者合并可形成另一个对应 $a \geqslant 1$ 的无穷维度几何对象形体特征量序列 $\left\{\dfrac{\beta_a}{\pi}\mathrm{e}^a, \dfrac{\lambda_{a+1}}{\pi}\mathrm{e}^{a+1}\right\}$, $\dfrac{\beta_a}{\pi}\mathrm{e}^a$ 以及 $\dfrac{\lambda_{a+1}}{\pi}\mathrm{e}^{a+1}$ 皆含有共同的超越数因子 e.

根据式 (4-51), 我们先看一看当 a 取 m, $2m$ 以及 $2m+1$ 时会出现什么结果:

$$\beta_m = \lim_{n\to\infty} 4\left(1+\sum_{m=1}^{n}(-1)^m\left(\frac{1}{1+2m}\right)^m\right) = 2.81559\cdots$$

$$\beta_{2m} = \lim_{n\to\infty} 4\left(1+\sum_{m=1}^{n}(-1)^m\left(\frac{1}{1+2m}\right)^{2m}\right) = 3.56192\cdots$$

$$\beta_{2m+1} = \lim_{n\to\infty} 4\left(1+\sum_{m=1}^{n}(-1)^m\left(\frac{1}{1+2m}\right)^{2m+1}\right) = 3.853127\cdots \tag{4-55}$$

我们再看一看当 a 取两个典型超越数时的情形:

$$\beta_{\mathrm{e}} = \lim_{n\to\infty} 4\left(1+\sum_{m=1}^{n}(-1)^m\left(\frac{1}{1+2m}\right)^{\mathrm{e}}\right) = 3.8348318\cdots$$

$$\beta_{\pi} = \lim_{n\to\infty} 4\left(1+\sum_{m=1}^{n}(-1)^m\left(\frac{1}{1+2m}\right)^{\pi}\right) = 3.8924782\cdots$$

数 β_{e} 及 β_{π} 都是与超越数 π 具有渊源关系的数, β_{2m+1} 介于 β_{e} 及 β_{π} 这两个数之间, 这究竟意味着什么? 有兴趣的读者不妨继续深入研究.

对于式 (4-55) 而言, 当 $n=1$ 时, $\beta_{2m+1}=3.85185185\cdots$; 当 $n=10$ 时, $\beta_{2m+1}=3.853127005099828852309796053 18\cdots$. 读者不难验证, 当 $n=100$ 对应的 β_{2m+1} 值前 468 位是确定不变的. 以下列出 β_{2m+1} 值的前 468 位数的详细内容, 供有兴趣的读者参考: 3.85312700509982885230979605318489345471802973630080651914798081400812794723870443057140969486846827035901357942981743068433438871046505853101799132041975341229459947494376906781644356481949292421828346220036366240474619064939919442039034305510052448172713290464551678678018278978682719391830726417257924764846359720686882558684873480277184205497967873884334562596777906260883877229080398880617605941773357764310844738563671464841969952863926780519111081325442405456471$\cdots$

另一方面, 由于已知 $\beta_1 = \lim_{n\to\infty} 4\left(1+\sum_{m=1}^{n}(-1)^m\left(\frac{1}{1+2m}\right)^1\right) \to \pi$ 存在以及 $\beta_n = \lim_{n\to\infty} 4\left(1+\sum_{m=1}^{n}(-1)^m\left(\frac{1}{1+2m}\right)^n\right) \to 4$, 由此可知在 π 与 4 之间, 存在趋于无限多个与超越数 π 同类的无理数, 它们都各自对应某一几何实体的形体特征量.

4.12 分维度因子研究

在前面的研究中, 我们看到了超越数存在积性表达式以及和性表达式两种形式. 其中和性表达式可以是一个趋于无穷维度空间标架之下趋于无穷多个几何碎块形体特征量求和表达式 (通常称为无穷求和级数), 而积性表达式则可以是一个表达基大于 1、趋于无穷整维度的几何对象形体特征量 (以下简称为整维度因子) 与另一个表达基小于 1、趋于无穷分维度的几何对象形体特征量 (以下简称为分维度因子) 相乘构成.

在超越数积性表达式中由于分维度因子是反映非整维度几何对象特征的核心要素之一, 到目前为止我们对它知之甚少, 因此有必要进一步研究其性质.

分维度因子是普遍存在的吗? 如果是, 它们具有什么样的特点? 怎样构造更多的分维度因子? 所构造的分维度因子几何意义如何? 这些是本节将要讨论的问题.

由式 (3-28) 我们已知

$$y_{n+1}=\lim_{n\to\infty}\left(2\,(2x)^{n}\sqrt{x-h^{2n}_{\sqrt{x(x-1)}}}\right)=\pi_x \tag{4-56}$$

其中, $(2x)^n$ 称为几何特征量 π_x 的整维度因子, 而 $\sqrt{x-h^{2n}_{\sqrt{x(x-1)}}}$ 称为几何特征量 π_x 的分维度因子. 当 $n\to\infty$ 时, 其整维度因子趋于无穷大但小于无穷大, 其分维度因子趋于 0 但大于 0, 正是由于这两种因子的结合才使得 $y_{n+1}=\lim\limits_{n\to\infty}\left(2\,(2x)^{n}\sqrt{x-h^{2n}_{\sqrt{x(x-1)}}}\right)=\pi_x$ 成立.

那么如果存在与超越数 π 同类的数作为趋于无穷维度几何对象的形体特征量, 它们所对应的几何对象具有 $n-1$ 个整维度以及一个分维度, 它们也可以写成类似于式 (4-56) 的形式, 它们是否也是超越数呢? 以下我们就来进一步研究这个问题.

首先, 我们将式 (4-56) 中的整维度因子 $(2x)^n$ 改写为 $2x\left(\sqrt{2x}\right)^{n-1}$, 其中 $x=2$; 将其中的非整维度因子改写为 $\sqrt{x-h^{n}_{\sqrt{x(x-1)}}}$, 得到

$$\lim_{n\to\infty}\left(2x\left(\sqrt{2x}\right)^{n-1}\sqrt{x-h^{n}_{\sqrt{x(x-1)}}}\right)=\pi \tag{4-57}$$

为方便起见, 记该 π 亲缘数系列为 π_x^*. 于是, 当 $x=2$ 时有 $\pi_2^*=\pi$. 相似地, 存在

$$\pi_3^*=\lim_{n\to\infty}\left(2\times 3\left(\sqrt{2\times 3}\right)^{n-1}\sqrt{3-h^{n}_{\sqrt{3\times 2}}}\right)=4.493767376985\cdots$$

$$\pi_4^*=\lim_{n\to\infty}\left(2\times 4\left(\sqrt{2\times 4}\right)^{n-1}\sqrt{4-h^{n}_{\sqrt{4\times 3}}}\right)=5.884846177837\cdots$$

以下我们再给出 $x=5$ 至 $x=10$ 所对应的 π_5 至 π_{10} 的前 13 位数值, 供有兴趣的读者参考使用.

$$\pi_5=\lim_{n\to\infty}\left(2\times 5\left(\sqrt{2\times 5}\right)^{n-1}\sqrt{5-h^{n}_{\sqrt{20}}}\right)=7.286930143235\cdots$$

$$\pi_6 = \lim_{n\to\infty}\left(2\times 6\left(\sqrt{2\times 6}\right)^{n-1}\sqrt{6-h^{n-2}_{\sqrt{30}}}\right) = 8.693667522437\cdots$$

$$\pi_7 = \lim_{n\to\infty}\left(2\times 7\left(\sqrt{2\times 7}\right)^{n-1}\sqrt{7-h^{n-2}_{\sqrt{42}}}\right) = 10.10280905953\cdots$$

$$\pi_8 = \lim_{n\to\infty}\left(2\times 8\left(\sqrt{2\times 8}\right)^{n-1}\sqrt{8-h^{n-2}_{\sqrt{56}}}\right) = 11.51335481114\cdots$$

$$\pi_9 = \lim_{n\to\infty}\left(2\times 9\left(\sqrt{2\times 9}\right)^{n-1}\sqrt{9-h^{n-2}_{\sqrt{72}}}\right) = 12.92479214745\cdots$$

$$\pi_{10} = \lim_{n\to\infty}\left(2\times 10\left(\sqrt{2\times 10}\right)^{n-1}\sqrt{10-h^{n-2}_{\sqrt{90}}}\right) = 14.33683101449\cdots$$

式 (4-57) 揭示的是当 $x\geqslant 2$ 为整数且 $n\to\infty$ 时整维度因子、分维度因子以及一组 π 亲缘数的生成规则. 是否存在更为普遍的一般情形呢? 以下我们继续研究这个问题.

由式 (4-57) 知, 为了保证求极限运算的结果为实数且有意义, 对于 x 定义应该是 $x>1$. 于是我们得到

$$\lim_{n\to\infty}\left(2x\left(\sqrt{2x}\right)^{n-1}\sqrt{x-h^{n}_{\sqrt{x(x-1)}}}\right) = \pi_x^* \tag{4-58}$$

其中 $x>1$ 为实数.

以下是 x 取几个典型的有理数值时式 (4-58) 对应的 π_x^* 值:

$$\pi^*_{\frac{3}{2}} = \lim_{n\to\infty}\left(2\times\frac{3}{2}\left(\sqrt{2\times\frac{3}{2}}\right)^{n-1}\sqrt{\frac{3}{2}-h^{n}_{\sqrt{\frac{3}{2}\left(\frac{3}{2}-1\right)}}}\right) = 2.535104563891\cdots$$

$$\pi^*_{\frac{5}{2}} = \lim_{n\to\infty}\left(2\times\frac{5}{2}\left(\sqrt{2\times\frac{5}{2}}\right)^{n-1}\sqrt{\frac{5}{2}-h^{n}_{\sqrt{\frac{5}{2}\left(\frac{5}{2}-1\right)}}}\right) = 3.808466187599\cdots$$

以下是 x 取几个典型的无理数值时式 (4-58) 对应的 π_x^* 值:

$$\pi^*_{\sqrt{2}} = \lim_{n\to\infty}\left(2\sqrt{2}\left(\sqrt{2\times\sqrt{2}}\right)^{n-1}\sqrt{\sqrt{2}-h^{n}_{\sqrt{\sqrt{2}\left(\sqrt{2}-1\right)}}}\right) = 2.448952786487\cdots$$

$$\pi^*_{\sqrt{3}} = \lim_{n\to\infty}\left(2\sqrt{3}\left(\sqrt{2\times\sqrt{3}}\right)^{n-1}\sqrt{\sqrt{3}-h^{n}_{\sqrt{\sqrt{3}\left(\sqrt{3}-1\right)}}}\right) = 2.802530075410\cdots$$

$$\pi^*_{\sqrt{5}} = \lim_{n\to\infty}\left(2\times\sqrt{5}\left(\sqrt{2\times\sqrt{5}}\right)^{n-1}\sqrt{\sqrt{5}-h^{n}_{\sqrt{\sqrt{5}\left(\sqrt{5}-1\right)}}}\right) = 3.452903682155\cdots$$

$$\pi_{\phi} = \lim_{n\to\infty}\left(2\times\phi\left(\sqrt{2\times\phi}\right)^{n-1}\sqrt{\phi-h^{n}_{\sqrt{\phi(\phi-1)}}}\right) = 2.666563360359\cdots$$

$$\pi^*_{\mathrm{e}} = \lim_{n\to\infty}\left(2\times\mathrm{e}\left(\sqrt{2\times\mathrm{e}}\right)^{n-1}\sqrt{\mathrm{e}-h^{n}_{\sqrt{\mathrm{e}(\mathrm{e}-1)}}}\right) = 4.106238204874\cdots$$

$$\pi_\pi^* = \lim_{n\to\infty}\left(2\times\pi\left(\sqrt{2\times\pi}\right)^{n-1}\sqrt{\pi - h^n_{\sqrt{\pi(\pi-1)}}}\right) = 4.689532442764\cdots$$

对比第 3 章中所列的 π 亲缘数序列 π_x 值, 发现 x 取相同的几个典型值时, π_x^* 值却不相同. 仔细比较一下计算 π 亲缘数序列 π_x 值的表达式后发现, 当 $n\to\infty$ 时, 虽然对于两者的极大因子而言 $2(2x)^n > 2x\left(\sqrt{2x}\right)^{n-1}$, 但是起决定作用的是极小因子之间的差异, 即 $\sqrt{x - h^n_{\sqrt{x(x-1)}}} > \sqrt{x - h^{2n}_{\sqrt{x(x-1)}}}$, 使得

$$\left[2x\left(\sqrt{2x}\right)^{n-1}\sqrt{x - h^n_{\sqrt{x(x-1)}}}\right] > \left[2(2x)^n\sqrt{x - h^{2n}_{\sqrt{x(x-1)}}}\right]$$

这说明, 不仅趋于无穷大数之间存在顺序 (可以排序), 而且趋于无穷小数之间也存在顺序 (也可以排序). 那么, 趋于无穷大数与趋于无穷小数之间的顺序识别, 可以通过类似于上述同维不同宗 π 之亲缘数序列因子比对的方法实现.

4.13　分维度空间中分维度几何实体特征量研究

以上我们重点研究了在整维度空间标架中具有非整维度几何对象之分维度极小因子, 同时研究了分维度极小因子与整维度极大因子结合形成超越数, 以及分维度极小因子与整维度极大因子结合形成超越数亲缘数的情形.

本节重点讨论在分维度空间中的几何对象特征量及其性质.

首先, 我们来定义 “分维度空间”.

由第 1 章的研究我们知道, 以几何的观点看, 表达基未标定但维度已标定的几何对象就是所谓的 **“空间”**. 通常情况下, 人们缺省地认为空间具有整维度, 即空间标架的维度增量为整数且皆为 1.

如果某种空间标架的每个维度皆相同且皆为小于 1 的实数, 那么这种表达基未标定但维度已标定的几何对象就可以称为 **“分维度空间”**.

由于任何空间标架下的几何对象之维度只能小于或等于空间标架的维度, 所以分维度空间中的几何对象必然具有分维度.

借助于整维度空间中的整维度几何对象特性不难知道：如果分维度空间中几何对象的各层级表面维度与所在空间各层级维度一致, 那么此时的分维度几何对象就称为分维度正则几何对象.

这一性质非常奇妙, 它突破了空间必为整维度、正则几何对象必为整维度的概念, 由此我们可以进一步探讨分维度空间以及分维度空间中几何对象的几何性质.

首先, 我们来看几个例子.

$$(2(2(2(2(2\times 2^{\frac{1}{2}})^{\frac{1}{2}})^{\frac{1}{2}})^{\frac{1}{2}})^{\frac{1}{2}})^{\frac{1}{2}} = 1.978456\cdots$$

$$(3(3(3(3(3\times 3^{\frac{1}{2}})^{\frac{1}{2}})^{\frac{1}{2}})^{\frac{1}{2}})^{\frac{1}{2}})^{\frac{1}{2}}=2.948942\cdots$$

$$(3(3(3(3(3\times 3^{\frac{1}{\mathrm{e}}})^{\frac{1}{\mathrm{e}}})^{\frac{1}{\mathrm{e}}})^{\frac{1}{\mathrm{e}}})^{\frac{1}{\mathrm{e}}})^{\frac{1}{\mathrm{e}}}=1.892279\cdots \tag{4-59}$$

这些表达式所表达的就是所谓分维度空间中的分维度几何对象特征量. 为了简单起见, 后续讨论的分维度几何对象表达基设定为整数 (其实表达基可以是任意正实数).

以式 (4-59) 为例, 我们来理解分维度空间中正则几何对象的扩张过程.

为直观起见, 我们先将整维度空间正则几何对象的扩张过程描述如下:

$$(3\,(3\,(3\,(3\,(3\,(3\,(3\,(3\,(3\,(3\,(3\,(3\,(3\,(3\,(3\times 3^1)^1)^1)^1)^1)^1)^1)^1)^1)^1)^1)^1)^1)^1)^1=3^{15}$$

首先, 如果在 1 维空间存在一个特征量为 3 的 1 维几何对象, 接着它向 2 维空间扩张, 扩张高度为 3, 依次升维扩张下去, 直至获得 15 维空间中一个表达基为 3 的 15 维正则几何实体.

类似地, 对于

$$\left(3\left(3\left(3\left(3\left(3\left(3\left(3\left(3\left(3\left(3\left(3\left(3\left(3\left(3\left(3\times 3^{\frac{1}{\mathrm{e}}}\right)^{\frac{1}{\mathrm{e}}}\right)^{\frac{1}{\mathrm{e}}}\right)^{\frac{1}{\mathrm{e}}}\right)^{\frac{1}{\mathrm{e}}}\right)^{\frac{1}{\mathrm{e}}}\right)^{\frac{1}{\mathrm{e}}}\right)^{\frac{1}{\mathrm{e}}}\right)^{\frac{1}{\mathrm{e}}}\right)^{\frac{1}{\mathrm{e}}}\right)^{\frac{1}{\mathrm{e}}}\right)^{\frac{1}{\mathrm{e}}}\right)^{\frac{1}{\mathrm{e}}}\right)^{\frac{1}{\mathrm{e}}}\right)^{\frac{1}{\mathrm{e}}}=1.895279\cdots$$

而言, 首先将表达式的指数变化规律 (几何对象的维度变化规律) 描述如下:

$$\begin{aligned}&\frac{1}{\mathrm{e}}+\frac{1}{\mathrm{e}^2}+\frac{1}{\mathrm{e}^3}+\frac{1}{\mathrm{e}^4}+\frac{1}{\mathrm{e}^5}+\cdots+\frac{1}{\mathrm{e}^m}\\&=\sum_{m=1}^{n}\frac{1}{\mathrm{e}^m}\end{aligned}$$

其中, n 为正整数.

由于当 n 趋于无穷大时, 有

$$\lim_{n\to\infty}\sum_{m=1}^{n}\frac{1}{a^m}=\lim_{n\to\infty}\frac{a^n-1}{a^n(a-1)}=\frac{1}{a-1} \tag{4-60}$$

根据式 (4-60), 一般而言, 分维度空间中分维度几何对象的扩张过程如下:

在 $\dfrac{1}{a}$ 维空间存在一个表达基为 x 且形体特征量为 $x^{\frac{1}{a}}$ 的几何对象, 该几何对象向 $\dfrac{1}{a^2}$ 维度空间扩张, 扩张高度为 x, 形成形体特征量为 $x^{\frac{1}{a}+\frac{1}{a^2}}$ 的几何对象. 依次扩张下去, 当 $n\to\infty$ 时, 由于 $\lim\limits_{n\to\infty}\sum\limits_{m=1}^{n}\dfrac{1}{a^m}=\lim\limits_{n\to\infty}\dfrac{a^n-1}{a^n(a-1)}=\dfrac{1}{a-1}$, 最终稳定地扩张至 $\dfrac{1}{a-1}$ 维空间, 在 $\dfrac{1}{a-1}$ 维空间获得形体特征量为 $x^{\frac{1}{a-1}}$ 的无限分维度正则几何对象. 其中, $x>0$, $a>1$.

根据前述举例, 所以有 $\lim\limits_{n\to\infty}\left(\sum\limits_{m=1}^{n}\dfrac{1}{\mathrm{e}^m}\right)=\dfrac{1}{\mathrm{e}-1}$, 于是我们得到一种分维度空间中分维度几何对象的扩张过程如下：

在 $\dfrac{1}{\mathrm{e}}$ 维度空间存在一个表达基为 3 且形体特征量为$3^{\frac{1}{\mathrm{e}}}$ 的几何对象, 该几何对象向 $\dfrac{1}{\mathrm{e}^2}$ 维度空间扩张, 扩张高度为 3, 形成形体特征量为 $3^{\frac{1}{\mathrm{e}}+\frac{1}{\mathrm{e}^2}}$ 的几何对象. 依次扩张下去, 当 $n\to\infty$ 时, 最终在 $\dfrac{1}{\mathrm{e}-1}$ 维空间获得形体特征量为 $3^{\frac{1}{\mathrm{e}-1}}$ 的无限分维度正则几何对象.

在分维度空间, 不仅存在正则分维度几何对象, 同时也可以存在非正则几何对象. 比如

$$\left(3\left(3\left(3\left(3\left(3\times 3^{\frac{1}{2}}\right)^{\frac{1}{3}}\right)^{\frac{1}{3}}\right)^{\frac{1}{\mathrm{e}}}\right)^{\frac{1}{\mathrm{e}}}\right)^{\frac{1}{\pi}}=3^{\frac{1+\frac{1+\frac{3}{2\mathrm{e}}}{\mathrm{e}}}{\pi}}=1.732103\cdots$$

就是 $\dfrac{1}{2}$ 维度空间标架中的非正则分维度几何实体特征量表达式.

这个例子中的空间标架为什么称为“$\dfrac{1}{2}$ 维度空间标架”? 因为 $\dfrac{1}{2}>\dfrac{1}{\mathrm{e}}>\dfrac{1}{3}>\dfrac{1}{\pi}$, 空间标架的维度必须取最大的维度值, 这是基本的约定之一.

分维度空间中分维度几何对象特征量的定义给了我们一个很重要的启示：空间的类型不仅仅有整维度空间这一类, 而且存在分维度空间这个第二类. 在整维度空间可以存在整维度正则几何对象, 也可以存在非整维度非正则几何对象; 相似地, 在分维度空间中不仅可以存在分维度正则几何对象, 还可以存在分维度非正则几何对象.

特别地, 当 $a=2$ 时, 在 $\dfrac{1}{2}$ 维度空间存在一个表达基为 x 且形体特征量为 $x^{\frac{1}{2}}$ 的几何对象, 该几何对象向 $\dfrac{1}{2^2}$ 维度空间扩张, 扩张高度为 x, 形成形体特征量为 $x^{\frac{1}{2}+\frac{1}{2^2}}$ 的分维度正则几何对象. 依次扩张下去, 当 $n\to\infty$ 时, 最终在 $\dfrac{1}{2-1}=1$ 维空间获得形体特征量为 $x^{\frac{1}{2-1}}=x$ 的 1 维几何对象.

在整维度空间中, 1 维几何对象总是作为大于 1 维几何对象的表达基存在, 而在分维度空间中, 当 $a=2$ 时 1 维几何对象可以作为无限分维度空间标架下分维度几何对象的终极扩张结果而存在, 这个结果非常重要. 类似的例子还有

$$\lim_{n\to\infty}\left(\pi^{\sum\limits_{m=1}^{n}\frac{2}{3^m}}\right)=\pi$$

比较一下整维度空间与分维度空间的情形, 在整维度空间中, 空间标架的维度标尺刻度单位为 1, 当扩张次数趋于无穷大时等同于所形成的几何对象的维度趋于

无穷大, 表达基趋于 0 的几何对象扩张次数趋于无穷大时形体特征量可以通过对表达式求极限获得. 而在分维度空间中, 空间标架的维度标尺刻度单位 $\dfrac{1}{a}$ 小于 1, 当扩张次数趋于无穷大时所形成的几何对象维度趋于 $\dfrac{1}{a-1}$, 表达基为有限值 x 的几何对象的形体特征量为 $x^{\frac{1}{a-1}}$.

更特别地, 当 $a=\phi$ 时, 由于 $\dfrac{1}{\phi-1}=\phi$, 因此有 $\left|x^{\frac{1}{\phi-1}}\right|=|x^{\phi}|$. 这表明, 当分维度空间标架的标尺刻度单位为黄金分割数的倒数 $\dfrac{1}{\phi}$ 时, 形体特征量为 x^{ϕ} 的初始几何对象经趋于无穷多次分维度正则扩张后, 所形成的几何对象维度为 $\dfrac{1}{\phi-1}$, 其形体特征量为 $x^{\frac{1}{\phi-1}}$, 从数值上看 $\left|x^{\frac{1}{\phi-1}}\right|=|x^{\phi}|$, 但是从几何意义上看它们应该是两种几何对象. 这是一种偶然的巧合, 还是另有乾坤, 需要进一步探讨. 无论如何, 无限次分维度几何对象与初始一次分维度几何对象的形体特征量相同, 而扩张过程中的其余每一个分维度几何对象形体特征量皆不相同, 这本身就给予我们一个明确的启示: 形体特征量数值上的回归并不是由于存在几何对象扩张的反演过程所致.

4.14 分维度空间及分维度几何对象进一步认识

超越数 e 和 π 都可以采用既可以表达代数数又可以表达超越数的求和多项式表达. 当多项式的求和项数取有限值时, 其所表达的是代数数, 或者称为伪超越数; 当多项式的项数取趋于无限大值时, 其所表达的是超越数, 或者称为伪代数数.

根据式 (4-6), $\mathrm{e}=\lim\limits_{n\to\infty}\left(\dfrac{n+1}{n}\right)\sum\limits_{m=0}^{n-1}\dfrac{(n-1)!}{(n-m-1)!m!}\times\dfrac{1}{n^{m}}$, 而根据式 (4-9),

$$\pi=\lim_{n\to\infty}\sum_{q=0}^{n-1}B\left(n-1,q\right)\left(\frac{1+n}{n^{q+1}}\sum_{p=1}^{(n!)^2}\frac{\left(1+\dfrac{1}{n}\right)^{2n^2}}{2n^{2n+1}}\right).$$

显然, 超越数 e 与超越数 π 作为几何对象特征量表达式不仅有着惊人的相似性, 而且超越数 π 还包含着超越数因子 e, 即有

$$\pi=\lim_{n\to\infty}\mathrm{e}\times\sum_{p=1}^{(n!)^2}\frac{\left(1+\dfrac{1}{n}\right)^{2n^2}}{2n^{2n+1}}$$

以及

$$\lim_{n\to\infty}\sum_{p=1}^{(n!)^2}\frac{\left(1+\dfrac{1}{n}\right)^{2n^2}}{2n^{2n+1}}=\frac{\pi}{\mathrm{e}}$$

而 $\lim\limits_{n\to\infty}\sum\limits_{p=1}^{(n!)^2}\left(1+\dfrac{1}{n}\right)^{2n^2}=\infty$ 以及 $\lim\limits_{n\to\infty}\sum\limits_{p=1}^{(n!)^2}2n^{2n+1}=\infty$ 表明, 两个无穷大数相除的结果是对应于两个超越数相除, 意味着该两个无穷大数之中皆包含有趋于无穷大的公约数 (设为 G), 那么 $\lim\limits_{n\to\infty}\sum\limits_{p=1}^{(n!)^2}\dfrac{\left(1+\dfrac{1}{n}\right)^{2n^2}}{2n^{2n+1}}=\dfrac{\pi\times G}{\mathrm{e}\times G}=\dfrac{\pi}{\mathrm{e}}$.

我们将式 (4-6) 和式 (4-9) 分别改写为

$$\sum_{m=0}^{n-1}\frac{(n-1)!}{(n-m-1)!m!}\frac{n+1}{n^{m+1}}-\mathrm{e}_n=0 \tag{4-61}$$

$$\sum_{m=0}^{n-1}\frac{(n-1)!}{(n-m-1)!m!}\times\frac{1+n}{n^{m+1}}\times\sum_{p=1}^{(n!)^2}\frac{\left(1+\dfrac{1}{n}\right)^{2n^2}}{2n^{2n+1}}-\pi_n=0 \tag{4-62}$$

其中, e_n 与 π_n 分别对应当变量 n 取大于等于 1 但小于 ∞ 时所对应的伪超越数.

当 $n\to\infty$ 时, 我们得到

$$\lim_{n\to\infty}\left(\sum_{m=0}^{n-1}\frac{(n-1)!}{(n-m-1)!m!}\frac{n+1}{n^{m+1}}\right)-\mathrm{e}=0 \tag{4-63}$$

$$\lim_{n\to\infty}\left(\sum_{m=0}^{n-1}\frac{(n-1)!}{(n-m-1)!m!}\times\frac{1+n}{n^{m+1}}\times\sum_{p=1}^{(n!)^2}\frac{\left(1+\dfrac{1}{n}\right)^{2n^2}}{2n^{2n+1}}\right)-\pi=0 \tag{4-64}$$

以上是整维度空间中超越数的求和级数表达分析, 为了进一步了解分维度空间中对应几何对象特征量的性质, 我们以下来研究另一种数 —— 无限分维度数的性质.

由于 $\sum\limits_{m=1}^{n}\left(\dfrac{c}{b}\right)^m=-\dfrac{c\left(\left(\dfrac{c}{b}\right)^n-1\right)}{b-c}$, 所以有

$$\lim_{n\to\infty}\left(\sum_{m=1}^{n}\left(\frac{c}{b}\right)^m\right)=\lim_{n\to\infty}-\frac{c\left(\left(\dfrac{c}{b}\right)^n-1\right)}{b-c} \tag{4-65}$$

于是有

$$\left(a\left(a\left(a\left(a\times a^{\frac{c}{b}}\right)^{\frac{c}{b}}\right)^{\frac{c}{b}}\right)^{\frac{c}{b}}\right)^{\frac{c}{b}}\cdots=a^{\lim\limits_{n\to\infty}\frac{c-c\left(\frac{c}{b}\right)^{n}}{b-c}} \tag{4-66}$$

进一步地, 当 $c=1$ 且 $b>1$ 时又有

$$\left(a\left(a\left(a\left(a\times a^{\frac{1}{b}}\right)^{\frac{1}{b}}\right)^{\frac{1}{b}}\right)^{\frac{1}{b}}\right)^{\frac{1}{b}}\cdots=a^{\lim\limits_{n\to\infty}\frac{1-\left(\frac{1}{b}\right)^{n}}{b-1}}=a^{\frac{1}{b-1}} \tag{4-67}$$

很自然地, 我们不难得到

$$\left(2\left(2\left(2\left(2\times 2^{\frac{1}{2}}\right)^{\frac{1}{2}}\right)^{\frac{1}{2}}\right)^{\frac{1}{2}}\right)^{\frac{1}{2}}\cdots=2^{\frac{1}{2}+\frac{1}{2^2}+\frac{1}{2^{\mathrm{e}}}+\frac{1}{2^4}+\frac{1}{2^5}+\cdots}$$

由于 $\lim\limits_{n\to\infty}\left(\sum\limits_{m=1}^{n}\frac{1}{2^m}\right)=\frac{1}{2-1}=1$, 所以当 $n\to\infty$ 且存在 n 级 $\sqrt{2}$ 嵌套时, 有 $n-1$ 级嵌套表达式

$$\left(2\left(2\left(2\left(2\times 2^{\frac{1}{2}}\right)^{\frac{1}{2}}\right)^{\frac{1}{2}}\right)^{\frac{1}{2}}\right)^{\frac{1}{2}}\cdots=2^{\lim\limits_{n\to\infty}\left(\sum\limits_{m=1}^{n-1}\frac{1}{2^m}\right)}\to 2 \tag{4-68}$$

或者说, $2-2^{\lim\limits_{n\to\infty}\left(\sum\limits_{m=1}^{n-1}\frac{1}{2^m}\right)}\to 0$ 为一个无限趋于 0 的极小数.

我们可简单地套用式 (4-6) 以及式 (4-9) 所显示的结构, 构造一种几何对象特征量表达式, 来看一看能获得什么样的结果.

根据式 (4-6) $\lim\limits_{n\to\infty}\left(\frac{n+1}{n}\right)\sum\limits_{m=0}^{n-1}\frac{(n-1)!}{(n-m-1)!m!}\times\frac{1}{n^m}$, 有

$$\lim_{n\to\infty}\left(\left(\frac{n+1}{n}\right)\sum_{m=0}^{n-1}\frac{(n-1)!}{(n-m-1)!m!}\left(2-2^{\sum\limits_{m=1}^{n-1}\frac{1}{2^m}}\right)\right)=\log_{\mathrm{e}}4 \tag{4-69}$$

由于 $4=2^2$, 所以式 (4-69) 可改写为

$$\lim_{n\to\infty}\left(\left(\frac{n+1}{n}\right)\sum_{m=0}^{n-1}\frac{(n-1)!}{(n-m-1)!m!}\left(2-2^{\sum\limits_{m=1}^{n-1}\frac{1}{2^m}}\right)\right)=\log_{\mathrm{e}}2^2 \tag{4-70}$$

套用式 (4-70), 有

$$\lim_{n\to\infty}\left(\left(\frac{n+1}{n}\right)\sum_{m=0}^{n-1}\frac{(n-1)!}{(n-m-1)!m!}\left(\mathrm{e}-\mathrm{e}^{\sum\limits_{m=1}^{n-1}\frac{1}{2^m}}\right)\right)=\log_{\mathrm{e}}\mathrm{e}^{\mathrm{e}}=\mathrm{e} \tag{4-71}$$

由式 (4-69) 至式 (4-71) 不难看出, 对上述两个求和级数求极限的结果得到的都是 $\log_{\mathrm{e}} x^x$ 型结果, 即

$$\lim_{n\to\infty}\left(\left(\frac{n+1}{n}\right)\sum_{m=0}^{n-1}\frac{(n-1)!}{(n-m-1)!m!}\left(x-x^{\sum\limits_{m=1}^{n-1}\frac{1}{2^m}}\right)\right)=\log_{\mathrm{e}} x^x \tag{4-72}$$

由此我们获得了以 x 为表达基的 1 维几何对象形体特征量与无限 2 分维度空间中以 x 为表达基的无限分维度几何对象特征量之差表达式.

根据式 (4-9), $\pi=\lim\limits_{n\to\infty}\sum\limits_{q=0}^{n-1}B(n-1,q)\left(\dfrac{1+n}{n^{q+1}}\sum\limits_{p=1}^{(n!)^2}\dfrac{\left(1+\dfrac{1}{n}\right)^{2n^2}}{2n^{2n+1}}\right)$, 当 $x=\pi$ 时套用式 (4-70), 有

$$\lim_{n\to\infty}\left(\sum_{m=0}^{n-1}\frac{(n-1)!}{(n-m-1)!m!}\left(\pi-\pi^{\sum\limits_{m=1}^{n-1}\frac{1}{2^m}}\right)\right)=\pi\times\log_{\mathrm{e}}\pi \tag{4-73}$$

由于 $\log_a b^c=c\times\log_a b$, 所以对式 (4-73) 求和级数求极限的结果得到的也是 $\log_{\mathrm{e}} x^x$ 型结果, 即 $\lim\limits_{n\to\infty}\left(\sum\limits_{m=0}^{n-1}\dfrac{(n-1)!}{(n-m-1)!m!}\left(\pi-\pi^{\sum\limits_{m=1}^{n-1}\frac{1}{2^m}}\right)\right)=\log_{\mathrm{e}}\pi^{\pi}$.

当令 $x=\sqrt[\mathrm{e}]{\pi}$ 以及 $x=\sqrt[\pi]{\mathrm{e}}$ 时套用式 (4-70), 有

$$\lim_{n\to\infty}\left(\sum_{m=0}^{n-1}\frac{(n-1)!}{(n-m-1)!m!}\left(\sqrt[\mathrm{e}]{\pi}-\sqrt[\mathrm{e}]{\pi}^{\sum\limits_{m=1}^{n-1}\frac{1}{2^m}}\right)\right)=\frac{\pi^{\frac{1}{\mathrm{e}}}\log_{\mathrm{e}}\pi}{\mathrm{e}} \tag{4-74}$$

$$\lim_{n\to\infty}\left(\sum_{m=0}^{n-1}\frac{(n-1)!}{(n-m-1)!m!}\left(\sqrt[\pi]{\mathrm{e}}-\sqrt[\pi]{\mathrm{e}}^{\sum\limits_{m=1}^{n-1}\frac{1}{2^m}}\right)\right)=\frac{\mathrm{e}^{\frac{1}{\pi}}}{\pi} \tag{4-75}$$

在以上几种情形下, 当 $n\to\infty$ 时 $x^{\sum\limits_{m=1}^{n-1}\frac{1}{2^m}}$ 是一个表达基为 x 的无限 2 分维几何对象形体特征量, 这个几何对象的形体特征量小于 x 但无限趋近于 x, 使得 $x-x^{\sum\limits_{m=1}^{n-1}\frac{1}{2^m}}$ 是一个无限趋于 0 但大于 0 的量, 而当 $n\to\infty$ 时 $\sum\limits_{m=0}^{n-1}\dfrac{(n-1)!}{(n-m-1)!m!}$ 是一个趋于无穷大的量, 其与无限趋于 0 但大于 0 的量 $x-x^{\sum\limits_{m=1}^{n-1}\frac{1}{2^m}}$ 相乘获得一种值为 $x\log_{\mathrm{e}} x$ 的实数, 对比式 (4-7) 和式 (4-10) 的形式, 这种实数具有超越数的基本形式, 当 $x=\mathrm{e}$ 时它是一种以无限 2 分维度为背景的超越数. 当 x 为其他实数时它是否是一种以无限 2 分维度为背景的超越数, 还需证明.

现在来研究一种稍微复杂一点的情形. 当令 $x=\dfrac{\sqrt{5}+1}{2}$ 时套用式 (4-70), 有

$$\lim_{n\to\infty}\left(\sum_{m=0}^{n-1}\frac{(n-1)!}{(n-m-1)!m!}\left(x-x^{\sum\limits_{m=1}^{n-1}\frac{1}{2^m}}\right)\right)=-\frac{1+\sqrt{5}}{2}\log_e\frac{2}{1+\sqrt{5}} \tag{4-76}$$

令 $x=x_1x_2=\dfrac{1}{2}\left(\sqrt{5}+1\right)$, 则式 (4-76) 中看似复杂的结果其实是由两个表达式求极限的结果复合而成:

$$\lim_{n\to\infty}\left(\sum_{m=0}^{n-1}\frac{(n-1)!}{(n-m-1)!m!}\left(x_1-x_1^{\sum\limits_{m=1}^{n-1}\frac{1}{2^m}}\right)\right)=-\frac{\log_e 2}{2}$$

$$\lim_{n\to\infty}\left(\sum_{m=0}^{n-1}\frac{(n-1)!}{(n-m-1)!m!}\left(x_2-x_2^{\sum\limits_{m=1}^{n-1}\frac{1}{2^m}}\right)\right)=\left(1+\sqrt{5}\right)\log_e\left(1+\sqrt{5}\right)$$

由于 $-\log_e\left(1+\sqrt{5}\right)=\log_e\left(\dfrac{1}{1+\sqrt{5}}\right)$, 所以当表达基 x 为若干个因子相乘复合而成时, 一个极大因子 $\sum\limits_{m=0}^{n-1}\dfrac{(n-1)!}{(n-m-1)!m!}$ 与一个极小因子 $x-x^{\sum\limits_{m=1}^{n-1}\frac{1}{2^m}}$ 之积求极限可以用一个通用的表达式表达, 即 $\lim\limits_{n\to\infty}\left(\sum\limits_{m=0}^{n-1}B\left(n-1,m\right)\left(x-x^{\sum\limits_{m=1}^{n-1}\frac{1}{2^m}}\right)\right)=x\log_e x$.

当表达基 x 为大于 1 的实数时, $x\log_e x$ 构成一个序列, 至于该序列中的每个数是否都是超越数, 还需要深入研究. 不过可以肯定的是, 当 $x=\mathrm{e}$ 时, $x\log_e x=\mathrm{e}$ 为超越数, 其中 $\log_e x=1$(当且仅当 $x=\mathrm{e}$ 时), 而当表达基 x 为大于 1 且不等于 e 的实数时, $\log_e x$ 必为位数趋于无穷多的无理数.

4.15 几种分维度概念之间的联系与区别

到目前为止我们所研究的 "维度" 概念在分形理论中被称为 "经验维度" 或者几何对象的自由度.

经验维度的一个特点是: 同一个实数 z 作为一个纯量, 可以表示不同维度几何对象的形体特征量. 如果实数 z 不是出现在形体特征量的纯量表达式 $z=|x^n|$ 中, 一般认为它对应一维几何对象的形体特征量. 但是当 x 和 n 分别取不同值时, 同一个纯量 z 的确可以对应不同的 x 和与之适配的 n. 这种纯量对于表达基与维度的一对多映射性质虽然在几何对象的特征量表达式中不会引出歧义, 但是如果不从

几何对象形体特征量的概念出发来理解纯量 z 的含义, 则有可能造成几何概念上的歧义.

经验维度的另一个特点是: 用一条 Peano 曲线可以把一个 2 维平面完全覆盖, 并且这一原则还可以推广至 3 维及以上. 从微观角度看, Peano 曲线处处不可微, 从自由度角度考虑, 也可以把 n 维几何对象看成是 1 维的. 虽然从几何对象的形体特征量上看, 不可能出现这类问题, 但是这种现象还是引起了人们的注意.

为了避免经验维度概念在不以几何对象特征量表达式出现的场合引出歧义, 人们定义了相似维度以及 Hausdorff 维度. 以下分别简单介绍并指出它们与经验维度概念中分维度概念的联系与差异.

相似维度　在分形理论中, 相似维度的概念提出是为了描述某些分维度几何对象的几何特性. 获得分维度几何对象的方式有两种. 第一种是以维度为 D_E 的欧氏几何对象为基础, 不断地以相似的同维度几何对象对原几何对象进行 “镂空”, 最后获得相似维度为 D_s 的分维度几何对象, $D_s < D_E$, 典型的例子是康托尔集以及 Sierpinski 集. 第二种是以维度为 D_E 的欧氏几何对象为基础, 不断地以相似的同维度几何对象对原几何对象进行 “附加”, 最后获得相似维度为 D_s 的分维度几何对象, $D_s > D_E$, 典型的例子是 Koch 曲线. 一般情形下, D_s 不为整数, 某些情形下 D_s 可以为整数 (比如 Peano 曲线). 上述概念不是本书讨论的重点, 有兴趣的读者可参阅有关文献.

以下我们讨论获得相似维度的第三种方法, 不妨称之为 “切割法”, 以区别于上述 “镂空法” 和 “附加法”.

把表达基为 x 的正则几何对象 A 切割成表达基为 $\dfrac{x}{a}$的 b 个与 A 相似的正则几何对象, 则 $b = a^{D_s}$ 定义了由表达基为 $\dfrac{x}{a}$ 时几何对象表达的相似维度 D_s, $D_s = \dfrac{\log_e b}{\log_e a}$. 当 A 为正则欧氏几何对象且 $a \geqslant 2$ 为整数时, 必然存在某一整数 b 使得 $D_s = \dfrac{\log_e b}{\log_e a}$ 为整数. 例如一个表达基为 x 的几何对象 A, 若其能被切割成 8 个表达基为 $\dfrac{x}{2}$ 的几何对象时, 则其相似维度为 $D_s = \dfrac{\log_e 8}{\log_e 2} = 3$, 说明几何对象 A 及其相似几何对象的维度为 3. 但是, 当某几何对象 B 能被切割成 10 个表达基为 $\dfrac{x}{2}$ 的几何对象时, 则所表达的相似维度为 $D_s = \dfrac{\log_e 10}{\log_e 2} \approx 3.32193$. 说明以欧氏几何空间标架观点看, 几何对象 B 及其相似几何对象的维度为 3.32193(其所在欧氏空间标度为 4), 几何对象 B 及其相似几何对象属于分维度几何对象, 或者称它们为 4 维非正则几何对象. 另一方面, 如果几何对象 B 能被切割成 7 个表达基为 $\dfrac{x}{2}$ 的几何对象时, 则所表达的相似维度为 $D_s=\dfrac{\log_{\rm e}7}{\log_{\rm e}2}\approx 2.80735$. 说明以欧氏几何空间标架观点看, 几何对象 B 及其相似几何对象的维度为 2.80735(其所在欧氏空间标度为 3), 几何对象 B 及其相似几何对象属于分维度几何对象, 或者称它们为 3 维非正则几何对象.

Hausdorff 维度 如果将某一几何对象的表达基线性放大 n 倍后, 其形体特征量为原几何对象的 c 倍, 那么其维度 $D=\dfrac{\log_{\rm e}c}{\log_{\rm e}n}$. 实际上, 这种获得维度的过程是前述通过 “切割法” 获得相似维度的逆过程 (称之为 “扩张法”), 两者表达的是同一个几何事实.

分形理论指出, 局部与整体自相似的几何实体称为分形体. 获得分形体 Hausdorff 维度的几何过程有两种. 一是逐步划分法, 二是重复连接法. 逐步划分法获得 Hausdorff 维度的过程为: 把一个表达基为 x 的 n 维正则几何实体划分为 b 个表达基为 $\dfrac{x}{a}$ 的几何实体, 并且 b 个几何实体之间只能以顶点相接, 这样的划分可进行 k 次, 当 $k\geqslant 1$ 时, $D_H=\dfrac{\log_{\rm e}b^k}{\log_{\rm e}\left(\dfrac{1}{a}\right)^{-k}}$. 重复连接法获得 Hausdorff 维度的过程为: 以一个表达基为 x 的 n 维正则几何实体为基础, 在其每个顶点 (共 $b-1$ 个) 上各连接 1 个与其相同的正则几何对象, 获得以顶点连接的 b 个表达基为 x 的几何实体构成的新几何实体, 新几何实体的外廓线长度是原几何实体外廓线长度的 a 倍, 这样的连接可进行 k 次, 当 $k\geqslant 1$ 时, $D_H=\dfrac{\log_{\rm e}b^k}{\log_{\rm e}a^k}$.

有兴趣的读者可参阅有关文献.

虽然相似维度与 Hausdorff 维度皆有助于利用非整维度概念解析计算出几何实体所在空间标架的维度, 它们也都有一个共同的缺陷: 所表达的几何对象维度只能具有自然对数的分数形式, 对于分维几何对象的维度为 π、e 以及 $\sqrt{2}$、$\sqrt[5]{2}$ 等情形难以表达.

而本书中则是从几何对象递归升维扩张以及递归降维收缩的角度研究几何对象的分维度概念, 不仅显得更加自然, 而且还可以对分维度几何对象的形体特征量进行直接描述. 比如, 对于 $(2(2(2(2\times 2^{\frac{1}{\rm e}})^{\frac{1}{\rm e}})^{\frac{1}{\rm e}})^{\frac{1}{\rm e}})^{\frac{1}{\rm e}}\cdots=2^{\frac{1}{\rm e}+\frac{1}{{\rm e}^2}+\frac{1}{{\rm e}^{\rm e}}+\frac{1}{{\rm e}^4}+\frac{1}{{\rm e}^5}+\cdots}$ 而言, 由于

$$\lim_{n\to\infty}\left(\sum_{m=1}^{n}\frac{1}{{\rm e}^m}\right)=\frac{1}{{\rm e}-1}\tag{4-77}$$

所以有

$$(2(2(2(2\times 2^{\frac{1}{\rm e}})^{\frac{1}{\rm e}})^{\frac{1}{\rm e}})^{\frac{1}{\rm e}})^{\frac{1}{\rm e}}\cdots=2^{\frac{1}{{\rm e}-1}}\tag{4-78}$$

在这个例子中, 以 2 为表达基的几何对象, 在分维度为 $\frac{1}{e}$ 的递归扩张空间中, 经过无穷次递归扩张之后, 所形成的无穷分维度空间中的分维度几何对象形体特征量为 $2^{\frac{1}{e-1}}$.

另一种情形是整维度空间中的分维度几何对象特征量, 比如 $2^{\lim\limits_{n\to\infty}\left(\frac{n+1}{n}\right)^n}=2^{e}$.

这两种情形都表现了分维度概念, 但它们都不同于相似维度以及 Hausdorff 维度所代表的 "分维度" 概念. 相似维度以及 Hausdorff 维度适合于在一个预设的空间标架下通过自相似规则形成分形几何实体, 并通过几何实体的自相似参数计算出小于预设空间标架的分维度几何实体之维度值.

4.16　超越数 π 与黄金分割率 $\frac{1}{\phi}$ 及黄金分割数 φ 之间的联系

超越数 π 与黄金分割率 $\frac{1}{\phi}$ 以及黄金分割数 φ 之间存在联系 (三者可用同一形式的表达式表达), 这是笔者在研究它们之间的关系前始料未及的. 首先, 我们来解析一下黄金分割数 $\frac{1}{\phi}$ 的另一种形式.

在 3.1 节中我们曾经研究过式 (3-3), 即 $y_{n+1}=2\left(2^n\sqrt{2-h^n_{\sqrt{2}}}\right)$. 如果将式 (3-3) 改写为

$$y_{n+1}=1\left(1^n\sqrt{2-h^n_{\sqrt{1}}}\right) \tag{4-79}$$

则当 $n\to\infty$ 时, $y_{n+1}=1\left(1^n\sqrt{2-h^n_{\sqrt{1}}}\right)\to\frac{1}{\phi}\approx 0.6180339887$.

虽然我们能够通过 $y=\frac{\sqrt{5}-1}{2}$ 或者 $y=\frac{2}{\sqrt{5}+1}$ 同样求出上述结果, 但是将它与获得超越数 π 的表达式联系起来的式 (4-79) 对照一下, 就可以获得更多的信息.

由于 $\frac{1}{\phi}$ 也是一个与 π 具有相似表达式的几何对象特征量, 根据式 (4-79) 知它代表一个 n 维非正则几何对象的尺度几何特征量, 它对应着以 $x=1$ 为 "边长" 的 n 维正则欧氏几何对象, 向 n+1 维空间扩展 $\sqrt{2-h^n_{\sqrt{1}}}$ 高度后所形成的几何实体特征量.

我们将式 (4-79) 改写为

$$y_{n+1}=1^{n+1}\sqrt{1+h^n_{\sqrt{1}}} \tag{4-80}$$

当 $n\to\infty$ 时, $y_{n+1}=1^{n+1}\sqrt{1+h^n_{\sqrt{1}}}\to\phi\approx 1.6180339887$.

根据式 (4-80) 知 ϕ 也代表一个 n 维非正则几何对象的尺度几何特征量, 它对应着以 $x=1$ 为 "边长" 的 n 维正则欧氏几何对象, 向 $n+1$ 维空间扩展 $\sqrt{1+h^n_{\sqrt{1}}}$ 高度后所形成的几何实体特征量, 因此 ϕ 也是一个与 π 的表达式有关联的几何对象特征量.

进一步地, 我们将式 (4-80) 改写为

$$y_{n+1}=1^{n+1}\sqrt{1-h^n_{\sqrt{1}}} \tag{4-81}$$

当 $n\to\infty$ 时得到一个虚数 $y_{n+1}\to 0.78615\mathrm{i}$.

这种虚数的出现意义非同寻常. 它表明, 几何对象的几何特征量 (广义体积) 不仅可以是实数, 也可以是虚数.

几何对象的几何特征量 (广义体积) 为实数的几何意义不难理解, 但对于几何特征量 (广义体积) 为虚数这一结果还需要做出相应的几何解释, 与之相关的内容将在第 6 章和第 7 章讨论.

不幸而又值得庆幸的是, 潘多拉的魔盒一旦打开, 一切皆有可能发生.

4.17 欧拉–伽马数研究

我们知道, $\lim\limits_{n\to\infty}\left(\sum\limits_{k=1}^{n}\dfrac{1}{k}-\log_{\mathrm{e}}n\right)=\gamma$. 我们可以这样理解欧拉–伽马数的几何意义: $\sum\limits_{k=1}^{n}\dfrac{1}{k}$ 对应 n 条线段长度求和, 第一条线段长度 (形体特征量) 为 1, 第 n 条线段长度趋于 0; 而 $\log_{\mathrm{e}}n$ 对应于当 n 作为 (以 e 为表达基的) 正则几何对象形体特征量时该几何对象的维度.

一个由 n 个同维度几何对象拼接而成的几何实体形体特征量, 减去一个形体特征量为 n、表达基为 e 的几何实体的维度, 得到一个常数. 这就是欧拉–伽马数告诉我们的一个事实. 将这个事实进行推广, 我们是否可以获得其他类似的常数呢? 以下我们就来进行这种尝试, 看看能获得哪些结果.

首先我们先研究 $\sum\limits_{k=1}^{n}\dfrac{1}{k+1}$ 对应 n 条线段长度求和, 第一条线段长度 (形体特征量) 为 $\dfrac{1}{2}$, 第 n 条线段长度趋于 0 的情形. 不难得到

$$\lim_{n\to\infty}\left(\sum_{k=1}^{n}\frac{1}{k+1}-\log_{\mathrm{e}}n\right)=\gamma-1 \tag{4-82}$$

进一步地, 我们可将式 (4-82) 改写为

$$\lim_{n\to\infty}\left(\sum_{k=1}^{n}\frac{1}{k+a}-\log_{\mathrm{e}} n\right)=\gamma+m_a \tag{4-83}$$

其中,

$$m_1=-1,m_2=-\frac{3}{2},m_3=-\frac{11}{6},m_4=-\frac{25}{12},m_5=-\frac{137}{60},m_6=-\frac{49}{20},\cdots.$$

将序列 m_a 进行归纳, 其分母为 $a!$, 其分子为 $c=a\times c_{a-1}-(a-1)!$, 其中, $a\geqslant 1$ 为自然数, $c_0=0$, 不难得到 $m_a=\dfrac{a\times c_{a-1}-(a-1)!}{a!}$. 于是, 又可得到

$$\lim_{n\to\infty}\left(\sum_{k=1}^{n}\frac{1}{k+a}-\log_{\mathrm{e}} n\right)=\gamma+\frac{a\times c_{a-1}-(a-1)!}{a!} \tag{4-84}$$

根据第 3 章的研究知道, 两个阶乘之比的表达式与超越数 π 相关.

比如, 当 $a=2$ 时, 不难得到 m_2 的阶乘表达式 $m_2!=\left(\dfrac{a\times c_{a-1}-(a-1)!}{a!}\right)!=-2\sqrt{\pi}$, 据此又可获得另一个表达式: $\left(\dfrac{m_2!}{2}\right)^2=\left(\dfrac{\left(\dfrac{a\times c_{a-1}-(a-1)!}{a!}\right)!}{2}\right)^2=\pi$.

另外, 需要特别指出的是, 对于 $\lim\limits_{n\to\infty}\left(\sum\limits_{k=1}^{n}\dfrac{1}{k}-\log_{\mathrm{e}} n\right)=\gamma$ 我们可以理解为两个趋于无穷大数之差, 那么 $\lim\limits_{n\to\infty}\left(\sum\limits_{k=1}^{n}\dfrac{1}{k}+\log_{\mathrm{e}} n\right)=\infty$ 也可以理解为两个趋于无穷大数之和仍为无穷大, 而对于 $\lim\limits_{n\to\infty}\left(\sum\limits_{k=1}^{n}\dfrac{1}{k+a}-\log_{\mathrm{e}} n\right)=\gamma+\dfrac{a\times c_{a-1}-(a-1)!}{a!}$ 可理解为当 $a\geqslant 1$ 时, $\lim\limits_{n\to\infty}\left(\sum\limits_{k=1}^{n}\dfrac{1}{k+a}-\log_{\mathrm{e}} n\right)<\lim\limits_{n\to\infty}\left(\sum\limits_{k=1}^{n}\dfrac{1}{k}-\log_{\mathrm{e}} n\right)$. 同样地 $\lim\limits_{n\to\infty}\left(\sum\limits_{k=1}^{n}\dfrac{1}{k}\times\log_{\mathrm{e}} n\right)=\infty$ 自然可以理解为两个趋于无穷大数之积仍为无穷大, 而 $\lim\limits_{n\to\infty}\left(\dfrac{\sum\limits_{k=1}^{n}\dfrac{1}{k}}{\log_{\mathrm{e}} n}\right)=1$ 则表明, 两个趋于无穷大的数相比, 没有差别.

由此得到一个十分重要的结论：欧拉 γ 数表达式 $\lim\limits_{n\to\infty}\left(\sum\limits_{k=1}^{n}\frac{1}{k}-\log_{\mathrm{e}} n\right)=\gamma$ 虽然可以理解为两个趋于无穷大数之差, 但其本质上的几何意义是一种特定 1 维几何对象的形体特征量与一个表达基为 e、形体特征量为 n(趋于无穷大) 的几何对象的维度之差. 或者说, 一个以 e 为表达基、形体特征量趋于无穷大的几何对象之维度必然小于形体特征量用 $\lim\limits_{n\to\infty}\left(\sum\limits_{k=1}^{n}\frac{1}{k}\right)$ 表达的 1 维几何对象之形体特征量.

第 5 章　球性空间与球性几何对象

5.1　变表达基与“芝诺悖论”

在第 3 章和第 4 章我们已经获得了两个典型超越数的求极限表达式 $\mathrm{e} = \lim\limits_{n\to\infty}\left(1+\dfrac{1}{n}\right)^n$ 以及 $\pi = \lim\limits_{n\to\infty}\left(2^{n+1}\sqrt{2-h^n_{\sqrt{2}}}\right)$.

显然, 在欧氏空间中, e 是一个具有无穷大维度正则几何对象的形体特征量, 其表达基是自然数 1 与一个趋于无穷小的有理数之和, 即 $x = 1+\dfrac{1}{n}, n\to\infty$. $x = 1+\dfrac{1}{n}$ 表明, 一旦表达维度 n 确定, 则几何对象的表达基就确定, 即在 n 维空间标架下的每个维度上的扩张高度皆为 $1+\dfrac{1}{n}$, 我们称之为定表达基几何对象形体特征量.

在欧氏空间中, π 则是一个具有无穷大维度非正则几何对象的形体特征量, 其表达基是自然数 2, 前 $n-1$ 维空间标架下的扩张过程全部为整维度扩张, 扩张高度皆为 2; 但是几何对象在 n 维空间标架的最后一个维度上的扩张并非整维度扩张, 而是一种高度趋于 0 但大于 0 的扩张, 我们称 π 为变表达基扩张几何对象形体特征量. 在全部 n 次扩张过程中, 如果至少存在一次扩张高度与其他各次扩张高度不同, 我们称之为变表达基几何对象形体特征量.

本节内容我们以著名的芝诺悖论为例, 进一步研究变表达基的一般概念, 以便引出球性空间几何对象的相关性质.

设 $x \geqslant 1$ 为自然数, 以 $y = x^x$ 表示表达基为 x、维度也为 x 的正则几何对象特征量, 当表达基 x 取某个确定值 x_m 时, 其维度 x_m 也被同时确定, $y_m = x_m^{x_m}$, 称 y_m 为 x_m 维正则几何对象.

作为对照, $y_! = x_m!$ 也是一种具有 x_m 维度的几何对象特征量, 但是它所对应的几何对象具有变化的表达基. 在 x_m 维空间标架下的每一次扩张皆为整维度扩张, 但每个维度扩张的表达基皆不相同. 换言之, 在每个维度的基础几何对象向高一维度空间扩张的过程中, 它所对应的扩张高度 (表达基) 都发生变化.

于是 y_m 与 $y_!$ 之间, 或者说 x^x 与 $x!$ 之间存在某种潜在的联系与区别. 为了研究这种联系与区别, 我们首先必须拆解 x^x 以及 $x!$ 并进行细节分析.

由于 $y = x^x = \underbrace{x\times x\times\cdots\times x}_{\text{共 } x \text{ 个 } x \text{ 相乘}}$ 而 $y_! = x! = \underbrace{1\times 2\times 3\times\cdots\times(x-1)\times x}_{\text{共 } x \text{ 个递减因子相乘}}$, 显然可以知道, 特征量 y 所对应的几何对象表达基为不变的值 x, 因此其各个维度上的

全部表达基之算术平均值等于几何平均值 (等于 x); 而特征量 $y_!$ 所对应的几何对象各个维度上的表达基是等差递增变化的, 其算术平均值为 $\dfrac{x+1}{2}$, 其几何平均值为 $\sqrt[x]{x!}$. 由于当 $x>0$ 时 $\sqrt[x]{x!}\leqslant\dfrac{x+1}{2}$, 这意味着 $x!\leqslant\left(\dfrac{x+1}{2}\right)^x$. 换言之, 令 $y_!$ 对应某一正则几何对象特征量, 它所对应的几何对象表达基为 $\sqrt[x]{x!}=\bar{x}$, 显然, 仅当 $x=1$ 时 $\bar{x}=x$; 当 $x>1$ 时 $\bar{x}<x$. 不言而喻, 最终的结果是当 $x>1$ 时, $y>y_!$.

这个结果使得我们联想起著名的“芝诺悖论”.

乌龟 A 的起跑点超前于径赛运动员 B 的起跑点, 两个起跑点之间的距离为 c, A 与 B 同时起跑. 设 B 跑完 c 距离需要时间 α, 期间 A 可向前爬行的距离为 a. 设两者皆匀速向前运动, 当 B 跑完 $\dfrac{1}{2}c$ 距离时, A 向前爬行了 $\dfrac{1}{2}a$ 距离, 当 B 继续向前跑 $\dfrac{1}{4}c$ 距离时, A 又向前爬行了 $\dfrac{1}{4}a$ 距离, 当 B 继续向前跑 $\dfrac{1}{8}c$ 距离时, A 又向前爬行了 $\dfrac{1}{8}a$ 距离, $\cdots$. 由于 B 所剩余的追赶距离可以无限细分, 所以 B 需要经过无限次追赶才能到达 A 的起跑点, 但此时 A 又已经到达超前其起跑点距离为 a 的地点; B 要想到达这个新的地点, 仍然需要经过无限次追赶, 而届时 A 又向前爬行到超前其起跑点距离为 $2a$ 的地点, 这样看来, B 永远追不上 A.

形式化表达上述过程:

在 α 时间内, 经过无限次追赶, B 跑完了距离 c, 即

$$\lim_{n\to\infty}\left(\sum_{m=1}^{n}\frac{c}{2^m}\right)=c \tag{5-1}$$

在 α 时间内, 经过无限次爬行, A 爬过了距离 a, 即

$$\lim_{n\to\infty}\left(\sum_{m=1}^{n}\frac{a}{2^m}\right)=a \tag{5-2}$$

表面上看, 由于 $a+c>a$, 所以经过无限次追赶后两者之间的差距为 $a>0$. 实际上, 如果比赛真实地进行, B 追上 A 无疑, 出现了悖论.

实际上, 之所以出现悖论, 是因为描述整个追赶进程的两个尺度 (两个表达基) 一直在变小, 并且是等比例地变小, 导致虽然每一轮 B 所需要追赶的距离有限, 但是所涉及的追赶次数却是无限. 如果将两个式中的表达基合并为同一个表达基并且取固定数值, 那么在有限时间内 B 必然可以追上 A.

例如设 $a=c$(在 B 的追赶过程中 A 爬行的距离与其起点超前 B 的起点距离相等), 且 B 的追赶速度 b 倍于 A 的爬行速度 (在 α 时间内, B 的追赶距离 b 倍于 A 的爬行距离), 那么只需要 b=2, α 时间内 B 就能追上 A.

形式化地表达为

$$\lim_{n\to\infty}\left(c+\sum_{m=1}^{n}\frac{c}{2^m}\right)=2c$$

$$\lim_{n\to\infty}\left(\sum_{m=1}^{n}\frac{c\times b}{2^m}\right)=c\times b$$

当 $b=2$ 时, 有

$$\lim_{n\to\infty}\left(\sum_{m=1}^{n}\frac{c\times b}{2^m}\right)=c\times b=2c=\lim_{n\to\infty}\left(c+\sum_{m=1}^{n}\frac{c}{2^m}\right) \tag{5-3}$$

这个悖论给了我们一个启示: 处理变表达基问题容易出现悖论, 即使是研究表达基等比变化或者等差变化这样简单的情形, 也需要十分谨慎.

如果说幂运算的表达基是不变的话, 那么阶乘运算的表达基则是等差变化的. 最简单的情形是自然数的阶乘. 但是由于自然数的阶乘表达式十分简单, 且如果令自然数的每一个值对应 n 维空间标架下的每个维度上的扩张高度, 那么当 n 趋于无穷大时, 这种变表达基几何对象的形体特征量 $n!$ 必然趋于无穷大, 并不能向我们揭示关于变表达基几何对象的更多细节性质. 为此, 我们必须将 $n!$ 进行解析表达.

我们规定奇数 a 的连乘为 $[1, a]$ 中的所有奇整数连乘, 我们得到奇数连乘解析式为 $a\#=\dfrac{2^{\frac{a-1}{2}-a}(a+1)!}{\left(\dfrac{a+1}{2}\right)!}$. 其中, 使用符号 $a\#$ 的原因是为了与习惯上的素数连乘符号 $p\#$ 保持一致.

规定偶数 b 的连乘为 $[2, b]$ 中的所有偶整数连乘, 我们得到偶数连乘解析式为 $b\#=2^{\frac{b}{2}}\left(\dfrac{b}{2}\right)!$.

于是得到奇数连乘表达式与偶数连乘表达式的联合解析式:

$$a\#\times b\#=\frac{2^{\frac{a-1}{2}-a}(a+1)!}{\left(\dfrac{a+1}{2}\right)!}\times 2^{\frac{b}{2}}\left(\frac{b}{2}\right)!$$

令 $a\geqslant 1$, 且 $b=a-1$, 得到 $a\#\times b\#=\dfrac{\left(\dfrac{a-1}{2}\right)!\,(a+1)!}{2\left(\dfrac{a+1}{2}\right)!}$.

令 $n=a$ 为大于或等于 1 的正整数, 由于正整数阶乘等于偶数连乘与奇数连乘之积, 所以对于大于或等于 1 的正整数 n 而言, 其阶乘解析式记为 $n!=$

$\dfrac{\left(\dfrac{n-1}{2}\right)!\,(n+1)!}{2\left(\dfrac{n+1}{2}\right)!}$.

如果我们不区分奇数与偶数, 即令奇数连乘及偶数连乘解析式中的 a 及 b 分别等于自然数 n, 则分别得到奇性连乘及偶性连乘解析式如下: $n_O\#=\dfrac{2^{\frac{n-1}{2}-n}(n+1)!}{\left(\dfrac{n+1}{2}\right)!}$, $n_E\#=2^{\frac{n}{2}}\left(\dfrac{n}{2}\right)!$.

若自然数 n 的偶性连乘解析式被该自然数的奇性连乘解析式除, 其结果是当 $n\geqslant 1$ 为整数时, 有 $\dfrac{2^{\frac{n}{2}}\left(\dfrac{n}{2}\right)!\left(\dfrac{n+1}{2}\right)!}{2^{\frac{n-1}{2}-n}(n+1)!}=\sqrt{\dfrac{\pi}{2}}$, 化简左式得到 $\dfrac{2^{\frac{1}{2}+n}\left(\dfrac{n}{2}\right)!\left(\dfrac{n+1}{2}\right)!}{(n+1)!}=\sqrt{\dfrac{\pi}{2}}$, 即有

$$\left(\frac{2^{1+n}\left(\dfrac{n}{2}\right)!\left(\dfrac{1+n}{2}\right)!}{(1+n)!}\right)^2=\pi$$

若自然数 n 的奇性连乘解析式被该自然数的偶性连乘解析式除, 其结果是当 $n\geqslant 1$ 为整数时, 有 $\dfrac{2^{\frac{n-1}{2}-n}(n+1)!}{2^{\frac{n}{2}}\left(\dfrac{n}{2}\right)!\left(\dfrac{n+1}{2}\right)!}=\sqrt{\dfrac{2}{\pi}}$, 化简左式得到 $\dfrac{(n+1)!}{2^{\frac{1}{2}+n}\left(\dfrac{n}{2}\right)!\left(\dfrac{n+1}{2}\right)!}=\sqrt{\dfrac{2}{\pi}}$, 即有

$$\left(\frac{(1+n)!}{2^{1+n}\left(\dfrac{n}{2}\right)!\left(\dfrac{1+n}{2}\right)!}\right)^2=\frac{1}{\pi}$$

在正整数阶乘解析式中出现的分数阶乘, 本质上是 Γ 函数的阶乘表达形式. 根据 Γ 函数定义和正整数阶乘解析式, 当 $n>1$ 为整数时我们不难得到以下等式: $\left(\dfrac{n-1}{2}\right)!=\dfrac{n-1}{2}\Gamma\left(\dfrac{n-1}{2}\right)$, $\left(\dfrac{n+1}{2}\right)!=\dfrac{n+1}{2}\Gamma\left(\dfrac{n+1}{2}\right)$, $(n+1)!=(n+1)\,n\Gamma(n)$. 根据上述三个表达式, 自然数阶乘解析式也可以改写为 $n!=\dfrac{n(n-1)}{2}\dfrac{\Gamma\left(\dfrac{n-1}{2}\right)\Gamma(n)}{\Gamma\left(\dfrac{n+1}{2}\right)}$, n 为大于 1 的任意整数.

这是阶乘表达式的一般情形, 即当 n 取 e, π 等实数时, 该解析式依然成立. 获得了阶乘表达式的一般形态, 我们就可以方便地研究变表达基几何对象的一般性质了. 其中, 偶数连乘及奇数连乘表达式, 以及偶性连乘及奇性连乘表达式将在几何对象表面特征量及实体特征量表达式中频繁用到.

5.2　球性几何对象的升维及其表面特征量表达式

5.2.1　基本概念

我们知道, 最为典型的欧氏空间几何对象构造过程是这样的: 两个距离为 x 的 0 维空间的原点偶合, 构成一条长度为 x 的 1 维空间直线; 两条平行且距离为 x 的 1 维直线偶合, 构成一个面积为 x^2 的 2 维空间平面; 两个平行且距离为 x 的 2 维平面偶合, 构成一个体积为 x^3 的 3 维空间立方体; 两个平行且距离为 x 的 3 维立方体偶合, 构成一个超体积为 x^4 的 4 维空间超立方体; $\cdots$. 实际上, 这样的几何对象与欧氏空间同构.

与欧氏空间同构的几何对象之几何特性, 除了尺度大小限制之外, 其他几何特性皆与欧氏空间相同, 空间没有尺度限制, 而几何对象的尺度总是由特定的表达基所界定.

与欧氏空间同构的几何对象存在这样的特点: 两条平行且长度相同的直线偶合时, 直线上的各点逐一对应相连且距离相等; 两个平行且面积相同的平面偶合时, 平面上的各点逐一对应相连且距离相等; 两个平行且体积相同的立方体偶合时, 立方体上的各点逐一对应相连且距离相等; $\cdots$.

在欧氏空间中假设两个原点的距离可以无穷远, 所以直线的长度可以无限大; 在欧氏空间中假设两条平行直线之间的距离可以无穷远, 导致两条平行的直线可以永不相交. 从这个意义上讲, 欧氏空间所定义的是开放型空间. 开放型空间的特点是具有无限的扩张性. 在欧氏空间中, 欧氏捷径 (直线) 可无限长 (两点间的距离可以无穷远), 因此各向正交 (线性无关) 的欧式空间坐标系是一种开放性坐标.

数学上存在另一类空间 —— 球性空间, 其中的坐标是半开放性的.

仅仅存在扩张运算的空间称为开放空间, 仅仅存在旋转运算的空间称为封闭空间, 既存在扩张运算, 又存在旋转运算的空间称为半开放空间或者称为球性空间.

在球性空间中, 既包含欧氏捷径 (直线、平面等), 也包含旋转捷径 (圆弧线、球面等), 由于作为 “点” 旋转捷径的圆弧线不可能无限延长 (必然自封闭), 作为圆弧线旋转捷径的球面不可能无限扩张 (必然自封闭), 因此包含欧氏捷径及旋转捷径的复合空间坐标系是一种半封闭坐标系, 或者说球性空间是一种半封闭空间.

上述概念是在研究了球性空间中几何对象的性质后获得的, 仅仅了解上述概念是不够的, 我们必须定量地了解球性空间的几何性质以及在球性空间标架下各维度球性几何对象几何性质, 以验证上述概念. 以下我们通过推导不同维度球性几何对象升维过程及相应形体特征量通用表达式, 了解球性几何空间的部分性质.

5.2.2 球性几何对象的升维及相应表面特征量表达式

1. 由球性 0 维几何对象向球性 1 维空间升维

为便于推导, 我们根据第 3 章中式 (3-14) 给出的以 e 为半径的圆的周长表达式 $\lim\limits_{n\to\infty}\left(\dfrac{(n!)^2}{n^{2n+1}}\left(1+\dfrac{1}{n}\right)^{n(2n+2)}\right)=2\mathrm{e}\pi$展开对不同维度球性几何对象形体特征量表达式及球性几何对象升维规则的研究.

由式 (3-14) 不难得到, $\lim\limits_{n\to\infty}\left(\dfrac{(n!)^2}{n^{2n+1}}\right)\to 0$, $\lim\limits_{n\to\infty}\left(1+\dfrac{1}{n}\right)^{n(2n+2)}\to\infty$, 也就是说以 e 为半径的圆的周长表达式也是由一个求极限趋于无穷小数的表达式与一个求极限趋于无穷大数的表达式相乘后求极限而获得.

在 $\lim\limits_{n\to\infty}\left(\dfrac{(n!)^2}{n^{2n+1}}\right)\to 0$中包含有变表达基因子 $n!$, 当 n 被确定时确定 $n!$ 需要做 $n-1$ 次乘法, 且相乘的每个因子都不相同; 而在 $\lim\limits_{n\to\infty}\left(1+\dfrac{1}{n}\right)^{n(2n+2)}\to\infty$ 中当 n 被确定时表达基 $1+\dfrac{1}{n}$ 就被唯一确定, 需要做 $2n(n+1)-1$ 次乘法, 且相乘的每个因子都相同.

回顾经典结论不难看出, 欧氏几何对象形体特征量表达式 $y=x^n$, 其维度涉及一个单变量 n, 但是球性几何对象的形体特征量表达式中, 其维度就全部涉及 2 个变量, 即 $y=kr^n\pi^m$, 其中, k 为与维度关联的匹配系数, n 为扩张维度, m 为旋转维度. 因此, 球性几何对象的维度是二元复合的, 这是球性几何对象显著地不同于欧氏几何对象的特点, 同时也是球性空间区别于欧氏空间的根本点.

由于表达式 $\lim\limits_{n\to\infty}\left(\dfrac{(n!)^2}{n^{2n+1}}\left(1+\dfrac{1}{n}\right)^{n(2n+2)}\right)=2\mathrm{e}\pi$ 将两个典型的超越数 e 与 π 自然地结合在了一起, 或者说, 式 (3-14) 揭示了超越数 e 与 π 的一种充满玄机的配合关系, 借此我们可以进入研究以超越数 e 为扩张表达基、以 π 为旋转表达基的球性几何对象所在球性空间的神秘世界.

虽然式 (3-14) 并未直接指出如何描述球性空间任何几何对象升维的途径, 但是却递给了我们一把打开球性空间任何几何对象升维之门的钥匙.

式 (3-14) 明确地提示我们: 当 n 为确定值 (即趋于无穷大的某个具体值) 时,

e 的表达基是固定不变的 $\frac{n+1}{n}$, 而 π 的表达式中含有变表达基的几何特征量因子 $n!$. 将两者结合在一起, 它们可以描述一个半径为 e 的特殊圆周长.

对式 (3-14) 进行参数调整, 可以得到一个既包含变表达基的几何特征量因子 $n!$, 又包含不变表达基 $\frac{n+1}{n}$ 的形体特征量表达式

$$\lim_{n\to\infty}\left(\frac{1}{2}\times\frac{(n!)^2}{n^{2n+1}}\times\left(\frac{1+n}{n}\right)^{2n^2+n}\right)=\pi \tag{5-4}$$

这说明在球性空间中的旋转过程显示出比欧氏空间中的扩张过程具有更加复杂的机理. 我们将式 (3-14) 进行拆解, 得到两个独立的表达式:

$$\lim_{n\to\infty}\left(\frac{(n!)^2}{n^{2n+1}}\times\left(\frac{1+n}{n}\right)^{2n^2+n}\right)=2\pi \tag{5-5}$$

$$\lim_{n\to\infty}\left(\left(\frac{1+n}{n}\right)^{n}\right)=\mathrm{e} \tag{5-6}$$

我们知道, 任何一次形成封闭球性几何对象的旋转过程之旋转弧度皆为 2π, 因此去掉式 (5-6) 对应的因子仍然获得一次完整旋转过程 (形成一个具有单位半径的封闭球性几何对象).

这表明, 式 (3-14) 所表达的是一种非常特殊的圆的形体特征量, 圆的半径为超越数 $\lim\limits_{n\to\infty}\left(1+\frac{1}{n}\right)^n=\mathrm{e}$.

以欧氏空间的观点看, 圆是 2 维的, 因为描述一个圆的形状需要一个 2 维坐标系, 无论在直角坐标下还是在极坐标下它都是一条 2 次曲线; 而以球性空间的观点看, 圆是 2 维几何对象的一级表面, 或者说, 圆是球性空间中的 1 维几何对象. 在欧氏空间中, 圆平面和圆周线都需要用 2 维坐标表达, 但是在球性空间中不存在 "平面" 的概念, 圆平面概念被球性 2 维半球面替代, 圆周线成为球性 2 维半球面的一级表面, 属于球性 1 维几何对象.

由上述推导知, 0 维 (定义 0 维为球性偶数维度) 基础几何对象(点) 向球性 1 维空间升维, 不仅需要扩张而且需要旋转. 设其扩张的距离为超越数 $\lim\limits_{n\to\infty}\left(1+\frac{1}{n}\right)^n=\mathrm{e}$, 其旋转的角度为 $\lim\limits_{n\to\infty}\left(\frac{(n!)^2}{n^{2n+1}}\times\left(\frac{1+n}{n}\right)^{2n^2+n}\right)=2\pi$, 升维后获得一个球性 1 维几何对象 (一条半径为 e 的圆周线).

球性 1 维几何对象的形体特征量表达式为

$$\lim_{n\to\infty}\left(\frac{(n!)^2}{n^{2n+1}}\left(1+\frac{1}{n}\right)^{n(2n+2)}\right)=2\mathrm{e}\pi \tag{5-7}$$

在欧氏空间中, 直线是 1 维几何对象, 同时是 2 维平面的基础几何对象; 相似地, 在球性空间中, 圆是 1 维几何对象, 同时是球性 2 维几何对象 (通常称之为 “半球面”) 的基础几何对象. 这意味着球性 2 维几何对象的生成必然以圆为基础.

这里我们顺便讨论一下斯特林公式的几何意义.

斯特林公式指出, 当 $n \to \infty$ 时, 有 $n! = \sqrt{2n\pi}n^n\mathrm{e}^{-n}$. 实际上, 这等于以下表达式成立: $\lim\limits_{n\to\infty}\dfrac{n!\mathrm{e}^n}{n^n\sqrt{2n\pi}} = 1$. 由该式我们可得到 $\lim\limits_{n\to\infty}\dfrac{n!\mathrm{e}^n}{n^{n+\frac{1}{2}}} = \sqrt{2\pi}$, 进一步地我们可以得到 $\lim\limits_{n\to\infty}\left(\dfrac{n!\mathrm{e}^n}{n^{n+\frac{1}{2}}}\right)^2 = 2\pi$, 将其改写成 $\lim\limits_{n\to\infty}\left(\dfrac{n!\left(\dfrac{1+n}{n}\right)^{n^2+\frac{n}{2}}}{n^{n+\frac{1}{2}}}\right)^2 = 2\pi$. 将由斯特林公式推导出的这个结果进行化简, 我们得到这样一个结果: $\lim\limits_{n\to\infty}\left(\dfrac{(n!)^2}{n^{2n+1}}\times\left(\dfrac{1+n}{n}\right)^{n(2n+1)}\right) = 2\pi$. 显然, 它也刚好对应一个具有单位半径的圆周长, 同时也对应一次完整的旋转运算. 后续我们将要反复使用这个表达式以及 $\lim\limits_{n\to\infty}\left(1+\dfrac{1}{n}\right)^n = \mathrm{e}$.

2. 由球性 1 维几何对象向球性 2 维空间升维

球性 1 维几何对象的特征量表达式为 $\lim\limits_{n\to\infty}\left(\dfrac{(n!)^2}{n^{2n+1}}\left(1+\dfrac{1}{n}\right)^{n(2n+2)}\right) = 2\mathrm{e}\pi$, 半径不变的前提下 (保持正则性), 由球性 1 维基础几何对象(半径为 e 的球性 1 维圆周线) 升维到球性 2 维基础几何对象 (类似于由欧氏 1 维直线升维到欧氏 2 维平面), 扩张的高度应该为超越数 $\lim\limits_{n\to\infty}\left(1+\dfrac{1}{n}\right)^n = \mathrm{e}$, 将其与式 (3-7) 相乘立即可得到半径为 e 的半球球面 (球性 2 维基础几何对象, 欧氏 3 维半球的曲面) 特征量表达式:

$$\begin{aligned}&\lim_{n\to\infty}\left(\frac{(n!)^2}{n^{2n+1}}\left(1+\frac{1}{n}\right)^{n(2n+2)}\left(1+\frac{1}{n}\right)^n\right)\\&=\lim_{n\to\infty}\left(\frac{(n!)^2}{n^{2n+1}}\left(1+\frac{1}{n}\right)^{n(2n+3)}\right)=2\mathrm{e}^2\pi\end{aligned}\qquad(5\text{-}8)$$

式 (5-8) 表达的是半径为 e 的半球曲面表面积.

半球面为非封闭球面, 封闭的球面可以由 2 个等半径半球面对接形成, 所以欧氏 3 维空间中 3 维球体的表面由球性空间中 2 个球性 2 维几何对象 (等半径半球

面) 对接形成, 对接后的球性 2 维封闭几何对象的表面积表达式为

$$\lim_{n\to\infty}\left(2\frac{(n!)^2}{n^{2n+1}}\left(1+\frac{1}{n}\right)^{n(2n+3)}\right)=4\mathrm{e}^2\pi \tag{5-9}$$

请注意, 式 (5-8) 同时对应于球性 2 维空间中的基础几何对象特征量以及单一非封闭几何对象特征量, 式 (5-9) 同时对应于球性 2 维空间中的完整几何对象特征量以及单一封闭几何对象特征量. 这两个概念在球性 2 维空间看来无足轻重, 但在描述高维度球性空间几何对象的几何特性时具有重要意义.

球性空间的 2 维球面 (欧氏 3 维半球面) 是球性 3 维几何对象生成的基础几何对象, 这一概念非常重要.

3. 由球性 2 维基础几何对象 (欧氏 3 维半球面) 向球性 3 维空间升维

类似于 0 维基础几何对象 (点) 向球性 1 维空间升维的情形, 由球性 2 维基础几何对象 (欧氏 3 维半球面) 向球性 3 维空间升维不仅需要扩张而且需要旋转. 其扩张的高度为超越数 $\lim_{n\to\infty}\left(1+\frac{1}{n}\right)^n=\mathrm{e}$, 其旋转的角度为 $\lim_{n\to\infty}\left(\frac{(n!)^2}{n^{2n+1}}\times\left(\frac{1+n}{n}\right)^{2n^2+n}\right)=2\pi$.

由于此时扩张运算的基础几何对象是球性 2 维几何对象 (欧氏 3 维半球的曲面, 特征量表达式为式 (5-8)), 此时旋转角度为式 (5-7), 扩张高度为超越数 e 的表达式, 将三者相乘并化简, 即得到以 e 为半径的球性 3 维几何对象之表面特征量表达式:

$$\lim_{n\to\infty}\left(\frac{(n!)^4}{n^{4n+2}}\left(1+\frac{1}{n}\right)^{n(4n+5)}\right)=4\mathrm{e}^3\pi^2 \tag{5-10}$$

由于球性 2 维基础几何对象 (欧氏 3 维半球面) 向球性 3 维空间升维不仅扩张而且旋转, 所以式 (5-10) 是球性 3 维空间完整封闭几何对象表面特征量表达式, 同时也是球性 3 维空间几何对象向球性 4 维空间升维的基础几何对象的表面特征量表达式.

球性 3 维封闭几何对象实际上对应着欧氏 4 维空间中的超球体, 考虑到欧氏 3 维半球面属于球性 2 维几何对象, 扩张过程必须在 2 个维度上实现才能获得球性 3 维封闭完整几何对象 (球性 3 维完整球面), 而当其中一个维度上的扩张完成后即可获得单个球性 3 维球面, 那么在球性 3 维空间中单一球性 3 维封闭几何对象的表面特征量表达式为

$$\lim_{n\to\infty}\left(\frac{1}{2}\frac{(n!)^4}{n^{4n+2}}\left(1+\frac{1}{n}\right)^{n(4n+5)}\right)=2\mathrm{e}^3\pi^2 \tag{5-11}$$

于是我们不难得到球性 3 维空间中球性 3 维单一非封闭几何对象的表面特征量表达式为

$$\lim_{n\to\infty}\left(\frac{1}{2\times 2}\frac{(n!)^4}{n^{4n+2}}\left(1+\frac{1}{n}\right)^{n(4n+5)}\right)=\mathrm{e}^3\pi^2$$

4. 由 3 维 (奇数维度) 球性几何对象向球性 4 维空间升维

与由球性 1 维几何对象向球性 2 维空间升维的情形相似, 在该升维过程中, 基础球性几何对象仅扩张不旋转. 其扩张的高度为超越数 $\lim\limits_{n\to\infty}\left(1+\frac{1}{n}\right)^n=\mathrm{e}$, 将其与式 (5-10) 相乘立即得到半径为 e 的球性 4 维超半球的 “面积” 表达式为

$$\lim_{n\to\infty}\left(\frac{(n!)^4}{n^{4n+2}}\left(1+\frac{1}{n}\right)^{n(4n+6)}\right)=4\mathrm{e}^4\pi^2 \tag{5-12}$$

式 (5-12) 是球性 4 维空间非封闭几何对象表面特征量表达式, 也是球性 4 维空间非封闭球性几何对象向球性 5 维空间升维的基础几何对象特征量表达式.

由于升维过程只扩张不旋转, 所获得的球性 4 维空间几何对象不具有球性 4 维封闭性, 2 组等半径为 e 的球性 4 维几何对象对接才能构成球性 4 维空间封闭的球性几何对象 (类似于球性 2 维空间中 2 个等半径为 e 的半球面才能构成球性 2 维封闭几何对象), 因此球性 4 维空间完整封闭几何对象的表面特征量表达式为

$$\lim_{n\to\infty}\left(2\frac{(n!)^4}{n^{4n+2}}\left(1+\frac{1}{n}\right)^{n(4n+6)}\right)=8\mathrm{e}^4\pi^2 \tag{5-13}$$

球性 4 维非封闭几何对象实际上对应着欧氏 5 维空间中的超半球体, 考虑到其基础几何对象球性 3 维球面必须在 3 个维度上各完成一次扩张才能获得一个球性 4 维非封闭几何对象 (球性 4 维非完整球面), 那么在每一个维度上完成一次扩张即可获得一个球性 4 维非封闭几何对象, 那么在球性 4 维空间中球性 4 维单一非封闭球面的表面特征量表达式为

$$\lim_{n\to\infty}\left(\frac{1}{3}\frac{(n!)^4}{n^{4n+2}}\left(1+\frac{1}{n}\right)^{n(4n+6)}\right)=\frac{4}{3}\mathrm{e}^4\pi^2 \tag{5-14}$$

与球性 2 维半球面对接成为一个球性 2 维封闭球面相似, 一对单一球性 4 维非封闭球面对接成为一个单一球性 4 维封闭球面, 其表面特征量表达式为

$$\lim_{n\to\infty}\left(\frac{2}{3}\frac{(n!)^4}{n^{4n+2}}\left(1+\frac{1}{n}\right)^{n(4n+6)}\right)=\frac{8}{3}\mathrm{e}^4\pi^2 \tag{5-15}$$

5. 由球性 4 维几何对象向球性 5 维空间升维

由于球性 4 维 “半球面” 是一个非封闭球性几何对象, 所以由 4 维 (偶数维度) 基础球性几何对象向球性 5 维空间升维, 不仅需要扩张而且需要旋转. 其扩张的高度为超越数 $\lim\limits_{n\to\infty}\left(1+\dfrac{1}{n}\right)^n=\mathrm{e}$, 其旋转的角度为 $\lim\limits_{n\to\infty}\left(\dfrac{(n!)^2}{n^{2n+1}}\times\left(\dfrac{1+n}{n}\right)^{2n^2+n}\right)=2\pi$, 由于此时扩张运算的基础几何对象是球性空间的 4 维非封闭几何对象, 所以由式 (5-12) 及式 (5-7) 立即得到以 e 为半径的球性 5 维几何对象之表面特征量表达式为

$$\lim_{n\to\infty}\left(\frac{(n!)^6}{n^{6n+3}}\left(1+\frac{1}{n}\right)^{n(6n+8)}\right)=8\mathrm{e}^5\pi^3 \tag{5-16}$$

式 (5-16) 既是向球性 6 维空间升维的基础几何对象表达式, 同时也是球性 5 维完整封闭几何对象表面特征量表达式.

球性 5 维完整封闭几何对象实际上对应着欧氏 6 维空间中的超球面, 考虑到其基础几何对象球性 4 维非封闭几何对象扩张过程必须在 4 个维度上各进行一次才能获得一个球性 5 维封闭几何对象 (球性 5 维完整球面), 每完成一次扩张即可获得单一球性 5 维超球面; 另外, 考虑到式 (5-12) 以式 (5-10) 为基础形成, 而对应于式 (5-10) 的球性 3 维单一几何对象的表面特征量表达式为式 (5-11), 那么在使用式 (5-12) 对应的几何对象作为基础几何对象后, 为了分离出球性 5 维封闭几何对象中的单一球性 5 维球面, 必须继承式 (5-11) 中的规则, 因此得到在球性 5 维空间中单一球性 5 维球面的表面特征量表达式为

$$\lim_{n\to\infty}\left(\frac{1}{2\times 4}\frac{(n!)^6}{n^{6n+3}}\left(1+\frac{1}{n}\right)^{n(6n+8)}\right)=\mathrm{e}^5\pi^3 \tag{5-17}$$

于是我们不难得到球性 5 维空间中球性 5 维单一非封闭几何对象的表面特征量表达式为

$$\lim_{n\to\infty}\left(\frac{1}{2\times 2\times 4}\frac{(n!)^6}{n^{6n+3}}\left(1+\frac{1}{n}\right)^{n(6n+8)}\right)=\frac{1}{2}\mathrm{e}^5\pi^3.$$

6. 由 5 维 (奇数维度) 球性几何对象向球性 6 维空间升维

由 5 维 (奇数维度)球性几何对象向球性 6 维空间升维仅扩张不旋转. 其扩张的高度为超越数 $\lim\limits_{n\to\infty}\left(1+\dfrac{1}{n}\right)^n=\mathrm{e}$, 由式 (5-16) 立即得到半径为 e 的超半球的球面积表达式为

$$\lim_{n\to\infty}\left(\frac{(n!)^6}{n^{6n+3}}\left(1+\frac{1}{n}\right)^{n(6n+9)}\right)=8\mathrm{e}^6\pi^3 \tag{5-18}$$

式 (5-18) 是球性 6 维空间球性非封闭几何对象表面特征量表达式, 也是向球性 7 维空间升维的基础几何对象表面特征量表达式.

基于与球性 4 维非封闭几何对象形成球性 4 维封闭几何对象相同的理由, 球性 6 维空间完整的封闭球性几何对象表面特征量为

$$\lim_{n\to\infty}\left(2\frac{(n!)^6}{n^{6n+3}}\left(1+\frac{1}{n}\right)^{n(6n+9)}\right)=16\mathrm{e}^6\pi^3 \tag{5-19}$$

球性 6 维非封闭几何对象实际上对应着欧氏 7 维空间中的超半球面, 考虑到其基础几何对象球性 5 维超球面扩张过程必须在 5 个维度上各进行一次才能获得一个球性 6 维非封闭几何对象 (球性 6 维完整非封闭球面), 每完成一次扩张即可获得单一球性 6 维非封闭几何对象; 另外, 考虑到式 (5-18) 以式 (5-16) 为基础形成, 式 (5-16) 又以式 (5-12) 为基础, 回顾同样以式 (5-12) 为基础的式 (5-14) 对应着球性 4 维空间中单一非封闭几何对象的表面特征量, 为了分离出球性 6 维非封闭几何对象中的单一非封闭几何对象, 必须继承式 (5-14) 中的规则, 因此得到在球性 6 维空间中单一球性 6 维非封闭几何对象的表面特征量表达式为

$$\lim_{n\to\infty}\left(\frac{1}{3\times 5}\frac{(n!)^6}{n^{6n+3}}\left(1+\frac{1}{n}\right)^{n(6n+9)}\right)=\frac{8}{15}\mathrm{e}^6\pi^3 \tag{5-20}$$

基于与球性 3 维空间几何对象向球性 4 维空间升维相同的理由, 单一球性 6 维封闭几何对象的表面特征量为

$$\lim_{n\to\infty}\left(\frac{2}{3\times 5}\frac{(n!)^6}{n^{6n+3}}\left(1+\frac{1}{n}\right)^{n(6n+9)}\right)=\frac{16}{15}\mathrm{e}^6\pi^3 \tag{5-21}$$

7. 由 6 维 (偶数维度) 球性几何对象向球性 7 维空间升维

由 6 维 (偶数维度)球性几何对象向球性 7 维空间升维不仅需要扩张而且需要旋转. 其扩张的高度为超越数 $\lim\limits_{n\to\infty}\left(1+\frac{1}{n}\right)^n=\mathrm{e}$, 旋转角度为 $\lim\limits_{n\to\infty}\left(\frac{(n!)^2}{n^{2n+1}}\times\left(\frac{1+n}{n}\right)^{2n^2+n}\right)=2\pi$, 由于此时扩张运算的基础几何对象是球性空间的 6 维非封闭几何对象, 因此由式 (5-18) 立即得到以 e 为半径的球性 7 维几何对象之几何特征量表达式为

$$\lim_{n\to\infty}\left(\frac{(n!)^8}{n^{8n+4}}\left(1+\frac{1}{n}\right)^{n(8n+11)}\right)=16\mathrm{e}^7\pi^4 \tag{5-22}$$

式 (5-22) 是球性 7 维空间球性完整封闭几何对象表面特征量表达式, 同时也是球性 8 维空间几何对象的基础几何对象的表面特征量表达式.

基于与球性 4 维空间几何对象向球性 5 维空间升维相似的理由, 球性 6 维超半球升维至球性 7 维空间, 需要沿 6 个方向扩张, 基于与形成 (5-17) 相同的理由, 单一封闭球性 7 维几何对象的几何特征量表达式为

$$\lim_{n\to\infty}\left(\frac{1}{2\times4\times6}\frac{(n!)^8}{n^{8n+4}}\left(1+\frac{1}{n}\right)^{n(8n+11)}\right)=\frac{1}{3}\mathrm{e}^7\pi^4 \tag{5-23}$$

于是我们不难得到球性 7 维空间中球性 7 维单一非封闭几何对象的表面特征量表达式为

$$\lim_{n\to\infty}\left(\frac{1}{2\times2\times4\times6}\frac{(n!)^8}{n^{8n+4}}\left(1+\frac{1}{n}\right)^{n(8n+11)}\right)=\frac{1}{6}\mathrm{e}^7\pi^4$$

8. 由 7 维 (奇数维度) 球性几何对象向球性 8 维空间升维

由 7 维(奇数维度) 球性几何对象向球性 8 维空间升维仅扩张不旋转. 其扩张的高度为超越数 $\lim\limits_{n\to\infty}\left(1+\dfrac{1}{n}\right)^n=\mathrm{e}$, 由式 (5-22) 立即得到半径为 e 的半球的球面积表达式为

$$\lim_{n\to\infty}\left(\frac{(n!)^8}{n^{8n+4}}\left(1+\frac{1}{n}\right)^{n(8n+12)}\right)=16\mathrm{e}^8\pi^4 \tag{5-24}$$

式 (5-24) 既是球性 8 维空间非封闭球性几何对象特征量, 也是球性 8 维空间球性几何对象向球性 9 维空间升维的基础几何对象特征量表达式.

基于与球性 3 维空间几何对象向球性 4 维空间升维以及球性 5 维空间几何对象向球性 6 维空间升维相同的理由, 球性 8 维空间完整封闭几何对象表面特征量为

$$\lim_{n\to\infty}\left(2\frac{(n!)^8}{n^{8n+4}}\left(1+\frac{1}{n}\right)^{n(8n+12)}\right)=32\mathrm{e}^8\pi^4 \tag{5-25}$$

基于与形成式 (5-20) 相同的理由, 基于球性 7 维空间基础几何对象向球性 8 维空间升维后形成的单一球性 8 维非封闭几何对象的表面特征量为

$$\lim_{n\to\infty}\left(\frac{1}{3\times5\times7}\frac{(n!)^8}{n^{8n+4}}\left(1+\frac{1}{n}\right)^{n(8n+12)}\right)=\frac{16}{105}\mathrm{e}^8\pi^4 \tag{5-26}$$

基于与球性 3 维空间几何对象向球性 4 维空间升维相似的理由, 基于球性 7 维空间基础几何对象向球性 8 维空间升维后形成的单一球性 8 维封闭几何对象的表面特征量为

$$\lim_{n\to\infty}\left(\frac{2}{3\times5\times7}\frac{(n!)^8}{n^{8n+4}}\left(1+\frac{1}{n}\right)^{n(8n+12)}\right)=\frac{32}{105}\mathrm{e}^8\pi^4 \tag{5-27}$$

5.2.3 球性几何对象表面特征量表达式分类汇总

为方便研究, 根据上述分析与推导, 我们将相关维度球性空间中的部分基础几何对象特征量表达式、封闭球性几何对象表面特征量表达式, 单一非封闭球性几何对象表面特征量表达式, 以及单一封闭球性几何对象表面特征量表达式分别列举如下.

1. 球性空间以 e 为半径的基础几何对象表面特征量表达式

球性 1 维基础几何对象表面特征量 (欧氏 2 维圆周长)

$$\lim_{n\to\infty}\left(\frac{(n!)^2}{n^{2n+1}}\left(1+\frac{1}{n}\right)^{n(2n+2)}\right)=2\mathrm{e}\pi$$

球性 2 维基础几何对象表面特征量 (欧氏 3 维半球曲面积)

$$\lim_{n\to\infty}\left(\frac{(n!)^2}{n^{2n+1}}\left(1+\frac{1}{n}\right)^{n(2n+3)}\right)=2\mathrm{e}^2\pi$$

球性 3 维基础几何对象表面特征量 (欧氏 4 维超球面积)

$$\lim_{n\to\infty}\left(\frac{(n!)^4}{n^{4n+2}}\left(1+\frac{1}{n}\right)^{n(4n+5)}\right)=4\mathrm{e}^3\pi^2$$

球性 4 维基础几何对象表面特征量 (欧氏 5 维超半球曲面积)

$$\lim_{n\to\infty}\left(\frac{(n!)^4}{n^{4n+2}}\left(1+\frac{1}{n}\right)^{n(4n+6)}\right)=4\mathrm{e}^4\pi^2$$

球性 5 维基础几何对象表面特征量 (欧氏 6 维超球面积)

$$\lim_{n\to\infty}\left(\frac{(n!)^6}{n^{6n+3}}\left(1+\frac{1}{n}\right)^{n(6n+8)}\right)=8\mathrm{e}^5\pi^3$$

球性 6 维基础几何对象表面特征量 (欧氏 7 维超半球曲面积)

$$\lim_{n\to\infty}\left(\frac{(n!)^6}{n^{6n+3}}\left(1+\frac{1}{n}\right)^{n(6n+9)}\right)=8\mathrm{e}^6\pi^3$$

球性 7 维基础几何对象表面特征量 (欧氏 8 维超球面积)

$$\lim_{n\to\infty}\left(\frac{(n!)^8}{n^{8n+4}}\left(1+\frac{1}{n}\right)^{n(8n+11)}\right)=16\mathrm{e}^7\pi^4$$

球性 8 维基础几何对象表面特征量 (欧氏 9 维超半球曲面积)

$$\lim_{n\to\infty}\left(\frac{(n!)^8}{n^{8n+4}}\left(1+\frac{1}{n}\right)^{n(8n+12)}\right)=16\mathrm{e}^8\pi^4$$

球性 9 维基础几何对象表面特征量 (欧氏 10 维超球面积)

$$\lim_{n\to\infty}\left(\frac{(n!)^{10}}{n^{10n+5}}\left(1+\frac{1}{n}\right)^{n(10n+14)}\right)=32\mathrm{e}^9\pi^5$$

球性 10 维基础几何对象表面特征量 (欧氏 11 维超半球曲面积)

$$\lim_{n\to\infty}\left(\frac{(n!)^{10}}{n^{10n+5}}\left(1+\frac{1}{n}\right)^{n(10n+15)}\right)=32\mathrm{e}^{10}\pi^5$$

2. 球性空间以 e 为半径的完整封闭几何对象表面特征量表达式

球性 1 维完整封闭几何对象表面特征量 (欧氏 2 维圆周长)

$$\lim_{n\to\infty}\left(\frac{(n!)^2}{n^{2n+1}}\left(1+\frac{1}{n}\right)^{n(2n+2)}\right)=2\mathrm{e}\pi$$

球性 2 维完整封闭几何对象表面特征量 (欧氏 3 维球面积)

$$\lim_{n\to\infty}\left(\frac{2\,(n!)^2}{n^{2n+1}}\left(1+\frac{1}{n}\right)^{n(2n+3)}\right)=4\mathrm{e}^2\pi$$

球性 3 维完整封闭几何对象表面特征量 (欧氏 4 维超球面积)

$$\lim_{n\to\infty}\left(\frac{(n!)^4}{n^{4n+2}}\left(1+\frac{1}{n}\right)^{n(4n+5)}\right)=4\mathrm{e}^3\pi^2$$

球性 4 维完整封闭几何对象表面特征量 (欧氏 5 维超球面积)

$$\lim_{n\to\infty}\left(\frac{2\,(n!)^4}{n^{4n+2}}\left(1+\frac{1}{n}\right)^{n(4n+6)}\right)=8\mathrm{e}^4\pi^2$$

球性 5 维完整封闭几何对象表面特征量 (欧氏 6 维超球面积)

$$\lim_{n\to\infty}\left(\frac{(n!)^6}{n^{6n+3}}\left(1+\frac{1}{n}\right)^{n(6n+8)}\right)=8\mathrm{e}^5\pi^3$$

球性 6 维完整封闭几何对象表面特征量 (欧氏 7 维超球面积)

$$\lim_{n\to\infty}\left(\frac{2\,(n!)^6}{n^{6n+3}}\left(1+\frac{1}{n}\right)^{n(6n+9)}\right)=16\mathrm{e}^6\pi^3$$

球性 7 维完整封闭几何对象表面特征量 (欧氏 8 维超球面积)

$$\lim_{n\to\infty}\left(\frac{(n!)^8}{n^{8n+4}}\left(1+\frac{1}{n}\right)^{n(8n+11)}\right)=16\mathrm{e}^7\pi^4$$

球性 8 维完整封闭几何对象表面特征量 (欧氏 9 维超球面积)

$$\lim_{n\to\infty}\left(\frac{2\,(n!)^8}{n^{8n+4}}\left(1+\frac{1}{n}\right)^{n(8n+12)}\right)=32\mathrm{e}^8\pi^4$$

球性 9 维完整封闭几何对象表面特征量 (欧氏 10 维超球面积)

$$\lim_{n\to\infty}\left(\frac{(n!)^{10}}{n^{10n+5}}\left(1+\frac{1}{n}\right)^{n(10n+14)}\right)=32\mathrm{e}^9\pi^5$$

球性 10 维完整封闭几何对象表面特征量 (欧氏 11 维超球面积)

$$\lim_{n\to\infty}\left(\frac{2\,(n!)^{10}}{n^{10n+5}}\left(1+\frac{1}{n}\right)^{n(10n+15)}\right)=64\mathrm{e}^{10}\pi^5$$

3. 球性空间以 e 为半径的单一非封闭几何对象表面特征量表达式

球性 1 维单一非封闭几何对象表面特征量 (欧氏 2 维单一半圆周长)

$$\lim_{n\to\infty}\left(\frac{(n!)^2}{2n^{2n+1}}\left(1+\frac{1}{n}\right)^{n(2n+2)}\right)=\mathrm{e}\pi$$

球性 2 维单一非封闭几何对象表面特征量 (欧氏 3 维单一半球曲面积)

$$\lim_{n\to\infty}\left(\frac{(n!)^2}{n^{2n+1}}\left(1+\frac{1}{n}\right)^{n(2n+3)}\right)=2\mathrm{e}^2\pi$$

球性 3 维单一非封闭几何对象表面特征量 (欧氏 4 维单一超半球曲面积)

$$\lim_{n\to\infty}\left(\frac{(n!)^4}{4n^{4n+2}}\left(1+\frac{1}{n}\right)^{n(4n+5)}\right)=\mathrm{e}^3\pi^2$$

球性 4 维单一非封闭几何对象表面特征量 (欧氏 5 维单一超半球曲面积)

$$\lim_{n\to\infty}\left(\frac{(n!)^4}{3n^{4n+2}}\left(1+\frac{1}{n}\right)^{n(4n+6)}\right)=\frac{4}{3}\mathrm{e}^4\pi^2$$

球性 5 维单一非封闭几何对象表面特征量 (欧氏 6 维单一超半球曲面积)

$$\lim_{n\to\infty}\left(\frac{(n!)^6}{16n^{6n+3}}\left(1+\frac{1}{n}\right)^{n(6n+8)}\right)=\frac{\mathrm{e}^5\pi^3}{2}$$

球性 6 维单一非封闭几何对象表面特征量 (欧氏 7 维单一超半球曲面积)

$$\lim_{n\to\infty}\left(\frac{(n!)^6}{15n^{6n+3}}\left(1+\frac{1}{n}\right)^{n(6n+9)}\right)=\frac{8}{15}\mathrm{e}^6\pi^3$$

球性 7 维单一非封闭几何对象表面特征量 (欧氏 8 维单一超半球曲面积)

$$\lim_{n\to\infty}\left(\frac{(n!)^8}{96n^{8n+4}}\left(1+\frac{1}{n}\right)^{n(8n+11)}\right)=\frac{1}{6}\mathrm{e}^7\pi^4$$

球性 8 维单一非封闭几何对象表面特征量 (欧氏 9 维单一超半球曲面积)

$$\lim_{n\to\infty}\left(\frac{(n!)^8}{105n^{8n+4}}\left(1+\frac{1}{n}\right)^{n(8n+12)}\right)=\frac{16}{105}\mathrm{e}^8\pi^4$$

球性 9 维单一非封闭几何对象表面特征量 (欧氏 10 维单一超半球表面积)

$$\lim_{n\to\infty}\left(\frac{(n!)^{10}}{768n^{10n+5}}\left(1+\frac{1}{n}\right)^{n(10n+14)}\right)=\frac{1}{24}\mathrm{e}^9\pi^5$$

球性 10 维单一非封闭几何对象表面特征量 (欧氏 11 维单一超半球表面积)

$$\lim_{n\to\infty}\left(\frac{(n!)^{10}}{945n^{10n+5}}\left(1+\frac{1}{n}\right)^{n(10n+15)}\right)=\frac{32}{945}\mathrm{e}^{10}\pi^5$$

4. 球性空间以 e 为半径的单一封闭几何对象表面特征量表达式

球性 1 维单一封闭几何对象表面特征量 (欧氏 2 维单一圆周长)

$$\lim_{n\to\infty}\left(\frac{(n!)^2}{n^{2n+1}}\left(1+\frac{1}{n}\right)^{n(2n+2)}\right)=2\mathrm{e}\pi$$

球性 2 维单一封闭几何对象表面特征量 (欧氏 3 维单一球表面积)

$$\lim_{n\to\infty}\left(\frac{2\,(n!)^2}{n^{2n+1}}\left(1+\frac{1}{n}\right)^{n(2n+3)}\right)=4\mathrm{e}^2\pi$$

球性 3 维单一封闭几何对象表面特征量 (欧氏 4 维单一超球表面积)

$$\lim_{n\to\infty}\left(\frac{(n!)^4}{2n^{4n+2}}\left(1+\frac{1}{n}\right)^{n(4n+5)}\right)=2\mathrm{e}^3\pi^2$$

球性 4 维单一封闭几何对象表面特征量 (欧氏 5 维单一超球表面积)

$$\lim_{n\to\infty}\left(\frac{2\,(n!)^4}{3n^{4n+2}}\left(1+\frac{1}{n}\right)^{n(4n+6)}\right)=\frac{8}{3}\mathrm{e}^4\pi^2$$

球性 5 维单一封闭几何对象表面特征量 (欧氏 6 维单一超球表面积)

$$\lim_{n\to\infty}\left(\frac{(n!)^6}{8n^{6n+3}}\left(1+\frac{1}{n}\right)^{n(6n+8)}\right)=\mathrm{e}^5\pi^3$$

球性 6 维单一封闭几何对象表面特征量 (欧氏 7 维单一超球表面积)

$$\lim_{n\to\infty}\left(\frac{2\,(n!)^6}{15n^{6n+3}}\left(1+\frac{1}{n}\right)^{n(6n+9)}\right)=\frac{16}{15}\mathrm{e}^6\pi^3$$

球性 7 维单一封闭几何对象表面特征量 (欧氏 8 维单一超球表面积)

$$\lim_{n\to\infty}\left(\frac{(n!)^8}{48n^{8n+4}}\left(1+\frac{1}{n}\right)^{n(8n+11)}\right)=\frac{1}{3}\mathrm{e}^7\pi^4$$

球性 8 维单一封闭几何对象表面特征量 (欧氏 9 维单一超球表面积)

$$\lim_{n\to\infty}\left(\frac{2\,(n!)^8}{105n^{8n+4}}\left(1+\frac{1}{n}\right)^{n(8n+12)}\right)=\frac{32}{105}\mathrm{e}^8\pi^4$$

球性 9 维单一封闭几何对象表面特征量 (欧氏 10 维单一超球表面积)

$$\lim_{n\to\infty}\left(\frac{(n!)^{10}}{384n^{10n+5}}\left(1+\frac{1}{n}\right)^{n(10n+14)}\right)=\frac{1}{12}\mathrm{e}^9\pi^5$$

球性 10 维单一封闭几何对象表面特征量 (欧氏 11 维单一超球表面积)

$$\lim_{n\to\infty}\left(\frac{2\,(n!)^{10}}{945n^{10n+5}}\left(1+\frac{1}{n}\right)^{n(10n+15)}\right)=\frac{64}{945}\mathrm{e}^{10}\pi^5$$

显然, 通常教科书中给出的所谓 “欧氏 p 维球的表面积” 表达式仅仅特指上述第 4 种情形, 即单一 $(p-1)$ 维球性封闭几何对象表面特征量表达式, 并非全部情形.

同时需要指出的是, 仅有完整封闭几何对象表面特征量表达式所对应的几何对象与所在各维度的球性空间同构. 在几何特性概念上, 上述第 2 种情形所列表达式对应于欧氏空间各个维度上欧氏正则几何对象的表面积. 但是, 球性空间中的球性几何对象的升维特性 (既扩张又旋转) 由于不同于欧氏空间中的欧氏几何对象升维特性 (仅扩张不旋转), 所以两者不能简单地进行类比.

5.2.4 球性基础几何对象的升维特性及表面特征量通用表达式

球性空间中与球性空间同构几何对象的复合表达基 “扩张 + 旋转” 升维特性, 同欧氏空间中与欧氏空间同构几何对象的单一表达基 “纯粹扩张” 升维特性相比有很大差异.

欧氏空间 $n \geqslant 1$ 维几何对象的一级表面个数恒为 $2n$, 且每个一级表面都是封闭几何对象, 封闭的一级表面 ($n-1$ 维几何对象) 就是 n 维几何对象的基础几何对象.

球性空间 $n \geqslant 1$ 维基础几何对象的一级表面个数为 $n-1$, 即球性 1 维基础几何对象的一级表面个数为 0(圆周线无端点), 球性 2 维基础几何对象的一级表面为 1(半球面只有一个球性 1 维表面, 即圆周线), 球性 3 维基础几何对象的一级表面为 2(存在 2 个封闭的球性 2 维边界), 球性 4 维基础几何对象的一级表面为 3(存在 3 个封闭的球性 3 维边界), $\cdots$.

值得注意的是, 在球性空间, 奇数维度与偶数维度下基础几何对象的表面情形与欧氏空间有很大的差异. 奇数球性维度下, 基础几何对象自身是封闭几何对象, 但是其一级表面 (基础几何对象) 为非封闭几何对象; 偶数球性维度下, 基础几何对象的零级表面 (自身) 是非封闭几何对象, 但是其一级表面 (基础几何对象) 为封闭几何对象.

归纳一下

每个奇数维度几何对象的一级表面作为基础几何对象自身是非封闭的, 其经升维扩张 + 旋转之后所形成的都是封闭几何对象; 每个偶数维度几何对象的一级表面作为基础几何对象自身是封闭的, 但其经升维扩张之后所形成的表面都是非封闭几何对象.

归纳 5.2.3 节所述表达式, 设 $p_a \geqslant 1$ 为欧氏空间奇数维度, $p_b \geqslant 2$ 为欧氏空间偶数维度, 且设 $p_a - 1 = \breve{p}$ 对应球性空间的偶数维度, $p_b - 1 = \overset{\frown}{p}$ 对应球性空间的奇数维度. 于是我们可分别得到

球性 $\breve{p}$ 维以 e 为半径的基础几何对象一级表面特征量计算公式:

$$\begin{aligned} S^j_{\breve{p}} &= \lim_{n\to\infty}\left(\frac{(n!)^{\breve{p}}}{n^{n\times\breve{p}+\frac{\breve{p}}{2}}}\left(1+\frac{1}{n}\right)^{n\left(n\times\breve{p}+\frac{3\breve{p}}{2}\right)}\right) \\ &= 2^{\frac{\breve{p}}{2}}\mathrm{e}^{\breve{p}}\pi^{\frac{\breve{p}}{2}} \end{aligned} \tag{5-28}$$

当 $\breve{p} \geqslant 0$ 为球性空间偶数维度时, 由式 (5-28) 得到部分球性以 e 为半径的基础几何对象一级表面特征量如下:

$$\begin{aligned} S^j_0 &= 1 \\ S^j_2 &= 2\mathrm{e}^2\pi \\ S^j_4 &= 4\mathrm{e}^4\pi^2 \\ S^j_6 &= 8\mathrm{e}^6\pi^3 \\ S^j_8 &= 16\mathrm{e}^8\pi^4 \\ S^j_{10} &= 32\mathrm{e}^{10}\pi^5 \end{aligned}$$

球性 $\widehat{p}$ 维以 e 为半径的基础几何对象一级表面特征量计算公式:

$$\begin{aligned}S_{\widehat{p}}^{j} &= \lim_{n\to\infty}\left(\frac{(n!)^{\widehat{p}+1}}{n^{n\left(\widehat{p}+1\right)+\frac{\widehat{p}+1}{2}}}\left(1+\frac{1}{n}\right)^{n\left(n\left(\widehat{p}+1\right)+\frac{3\left(\widehat{p}+1\right)}{2}-1\right)}\right)\\ &= 2^{\frac{\widehat{p}+1}{2}}\mathrm{e}^{\widehat{p}}\pi^{\frac{\widehat{p}+1}{2}}\end{aligned} \tag{5-29}$$

当 $\widehat{p}\geqslant 1$ 为球性空间奇数维度时, 由式 (5-29) 得到部分以 e 为半径的基础几何对象一级表面特征量:

$$\begin{aligned}S_1^j &= 2\mathrm{e}\pi\\ S_3^j &= 4\mathrm{e}^3\pi^2\\ S_5^j &= 8\mathrm{e}^5\pi^3\\ S_7^j &= 16\mathrm{e}^7\pi^4\\ S_9^j &= 32\mathrm{e}^9\pi^5\\ S_{11}^j &= 64\mathrm{e}^{11}\pi^6\end{aligned}$$

球性 $\breve{p}$ 维以 e 为半径的完整封闭几何对象一级表面特征量计算公式:

$$\begin{aligned}S_{\breve{p}}^{w} &= \lim_{n\to\infty}\left(\frac{2\,(n!)^{\breve{p}}}{n^{n\times\breve{p}+\frac{\breve{p}}{2}}}\left(1+\frac{1}{n}\right)^{n\left(n\times\breve{p}+\frac{3\breve{p}}{2}\right)}\right)\\ &= 2^{\frac{\breve{p}+2}{2}}\mathrm{e}^{\breve{p}}\pi^{\frac{\breve{p}}{2}}\end{aligned} \tag{5-30}$$

当 $\breve{p}\geqslant 0$ 为球性空间偶数维度时, 由式 (5-30) 得到部分以 e 为半径的基础几何对象一级表面特征量:

$$\begin{aligned}S_0^w &= 2\\ S_2^w &= 4\mathrm{e}^2\pi\\ S_4^w &= 8\mathrm{e}^4\pi^2\\ S_6^w &= 16\mathrm{e}^6\pi^3\\ S_8^w &= 32\mathrm{e}^8\pi^4\\ S_{10}^w &= 64\mathrm{e}^{10}\pi^5\end{aligned}$$

球性 $\widehat{p}$ 维以 e 为半径的完整封闭几何对象一级表面特征量计算公式.

由于球性奇数维度以 e 为半径的基础几何对象即为完整封闭几何对象, 因此球性奇数维度以 e 为半径的完整封闭几何对象表面特征量计算公式与基础几何对象相同, 即

$$
\begin{aligned}
S_{\widehat{p}}^{w} &= \lim_{n\to\infty}\left(\frac{(n!)^{\widehat{p}+1}}{n^{n\left(\widehat{p}+1\right)+\frac{\widehat{p}+1}{2}}}\left(1+\frac{1}{n}\right)^{n\left(n\left(\widehat{p}+1\right)+\frac{3\left(\widehat{p}+1\right)}{2}-1\right)}\right)\\
&= 2^{\frac{\widehat{p}+1}{2}}\mathrm{e}^{\widehat{p}}\pi^{\frac{\widehat{p}+1}{2}}
\end{aligned}
\tag{5-31}
$$

当 $\widehat{p}\geqslant 1$ 为球性空间奇数维度时, 由式 (5-31) 得到部分以 e 为半径的完整封闭几何对象一级表面特征量:

$$
\begin{aligned}
S_{1}^{w} &= 2\mathrm{e}\pi\\
S_{3}^{w} &= 4\mathrm{e}^{3}\pi^{2}\\
S_{5}^{w} &= 8\mathrm{e}^{5}\pi^{3}\\
S_{7}^{w} &= 16\mathrm{e}^{7}\pi^{4}\\
S_{9}^{w} &= 32\mathrm{e}^{9}\pi^{5}\\
S_{11}^{w} &= 64\mathrm{e}^{11}\pi^{6}
\end{aligned}
$$

球性 $\breve{p}$ 维以 e 为半径的单一非封闭几何对象一级表面特征量计算公式:

$$
\begin{aligned}
S_{\breve{p}}^{dn} &= \lim_{n\to\infty}\left(\frac{\left(\dfrac{\breve{p}}{2}\right)!}{2^{\frac{-\breve{p}}{2}}\breve{p}!}\frac{(n!)^{\breve{p}}}{n^{n\breve{p}+\frac{\breve{p}}{2}}}\left(1+\frac{1}{n}\right)^{n\left(\breve{p}n+\frac{3\breve{p}}{2}\right)}\right)\\
&= \frac{\left(\dfrac{\breve{p}}{2}\right)!}{\breve{p}!}(2\mathrm{e})^{\breve{p}}\pi^{\frac{\breve{p}}{2}}
\end{aligned}
\tag{5-32}
$$

当 $\breve{p}\geqslant 0$ 为球性空间偶数维度时, 由式 (5-32) 得到部分以 e 为半径的单一非封闭几何对象一级表面特征量:

$$
\begin{aligned}
S_{0}^{dn} &= 1\\
S_{2}^{dn} &= 2\mathrm{e}^{2}\pi\\
S_{4}^{dn} &= \frac{4}{3}\mathrm{e}^{4}\pi^{2}\\
S_{6}^{dn} &= \frac{8}{15}\mathrm{e}^{6}\pi^{3}\\
S_{8}^{dn} &= \frac{16}{105}\mathrm{e}^{8}\pi^{4}\\
S_{10}^{dn} &= \frac{32}{945}\mathrm{e}^{10}\pi^{5}
\end{aligned}
$$

球性 $\widehat{p}$ 维以 e 为半径的单一非封闭几何对象一级表面特征量计算公式:

$$S_{\widehat{p}}^{dn}=\lim_{n\to\infty}\left(\frac{\widehat{p}+1}{2^{\frac{\widehat{p}+1}{2}+1}\left(\dfrac{\widehat{p}+1}{2}\right)!}\frac{(n!)^{\widehat{p}+1}}{n^{n\left(\widehat{p}+1\right)+\frac{\widehat{p}+1}{2}}}\left(1+\frac{1}{n}\right)^{n\left(\left(\widehat{p}+1\right)n+\frac{3\left(\widehat{p}+1\right)}{2}-1\right)}\right)$$

$$=\frac{\widehat{p}+1}{2\left(\dfrac{\widehat{p}+1}{2}\right)!}\mathrm{e}^{\widehat{p}}\pi^{\frac{\widehat{p}+1}{2}} \tag{5-33}$$

当 $\widehat{p}\geqslant 1$ 为球性空间奇数维度时，由式 (5-33) 得到部分以 e 为半径的单一非封闭几何对象一级表面特征量：

$$S_1^{dn}=\mathrm{e}\pi$$

$$S_3^{dn}=\mathrm{e}^3\pi^2$$

$$S_5^{dn}=\frac{1}{2}\mathrm{e}^5\pi^3$$

$$S_7^{dn}=\frac{1}{6}\mathrm{e}^7\pi^4$$

$$S_9^{dn}=\frac{1}{24}\mathrm{e}^9\pi^5$$

$$S_{11}^{dn}=\frac{1}{120}\mathrm{e}^{11}\pi^6$$

球性 $\breve{p}$ 维以 e 为半径的单一封闭几何对象一级表面特征量计算公式：

$$S_{\breve{p}}^{dy}=\lim_{n\to\infty}\left(\frac{2\left(\dfrac{\breve{p}}{2}\right)!}{2^{\frac{-\breve{p}}{2}}\breve{p}!}\frac{(n!)^{\breve{p}}}{n^{n\breve{p}+\frac{\breve{p}}{2}}}\left(1+\frac{1}{n}\right)^{n\left(\breve{p}n+\frac{3\breve{p}}{2}\right)}\right)$$

$$=\frac{\left(\dfrac{\breve{p}}{2}\right)!}{\breve{p}!}2^{\breve{p}+1}\mathrm{e}^{\breve{p}}\pi^{\frac{\breve{p}}{2}} \tag{5-34}$$

当 $\breve{p}\geqslant 0$ 为球性空间偶数维度时，由式 (5-34) 得到部分以 e 为半径的单一封闭几何对象一级表面特征量：

$$S_0^{dy}=2$$

$$S_2^{dy}=4\mathrm{e}^2\pi$$

$$S_4^{dy}=\frac{8}{3}\mathrm{e}^4\pi^2$$

$$S_6^{dy}=\frac{16}{15}\mathrm{e}^6\pi^3$$

$$S_8^{dy} = \frac{32}{105}\mathrm{e}^8\pi^4$$
$$S_{10}^{dy} = \frac{64}{945}\mathrm{e}^{10}\pi^5$$

球性 $\widehat{p}$ 维以 e 为半径的单一封闭几何对象一级表面特征量计算公式:

$$S_{\widehat{p}}^{dy} = \lim_{n\to\infty}\left(\frac{2\left(\widehat{p}+1\right)}{2^{\frac{\widehat{p}+1}{2}+1}\left(\dfrac{\widehat{p}+1}{2}\right)!}\frac{(n!)^{\widehat{p}+1}}{n^{n\left(\widehat{p}+1\right)+\frac{\widehat{p}+1}{2}}}\left(1+\frac{1}{n}\right)^{n\left(\left(\widehat{p}+1\right)n+\frac{3\left(\widehat{p}+1\right)}{2}-1\right)}\right)$$
$$= \frac{\widehat{p}+1}{\left(\dfrac{\widehat{p}+1}{2}\right)!}\mathrm{e}^{\widehat{p}}\pi^{\frac{\widehat{p}+1}{2}} \tag{5-35}$$

当 $\widehat{p} \geqslant 1$ 为球性空间奇数维度时, 由式 (5-35) 得到部分以 e 为半径的单一封闭几何对象一级表面特征量:

$$S_1^{dy} = 2\mathrm{e}\pi$$
$$S_3^{dy} = 2\mathrm{e}^3\pi^2$$
$$S_5^{dy} = \mathrm{e}^5\pi^3$$
$$S_7^{dy} = \frac{1}{3}\mathrm{e}^7\pi^4$$
$$S_9^{dy} = \frac{1}{12}\mathrm{e}^9\pi^5$$
$$S_{11}^{dy} = \frac{1}{60}\mathrm{e}^{11}\pi^6$$

如果我们将通用公式中的半径 e 置换为任意正实数 r, 由上述式 (5-28) 至式 (5-35) 所获得的结果仍然成立.

通过上述各种情形下球性几何对象一级表面特征量计算公式获得的结果, 与通过积分运算获得的相应几何对象表面积结果相同. 式 (5-28) 至式 (5-35) 仅涉及指数运算及阶乘运算, 非常简洁优美而且实用, 可推广至任意维度计算球性几何对象的表面特征量.

同时, 通过对球性几何对象 “扩张 + 旋转” 升维规则分析, 清晰地获得了球性基础几何对象、球性完整几何对象、球性单一非封闭几何对象, 以及球性单一封闭几何对象这四种类型的几何对象概念. 其中, 球性单一封闭几何对象的一级表面形体特征量 (表面积) 与教科书上给出的各维度封闭球性几何对象的表面积相同.

由此我们联想到, 对于与欧氏空间同构的欧氏正则几何对象而言, 设表达基为 x, 1 维正则几何对象可以划分为 2 个 1 维单一正则几何对象, 每个 1 维单一正则几何对象的一级表面特征量是 1 维完整正则几何对象的 $\frac{1}{2^0}$ 倍; 2 维正则几何对象可以划分为 2^2 个 2 维单一正则几何对象, 每个 2 维单一正则几何对象的一级表面特征量是 2 维完整正则几何对象一级表面特征量的 $\frac{1}{2^1}$ 倍; 3 维正则几何对象可以划分为 2^3 个 3 维单一正则几何对象, 每个 3 维单一正则几何对象的一级表面特征量是 3 维完整正则几何对象一级表面特征量的 $\frac{1}{2^2}$ 倍; p 维正则几何对象可以划分为 2^p 个 p 维单一正则几何对象, 每个 p 维单一正则几何对象一级表面的特征量是 p 维完整正则几何对象一级表面特征量的 $\frac{1}{2^{p-1}}$ 倍. 这好比每个 p 维单一正则几何对象是"树木", 而 p 维完整正则几何对象是"森林".

反观球性几何对象的概念知道, 球性单一封闭几何对象与球性完整封闭几何对象的关系类似于欧氏单一正则几何对象与欧氏完整正则几何对象的关系. 比如, $S_{11}^{w} = 64\mathrm{e}^{11}\pi^6$, 而 $S_{11}^{dy} = \frac{1}{60}\mathrm{e}^{11}\pi^6$; $S_{10}^{w} = 64\mathrm{e}^{10}\pi^5$, $S_{10}^{dy} = \frac{64}{945}\mathrm{e}^{10}\pi^5$. 令式 (5-35) 被式 (5-31) 除, 且令式 (5-34) 被式 (5-30) 除, 不难得到: 当球性空间维度为奇数时, $\widehat{p}$ 维球性单一封闭几何对象与球性完整封闭几何对象一级表面特征量之间的倍数关系为 $\dfrac{\widehat{p}+1}{2^{\frac{\widehat{p}+1}{2}}\left(\dfrac{\widehat{p}+1}{2}\right)!}$, 当球性空间维度为偶数时, $\breve{p}$ 维球性单一封闭几何对象与球性完整封闭几何对象一级表面特征量之间的倍数关系为 $\dfrac{2^{\frac{\breve{p}}{2}}\left(\dfrac{\breve{p}}{2}\right)!}{\breve{p}!}$. 其中, $\dfrac{\widehat{p}+1}{2^{\frac{\widehat{p}+1}{2}}\left(\dfrac{\widehat{p}+1}{2}\right)!}$ 对应于 $\dfrac{1}{\left(\widehat{p}-1\right)\#}$, $\dfrac{2^{\frac{\breve{p}}{2}}\left(\dfrac{\breve{p}}{2}\right)!}{\breve{p}!}$ 对应于 $\dfrac{1}{\left(\breve{p}-1\right)\#}$, 符号#代表连乘.

5.3 以 e 为半径的球性实体几何对象特征量

由前面的分析知道, 全部升维过程仅仅包含扩张过程而不包含任何旋转过程的几何对象属于欧氏空间中的欧氏几何对象. 全部升维过程不仅包含扩张过程而且包含间隔性旋转过程的几何对象属于球性空间中的球性几何对象.

5.2 研究了球性空间中部分维度上球性几何对象表面特征量的变化规律, 并以 4 种情形、8 种表达式予以归纳表达.

根据欧氏空间中欧氏几何对象不仅具有表面特征量, 而且具有实体特征量判断, 球性空间中的球性几何对象也应该不仅具有表面特征量, 而且也有实体特征量. 在不使用传统积分方法的前提下, 如何获得球性空间中球性几何对象的实体特征量呢?

这是一个有趣的问题, 它将促使我们通过 "扩张" 的几何方法得到关于球性几何对象 "体积" 的概念.

我们也已经知道, 球性几何对象的表达基是二元复合的, 并非单一的. 表达基的二元包含扩张元和旋转元, 如果仅仅扩张元升维 (且并非完整升维) 而旋转元不升维, 将得到非规范的球性几何对象 —— 既继承一部分球性几何对象特征 (作为球性边界), 又加入一部分欧氏几何对象的特征 (仅扩张升维, 将球性边界以内的空间充满), 刚好可获得具有球性 $p-1$ 维表面的 p 维 "实心体", 这种具有球性 $p-1$ 维表面的 p 维 "实心体" 的几何形体特征量通常被称为弧长、圆面积、球体积、超球体积等.

于是根据 5.2 节所述球性几何对象表面特征量计算表达式及本章上述分析结果, 容易得到若干相应球性实体几何对象的特征量表达式.

1. 球性空间以 e 为半径的基础实体几何对象特征量表达式

球性 1 维基础实体几何对象特征量 (欧氏 1 维圆半径)

$$\lim_{n\to\infty}\left(\frac{(n!)^0}{n^0}\left(1+\frac{1}{n}\right)^n\right)=\mathrm{e}$$

球性 2 维基础实体几何对象特征量 (欧氏 2 维圆面积)

$$\lim_{n\to\infty}\left(\frac{(n!)^2}{n^{2n+1}}\left(1+\frac{1}{n}\right)^{n(2n+2)+n}\right)=2\mathrm{e}^2\pi$$

球性 3 维基础实体几何对象特征量 (欧氏 3 维半球体积)

$$\lim_{n\to\infty}\left(\frac{(n!)^2}{n^{2n+1}}\left(1+\frac{1}{n}\right)^{n(2n+3)+n}\right)=2\mathrm{e}^3\pi$$

球性 4 维基础实体几何对象特征量 (欧氏 4 维超球体积)

$$\lim_{n\to\infty}\left(\frac{(n!)^4}{n^{4n+2}}\left(1+\frac{1}{n}\right)^{n(4n+5)+n}\right)=4\mathrm{e}^4\pi^2$$

球性 5 维基础实体几何对象特征量 (欧氏 5 维超半球体积)

$$\lim_{n\to\infty}\left(\frac{(n!)^4}{n^{4n+2}}\left(1+\frac{1}{n}\right)^{n(4n+6)+n}\right)=4\mathrm{e}^5\pi^2$$

球性 6 维基础实体几何对象特征量 (欧氏 6 维超球体积)

$$\lim_{n\to\infty}\left(\frac{(n!)^6}{n^{6n+3}}\left(1+\frac{1}{n}\right)^{n(6n+8)+n}\right)=8\mathrm{e}^6\pi^3$$

球性 7 维基础实体几何对象特征量 (欧氏 7 维超半球体积)

$$\lim_{n\to\infty}\left(\frac{(n!)^6}{n^{6n+3}}\left(1+\frac{1}{n}\right)^{n(6n+9)+n}\right)=8\mathrm{e}^7\pi^3$$

球性 8 维基础实体几何对象特征量 (欧氏 8 维超球体积)

$$\lim_{n\to\infty}\left(\frac{(n!)^8}{n^{8n+4}}\left(1+\frac{1}{n}\right)^{n(8n+11)+n}\right)=16\mathrm{e}^8\pi^4$$

球性 9 维基础实体几何对象特征量 (欧氏 9 维超半球体积)

$$\lim_{n\to\infty}\left(\frac{(n!)^8}{n^{8n+4}}\left(1+\frac{1}{n}\right)^{n(8n+12)+n}\right)=16\mathrm{e}^9\pi^4$$

球性 10 维基础实体几何对象特征量 (欧氏 10 维超球体积)

$$\lim_{n\to\infty}\left(\frac{(n!)^{10}}{n^{10n+5}}\left(1+\frac{1}{n}\right)^{n(10n+14)+n}\right)=32\mathrm{e}^{10}\pi^5$$

2. 球性空间以 e 为半径的完整封闭实体几何对象特征量表达式

球性 1 维完整封闭实体几何对象特征量 (欧氏 1 维圆直径)

$$\lim_{n\to\infty}\left(2\frac{(n!)^0}{n^0}\left(1+\frac{1}{n}\right)^{n}\right)=2\mathrm{e}$$

球性 2 维完整封闭实体几何对象特征量 (欧氏 2 维圆面积)

$$\lim_{n\to\infty}\left(\frac{(n!)^2}{n^{2n+1}}\left(1+\frac{1}{n}\right)^{n(2n+2)+n}\right)=2\mathrm{e}^2\pi$$

球性 3 维完整封闭实体几何对象特征量 (欧氏 3 维球体积)

$$\lim_{n\to\infty}\left(2\frac{(n!)^2}{n^{2n+1}}\left(1+\frac{1}{n}\right)^{n(2n+3)+n}\right)=4\mathrm{e}^3\pi$$

球性 4 维完整封闭实体几何对象特征量 (欧氏 4 维超球体积)

$$\lim_{n\to\infty}\left(\frac{(n!)^4}{n^{4n+2}}\left(1+\frac{1}{n}\right)^{n(4n+5)+n}\right)=4\mathrm{e}^4\pi^2$$

球性 5 维完整封闭实体几何对象特征量 (欧氏 5 维超球体积)

$$\lim_{n\to\infty}\left(2\frac{(n!)^4}{n^{4n+2}}\left(1+\frac{1}{n}\right)^{n(4n+6)+n}\right)=8\mathrm{e}^5\pi^2$$

球性 6 维完整封闭实体几何对象特征量 (欧氏 6 维超球体积)

$$\lim_{n\to\infty}\left(\frac{(n!)^6}{n^{6n+3}}\left(1+\frac{1}{n}\right)^{n(6n+8)+n}\right)=8\mathrm{e}^6\pi^3$$

球性 7 维完整封闭实体几何对象特征量 (欧氏 7 维超球体积)

$$\lim_{n\to\infty}\left(2\frac{(n!)^6}{n^{6n+3}}\left(1+\frac{1}{n}\right)^{n(6n+9)+n}\right)=16\mathrm{e}^7\pi^3$$

球性 8 维完整封闭实体几何对象特征量 (欧氏 8 维超球体积)

$$\lim_{n\to\infty}\left(\frac{(n!)^8}{n^{8n+4}}\left(1+\frac{1}{n}\right)^{n(8n+11)+n}\right)=16\mathrm{e}^8\pi^4$$

球性 9 维完整封闭实体几何对象特征量 (欧氏 9 维超球体积)

$$\lim_{n\to\infty}\left(2\frac{(n!)^8}{n^{8n+4}}\left(1+\frac{1}{n}\right)^{n(8n+12)+n}\right)=32\mathrm{e}^9\pi^4$$

球性 10 维完整封闭实体几何对象特征量 (欧氏 10 维超球体积)

$$\lim_{n\to\infty}\left(\frac{(n!)^{10}}{n^{10n+5}}\left(1+\frac{1}{n}\right)^{n(10n+14)+n}\right)=32\mathrm{e}^{10}\pi^5$$

3. 球性空间以 e 为半径的单一非封闭实体几何对象特征量表达式

球性 1 维单一非封闭实体几何对象特征量 (欧氏 1 维圆半径)

$$\lim_{n\to\infty}\left(\frac{(n!)^0}{n^0}\left(1+\frac{1}{n}\right)^n\right)=\mathrm{e}$$

球性 2 维单一非封闭实体几何对象特征量 (欧氏 2 维单一半圆面积)

$$\lim_{n\to\infty}\left(\frac{1}{2\times 2}\frac{(n!)^2}{n^{2n+1}}\left(1+\frac{1}{n}\right)^{n(2n+2)+n}\right)=\frac{1}{2}\mathrm{e}^2\pi$$

球性 3 维单一非封闭实体几何对象特征量 (欧氏 3 维单一半球体积)

$$\lim_{n\to\infty}\left(\frac{1}{3}\frac{(n!)^2}{n^{2n+1}}\left(1+\frac{1}{n}\right)^{n(2n+3)+n}\right)=\frac{2}{3}\mathrm{e}^3\pi$$

球性 4 维单一非封闭实体几何对象特征量 (欧氏 4 维单一超半球体积)

$$\lim_{n\to\infty}\left(\frac{1}{2\times2\times4}\frac{(n!)^4}{n^{4n+2}}\left(1+\frac{1}{n}\right)^{n(4n+5)+n}\right)=\frac{1}{4}\mathrm{e}^4\pi^2$$

球性 5 维单一非封闭实体几何对象特征量 (欧氏 5 维单一超半球体积)

$$\lim_{n\to\infty}\left(\frac{1}{3\times5}\frac{(n!)^4}{n^{4n+2}}\left(1+\frac{1}{n}\right)^{n(4n+6)+n}\right)=\frac{4}{15}\mathrm{e}^5\pi^2$$

球性 6 维单一非封闭实体几何对象特征量 (欧氏 6 维单一超半球体积)

$$\lim_{n\to\infty}\left(\frac{1}{2\times2\times4\times6}\frac{(n!)^6}{n^{3n+6}}\left(1+\frac{1}{n}\right)^{n(6n+8)+n}\right)=\frac{1}{12}\mathrm{e}^6\pi^3$$

球性 7 维单一非封闭实体几何对象特征量 (欧氏 7 维单一超半球体积)

$$\lim_{n\to\infty}\left(\frac{1}{3\times5\times7}\frac{(n!)^6}{n^{6n+3}}\left(1+\frac{1}{n}\right)^{n(6n+9)+n}\right)=\frac{8}{105}\mathrm{e}^7\pi^3$$

球性 8 维单一非封闭实体几何对象特征量 (欧氏 8 维单一超半球体积)

$$\lim_{n\to\infty}\left(\frac{1}{2\times2\times4\times6\times8}\frac{(n!)^8}{n^{4n+8}}\left(1+\frac{1}{n}\right)^{n(8n+11)+n}\right)=\frac{\mathrm{e}^8\pi^4}{48}$$

球性 9 维单一非封闭实体几何对象特征量 (欧氏 9 维单一超半球体积)

$$\lim_{n\to\infty}\left(\frac{1}{3\times5\times7\times9}\frac{(n!)^8}{n^{8n+4}}\left(1+\frac{1}{n}\right)^{n(8n+12)+n}\right)=\frac{16}{945}\mathrm{e}^9\pi^4$$

球性 10 维单一非封闭实体几何对象特征量 (欧氏 10 维单一超半球体积)

$$\lim_{n\to\infty}\left(\frac{1}{2\times\times24\times6\times8\times10}\frac{(n!)^{10}}{n^{10n+5}}\left(1+\frac{1}{n}\right)^{n(10n+14)+n}\right)=\frac{1}{240}\mathrm{e}^{10}\pi^5$$

4. 球性空间以 e 为半径的单一封闭实体几何对象特征量表达式

球性 1 维单一封闭实体几何对象特征量 (欧氏 1 维圆直径)

$$\lim_{n\to\infty}\left(2\frac{(n!)^0}{n^0}\left(1+\frac{1}{n}\right)^n\right)=2\mathrm{e}$$

球性 2 维单一封闭实体几何对象特征量 (欧氏 2 维单一圆面积)

$$\lim_{n\to\infty}\left(\frac{1}{2}\frac{(n!)^2}{n^{2n+1}}\left(1+\frac{1}{n}\right)^{n(2n+2)+n}\right)=\mathrm{e}^2\pi$$

球性 3 维单一封闭实体几何对象特征量 (欧氏 3 维单一球体积)

$$\lim_{n\to\infty}\left(\frac{2}{3}\frac{(n!)^2}{n^{2n+1}}\left(1+\frac{1}{n}\right)^{n(2n+3)+n}\right)=\frac{4}{3}\mathrm{e}^3\pi$$

球性 4 维单一封闭实体几何对象特征量 (欧氏 4 维单一超球体积)

$$\lim_{n\to\infty}\left(\frac{1}{2\times 4}\frac{(n!)^4}{n^{4n+2}}\left(1+\frac{1}{n}\right)^{n(4n+5)+n}\right)=\frac{1}{2}\mathrm{e}^4\pi^2$$

球性 5 维单一封闭实体几何对象特征量 (欧氏 5 维单一超球体积)

$$\lim_{n\to\infty}\left(\frac{2}{3\times 5}\frac{(n!)^4}{n^{4n+2}}\left(1+\frac{1}{n}\right)^{n(4n+6)+n}\right)=\frac{8}{15}\mathrm{e}^5\pi^2$$

球性 6 维单一封闭实体几何对象特征量 (欧氏 6 维单一超球体积)

$$\lim_{n\to\infty}\left(\frac{1}{2\times 4\times 6}\frac{(n!)^6}{n^{3n+6}}\left(1+\frac{1}{n}\right)^{n(6n+8)+n}\right)=\frac{1}{6}\mathrm{e}^6\pi^3$$

球性 7 维单一封闭实体几何对象特征量 (欧氏 7 维单一超球体积)

$$\lim_{n\to\infty}\left(\frac{2}{3\times 5\times 7}\frac{(n!)^6}{n^{6n+3}}\left(1+\frac{1}{n}\right)^{n(6n+9)+n}\right)=\frac{16}{105}\mathrm{e}^7\pi^3$$

球性 8 维单一封闭实体几何对象特征量 (欧氏 8 维单一超球体积)

$$\lim_{n\to\infty}\left(\frac{1}{2\times 4\times 6\times 8}\frac{(n!)^8}{n^{4n+8}}\left(1+\frac{1}{n}\right)^{n(8n+11)+n}\right)=\frac{\mathrm{e}^8\pi^4}{24}$$

球性 9 维单一封闭实体几何对象特征量 (欧氏 9 维单一超球体积)

$$\lim_{n\to\infty}\left(\frac{2}{3\times 5\times 7\times 9}\frac{(n!)^8}{n^{8n+4}}\left(1+\frac{1}{n}\right)^{n(8n+12)+n}\right)=\frac{32}{945}\mathrm{e}^9\pi^4$$

球性 10 维单一封闭实体几何对象特征量 (欧氏 10 维单一超球体积)

$$\lim_{n\to\infty}\left(\frac{1}{2\times 4\times 6\times 8\times 10}\frac{(n!)^{10}}{n^{10n+5}}\left(1+\frac{1}{n}\right)^{n(10n+14)+n}\right)=\frac{1}{120}\mathrm{e}^{10}\pi^5$$

显然, 通常教科书中给出的所谓 “p 维球的体积” 表达式仅仅特指上述第 4 种情形, 即单一球性 p 维封闭实体几何对象特征量 (欧氏 p 维单一封闭球性实体几何对象特征量), 并非球性实体几何对象特征量的全部情形. 这与欧氏空间中纯粹扩张表达基生成几何对象情形有很大差异. 在欧氏空间中由基础几何对象经纯粹扩张生成的几何对象只有一个 (扩张仅沿着一个维度进行), 且基础几何对象都是完整封闭的几何对象, 所升维生成的几何对象也都是封闭几何对象, 所以其一级表面特征量与体积特征量的计算公式无需区分奇数维度和偶数维度情形.

归纳上述表达式, 我们分别得到以 e 为半径欧氏空间 p 维基础球性实体几何对象特征量计算公式, 以 e 为半径完整封闭欧氏空间 p 维完整封闭球性实体几何对象特征量计算公式, 以 e 为半径欧氏空间 p 维单一非封闭球性实体几何对象特征量计算公式, 以 e 为半径欧氏空间 p 维单一封闭球性实体几何对象特征量计算公式如下 (球性实体几何对象维度与欧氏空间实体几何对象维度一致).

设 $\widehat{p} \geqslant 1$ 为球性空间奇数维度, $\breve{p} \geqslant 0$ 为球性空间偶数维度, 经归纳上述分析结果, 我们可分别得到:

球性奇数维度以 e 为半径的基础几何对象实体特征量计算公式:

$$\begin{aligned} V_{\widehat{p}}^{j} &= \lim_{n\to\infty}\left(\frac{(n!)^{\widehat{p}-1}}{n^{n\left(\widehat{p}-1\right)+\frac{\widehat{p}-1}{2}}}\left(1+\frac{1}{n}\right)^{n((\widehat{p}-1)n+\frac{3(\widehat{p}-1)}{2})+n}\right) \\ &= 2^{\frac{\widehat{p}-1}{2}}\mathrm{e}^{\widehat{p}}\pi^{\frac{\widehat{p}-1}{2}} \end{aligned} \tag{5-36}$$

当 $\widehat{p} \geqslant 1$ 为球性空间奇数维度时, 由式 (5-36) 得到部分球性奇数维度以 e 为半径的基础几何对象实体特征量:

$$\begin{aligned} V_1^j &= \mathrm{e} \\ V_3^j &= 2\mathrm{e}^3\pi \\ V_5^j &= 4\mathrm{e}^5\pi^2 \\ V_7^j &= 8\mathrm{e}^7\pi^3 \\ V_9^j &= 16\mathrm{e}^9\pi^4 \\ V_{11}^j &= 32\mathrm{e}^{11}\pi^5 \end{aligned}$$

球性偶数维度以 e 为半径的基础几何对象实体特征量计算公式:

$$\begin{aligned} V_{\breve{p}}^{j} &= \lim_{n\to\infty}\left(\frac{(n!)^{\breve{p}}}{n^{n\breve{p}+\frac{\breve{p}}{2}}}\left(1+\frac{1}{n}\right)^{n\left(\breve{p}n+\frac{3\breve{p}}{2}-1\right)+n}\right) \\ &= 2^{\frac{\breve{p}}{2}}\mathrm{e}^{\breve{p}}\pi^{\frac{\breve{p}}{2}} \end{aligned} \tag{5-37}$$

当 $\breve{p} \geqslant 0$ 为球性空间偶数维度时, 由式 (5-37) 得到部分球性偶数维度以 e 为半径的基础几何对象实体特征量:

$$V_0^j = 1$$

$$V_2^j = 2\mathrm{e}^2\pi$$
$$V_4^j = 4\mathrm{e}^4\pi^2$$
$$V_6^j = 8\mathrm{e}^6\pi^3$$
$$V_8^j = 16\mathrm{e}^8\pi^4$$
$$V_{10}^j = 32\mathrm{e}^{10}\pi^5$$
$$V_{12}^j = 64\mathrm{e}^{12}\pi^6$$

球性奇数维度以 e 为半径的完整封闭几何对象实体特征量计算公式:

$$\begin{aligned} V_{\widehat{p}}^w &= \lim_{n\to\infty}\left(\frac{2\,(n!)^{\widehat{p}-1}}{n^{n\left(\widehat{p}-1\right)+\frac{\widehat{p}-1}{2}}}\left(1+\frac{1}{n}\right)^{n\left(\left(\widehat{p}-1\right)n+\frac{3\left(\widehat{p}-1\right)}{2}\right)+n}\right) \\ &= 2^{\frac{\widehat{p}+1}{2}}\mathrm{e}^{\widehat{p}}\pi^{\frac{\widehat{p}-1}{2}} \end{aligned} \tag{5-38}$$

当 $\widehat{p} \geqslant 1$ 为球性空间奇数维度时, 由式 (5-37) 得到部分球性奇数维度以 e 为半径的基础几何对象实体特征量:

$$V_1^w = 2\mathrm{e}$$
$$V_3^w = 4\mathrm{e}^3\pi$$
$$V_5^w = 8\mathrm{e}^5\pi^2$$
$$V_7^w = 16\mathrm{e}^7\pi^3$$
$$V_9^w = 32\mathrm{e}^9\pi^4$$
$$V_{11}^w = 64\mathrm{e}^{11}\pi^5$$

球性偶数维度以 e 为半径的完整封闭几何对象实体特征量计算公式.

由于球性偶数维度以 e 为半径的基础几何对象即为完整封闭几何对象, 因此球性偶数维度以 e 为半径的几何对象实体特征量计算公式与之相同, 即

$$\begin{aligned} V_{\breve{p}}^w &= \lim_{n\to\infty}\left(\frac{(n!)^{\breve{p}}}{n^{n\breve{p}+\frac{\breve{p}}{2}}}\left(1+\frac{1}{n}\right)^{n\left(\breve{p}n+\frac{3\breve{p}}{2}-1\right)+n}\right) \\ &= 2^{\frac{\breve{p}}{2}}\mathrm{e}^{\breve{p}}\pi^{\frac{\breve{p}}{2}} \end{aligned} \tag{5-39}$$

当 $\breve{p} \geqslant 0$ 为欧氏空间偶数维度时, 由式 (5-39) 得到部分球性偶数维度以 e 为半径的完整封闭几何对象实体特征量:

$$V_0^j = 1$$

$$V_2^w = 2\mathrm{e}^2\pi$$
$$V_4^w = 4\mathrm{e}^4\pi^2$$
$$V_6^w = 8\mathrm{e}^6\pi^3$$
$$V_8^w = 16\mathrm{e}^8\pi^4$$
$$V_{10}^w = 32\mathrm{e}^{10}\pi^5$$
$$V_{12}^w = 64\mathrm{e}^{12}\pi^6$$

球性奇数维度以 e 为半径的单一非封闭几何对象实体特征量计算公式:

$$V_{\widehat{p}}^{dn} = \lim_{n\to\infty}\left(\frac{\left(\dfrac{\widehat{p}+1}{2}\right)!}{2^{\frac{\widehat{p}-1}{2}-p}\left(\widehat{p}+1\right)!}\frac{(n!)^{\widehat{p}-1}}{n^{n\left(\widehat{p}-1\right)+\frac{\widehat{p}-1}{2}}}\left(1+\frac{1}{n}\right)^{n\left(\left(\widehat{p}-1\right)n+\frac{3\left(\widehat{p}-1\right)}{2}\right)+n}\right)$$
$$=\frac{\left(\dfrac{\widehat{p}+1}{2}\right)!}{\left(\widehat{p}+1\right)!}2^{\widehat{p}}\mathrm{e}^{\widehat{p}}\pi^{\frac{\widehat{p}-1}{2}} \tag{5-40}$$

当 $\widehat{p}\geqslant 1$ 为球性空间奇数维度时, 由式 (5-40) 得到部分球性奇数维度以 e 为半径的单一非封闭几何对象实体特征量:

$$V_1^{dn} = \mathrm{e}$$
$$V_3^{dn} = \frac{2}{3}\mathrm{e}^3\pi$$
$$V_5^{dn} = \frac{4}{15}\mathrm{e}^5\pi^2$$
$$V_7^{dn} = \frac{8}{105}\mathrm{e}^7\pi^3$$
$$V_9^{dn} = \frac{16}{945}\mathrm{e}^9\pi^4$$
$$V_{11}^{dn} = \frac{32}{10395}\mathrm{e}^{11}\pi^5$$

球性偶数维度以 e 为半径的单一非封闭几何对象实体特征量计算公式:

$$V_{\breve{p}}^{dn} = \lim_{n\to\infty}\left(\frac{1}{2^{\frac{\breve{p}}{2}+1}\left(\dfrac{\breve{p}}{2}\right)!}\frac{(n!)^{\breve{p}}}{n^{n\breve{p}+\frac{\breve{p}}{2}}}\left(1+\frac{1}{n}\right)^{n\left(\breve{p}n+\frac{3\breve{p}}{2}-1\right)+n}\right)$$

$$= \frac{1}{2\left(\frac{\breve{p}}{2}\right)!}\mathrm{e}^{\breve{p}}\pi^{\frac{\breve{p}}{2}} \tag{5-41}$$

当 $\breve{p} \geqslant 0$ 为球性空间偶数维度时，由式 (5-41) 得到部分球性偶数维度以 e 为半径的单一非封闭几何对象实体特征量：

$$V_0^{dn} = \frac{1}{2}$$
$$V_2^{dn} = \frac{\mathrm{e}^2\pi}{2}$$
$$V_4^{dn} = \frac{\mathrm{e}^4\pi^2}{4}$$
$$V_6^{dn} = \frac{1}{12}\mathrm{e}^6\pi^3$$
$$V_8^{dn} = \frac{1}{48}\mathrm{e}^8\pi^4$$
$$V_{10}^{dn} = \frac{1}{240}\mathrm{e}^{10}\pi^5$$
$$V_{12}^{dn} = \frac{1}{1440}\mathrm{e}^{12}\pi^6$$

球性奇数维度以 e 为半径的单一封闭几何对象实体特征量计算公式：

$$V_{\widehat{p}}^{dy} = \lim_{n\to\infty}\left(\frac{2\left(\frac{\widehat{p}+1}{2}\right)!}{2^{\frac{\widehat{p}-1}{2}-p}\left(\widehat{p}+1\right)!}\frac{(n!)^{\widehat{p}-1}}{n^{n\left(\widehat{p}-1\right)+\frac{\widehat{p}-1}{2}}}\left(1+\frac{1}{n}\right)^{n\left(\left(\widehat{p}-1\right)n+\frac{3\left(\widehat{p}-1\right)}{2}\right)+n}\right)$$
$$= \frac{\left(\frac{\widehat{p}+1}{2}\right)!}{\left(\widehat{p}+1\right)!}2^{\widehat{p}+1}\mathrm{e}^{\widehat{p}}\pi^{\frac{\widehat{p}-1}{2}} \tag{5-42}$$

当 $\widehat{p} \geqslant 1$ 为球性空间奇数维度时，由式 (5-41) 得到部分球性奇数维度以 e 为半径的单一封闭几何对象实体特征量：

$$V_1^{dy} = 2\mathrm{e}$$
$$V_3^{dy} = \frac{4}{3}\mathrm{e}^3\pi$$
$$V_5^{dy} = \frac{8}{15}\mathrm{e}^5\pi^2$$
$$V_7^{dy} = \frac{16}{105}\mathrm{e}^7\pi^3$$

$$V_9^{dy} = \frac{32}{945}\mathrm{e}^9\pi^4$$
$$V_{11}^{dy} = \frac{64}{10395}\mathrm{e}^{11}\pi^5$$

球性偶数维度以 e 为半径的单一封闭几何对象实体特征量计算公式：

$$\begin{aligned} V_{\breve{p}}^{dy} &= \lim_{n\to\infty}\left(\frac{1}{2^{\frac{\breve{p}}{2}}\left(\frac{\breve{p}}{2}\right)!}\frac{(n!)^{\breve{p}}}{n^{n\breve{p}+\frac{\breve{p}}{2}}}\left(1+\frac{1}{n}\right)^{n\left(\breve{p}n+\frac{3\breve{p}}{2}-1\right)+n}\right) \\ &= \frac{1}{\left(\frac{\breve{p}}{2}\right)!}\mathrm{e}^{\breve{p}}\pi^{\frac{\breve{p}}{2}} \end{aligned} \tag{5-43}$$

当 $\breve{p}\geqslant 0$ 为球性空间偶数维度时，由式 (5-41) 得到部分球性偶数维度以 e 为半径的单一封闭几何对象实体特征量：

$$V_0^{dy} = 1$$
$$V_2^{dy} = \mathrm{e}^2\pi$$
$$V_4^{dy} = \frac{1}{2}\mathrm{e}^4\pi^2$$
$$V_6^{dy} = \frac{1}{6}\mathrm{e}^6\pi^3$$
$$V_8^{dy} = \frac{1}{24}\mathrm{e}^8\pi^4$$
$$V_{10}^{dy} = \frac{1}{120}\mathrm{e}^{10}\pi^5$$
$$V_{12}^{dy} = \frac{1}{720}\mathrm{e}^{12}\pi^6$$

如果我们将通用公式中的半径 e 置换为任意正实数 r，由上述式 (5-36) 至式 (5-43) 所获得的结果仍然成立.

与表面特征量相似地，对于与欧氏空间同构的欧氏正则实体几何对象而言，设表达基为 x，1 维正则几何对象可以划分为 2 个 1 维单一正则几何对象，每个 1 维单一正则几何对象的特征量是 1 维完整正则几何对象的 $\frac{1}{2}$ 倍；2 维正则几何对象可以划分为 2^2 个 2 维单一正则几何对象，每个 2 维单一正则几何对象的特征量是 2 维完整正则几何对象的 $\frac{1}{2^2}$ 倍；3 维正则几何对象可以划分为 2^3 个 3 维单一正则几何对象，每个 3 维单一正则几何对象的特征量是 3 维完整正则几何对象的 $\frac{1}{2^3}$

倍; p 维正则几何对象可以划分为 2^p 个 p 维单一正则几何对象, 每个 p 维单一正则几何对象的特征量是 p 维完整正则几何对象的 $\dfrac{1}{2^p}$ 倍.

而对于球性实体几何对象而言, 球性单一封闭几何对象与球性完整封闭几何对象的关系也类似于欧氏单一正则几何对象与欧氏完整正则几何对象的关系. 比如, $V_{11}^{w}=64\mathrm{e}^{11}\pi^5$, 而 $V_{11}^{dy}=\dfrac{64}{10395}\mathrm{e}^{11}\pi^5$; $V_{10}^{w}=32\mathrm{e}^{10}\pi^5$, $V_{10}^{dy}=\dfrac{1}{120}\mathrm{e}^{10}\pi^5$. 令式 (5-42) 被式 (5-38) 除, 且令式 (5-43) 被式 (5-39) 除, 不难得到: 当球性空间维度为奇数时, $\widehat{p}$ 维球性单一封闭实体几何对象与球性完整封闭实体几何对象一级表面特征量之间的倍数关系为 $\dfrac{2^{\frac{\widehat{p}+1}{2}}\left(\dfrac{\widehat{p}+1}{2}\right)!}{\left(\widehat{p}+1\right)!}$; 当球性空间维度为偶数时, $\breve{p}$ 维球性单一封闭实体几何对象与球性完整封闭实体几何对象一级表面特征量之间的倍数关系为 $\dfrac{1}{2^{\frac{\breve{p}}{2}}\left(\dfrac{\breve{p}}{2}\right)!}$. 其中, $\dfrac{2^{\frac{\widehat{p}+1}{2}}\left(\dfrac{\widehat{p}+1}{2}\right)!}{\left(\widehat{p}+1\right)!}$ 对应于 $\dfrac{1}{\widehat{p}\#}$, $\dfrac{1}{2^{\frac{\breve{p}}{2}}\left(\dfrac{\breve{p}}{2}\right)!}$ 对应于 $\dfrac{1}{\breve{p}\#}$, 符号#代表连乘.

上述各种情形下的球性几何对象实体特征量计算公式与通过积分运算获得的单一封闭几何对象体积计算结果相同. 式 (5-36) 至式 (5-43) 仅涉及指数运算及阶乘运算, 非常简洁优美而且实用, 可推广至任意维度计算球性几何对象的实体特征量.

5.4 单形空间几何对象的表面性质及实体性质

在上述讨论中, 我们获得了欧氏空间单一正则几何对象同与欧氏空间同构的完整正则几何对象的表面特征量及实体特征量之间的数值关系, 也获得了球性空间单一正则几何对象同与球性空间同构的完整正则几何对象的表面特征量及实体特征量之间的数值关系, 以下我们简单讨论一下单形空间单一正则几何对象同与单形空间同构的完整正则几何对象的表面特征量及实体特征量之间的数值关系.

在《空间结构与几何对象》(北京: 科学出版社, 2010 年) 中, 列举了欧氏几何对象、单形几何对象的一级表面单元个数. 为了便于比较研究, 以下不仅引用两类几何对象相应的表面单元个数, 而且列出这两类几何对象表面特征量及实体特征量表达式, 以便对两类几何对象相对应层级的几何特性进行比较.

设 x 为表达基, y 为几何对象的实体特征量, 记欧氏空间中单一封闭 p 维正则

几何对象所包含的 $0\leqslant m\leqslant p$ 维欧氏几何对象个数表达式为 G_p^m, 记欧氏空间中单一封闭 p 维正则几何对象所包含的 $0\leqslant m\leqslant p$ 维欧氏几何对象特征量表达式为 y_p^m, 则有

$$G_p^m=\frac{2^{p-m}p!}{(p-m)!m!} \tag{5-44}$$

$$y_p^m=\frac{2^{p-m}p!}{(p-m)!m!}x^m \tag{5-45}$$

其中, $p\geqslant 1$. 比如, 当 $p=3$ 时, 其所包含的 0 维几何对象个数为 $G_3^0=8$(包含 8 个顶点), $y_3^0=8$(0 维特征量为 8); 所包含的 1 维几何对象个数为 $G_3^1=12$(包含 12 条边线), $y_3^1=12x$(1 维特征量为 $12x$); 所包含的 2 维几何对象个数为 $G_3^2=6$(包含 6 个正方形平面), $y_3^2=6x^2$(2 维特征量为 $6x^2$); 所包含的 3 维几何对象个数为 $G_3^3=1$(包含 1 个立方体), $y_3^3=x^3$(3 维特征量为 x^3).

设 x 为表达基, y 为几何对象的实体特征量, 单形空间中单一封闭 p 维正则几何对象所包含的 $0\leqslant m\leqslant (p-1)$ 维表面的个数表达式及其单一单形几何对象特征量表达式:

$$H_p^m=\frac{(p+1)!}{(p-m)!\,(m+1)!} \tag{5-46}$$

$$y_p^m=\frac{(p+1)!}{(p-m)!\,(m+1)!}x^m q_m \tag{5-47}$$

其中, H_p^m 对应单形 p 维正则几何对象所包含的 $0\leqslant m\leqslant (p-1)$ 维单一封闭单形几何对象个数表达式, $x^m q_m$ 为 $0\leqslant m\leqslant (p-1)$ 维单一封闭单形几何对象特征量, $p\geqslant 1$.

m 维单一封闭单形几何对象特征量 $x^m q_m$ 中的 q_m 是 m 维单形正则几何对象相对于 m 维欧氏正则几何对象的同维度特征量系数. 以下通过递归的方法确定 q_m 的具体表达形式.

我们知道, 1 维正则单形是一条长度为表达基 x 的直线, 2 维正则单形是一个边长为 x 的等边三角形, 3 维正则单形是一个棱长为 x 的正四面体, 4 维正则单形是一个棱长为 x 的正五胞体, 每个胞都是一个 3 维正则单形, 5 维正则单形是一个棱长为 x 的正六胞体, 每个胞都是一个 4 维正则单形, 6 维正则单形是一个棱长为 x 的正七胞体, 每个胞都是一个 5 维正则单形, $\cdots$.

1 维正则单形的几何特征量表达式就是表达基 x, 即 $y_1=x$; 2 维正则单形的几何特征量表达式为 $y_2=\frac{1}{2}x\times h_2$, 其中, h_2 为 2 维正则单形几何对象的高; 3 维正则单形的几何特征量表达式为 $y_3=\frac{1}{3}\left(\frac{1}{2}x\times h_2\right)h_3$, 其中, h_3 为 3 维正则单形

几何对象的高; 4 维正则单形的几何特征量表达式为 $y_4 = \frac{1}{4}\left(\frac{1}{3}\left(\frac{1}{2}x \times h_2\right)h_3\right)h_4$, 其中, h_4 为 4 维正则单形几何对象的高; 5 维正则单形的几何特征量表达式为 $y_5 = \frac{1}{5}\left(\frac{1}{4}\left(\frac{1}{3}\left(\frac{1}{2}x \times h_2\right)h_3\right)h_4\right)h_5$, 其中, h_5 为 5 维正则单形几何对象的高; 6 维正则单形的几何特征量表达式为 $y_6 = \frac{1}{6}\left(\frac{1}{5}\left(\frac{1}{4}\left(\frac{1}{3}\left(\frac{1}{2}x \times h_2\right)h_3\right)h_4\right)h_5\right)h_6$, 其中, h_6 为 6 维正则单形几何对象的高.

由于 $h_2 = \frac{\sqrt{3}}{2}x$, $h_3 = \sqrt{\frac{2}{3}}x$, $h_4 = \frac{1}{2}\sqrt{\frac{5}{2}}x$, $h_5 = \sqrt{\frac{3}{5}}x$, $h_6 = \frac{1}{2}\sqrt{\frac{7}{3}}x$, 不难得到:

当单形正则几何对象维度 p=2 时, $h_2 = \frac{\sqrt{3}}{2}x = \sqrt{\frac{3}{4}}x = \sqrt{\frac{p+1}{2p}}x$.

当单形正则几何对象维度 p=3 时, $h_3 = \sqrt{\frac{2}{3}}x = \sqrt{\frac{4}{6}}x = \sqrt{\frac{p+1}{2p}}x$.

当单形正则几何对象维度 p=4 时, $h_4 = \frac{1}{2}\sqrt{\frac{5}{2}}x = \sqrt{\frac{5}{8}}x = \sqrt{\frac{p+1}{2p}}x$.

当单形正则几何对象维度 p=5 时, $h_5 = \sqrt{\frac{3}{5}}x = \sqrt{\frac{6}{10}}x = \sqrt{\frac{p+1}{2p}}x$.

当单形正则几何对象维度 p=6 时, $h_6 = \frac{1}{2}\sqrt{\frac{7}{3}}x = \sqrt{\frac{7}{12}}x = \sqrt{\frac{p+1}{2p}}x$.

归纳上述情形, 一般地, p 维正则单形的广义高为 $h_p = \sqrt{\frac{p+1}{2p}}x$. 特别地, 当单形正则几何对象维度 p=1 时, $h_p = \sqrt{\frac{p+1}{2p}}x = \sqrt{\frac{1+1}{2 \times 1}}x = x$.

由上述概念, 最终得到 p 维正则单一封闭单形几何特征量的表达式为

$$
\begin{aligned}
V_P &= \frac{1}{p!}\left(x \times h_2 \times h_3 \times h_4 \times h_5 \times h_6 \times \cdots h_p\right) \\
&= \frac{1}{p!}\left(\sqrt{\frac{1}{2^p}}\sqrt{\left(\frac{p+1}{p}\right)!}x\right)^p \\
&= \frac{1}{p!}\sqrt{\frac{1}{2^p}}\sqrt{\frac{(p+1)!}{p!}}x^p \\
&= \frac{1}{p!}\sqrt{\frac{p+1}{2^p}}x^p
\end{aligned} \tag{5-48}
$$

其中, $p \geqslant 1$. 于是, p 维正则单一封闭单形几何对象相对于 p 维欧氏正则几何对象

的同维度、同棱长之特征量系数 $q_m = \dfrac{1}{p!}\sqrt{\dfrac{1+p}{2^p}}$.

式 (5-48) 即为 p 维正则单形几何对象之 p 维单一封闭特征量通用表达式. 由式 (5-48), 很容易获得 8 维及以下单一封闭单形几何对象之几何特征量系数如下

$$
\begin{aligned}
q_1 &= 1 \\
q_2 &= \frac{\sqrt{3}}{4} \\
q_3 &= \frac{1}{6\sqrt{2}} \\
q_4 &= \frac{\sqrt{5}}{96} \\
q_5 &= \frac{1}{160\sqrt{3}} \\
q_6 &= \frac{\sqrt{7}}{5760} \\
q_7 &= \frac{1}{20160} \\
q_8 &= \frac{1}{215040}
\end{aligned}
$$

进一步地, 设 m 为 p 维单形正则几何对象之各层级表面维度, 则式 (5-47) 可以改写为

$$y_p^m = \frac{(p+1)!}{(p-m)!\,(m+1)!}\left(\frac{1}{m!}\sqrt{\frac{1+m}{2^m}}x^m\right) \tag{5-49}$$

其中, $0 \leqslant m \leqslant p$. 当 $m = p$ 时, 获得的即为单形正则几何对象的 0 级表面特征量 (p 维单形正则几何对象实体特征量, 又称为广义体积).

式 (5-49) 即为 p 维单形正则几何对象之 m 维单形正则表面特征量通用表达式.

根据式 (5-46) 和式 (5-49), 可获得关于单形几何对象所包含的各种维度单形个数及特征量. 比如, 当 $p = 3$ 时, 其所包含的 0 维几何对象个数为 $H_3^0 = 4$(包含 4 个顶点), $y_3^0 = 4$(0 维特征量为 4); 所包含的 1 维几何对象个数为 $H_3^1 = 6$(包含 6 条边线), $y_3^1 = 6x$(1 维特征量为 $6x$); 所包含的 2 维几何对象个数为 $H_3^2 = 4$(包含 4 个三角形平面), $y_3^2 = \sqrt{3}x^2$(2 维特征量为 $\sqrt{3}x^2$); 所包含的 3 维几何对象个数为 $H_3^3 = 1$(包含 1 个 3 维单形体), $y_3^3 = \dfrac{1}{6\sqrt{2}}x^3\left(3 \text{ 维特征量为 } \dfrac{1}{6\sqrt{2}}x^3\right)$.

由于 $\sqrt{\dfrac{1+p}{2^p}}$ 可以改写为 $\prod\limits_{m=1}^{p}\sqrt{\dfrac{m+1}{2m}}$, 所以式 (5-48) 可以改写为 $V_p = \dfrac{x^p}{p!}\prod\limits_{m=1}^{p}$

$\sqrt{\frac{m+1}{2m}} = \frac{x^p}{p!\sqrt{2^p}}\sqrt{\frac{\Gamma(p+2)}{\Gamma(p+1)}}$. 于是, 式 (5-49) 可以改写为另一种形式

$$y_p^m = \frac{(p+1)!}{(p-m)!\,(m+1)!}\left(\frac{x^m}{m!\sqrt{2^m}}\sqrt{\frac{\Gamma(m+2)}{\Gamma(m+1)}}\right) \tag{5-50}$$

由式 (5-50), 很容易获得 8 维单形正则几何对象所包含的全部 m 维单形表面的特征量 y_8^m 如下

$$y_8^0 = 9$$
$$y_8^1 = 36x$$
$$y_8^2 = 21\sqrt{3}x^2$$
$$y_8^3 = \frac{21}{\sqrt{2}}x^3$$
$$y_8^4 = \frac{21\sqrt{5}}{16}x^4$$
$$y_8^5 = \frac{7\sqrt{3}}{40}x^5$$
$$y_8^6 = \frac{\sqrt{7}}{160}x^6$$
$$y_8^7 = \frac{1}{2240}x^7$$
$$y_8^8 = \frac{1}{215040}x^8$$

其中, y_8^0 是 8 维单形正则几何对象的 8 级表面, 即为 8 维单形正则几何对象所包含的凸点数量, 由于点的维度为 0, 所以其特征量 $8x^0$=8; y_8^8 是 8 维单形正则几何对象的 0 级表面, 即为 8 维单形正则几何对象实体特征量, 又称为 8 维单形体的广义体积.

如果令 $m = p$, 则 $y_p^p = V_p$.

由于 p 维正则单形的广义高为 $h_p = \sqrt{\frac{p+1}{2p}}x$, 不难得到, 趋于无穷维度的 p 维正则单形的广义高为

$$\lim_{p\to\infty}\sqrt{\frac{p+1}{2p}}x = \frac{1}{\sqrt{2}}x \tag{5-51}$$

这意味着单形正则几何对象的棱长 (表达基 x) 不变, 但是其广义高度随着维度增加而变小, 即 $h_p = \sqrt{\frac{p+1}{2p}}x$. 但同时, 单形正则几何对象的广义高度随着维度增加而变小也是有极限的, 其相对于表达基的变化比例区间在 1 与 $\frac{1}{\sqrt{2}}$ 之间, 恰好与正

弦函数 $\sin\left(\frac{\pi}{2}\right)$ 以及无限趋于 $\sin\left(\frac{\pi}{4}\right)$ 的值相对应. 有兴趣的读者可对此现象进行解读, 比如当 p 分别等于 e 以及 π 时的情形.

5.5 球性空间与其他两种空间构造方式比较

在前面的研究中, 我们已经知道了欧氏空间中单一封闭正则几何对象所包含的各层级正则几何对象数量表达式, 以及欧氏空间中单一封闭正则几何对象所包含的各层级正则几何对象形体特征量表达式. 同样地, 我们也已经知道了单形空间中单一封闭正则几何对象所包含的各层级正则几何对象数量表达式, 以及单形空间中单一封闭正则几何对象所包含的各层级正则几何对象形体特征量表达式. 我们还已经知道了球性空间中单一封闭正则几何对象所包含的各层级正则几何对象数量表达式, 以及球性空间中单一封闭正则几何对象所包含的各层级正则几何对象形体特征量表达式.

以下我们对三种空间中正则几何对象的各层级表面的几何性质进行初步比较.

表 5-1 是部分半径为 r 的单一封闭球性几何对象实体特征量及其单一封闭 1 级表面特征量的对照表.

表 5-1

实体维度m	单一封闭球性实体几何对象	单一实体形体特征量, 半径为 r	单一 1 级表面几何对象	单一 1 级表面形体特征量, 半径为 r
1	直线 (1 维)	$2r$	原点 (0 维)	2
2	圆平面 (2 维)	$r^2\pi$	圆周 (1 维)	$2r\pi$
3	球体 (3 维)	$\frac{4}{3}r^3\pi$	球面 (2 维)	$4r^2\pi$
4	4 维超球体	$\frac{1}{2}r^4\pi^2$	3 维超球面	$2r^3\pi^2$
5	5 维超球体	$\frac{8}{15}r^5\pi^2$	4 维超球面	$\frac{8}{3}r^4\pi^2$
6	6 维超球体	$\frac{1}{6}r^6\pi^3$	5 维超球面	$r^5\pi^3$
7	7 维超球体	$\frac{16}{105}r^7\pi^3$	6 维超球面	$\frac{16}{15}r^6\pi^3$
8	8 维超球体	$\frac{1}{24}r^8\pi^4$	7 维超球面	$\frac{1}{3}r^7\pi^4$

显然, 半径为 r 的 m 维单一封闭球性几何对象实体特征量由其 1 级表面特征量乘以 r 且除以 m 获得.

表 5-2 是半径为 r 的完整封闭球性几何对象实体特征量及其完整封闭 1 级表

面特征量的部分对照表：

表 5-2

实体维度 m	完整封闭球性实体几何对象	完整实体形体特征量, 半径为 r	完整 1 级表面几何对象	完整 1 级表面形体特征量, 半径为 r
1	直线 (1 维)	$2r$	原点 (球性 0 维)	2
2	圆平面 (2 维)	$2r^2\pi$	圆周 (球性 1 维)	$2r\pi$
3	球体 (3 维)	$4r^3\pi$	球面 (球性 2 维)	$4r^2\pi$
4	4 维超球体	$4r^4\pi^2$	球性 3 维超球面	$4r^3\pi^2$
5	5 维超球体	$8r^5\pi^2$	球性 4 维超球面	$8r^4\pi^2$
6	6 维超球体	$8r^6\pi^3$	球性 5 维超球面	$8r^5\pi^3$
7	7 维超球体	$16r^7\pi^3$	球性 6 维超球面	$16r^6\pi^3$
8	8 维超球体	$16r^8\pi^4$	球性 7 维超球面	$16r^7\pi^4$

显然, 半径为 r 的 m 完整封闭球性几何对象实体特征量由完整封闭 1 级表面特征量乘以 r 获得.

比较上述表 5-1 及表 5-2 中的两组参数, 不难发现它们的一个共同规律：$m-1$ 维实体几何对象的特征量与 m 维几何对象的 1 级表面特征量不同, 或者说, m 维几何对象的 1 级表面不是 $m-1$ 维实体几何对象.

表 5-3 是部分表达基为 x 的 m 维单一封闭单形正则几何对象的形体特征量及其单一 1 级表面形体特征量对照表：

表 5-3

实体维度 m	单一单形正则实体几何对象	单一实体形体特征量, 表达基为 x	单一 1 级表面几何对象	单一 1 级表面形体特征量, 表达基为 x
1	直线 (1 维)	x	原点 (0 维)	1
2	正三角形 (2 维)	$\dfrac{\sqrt{3}}{4}x^2$	直线 (1 维)	x
3	单形体 (3 维)	$\dfrac{1}{6\sqrt{2}}x^3$	正三角形 (2 维)	$\dfrac{\sqrt{3}}{4}x^2$
4	4 维单形体	$\dfrac{\sqrt{5}}{96}x^4$	单形体 (3 维)	$\dfrac{1}{6\sqrt{2}}x^3$
5	5 维单形体	$\dfrac{1}{160\sqrt{3}}x^5$	4 维单形体	$\dfrac{\sqrt{5}}{96}x^4$
6	6 维单形体	$\dfrac{\sqrt{7}}{5760}x^6$	5 维单形体	$\dfrac{1}{160\sqrt{3}}x^5$
7	7 维单形体	$\dfrac{1}{20160}x^7$	6 维单形体	$\dfrac{\sqrt{7}}{5760}x^6$
8	8 维单形体	$\dfrac{1}{215040}x^8$	7 维单形体	$\dfrac{1}{20160}x^7$

显然, 表达基为 x 的 m 维单一单形正则几何对象的单一 1 级表面形体特征量, 与表达基为 x 的 $m-1$ 维单一单形正则几何对象的形体特征量相同.

表 5-4 是部分表达基为 x 的 m 维单一欧氏正则几何对象的形体特征量及其单一 1 级表面形体特征量对照表.

表 5-4

实体维度	单一欧氏正则实体几何对象	单一实体形体特征量, 表达基为 x	单一 1 级表面几何对象	单一 1 级表面形体特征量, 表达基为 x
1	直线 (1 维)	x	原点 (0 维)	1
2	正方形 (2 维)	x^2	直线 (1 维)	x
3	立方体 (3 维)	x^3	正方形 (2 维)	x^2
4	4 维超方体	x^4	立方体 (3 维)	x^3
5	5 维超方体	x^5	4 维超方体	x^4
6	6 维超方体	x^6	5 维超方体	x^5
7	7 维超方体	x^7	6 维超方体	x^6
8	8 维超方体	x^8	7 维超方体	x^7

显然, 表达基为 x 的 m 维单一欧氏正则几何对象的单一 1 级表面形体特征量, 与表达基为 x 的 $m-1$ 维单一欧氏正则几何对象的形体特征量相同.

表 5-3 和表 5-4 的参数对比显示, 两者的 m 维单一正则几何对象的单一 1 级表面形体特征量, 与表达基为 x 的 $m-1$ 维单一正则几何对象的形体特征量相同. 这说明, 欧氏空间、单形空间的构造方式具有相似性, 而球性空间的构造方式与欧氏空间、单形空间的构造方式不具相似性.

有兴趣的读者不妨对欧氏基础几何对象以及单形基础几何对象、欧氏完整封闭几何对象以及单形完整几何对象、欧氏单一非封闭几何对象以及单形非封闭几何对象的构造及其几何性质展开研究.

5.6 椭圆面率、椭球积率与超椭球积率及一般表达式

首先我们来研究椭圆面率概念. 在椭圆半径概念与圆半径概念对应的前提下椭圆面率与圆周率具有关联性.

设椭圆平面的长轴与短轴长度分别为 $2a$、$2b$, 且 $a>0, b>0$, 则存在一个边线与椭圆长轴与短轴分别平行的椭圆外切四边形, 其对角线长度为 $\sqrt{(2a)^2+(2b)^2}$.

椭圆方程 $\dfrac{x^2}{a^2}+\dfrac{y^2}{b^2}=1$ 存在一个特解: $x=\dfrac{a}{\sqrt{2}}$, $y=\dfrac{b}{\sqrt{2}}$ (请注意, 这里再次出现了因子 $\dfrac{1}{\sqrt{2}}$). 存在一个边线与椭圆的 2 根对称轴分别平行的椭圆内接四边形

(与椭圆外切四边形相似), 其对角线的长度为 $\sqrt{(2x)^2+(2y)^2}=\sqrt{4\left(x^2+y^2\right)}$, 将上述椭圆方程的 2 个特解 x、y 代入此式, 得到 $\sqrt{4\left(\frac{a^2}{2}+\frac{b^2}{2}\right)}=\sqrt{2\left(a^2+b^2\right)}$, 为椭圆等效直径表达式.

于是,

$$r_{(2,T)}=\frac{1}{2}\sqrt{2\left(a^2+b^2\right)} \tag{5-52}$$

就是 2 根轴长度分别为 $2a$、$2b$, 且 $a>0$, $b>0$ 椭圆的等效半径.

我们知道, $r^2\pi$ 为单一圆的面积表达式. 根据圆的面积表达式 $r^2\pi$ 以及椭圆半径表达式 $r_{(2,T)}=\frac{1}{2}\sqrt{2\left(a^2+b^2\right)}=\frac{1}{\sqrt{2}}\sqrt{a^2+b^2}$, 我们可以将圆和椭圆的面积表达式统一记为

$$S=\pi_{(2,T)}\left(\frac{\sqrt{2\left(a^2+b^2\right)}}{2}\right)^2=\frac{a^2+b^2}{2}\pi_{(2,T)} \tag{5-53}$$

其中, $\pi_{(2,T)}$ 为椭圆面率. 当 $a=b$ 且大于 0 时, $\pi_{(2,T)}=\pi$; 当 $a\neq b$ 时, $\pi_{(2,T)}<\pi$.

我们知道, $ab\pi$ 为椭圆的面积表达式. 由于椭圆半径概念的出现, 使得圆的面积表达式 $r^2\pi$ 与式 (5-53) 等效, 即 $ab\pi=r_T^2\times\pi_{(2,T)}$. 于是得到 2 维椭圆面率的一般表达式为

$$\pi_{(2,T)}=\frac{ab}{\frac{a^2+b^2}{2}}\pi=\frac{2ab}{a^2+b^2}\pi \tag{5-54}$$

例如, 当 $a=4$, $b=3$ 时, 椭圆面率 $\pi_{(2,T)}=\frac{24}{25}\pi$.

验证: 由椭圆面积公式知, 当 $a=4$, $b=3$ 时, 椭圆面积为 $S=ab\pi=12\pi$, 由式 (5-54) 得到的椭圆面积为 $S=\pi_{(2,T)}\left(\frac{\sqrt{2\left(a^2+b^2\right)}}{2}\right)^2=\frac{2ab}{a^2+b^2}\pi\frac{a^2+b^2}{2}=12\pi$, 无误.

以下研究椭球体的半径与椭球积率.

设椭球体的 3 根轴长度分别为 $2a$, $2b$ 与 $2c$, 且 $a>0$, $b>0$, $c>0$, 则存在一个边线与椭球 3 根对称轴分别平行的椭球外切六面体, 其对角线长度为 $\sqrt{(2a)^2+(2b)^2+(2c)^2}$.

由椭球方程 $\frac{x^2}{a^2}+\frac{y^2}{b^2}+\frac{z^2}{c^2}=1$ 得到一组特解: $x=\frac{a}{\sqrt{3}}$, $y=\frac{b}{\sqrt{3}}$, $z=\frac{c}{\sqrt{3}}$. 存在一个三条对称中心线与椭球体三根轴平行的内接六面体 (与外切六面体相似), 其对角线长度为 $\sqrt{(2x)^2+(2y)^2+(2z)^2}=\sqrt{4\left(x^2+y^2+z^2\right)}$, 将上述特解的 3 个参数

x、y、z 代入此式, 得到 $\sqrt{4\left(\frac{a^2}{3}+\frac{b^2}{3}+\frac{c^2}{3}\right)}=\frac{2}{\sqrt{3}}\sqrt{a^2+b^2+c^2}$, 为椭球等效直径表达式.

于是, $r_{(3,T)}\frac{1}{\sqrt{3}}\sqrt{a^2+b^2+c^2}$ 就是 3 根轴长度分别为 $2a$、$2b$ 与 $2c$, 且 $a>0$, $b>0$, $c>0$ 椭球的等效半径.

我们知道, $\frac{4r^3}{3}\pi$ 为单一球体的体积表达式. 根据球体的体积表达式 $\frac{4r^3}{3}\pi$ 以及椭球体等效半径表达式 $r_{(3,T)}=\frac{1}{\sqrt{3}}\sqrt{a^2+b^2+c^2}=\sqrt{\frac{a^2+b^2+c^2}{3}}$, 我们可以将球和椭球的体积表达式统一记为

$$V=\frac{4}{3}\pi_{(3,T)}\left(\sqrt{\frac{a^2+b^2+c^2}{3}}\right)^3 \tag{5-55}$$

其中, $\pi_{(3,T)}$ 为椭球积率. 当 $a=b=c$ 且大于 0 时, $\pi_{(3,T)}=\pi$. 当其中至少一个半轴长度与其他半轴长度不相等时, $\pi_{(3,T)}<\pi$.

我们知道, $\frac{4abc}{3}\pi_{(3,T)}$ 为单一椭球体的体积表达式, 由于该表达式与 $\frac{4r^3}{3}\pi$ 等效, 于是得到 3 维椭球积率的一般表达式为

$$\pi_{(3,T)}=\frac{abc}{\left(\sqrt{\frac{a^2+b^2+c^2}{3}}\right)^3}\pi \tag{5-56}$$

例如, 当 $a=4$, $b=3$, $c=2$ 时, 椭球积率 $\pi_{(3,T)}=\frac{72}{29}\sqrt{\frac{3}{29}}\pi$.

验证：由椭球体积公式知, 当 $a=4$, $b=3$, $c=2$ 时, 椭球体积为 $V=\frac{4}{3}abc\pi=32\pi$, 由式 (5-55) 得到的椭球体积为 $V=\frac{4}{3}\pi_{(3,T)}\left(\sqrt{\frac{a^2+b^2+c^2}{3}}\right)^3=32\pi$, 无误.

由于已经存在非常简单的求椭圆面积与求椭球体体积的公式, 所以求椭圆周率和椭球积率并不是我们的最终目的, 我们需要获得的是便于计算 4 维及以上超椭球体的积率. 以下我们就来研究超椭球体的半径与超椭球积率.

设超椭球体的 4 根轴长度分别为 $2a$, $2b$, $2c$ 与 $2d$, 且 $a>0$, $b>0$, $c>0$, $d>0$, 则存在一个超椭球的外切正二十四面体, 其超对角线长度为

$$\sqrt{(2a)^2+(2b)^2+(2c)^2+(2d)^2}$$

由超椭球方程 $\frac{x^2}{a^2}+\frac{y^2}{b^2}+\frac{z^2}{c^2}+\frac{w^2}{d^2}=1$得到一组特解, $x=\frac{a}{2}$, $y=\frac{b}{2}$, $z=\frac{c}{2}$,

$w=\dfrac{d}{2}$. 超椭球体的内接正二十四面体(与外切二十四面体相似) 超对角线长度为 $\sqrt{(2x)^2+(2y)^2+(2z)^2+(2w)^2}=\sqrt{4\left(x^2+y^2+z^2+w^2\right)}$, 将特解的 4 个参数代入此式, 得到 $\sqrt{4\left(\dfrac{a^2}{4}+\dfrac{b^2}{4}+\dfrac{c^2}{4}+\dfrac{d^2}{4}\right)}=\sqrt{a^2+b^2+c^2+d^2}$, 为 4 维超椭球等效直径. 于是, $r_{(4,T)}=\dfrac{1}{2}\sqrt{a^2+b^2+c^2+d^2}$ 就是 4 维超椭球等效半径.

我们已经知道, $\dfrac{1}{2}r^4\pi^2$ 为单一超球体积表达式. 我们可以将超球体积和超椭球的体积表达式统一记为

$$V=\frac{1}{2}\left(\pi_{(4,T)}\right)^2\left(\frac{\sqrt{a^2+b^2+c^2+d^2}}{2}\right)^4 \tag{5-57}$$

其中, $\pi_{(4,T)}$ 为超椭球积率. 当 $a=b=c=d$ 且大于 0 时, $\pi_{(4,T)}=\pi$. 当其中至少一个半轴长度与其他半轴长度不相等时, $\pi_{(4,T)}<\pi$.

我们已经知道, $\dfrac{abcd}{2}\pi^2$ 为单一超椭球体的体积表达式, 由于该表达式与 $\dfrac{1}{2}r^4\pi^2$ 等效, 超椭球体半径表达式为 $\dfrac{1}{2}\sqrt{a^2+b^2+c^2+d^2}$, 于是得到 4 维超椭球体积率的一般表达式为

$$\pi_{(4,T)}=\sqrt{\frac{abcd}{\left(\sqrt{\dfrac{a^2+b^2+c^2+d^2}{4}}\right)^4}}=\frac{4\sqrt{abcd}}{a^2+b^2+c^2+d^2}\pi \tag{5-58}$$

例如, 当 $a=4$, $b=3$, $c=2$, $d=1$ 时, 超椭球积率 $\pi_{(4,T)}=\dfrac{4}{5}\sqrt{\dfrac{2}{3}}\pi$.

在获得了 2 维圆周率、3 维椭球体积率及 4 维超椭球体积率之后, 我们不妨简单地归纳出更高维度超椭球积率的概念, 最终导出统一椭圆周率、椭球积率、超椭球积率的一般表达式.

2 维的椭圆周率为

$$\pi_{(2,T)}=\frac{ab}{\left(\sqrt{\dfrac{a^2+b^2}{2}}\right)^2}\pi$$

3 维的椭球积率为

$$\pi_{(3,T)}=\frac{abc}{\left(\sqrt{\dfrac{a^2+b^2+c^2}{3}}\right)^3}\pi$$

4 维的椭球积率为

$$\pi_{(4,T)}=\sqrt{\frac{abcd}{\left(\sqrt{\dfrac{a^2+b^2+c^2+d^2}{4}}\right)^4}}\pi=\frac{4\sqrt{abcd}}{a^2+b^2+c^2+d^2}\pi$$

根据前述思路, 结合表 (5-1) 给出的 5 维至 7 维单一封闭超球体体积计算公式, 读者可自行验证下述 5 维至 7 维单一封闭超椭球体积率表达式.

5 维超椭球体积率为

$$\pi_{(5,T)}=\sqrt{\frac{abcdf}{\left(\sqrt{\dfrac{a^2+b^2+c^2+d^2+f^2}{5}}\right)^5}}\pi$$

6 维超椭球体积率为

$$\pi_{(6,T)}=\sqrt[3]{\frac{abcdfg}{\left(\sqrt{\dfrac{a^2+b^2+c^2+d^2+f^2+g^2}{6}}\right)^6}}\pi$$

7 维超椭球体积率为

$$\pi_{(7,T)}=\sqrt[3]{\frac{abcdfgh}{\left(\sqrt{\dfrac{a^2+b^2+c^2+d^2+f^2+g^2+h^2}{7}}\right)^7}}\pi$$

归纳上述周率、积率和积率表达式所表现出来的规律, 设椭球性几何对象的第 i 根对称轴的半轴长度为 a_i, 则可得到奇数 $\widehat{p}$ 维椭球性几何对象的广义积率表达式为

$$\pi_{(\widehat{p},T)}=\left(\frac{\prod\limits_{i=1}^{\widehat{p}}a_i}{\left(\sqrt{\dfrac{\sum\limits_{i=1}^{\widehat{p}}a_i^2}{\widehat{p}}}\right)^{\widehat{p}}}\right)^{\frac{2}{\widehat{p}-1}}\pi \tag{5-59}$$

设椭球性几何对象的第 i 根对称轴的半轴长度为 a_i, 则偶数 $\breve{p}$ 维椭球性几何对象的广义积率表达式为

$$\pi_{(\breve{p},T)} = \left(\frac{\prod_{i=1}^{\breve{p}} a_i}{\left(\sqrt{\frac{\sum_{i=1}^{\breve{p}} a_i^2}{\breve{p}}}\right)^{\breve{p}}} \right)^{\frac{2}{\breve{p}}} \pi \tag{5-60}$$

举例：根据式 (5-59), 设 $a_1 = 1,\ a_2 = 2,\ \cdots,\ a_i = i$, 则 99 维超椭球体的超球积率为

$$\pi_{(99,T)} = 3\pi \times 2^{\frac{13}{14}} \times 3^{\frac{97}{98}} \times 7^{\frac{16}{49}} \times 11^{\frac{9}{49}} \times 13^{\frac{1}{7}} \times 23^{\frac{4}{49}} \times 323^{\frac{5}{49}} \times 899^{\frac{3}{49}} \times 3065857^{\frac{2}{49}} \times \frac{374956297735149682 7^{\frac{1}{49}}}{995 \times 5^{\frac{4}{7}} \times 199^{\frac{1}{98}}}$$

同样设 $a_1 = 1, a_2 = 2, \cdots, a_i = i$, 则 100 维超椭球体的超球积率为

$$\pi_{(100,T)} = 4\pi \times 2^{\frac{47}{50}} \times 3^{\frac{24}{25}} \times 5^{\frac{12}{25}} \times 7^{\frac{8}{25}} \times 11^{\frac{9}{50}} \times 13^{\frac{7}{50}} \times 23^{\frac{2}{25}} \times 323^{\frac{1}{10}} \times 899^{\frac{3}{50}} \times 3065857^{\frac{1}{25}} \times \frac{55963626527634281^{\frac{1}{50}}}{101 \times 67^{\frac{49}{50}}}$$

由于$r_{(2,T)} = \frac{1}{\sqrt{2}}\sqrt{a^2+b^2}, r_{(3,T)} \frac{1}{\sqrt{3}}\sqrt{a^2+b^2+c^2}, r_{(4,T)} = \frac{1}{2}\sqrt{a^2+b^2+c^2+d^2}$,

归纳得到 $r_{(p,T)} \frac{1}{\sqrt{p}}\sqrt{\sum_{i=1}^{p} a_i^2}$ 成为一般椭球性几何对象的等效半径表达式. 特别地,

当 $a_1 = 1, a_2 = 2, \cdots, a_i = i$ 时, 有 $r_{(p,T)} \frac{1}{\sqrt{p}}\sqrt{\sum_{i=1}^{p} i^2}$.

5.7 椭球性几何对象的四类实体几何特征量表达式

经过第 3 章和 5.6 节的研究, 使得我们认识到, 圆是椭圆的特例, 球是椭球的特例, 超球是超椭球的特例, 它们都遵循同一种类的几何特征量表达规则.

设 p 维空间中椭球性几何对象的实体特征量与广义直径的比率为 $\pi_{(p,T)}$, 设 p 维空间中椭球性几何对象的广义半径为 $r_{(p,T)}$, 设 p 维空间中椭球性几何对象的几何特征量为 $V_{(p,T)}$, 则根据 5.3 节的研究, 得到以下结果:

$$V^j_{(\widehat{p},T)} = 2^{\frac{\widehat{p}-1}{2}} r_{(\widehat{p},T)}{}^{\widehat{p}} \pi_{(\widehat{p},T)} \frac{\widehat{p}-1}{2} \tag{5-61}$$

$$V^j_{(\breve{p},T)} = 2^{\frac{\breve{p}}{2}} r_{(\breve{p},T)}{}^{\breve{p}} \pi_{(\breve{p},T)} \frac{\breve{p}}{2} \tag{5-62}$$

$$V^{w}_{(\widehat{p},T)}=2^{\frac{\widehat{p}+1}{2}}r^{\widehat{p}}_{(\widehat{p},T)}\pi^{\frac{\widehat{p}-1}{2}}_{(\widehat{p},T)} \tag{5-63}$$

$$V^{w}_{(\breve{p},T)}=2^{\frac{\breve{p}}{2}}r^{\breve{p}}_{(\breve{p},T)}\pi^{\frac{\breve{p}}{2}}_{(\breve{p},T)} \tag{5-64}$$

$$V^{dn}_{(\widehat{p},T)}=\frac{\left(\dfrac{\widehat{p}+1}{2}\right)!}{(\widehat{p}+1)!}2^{\widehat{p}}r^{\widehat{p}}_{(\widehat{p},T)}\pi^{\frac{\widehat{p}-1}{2}}_{(\widehat{p},T)} \tag{5-65}$$

$$V^{dn}_{(\breve{p},T)}=\frac{1}{2\left(\dfrac{\breve{p}}{2}\right)!}r^{\breve{p}}_{(\breve{p},T)}\pi^{\frac{\breve{p}}{2}}_{(\breve{p},T)} \tag{5-66}$$

$$V^{dy}_{(\widehat{p},T)}=\frac{\left(\dfrac{\widehat{p}+1}{2}\right)!}{(\widehat{p}+1)!}2^{\widehat{p}+1}r^{\widehat{p}}_{(\widehat{p},T)}\pi^{\frac{\widehat{p}-1}{2}}_{(\widehat{p},T)} \tag{5-67}$$

$$V^{dy}_{(\breve{p},T)}=\frac{1}{\left(\dfrac{\breve{p}}{2}\right)!}r^{\breve{p}}_{(\breve{p},T)}\pi^{\frac{\breve{p}}{2}}_{(\breve{p},T)} \tag{5-68}$$

其中, $\breve{p}\geqslant 2$ 为偶数, $\widehat{p}\geqslant 3$ 为奇数; $V^{j}_{(\widehat{p},T)}$ 代表奇数维基础实体几何对象特征量, $V^{j}_{(\breve{p},T)}$ 代表偶数维基础实体几何对象特征量; $V^{w}_{(\widehat{p},T)}$ 代表奇数维完整封闭实体几何对象特征量, $V^{w}_{(\breve{p},T)}$ 代表偶数维完整封闭实体几何对象特征量; $V^{dn}_{(\widehat{p},T)}$ 代表奇数维单一非封闭实体几何对象特征量, $V^{dn}_{(\breve{p},T)}$ 代表偶数维单一非封闭实体几何对象特征量; $V^{dy}_{(\widehat{p},T)}$ 代表奇数维单一封闭实体几何对象特征量, $V^{dy}_{(\breve{p},T)}$ 代表偶数维单一封闭实体几何对象特征量.

通常, 我们所称“椭球体积”以及“超椭球体积”仅指由式 (5-67) 及式 (5-68) 所对应的单一封闭椭球及超椭球体积.

举例, 以下分别研究 2 维、3 维、4 维和 5 维椭球性几何对象特征量.

对于 $\breve{p}=2$ 而言, 设椭圆的 2 个半轴长度分别为 $a_1=1,a_2=2$, 则椭圆的等效半径 $r_{(2,T)}=\frac{1}{\sqrt{2}}\sqrt{\sum\limits_{i=1}^{2}a_i^2}=\sqrt{\frac{5}{2}}$, 椭圆面率为 $\pi_{(2,T)}=\left(\dfrac{\prod\limits_{i=1}^{2}a_i}{\left(\sqrt{\dfrac{\sum\limits_{i=1}^{2}a_i^2}{2}}\right)^2}\right)^{\frac{2}{2}}\pi=\frac{4}{5}\pi$,

根据式 (5-65)、式 (5-64) 以及式 (5-66)、式 (5-68) 得到

$$V^{j}_{(\breve{p},T)} = 2^{\frac{\breve{p}}{2}} r^{\breve{p}}_{(\breve{p},T)} \pi^{\frac{\breve{p}}{2}}_{(\breve{p},T)} = 4\pi = V^{j}_{(2,T)}$$

$$V^{w}_{(\breve{p},T)} = 2^{\frac{\breve{p}}{2}} r^{\breve{p}}_{(\breve{p},T)} \pi^{\frac{\breve{p}}{2}}_{(\breve{p},T)} = 4\pi = V^{w}_{(2,T)}$$

$$V^{dn}_{(\breve{p},T)} = \frac{1}{2\left(\dfrac{\breve{p}}{2}\right)!} r^{\breve{p}}_{(\breve{p},T)} \pi^{\frac{\breve{p}}{2}}_{(\breve{p},T)} = \pi = V^{dn}_{(2,T)}$$

$$V^{dy}_{(\breve{p},T)} = \frac{1}{\left(\dfrac{\breve{p}}{2}\right)!} r^{\breve{p}}_{(\breve{p},T)} \pi^{\frac{\breve{p}}{2}}_{(\breve{p},T)} = 2\pi = V^{dy}_{(2,T)}$$

显然, 对于 2 维椭圆而言, 单一椭圆面积不等于与完整椭球空间同构的完整椭圆之面积.

对于 $\widehat{p} = 3$ 而言, 设椭球的 3 个半轴长度分别为 $a_1 = 1, a_2 = 2, a_3 = 3$, 则椭球的等效半径 $r_{(3,T)} = \dfrac{1}{\sqrt{3}}\sqrt{\sum\limits_{i=1}^{3} a_i^2} = \sqrt{\dfrac{14}{3}}$, 椭球的积率为 $\pi_{(3,T)} = \left(\dfrac{\prod\limits_{i=1}^{3} a_i}{\left(\sqrt{\dfrac{\sum\limits_{i=1}^{3} a_i^2}{3}}\right)^3}\right)^{\frac{2}{3-1}} = \dfrac{9}{7}\sqrt{\dfrac{3}{14}}\pi$, 根据式 (5-61)、式 (5-63) 以及式 (5-65)、式 (5-67) 得到

$$V^{j}_{(\widehat{p},T)} = 2^{\frac{\widehat{p}-1}{2}} r^{\widehat{p}}_{(\widehat{p},T)} \pi^{\frac{\widehat{p}-1}{2}}_{(\widehat{p},T)} = 12\pi = V^{j}_{(3,T)}$$

$$V^{w}_{(\widehat{p},T)} = 2^{\frac{\widehat{p}+1}{2}} r^{\widehat{p}}_{(\widehat{p},T)} \pi^{\frac{\widehat{p}-1}{2}}_{(\widehat{p},T)} = 24\pi = V^{w}_{(3,T)}$$

$$V^{dn}_{(\widehat{p},T)} = \frac{\left(\dfrac{\widehat{p}+1}{2}\right)!}{\left(\widehat{p}+1\right)!} 2^{\widehat{p}} r^{\widehat{p}}_{(\widehat{p},T)} \pi^{\frac{\widehat{p}-1}{2}}_{(\widehat{p},T)} = 4\pi = V^{dn}_{(3,T)}$$

$$V^{dy}_{(\widehat{p},T)} = \frac{\left(\dfrac{\widehat{p}+1}{2}\right)!}{\left(\widehat{p}+1\right)!} 2^{\widehat{p}+1} r^{\widehat{p}}_{(\widehat{p},T)} \pi^{\frac{\widehat{p}-1}{2}}_{(\widehat{p},T)} = 8\pi = V^{dy}_{(3,T)}$$

显然, 对于 3 维椭球而言, 单一椭球体积不等于与完整椭球空间同构的完整椭

球之体积, 并且基础椭球体积也不同于与完整椭球空间同构的完整椭球之体积.

对于 $\breve{p}=4$ 而言, 设超椭球的 4 个半轴长度分别为 $a_1=1, a_2=2$, $a_3=3, a_4=4$, 则超椭球的等效半径 $r_{(4,T)}=\frac{1}{\sqrt{4}}\sqrt{\sum_{i=1}^{4}a_i^2}=\sqrt{\frac{15}{2}}$, 超椭球的积率为 $\pi_{(4,T)}=\left(\frac{\prod_{i=1}^{4}a_i}{\left(\sqrt{\frac{\sum_{i=1}^{4}a_i^2}{4}}\right)^4}\right)^{\frac{2}{4}}\pi=\frac{4}{5}\sqrt{\frac{2}{3}}\pi$, 根据式 (5-62)、式 (5-64) 以及式 (5-66)、式 (5-68) 得到

$$\begin{aligned}
V^j_{(\breve{p},T)}&=2^{\frac{\breve{p}}{2}}r^{\breve{p}}_{(\breve{p},T)}\pi^{\frac{\breve{p}}{2}}_{(\breve{p},T)}=96\pi^2=V^j_{(4,T)}\\
V^w_{(\breve{p},T)}&=2^{\frac{\breve{p}}{2}}r^{\breve{p}}_{(\breve{p},T)}\pi^{\frac{\breve{p}}{2}}_{(\breve{p},T)}=96\pi^2=V^w_{(4,T)}\\
V^{dn}_{(\breve{p},T)}&=\frac{1}{2\left(\frac{\breve{p}}{2}\right)!}r^{\breve{p}}_{(\breve{p},T)}\pi^{\frac{\breve{p}}{2}}_{(\breve{p},T)}=6\pi^2=V^{dn}_{(4,T)}\\
V^{dy}_{(\breve{p},T)}&=\frac{1}{\left(\frac{\breve{p}}{2}\right)!}r^{\breve{p}}_{(\breve{p},T)}\pi^{\frac{\breve{p}}{2}}_{(\breve{p},T)}=12\pi^2=V^{dy}_{(4,T)}
\end{aligned}$$

显然, 对于 4 维超椭球而言, 单一椭超椭球体积不等于与完整椭球空间同构的完整超椭球之体积.

对于 $\widehat{p}=5$ 而言, 设超椭球的 5 个半轴长度分别为 $a_1=1, a_2=2$, $a_3=3$, $a_4=4, a_5=5$ 则超椭球的等效半径 $r_{(5,T)}=\frac{1}{\sqrt{5}}\sqrt{\sum_{i=1}^{5}a_i^2}=\sqrt{11}$, 超椭球的积率为

$\pi_{(5,T)}=\left(\frac{\prod_{i=1}^{5}a_i}{\left(\sqrt{\frac{\sum_{i=1}^{5}a_i^2}{5}}\right)^5}\right)^{\frac{2}{5-1}}=\frac{2}{11}\frac{\sqrt{30}}{\sqrt[4]{11}}\pi$, 根据式 (5-61)、式 (5-63) 以及式 (5-65)、

式 (5-67) 得到

$$V^{j}_{(\widehat{p},T)}=2^{\frac{\widehat{p}-1}{2}}r^{\widehat{p}}_{(\widehat{p},T)}\pi^{\frac{\widehat{p}-1}{2}}_{(\widehat{p},T)}=480\pi^2=V^{j}_{(5,T)}$$

$$V^{w}_{(\widehat{p},T)}=2^{\frac{\widehat{p}+1}{2}}r^{\widehat{p}}_{(\widehat{p},T)}\pi^{\frac{\widehat{p}-1}{2}}_{(\widehat{p},T)}=960\pi^2=V^{w}_{(5,T)}$$

$$V^{dn}_{(\widehat{p},T)}=\frac{\left(\dfrac{\widehat{p}+1}{2}\right)!}{\left(\widehat{p}+1\right)!}2^{\widehat{p}}r^{\widehat{p}}_{(\widehat{p},T)}\pi^{\frac{\widehat{p}-1}{2}}_{(\widehat{p},T)}=32\pi^2=V^{dn}_{(5,T)}$$

$$V^{dy}_{(\widehat{p},T)}=\frac{\left(\dfrac{\widehat{p}+1}{2}\right)!}{\left(\widehat{p}+1\right)!}2^{\widehat{p}+1}r^{\widehat{p}}_{(\widehat{p},T)}\pi^{\frac{\widehat{p}-1}{2}}_{(\widehat{p},T)}=64\pi^2=V^{dy}_{(5,T)}$$

显然, 对于 4 维超椭球而言, 单一超椭球体积不等于与完整椭球空间同构的完整超椭球之体积, 并且基础超椭球体积也不同于与完整椭球空间同构的完整超椭球之体积.

由以上讨论我们得到一个概念: 椭球性几何对象是球性几何对象的一般形式, 或者说, 球性几何对象是椭球性几何对象的特殊形式. 于是, 球性几何对象适用的几何规则不一定适用于椭球性几何对象 (比如圆周长存在简单的计算公式, 椭圆周长不存在简单计算公式; 球面积存在简单的计算公式, 椭球面积不存在简单计算公式), 而椭球性几何对象适用的几何规则一定适用于球性几何对象. 这意味着, 椭球性空间是比球性空间更普通的空间, 球性空间只是椭球性空间的一种特例. 看看太空中各种星体的轨道以及地球自身的形状、银河系的形状, 我们应该能得到一些启示.

5.8 关于椭圆周长及椭球表面积表达式的几何意义

由于椭球性几何对象的积率概念对应着将椭球性几何对象等效为一个具有合适等价半径的球性几何对象的概念, 而根据 "同面积的几何对象, 圆的周长最短" 以及 "同体积的几何对象, 球的面积最小" 原理, 直接将椭圆等效半径及椭圆周率运用于椭圆周长计算, 以及直接将椭球等效半径及椭球积率运用于椭球表面计算, 则必然得到椭圆等效周长小于椭圆实际周长, 以及椭球等效面积小于椭球实际表面积的结果. 要想通过等效面率和积率得到椭圆的周长以及椭球的面积, 需要增加一个 "形状修正系数".

为了说明 "形状修正系数" 概念, 我们先考察一个长方形和与其具有等效面积的正方形边长之间的修正系数.

设长方形的两个边长分别为 $a=5, b=1$, 显然其周长为 12, 面积为 5. 面积为 5 的正方形边长为 $\sqrt{5}$, 其周长为 $4\sqrt{5}$. 那么 $\lambda=\dfrac{12}{4\sqrt{5}}=\dfrac{3}{\sqrt{5}}$就是该长方形对于同面积等效正方形周长的"形状修正系数". 以等效正方形的周长为基准, 则非正则四边形周长的形状修正系数 $\lambda>1$.

引用同面积等效正方形的"形状修正系数"概念, 我们首先研究椭圆周长.

设椭圆的长短半轴分别为 a 和 b, 由于就计算椭圆面积而言, 其等效半径为 $r_{(2,T)}=\dfrac{1}{2}\sqrt{2\left(a^2+b^2\right)}$, 其等效的椭圆面率为 $\pi_{(2,T)}=\dfrac{ab}{\left(\sqrt{\dfrac{a^2+b^2}{2}}\right)^2}\pi$, 于是得到该椭圆之等面积圆的面积为 $S_{(2,T)}=r_{(2,T)}^2\times\pi_{(2,T)}=\dfrac{1}{2}\left(a^2+b^2\right)\dfrac{2ab\pi}{a^2+b^2}=ab\pi$. 根据"椭圆周长大于等面积圆的周长"原理, 等面积圆周长 $C=2r_{(2,T)}\pi_{(2,T)}$ 必然小于椭圆周长 $C_{(2,T)}$, 即相对于等面积圆周长 $C=2r_{(2,T)}\pi_{(2,T)}$ 而言, 椭圆的周长必然要在等面积圆周长基础上乘以一个大于 1 的形状修正系数 λ, 因此长短半轴分别为 a 和 b 椭圆的周长表达式为 $C_{(2,T)}=2r_{(2,T)}\pi_{(2,T)}\lambda$.

当 $a>0, b>0, a=b$ 时, $\lambda=1$; 当 $a>0, b>0, a>b$ 时, $\lambda>1$ 且 $\lambda=\dfrac{\sqrt{2\left(a^2+b^2\right)}}{b\pi}\displaystyle\int_0^{\frac{\pi}{2}}\sqrt{1-\dfrac{a^2-b^2}{a^2}\sin^2(t)}\mathrm{d}t$.

比如, 对于短轴与长轴分别为 $a_1=1, a_2=2$ 的椭圆而言, 其同面积圆周长为 $C=2r_{(2,T)}\pi_{(2,T)}$, 其中 $r_{(2,T)}=\dfrac{1}{\sqrt{2}}\sqrt{\displaystyle\sum_{i=1}^{2}a_i^2}=\sqrt{\dfrac{5}{2}}$, $\pi_{(2,T)}=\left(\dfrac{\displaystyle\prod_{i=1}^{2}a_i}{\left(\sqrt{\dfrac{\sum_{i=1}^{2}a_i^2}{2}}\right)^2}\right)^{\frac{2}{2}}\pi=\dfrac{4}{5}\pi$, 于是得到 $C=2r_{(2,T)}\pi_{(2,T)}=4\sqrt{\dfrac{2}{5}}\pi$, 约为 7.94767; 另一方面, 通过经典的第二类完全椭圆积分经典公式我们得到 $C_{(2,T)}=4a_2\displaystyle\int_0^{\frac{\pi}{2}}\sqrt{1-\dfrac{a_2^2-a_1^2}{a_2^2}\sin^2(t)}\mathrm{d}t$, 约为9.68845. 显然 $C<C_{(2,T)}$, 于是此时有 $C_{(2,T)}=C\times\lambda=2r_{(2,T)}\pi_{(2,T)}\lambda$, $\lambda=\dfrac{\sqrt{10}}{\pi}\displaystyle\int_0^{\frac{\pi}{2}}\sqrt{1-\dfrac{3}{4}\sin^2(t)}\mathrm{d}t$, 且有 $\lambda>1$.

这里给出的椭圆周长形状修正系数$\lambda=\dfrac{\sqrt{2\left(a^2+b^2\right)}}{b\pi}\displaystyle\int_0^{\frac{\pi}{2}}\sqrt{1-\dfrac{a^2-b^2}{a^2}\sin^2(t)}\mathrm{d}t$

对于不同长短轴比的椭圆而言数值各不相同, 每次求出的形状修正系数 λ 只对某种具体长短轴比的椭圆有效.

对于椭圆周长大于等面积圆周长的事实, 我们可以视其为一个圆周长加上若干微圆周长形成. 当然, 我们也可以反过来思考: 对于椭圆周长大于等面积圆周长, 我们可以视其为一个大圆周长减去若干微圆周长形成. 由此, 以下我们介绍另一种方法, 即以椭圆长轴半径为圆的半径 (简称为大圆半径), 以该大圆的周长为基础, 减去若干小圆周长, 最终获得实际椭圆的周长的通用表达式.

设椭圆的长半轴长度为 a, 短半轴长度为 b, 且 $k=\sqrt{1-\dfrac{b^2}{a^2}}$, 读者不难验证, 用无穷级数表示的第二类完全椭圆积分表达式为

$$C_{(2,T)}=4a\frac{\pi}{2}\left(1-\sum_{p=1}^{\infty}\left(\frac{(2p)!}{4^p\left(p!\right)^2}\right)^2\left(\frac{k^{2p}}{2p-1}\right)\right) \tag{5-69}$$

其中, 因子 $\dfrac{(2p)!}{4^p\left(p!\right)^2}$ 是奇数连乘与偶数连乘之比表达式, p 为自然数.

将式 (5-69) 展开, 得到

$$4a\frac{\pi}{2}\left(1-\sum_{p=1}^{\infty}\left(\frac{(2p)!}{4^p\left(p!\right)^2}\right)^2\left(\frac{k^{2p}}{2p-1}\right)\right)=2a\pi-2a\pi\sum_{p=1}^{\infty}\left(\frac{(2p)!}{4^p\left(p!\right)^2}\right)^2\left(\frac{k^{2p}}{2p-1}\right)$$

即为长半轴长度为 a 的椭圆周长通用表达式. 其中, $2a\pi$ 为大圆周长,

$$2a\pi\sum_{p=1}^{\infty}\left(\frac{(2p)!}{4^p\left(p!\right)^2}\right)^2\left(\frac{k^{2p}}{2p-1}\right)$$

为趋于无穷多个的小圆周长之和, 而

$$a\sum_{p=1}^{\infty}\left(\frac{(2p)!}{4^p\left(p!\right)^2}\right)^2\left(\frac{k^{2p}}{2p-1}\right)$$

可视为各不相同的小圆半径之和.

当把$2a\pi\displaystyle\sum_{p=1}^{\infty}\left(\frac{(2p)!}{4^p\left(p!\right)^2}\right)^2\left(\frac{k^{2p}}{2p-1}\right)$ 统一地视为另一个等效圆周长时, 表达式 $a\displaystyle\sum_{p=1}^{\infty}\left(\frac{(2p)!}{4^p\left(p!\right)^2}\right)^2\left(\frac{k^{2p}}{2p-1}\right)$ 又可以视为等效圆的半径, 于是, 一个长半轴为 a、短半

轴为 b 的椭圆周长等于半径为 a 的大圆周长减去半径为 $a\sum\limits_{p=1}^{\infty}\left(\dfrac{(2p)!}{4^p\,(p!)^2}\right)^2\left(\dfrac{k^{2p}}{2p-1}\right)$ 的小圆周长.

当 $a=b$ 时, $a\sum\limits_{p=1}^{\infty}\left(\dfrac{(2p)!}{4^p\,(p!)^2}\right)^2\left(\dfrac{k^{2p}}{2p-1}\right)=0$(因为 $k=0$), 椭圆蜕变为圆, 其周长表达式变为圆周长表达式 $2a\pi$. 这个几何概念很好地解释了为什么椭圆周长不能用普通代数表达式计算.

我们知道, 半径为 a 的圆的面积为 $a^2\pi$, 长半轴长度为 a 且短半轴长度为 b 的椭圆面积为 $ab\pi$, 读者不难验证, 由于面积 $a^2\pi\left(1-\sum\limits_{p=1}^{\infty}\left(\dfrac{(2p)!}{4^p\,(p!)^2}\right)^2\left(\dfrac{k^{2p}}{2p-1}\right)\right)\neq ab\pi$, 故 $\pi\left(1-\sum\limits_{p=1}^{\infty}\left(\dfrac{(2p)!}{4^p\,(p!)^2}\right)^2\left(\dfrac{k^{2p}}{2p-1}\right)\right)$ 也不是长半轴为 a、短半轴为 b 的椭圆之等效椭圆周率.

实际应用中, 当要以非积分运算的方式及任意精度近似地求出任意有效长短轴比的椭圆周长时, 只需调整式 (5-69) 中 p 的取值上限即可. 当 p 的上限取有限值时 p 个小圆的长度之和小于 p 的上限取无限值时的情形, 故 p 的上限取有限值时所得结果略大于实际椭圆的理论周长. 比如, 当 $a=2, b=1$, p 的上限取 12 时, 近似椭圆长度就能达到小数点后 2 位准确的精度.

实际上, 借鉴求椭圆的周长思路可以理解求椭球表面积的方法. 与采用椭圆最大半径计算大圆周长然后减去一组无穷多个小圆周长而获得椭圆周长. 与此的思路相近, 求椭球表面积可以采用以三根轴中最短轴的长度的一半作为参照设定一个基础球形几何对象, 首先计算该基础球体的表面积, 然后再分别加上引入椭圆积分后获得的两组无穷多个小球之表面积, 最终获得椭球表面积.

设椭球体的 3 根轴长度分别为 a、b 与 c, 且 $a>b>c>0$.

令$k=\sqrt{\dfrac{a^2\left(b^2-c^2\right)}{b^2\left(a^2-c^2\right)}}=\dfrac{a}{b}\sqrt{\dfrac{b^2-c^2}{a^2-c^2}}$, 且令 $\theta=\arcsin\left(\sqrt{1-\dfrac{c^2}{a^2}}\right)$, 则椭球体表面积表达式为

$$S_{(3,T)}=2c^2\pi+\frac{2bc^2\pi}{\sqrt{a^2-c^2}}F(k,\theta)+2b\pi\sqrt{a^2-c^2}E(k,\theta)$$

其中, $2c^2\pi$ 是基础球体的表面积; $\dfrac{2bc^2\pi}{\sqrt{a^2-c^2}}F(k,\theta)$ 是第一类附加球体表面积, $F(k,\theta)$ 为第一类椭圆积分; $2b\pi\sqrt{a^2-c^2}E(k,\theta)$ 是第二类附加球体表面积, $E(k,\theta)$ 为第二类椭圆积分. (参见: 数学指南, 〔德〕埃伯哈德 • 蔡德勒, 等编, 李文林, 等译, 科

学出版社, 2012 年: 11–12.）

至此, 我们得到以下概念：圆是椭圆的特例、球是椭球的特例. 推而广之, 球性空间是椭球性空间的特例. 研究椭球性空间的性质可以由研究球性空间的性质入手, 但是不能止步于球性空间的性质, 因为球性空间仅仅是椭球性空间的特例而已.

第 6 章　扩张＋旋转运算与虚数及复数几何意义理解

在第 5 章, 我们研究了扩张＋旋转运算构成的球性空间与球性几何对象的形体特征量的基本性质, 研究的结果告诉我们, 空间及其相应几何对象的性质主要取决于空间与几何对象构造过程对于基础几何对象所施加的运算.

至此, 我们已经研究了实空间中几何对象的 2 种运算, 扩张运算与扩张＋旋转运算, 单纯的扩张运算在欧氏空间与单形空间中进行, 而扩张＋旋转运算则在球性空间中进行. 本章我们将主要研究在 2 维复空间中进行的扩张＋旋转运算, 并以此为基础解释虚数及复数的几何意义.

6.1　复空间中的正则旋转运算

我们知道, 在正实数取值范围内对 1 开任何次方结果均为 1, 其原因很简单: 因为 1 的任意次方皆为 1, 所以 1 开任何次方皆为 1. 我们这样理解这一概念的几何意义: 在欧氏空间中, 表达基为 1 的任意维度单一正则几何对象的形体特征量皆为 1. 同时我们还知道, 在欧氏空间中形体特征量为 1 的几何对象称为 "点"(单位几何对象), 因此欧氏空间实质上是只有 1 个 "象限" 的空间, 欧氏几何对象在一个象限的空间里可以进行从 0 维度到无限维度的扩张. 第 5 章所述的球性空间及单形空间实质上也是只有 1 个 "象限" 的空间, 球性几何对象在一个象限的空间里可以进行从 0 维度到无限维度的扩张.

复空间则不同, n 维复空间有 2^n 个象限, 即: 0 维复空间只有 1 个象限 (0 维复空间中几何对象的形体特征量恒为正实数且恒为 1); 1 维复空间有 2 个象限 (1 维复空间中几何对象的形体特征量根据所在象限不同可分别为正实数、0 以及负实数), 且 2 个象限互不重叠并由直线坐标原点连接; 2 维复空间有 4 个象限 (2 维复空间中几何对象的形体特征量根据所在象限不同可分别为 0 以及正实数、负实数、正虚数、负虚数), 且 4 个象限互不重叠并全部由平面正交坐标原点连接, 同时某一象限几何对象的 4 条边线中可以有 2 条边线与其他象限的几何对象共享; 3 维复空间有 8 个象限 (3 维复空间中几何对象的形体特征量根据所在象限不同可分别为 0 以及正实数、负实数、第一类正虚数、第一类负虚数、第二类正虚数、第二类负虚数), 且 8 个象限互不重叠并由 3 维正交坐标原点连接, 同时某一象限几何对象的

12 条边线中可以有 9 条边线与其他象限的几何对象共享, 某一象限几何对象的 6 个平面中可以有 3 个平面与其他象限的几何对象共享; 更高维度复空间的情形可类推.

如果复空间中的几何对象跨象限存在, 则必须用各象限特征量并列的方式表达; 并列表达式中同类型不同正负号的数项可以合并; 几何对象绕坐标原点、坐标轴、坐标面等旋转时, 其特征量不一定独立 (由于复空间不同象限的子空间存在共点、共线、共面现象的原因), 比如 2 维复空间不同象限的子空间旋转后出现周期性重复, 3 维复空间不同象限的子空间旋转后出现 "万向轴锁", 实际上反映的就是旋转运算结果的非独立性, 这也说明由四元数到欧拉角的计算可以有多个解.

我们首先研究 2 维复空间的情形.

如果用平面正交坐标系 O-A-B 将欧氏 2 维的平面划分为 4 个象限, 并且将第一象限中的 2 维单位几何对象特征量定义为 $1^2=1$, 将第二象限中的 2 维单位几何对象特征量定义为 $(-1)\times 1=\mathrm{i}$, 将第三象限中的 2 维单位几何对象特征量定义为 $-(1^2)=-1$, 将第四象限中的 2 维单位几何对象特征量定义为 $1\times(-1)=-\mathrm{i}$, 我们不难推出以下结果: $\sqrt{1}=\sqrt{1\times 1}$, $\sqrt{\mathrm{i}}=\sqrt{(-1)\times 1}$, $-\sqrt{1}=-\sqrt{1\times 1}$, $\sqrt{-\mathrm{i}}=\sqrt{1\times(-1)}$. 其中, $\sqrt{1}=\sqrt{1\times 1}$ 表明正交坐标系 O-A-B 第一象限中存在的单位正则几何对象之表达基为 (1, 1) 组合, $\sqrt{\mathrm{i}}=\sqrt{(-1)\times 1}$ 表明正交坐标系 O-A-B 第二象限中存在的单位正则几何对象之表达基为 $(-1,1)$ 组合, $-\sqrt{1}=-\sqrt{1\times 1}$ 表明正交坐标系 O-A-B 第三象限中存在的单位正则几何对象之表达基为 $(-1,-1)$ 组合, $\sqrt{-\mathrm{i}}=\sqrt{1\times(-1)}$ 表明正交坐标系 O-A-B 第四象限中存在的单位正则几何对象之表达基为 $(1,-1)$ 组合.

由此看来, $\sqrt{1}$ 具有两个同号根 (1, 1), $-\sqrt{1}$ 具有两个同号根 $(-1,-1)$, 而 $\sqrt{\mathrm{i}}$ 具有两个异号根 $(-1,1)$, $\sqrt{-\mathrm{i}}$ 具有两个另外两个异号根 $(1,-1)$.

以上的研究表明, 若两个符号相异且数值相同的表达基以不同的顺序相乘, 可分别获得不同的 2 维数. 即在复空间中, 表达基相乘时的顺序很重要 (与旋转有关).

另外, 还需要特别提请注意的是, 对于 $\sqrt{-1}=\mathrm{i}=(-1,1)$ 而言, 根号内的 -1 为 2 维数, 而括号内的 -1 为 1 维数, 它们形式上相同, 但是几何意义不同.

基于上述分析, 我们不仅可以称 $\sqrt{-1}=\mathrm{i}=(-1,1)$ 为虚数, 也可以认为 i 代表一种几何运算, 该种运算的结果并不是一个简单的数, 而是几何对象形体特征量的组合表达基 (一对具有特定顺序的表达基), 四种类型的组合表达基皆对应几何对象的单位特征量, 同时不同组合表达基还包含了几何对象在 2 维复空间坐标系中以原点为旋转基点的空间方位.

就像实数可以进行自乘运算一样, 虚数也可以进行自乘运算. 不过, 虚数的自乘运算结果不同于非 1 实数的自乘运算结果 (定义域及值域皆不同). 我们知道, 非 1 实数自乘运算结果由实数自身及自乘运算次数两个要素决定, 当运算次数连续变化时运算结果永不重复. 但是虚数的自乘运算结果虽然也由虚数自身及自乘运算次数两个要素决定, 但运算次数连续变化时其运算结果可以周期性重复.

正是实数与虚数之间所具有的这一显著差异, 给涉及虚数的各种运算表达式披上一层神秘的外衣. 1 这个自然数既属于实数范畴, 也属于虚数范畴. 在实数范畴中, 1 是性质最特别的一个数, 而在 2 维虚数{1, i, −1, −i}中, 1 只是四个数中普通的一员, 它们都有着各自的 "故事".

后续的研究我们将会看到, 虚数的神秘性源于一种在此之前从未被明确定义过的运算 (旋转运算), 一旦将纯虚数定义为旋转运算, 一切都将变得简单起来.

以下我们就来研究复空间中的旋转运算定义及其运算逻辑.

对于实数而言, 乘法运算 $c \times d$ 可以表示 1 维空间中长度为 c 的直线向 2 维空间扩张 d 高度, 形成一个面积为 $c \times d$ 的 2 维平面.

对于虚数而言, 乘法运算 $(c, d) \times (-1, 1) = (c, d) \times \mathrm{i} = (-c, d)$ 意味着在 2 维空间坐标系的第一象限存在顶点 (之一) 与坐标系原点重合、面积大小为 $c \times d$ 的一个 2 维平面, 当对其施加一次逆时针正交旋转运算 i 后, 该 2 维几何对象将坐落于 2 维空间坐标系的第二象限, 且其与坐标系原点重合的顶点仍与坐标系原点重合, 其面积大小仍然为 $c \times d$, 但在复空间中的方位 (象限) 发生了变化.

乘法运算 $(c, d) \times (-1, -1) = (c, d) \times \mathrm{i}^2 = (-c, -d)$ 意味着在 2 维空间坐标系的第一象限存在顶点 (之一) 与坐标系原点重合、面积大小为 $c \times d$ 的一个 2 维平面, 当对其施加两次逆时针正交旋转运算 i^2 后, 该 2 维几何对象将坐落于 2 维空间坐标系的第三象限, 且其与坐标系原点重合的顶点仍与坐标系原点重合, 其面积大小仍然为 $c \times d$, 但在复空间中的方位 (象限) 发生了第二种变化.

乘法运算 $(c, d) \times (1, -1) = (c, d) \times \mathrm{i}^3 = (c, -d)$ 意味着在 2 维空间坐标系的第一象限存在顶点 (之一) 与坐标系原点重合、面积大小为 $c \times d$ 的一个 2 维平面, 当对其施加三次逆时针正交旋转运算 i^3 后, 该 2 维几何对象将坐落于 2 维空间坐标系的第四象限, 且其与坐标系原点重合的顶点仍与坐标系原点重合, 其面积大小仍然为 $c \times d$, 但在复空间中的方位发生了第三种变化.

乘法运算 $(c, d) \times (1, 1) = (c, d) \times \mathrm{i}^4 = (c, d)$ 意味着在 2 维空间坐标系的第一象限存在顶点 (之一) 与坐标系原点重合、面积大小为 $c \times d$ 的一个 2 维平面, 当对其施加四次逆时针正交旋转运算 i^4 后, 该 2 维几何对象将转回到 2 维空间坐标系的第一象限, 且其与坐标系原点重合的顶点仍与坐标系原点重合, 其面积大小仍然为 $c \times d$, 且在复空间中的方位回到旋转前的原位.

在上述例子中, 两个大于 0 的实数 (c, d) 对应于 2 维空间坐标系中顶点之一与坐标系原点重合、大小为 $c \times d$ 的 2 维平面的两个边长, 两个实数 $(\pm 1, \pm 1)$ 的不同组合对应于使得顶点之一与坐标系原点重合、面积大小为 $c \times d$ 的 2 维平面在 2 维空间坐标系中绕原点逆时针旋转分别旋转 $\frac{\pi}{2}$, π, $\frac{3\pi}{2}$, 2π 弧度的旋转运算, 我们称这种旋转运算为复空间中的**正则旋转运算**.

通常的复数具有形式 $a+b\mathrm{i}$, 我们这样理解复数 $a+b\mathrm{i}$ 的几何意义：在复平面坐标系第一象限中, 面积为 a、顶点之一与坐标系原点重合、两条边线分别与坐标系横轴及纵轴重合的 2 维平面, 与第二象限中面积为 b、顶点之一与坐标系原点重合、两条边线分别与坐标系横轴及纵轴重合的 2 维平面并列存在.

此时如果 $b=a$, 则复数 $a+a\mathrm{i}$ 表示在复空间坐标系第一象限面积为 a 的 2 维平面正则旋转一次前后两种状态的并列. 相似地, 复数 $-a+a\mathrm{i}$ 表示在复空间坐标系第二象限面积为 a 的 2 维平面正则旋转一次前后两种状态的并列; 复数 $-a-a\mathrm{i}$ 表示在复空间坐标系第三象限面积为 a 的 2 维平面正则旋转一次前后两种状态的并列; 复数 $a-a\mathrm{i}$ 表示在复空间坐标系第四象限面积为 a 的 2 维平面正则旋转一次前后两种状态的并列.

由上述过程描述可以看出, 在复空间中几何对象的旋转运算不改变几何对象的特征量大小, 但是改变几何对象在空间坐标系中的方位. 考虑到复平面坐标系只有四个象限, 因此对 2 维平面几何对象连续施加正则旋转运算的结果必然具有周期循环性, 或者说旋转运算的逆运算结果具有非唯一性 (具有多值性).

以下是以虚数自乘运算形式表现出来的旋转运算结果周期循环性：

$$\sqrt{-1}=(-1,1)=\mathrm{i}$$
$$\sqrt{-1}\times\sqrt{-1}=(\sqrt{-1})^2=\mathrm{i}^2=-1$$
$$\sqrt{-1}\times\sqrt{-1}\times\sqrt{-1}=(\sqrt{-1})^3=\mathrm{i}^3=-1\times\sqrt{-1}=-1\times\mathrm{i}=-\mathrm{i}$$
$$\sqrt{-1}\times\sqrt{-1}\times\sqrt{-1}\times\sqrt{-1}=\left(\sqrt{-1}\right)^4=\mathrm{i}^4=(-1)\times(-1)=1$$
$$\sqrt{-1}\times\sqrt{-1}\times\sqrt{-1}\times\sqrt{-1}\times\sqrt{-1}=\left(\sqrt{-1}\right)^5=\mathrm{i}^5=(-1)\times(-1)\times\sqrt{-1}=\sqrt{-1}=\mathrm{i}$$

则有

$$\mathrm{i}^1=\mathrm{i},\quad \mathrm{i}^2=-1,\quad \mathrm{i}^3=-\mathrm{i},\quad \mathrm{i}^4=1 \tag{6-1}$$

进一步地, 有

$$\mathrm{i}^{4n+0}=1;\quad \mathrm{i}^{4n+1}=\mathrm{i};\quad \mathrm{i}^{4n+2}=-1;\quad \mathrm{i}^{4n+3}=-\mathrm{i} \tag{6-2}$$

其中 $n\geqslant 0$ 且为实整数. 不难看出, 式 (6-1) 仅仅是式 (6-2) 当 $n=0$ 时的特例.

显然, 虚数自乘运算出现相同结果的周期为 4, 它被定义为一种旋转运算是合理的. 这使得我们可以在一个划分为 4 个象限的复平面坐标系内描述和研究涉及虚数自乘运算之规律与结果 (无论旋转运算是否具有正则性).

读者不难验证：当 $n>0$ 时, 尽管 $\mathrm{i}^1=\mathrm{i}^{4n+1};\mathrm{i}^2=\mathrm{i}^{4n+2};\mathrm{i}^3=\mathrm{i}^{4n+3}$ 成立, 但是 $\sqrt[1]{\mathrm{i}}\neq\sqrt[4n+1]{\mathrm{i}}$; $\sqrt[2]{-1}\neq\sqrt[4n+2]{-1}$; $\sqrt[3]{-\mathrm{i}}\neq\sqrt[4n+3]{-\mathrm{i}}$. 这表明, 尽管式 (6-1) 与式 (6-2) 对应表达式的运算结果集相同, 但是式 (6-2) 与式 (6-1) 却各自对应着一组不同

的几何运算. 在后续的分析中我们将会看到, 即使是从数值上看旋转运算的逆运算 $\sqrt[4]{1}=1$, $\sqrt[4n]{1}=1$, 但 $n>1$ 时两者所对应的几何意义也不相同.

现在我们以旋转运算概念为基础理解上述表达式所蕴含的几何意义.

习惯上人们用 O-A-B 定义一个原点在 O 点的平面正交坐标系, 令正交的坐标参数 a 及 b 同时取正值的象限为第一象限, 该象限的坐标方位标记为 (+, +); a 取负值而 b 取正值的象限为第二象限, 该象限的坐标方位标记为 $(-,+)$; a 取负值且 b 取负值的象限为第三象限, 该象限的坐标方位标记为 $(-,-)$; a 取正值而 b 取负值的象限为第四象限, 该象限的坐标方位标记为 $(+,-)$. 如果 O-A-B 平面坐标系的 4 个象限中分别存在一个单位面积的正方形, 那么它们的形体特征量均为 2 维数, 这些 2 维数的表达基分别为 (1, 1)、$(-1,1)$、$(-1,-1)$, 以及 $(1,-1)$, 刚好与 $\sqrt{1}$、$\sqrt{-1}$、$-\sqrt{1}$, 以及 $-\sqrt{-1}$ 的运算结果相对应. 显然, 如果 O-A-B 平面坐标系的 4 个象限中分别存在一个单位面积的正方形, 那么它们的复平面形体特征量 (带符号的面积) 之和为 0, 这为我们用复数表达代数方程及其解提供了可能.

另一方面, 我们对第一与第三、第二与第四象限几何对象的组合表达基分别进行对应项的求和运算, 也不难得到: $(1,1)+(-1,-1)=(0,0)$; $(-1,1)+(1,-1)=(0,0)$. 其中, (0, 0) 表示组合表达基相互抵消. 这个结果表明 O-A-B 平面既是一个奇偶象限极性分别抵消的平面, 也是一个以奇偶象限各自均衡为基础的几何特征量旋转守恒平面.

以下我们来分析, 如何通过对第一象限存在的几何对象进行连续正则旋转运算 (正则旋转操作), 获得第二至第四象限对应几何对象组合表达基的变化规律, 以便研究非正则旋转运算的规律及逆运算规律.

设 O-A-B 平面坐标系第一象限存在一个与原点 O关联的单位面积正四边形, 其形体特征量的组合表达基为 (1, 1). 令其绕原点 o 逆时针旋转 $\dfrac{\pi}{2}$弧度, 使其完全进入第二象限, 其形体特征量的组合表达基变为 $(-1,1)$; 令该几何对象继续绕原点 o 逆时针旋转 $\dfrac{\pi}{2}$ 弧度, 完全进入第三象限, 其形体特征量的组合表达基变为 $(-1,-1)$; 令其继续绕原点 o 逆时针旋转 $\dfrac{\pi}{2}$ 弧度, 完全进入第四象限, 其形体特征量的组合表达基变为 $(1,-1)$; 令其继续绕原点 o 逆时针旋转 $\dfrac{\pi}{2}$弧度, 完全进入第一象限, 其形体特征量的组合表达基变为 (1, 1). 这个旋转过程可以无限次地重复, 每 4 个一组正则旋转过程所得到的一组结果不变.

以旋转运算的观点看, 组合表达基中的表达基符号变化顺序, 准确地记录了原始几何对象旋转过程中所处方位的信息. 如果把旋转操作非正则化 (每次旋转角度不一定等于 $\dfrac{\pi}{2}$ 弧度), 则必然出现跨象限的几何对象, 其运算结果的表达问题, 我们将在 6.2 节进行研究.

由上述分析不难得到结论：对包含旋转过程信息的几何特征量进行开平方运算必然得到包含旋转过程信息的组合表达基, 即处于第一象限具有单位面积的正方形 (其表达基为 $\sqrt{1}=(1,1)$), 当每次旋转角度等于 $\dfrac{\pi}{2}$ 弧度时, 第一次旋转后得到 $\sqrt{-1}=(-1,1)$, 第二次旋转后得到 $-\sqrt{1}=-(1,1)=(-1,-1)$, 第三次旋转后得到 $-\sqrt{-1}=-(-1,1)=(1,-1)$. 我们将上述结果分别简记为 $\sqrt{1}=(1,1)=1$, $\sqrt{-1}=(-1,1)=\mathrm{i}$, $-\sqrt{1}=-(1,1)=(-1,-1)=-1$, $-\sqrt{-1}=-(-1,1)=(1,-1)=-\mathrm{i}$.

根据式 (6-2), 我们令 i^0 代表 O-A-B 平面第一象限中存在且旋转$\dfrac{\pi}{2}$ 弧度 0 次的具有单位面积的正则几何对象组合表达基; 当其旋转 $\dfrac{\pi}{2}$弧度 1 次, 几何对象完全进入第二象限后, 那么其组合表达基记为 i^1; 当其进行 2 次 $\dfrac{\pi}{2}$弧度旋转后, 完全进入第三象限, 那么其组合表达基记为 i^2; 当其进行 3 次$\dfrac{\pi}{2}$ 弧度旋转, 完全进入第四象限后, 那么其组合表达基记为 i^3; 当其进行 4 次 $\dfrac{\pi}{2}$弧度旋转, 循环地完全进入第一象限后, 那么其组合表达基记为 i^4.

由于这个完整的旋转过程可以无限次地重复, 且所得到的结果也无限次地重复, 所以式 (6-2) 可以改写为

$$\begin{aligned}&\mathrm{i}^{4n+0}=(1,1)\\&\mathrm{i}^{4n+1}=(-1,1)\\&\mathrm{i}^{4n+2}=-(1,1)=(-1,-1)\\&\mathrm{i}^{4n+3}=-(-1,1)=(1,-1)\end{aligned} \tag{6-3}$$

上述分析说明：旋转运算 i 的周期 (或者说同一几何对象组合表达基循环出现的周期) 为 4, O-A-B 平面第一象限中的几何对象分别进行 0 次、1 次、2 次和 3 次 $\dfrac{\pi}{2}$弧度旋转, 几何对象将分别出现在第一、第二、第三和第四象限, 这 4 个象限中几何对象的组合表达基循环演变 ——(1, 1)→(−1, 1)→(−1, −1)→(1, −1), 若继续进行第 4 次旋转, 则必然出现组合表达基 (1, 1) 重复的结果.

虽然经过一个周期 (4 次) 旋转之后, 所得到的最后一个几何对象将与初始存在的基础几何对象空间方位相同, 大小也相同, 但它们的几何意义却不同. 前者可以由纯粹的扩张运算获得, 即 $1\times1=1^2$, 其可以独立地存在, 后者则由旋转运算形成. 因此, 不能简单地认为第一象限中的几何对象特征量 1^2 之几何意义不变, 因为它们的形成机制 (历史) 不同, 关于这一概念的几何意义, 我们将在 6.2 进行研究.

由此不难看出, 通常所谓的 “欧氏空间” 概念, 对应的仅仅是由扩张运算所形成的空间, 并不包括由旋转运算所形成的空间概念.

在第 5 章我们研究了球性空间的部分性质. 所谓球性空间是将扩张运算与间隔性旋转运算结合形成的一种只有一个象限、由复合运算构成的实空间. 在球性空

间中, π 对应着一次正则旋转运算符, 即使出现非正则旋转过程, 也可以用正则旋转运算符 π 进行 (计量) 表达. 相对应地, 复平面空间也是将扩张运算与旋转运算结合起来形成的一种 (具有 4 个象限的) 复空间, 其中, i 对应着正则旋转运算符, 即使出现非正则旋转过程, 也可以用正则旋转运算符 i 进行 (计量) 表达.

在处理包含旋转运算的空间中几何对象特征量、表达基及其运算过程时, 需要采用与单纯扩张空间不同的思路和方法.

比如, $-a^2 = \mathrm{i}^2 \times a^2$ 可理解为 2 次旋转过程与 2 次扩张过程相结合所构成的 "旋转 + 扩张" 复合几何对象特征量, 它与单纯由扩张运算构成的 2 维 (实空间) 几何对象特征量不同, 也与单纯由旋转运算构成的 2 维 (复空间) 几何对象特征量不同. 在确认复空间几何对象维度时, 两种性质的维度需单独考虑、分别处理.

比如, $\sqrt{-a^2} = \sqrt{a^2} \times \sqrt{-1} = a\mathrm{i}$, 这样的开方过程可理解为对形成复合空间几何特征量的两种运算过程分别进行回溯, 其中 i 为旋转运算的回溯结果, a 为扩张运算的回溯结果.

复数 $-a^2 = a^2\mathrm{i}^2$ 的几何意义对应于：在第一象限存在一个扩张表达基 a, 该表达基经一次扩张运算后形成边长为 a 的正则几何对象, 其特征量记为 $a \times a = a^2$, 其组合表达基为 (a, a); 该正则几何对象逆时针旋转 $\frac{\pi}{2}$弧度, 得到的几何对象特征量为复数 $a^2\mathrm{i}$, 该正则几何对象再次逆时针旋转 $\frac{\pi}{2}$弧度, 得到的几何特征量为 $a^2 \times \mathrm{i}^2 = -a^2$. 若对此复合几何特征量进行开方运算, 意味着回溯上述复合运算过程, 即 $\sqrt{-a^2} = \sqrt{a^2 \times \mathrm{i}^2} = \sqrt{a^2} \times \sqrt{\mathrm{i}^2} = a\mathrm{i}$. 这个结果说明 $-a^2$ 是扩张表达基 a在第一象限经过 1 次自乘扩张运算并连续 2 次旋转 $\frac{\pi}{2}$ 弧度运算后, 在 O-A-B 平面坐标系中第三象限形成的复合几何对象特征量.

为简便起见, 除非必要, 以下表述中组合表达基 $\sqrt{-1}$=$(-1, 1)$ 用数 i 表示, 组合表达基 -$\sqrt{-1}$= $-(-1,1) = (1,-1)$ 用数 $-\mathrm{i}$ 表示, 组合表达基 $\sqrt{1} = (1,1)$ 用数 1 表示, 组合表达基 -$\sqrt{1} = -(1,1) = (-1,-1)$ 用数 -1 表示.

6.2 虚数乘方、开方运算与旋转运算之间的关系

在 6.1 节我们已经知道, $\mathrm{i}^{4n+0} = 1, \mathrm{i}^{4n+1} = \mathrm{i}, \mathrm{i}^{4n+2} = -1, \mathrm{i}^{4n+3} = -\mathrm{i}$, 其中 $n \geqslant 0$ 且为实整数. 上述 4 个表达式对应着虚数的全部整数乘方运算结果. 从几何意义上看, 虚数的全部整数乘方运算对应着这样的概念：在 O-A-B 平面第一象限中存在一个具有特征量为 $1{\times}1{=}1^2$ 的 2 维正则几何对象逆时针旋转, 且每次旋转角度等于 $\frac{\pi}{2}$ 弧度后, 该几何对象刚好每次落在组成 2 维复平面 4 个象限的某一个之中.

如果每次旋转角度不一定等于 $\frac{\pi}{2}$ 弧度, 结果如何呢?

在 6.1 节我们知道, 以旋转运算的观点看, 几何特征量 1, i, -1 与 $-i$ 的组合表达基 $(1,1)$, $(-1,1)$, $(-1,-1)$, $(1,-1)$ 中的表达基符号变化顺序, 准确地记录了原始几何对象逆时针旋转 $\left(\text{每次}\dfrac{\pi}{2}\text{ 弧度}\right)$ 过程中所处象限的信息. 如果某次旋转操作的角度不等于$\dfrac{\pi}{2}$ 弧度, 则必然出现几何对象跨象限的情形, 其运算结果需用复数表达, 本节我们着重研究这个问题.

设在 O-A-B 平面第一象限中存在一个具有特征量为$1\times1=1^2$ 的正则几何对象, 令其逆时针旋转$\dfrac{\pi}{2}$ 弧度, 则该几何对象全部进入第 2 象限, 其特征量为 $-1\times1=\mathrm{i}$.

我们知道, 对于实数的乘方运算而言, 使得指数发生整数变化的运算对应着一个几何对象在扩张空间上发生一个整维度变化. 那么相应地, 对处于第一象限的几何对象而言, 每次绕原点逆时针旋转 $\dfrac{\pi}{2}$弧度就能使得 $\mathrm{i}^{4n+0}=1, \mathrm{i}^{4n+1}=\mathrm{i}, \mathrm{i}^{4n+2}=-1, \mathrm{i}^{4n+3}=-\mathrm{i}$ 成立, 因此可以认为 $\dfrac{\pi}{2}$ 弧度就是在 2 维复平面中的几何对象绕原点旋转了一个旋转整维度, 即每次绕原点旋转 $\dfrac{\pi}{2}$ 弧度的整数倍就能使得一个几何对象在平面上发生一个旋转整维度变化, 可以称几何对象绕原点旋转 $\dfrac{\pi}{2}$ 弧度的过程为 "正交旋转".

如果一个 2 维正则几何对象在平面上的正交旋转最多只能有 4 次, 那么这个平面就称为单平面; 如果一个 2 维正则几何对象在平面上正交旋转的次数可以大于 4, 那么这个平面就称为复平面.

在前面的章节中我们已经了解到, 在单纯扩张空间中几何对象上升一个扩张整维度其特征量的幂指数加 1, 降低一个扩张整维度其特征量的幂指数减 1, 而获得一个分维度 $\dfrac{m}{n}$ 几何对象的形体特征量只需对 m 维几何对象的特征量开 n 次方即可.

相似地, 在单纯旋转空间中具有单位特征量的几何对象上升一个旋转整维度其旋转运算符 i 的幂指数加 1, 降低一个旋转整维度其旋转运算符 i 的幂指数减 1. 比如, 单位特征量的几何对象未旋转时 $1^2\times\mathrm{i}^0=1$, 正交旋转 1 次后 $1^2\times\mathrm{i}^1=\mathrm{i}$, 正交旋转 2 次后 $1^2\times\mathrm{i}^2=-1$, 正交旋转 3 次后 $1^2\times\mathrm{i}^3=-\mathrm{i}$, 正交旋转 4 次后 $1^2\times\mathrm{i}^4=1$), 而要想获得单纯旋转空间中具有单位特征量的几何对象的一个分维度$\dfrac{m}{n}$ 几何对象形体特征量, 也只需对 m 维几何对象的特征量开 n 次方.

由于三角函数可用来描述在单纯旋转空间中具有单位特征量的几何对象旋转维度变化时对应的旋转运算符 i 的幂指数变化规律, 为了便于直观比较, 我们借助于三角函数对第一象限中具有单位特征量的几何对象作整维度或非整维度旋转的若干情形特征量进行表达.

在以下的研究中我们将会看到, 所谓 "整维度旋转" 也只是一个相对概念, 因为“整维度”的定义取决于选取 (4 个典型虚数中的) 哪个虚数作为旋转算子 (旋转运算符).

对于虚数 i 而言, 如果选它作为一个旋转算子, 那么复平面上的几何对象每次绕原点旋转$\frac{\pi}{2}$ 弧度的整数倍就能使得几何对象在复平面上发生一个旋转整维度变化; 对于虚数 -1 而言, 如果选它作为一个旋转算子, 那么复平面上的几何对象每次绕原点旋转 π 弧度的整数倍才能使得几何对象在复平面上发生一个旋转整维度变化; 对于虚数 $-\mathrm{i}$ 而言, 如果选它作为一个旋转算子, 那么复平面上的几何对象每次绕原点旋转 $\frac{3\pi}{2}$弧度的整数倍才能使得几何对象在复平面上发生一个旋转整维度变化; 对于虚数 1 而言, 如果选它作为一个旋转算子, 那么复平面上的几何对象每次绕原点旋转 2π 弧度的整数倍才能使得几何对象在复平面上发生一个旋转整维度变化.

(1) 首先, 我们考察虚数 i 作为旋转算子的情形.

借助于三角函数对第一象限中具有单位特征量的几何对象旋转到第二象限后的特征量进行表达: $\cos\left(\frac{\pi}{2}\right)+\sin\left(\frac{\pi}{2}\right)=\mathrm{i}$, 相应地有正交旋转 1 次后的特征量表达式 $1^2\times\mathrm{i}^1=\mathrm{i}$.

自然地, 对于**处于第一象限具有单位形体特征量的几何对象**(本节下同) 而言, 若其逆时针旋转 $\frac{1}{2}\times\frac{\pi}{2}$弧度, 则等价于在旋转空间中旋转了半个维度, 我们同样借助于三角函数对此进行表达

$$\cos\left(\frac{\pi}{2\times 2}\right)+\sin\left(\frac{\pi}{2\times 2}\right)=\frac{\sqrt{2}}{2}+\frac{\sqrt{2}}{2}\mathrm{i}$$

相应地有正交旋转 $\frac{1}{2}$ 次后的特征量表达式 $1^2\times\mathrm{i}^{\frac{1}{2}}=\sqrt{\mathrm{i}}$. 于是, 我们可以得到对应的表达形式:

逆时针旋转 1 个维度: $\mathrm{i}^1=\mathrm{i}=\cos\left(\frac{\pi}{2}\right)+\sin\left(\frac{\pi}{2}\right)\mathrm{i}=\mathrm{i}$;

逆时针旋转 $\frac{1}{2}$ 个维度: $\mathrm{i}^{\frac{1}{2}}=\sqrt{\mathrm{i}}=\frac{\sqrt{2}}{2}+\frac{\sqrt{2}}{2}\mathrm{i}=\cos\left(\frac{\pi}{4}\right)+\sin\left(\frac{\pi}{4}\right)\mathrm{i}$.

依次地, 我们还可以得到具有单位特征量的正则几何对象从第一象限向第二象限旋转部分非整数维度时其特征量的表达形式:

逆时针旋转 $\frac{1}{3}$ 个维度: $\mathrm{i}^{\frac{1}{3}}=\sqrt[3]{\mathrm{i}}=\frac{\sqrt{3}}{2}+\frac{1}{2}\mathrm{i}=\cos\left(\frac{\pi}{6}\right)+\sin\left(\frac{\pi}{6}\right)\mathrm{i}$;

逆时针旋转 $\frac{1}{4}$ 个维度: $\mathrm{i}^{\frac{1}{4}}=\sqrt[4]{\mathrm{i}}=\frac{\sqrt[4]{2}}{\sqrt{2}}\sqrt{1+\mathrm{i}}=\cos\left(\frac{\pi}{8}\right)+\sin\left(\frac{\pi}{8}\right)\mathrm{i}$;

逆时针旋转 $\frac{1}{5}$ 个维度: $\mathrm{i}^{\frac{1}{5}}=\sqrt[5]{\mathrm{i}}=\frac{1}{\sqrt[5]{2^3}}\sqrt[5]{(\sqrt{3}+\mathrm{i})^3}=\cos\left(\frac{\pi}{10}\right)+\sin\left(\frac{\pi}{10}\right)\mathrm{i}$;

逆时针旋转 $\frac{1}{e}$ 个维度：$i^{\frac{1}{e}} = \sqrt[e]{i} = \cos\left(\frac{\pi}{2e}\right) + \sin\left(\frac{\pi}{2e}\right) i$;

逆时针旋转 $\frac{1}{\pi}$ 个维度：$i^{\frac{1}{\pi}} = \sqrt[\pi]{i} = \cos\left(\frac{1}{2}\right) + \sin\left(\frac{1}{2}\right) i$.

由于复平面是对称的, 所以既然可以逆时针旋转, 当然也可以顺时针旋转, 当几何对象旋转后所处的复平面上的象限位置相同时, 两种旋转的结果是等价的. 比如：

顺时针旋转 $\frac{1}{e}$ 个维度：$i^{\frac{1}{e}} = \sqrt[e]{i} = \cos\left(\frac{(4e-1)\pi}{2e}\right) - \sin\left(\frac{(4e-1)\pi}{2e}\right) i$;

顺时针旋转 $\frac{1}{\pi}$ 个维度：$i^{\frac{1}{\pi}} = \sqrt[\pi]{i} = \cos\left(\frac{1-4\pi}{2}\right) + \sin\left(\frac{1-4\pi}{2}\right) i$.

如果选虚数 i 作为旋转算子, 那么从第一象限旋转到第二象限的一次正则旋转过程根据需要可以分解为若干次分维度旋转过程, 设各分维度旋转的角度 ω_1(以弧度计), 则各分维度旋转的角度 ω_1 记为

$$\omega_1 = \frac{\pi}{2n} = 2\pi - \frac{(4n-1)\pi}{2n} \tag{6-4}$$

其中, $\frac{\pi}{2n}$ 对应于逆时针旋转角度, $2\pi - \frac{(4n-1)\pi}{2n}$ 对应于顺时针旋转角度. 式 (6-4) 指出了分维度旋转的角度 ω_1 与虚数 -1 的开方次数 n 之间的关系.

由于在复平面中共有 4 个象限, 第一象限的几何对象不仅可以向第二象限旋转, 还可以向第三象限和第四象限, 以及回到第一象限循环旋转, 因此作为虚数的数 -1 与数 $-i$, 1 的开方运算与 i 的开方运算具有统一的几何意义. 以下我们继续研究这个问题.

(2) 考察虚数 -1 作为旋转算子的情形.

如果选虚数 -1 作为旋转算子, 那么从第一象限旋转到第三象限的一次正则旋转过程根据需要可以分解为若干次分维度旋转过程, 设各分维度旋转的角度 ω_2(以弧度计), 则各分维度旋转的角度 ω_2 记为

$$\omega_2 = \frac{\pi}{2} + \frac{(2-n)\pi}{2n} = 2\pi - \frac{(4n-2)\pi}{2n} \tag{6-5}$$

其中, $\frac{\pi}{2} + \frac{(2-n)\pi}{2n}$ 对应于逆时针旋转角度, $2\pi - \frac{(4n-2)\pi}{2n}$ 对应于顺时针旋转角度.

对于处于第 1 象限的几何对象而言, 逆时针旋转$\frac{\pi}{2} + \frac{\pi}{2} = \pi$ 弧度就能使得其特征量变为 -1, 因此可以认为这种情形下旋转 π 弧度对应于在旋转空间中的一个整维度. 为了便于比较, 我们同样借助于三角函数对此进行表达：

$$\cos(\pi) + \sin(\pi) = -1$$

自然地, 此时对于处于第 1 象限的几何对象而言, 旋转$\pi-\dfrac{\pi}{2}=\dfrac{\pi}{2}$弧度, 则等价于在旋转空间中旋转了半个维度. 同样地, 我们借助于三角函数对此进行表达:

$$\cos\left(\frac{\pi}{2}\right)+\sin\left(\frac{\pi}{2}\right)=\mathrm{i}$$

于是, 我们可以得到对应的表达形式:

逆时针旋转 1 个维度:

$$(-1)^1=-1=\cos(\pi)+\sin(\pi)\mathrm{i}=-1$$

逆时针旋转 $\dfrac{1}{2}$ 个维度:

$$(-1)^{\frac{1}{2}}=\sqrt{-1}=\mathrm{i}=\cos\left(\frac{\pi}{2}\right)+\sin\left(\frac{\pi}{2}\right)\mathrm{i}$$

根据上述分析, 如果选虚数 -1 作为旋转算子, 那么我们还可以得到具有单位特征量的正则几何对象从第一象限向第三象限旋转部分非整数维度, 在各种分维度情形下, 旋转的角度 ω_2(以弧度计) 与虚数 -1 的开方次数 n 之间的关系为:

逆时针旋转 $\dfrac{1}{3}$ 个维度:

$$(-1)^{\frac{1}{3}}=\sqrt[3]{-1}=\frac{1}{2}+\frac{\sqrt{3}}{2}\mathrm{i}=\cos\left(\frac{\pi}{3}\right)+\sin\left(\frac{\pi}{3}\right)\mathrm{i}$$

逆时针旋转 $\dfrac{1}{4}$ 个维度:

$$(-1)^{\frac{1}{4}}=\sqrt[4]{-1}=\frac{\sqrt{2}}{2}+\frac{\sqrt{2}}{2}\mathrm{i}=\cos\left(\frac{\pi}{4}\right)+\sin\left(\frac{\pi}{4}\right)\mathrm{i}$$

逆时针旋转 $\dfrac{1}{5}$ 个维度:

$$(-1)^{\frac{1}{5}}=\sqrt[5]{-1}=\left(\frac{1}{\sqrt[5]{2^3}}\sqrt[5]{(\sqrt{3}+\mathrm{i})^3}\right)^2=\cos\left(\frac{\pi}{5}\right)+\sin\left(\frac{\pi}{5}\right)\mathrm{i}$$

逆时针旋转 $\dfrac{1}{\mathrm{e}}$ 个维度:

$$(-1)^{\frac{1}{\mathrm{e}}}=\sqrt[\mathrm{e}]{-1}=\cos\left(\frac{\pi}{\mathrm{e}}\right)+\sin\left(\frac{\pi}{\mathrm{e}}\right)\mathrm{i}$$

逆时针旋转 $\dfrac{1}{\pi}$ 个维度:

$$(-1)^{\frac{1}{\pi}}=\sqrt[\pi]{-1}=\cos(1)+\sin(1)\mathrm{i}$$

顺时针旋转 $\frac{1}{\mathrm{e}}$ 个维度：

$$(-1)^{\frac{1}{\mathrm{e}}} = \sqrt[\mathrm{e}]{-1} = \cos\left(\frac{(4\mathrm{e}-1)\pi}{\mathrm{e}}\right) - \sin\left(\frac{(4\mathrm{e}-1)\pi}{\mathrm{e}}\right)\mathrm{i}$$

顺时针旋转 $\frac{1}{\pi}$ 个维度：

$$(-1)^{\frac{1}{\pi}} = \sqrt[\pi]{-1} = \cos(1-4\pi) + \sin(1-4\pi)\mathrm{i}$$

(3) 考察虚数 $-\mathrm{i}$ 作为旋转算子的情形.

如果选虚数 $-\mathrm{i}$ 作为旋转算子, 那么从第一象限旋转到第四象限的一次正则旋转过程根据需要可以分解为 n 次分维度旋转过程, 设各分维度旋转的角度 ω_3(以弧度计), 则各分维度旋转的角度 ω_3 记为

$$\omega_3 = \pi + \frac{(2n-1)\pi}{2n} = 2\pi - \frac{\pi}{2n} \tag{6-6}$$

其中, $\pi + \frac{(2n-1)\pi}{2n}$ 对应于逆时针旋转角度, $2\pi - \frac{\pi}{2n}$ 对应于顺时针旋转角度.

对于处于第 1 象限的几何对象而言, 逆时针旋转 $\pi + \frac{\pi}{2} = \frac{3\pi}{2}$ 弧度就能使得其特征量变为 $-\mathrm{i}$, 因此可以认为这种情形下旋转 $\frac{3\pi}{2}$弧度对应于在旋转空间中的一个整维度. 为了便于比较, 我们同样借助于三角函数对此进行表达

$$\cos\left(\frac{3\pi}{2}\right) + \sin\left(\frac{3\pi}{2}\right) = -\mathrm{i}$$

对于处于第 1 象限的几何对象而言, 旋转$\pi + \frac{1}{2} \times \frac{3\pi}{2} = \frac{7}{4}\pi$ 弧度, 则等价于在旋转空间中旋转了半个维度. 借助于三角函数对此进行表达

$$\cos\left(\frac{7\pi}{4}\right) + \sin\left(\frac{7\pi}{4}\right) = -\mathrm{i}$$

于是, 我们可以得到对应的表达形式：

逆时针旋转 1 个维度：

$$(-\mathrm{i})^1 = -\mathrm{i} = \cos\left(\frac{3\pi}{2}\right) + \sin\left(\frac{3\pi}{2}\right)\mathrm{i} = -\mathrm{i}$$

逆时针旋转 $\frac{1}{2}$ 个维度：

$$(-\mathrm{i})^{\frac{1}{2}} = \sqrt{-\mathrm{i}} = \frac{\sqrt{2}}{2} - \frac{\sqrt{2}}{2}\mathrm{i} = \cos\left(\frac{7\pi}{4}\right) + \sin\left(\frac{7\pi}{4}\right)\mathrm{i}$$

根据上述分析, 如果选虚数 $-\mathrm{i}$ 作为旋转算子, 那么我们还可以得到具有单位特征量的正则几何对象从第一象限向第四象限旋转部分非整数维度, 在各种分维度情形下, 旋转的角度 ω_3(以弧度计) 与虚数 $-\mathrm{i}$ 的开方次数 n 之间的关系为:

逆时针旋转 $\dfrac{1}{3}$ 个维度:

$$(-\mathrm{i})^{\frac{1}{3}}=\sqrt[3]{-\mathrm{i}}=\frac{\sqrt{3}}{2}-\frac{1}{2}\mathrm{i}=\cos\left(\frac{11\pi}{6}\right)+\sin\left(\frac{11\pi}{6}\right)\mathrm{i}$$

逆时针旋转 $\dfrac{1}{4}$ 个维度:

$$(-\mathrm{i})^{\frac{1}{4}}=\sqrt[4]{-\mathrm{i}}=\frac{\sqrt[4]{2}}{\sqrt{2}}\sqrt{1-\mathrm{i}}=\cos\left(\frac{15\pi}{8}\right)+\sin\left(\frac{15\pi}{8}\right)\mathrm{i}$$

逆时针旋转 $\dfrac{1}{5}$ 个维度:

$$(-\mathrm{i})^{\frac{1}{5}}=\sqrt[5]{-\mathrm{i}}=\frac{1}{\sqrt[5]{2^3}}\sqrt[5]{(\sqrt{3}-\mathrm{i})^3}=\cos\left(\frac{19\pi}{10}\right)+\sin\left(\frac{19\pi}{10}\right)\mathrm{i}$$

逆时针旋转 $\dfrac{1}{\mathrm{e}}$ 个维度:

$$(-\mathrm{i})^{\frac{1}{\mathrm{e}}}=\sqrt[\mathrm{e}]{-\mathrm{i}}=-\cos\left(\frac{(2\mathrm{e}-1)\pi}{2\mathrm{e}}\right)-\sin\left(\frac{(2\mathrm{e}-1)\pi}{2\mathrm{e}}\right)\mathrm{i}$$

逆时针旋转 $\dfrac{1}{\pi}$ 个维度:

$$(-\mathrm{i})^{\frac{1}{\pi}}=\sqrt[\pi]{-\mathrm{i}}=-\cos\left(\frac{2\pi-1}{2}\right)-\sin\left(\frac{2\pi-1}{2}\right)\mathrm{i}$$

顺时针旋转 $\dfrac{1}{\mathrm{e}}$ 个维度:

$$(-\mathrm{i})^{\frac{1}{\mathrm{e}}}=\sqrt[\mathrm{e}]{-\mathrm{i}}=\cos\left(\frac{\pi}{2\mathrm{e}}\right)-\sin\left(\frac{\pi}{2\mathrm{e}}\right)\mathrm{i}$$

顺时针旋转 $\dfrac{1}{\pi}$ 个维度:

$$(-\mathrm{i})^{\frac{1}{\pi}}=\sqrt[\pi]{-\mathrm{i}}=\cos\left(\frac{1}{2}\right)-\sin\left(\frac{1}{2}\right)\mathrm{i}$$

(4) 考察虚数 $(-1)^2=1$ 作为旋转算子的情形.

如果选虚数 $(-1)^2=1$ 作为旋转算子, 那么从第一象限旋转到第一象限的一次正则旋转过程根据需要可以分解为 n 次分维度旋转过程, 设各分维度旋转的角度 ω_4(以弧度计), 则各分维度旋转的角度 ω_4 记为

$$\omega_4=\pi+\frac{(4-2n)\pi}{2n}=2\pi-\frac{(4n-4)\pi}{2n}\tag{6-7}$$

其中, $\pi+\dfrac{(4-2n)\pi}{2n}$ 对应于逆时针旋转角度, $2\pi-\dfrac{(4n-4)\pi}{2n}$ 对应于顺时针旋转角度.

对于处于第一象限的几何对象而言, 逆时针旋转 $\pi+\pi=2\pi$ 弧度就能使得其特征量重新变为 1, 因此可以认为这种情形下旋转 2π 弧度对应于在旋转空间中的一个整维度. 为了便于比较, 我们同样借助于三角函数对此进行表达

$$\cos(2\pi)+\sin(2\pi)=1=(\cos(\pi)+\sin(\pi))^2=(-1)^2$$

即相对于旋转 π 弧度对应于在旋转空间中的一个整维度的情形而言, 连续 2 次整维度旋转即可回到第一象限, 于是, 我们借助于已经给出的第二种情形可以得到对应的第四种表达形式:

逆时针旋转 1 个维度:

$$(-1)^2=1=\cos(2\pi)+\sin(2\pi)\mathrm{i};$$

逆时针旋转 $\dfrac{1}{2}$ 个维度:

$$(-1)^{\frac{2}{2}}=-1=\cos(\pi)+\sin(\pi)\mathrm{i}$$

根据上述分析, 如果选虚数 $(-1)^2=1$ 作为旋转算子, 那么我们还可以得到具有单位特征量的正则几何对象从第一象限向第一象限旋转部分非整数维度, 在各种分维度情形下, 旋转的角度 ω_4(以弧度计) 与虚数 $(-1)^2=1$ 的开方次数 n 之间的关系为:

逆时针旋转 $\dfrac{1}{3}$ 个维度:

$$(-1)^{\frac{2}{3}}=\sqrt[3]{(-1)^2}=-\frac{1}{2}+\frac{\sqrt{3}}{2}\mathrm{i}=\cos\left(\frac{2\pi}{3}\right)+\sin\left(\frac{2\pi}{3}\right)\mathrm{i}$$

逆时针旋转 $\dfrac{1}{4}$ 个维度:

$$(-1)^{\frac{2}{4}}=\sqrt[4]{(-1)^2}=\mathrm{i}=\cos\left(\frac{\pi}{2}\right)+\sin\left(\frac{\pi}{2}\right)\mathrm{i}$$

逆时针旋转 $\dfrac{1}{5}$ 个维度:

$$(-1)^{\frac{2}{5}}=\sqrt[5]{(-1)^2}=\left(\frac{1}{\sqrt[5]{2^3}}\sqrt[5]{(\sqrt{3}+\mathrm{i})^3}\right)^4=\cos\left(\frac{2\pi}{5}\right)+\sin\left(\frac{2\pi}{5}\right)\mathrm{i}$$

逆时针旋转 $\dfrac{1}{\mathrm{e}}$ 个维度:

$$(-1)^{\frac{2}{\mathrm{e}}}=\sqrt[\mathrm{e}]{(-1)^2}=-\cos\left(\frac{(4-2\mathrm{e})\pi}{2\mathrm{e}}\right)-\sin\left(\frac{(4-2e)\pi}{2\mathrm{e}}\right)\mathrm{i}$$

逆时针旋转 $\frac{1}{\pi}$ 个维度：

$$(-1)^{\frac{2}{\pi}} = \sqrt[\pi]{(-1)^2} = -\cos\left(\frac{4-2\pi}{2}\right) - \sin\left(\frac{4-2\pi}{2}\right)\mathrm{i}$$

顺时针旋转 $\frac{1}{\mathrm{e}}$ 个维度：

$$(-1)^{\frac{2}{\mathrm{e}}} = \sqrt[\mathrm{e}]{(-1)^2} = \cos\left(\frac{(4\mathrm{e}-4)\pi}{2\mathrm{e}}\right) - \sin\left(\frac{(4\mathrm{e}-4)\pi}{2\mathrm{e}}\right)\mathrm{i}$$

顺时针旋转 $\frac{1}{\pi}$ 个维度：

$$(-1)^{\frac{2}{\pi}} = \sqrt[\pi]{(-1)^2} = \cos\left(\frac{4\pi-4}{2}\right) + \sin\left(\frac{4\pi-4}{2}\right)\mathrm{i}$$

在第 8 章研究高次代数方程的代数解时，我们需要用到上述概念.

6.3　一般虚数开 2 次方的几何意义

上述内容我们重点研究了单位虚数 i 作为组合表达基以及旋转算子的几何意义，并且引出了 4 个典型虚数开 n 次方 $(n \geqslant 1)$ 运算的几何意义. 本节研究对一般虚数开平方运算的几何意义. 仍然采用从典型例子入手，归纳一般虚数开方运算的规律及其几何意义的方法.

首先定义"复合表达基"的概念.

之前我们已经定义了组合表达基的概念：$\sqrt{1}$ 具有两个同号根 (1, 1), $-\sqrt{1}$ 具有两个同号根 $(-1,-1)$, 而 $\sqrt{\mathrm{i}}$ 具有两个异号根 $(-1,1)$, $\sqrt{-\mathrm{i}}$ 具有两个另外两个异号根 $(1,-1)$. 它们的几何意义是，处于第一象限具有单位面积的正方形 (其组合表达基为 $\sqrt{1}=(1,1)$), 当每次旋转角度等于 $\frac{\pi}{2}$ 弧度时，第一次旋转后得到 $\sqrt{-1}=(-1,1)$, 第二次旋转后得到 $-\sqrt{1}=-(1,1)=(-1,-1)$, 第三次旋转后得到 $-\sqrt{-1}=-(-1,1)=(1,-1)$, 为方便起见可将上述结果分别简记为 $\sqrt{1}=(1\ 1)=1$, $\sqrt{-1}=(-1,1)=i$, $-\sqrt{1}=-(1,1)=(-1,-1)=-1$, $-\sqrt{-1}=-(-1,1)=(1,-1)=-\mathrm{i}$. 显然，组合表达基只能表达处于复平面 4 个正交象限中某一象限的几何对象形体特征量，不具一般性.

一般情形下，几何对象处于复平面中 1 个及以上象限，需要使用复表达基进行表达.

如前所述，复平面属于对称平面，其中第一、第三象限的形体特征量可以进行算术求和运算，第二与第四象限的形体特征量可以进行算术求和运算，但是奇数象限几何对象特征量算术求和的结果与偶数象限几何对象特征量算术求和的结果只能几何求和 (并列). 因此, 即使几何对象覆盖了整个复平面, 其形体特征量也可以仅仅使用具有两个几何求和量的复数表达. 这表明, 一个几何对象 (扩张＋旋转) 升维前的基础几何对象特征量 (表达基) 必然可用复数表达, 我们称之为 "复合表达基".

复合表达基是比组合表达基更具一般性的表达基, 或者说, 组合表达基是复合表达基的特殊情形. 以下我们主要使用复合表达基的概念.

其次, 我们定义 "扩张＋旋转复空间" 概念.

在上述内容中, 我们所了解的 "复空间" 概念仅仅是旋转运算意义下的复空间, 而实际上几何对象在升维过程中往往不仅涉及旋转维度变化, 同时涉及扩张维度变化, 所以必须定义 "扩张＋旋转复空间" 的概念, 以便解释一般复数乘方与开方运算结果的几何意义.

如果一个空间不仅允许几何对象进行扩张性升维 (降维), 也允许几何对象进行旋转性升维 (降维), 那么该空间称为 "扩张＋旋转复空间".

"扩张＋旋转复空间" 中的几何对象扩张性升维 (降维) 与旋转性升维 (降维) 过程既独立又交叉, 升维 (降维) 结果的特征量实部与虚部的运算满足二项式运算规则.

以下是若干典型例子.

(1) 求 $\sqrt{2\mathrm{i}}$. 设虚数 $2\mathrm{i}$ 是复平面上第二象限几何对象的形体特征量, 该几个对象由复合表达基自乘 1 次得到, 我们设复合表达基为 $a+b\mathrm{i}$, 则有 $(a+b\mathrm{i})^2=2\mathrm{i}$, 对等式两边同时开方, 得到

$$\sqrt{(a+b\mathrm{i})^2}=\sqrt{2\mathrm{i}} \tag{6-8}$$

由于等式中的两个实变量 a, b 皆不确定, 所以式 (6-8) 是一个不定方程. 展开 $(a+b\mathrm{i})^2$ 得到 $a^2+2ab\mathrm{i}-b^2$, 式 (6-8) 有一组特解 $a=b=1$; 另一方面, 展开 $(-a-b\mathrm{i})^2$ 也可以得到 $a^2+2ab\mathrm{i}-b^2$, 这意味着, 式 (6-8) 存在另一组特解 $a=b=-1$. 于是虚数 $2\mathrm{i}$ 开方的结果至少可以表示为 $\sqrt{2\mathrm{i}}=\pm(a+b\mathrm{i})=\pm(1+\mathrm{i})$.

我们这样解读表达式 $a^2+2ab\mathrm{i}-b^2$: a^2 表示在第一象限存在一个 2 维正则几何对象, 其组合表达基为 (a, a); $2ab\mathrm{i}$ 表示在第二象限存在一个 2 维几何对象, 其组合表达基为 $(2a, b)$; $-b^2$ 表示在第三象限存在一个正则几何对象, 其组合表达基为 $(-b, b)$.

将上述三个象限中的几何对象特征量简单相加, 即可获得表达式 $a^2+2ab\mathrm{i}-b^2$, 而当 $a=b=1$ 时, $a^2+2ab\mathrm{i}-b^2$ 中第一项与第三项相抵消, 第二项就是 $2\mathrm{i}$.

(2) 求 $\sqrt{8\mathrm{i}}$. 同样地, 由二项式展开规律得到 $(a+b\mathrm{i})^2=8\mathrm{i}$, 则有

$$\sqrt{(a+b\mathrm{i})^2}=\sqrt{8\mathrm{i}} \tag{6-9}$$

采用与式 (6-8) 相同的分析方法, 不难得到满足式 (6-9) 的表达基分别为 $a=2, b=2$, 则 $\sqrt{8\mathrm{i}}=a+b\mathrm{i}=2+2\mathrm{i}$.

(3) 求 $\sqrt{18\mathrm{i}}$. 由二项式展开规律得到 $(a+b\mathrm{i})^2=18\mathrm{i}$, 则有

$$\sqrt{(a+b\mathrm{i})^2}=\sqrt{18\mathrm{i}} \tag{6-10}$$

采用与式 (6-8) 相同的分析方法, 不难得到满足式 (6-10) 的表达基分别为 $a=3, b=3$, 则 $\sqrt{18\mathrm{i}}=a+b\mathrm{i}=3+3\mathrm{i}$.

很显然, 上述举例有一个共同的特点, 待开方虚数的复合表达基之实部与虚部包含的表达基数值相同. 实际上, 对于待开方虚数的复合表达基之实部与虚部包含的表达基数值不相同的情形, 这种分析方法仍然适用.

设某 2 维几何对象之复合表达基为 $3+2\mathrm{i}$, 则经乘方运算 (扩张+旋转运算) 后获得几何对象复合特征量为 $(3+2\mathrm{i})^2=9+6\mathrm{i}+6\mathrm{i}-4=5+12\mathrm{i}$.

由此不难看出, 虚数开平方的本质是复数开平方的特例.

一般而言, 设 $\sqrt{\alpha+\beta\mathrm{i}}$ 为一般复数开平方的表达式, 其中, $\alpha=a\pm b$, $\beta=\pm 2ab$, 那么当 α=0 时, 一般复数开平方表达式 $\sqrt{\alpha+\beta\mathrm{i}}=\sqrt{0+\beta\mathrm{i}}=\sqrt{\beta\mathrm{i}}$ 就转化为虚数开方表达式.

以下我们以 $(\pm3\pm2\mathrm{i})^2$ 为例, 简单讨论一下复数乘方的有关规律, 并由此归纳出复数开方结果的有关规律:

$$(3+2\mathrm{i})^2=9+6\mathrm{i}+6\mathrm{i}-4=5+12\mathrm{i}$$

$$(-3+2\mathrm{i})^2=9-6\mathrm{i}-6\mathrm{i}-4=5-12\mathrm{i}$$

$$(3-2\mathrm{i})^2=9-6\mathrm{i}-6\mathrm{i}-4=5-12\mathrm{i}$$

$$(-3-2\mathrm{i})^2=9+6\mathrm{i}+6\mathrm{i}-4=5+12\mathrm{i}$$

不难得到: $\sqrt{5+12\mathrm{i}}=\pm(3+2\mathrm{i})$; $\sqrt{5-12\mathrm{i}}=\pm(-3+2\mathrm{i})$.

上述 4 种情形下的复合表达基的实部数值均大于虚部数值, 如果将实部数值与虚部数值对调, 则有如下结果:

$$(2+3\mathrm{i})^2=4+6\mathrm{i}+6\mathrm{i}-9=-5+12\mathrm{i}$$

$$(-2+3\mathrm{i})^2=4-6\mathrm{i}-6\mathrm{i}-9=-5-12\mathrm{i}$$

$$(2-3\mathrm{i})^2=4-6\mathrm{i}-6\mathrm{i}-9=-5-12\mathrm{i}$$

$$(-2-3\mathrm{i})^2=4+6\mathrm{i}+6\mathrm{i}-9=-5+12\mathrm{i}$$

不难得到: $\sqrt{-5+12\mathrm{i}}=\pm(2+3\mathrm{i})$; $\sqrt{-5-12\mathrm{i}}=\pm(-2+3\mathrm{i})$.

如果令实部数值与虚部数值相等, 则又有如下结果:

$$(3+3\mathrm{i})^2 = 9+9\mathrm{i}+9\mathrm{i}-9 = 18\mathrm{i}$$

$$(-3+3\mathrm{i})^2 = 9-9\mathrm{i}-9\mathrm{i}-9 = -18\mathrm{i}$$

$$(3-3\mathrm{i})^2 = 9-9\mathrm{i}-9\mathrm{i}-9 = -18\mathrm{i}$$

$$(-3-3\mathrm{i})^2 = 9+6\mathrm{i}+6\mathrm{i}-9 = 18\mathrm{i}$$

不难得到: $\sqrt{18\mathrm{i}} = \pm(3+3\mathrm{i})$; $\sqrt{-18\mathrm{i}} = \pm(-3+3\mathrm{i})$.

简单归纳一下, 得到以下规则.

(1) 当作为表达基的复数实部绝对值大于虚部绝对值时, 其平方运算结果中实部符号为正; 当作为表达基的复数实部绝对值小于虚部绝对值时, 其平方运算结果中实部符号为负; 当作为表达基的复数实部绝对值等于虚部绝对值时, 其平方运算结果中实部为 0.

(2) 当作为表达基的复数实部与虚部符号相同时, 其平方运算结果中虚部符号恒为正; 当作为表达基的复数实部与虚部符号相异时, 其平方运算结果中虚部符号恒为负.

根据前述推论及分析, 反过来我们又可以得到下述推论:

(3) 如果待开方的复数实部为正数, 则其开方后获得的表达基实部绝对值大于虚部绝对值; 如果待开方的复数实部为负数, 则其开方后获得的表达基实部绝对值小于虚部绝对值; 如果待开方的复数实部为 0, 则其开方后获得的表达基实部绝对值等于虚部绝对值.

(4) 如果待开方的复数虚部为正数, 则其开方后获得的表达基实部与虚部符号相同; 如果待开方的复数虚部为负数, 则其开方后获得的表达基实部与虚部符号相异.

(5) 当复合表达基的实部与虚部符号相同时, 实部与虚部交叉相乘的结果落入第二象限; 当复合表达基的实部与虚部符号相异时, 实部与虚部交叉相乘的结果落入第四象限.

于是, 我们得到以下一般复数开 2 次方规律:

$$\sqrt{\alpha+\beta\mathrm{i}} = \pm(a+b\mathrm{i}), \quad 其中\ a>b$$

$$\sqrt{-\alpha+\beta\mathrm{i}} = \pm(a+b\mathrm{i}), \quad 其中\ a<b$$

$$\sqrt{\alpha-\beta\mathrm{i}} = \pm(a-b\mathrm{i}), \quad 其中\ a>b$$

$$\sqrt{-\alpha-\beta\mathrm{i}} = \pm(a-b\mathrm{i}), \quad 其中\ a<b$$

特别地, $\sqrt{0+\beta\mathrm{i}}=\sqrt{\beta\mathrm{i}}=\pm(b+b\mathrm{i})$, $\sqrt{0-\beta\mathrm{i}}=\sqrt{-\beta\mathrm{i}}=\pm(b-b\mathrm{i})$.

当 a, b 均为整数时, 称 $\pm(a+b\mathrm{i})$ 和 $\pm(a-b\mathrm{i})$ 为复整数, 它们的平方数为复平方整数 (或者成为复完全平方数), 比如 $(3+5\mathrm{i})^2=-16+30\mathrm{i}$ 等.

于是, 在扩张+旋转复合空间中, 2i, 8i, 18i 以及 $5+12\mathrm{i}$, $-16+30\mathrm{i}$ 都是复平面上的 "完全平方数", 它们的 "根" 都是复平面上的 "复整数".

关于复数开方的几何意义理解, 我们将在 6.6 节继续研究, 本节以下内容重点研究实部为零的复数平开方的几何意义.

由上述分析知道, 实部为零的复数开平方获得的复合表达基之实部与虚部数值相同, 由其自乘一次的结果为 $2b^2$, 对 $\sqrt{2b^2}$ 运算所得的结果, 即为所求结果的实部与虚部共用的数值.

举例, 设

$$\begin{aligned}&0+2(b\times b\mathrm{i})=0+32\mathrm{i}\\&b^2=16\\&b=4\end{aligned}$$

则得到分析结果 $\sqrt{32\mathrm{i}}=4+4\mathrm{i}$.

又如, 求 $\sqrt{-4.5\mathrm{i}}$. 根据上述分析, 得到下式

$$\begin{aligned}&-2(b\times b\mathrm{i})=-4.5\mathrm{i}\\&b^2=2.25\\&b=1.5\end{aligned}$$

根据前述分析知道, 此种情形下开方的结果中实部与虚部异号, 于是得到结果 $\sqrt{-4.5\mathrm{i}}=\pm(1.5-1.5\mathrm{i})$.

总结上述分析结果的内容, 得到实部为零的复数开 2 次方运算一般公式

$$\sqrt{\pm\beta\mathrm{i}}=\sqrt{(b+b\mathrm{i})^2}=\sqrt{b^2\pm2b^2\mathrm{i}+(b\mathrm{i})^2}=\sqrt{\pm2b^2\mathrm{i}}=(b\pm b\mathrm{i}) \tag{6-11}$$

虽然我们通过分析获得了对于实部为零的复数开平方几何意义的规则, 但是式 (6-11) 需要我们通过计算求出 b 值, 在许多情况下这样做是不科学的. 如何通过已知的实部为零的复数 $\beta\mathrm{i}$ 直接进行开方运算, 是我们接下来展开研究的内容.

当 β 为正值时我们将式 (6-11) 中的 b 改写为与 $2b^2$ 以及 $\sqrt{2b^2}$ 相关联的形式

$$b=\frac{2b^2}{\sqrt{2\times2b^2}} \tag{6-12}$$

不难得到, 虚数 $\beta\mathrm{i}$ 开方获得的复合表达基的另一种表达形式为

$$b+b\mathrm{i}=\frac{2b^2}{\sqrt{2\times2b^2}}+\frac{2b^2}{\sqrt{2\times2b^2}}\mathrm{i} \tag{6-13}$$

又由于此时 $2b^2=\beta$, 我们得到实部为零且虚部符号为正的复数开方运算的一般表达式

$$\sqrt{\beta\mathrm{i}}=\frac{\beta}{\sqrt{2\beta}}+\frac{\beta}{\sqrt{2\beta}}\mathrm{i} \tag{6-14}$$

举例. 运用式 (6-14) 求 $\sqrt{12\mathrm{i}}$.

$$\sqrt{12\mathrm{i}}=\frac{12}{\sqrt{24}}+\frac{12}{\sqrt{24}}\mathrm{i}$$

运用与实部为零且虚部符号为正的复数开 2 次方相同的方法, 可以获得实部为零且虚部符号为负的复数开 2 次方的一般方法. 由前面的分析不难得到表达式

$$\sqrt{-\beta\mathrm{i}}=\frac{\beta}{\sqrt{2\beta}}-\frac{\beta}{\sqrt{2\beta}}\mathrm{i} \tag{6-15}$$

对上述两种情形进行代数变换运算, 去掉分母中的根号及变量, 得到

$$\frac{\beta}{\sqrt{2\beta}}\times\frac{2}{\sqrt{2\beta}}=1, \quad 即\ \frac{\beta}{\sqrt{2\beta}}=\frac{\sqrt{2\beta}}{2}$$

于是又有

$$\sqrt{\beta\mathrm{i}}=\frac{\sqrt{2\beta}}{2}+\frac{\sqrt{2\beta}}{2}\mathrm{i}=\frac{\sqrt{2\beta}}{2}\times(1+\mathrm{i})=\sqrt{\frac{\beta}{2}}\times(1+\mathrm{i}) \tag{6-16}$$

$$\sqrt{-\beta\mathrm{i}}=\frac{\sqrt{2\beta}}{2}-\frac{\sqrt{2\beta}}{2}\mathrm{i}=\frac{\sqrt{2\beta}}{2}\times(1-\mathrm{i})=\sqrt{\frac{\beta}{2}}\times(1-\mathrm{i}) \tag{6-17}$$

式 (6-16) 及式 (6-17) 即为通过已知的实部为零的复数 $\beta\mathrm{i}$ 直接进行开 2 次方运算的公式, 其中 β 不限于整数, 可以是包括超越数在内的任何不为 0 的实数.

特别地, 当 $\beta=1$ 时, 纯虚数开 2 次方的结果为

$$\sqrt{\mathrm{i}}=\frac{\sqrt{2}}{2}(1+\mathrm{i})=\cos\left(\frac{\pi}{4}\right)+\sin\left(\frac{\pi}{4}\right)\mathrm{i} \tag{6-18}$$

$$\sqrt{-\mathrm{i}}=\frac{\sqrt{2}}{2}(1-\mathrm{i})=\cos\left(\frac{7\pi}{4}\right)+\sin\left(\frac{7\pi}{4}\right)\mathrm{i} \tag{6-19}$$

6.4 对虚数开 3 次方运算

以下我们研究实部为零的复数开 3 次方运算的规律. 为了区别不同实部为零的复数维度, 我们用 $\beta_m\mathrm{i}$ 表示 m 维虚数, 其中 m=1, 2, 3, $\cdots$.

从几何意义上讲, 2 维虚数 $\beta_2\mathrm{i}$ 代表一个通过“扩张＋旋转”运算所形成的 2 维平面之几何特征量, 对于 2 维虚数 $\beta_2\mathrm{i}$ 开 2 次方而言, 需要进行一次“扩张＋旋转”运算的逆运算求出 $\beta_2\mathrm{i}$ 的复合表达基. 相应地, 3 维虚数 $\beta_3\mathrm{i}$ 应该是代表一个通

过 "扩张+旋转" 运算所形成的 3 维复几何对象之几何特征量, 对其开 3 次方, 就是进行 2 次 "扩张+旋转" 运算的逆运算, 求出 $\beta_3\mathrm{i}$ 的复合表达基.

从这个意义上讲, 3 维虚数 $\beta_3\mathrm{i}$ 开 3 次方的几何意义并不比 2 维虚数 $\beta_2\mathrm{i}$ 开 2 次方的几何意义包含更多的信息, 两者的差别仅仅来自于运算过程本身.

在处理 2 维虚数开方问题时, 我们用平面上的 4 个象限分别放置 2 次二项式 $(a+b\mathrm{i})^2$ 展开后形成的 4 个求和项, 使得对虚数开 2 次方运算的几何意义一目了然.

由于 3 次二项式 $(a+b\mathrm{i})^3$ 展开后形成的 8 个求和项仅有 4 种 (正负实数以及正负虚数), 即

$$(a+b\mathrm{i})^3=(a^2+ab\mathrm{i}+ab\mathrm{i}-b^2)(a+b\mathrm{i})=a^3+a^2b\mathrm{i}+a^2b\mathrm{i}-ab^2+a^2b\mathrm{i}-ab^2-ab^2-b^3\mathrm{i}$$

因此我们在由坐标系 O-A-B 构成的复平面上的 4 个象限中分别放置 4 种几何对象, 使得它们的特征量可以进行适当的分类和运算. 其中, 第一象限放置特征量为正实数的几何对象, 第二象限放置特征量为正虚数的几何对象, 第三象限放置特征量为负实数的几何对象, 第四象限放置特征量为负虚数的几何对象.

在各个象限中分别对几何对象特征量进行算术求和 (合并同类项), 得到化简后的表达式 $a^3+3a^2b\mathrm{i}-3ab^2-b^3\mathrm{i}$; 然后单列第一与第三象限几何对象特征量的算术求和, 得到 a^3-3ab^2, 单列第二与第四象限几何对象特征量的算术求和, 得到 $3a^2b\mathrm{i}-b^3\mathrm{i}$, 从而最终得到三次二项式 $(a+b\mathrm{i})^3$ 所对应的复合几何对象特征量化简表达式 $(a^3-3ab^2)+(3a^2b-b^3)\mathrm{i}$.

以下我们从比较简单的情形 $(a=b)$ 开始研究 3 次虚数的开方问题.

3 次二项式 $(b+b\mathrm{i})^3$ 展开后形成的表达式为

$$\begin{aligned}(b+b\mathrm{i})^3&=(b^3-3b^3)+(3b^3-b^3)\mathrm{i}\\&=-2b^3+2b^3\mathrm{i}\\&=2b^3(-1+\mathrm{i})\end{aligned}\tag{6-20}$$

这个结果对应于 2 维复平面中的 $2b^2\mathrm{i}$ 概念. 根据式 (6-20), 存在以下运算规则 $\sqrt[3]{(b+b\mathrm{i})^3}=\sqrt[3]{2b^3(-1+\mathrm{i})}$.

根据上式推出, 若 $b=1$, 则 $\sqrt[3]{(1+\mathrm{i})^3}=\sqrt[3]{2(-1+\mathrm{i})}=\sqrt[3]{-2+2\mathrm{i}}$, 显然单位复数 $1+\mathrm{i}$ 的 3 次方为 $-2+2\mathrm{i}$, 或者反过来讲 $-2+2\mathrm{i}$ 开 3 次方的一个根为 $1+\mathrm{i}$, 即 $\sqrt[3]{-2+2\mathrm{i}}=1+\mathrm{i}$ 成立.

我们注意到, 当表达基的实部数值与虚部数值相同时, 该复数的 2 次方为一个虚数 (实部为 0 的复数); 当表达基的实部数值与虚部数值相同时, 该复数的 3 次方则为一个实部不为 0 的复数, 这说明不能简单地套用 2 维复数开 2 次方的概念来推断 3 维复数开 3 次方的结果.

当表达基的实部与虚部系数不相等时, 有 $a+b\mathrm{i}$ 开 3 次方的一个根为 $a+b\mathrm{i}$, 即以下等式成立:

$$\sqrt[3]{(a+b\mathrm{i})^3}=\sqrt[3]{(a^3-3ab^2)+(3a^2b-b^3)\mathrm{i}}=a+b\mathrm{i} \tag{6-21}$$

以上述分析内容为基础, 以下我们来研究实部或者虚部为零的复数开 3 次方问题.

1. 对正虚数 i 开 3 次方运算

对正虚数 i 开 3 次方的前提是假定 i 是一个复数的 3 次方数, 或者说 i 是由一个复数自乘 2 次之后形成的. 由于 $(a+b\mathrm{i})^3=(a^3-3ab^2)+(3a^2b-b^3)\mathrm{i}$, 为了获得 $(a+b\mathrm{i})^3=\mathrm{i}$ 的结果, 必须满足以下条件:

$$\begin{aligned}a^3-3ab^2&=0\\3a^2b-b^3&=1\end{aligned} \tag{6-22}$$

解方程组 (6-22), 可获得 9 组解:

$$a=0,\quad b=-1$$

$$a=-\frac{\sqrt{3}}{2},\quad b=\frac{1}{2}$$

$$a=\frac{\sqrt{3}}{2},\quad b=\frac{1}{2}$$

$$a=0,\quad b=(-1)^{\frac{1}{3}}$$

$$a=0,\quad b=-(-1)^{\frac{2}{3}}$$

$$a=-\frac{1}{2}\sqrt{3\left(-1+\frac{1}{2}(1+\sqrt{3}\mathrm{i})\right)},\quad b=\frac{1}{4}(-1-\sqrt{3}\mathrm{i})$$

$$a=\frac{1}{2}\sqrt{3\left(-1+\frac{1}{2}(1+\sqrt{3}\mathrm{i})\right)},\quad b=\frac{1}{4}(-1-\sqrt{3}\mathrm{i})$$

$$a=-\frac{1}{2}\sqrt{3\left(-1+\frac{1}{2}(1-\sqrt{3}\mathrm{i})\right)},\quad b=\frac{1}{4}(-1+\sqrt{3}\mathrm{i})$$

$$a=\frac{1}{2}\sqrt{3\left(-1+\frac{1}{2}(1-\sqrt{3}\mathrm{i})\right)},\quad b=\frac{1}{4}(-1+\sqrt{3}\mathrm{i})$$

显然, 只有前三组解属于 2 维复平面上表达的解, 其余六组解属于 3 维复空间中表达的解. 为简便起见, 我们仅讨论前三组解的几何意义.

第一组解表明, $(-\mathrm{i})^3=\mathrm{i}$, 即处于第二象限的几何对象可以仅由一个处于第四象限的几何对象通过 2 次正交旋转运算得到; 第 2 组解表明, 处于第二象限具有特征量$\frac{1}{2}\mathrm{i}$ 的几何对象与处于第三象限具有特征量 $-\frac{\sqrt{3}}{2}$ 的几何对象, 通过 2 次扩张＋旋转复合运算后, 完全落入第二象限, 且特征量为 $1^3\mathrm{i}=i$; 第 3 组解表明, 处于第一象限具有特征量$\frac{\sqrt{3}}{2}$ 的几何对象与处于第二象限具有特征量 $\frac{1}{2}\mathrm{i}$ 的几何对象, 通过 2 次扩张＋旋转复合运算后, 完全落入第二象限, 且特征量为 $1^3\mathrm{i}=\mathrm{i}$.

由此我们得到

$$(-\mathrm{i})^3=\mathrm{i};\quad \left(-\frac{\sqrt{3}}{2}+\frac{\sqrt{1}}{2}\mathrm{i}\right)^3=\mathrm{i};\quad \left(\frac{\sqrt{3}}{2}+\frac{\sqrt{1}}{2}\mathrm{i}\right)^3=\mathrm{i}$$

于是有 $\sqrt[3]{\mathrm{i}}$ 在 2 维复平面上的解为

$$\sqrt[3]{\mathrm{i}}=\left\{-\mathrm{i},\ -\frac{\sqrt{3}}{2}+\frac{1}{2}\mathrm{i},\frac{\sqrt{3}}{2}+\frac{1}{2}\mathrm{i}\right\}$$

2. 对负虚数 $-\mathrm{i}$ 开 3 次方运算

$(a+b\mathrm{i})^3=(a^3-3ab^2)+(3a^2b-b^3)\mathrm{i}$, 相似地, 为了获得 $(a+b\mathrm{i})^3=-\mathrm{i}$ 的结果, 必须满足以下条件: $a^3-3ab^2=0,\ 3a^2b-b^3=-1$.

解上述方程组, 可获得 3 组实数解: $a=0,b=1$; $a=-\frac{\sqrt{3}}{2},b=-\frac{1}{2}$; $a=\frac{\sqrt{3}}{2},b=-\frac{1}{2}$. 由此我们得到

$$\mathrm{i}^3=-\mathrm{i};\quad \left(-\frac{\sqrt{3}}{2}-\frac{\sqrt{1}}{2}\mathrm{i}\right)^3=-\mathrm{i};\quad \left(\frac{\sqrt{3}}{2}-\frac{\sqrt{1}}{2}\mathrm{i}\right)^3=-\mathrm{i}$$

于是有 $\sqrt[3]{-\mathrm{i}}=\left\{\mathrm{i},\ -\frac{\sqrt{3}}{2}-\frac{1}{2}\mathrm{i},\frac{\sqrt{3}}{2}-\frac{1}{2}\mathrm{i}\right\}$.

3. 对广义虚数 -1 开 3 次方运算

$(a+b\mathrm{i})^3=(a^3-3ab^2)+(3a^2b-b^3)\mathrm{i}$, 为了获得 $(a+b\mathrm{i})^3=-1$ 的结果, 必须满足以下条件: $a^3-3ab^2=-1, 3a^2b-b^3=0$.

解上述方程组, 可获得 3 组实数解: $a=-1,b=0$; $a=\frac{1}{2},b=-\frac{\sqrt{3}}{2}$; $a=\frac{1}{2},b=\frac{\sqrt{3}}{2}$. 由此我们得到:

$$(-1)^3=-1;\quad \left(\frac{\sqrt{1}}{2}-\frac{\sqrt{3}}{2}\mathrm{i}\right)^3=-1;\quad \left(\frac{\sqrt{1}}{2}+\frac{\sqrt{3}}{2}\mathrm{i}\right)^3=-1$$

于是有 $\sqrt[3]{-1}$ 在 2 维复平面上的解为

$$\sqrt[3]{-1}=\sqrt[3]{\mathrm{i}^2}=\left\{-1,\frac{1}{2}-\frac{\sqrt{3}}{2}\mathrm{i},\frac{1}{2}+\frac{\sqrt{3}}{2}\mathrm{i}\right\}$$

4. 对广义虚数 1 开 3 次方运算

$(a+b\mathrm{i})^3=(a^3-3ab^2)+(3a^2b-b^3)\mathrm{i}$, 为了获得 $(a+b\mathrm{i})^3=1$ 的结果, 必须满足以下条件: $a^3-3ab^2=1, 3a^2b-b^3=0$.

解上述方程组, 可获得 3 组实数解: $a=1,b=0$; $a=-\frac{1}{2},b=-\frac{\sqrt{3}}{2}$; $a=-\frac{1}{2},b=\frac{\sqrt{3}}{2}$. 由此我们得到

$$1^3=1;\quad \left(-\frac{\sqrt{1}}{2}-\frac{\sqrt{3}}{2}\mathrm{i}\right)^3=1;\quad \left(-\frac{\sqrt{1}}{2}+\frac{\sqrt{3}}{2}\mathrm{i}\right)^3=1$$

于是又有 $\sqrt[3]{1}$ 在 2 维复平面上的解为

$$\sqrt[3]{1}=\sqrt[3]{-\mathrm{i}^2}=\left\{1,-\frac{1}{2}-\frac{\sqrt{3}}{2}\mathrm{i},-\frac{1}{2}+\frac{\sqrt{3}}{2}\mathrm{i}\right\}$$

5. 对任意虚数开 3 次方运算

设 β_3 为任意非 0 实数, 对任意虚数 $\beta_3\mathrm{i}$ 开 3 次方运算与上述对四种纯虚数开 3 次方运算规则相同, 读者采用上面介绍的方法不难验证 $\sqrt[3]{\pm\beta\mathrm{i}}$ 在 2 维复平面上的解为

$$\sqrt[3]{\beta_3\mathrm{i}}=\left\{-\sqrt[3]{\beta_3}\mathrm{i},-\frac{\sqrt[3]{\beta_3}\sqrt{3}}{2}+\frac{\sqrt[3]{\beta_3}}{2}\mathrm{i},\frac{\sqrt[3]{\beta_3}\sqrt{3}}{2}+\frac{\sqrt[3]{\beta_3}}{2}\mathrm{i}\right\}$$

$$\sqrt[3]{-\beta_3}=\left\{-\sqrt[3]{\beta_3},\frac{\sqrt[3]{\beta_3}}{2}-\frac{\sqrt[3]{\beta_3}\sqrt{3}}{2}\mathrm{i},\frac{\sqrt[3]{\beta_3}}{2}+\frac{\sqrt[3]{\beta_3}\sqrt{3}}{2}\mathrm{i}\right\}$$

$$\sqrt[3]{-\beta_3\mathrm{i}}=\left\{\sqrt[3]{\beta_3}\mathrm{i},-\frac{\sqrt[3]{\beta_3}\sqrt{3}}{2}-\frac{\sqrt[3]{\beta_3}}{2}\mathrm{i},\frac{\sqrt[3]{\beta_3}\sqrt{3}}{2}-\frac{\sqrt[3]{\beta_3}}{2}\mathrm{i}\right\}$$

$$\sqrt[3]{\beta_3}=\left\{\sqrt[3]{\beta_3},-\frac{\sqrt[3]{\beta_3}}{2}-\frac{\sqrt[3]{\beta_3}\sqrt{3}}{2}\mathrm{i},-\frac{\sqrt[3]{\beta_3}}{2}+\frac{\sqrt[3]{\beta_3}\sqrt{3}}{2}\mathrm{i}\right\}$$

比如, 当 β_3 分别为 e 和 π 时, 有 2 维复平面上的解分别为

$$\sqrt[3]{\mathrm{e}\mathrm{i}}=\left\{-\sqrt[3]{\mathrm{e}}\mathrm{i},-\frac{\sqrt[3]{\mathrm{e}}\sqrt{3}}{2}+\frac{\sqrt[3]{\mathrm{e}}}{2}\mathrm{i},\frac{\sqrt[3]{\mathrm{e}}\sqrt{3}}{2}+\frac{\sqrt[3]{\mathrm{e}}}{2}\mathrm{i}\right\}$$

$$\sqrt[3]{\pi\mathrm{i}}=\left\{-\sqrt[3]{\pi}\mathrm{i},-\frac{\sqrt[3]{\pi}\sqrt{3}}{2}+\frac{\sqrt[3]{\pi}}{2}\mathrm{i},\frac{\sqrt[3]{\pi}\sqrt{3}}{2}+\frac{\sqrt[3]{\pi}}{2}\mathrm{i}\right\}$$

6.5 一些典型复数的乘方与开方运算几何意义描述

我们曾经这样解读过表达式 $(a+b\mathrm{i})^2=a^2+2ab\mathrm{i}-b^2$：$a^2$ 表示在第一象限存在一个 2 维正则几何对象, 其组合表达基为 (a, a); $2ab\mathrm{i}$ 表示在第二象限存在 2 个 2 维几何对象, 其组合表达基为 (a, b); $-b^2$ 表示在第三象限存在一个正则几何对象, 其组合表达基为 $(-b, b)$.

如何形成这个结果, 需要有一个直观的几何概念.

设在 O-A-B 复平面坐标系中, 沿 A 轴正向存在表达基 a, 沿 B 轴正向存在表达基 b, 即存在组合表达基 (a, b). 以该组合表达基构成的第一象限 2 维几何对象为基础, 在复平面坐标系内进行一次 "扩张+旋转" 升维运算, 分别在第一象限获得一个特征量为 a^2 的几何对象 (由组合表达基实部升维扩张生成), 在第三象限获得一个特征量为 $-b^2$ 的几何对象 (由组合表达基虚部扩张+旋转升维生成), 同时在第二象限获得一个特征量为 $a\times b\mathrm{i}$ 以及一个特征量为 $b\mathrm{i}\times a$ 的几何对象 (两者由复表达基的实部与虚部交叉结合升维而成). 由于就复平面坐标系中的相位特性与大小特性而言, $a\times b\mathrm{i}$ 和 $b\mathrm{i}\times a$ 并无差别, 皆对应第二象限中存在的特征量为 $ab\mathrm{i}$ 的几何对象, 所以将上述三个象限中的 4 个几个对象的特征量同象限求和后并列, 即可获得升维后几何对象的特征量.

反过来, 如何对 $(a+b\mathrm{i})^2=a^2+2ab\mathrm{i}-b^2$ 开方获得复表达基 $a+b\mathrm{i}$, 我们也需要一个直观的几何概念.

设在 O-A-B 复平面坐标系中, 在第一象限存在一个特征量为 a^2 的几何对象, 在第三象限存在一个特征量为 $-b^2$ 的几何对象, 在第二象限存在一个特征量为 $2ab\mathrm{i}$ 的几何对象. 由于几何对象形体特征量 a^2, $-b^2$ 以及 $2ab\mathrm{i}$ 分别对应第一、第三以及第二象限中几何对象形体特征量, 其中第一象限中特征量为 a^2 的几何对象属于单表达基扩张升维获得, 第三象限中特征量为 $-b^2$ 的几何对象属于单表达基扩张+旋转升维获得, 而第二象限中特征量为 $2ab\mathrm{i}$ 的几何对象属于双表达交叉扩张升维获得, 因此当我们分别对 a^2, $-b^2$ 进行开方 (降维) 运算后, 即可获得分别存在于三个象限中的几何对象之全部表达基. 当平方根仅取正值时, 有 $\sqrt{a^2}=\sqrt{a\times a}=a$, $\sqrt{-b^2}=\sqrt{b\mathrm{i}\times b\mathrm{i}}=b\mathrm{i}$, 将两次开方的结果并列即得到 $\sqrt{(a+b\mathrm{i})^2}=a+b\mathrm{i}$, 我们称 $a+b\mathrm{i}$ 为 2 维复几何对象特征量 $(a+b\mathrm{i})^2$ 的复表达基.

1. 具有 $1+\mathrm{i}$ 形式复表达基形成虚数 $2\mathrm{i}$ 的过程

设在 O-A-B 复平面坐标系中, 沿 A 轴正向存在表达基 1, 沿 B 轴正向存在表达基 i, 即存在复表达基 1+i, 以该表达基为基础, 在复平面坐标系内进行一次 "扩张+旋转" 升维运算, 分别在第一象限获得一个特征量为 $1^2=1$ 的几何对象 (由复表达基实部扩张升维生成), 在第三象限获得一个特征量为 $i^2=-1$ 的几何对象 (由复表达基虚部扩张＋旋转升维生成), 同时在第二象限获得一个特征量为 $1\times i$ 以及一个特征量为 $i\times 1$ 的几何对象 (由复表达基的实部与虚部交叉结合升维而成). 由于就复平面坐标系中的相位特性与大小特性而言, $1\times i$ 和 $i\times 1$ 并无差别, 皆对应第二象限中存在的特征量为 $1\times i$ 的几何对象, 求和得到 2i. 将上述三个象限中的 4 个几个对象的特征量简单求和, 即可获得升维后几何对象的特征量 2i.

2. 虚数 2i 的开方 (求复表达基)

设 $(a+bi)^2=2i$, 展开 $(a+bi)^2=a^2-b^2+2abi$, 如果 $a^2-b^2=0$, 则有 $2abi=2i$, 解这两个方程得到 4 组解: $a=b=1$; $a=b=-1$; $a=-i, b=i$; $a=i, b=-i$. 我们仅取其中第一组解即可得到: $\sqrt{2i}=1+i$. 这个解对应的几何意义是: 把虚数 2i 视为第二象限中的一个几何对象特征量, 在 O-A-B 复平面坐标系中对该几何对象进行一次 "扩张＋旋转" 运算的逆运算, 这个逆运算过程实质上是一个旋转空间与扩张空间的双降维运算. 将具有特征量 2i 的几何对象缩小一半面积, 并将其顺时针旋转到第一象限, 分别取其与 B 轴及 A 轴重合的边长作为表达基的实部与虚部, 即获得 $\sqrt{2i}=1+i$ 的结果.

3. 具有 $c+ci$ 形式复表达基的虚数 $2c^2i$ 形成过程

设在 O-A-B 复平面坐标系中, 沿 A 轴正向存在表达基 c, 沿 B 轴正向存在表达基 ci, 即存在复表达基 $c+ci$. 以该表达基为基础, 在复平面坐标系内进行一次 "扩张＋旋转" 升维运算, 分别在第一象限获得一个特征量为 c^2 的几何对象 (由复表达基实部升维生成), 在第三象限获得一个特征量为 $-c^2$ 的几何对象 (由复表达基虚部升维生成), 同时在第二象限获得一个特征量为 $c\times ci$ 以及一个特征量为 $ci\times c$ 的几何对象 (由复表达基的实部与虚部交叉结合升维而成). 由于就复平面坐标系中的相位特性与大小特性而言, $c\times ci$ 和 $ci\times c$ 并无差别, 皆对应第二象限中存在的特征量为 c^2i 的几何对象. 将上述三个象限中的 4 个几个对象的特征量同类项合并, 即可获得升维后几何对象的特征量 $2c^2i$.

4. 虚数 $2c^2i$ 的开方 (求复表达基)

设 $(a+bi)^2=2c^2i$, 展开 $(a+bi)^2=a^2-b^2+2abi$, 即有: $a^2-b^2=0$, $2abi=2c^2i$, 解这两个方程得到 4 组解: $a=b=c$; $a=b=-c$; $a=-ci$, $b=ci$; $a=ci$, $b=-ci$. 我们分析其中一组解的几何意义: 即 $\sqrt{2c^2i}=c+ci$. 这个解对应的几何意义是: 把虚数 $\mathbf{2}c^2i$ 视为第二象限中的一个几何对象特征量, 在 O-A-B 复平面坐标系中对该几何对象进行一次 "扩张＋旋转" 运算的逆运算, 这个逆运算过程实质上是一个旋转空间与扩张空间的双降维运算. 将具有特征量 $\mathbf{2}c^2i$ 的几何对象缩小一半面积, 并将其顺时针旋转到第一象限, 分别取其与 B 轴及 A 轴重合的边长作为表达基的实部与虚部, 即获得 $\sqrt{2c^2\mathrm{i}}=c+c\mathrm{i}$ 的结果.

5. 具有 $1+\mathrm{i}$ 形式复表达基形成复数 $-2+2\mathrm{i}$ 的过程

设在 O-A-B 复平面坐标系中, 沿 A 轴正向存在表达基 1, 沿 B 轴正向存在表达基 i, 即存在复表达基 1+i. 以该表达基为基础, 在复平面坐标系内进行一次 “扩张＋旋转” 升维运算, 分别在第一象限获得一个特征量为 $1^2=1$ 的几何对象 (由复表达基实部升维生成), 在第三象限获得一个特征量为 $\mathrm{i}^2=-1$ 的几何对象 (由复表达基虚部升维生成), 同时在第二象限获得一个特征量为 $1\times\mathrm{i}$ 以及一个特征量为 $\mathrm{i}\times 1$ 的几何对象 (由复表达基的实部与虚部交叉结合升维而成). 由于就复平面坐标系中的相位特性与大小特性而言, $1\times\mathrm{i}$ 和 $\mathrm{i}\times 1$ 并无差别, 皆对应第二象限中存在的特征量为 $1\times\mathrm{i}$ 的几何对象. 将上述三个象限中的 4 个几何对象的特征量简单求和, 即可获得升维后几何对象的特征量 2i.

以 2i 表达基为基础, 在复平面坐标系内再进行一次 “扩张＋旋转” 升维运算 (即让 2i 与 (1+i) 相乘), 分别在第二象限获得一个特征量为 2i 的几何对象 (由 1 与 2i 结合生成), 在第三象限获得一个特征量为 -2 的几何对象 (由 i 与 2i 结合生成). 将上述两个象限中的 2 个几何对象的特征量同类项合并, 即可获得升维后几何对象的特征量 $(1+\mathrm{i})^3=-2+2\mathrm{i}$.

6. 具有 $-\left(\dfrac{\sqrt{3}+1}{2}\right)+\left(\dfrac{\sqrt{3}-1}{2}\right)\mathrm{i}$ 形式复表达基形成复数 $-2+2\mathrm{i}$ 的过程

设在 O-A-B 复平面坐标系中, 沿 A 轴负向存在表达基 $\left(\dfrac{\sqrt{3}+1}{2}\right)$, 沿 B 轴正向存在表达基 $\left(\dfrac{\sqrt{3}-1}{2}\right)\mathrm{i}$, 即存在复表达基 $-\dfrac{\sqrt{3}+1}{2}+\left(\dfrac{\sqrt{3}-1}{2}\right)\mathrm{i}$. 以该表达基为基础, 在复平面坐标系内进行一次 “扩张＋旋转” 升维运算, 分别在第一象限获得一个特征量为 $\left(-\dfrac{\sqrt{3}+1}{2}\right)^2=1+\dfrac{\sqrt{3}}{2}$的几何对象 (由复表达基实部升维生成), 以及一个特征量为 $\left(\dfrac{\sqrt{3}+1}{2}\mathrm{i}\right)^2=-1+\dfrac{\sqrt{3}}{2}$ 的几何对象(由复表达基虚部升维生成), 同时在第四象限获得一个特征量为 $-\dfrac{1}{2}\times\mathrm{i}$ 以及一个特征量为$-\mathrm{i}\times\dfrac{1}{2}$ 的几何对象 (由复表达基的实部与虚部交叉结合升维而成). 由于就复平面坐标系中的相位特性与大小特性而言, $-\dfrac{1}{2}\times\mathrm{i}$ 和 $-\mathrm{i}\times\dfrac{1}{2}$ 并无差别, 皆对应第四象限中存在的特征量为 $-\dfrac{1}{2}\times\mathrm{i}$ 的几何对象. 将上述两个象限中的 4 个几何对象的特征量同类项合并,

即可获得升维后几何对象的特征量 $\sqrt{3}-\mathrm{i}$.

以 $\sqrt{3}-\mathrm{i}$ 表达基为基础, 在复平面坐标系内再进行一次 “扩张＋旋转” 升维运算, 即让 $\sqrt{3}-\mathrm{i}$ 与 $-\dfrac{\sqrt{3}+1}{2}+\left(\dfrac{\sqrt{3}-1}{2}\right)\mathrm{i}$相乘, 分别在第二象限获得一个特征量为 2i 的几何对象, 在第三象限获得一个特征量为 -2 的几何对象. 将上述两个象限中的 2 个几何对象的特征量同类项合并, 即可获得升维后几何对象的特征量 $\left(-\left(\dfrac{\sqrt{3}+1}{2}\right)+\left(\dfrac{\sqrt{3}-1}{2}\right)\mathrm{i}\right)^3=-2+2\mathrm{i}$.

7. 复数 $-2+2\mathrm{i}$ 的开 3 次方 (求复表达基)

设 $(a+b\mathrm{i})^3=-2+2\mathrm{i}$, 由于 $(a+b\mathrm{i})^3=(a^3-3ab^2)+(3a^2b-b^3)\mathrm{i}$, 所以有对应的两个等式 $a^3-3ab^2=-2$, $3a^2b-b^3=2$. 解此方程组, 得到这样的 9 组解 (其中前三组解是 2 维复平面上的解):

$$a=1,\quad b=1$$

$$a=-\frac{1}{2}-\frac{\sqrt{3}}{2},\quad b=-\frac{1}{2}+\frac{\sqrt{3}}{2}$$

$$a=-\frac{1}{2}+\frac{\sqrt{3}}{2},\quad b=-\frac{1}{2}-\frac{\sqrt{3}}{2}$$

$$a=-\sqrt[3]{-1},\quad b=-\sqrt[3]{-1}$$

$$a=\sqrt[3]{(-1)^2},\quad b=\sqrt[3]{(-1)^2}$$

$$a=\frac{1}{4}\left(1-\sqrt{3}-2\sqrt{3-\frac{3\sqrt{3}}{2}\mathrm{i}}\right)$$

$$b=\frac{1}{9}\left(-\frac{35}{4}\left(1-\sqrt{3}-2\sqrt{3-\frac{3\sqrt{3}}{2}\mathrm{i}}\right)+\frac{7}{64}\left(1-\sqrt{3}-2\sqrt{3-\frac{3\sqrt{3}}{2}\mathrm{i}}\right)^4\right.$$
$$\left.+\frac{\left(1-\sqrt{3}-2\sqrt{3-\frac{3\sqrt{3}}{2}\mathrm{i}}\right)^7}{1024}\right)$$

$$a=\frac{1}{4}\left(1-\sqrt{3}+2\sqrt{3-\frac{3\sqrt{3}}{2}\mathrm{i}}\right)$$

$$b=\frac{1}{9}\left(-\frac{35}{4}\left(1-\sqrt{3}+2\sqrt{3-\frac{3\sqrt{3}}{2}\mathrm{i}}\right)+\frac{7}{64}\left(1-\sqrt{3}+2\sqrt{3-\frac{3\sqrt{3}}{2}\mathrm{i}}\right)^4\right.$$
$$\left.+\frac{\left(1-\sqrt{3}+2\sqrt{3-\frac{3\sqrt{3}}{2}\mathrm{i}}\right)^7}{1024}\right)$$

$$a=\frac{1}{4}\left(1+\sqrt{3}-\sqrt{6(2+\sqrt{3})\mathrm{i}}\right)$$

$$b=\frac{1}{9}\left(-\frac{35}{4}\left(1+\sqrt{3}-\sqrt{6(2+\sqrt{3})\mathrm{i}}\right)+\frac{7}{64}\left(1+\sqrt{3}-\sqrt{6(2+\sqrt{3})\mathrm{i}}\right)^4\right.$$
$$\left.+\frac{\left(1+\sqrt{3}-\sqrt{6(2+\sqrt{3})\mathrm{i}}\right)^7}{1024}\right)$$

$$a=\frac{1}{4}\left(1+\sqrt{3}+\sqrt{6(2+\sqrt{3})\mathrm{i}}\right)$$

$$b=\frac{1}{9}\left(-\frac{35}{4}\left(1+\sqrt{3}+\sqrt{6(2+\sqrt{3})\mathrm{i}}\right)+\frac{7}{64}\left(1+\sqrt{3}+\sqrt{6(2+\sqrt{3})\mathrm{i}}\right)^4\right.$$
$$\left.+\frac{\left(1+\sqrt{3}+\sqrt{6(2+\sqrt{3})\mathrm{i}}\right)^7}{1024}\right)$$

将上述解 (a,b) 分别组合成复合表达基 $a+b\mathrm{i}$ 的形式并且进行 2 次连乘, 皆可得到 $(a+b\mathrm{i})^3=-2+2\mathrm{i}$ 的结果, 说明上述解皆为复合表达基 $a+b\mathrm{i}$ 的有效成分, 只不过前 3 组解属于 2 维复平面上的复合表达基要素, 后 6 组解属于可用复数表达的复表达基要素.

8. 具有 $c+c\mathrm{i}$ 形式复表达基的 3 维复数 $-2c^3(1-\mathrm{i})$ 形成过程

设在 O-A-B 复平面坐标系中, 沿 A 轴正向存在表达基 c, 沿 B 轴正向存在表达基 $c\mathrm{i}$, 即存在复表达基 $(c+c\mathrm{i})$. 以该表达基为基础, 在复平面坐标系内进行一次 "扩张＋旋转" 升维运算, 分别在第一象限获得一个特征量为 c^2 的几何对象 (由复表达基实部升维生成), 在第三象限获得一个特征量为 $-c^2$ 的几何对象 (由复表达基虚部升维生成), 同时在第二象限获得一个特征量为 $c\times c\mathrm{i}$ 以及一个特征量为 $c\mathrm{i}\times c$ 的几何对象 (由复表达基的实部与虚部交叉结合升维而成). 由于就复平面坐标系中的相位特性与大小特性而言, $c\times c\mathrm{i}$ 和 $c\mathrm{i}\times c$ 并无差别, 皆对应第二象限中存在的特征量为 $c^2\mathrm{i}$ 的几何对象. 将上述三个象限中的 4 个几何对象的特征量算术求和, 即可获得升维后几何对象的特征量 $2c^2\mathrm{i}$.

以 $2c^2\mathrm{i}$ 表达基为基础, 在复平面坐标系内再进行一次 "扩张＋旋转" 升维运算 (即让 $2c^2\mathrm{i}$ 与 $(c+c\mathrm{i})$ 相乘), 分别在第二象限获得一个特征量为 $2c^3\mathrm{i}$ 的几何对象 (由 c 与 $2c^2\mathrm{i}$ 结合生成), 在第三象限获得一个特征量为 $-2c^3$ 的几何对象 (由 $c\mathrm{i}$ 与 $2c^2\mathrm{i}$ 结合生成). 将上述两个象限中的 2 个几何对象的特征量简单求和, 即可获得升维后几何对象的特征量 $(c+c\mathrm{i})^3=-2c^3(1-\mathrm{i})$.

9. 复数 $-2c^3(1-\mathrm{i})$ 的开 3 次方 (求 2 维复表达基)

设 $(a+b\mathrm{i})^3=-2c^3(1-\mathrm{i})$, 由于 $(a+b\mathrm{i})^3=(a^3-3ab^2)+(3a^2b-b^3)\mathrm{i}$, 所以有 $a^3-3ab^2=-2c^3, 3a^2b-b^3=2c^3$. 解此方程组, 可得到 9 组解, 同前述理由, 我们取 3 组 a 与 b 皆为实数的解: $a=c, b=c$; $a=-\dfrac{1+\sqrt{3}}{2}c, b=\dfrac{\sqrt{3}-1}{2}c$; $a=\dfrac{\sqrt{3}-1}{2}c, b=-\left(\dfrac{\sqrt{3}+1}{2}\right)c$, 它们可以构成以下 3 个 $a+b\mathrm{i}$ 形式的 2 维复表达基: $\sqrt[3]{-2c^3+2c^3\mathrm{i}}=$

$$\left\{c+c\mathrm{i};-\left(\frac{1+\sqrt{3}}{2}\right)c+\left(\frac{\sqrt{3}-1}{2}\right)c\mathrm{i};\left(\frac{\sqrt{3}-1}{2}\right)c-\left(\frac{1+\sqrt{3}}{2}\right)c\mathrm{i}\right\}.$$

10. 复数 $(a^2-b^2)+2ab\mathrm{i}$ 的形成过程

设在 O-A-B 复平面坐标系中, 沿 A 轴正向存在表达基 a, 沿 B 轴正向存在表达基 $b\mathrm{i}$, 即存在复表达基 $a+b\mathrm{i}$. 以该表达基为基础, 在复平面坐标系内进行一次 "扩张＋旋转" 升维运算, 分别在第一象限获得一个特征量为 a^2 的几何对象 (由复表达基实部升维生成), 在第三象限获得一个特征量为 $-b^2$ 的几何对象 (由复表达基虚部升维生成), 同时在第二象限获得一个特征量为 $a \times b\mathrm{i}$ 以及一个特征量为 $b\mathrm{i} \times a$ 的几何对象 (由复表达基的实部与虚部交叉结合升维而成). 由于就复平面坐标系中的相位特性与大小特性而言, $a \times b\mathrm{i}$ 和 $b\mathrm{i} \times a$ 并无差别, 皆对应第二象限中存在的特征量为 $ab\mathrm{i}$ 的几何对象. 将上述三个象限中的 4 个几何对象的特征量算术求和, 即可获得升维后几何对象的特征量 $(a^2 - b^2) + 2ab\mathrm{i}$.

11. 复数 $(a^3 - 3ab^2) + (3a^2b - b^3)\mathrm{i}$ 的形成过程

设在 O-A-B 复平面坐标系中, 沿 x 轴正向存在表达基 a, 沿 y 轴正向存在表达基 $b\mathrm{i}$, 即存在复表达基 $a + b\mathrm{i}$. 以该表达基为基础, 在复平面坐标系内进行一次 "扩张+旋转" 升维运算, 分别在第一象限获得一个特征量为 a^2 的几何对象 (由复表达基实部升维生成), 在第三象限获得一个特征量为 $-b^2$ 的几何对象 (由复表达基虚部升维生成), 同时在第二象限获得一个特征量为 $a \times b\mathrm{i}$ 以及一个特征量为 $b\mathrm{i} \times a$ 的几何对象 (由复表达基的实部与虚部交叉结合升维而成). 由于就复平面坐标系中的相位特性与大小特性而言, $a \times b\mathrm{i}$ 和 $b\mathrm{i} \times a$ 并无差别, 皆对应第二象限中存在的特征量为 $ab\mathrm{i}$ 的几何对象. 将上述三个象限中的 4 个几何对象的特征量算术求和, 即可获得升维后几何对象的特征量 $(a^2 - b^2) + 2ab\mathrm{i}$.

以 $(a^2 - b^2) + 2ab\mathrm{i}$ 表达基为基础, 在复平面坐标系内再进行一次 "扩张+旋转" 升维运算 (即让 $(a^2 - b^2) + 2ab\mathrm{i}$ 与 $(a + b\mathrm{i})$ 相乘), 分别在第一象限获得一个特征量为 a^3 的几何对象, 在第二象限获得一个特征量为 $a^2b\mathrm{i}$ 的几何对象 (由 a^2 与 $b\mathrm{i}$ 结合生成), 在第三象限获得一个特征量为 $-ab^2$ 的几何对象 (由 a 与 $-b^2$ 结合生成), 在第四象限获得一个特征量为 $-b^3\mathrm{i}$ 的几何对象, 在第二象限获得一个 $2a^2b\mathrm{i}$ 的几何对象 (由 a 与 $2ab\mathrm{i}$ 结合生成), 在第三象限获得一个特征量为 $-2ab^2$ 的几何对象 (由 $b\mathrm{i}$ 与 $2ab\mathrm{i}$ 结合生成). 将上述四个象限中的 6 个特征量并列求和, 得到 3 维几何对象的 2 维复平面特征量为 $(a + b\mathrm{i})^3 = (a^3 - 3ab^2) + (3a^2b - b^3)\mathrm{i}$.

12. 求 2 次复数 $c + d\mathrm{i}$ 的表达基

设 2 次复数 $c + d\mathrm{i} = (a + b\mathrm{i})^2$, $c \neq b$, 由于 $(a + b\mathrm{i})^2 = (a^2 - b^2) + 2ab\mathrm{i}$, 所以有 $a^2 - b^2 = c$, $2ab = d$. 解此方程组, 得到以下 4 组解:

$$a_1 = -\frac{\sqrt{c - \sqrt{c^2 + d^2}}}{\sqrt{2}}, \quad b_1 = \frac{2c\sqrt{2}\sqrt{c - \sqrt{c^2 + d^2}} - \sqrt{2}\sqrt{\left(c - \sqrt{c^2 + d^2}\right)^3}}{2d}$$

$$a_2 = \frac{\sqrt{c - \sqrt{c^2 + d^2}}}{\sqrt{2}}, \quad b_2 = \frac{-c\sqrt{2}\sqrt{c - \sqrt{c^2 + d^2}} + \dfrac{\sqrt{\left(c - \sqrt{c^2 + d^2}\right)^3}}{\sqrt{2}}}{d}$$

$$a_3 = -\frac{\sqrt{c + \sqrt{c^2 + d^2}}}{\sqrt{2}}, \quad b_3 = \frac{2c\sqrt{2}\sqrt{c + \sqrt{c^2 + d^2}} - \sqrt{2}\sqrt{\left(c + \sqrt{c^2 + d^2}\right)^3}}{2d}$$

$$a_4 = \frac{\sqrt{c+\sqrt{c^2+d^2}}}{\sqrt{2}}, \quad b_4 = \frac{-c\sqrt{2}\sqrt{c+\sqrt{c^2+d^2}} + \dfrac{\sqrt{\left(c+\sqrt{c^2+d^2}\right)^3}}{\sqrt{2}}}{d}$$

13. 求 3 次及以上复数 $c+d\mathrm{i}$ 的表达基

相似地, 我们还可获得 3 次复数 $c+d\mathrm{i}=(a+b\mathrm{i})^3$、4 次复数 $c+d\mathrm{i}=(a+b\mathrm{i})^4$ 的复表达基. 其中, 3 次复数 $c+d\mathrm{i}=(a+b\mathrm{i})^3$ 的复表达基共 9 组, 4 次复数 $c+d\mathrm{i}=(a+b\mathrm{i})^4$ 的复表达基有 16 组. 5 次复数 $c+d\mathrm{i}=(a+b\mathrm{i})^5$ 的复表达基由于受到 5 次及以上代数方程没有通解的限制, 所以不一定每次都能列出其复表达基的具体形式. 一般地, n 次复数的复表达基有 n^2 种. 比如, $c=0,=1$ 或者 $d=0,=1$ 时, 形如 $c+d\mathrm{i}=(a+b\mathrm{i})^5$ 之 5 次复数的 25 组复表达基都可以求解出来, 有兴趣的读者可自行演算.

6.6 虚数开高次方及开有理数次方运算规律

以上我们介绍了作为复平面几何对象形体特征量的 2 维虚数以及 3 维虚数分别开 2 次方和 3 次方的方法, 根据分析不难看出: 2 维虚数以及 3 维虚数分别是 2 维复数以及 3 维复数的特殊形式. 以下对 2 维和 3 维虚数开方概念及分析结果进行逻辑化地扩展, 并对高维虚数开 4 次方及以上次方, 以及对虚数开有理数次方运算规律进行归纳.

令 $\beta=x$, 由于 $\sqrt[4]{x\mathrm{i}}=\sqrt{\sqrt{x\mathrm{i}}}$, 因此根据式 (6-16) 及式 (6-17) 有

$$\sqrt[4]{x\mathrm{i}}=\sqrt{\frac{\sqrt{2x}}{2}\times(1+\mathrm{i})}=\sqrt[4]{\frac{x}{2}}\times\sqrt{1+\mathrm{i}}=\frac{\sqrt[4]{2x}}{\sqrt{2}}\times\sqrt{1+\mathrm{i}} \tag{6-23}$$

$$\sqrt[4]{-x\mathrm{i}}=\sqrt{\frac{\sqrt{2x}}{2}\times(1-\mathrm{i})}=\sqrt[4]{\frac{x}{2}}\times\sqrt{1-\mathrm{i}}=\frac{\sqrt[4]{2x}}{\sqrt{2}}\times\sqrt{1-\mathrm{i}} \tag{6-24}$$

同样地, 由于 $\sqrt[6]{x\mathrm{i}}=\sqrt[3]{\sqrt{x\mathrm{i}}}$, 因此有

$$\sqrt[6]{x\mathrm{i}}=\sqrt[3]{\frac{2x}{2}\times(1+\mathrm{i})}=\sqrt[6]{\frac{x}{2}}\times\sqrt[3]{(1+\mathrm{i})}=\frac{\sqrt[6]{2x}}{\sqrt[3]{2}}\times\sqrt[3]{1+\mathrm{i}} \tag{6-25}$$

$$\sqrt[6]{-x\mathrm{i}}=\sqrt[3]{\frac{2x}{2}\times(1-\mathrm{i})}=\sqrt[6]{\frac{x}{2}}\times\sqrt[3]{(1-\mathrm{i})}=\frac{\sqrt[6]{2x}}{\sqrt[3]{2}}\times\sqrt[3]{1-\mathrm{i}} \tag{6-26}$$

对应地, 由于 $\sqrt[8]{x\mathrm{i}}=\sqrt{\sqrt{\sqrt{x\mathrm{i}}}}$, 因此有

$$\sqrt[8]{x\mathrm{i}}=\sqrt{\frac{\sqrt[4]{2x}}{\sqrt{2}}\times\sqrt{1+\mathrm{i}}}=\frac{\sqrt[8]{2x}}{\sqrt[4]{2}}\times\sqrt[4]{1+\mathrm{i}} \tag{6-27}$$

$$\sqrt[8]{-x\mathrm{i}}=\sqrt{\frac{\sqrt[4]{2x}}{\sqrt{2}}\times\sqrt{1-\mathrm{i}}}=\frac{\sqrt[8]{2x}}{\sqrt[4]{2}}\times\sqrt[4]{1-\mathrm{i}} \tag{6-28}$$

以上我们以 2 维虚数开 2 次方为基础研究了对 4 维至 8 维偶数维度虚数开对应偶次方运算的方法. 那么, 对于具有奇数次方的虚数而言, 我们能否借助于对 3 维虚数开 3 次方以及上述对偶维度数开偶次方的概念和方法, 获得对高维奇数次方虚数开奇数次方的方法呢? 答案是肯定的.

相似地, 由于 $\sqrt[9]{x\mathrm{i}}=\sqrt[3]{\sqrt[3]{x\mathrm{i}}}$, 因此有

$$\sqrt[9]{x\mathrm{i}}=\sqrt[3]{\frac{\sqrt[3]{x}}{2}\times(\sqrt{3}+\mathrm{i})}=\frac{\sqrt[9]{x}}{\sqrt[3]{2}}\times\sqrt[3]{\sqrt{3}+\mathrm{i}}=\sqrt[9]{\frac{x}{2^3}\times(\sqrt{3}+\mathrm{i})^3} \tag{6-29}$$

$$\sqrt[9]{-x\mathrm{i}}=\sqrt[3]{\frac{\sqrt[3]{x}}{2}\times(\sqrt{3}-\mathrm{i})}=\frac{\sqrt[9]{x}}{\sqrt[3]{2}}\times\sqrt[3]{\sqrt{3}-\mathrm{i}}=\sqrt[9]{\frac{x}{2^3}\times(\sqrt{3}-\mathrm{i})^3} \tag{6-30}$$

由于开 3 的整数次方都可以使用这种方法, 我们得到

$$\sqrt[27]{x\mathrm{i}}=\sqrt[27]{\frac{x}{2^3}\times(\sqrt{3}+\mathrm{i})^3}=\frac{\sqrt[27]{x}}{\sqrt[27]{2^3}}\times\sqrt[27]{(\sqrt{3}+\mathrm{i})^3} \tag{6-31}$$

$$\sqrt[27]{-x\mathrm{i}}=\sqrt[27]{\frac{x}{2^3}\times(\sqrt{3}-\mathrm{i})^3}=\frac{\sqrt[27]{x}}{\sqrt[27]{2^3}}\times\sqrt[27]{(\sqrt{3}-\mathrm{i})^3} \tag{6-32}$$

根据上述两组开方表达式表现出的开奇数次方运算规律, 进一步地可以推出

$$\sqrt[5]{x\mathrm{i}}=\sqrt[5]{\frac{x}{2^3}\times(\sqrt{3}+\mathrm{i})^3}=\frac{\sqrt[5]{x}}{\sqrt[5]{2^3}}\times\sqrt[5]{(\sqrt{3}+\mathrm{i})^3} \tag{6-33}$$

$$\sqrt[5]{-x\mathrm{i}}=\sqrt[5]{\frac{x}{2^3}\times(\sqrt{3}-\mathrm{i})^3}=\frac{\sqrt[5]{x}}{\sqrt[5]{2^3}}\times\sqrt[5]{(\sqrt{3}-\mathrm{i})^3} \tag{6-34}$$

类似地, 还有

$$\sqrt[7]{x\mathrm{i}}=\sqrt[7]{\frac{x}{2^3}\times(\sqrt{3}+\mathrm{i})^3}=\frac{\sqrt[7]{x}}{\sqrt[7]{2^3}}\times\sqrt[7]{(\sqrt{3}+\mathrm{i})^3} \tag{6-35}$$

$$\sqrt[7]{-x\mathrm{i}}=\sqrt[7]{\frac{x}{2^3}\times(\sqrt{3}-\mathrm{i})^3}=\frac{\sqrt[7]{x}}{\sqrt[7]{2^3}}\times\sqrt[7]{(\sqrt{3}-\mathrm{i})^3} \tag{6-36}$$

综合上述系列分析结果, 我们可归纳出**虚数开偶数次方**的一般公式如下:

$$\sqrt[n]{x\mathrm{i}}=\frac{\sqrt[n]{2x}}{\sqrt[\frac{n}{2}]{2}}\times\sqrt[\frac{n}{2}]{1+\mathrm{i}}=\frac{\sqrt[n]{2x}}{\sqrt[n]{2^2}}\times\sqrt[n]{(1+\mathrm{i})^2}=\sqrt[n]{\frac{x}{2}\times(1+\mathrm{i})^2} \tag{6-37}$$

$$\sqrt[n]{-x\mathrm{i}}=\frac{\sqrt[n]{2x}}{\sqrt[\frac{n}{2}]{2}}\times\sqrt[\frac{n}{2}]{1-\mathrm{i}}=\frac{\sqrt[n]{2x}}{\sqrt[n]{2^2}}\times\sqrt[n]{(1-\mathrm{i})^2}=\sqrt[n]{\frac{x}{2}\times(1-\mathrm{i})^2} \tag{6-38}$$

其中, n=2, 4, 6, 8, $\cdots$.

由此可知, 对于维度 ⩾2 的全部偶数维度虚数而言, $x\mathrm{i}=\dfrac{x}{2}(1+\mathrm{i})^2=x\left(\dfrac{\sqrt{2}}{2}+\dfrac{\sqrt{2}}{2}\mathrm{i}\right)^2$, $-x\mathrm{i}=\dfrac{x}{2}(1-\mathrm{i})^2=x\left(\dfrac{\sqrt{2}}{2}-\dfrac{\sqrt{2}}{2}\mathrm{i}\right)^2$.

事实上, 由前面的推导已知, $\sqrt{\mathrm{i}}=\pm\left(\dfrac{\sqrt{2}}{2}+\dfrac{\sqrt{2}}{2}\mathrm{i}\right)$, 则 $\left(\dfrac{\sqrt{2}}{2}+\dfrac{\sqrt{2}}{2}\mathrm{i}\right)^2=\mathrm{i}$, 上述结论成立, 即所有维度 ⩾2 的偶数维度正虚数均含有复合公因子 $\left(\dfrac{\sqrt{2}}{2}+\dfrac{\sqrt{2}}{2}\mathrm{i}\right)^2$.

读者还可以自行验证, 所有维度 ⩾2 的偶数维度负虚数均含有复合公因子 $\left(\dfrac{\sqrt{2}}{2}-\dfrac{\sqrt{2}}{2}\mathrm{i}\right)^2$.

由上述概念, 我们还可归纳出**虚数开奇数次方**的一般公式如下:

$$\sqrt[m]{x\mathrm{i}}=\frac{\sqrt[m]{x}}{\sqrt[\frac{m}{3}]{2}}\times\sqrt[\frac{m}{3}]{\sqrt{3}+\mathrm{i}}=\frac{\sqrt[m]{x}}{\sqrt[m]{2^3}}\times\sqrt[m]{(\sqrt{3}+\mathrm{i})^3}=\sqrt[m]{\frac{x}{8}\times(\sqrt{3}+\mathrm{i})^3} \tag{6-39}$$

$$\sqrt[m]{-x\mathrm{i}}=\frac{\sqrt[m]{x}}{\sqrt[\frac{m}{3}]{2}}\times\sqrt[\frac{m}{3}]{\sqrt{3}-\mathrm{i}}=\frac{\sqrt[m]{x}}{\sqrt[m]{2^3}}\times\sqrt[m]{(\sqrt{3}-\mathrm{i})^3}=\sqrt[m]{\frac{x}{8}\times(\sqrt{3}-\mathrm{i})^3} \tag{6-40}$$

其中, m=3, 5, 7, 9, $\cdots$.

由此可知, 对于维度 ⩾3 的全部奇数维度虚数而言, $x\mathrm{i}=\dfrac{x}{8}(\sqrt{3}+\mathrm{i})^3=x\left(\dfrac{\sqrt{3}}{2}+\dfrac{1}{2}\mathrm{i}\right)^3$, $-x\mathrm{i}=\dfrac{x}{8}\left(\sqrt{3}-\mathrm{i}\right)^3=x\left(\dfrac{\sqrt{3}}{2}-\dfrac{1}{2}\mathrm{i}\right)^3$.

根据前面的推导知, $\sqrt[3]{\mathrm{i}}=\left\{-\mathrm{i},-\dfrac{\sqrt{3}}{2}+\dfrac{1}{2}\mathrm{i},\dfrac{\sqrt{3}}{2}+\dfrac{1}{2}\mathrm{i}\right\}$, 则 $\left(\dfrac{\sqrt{3}}{2}+\dfrac{1}{2}\mathrm{i}\right)^2=\mathrm{i}$, 上述结论成立. 即所有维度 ⩾3 的奇数维度正虚数均含有复合公因子 $\left(\dfrac{\sqrt{3}}{2}+\dfrac{\mathrm{i}}{2}\right)^3$.

读者还不难验证, 所有维度⩾3 的奇数维度负虚数均含有复合公因子 $\left(\dfrac{\sqrt{3}}{2}-\dfrac{\mathrm{i}}{2}\right)^3$.

对于虚数开任意有理数$\dfrac{n}{k}$次方情形, 可先对虚数开n次方, 之后对开方的结果进行k次乘方运算.

比如, 令 $n=4$, $k=5$, 根据式 (6-37), 有 $\sqrt[\frac{4}{5}]{7\mathrm{i}}=\left(\sqrt[4]{\dfrac{7}{2}(1+\mathrm{i})^2}\right)^5$; 还比如, 令 $n=7$, $k=6$, 根据式 (6-40), 有 $\sqrt[\frac{7}{6}]{-7\mathrm{i}}=\left(\sqrt[7]{\dfrac{7}{8}\left(\sqrt{3}-\mathrm{i}\right)^3}\right)^6$.

特别地, 当 $n=\mathrm{e}$、$k=\pi$ 时有 $\sqrt[\frac{\mathrm{e}}{\pi}]{x\mathrm{i}}=\left(\sqrt[\mathrm{e}]{\frac{x}{2}(1+\mathrm{i})^2}\right)^{\pi}$, 或者 $\sqrt[\frac{\mathrm{e}}{\pi}]{x\mathrm{i}}=\left(\sqrt[\mathrm{e}]{\frac{x}{8}(\sqrt{3}+\mathrm{i})^3}\right)^{\pi}$; 当 $n=\pi$, $k=\mathrm{e}$ 时有 $\sqrt[\frac{\mathrm{e}}{\pi}]{x\mathrm{i}}=\left(\sqrt[\pi]{\frac{x}{2}(1+\mathrm{i})^2}\right)^{\mathrm{e}}$, 或者 $\sqrt[\frac{\mathrm{e}}{\pi}]{x\mathrm{i}}=\left(\sqrt[\pi]{\frac{x}{8}(\sqrt{3}+\mathrm{i})^3}\right)^{\mathrm{e}}$.

更一般地, 有 $\sqrt[\frac{n}{k}]{x\mathrm{i}}=\left(\sqrt[n]{\frac{x}{2}(1+\mathrm{i})^2}\right)^{k}$, 或者 $\sqrt[\frac{n}{k}]{x\mathrm{i}}=\left(\sqrt[n]{\frac{x}{8}(\sqrt{3}+\mathrm{i})^3}\right)^{k}$, 其中 n、k 为正实数.

虚数开高次方的一般表达式所显示出的性质, 将要在第 8 章求解高次代数方程根式解的过程中得到应用.

6.7 复数的 2 次方根公式

由上述研究结果我们知道, 如果在纯虚数之前加上实数 0, 则虚数变为所谓的“复数”, 因此虚数的开方运算是复数的开方运算的一种特殊情形. 在前面的分析中, 我们通过表达基的旋转运算获得了部分低维虚数开方的结论, 又通过逻辑推导的方法演绎到了高维虚数开方的情形.

但是, 这并不等于我们已经对一般复数开方运算的规律和方法的了解已经透彻. 事实上, 二元复数仅仅是复平面空间中正则几何对象的形体特征量表达式, 并不是 2 维复空间中一般几何对象的形体特征量表达式.

通过代数分析的方式, 我们能够从另一个角度窥探关于复空间中一般几何对象的形体特征量的性质, 从而深化对复数乘方及开方运算的几何本质意义理解.

设两个一般意义上的 2 元复数相乘

$$(v+w\mathrm{i})(a+b\mathrm{j})=va+vb\mathrm{j}+wa\mathrm{i}+wb\mathrm{ij} \tag{6-41}$$

得到一个四元复数, 形式上它包含了 1 种扩张运算以及 3 种具有不同几何意义的旋转运算 (两种旋转运算 i, j 以及由两种旋转运算复合而成的第三种旋转运算 —— 复合旋转运算 ij).

式 (6-41) 表明, 一般意义上的二元复数相乘得到的是四元复数而不再是二元复数, 其中包括 1 个扩张运算的结果以及 3 个扩张+旋转运算的结果.

在式 (6-41) 中, 若 $\mathrm{i}=\mathrm{j}$(意味着两种旋转运算规则相同), 则复合运算的结果为 $(va-wb)+(vb+wa)\mathrm{i}$, 四元复数蜕变为二元复数.

进一步地, 若 $\mathrm{i}=\mathrm{j}$, 且 $v=a$, $w=b$, 则式 (6-41) 变为

$$(v+w\mathrm{i})(a+b\mathrm{j})=(a+b\mathrm{i})(a+b\mathrm{i})=(a^2-b^2)+2ab\mathrm{i} \tag{6-42}$$

令 $c=a^2-b^2$, $d=2ab$, 于是有二次复数 $c+d\mathrm{i}$ 的开方运算表达式

$$\sqrt{c+d\mathrm{i}}=\sqrt{(a^2-b^2)+2ab\mathrm{i}} \tag{6-43}$$

通过代数运算, 由式 (6-43) 可求出由复数 $c+d\mathrm{i}$ 的根 (表达基), 具体方法是: 展开 2 次二项式 $(a-b)^2=a^2+b^2-2ab$ 我们得到, $a^2+b^2=(a-b)^2+2ab$.

另一方面, $(a^2+b^2)^2=(a^2-b^2)^2+4a^2b^2$, 令 $c=a^2-b^2$, $d=2ab$, 于是有 $(a^2+b^2)^2=c^2+d^2$.

如果 c, d 为已知且开方的结果仅取正值, 则 $a^2+b^2=\sqrt{c^2+d^2}$ 为已知, 有 $b^2=\sqrt{c^2+d^2}-a^2$, 将 b^2 表达式代入 $c=a^2-b^2$, 得到 $a^2=\sqrt{c^2+d^2}-a^2+c$, 有 $2a^2=\sqrt{c^2+d^2}+c$. 于是有

$$a=\sqrt{\frac{\sqrt{c^2+d^2}+c}{2}} \tag{6-44}$$

又由于 $b=\dfrac{d}{2a}$, 所以有

$$b=\frac{d}{2\sqrt{\dfrac{\sqrt{c^2+d^2}+c}{2}}} \tag{6-45}$$

如果 c^2, d^2 已知, 则由式 (6-44) 和式 (6-45) 可分别独立地求出式 (6-43) 中的 a 与 b 具体数值, 即可以将复数的开方运算转化为普通的实数代数运算:

$$\sqrt{c+d\mathrm{i}}=\sqrt{\frac{\sqrt{c^2+d^2}+c}{2}}+\frac{d}{2\sqrt{\dfrac{\sqrt{c^2+d^2}+c}{2}}}\mathrm{i}=a+b\mathrm{i}$$

读者还不难验证, $\sqrt{-c+d\mathrm{i}}=a+b\mathrm{i}$ 中的 a 值与 b 值可直接对调使用式 (6-44) 和式 (6-45) 而求出; $\sqrt{c-d\mathrm{i}}=a+b\mathrm{i}$ 中的 b 值表达式改为负号后通过式 (6-44) 和式 (6-45) 获得; $\sqrt{-c-d\mathrm{i}}=a+b\mathrm{i}$ 中的 a 值与 b 值可直接对调使用式 (6-44) 和式 (6-45), 并且 b 值表达式改为负号而求出. 具体而言, 有

$$\sqrt{c+d\mathrm{i}}=\sqrt{\frac{\sqrt{c^2+d^2}+c}{2}}+\frac{d}{2\sqrt{\dfrac{\sqrt{c^2+d^2}+c}{2}}}\mathrm{i}=a+b\mathrm{i}$$

$$\sqrt{-c+d\mathrm{i}}=\frac{d}{2\sqrt{\dfrac{\sqrt{c^2+d^2}+c}{2}}}+\sqrt{\frac{\sqrt{c^2+d^2}+c}{2}}\mathrm{i}=b+a\mathrm{i}$$

$$\sqrt{c-d\mathrm{i}}=\sqrt{\frac{\sqrt{c^2+d^2}+c}{2}}-\frac{d}{2\sqrt{\frac{\sqrt{c^2+d^2}+c}{2}}}\mathrm{i}=a-b\mathrm{i}$$

$$\sqrt{-c-d\mathrm{i}}=\frac{d}{2\sqrt{\frac{\sqrt{c^2+d^2}+c}{2}}}-\sqrt{\frac{\sqrt{c^2+d^2}+c}{2}}\mathrm{i}=b-a\mathrm{i}$$

比如当 $c=\pm\mathrm{e}$ 且 $d=\pm\pi$ 时, 有

$$\sqrt{e+\pi\mathrm{i}}=\sqrt{\frac{\sqrt{\mathrm{e}^2+\pi^2}+\mathrm{e}}{2}}+\frac{\pi}{2\sqrt{\frac{\sqrt{\mathrm{e}^2+\pi^2}+\mathrm{e}}{2}}}\mathrm{i}$$

$$\sqrt{-\mathrm{e}+\pi\mathrm{i}}=\frac{\pi}{2\sqrt{\frac{\sqrt{\mathrm{e}^2+\pi^2}+\mathrm{e}}{2}}}+\sqrt{\frac{\sqrt{\mathrm{e}^2+\pi^2}+\mathrm{e}}{2}}\mathrm{i}$$

$$\sqrt{\mathrm{e}-\pi\mathrm{i}}=\sqrt{\frac{\sqrt{\mathrm{e}^2+\pi^2}+\mathrm{e}}{2}}-\frac{\pi}{2\sqrt{\frac{\sqrt{\mathrm{e}^2+\pi^2}+\mathrm{e}}{2}}}\mathrm{i}$$

$$\sqrt{-\mathrm{e}-\pi\mathrm{i}}=\frac{\pi}{2\sqrt{\frac{\sqrt{\mathrm{e}^2+\pi^2}+\mathrm{e}}{2}}}-\sqrt{\frac{\sqrt{\mathrm{e}^2+\pi^2}+\mathrm{e}}{2}}\mathrm{i}$$

如果将上述 4 个表达式中的 e 与 π 对调, 表达式的正负符号不变, 说明一般复数开方表达式 $\sqrt{c+d\mathrm{i}}=a+b\mathrm{i}$ 中 a 与 b 的正负号与 c 与 d 的绝对值大小无关, 仅与 c 与 d 的符号有关. 读者可自行验证.

对照复数开平方运算的三角函数与极坐标表达式, 我们不难得到以下结果:

令 $r=\sqrt{c^2+d^2}$, $\theta=2\left(\pi+\arccos\left(\frac{\sqrt{c^2+d^2+c\times r}}{\sqrt{2}r}\right)\right)$, 以及 $k=1,2,3,\cdots$ 为自然数, 则有

$$\sqrt{c+d\mathrm{i}}=\sqrt{r}\mathrm{e}^{\frac{\theta+2k\pi}{2}\mathrm{i}}$$

$$\sqrt{c+d\mathrm{i}}=\sqrt{r}\left(\cos\left(\frac{\theta+2k\pi}{2}\right)+\sin\left(\frac{\theta+2k\pi}{2}\right)\mathrm{i}\right)$$

由此, 我们发现了 2 次复数的非三角函数、非极坐标表达求根公式, 或者说是求 2 次复数根的另一种方法与表达形式.

进一步地, 若 $v=w=a=b$, 则式 (6-43) 的复数开方运算就蜕变为虚数开方运算 $\sqrt{2a^2\mathrm{i}}$. 根据题意, 令 $2a^2\mathrm{i}=d\mathrm{i}$, 且 $c=0$, 则根据式 (6-45) 知道, 当开方结果仅取

正值时, $\dfrac{2a^2}{2\sqrt{\dfrac{\sqrt{(2a^2)^2}}{2}}}=a$, $b=\sqrt{\dfrac{\sqrt{(2a^2)^2}}{2}}=a$, 即 $\sqrt{d\mathrm{i}}=a+a\mathrm{i}$. 这个结果从代数运算的角度验证了虚数开平方几何推演所得结果为实部与虚部数值相同的复数无误.

根据式 (6-43) 及式 (6-44) 以及式 (6-45), 我们很容易推算出

$$
\begin{aligned}
&\sqrt{3+4\mathrm{i}}=2+\mathrm{i}\\
&\sqrt{8+6\mathrm{i}}=3+\mathrm{i}\\
&\sqrt{5+12\mathrm{i}}=3+2\mathrm{i}\\
&\sqrt{15+8\mathrm{i}}=4+\mathrm{i}\\
&\sqrt{12+16\mathrm{i}}=4+2\mathrm{i}\\
&\cdots\cdots
\end{aligned}
$$

由此我们知道, 复数开平方的代数意义是求复数根, 其几何意义是根据已知由扩张＋旋转复合运算形成的 2 维复合几何对象之特征量, 找出构造这个复合几何对象的 1 维复合几何对象之复特征量 (复表达基).

并不是所有具有整实部和整虚部的 2 维复合几何对象特征量都对应地具有整实部和整虚部的 1 维复表达基, 上述所列举的部分结果只是一些特例. 比如, 看似简单的 $\sqrt{1+\mathrm{i}}$ 和 $\sqrt{2+2\mathrm{i}}$ 等, 它们的复根都不具有整实部和整虚部, 因为对于 $\sqrt{1+\mathrm{i}}$ 而言, $c=1$ 且 $d=1$, 根据复数开方公式有

$$
b=\frac{1}{2\times\sqrt{\dfrac{\sqrt{1^2+1^2}+1}{2}}}=\frac{1}{\sqrt{2(\sqrt{2}+1)}},\quad a=\sqrt{\frac{\sqrt{1^2+1^2}+1}{2}}=\sqrt{\frac{1}{2}(\sqrt{2}+1)}
$$

进一步地有, $\sqrt{1+\mathrm{i}}=\dfrac{1}{\sqrt{2(\sqrt{2}+1)}}\mathrm{i}+\sqrt{\dfrac{1}{2}(\sqrt{2}+1)}$.

对于 $\sqrt{2+2\mathrm{i}}$ 而言, $c=2$ 且 $d=2$, 根据复数开方公式有

$$
b=\frac{2}{2\times\sqrt{\dfrac{\sqrt{2^2+2^2}+2}{2}}}=\frac{1}{\sqrt{\sqrt{2}+1}},\quad a=\sqrt{\frac{\sqrt{2^2+2^2}+2}{2}}=\sqrt{\sqrt{2}+1}
$$

进一步地有, $\sqrt{2+2\mathrm{i}}=\dfrac{1}{\sqrt{\sqrt{2}+1}}\mathrm{i}+\sqrt{\sqrt{2}+1}$.

反过来, 我们也可以利用式 (6-44) 及式 (6-45) 进行复数的平方运算. 比如 $(3+5\mathrm{i})^2$ 的计算方法为:

令 $a = 3, b = 5$, 解联立方程组 $\dfrac{d}{2\sqrt{\dfrac{\sqrt{c^2+d^2}+c}{2}}} = b, \sqrt{\dfrac{\sqrt{c^2+d^2+c}}{2}} = a$, 获得其中的变量解为 $c = -16, d = 30$. 于是得到 $(3+5\mathrm{i})^2 = -16+30\mathrm{i}$.

对于由两个特殊的超越数 e 及 π 构成实部与虚部的复数而言, 运用同样的方法可得到 $(\mathrm{e}+\pi\mathrm{i})^2 = \mathrm{e}^2-\pi^2+2\mathrm{e}\pi\mathrm{i}$. 其中, $c = \mathrm{e}^2-\pi^2, d = 2\mathrm{e}\pi$.

由式 (6-41), 我们还可以推出另外一种情形：若 $\mathrm{i} = \mathrm{j}$, 且 $v = w$, $a = b$, 则式 (6-41) 变为

$$(v+w\mathrm{i})(a+b\mathrm{j}) = (v+v\mathrm{i})(a+a\mathrm{i}) = 2va\mathrm{i} \tag{6-46}$$

虽然式 (6-46) 中相乘的两个复数之实部、虚部各不相同, 但每个复数自身的实部与虚部是相同的, 其结果与两个实部、虚部对应相同的复数相乘 (复数自乘) 的结果相似. 其几何意义可以理解为, 若分别分置于第一象限与第二象限的两组正则几何对象 (表达基不相同) 结合升维, 所得到的几何对象处于第二象限且为两个非正则几何对象的拼接.

反过来, 若此时的 $v = a = c$, 则有 $va = c^2$, 得到

$$\sqrt{d\mathrm{i}} = \sqrt{2va\mathrm{i}} = \sqrt{2c^2\mathrm{i}} = c+c\mathrm{i} \tag{6-47}$$

即有, $(c+c\mathrm{i})^2 = 2c^2\mathrm{i}$. 其几何意义可以理解为, 若分别分置于第一象限与第二象限的两组正则几何对象 (表达基相同) 结合升维, 所得到的几何对象处于第二象限且为两个正则几何对象的拼接.

设存在任意虚数 $x\mathrm{i}$, 令 $x' = \dfrac{x}{2}$, 若存在因子分解式 $v \times a = x'$, 则可还原构成任意虚数 $x\mathrm{i}$ 的两组 2 维因子, 即

$$(v+v\mathrm{i})(a+a\mathrm{i}) = va(1+\mathrm{i})^2 = 2va\mathrm{i} \tag{6-48}$$

从实数范围来看, 理论上讲对实数 x' 进行因子分解总是可行的 (实数因子之积为实数, 尽管绝大多数情况下因子与它们的积皆不为整数). 比如, $2\mathrm{e}\pi\mathrm{i}$ 的两组因子分别为 e(1+i) 以及 π(1+i), 即有 $\sqrt{2\mathrm{e}\pi\mathrm{i}} = \sqrt{\mathrm{e}\pi(1+\mathrm{i})^2} = \sqrt{(\mathrm{e}+\mathrm{ei})(\pi+\pi\mathrm{i})}$.

6.8 费马大定理的几何意义

费马大定理指出, 当 $n > 2$ 时, 方程 $a^n + b^n = y^n$ 没有整数解. 显然, 这是一个欧氏空间中的几何问题, 不是复空间中的几何问题, 因为其中不涉及旋转运算规则的使用.

从尺度几何的角度看, 费马大定理指出是一个整表达基、整维度几何对象特征量的同维度切割问题, 即整表达基 y 在维度 n 取何整数值时可以分解为另外 2 个

同维度整表达基 a, b, 或者说由 2 个同维度整表达基 a, b 所分别表达的 n 维几何对象在 n 维空间中可以重整为与 y^n 所对应的 n 维几何对象特征量等价的几何对象.

考虑到 a^n, b^n 可以在二项式的展开式中同时出现, 因此我们通过展开 n 次二项式 $(a+b)^n$ 获得它们.

我们首先分析几种简单的情形.

当 $n=0$ 且 a, b, y 均为自然数时, 有 $y^0=(a+b)^0=1$ 且 $y^0=1$. 显然, 当 $a \neq 0, b \neq 0$ 时, $(a+b)^0$ 所对应的几何对象特征量为常数 1, 而 $a^0+b^0=2$, $(a+b)^0-(a^0+b^0)=-1$. 这表明, 0 维空间中的 1 个原点不能包含 0 维空间中的 2 个原点, 即 $y^0=1$ 的表达基就是 1 本身, 因此它不可能分解为 2 个非零整数之零指数幂之和. 这表明, 当 $n=0$ 且 a, b, y 均为自然数时, 方程 $a^n+b^n=y^n$ 不成立.

当 $n=1$ 且 a, b, y 均为自然数时, 有 $y^1=(a+b)^1=a+b$. 对应地存在 $a^1+b^1=a+b$, 因此 $(a+b)^1-(a^1+b^1)=0$. 这表明, 1 维空间中的 1 条线段可以包含且仅包含 1 维空间中的 2 条线段, 即 1 维整表达基 y 总可以为 2 个其他 1 维整表达基之和. 这表明, 当 $n=1$ 且 a, b, y 均为自然数时, 方程 $a^n+b^n=y^n$ 恒成立.

当 $n=2$ 且 a, b, y 均为自然数时, $(a+b)^2-(a^2+b^2)=(a+b)^2-y^2=2ab$, 考虑到当 $a \neq 0, b \neq 0$ 时, 有

$$(a+b)^2-(a-b)^2=4ab \tag{6-49}$$

若 $a=b$, 有 $(a+b)^2-(a-b)^2=4a^2=\bar{y}^2$, 其表达基 $\bar{y}=2a$ 为整数, 令 $(a+b)^2=\bar{a}^2$, $-(a-b)^2=\bar{b}^2$, 则存在 $\bar{a}^2+\bar{b}^2=\bar{y}^2$ 关系, 即 $a=b$, 且$y=\dfrac{2a}{\sqrt{2}}$ 时 $y^2=a^2+b^2$ 成立, 此时除 a 为 $\sqrt{2}$ 的倍数外, y 不可能为整数, 即 a 与 y 不可能同为整数, 这与 “a, b, y 均为自然数” 的要求不符, 因此仅需要考虑 $a \neq b$ 的情形.

由于当 $a \neq 0, b \neq 0$, 且 $a \neq b$ 均为自然数时, 有 $(a+b)^2-(a-b)^2=4ab$, 所以存在以下关系

$$\frac{(a+b)^2-(a-b)^2}{4a}=b \tag{6-50}$$

或者

$$\frac{(a+b)^2-(a-b)^2}{4b}=a \tag{6-51}$$

由于 $a \neq b$ 且同为大于 0 的正整数, 那么根据相异整数之差最小值为 1 这一事实, 设 $a \geqslant 2, b \geqslant 1$, 这成为一个基本约束条件, 进一步得到 $(a-b) \geqslant 1$.

首先设 $(a-b)=1$ 则有 $b=a-1$ 以及 $(a-b)^2=1$, 根据式 (6-50) 及式 (6-51) 又有等式

$$\frac{(2a-1)^2-1}{4a}=b \tag{6-52}$$

以及

$$\frac{(2a-1)^2-1}{4a}+1=a \tag{6-53}$$

成立.

另一方面, a,b,y 还要满足 $a^2+b^2=y^2$ 的假设要求, 式 (4-50) 与式 (4-51) 又可以改写为

$$\frac{y^2+2a(a-1)-1}{4a}=b \tag{6-54}$$

或者

$$\frac{y^2+2a(a-1)-1}{4a}+1=a \tag{6-55}$$

更一般地, 设 $(a-b)=m$ 为正整数, 则有更为一般的情形:

$$\frac{y^2+2a(a-m)-m^2}{4a}=b \tag{6-56}$$

或者

$$\frac{y^2+2a(a-m)-m^2}{4a}+m=a \tag{6-57}$$

当 $a\neq b$ 且 a、b、m、y 均为自然数时, 整理式 (6-57), 得到

$$y^2=2a^2-2am+m^2 \tag{6-58}$$

将 $a-b=m$ 代入式 (6-58), 我们得到的结果是 $y^2=a^2+b^2$, 即满足式 (6-56) 和式 (6-57) 的适当 a,b 值可以使得 $y^2=a^2+b^2$ 成立.

我们以 m 作为变量求解式 (6-58) 得到: $m=a\pm\sqrt{y^2-a^2}$, 满足 m 为正整数的正整数 y 与 a 必然存在, 因此 $a^2+b^2=y^2$ 成立. $a^2+b^2=y^2$ 成立的必要条件是 m 为正整数, 充分条件是 $y>a$.

以下我们进一步分析当 $n\geqslant 3$, 且 a,b,y 均为自然数时, 方程 $a^n+b^n=y^n$ 是否能够成立.

当 $n=3$ 时, 有 3 次二项式和的展开式 $y^3=(a+b)^3=a^3+b^3+3a^2b+3ab^2$, 这表明, 当 $a\neq b$ 时, 3 维空间中的 1 个单表达基 3 维体可由 3 维空间中的 2 个相异的单表达基 3 维体, 以及 2 个相异的双表达基 3 维体拼接而成.

当 $a\neq 0, b\neq 0$ 时, 以下等式成立 $(a+b)^3-(a-b)^3=6a^2b+2b^3$, 所以存在以下关系

$$\frac{(a+b)^3-(a-b)^3}{6a^2+2b^2}=b \tag{6-59}$$

或者

$$\frac{(a+b)^3-(a-b)^3}{6ab+\dfrac{2b^3}{a}}=a \tag{6-60}$$

由于 $a \neq b$ 且同为大于 0 的正整数, 那么根据相异整数之差最小值为 1 这一事实, 则有 $a \geqslant 2, b \geqslant 1$ 成为基本约束条件, 进一步得到 $a-b \geqslant 1$.

首先设 $a-b=1$ 则有 $b=a-1$ 以及 $(a-b)^3=1$, 根据式 (6-59) 及式 (6-60) 又有等式

$$\frac{(a+b)^3-1}{6a^2+2b^2}=b \tag{6-61}$$

或者

$$\frac{(a+b)^3-1}{6a^2+2b^2}+1=a \tag{6-62}$$

成立.

另一方面, a,b,y 还要满足 $a^3+b^3=y^3$ 的假设要求, 式 (4-61) 与式 (4-62) 又可以改写为

$$\frac{y^3+3a^2(a-1)+3(a-1)^2-1}{6a^2+2b^2}=b \tag{6-63}$$

或者

$$\frac{y^3+3a^2(a-1)+3(a-1)^2-1}{6a^2+2b^2}+1=a \tag{6-64}$$

更一般地, 设 $a-b=m$ 为正整数, 则有更为一般的情形:

$$\frac{y^3+3a^2(a-m)+3(a-m)^2-m}{6a^2+2b^2}=b \tag{6-65}$$

或者

$$\frac{y^3+3a^2(a-m)+3(a-m)^2-m}{6a^2+2b^2}+m=a \tag{6-66}$$

当 $a \neq b$ 且 a,b,m,y 均为自然数时, 将 $(a-b)=m$ 代入并整理式 (6-66), 得到

$$\begin{aligned} y^3 &= (a-m)((6a^2+2b^2)-3a^2(a-m)-3(a-m)^2+m) \\ &= a-b+3a^2b-3b^2+2b^3 \end{aligned} \tag{6-67}$$

当 m 取任何大于 0 的整数时都无法得到 $a^3+b^3=y^3$. 推出的结果与假设不相符, 因此 $a^3+b^3=y^3$ 不成立.

之所以 $a^3+b^3=y^3$ 不成立, 原因是: 当 $a \neq b$ 且 a,b,m,y 均为自然数时, $(a-b)=m$ 不构成由 3 次二项式 $(a+b)^3$ 构造出表达式 $a^3+b^3=y^3$ 的条件, 即 $m+3a^2b-3b^2+2b^3 \neq a^3+b^3$.

对于更高维度 n 的情形, 按上述规则类推, 可以简单地验证费马大定理的正确性. 若证明了当 $n \geqslant 3$ 时上述 “原因” 皆存在, 即证明了费马大定理成立.

根据以上分析, 不难得到结论: 当 $n=0$ 时, $y^n=a^n+b^n$ 不成立; 当 $n=1$ 时 $y^n=a^n+b^n$ 恒成立; 当 $n=2$ 时 $y^n=a^n+b^n$ 部分成立; 当 $n=3$ 时 $y^n=a^n+b^n$ 不成立.

当然, 我们也可以通过复平面上的几何特性来解释, 当 $n=2$ 时, $y^n=a^n+b^n$ 部分成立的几何意义.

设 $a=3$, $b=4$, 且设 $a^2+b^2=y^2=(c+d)^2=(c^2+d^2)+2cd$, 解方程组 $a^2=c^2+d^2$ 以及 $b^2=2cd$, 得到 4 组解:

$$
\begin{aligned}
c_1&=\frac{1}{2}(-5-\sqrt{7}\mathrm{i})\\
d_1&=\frac{1}{2}(-5+\sqrt{7}\mathrm{i})\\
c_2&=\frac{1}{2}(5-\sqrt{7}\mathrm{i})\\
d_2&=\frac{1}{2}(5+\sqrt{7}\mathrm{i})\\
c_3&=\frac{1}{2}(-5+\sqrt{7}\mathrm{i})\\
d_3&=\frac{1}{2}(-5-\sqrt{7}\mathrm{i})\\
c_4&=\frac{1}{2}(5+\sqrt{7}\mathrm{i})\\
d_4&=\frac{1}{2}(5-\sqrt{7}\mathrm{i})
\end{aligned}
$$

显然, 每一组解的实数部分同整数且同号, 虚数部分同非整数且异号, 两者求和虚数部分消失, 实数部分乘 2 再除 2, 得到 y 为整数. 如果不满足上述条件, 则 y 不为整数.

设 $a=4$, $b=5$, 且设 $a^2+b^2=y^2=(c+d)^2=(c^2+d^2)+2cd$, 解方程组 $a^2=c^2+d^2$ 以及 $b^2=2cd$, 得到 4 组解 (为节省篇幅, 仅列出一组解):

$$
\begin{aligned}
c_1&=\sqrt{\frac{1}{2}(16-3\sqrt{41}\mathrm{i})}\\
d_1&=\frac{1}{25}\left(\frac{\sqrt{(16-3\sqrt{41}\mathrm{i})^3}}{\sqrt{2}}-16\sqrt{2(16-3\sqrt{41}\mathrm{i})}\right)
\end{aligned}
$$

不满足上述条件, y 不为整数.

第 7 章　关于旋转运算的进一步研究

7.1　实数的虚数次方及实数开虚数次方的几何意义

第 6 章我们研究了虚数与复数的加减乘除运算以及一些典型复数的乘方与开方运算等相关内容, 获得了关于虚数与复数六种基本运算的部分几何过程概念.

本章较深入地研究虚数与复数的乘方和开方运算及其与之高度关联的旋转运算规律所对应的几何概念.

为此我们仍然使用 2 维复平面的概念：复数的实部与虚部所对应的几何概念是同一几何对象的不同组成部分 (分别处于复平面的不同象限), 同一几何对象的不同组成部分均与复平面的坐标原点相连; 复数的加减运算, 对应处于正实象限 (第一象限)、负实象限 (第三象限) 几何对象的尺度特征量, 以及处于正虚象限 (第二象限)、负虚象限 (第四象限) 几何对象的尺度特征量按实、虚象限分类求和.

本节我们讨论实数的虚数次方以及实数开虚数次方的几何意义, 并深入了解这些运算所对应的相关几何运算概念.

设边长为 1 具有单位面积的正方形 S 置于 O-A-B 坐标系的第一象限 (与原点相接), 且令第一象限为正实象限, 第三象限为负实象限, 第二象限为正虚象限, 第四象限为负虚象限. 由于初始 S 落在第一象限, 因此其几何特征量为 a_0; 当 S 绕原点逆时针旋转小于 $\dfrac{\pi}{2}$ 弧度时, 落入第一和第二象限的特征量分别为 a_1 和 $b_1\mathrm{i}$; 让 S 继续绕原点逆时针旋转至等于 $\dfrac{\pi}{2}$弧度时, 落入第二象限的特征量为 $b_2\mathrm{i}$; 让 S 继续绕原点逆时针旋转至小于 π 弧度时, 落入第二和第三象限的特征量分别为 $b_3\mathrm{i}$ 和 $-a_2$; 让 S 继续绕原点逆时针旋转至 π 弧度时, 落入第三象限的特征量为 $-a_3$; 让 S 继续绕原点逆时针旋转至小于$\dfrac{3\pi}{2}$ 弧度时, 落入第三和第四象限的特征量分别为 $-a_4$ 和 $b_4\mathrm{i}$; 让 S 继续绕原点逆时针旋转至$\dfrac{3\pi}{2}$ 弧度时, 落入第四象限的特征量为 $-b_5\mathrm{i}$; 让 S 继续绕原点逆时针旋转至小于 2π 弧度时, 落入第四象限和第一象限的特征量分别为 $-b_6\mathrm{i}$ 和 $a_5, \cdots$.

由于仅仅存在旋转运算而不存在扩张运算, 因此对应上述旋转过程结果的几何特征量 (复表达式) 是一组模全为 1 的复数. 又由于模全为 1, 因此除了 S 落入某一独立的象限时具有单位虚数或者单位实数尺度特征量之外, 以实部和虚部均不为 0 形式出现的完整复数 (对应 S 跨两个象限且仅跨两个象限) 时, 其尺度特征量的实部与虚部均不可能为非 0 整数 (因为若实部与虚部均为非 0 整数, 则其模 $\geqslant \sqrt{2}$, 不为 1).

同时, 复平面上与坐标原点相接的几何对象绕坐标原点的旋转过程可以无限地循环延续.

任意实数 m 的虚数 i 次方几何意义何在? 由于任意实数 m 皆可用 e^u 表示, 即 $m=\mathrm{e}^u$. 令 $\log_{\mathrm{e}} m=u$ 对应 S 偏离正实轴的角度 (弧度值), 用指数 i 表示几何对象 S 处于整体逆时针旋转状态, 那么 $m^{\mathrm{i}}=\mathrm{e}^{u\mathrm{i}}$ 即意味着几何对象 S 在复平面中的复几何特征量, 其中 S 逆时针偏离正实轴的角度为弧度值, $u=\log_{\mathrm{e}} m$.

我们定义 u_1 为复几何对象在复平面上沿逆时针方向偏离正实轴的角度为弧度值, u_2 为复几何对象在复平面上沿顺时针方向偏离正实轴的角度为弧度值.

于是当 $m>1$ 且 m 值逐渐增大时, m^{i} 表示具有面积 1^2 的几何对象 S 呈逆时针旋转趋势, 且旋转弧度值 $u_1=\log_{\mathrm{e}} m$ 成为决定复平面上复几何对象特征量的重要因素之一; 当 $0<m<1$ 且 m 值逐渐减小时, m^{i} 表示具有面积 1^2 的几何对象 S 呈顺时针旋转趋势, 且旋转弧度值 $u_2=\log_{\mathrm{e}} m$ 同样是决定复平面上复几何对象特征量的重要因素之一; 当 $m=1$ 时, $\log_{\mathrm{e}} 1=0$, 即几何对象在复平面上偏离正实轴的角度为 0 弧度, 1^{i} 表示具有面积 1^2 的几何对象 S 处于复平面的第一象限, 其复几何特征量为实数 1.

由于 $\log_{\mathrm{e}} m=u$ 对应 S 偏离正实轴的角度 (弧度值), 显然当 $u=\dfrac{k\pi}{n}$, n 及 k 皆为整数且 $k\geqslant 0$, $n>0$ 时, 可以获得 π 的有理数倍数弧度值, 否则只能获得 π 的无理数倍数弧度值. 也就是说, 当 m 取非 1 整数时, $m^{\mathrm{i}}=\mathrm{e}^{u\mathrm{i}}$ 所对应的复几何对象在复平面上偏离正实轴的角度必然为 π 的无理数倍数弧度值.

比如 $m=2$, 则旋转弧度为 $\log_{\mathrm{e}} 2$ 弧度, 2^{i} 表示具有面积 1^2 的几何对象 S 自第 1 象限逆时针旋转 $\log_{\mathrm{e}} 2$ 弧度, 其几何特征量的模为 1; 设 $m=3$, 则旋转弧度为 $\log_{\mathrm{e}} 3$ 弧度, 3^{i} 表示具有面积 1^2 的几何对象 S 自第一象限逆时针旋转 $\log_{\mathrm{e}} 3$ 弧度, 其几何特征量的模为 1; 设 $m=\mathrm{e}$, 则旋转弧度为 $\log_{\mathrm{e}} \mathrm{e}=1$ 弧度, e^{i} 表示具有面积 1^2 的几何对象 S 自第一象限逆时针旋转 1 弧度, 其几何特征量的模为 1; 设 $m=\pi$, 则旋转弧度为 $\log_{\mathrm{e}} \pi$ 弧度, π^{i} 表示具有面积 1^2 的几何对象 S 自第 1 象限逆时针旋转 $\log_{\mathrm{e}} \pi$ 弧度, 其几何特征量的模为 $1, \cdots$.

所谓几何特征量的模为 1, 即几何对象处于实数象限部分等效表达基的平方 (设为 a^2) 与几何对象处于虚数象限部分的等效表达基的平方 (设为 b^2) 之和开平方 $\left(\sqrt{a^2+b^2}\right)$, 也就是说, $m^{\mathrm{i}}=a+b\mathrm{i}$, 其中 $\sqrt{a^2+b^2}=1$.

相应地, 我们用上标 $\dfrac{1}{\mathrm{i}}$ 表示几何对象 S 处于整体顺时针旋转状态, 令 $\log_{\mathrm{e}} m$ 对应 S 的旋转角度 (弧度值 u), 那么 $m^{\frac{1}{\mathrm{i}}}=\mathrm{e}^{\frac{u}{\mathrm{i}}}$ 即意味着几何对象 S 在顺时针旋转状态下的复几何特征量, 此时复几何对象在复平面上沿顺时针方向偏离正实轴的角度

为弧度值 $u_2 = \log_e \frac{1}{m}$.

考虑到当 m 值逐渐增大时 $m^{\frac{1}{i}} = \sqrt[i]{m}$ 以及 m^i 两种几何对象之旋转角度相同, 但是旋转方向相反, 那么几何对象 S 分别逆时针和顺时针旋转相同角度之后形成的几何对象在 O-A-B 坐标系中的特征量实部相同, 虚部符号相反, 即实数的虚次方与实数开虚次方运算结果具有实部相同、虚部数值相同而符号相反的对应关系, 即若 $m^i = a + bi$, 则 $m^{\frac{1}{i}} = a - bi$, 其中 $\sqrt{a^2 + b^2} = 1$, 且 $m^i \times \sqrt[i]{m} = 1$.

表 7-1 给出了 m 为部分正整数时所对应的几何对象 S 分别逆时针及顺时针旋转相同角度之后形成的几何对象, 在 O-A-B 坐标系中的复特征量 (实数的虚次方以及实数开虚次方运算) 的结果对照表.

表 7-1 部分实数虚次方以及实数开虚次方运算的结果对照表

m	m^i	u_1/弧度	$\sqrt[i]{m}$	u_2/弧度
1	1	0	1	0
2	0.769239 +0.638961i	0.693147	0.769239 −0.638961i	−0.693147
3	0.454832 +0.890577i	1.09861	0.454832 −0.890577i	−1.09861
4	0.183457 +0.983028i	1.38629	0.183457 −0.983028i	−1.38629
5	−0.038632+0.999254i	1.60944	−0.038632−0.999254i	−1.60944
6	−0.219169+0.975687i	1.79176	−0.219169−0.975687i	−1.79176
7	−0.366378+0.930466i	1.94591	−0.366378−0.930466i	−1.94591
8	−0.486994+0.873405i	2.07944	−0.486994−0.873405i	−2.07944
9	−0.586255+0.810127i	2.19722	−0.586255−0.810127i	−2.19722
10	−0.668202+0.74398i	2.30259	−0.668202−0.74398i	−2.30259
e	0.540302+0.841471i	1	0.540302− 0.841471i	−1
π	0.413292+0.910598i	1.14473	0.413292−0.910598i	−1.14473

当然, 一般情形下, 我们完全不必限制 m 仅仅为正整数, 它可以是其他实数. 除非 $m = \mathrm{e}$ 或者 $m = 1$, 大于 0 的其他 m 值所对应的 $\log_e m$ 以及 $\log_e \dfrac{1}{m}$ 皆为无理数, 这里选 m 为正整数仅仅是为了表述方便而已.

当 m 取大于 1 的正整数值时, m^i 总是代表初始位置处于第一象限且具有单位几何特征量的几何对象 S 逆时针旋转 $\log_e m$ 弧度后, 分布在 2 个相邻象限中的复几何特征量 (模恒为 1); $\sqrt[i]{m}$ 代表初始位置处于第一象限且具有单位几何特征量的几何对象 S 顺时针旋转$\log_e \dfrac{1}{m}$ 弧度后, 分布在 2 个相邻象限中的复几何特征量 (模恒为 1). 当 m 取小于 -1 的负整数值时, $-m^i$ 总是代表初始位置处于第三象限且具有单位几何特征量的几何对象 S 逆时针旋转 $\log_e m$ 弧度后, 分布在 2 个相邻象限中的复几何特征量 (模恒为 1); $\sqrt[i]{-m}$ 代表初始位置处于第三象限且具有单位几何特征量的几何对象 S 顺时针旋转 $\log_e \dfrac{1}{m}$ 弧度后, 分布在 2 个相邻象限中的复几何特征量 (模恒为 1).

为什么此时几何对象总是分布于 2 个象限而不是落入某 1 个象限? 原因很简

单: 当 m 为非 1 整数时, $\log_{e} m$ 不可能是$\dfrac{\pi}{2}$ 整数或者有理数倍, 或者说旋转弧度不可能是$\dfrac{\pi}{2}$ 的整数或者有理数倍, 因此旋转后的几何对象不可能单独处于某个独立的象限之中.

既然 m 可以取任意正实数, 我们在表 7-1 中令 $m=\mathrm{e}$ 以及 $m=\pi$, 尝试对其进行虚数次乘方及开虚数次方运算, 其结果为 $\mathrm{e}^{\mathrm{i}} \approx 0.540302+0.841471\mathrm{i}$, $\sqrt[\mathrm{i}]{\mathrm{e}} \approx 0.540302-0.841471\mathrm{i}$; $\pi^{\mathrm{i}} \approx 0.413292+0.910598\mathrm{i}$, $\sqrt[\mathrm{i}]{\pi} \approx 0.413292-0.910598\mathrm{i}$, 所以显然在虚数次乘方以及开虚数次方运算性质方面, 作为基础几何对象特征量的 e, π 与其他实数无异, 毫无特殊性.

虽然在虚数次乘方以及开虚数次方运算性质方面, 作为几何对象特征量的 e, π 与其他实数无异, 但由于 e, π 均为超越数, 对它们进行虚次乘方以及开虚次方运算几何意义的深入分析, 将有助于深入理解对全部实数的虚次乘方以及开虚次方运算几何意义.

考虑到 $\log_{e} \mathrm{e}=1$, 意味着 e^{i} 对应的旋转为逆时针旋转 1 个弧度, 而 $\log_{e} \dfrac{1}{\mathrm{e}}=-1$, 则 $\mathrm{e}^{\frac{1}{\mathrm{i}}}$ 对应的旋转为顺时针旋转 1 个弧度, 概念上比较直观和简单, 因此我们不妨以 $m=\mathrm{e}$ 为起点, 理解实数的虚数次乘方及开虚数次方之一般几何意义.

以上我们研究了将几何对象 S 绕原点逆时针旋转 $\log_{e} \mathrm{e}=1$ 定义为 1 弧度 (一次非正交旋转) 的情形. 如果我们选择 $m=\mathrm{e}^{\frac{\pi}{2}}$, 则 $m^{\mathrm{i}}=\mathrm{e}^{\frac{\pi}{2}\mathrm{i}}$ 对应几何对象 S 绕原点逆时针旋转 $\log_{e} \mathrm{e}^{\frac{\pi}{2}}=\dfrac{\pi}{2}$ 弧度 (一次正交旋转), 这表明初始几何对象 S 的初始特征量为单位值 1, 则作为一次独立旋转运算的结果, 得到一个新的几何对象特征量, 这个特征量为 $\mathrm{e}^{\frac{1}{2}\pi\mathrm{i}}=\mathrm{i}$; 如果我们选择 $m=\mathrm{e}^{\pi}$, 则 $m^{\mathrm{i}}=\mathrm{e}^{\pi\mathrm{i}}$ 对应几何对象 S 绕原点逆时针旋转 $\log_{e} \mathrm{e}^{\pi}=\pi$ 弧度, 这表明初始几何对象 S 的初始特征量为单位值 1, 则作为一次独立旋转运算的结果, 得到一个新的几何对象特征量, 这个特征量为 $\mathrm{e}^{\pi\mathrm{i}}=-1$; 如果我们选择 $m=\mathrm{e}^{\frac{3\pi}{2}}$, 则 $m^{\mathrm{i}}=\mathrm{e}^{\frac{3\pi}{2}\mathrm{i}}$ 对应几何对象 S 绕原点逆时针旋转 $\log_{e} \mathrm{e}^{\frac{3\pi}{2}}=\dfrac{3\pi}{2}$ 弧度, 这表明初始几何对象 S 的初始特征量为单位值 1, 则作为一次独立旋转运算的结果, 得到一个新的几何对象特征量, 这个特征量为 $\mathrm{e}^{\frac{3}{2}\pi\mathrm{i}}=-\mathrm{i}$; 如果我们选择 $m=\mathrm{e}^{2\pi}$, 则 $m^{\mathrm{i}}=\mathrm{e}^{2\pi\mathrm{i}}$ 对应几何对象 S 绕原点逆时针旋转 $\log_{e} \mathrm{e}^{2\pi}=2\pi$ 弧度, 这表明初始几何对象 S 的初始特征量为单位值 1, 则作为一次独立旋转运算的结果, 得到一个新的几何对象特征量, 这个特征量为 $\mathrm{e}^{2\pi\mathrm{i}}=1$.

显然, 所谓 "上帝创造的公式" $\mathrm{e}^{\pi\mathrm{i}}+1=0$ 只是上述第二种情形的另一种写法而已. 之所以能获得这样具体的数学概念, 关键的一点是我们对于幽灵般的、似数非数的符号 i 赋予了新的意义 (几何对象的旋转运算符).

当然, 我们可以选择任意 (正交或者非正交) 旋转弧度作为几何对象 S 的旋转弧度基准值, 比如 $\dfrac{5\pi}{7}$, 那么将该几何对象绕原点逆时针旋转 $\log_e e^{\frac{5\pi}{7}} = \dfrac{5\pi}{7}$ 弧度, 这表明初始几何对象 S 的初始特征量为单位值 1, 则作为一次独立旋转运算的结果, 得到一个新的几何对象特征量, 这个特征量为 $e^{\frac{5\pi}{7}i} \approx -0.62349+0.781831i$. 特别地, 当 $m = \dfrac{1}{e^{\frac{5}{7}\pi}}$ 时, $\left(\dfrac{1}{e^{\frac{5}{7}\pi}}\right)^i \approx -0.62349 - 0.781831i$, 显然两次不同方向的旋转运算所获得的几何对象是共轭的.

进一步地, 我们可获得如下结论: 当 $m > 1$ 时, 虽然 $m^i \neq \left(\dfrac{1}{m}\right)^i$, 但它们所对应的几何对象在 2 维复空间中共轭.

由表 7-1 所列数据可以看出, 为了求出前述 m^i 及 $m^{\frac{1}{i}}$ 取 $\{1, i, -1, -i\}$ 之一的结果 (对应 S 落入某一独立象限时具有单位虚数或者单位实数的情形), 我们必须令其中的 m 为非整数. 考虑到实数 m 的虚数次方意味着将几何对象旋转 $\log_e m$ 弧度, 且存在 $e^{\log_e m} = m$ 的关系, 参考表 7-1 所列数据, 旋转后的几何对象 S 完整落入第 2 象限的情形应在 $4 < m < 5$ 时发生, 实际上, $e^{\frac{\pi}{2}} \approx 4.81048$.

以下将上述分析逻辑化地表达出来.

我们令 $m = e^{\frac{\pi}{2}}$, 则 $\log_e e^{\frac{\pi}{2}} = \dfrac{\pi}{2}$, 那么处于第一象限且特征量为 1 的几何对象 S 经逆时针旋转 $\dfrac{\pi}{2}$ 弧度后, 完全落入且仅落入第二象限, 由此不难得到结论:

$$(e^{\frac{\pi}{2}})^i = e^{\frac{\pi}{2}i} = i \tag{7-1}$$

于是进一步可求出逆时针旋转后 S 分别完整落入第三、第四以及第一象限的情形:

$$(e^{\pi})^i = e^{\pi i} = -1 \tag{7-2}$$
$$(e^{\frac{3\pi}{2}})^i = e^{\frac{3\pi}{2}i} = -i \tag{7-3}$$
$$(e^{2\pi})^i = e^{2\pi i} = 1 \tag{7-4}$$

由式 (7-1) 至式 (7-4), 且根据模相同仅旋转方向相反的规律, 可以推出以下结论:

$$(e^{\frac{\pi}{2}})^{\frac{1}{i}} = e^{\frac{\pi}{2i}} = -i \tag{7-5}$$
$$(e^{\pi})^{\frac{1}{i}} = e^{\frac{\pi}{i}} = -1 \tag{7-6}$$
$$(e^{\frac{3\pi}{2}})^{\frac{1}{i}} = e^{\frac{3\pi}{2i}} = i \tag{7-7}$$
$$(e^{2\pi})^{\frac{1}{i}} = e^{\frac{2\pi}{i}} = 1 \tag{7-8}$$

对比上述等式, 又可得到以下一组推论: $e^{2\pi i} = e^{\frac{2\pi}{i}}$, $e^{\frac{\pi}{2}i} = e^{\frac{3\pi}{2i}}$, $e^{\pi i} = e^{\frac{\pi}{i}}$, 以及 $e^{\frac{3\pi}{2}i} = e^{\frac{\pi}{2i}}$.

我们注意到, 式 (7-2) 就是著名的欧拉等式 $e^{\pi i} + 1 = 0$ 的另一种表达方式, 当然常用的还有式 (7-4) 的另一种表达方式 $e^{2\pi i} - 1 = 0$.

7.2 虚数的实数次方及虚数开实数次方的几何意义

上一节我们研究了实数的虚数次方以及实数开虚数次方运算的几何意义, 本节内容着重研究虚数的实数次方以及虚数开实数次方的几何意义.

同样以 2 维复平面为参考系进行研究.

设边长为 1 具有单位面积的正方形 T 置于 O-A-B 坐标系的第二象限 (与原点相接), 且令第一象限为正实象限, 第三象限为负实象限, 第二象限为正虚象限, 第四象限为负虚象限. 由于初始 T 落在第二象限, 因此其几何特征量为 $b_0\mathrm{i}$; 当 T 绕原点逆时针旋转小于 $\frac{\pi}{2}$ 弧度时, 落入第二和第三象限的特征量分别为 $-a_1$ 和 $b_1\mathrm{i}$; 让 T 继续绕原点逆时针旋转至$\frac{\pi}{2}$ 弧度时, 落入第三象限的特征量为 $-a_2$; 让 T 继续绕原点逆时针旋转至小于 π 弧度时, 落入第三和第四象限的特征量分别为 $-a_3$ 和 $-b_2\mathrm{i}$; 让 S 继续绕原点逆时针旋转至 π 弧度时, 落入第四象限的特征量为 $-b_3\mathrm{i}$; 让 T 继续绕原点逆时针旋转至小于$\frac{3\pi}{2}$ 弧度时, 落入第四和第一象限的特征量分别为 a_4 和 $-b_4\mathrm{i}$; 让 T 继续绕原点逆时针旋转至 $\frac{3\pi}{2}$ 弧度时, 落入第一象限的特征量为 a_5; 让 T 继续绕原点逆时针旋转小于 2π 弧度时, 落入第一象限和第二象限的特征量分别为 a_6 和 $b_5\mathrm{i}, \cdots$.

对应上述旋转过程结果的几何特征量 (复表达式) 是一组模全为 1 的复数, 由于模全为 1, 因此除了 T 落入某一独立的象限时具有单位虚数或者单位实数之外, 以实部和虚部均不为 0 形式出现的完整复数 (对应 T 跨两个象限且仅跨两个象限) 时, 实部与虚部均不可能为整数 (因为若实部与虚部均为非 0 整数, 则其模 $\geqslant \sqrt{2}$, 不为 1).

同时, 旋转过程可以无限地延续.

我们已知在表达式 i^m 中若 m 为整数, 则仅仅出现 4 种结果, 即$\{\mathrm{i}, -1, -\mathrm{i}, 1\}$. 由于特征量 i 对应特定的组合表达基 $(-1,1)$, 那么实数 m 则代表该表达基的旋转运算参数 (旋转 $\frac{\pi}{2}$ 弧度的倍数).

经笔者研究发现, 对于虚数的实数次方以及虚数开实数次方而言, 在所有可能的旋转运算中, 有一种特殊的旋转运算: 组合表达基 $(-1,1)$ 相对于坐标系第一象限的旋转角度为$u_1 = \frac{m}{2}\pi=0$, 即逆时针旋转 0 弧度, 那么对应地 i^1 表示具有组合表达基 $(-1,1)$ 的几何对象 T 在第二象限没有旋转, 其几何特征量为虚数 i. 不难验证, 若 m 为整数, 则几何对象 T 经任意 m 次旋转后的复特征量仅仅出现 4 种结果, 即$\{\mathrm{i}, -1, -\mathrm{i}, 1\}$.

当虚数 i 的旋转运算符号 m 取非整正数且逐渐增大时, 对应 T 跨两个象限且仅跨两个象限, T 的复特征量以实部和虚部均不为 0 的形式将出现. 我们设 $m=1.2$, 则对应 T 相对于正实轴旋转的角度为 $u_1=\dfrac{1.2}{2}\pi$ 弧度, 即 $\mathrm{i}^{1.2}$ 表示具有面积 1^2 的几何对象 T 相对于正实轴逆时针旋转 $\dfrac{1.2}{2}\pi$ 弧度, 其几何特征量的模为 1; 顺序地设 $m=1.4$, 则对应 T 相对于正实轴旋转的角度为 $u_1=\dfrac{1.4}{2}\pi$ 弧度, 即 $\mathrm{i}^{1.4}$ 表示具有面积 1^2 的几何对象 T 相对于正实轴逆时针旋转 $\dfrac{1.4}{2}\pi$ 弧度, 其几何特征量的模为 1, $\cdots$

相应地, 若令 $\dfrac{1}{m}$ 对应几何对象的顺时针旋转运算符号, 那么 $\mathrm{i}^{\frac{1}{m}}$ 即意味着 T 在顺时针旋转状态下的复几何特征量, 其中的上标 $\dfrac{1}{m}$ 决定 T 的相对于正实轴顺时针旋转角度 (弧度值) 为 $u_2=\dfrac{\pi}{2m}$, 当 $m\to\infty$ 时, $u_2\to 0$. 考虑到 $\mathrm{i}^{\frac{1}{m}}=\sqrt[m]{\mathrm{i}}$, 与逆时针旋转方向相反且弧度值不同, 因此虚数的实次方与虚数开实次方运算结果不具有实部、虚部绝对值相同且虚部符号相反的关系, 即若 $\mathrm{i}^m=a+b\mathrm{i}$, 则 $\mathrm{i}^{\frac{1}{m}}=c+d\mathrm{i}\neq a-b\mathrm{i}$, 但此时 $\sqrt{a^2+b^2}=1$ 以及 $\sqrt{c^2+d^2}=1$ 成立, 而 $\mathrm{i}^m\times\sqrt[m]{\mathrm{i}}=1$ 不成立.

表 7-2 为虚数的部分实数次方以及虚数开部分实数次方运算的结果对照表.

表 7-2 虚数的部分实数次方以及虚数开部分实数次方运算的结果对照表

m	i^m	u_1/弧度	$\sqrt[m]{\mathrm{i}}$	u_2/弧度
1	i	π/2	i	π/2
1.2	−0.309017+0.951057i	(3π)/5	0.258819+0.965926i	(5π)/12
1.4	−0.587785+0.809017i	(7π)/10	0.433884+0.900969i	(5π)/14
1.6	−0.809017+0.587785i	(4π)/5	0.55557+0.83147i	(5π)/16
1.8	−0.951057+0.309017i	(9π)/10	0.642788+0.766044i	(5π)/18
2	−1	π	0.707107+0.707107i	π/4
2.2	−0.951057−0.309017i	(11π)/10	0.75575+0.654861i	(5π)/22
2.4	−0.809017−0.587785i	(6π)/5	0.793353+0.608761i	(5π)/24
2.6	−0.587785−0.809017i	(13π)/10	0.822984+0.568065i	(5π)/26
2.8	−0.309017−0.951057i	(7π)/5	0.846724+0.532032i	(5π)/28
3	−i	(3π)/2	0.866025+0.5i	π/6
3.2	0.309017−0.951057i	(8π)/5	0.881921+0.471397i	(5π)/32
3.4	0.587785−0.809017i	(17π)/10	0.895163+0.445738i	(5π)/34
3.6	0.809017−0.587785i	(9π)/5	0.906308+0.422618i	(5π)/36
3.8	0.951057−0.309017i	(19π)/10	0.915773+0.401695i	(5π)/38
4	1	2π	0.92388+0.382683i	π/8
4.2	0.951057+0.309017i	(21π)/10	0.930874+0.365341i	(5π)/42
4.4	0.809017+0.587785i	(11π)/5	0.93695+0.349464i	(5π)/44
4.6	0.587785+0.809017i	(23π)/10	0.942261+0.33488i	(5π)/46
4.8	0.309017 +0.951057i	(12π)/5	0.94693+0.321439i	(5π)/48
5	i	(5π)/2	0.951057+0.309017i	π/10

表 7-3 是当 $-2 \leqslant m \leqslant 2$ 时, 虚数的部分实数次方以及虚数开部分实数次方运算的结果对照表.

表 7-3　$-2 \leqslant m \leqslant 2$ 时虚数的部分实数次方及虚数开部分实数次方运算的结果对照表

m	i^m	u_1/弧度	$\sqrt[m]{\mathrm{i}}$	u_2/弧度
−2	−1	−π	0.707107−0.707107i	−(π/4)
−1.8	−0.951057−0.309017i	−((9 π)/10)	0.642788−0.766044i	−((5 π)/18)
−1.6	−0.809017−0.587785i	−((4 π)/5)	0.55557−0.83147i	−((5 π)/16)
−1.4	−0.587785−0.809017i	−((7 π)/10)	0.433884−0.900969i	−((5 π)/14)
−1.2	−0.309017−0.951057i	−((3 π)/5)	0.258819−0.965926i	−((5 π)/12)
−1	−i	−(π/2)	−i	−(π/2)
−0.8	0.309017−0.951057i	−((2 π)/5)	−0.382683−0.92388i	−((5 π)/8)
−0.6	0.587785−0.809017i	−((3 π)/10)	− 0.866025−0.5i	−((5 π)/6)
−0.4	0.809017−0.587785i	−(π/5)	−0.707107+0.707107i	−((5 π)/4)
−0.2	0.951057−0.309017i	−(π/10)	−i	−((5 π)/2)
0	1	0	无定义	无定义
0.2	0.951057+0.309017i	π/10	i	(5 π)/2
0.4	0.809017+0.587785i	π/5	−0.707107−0.707107i	(5 π)/4
0.6	0.587785+0.809017i	(3 π)/10	−0.866025+0.5i	(5 π)/6
0.8	0.309017+0.951057i	(2 π)/5	−0.382683+0.92388i	(5 π)/8
1	i	π/2	i	π/2
1.2	−0.309017+0.951057i	(3 π)/5	0.258819+0.965926i	(5 π)/12
1.4	− 0.587785+0.809017i	(7 π)/10	0.433884+0.900969i	(5 π)/14
1.6	−0.809017+0.587785i	(4 π)/5	0.55557+0.83147i	(5 π)/16
1.8	−0.951057+0.309017i	(9 π)/10	0.642788+0.766044i	(5 π)/18
2	−1	π	0.707107+0.707107i	π/4

由表 7-3 不难看出, i^m 的结果是以 $m=0$ 为基点自对称的; 而 $\sqrt[m]{\mathrm{i}}$ 的结果也是以 $m=0$ 为基点自对称的, 但相互之间不是共轭的.

在上述研究结果基础上, 我们继续研究相关虚数的实数乘方及开实数方运算的几何意义.

根据第 1 章的分析, 不难得到

$$\lim_{n\to\infty}\left(1+\frac{\mathrm{i}}{n}\right)^n=\mathrm{e}^{\mathrm{i}} \tag{7-9}$$

另一方面, 我们还知道

$$\lim_{n\to\infty}(\sqrt[n]{\mathrm{e}^{\mathrm{i}}})=1 \tag{7-10}$$

对比式 (7-9) 及式 (7-10) 发现, 当 n 趋于无穷大时, 有

$$\lim_{n\to\infty}\sqrt[n]{\left(1+\frac{\mathrm{i}}{n}\right)^n}=1\neq\left(1+\frac{\mathrm{i}}{n}\right) \tag{7-11}$$

究其原因, 这种结果源于虚数的乘方与开方复合运算规律的特殊性: 根据虚数

定义, 当且仅当 $n=1$ 以及 $n=2$ 时, 有

$$(\mathrm{i}^n)^{\frac{1}{n}}=\mathrm{i} \tag{7-12}$$

事实上, 当 $n\geqslant 1$ 且为整数时, 虚数的 n 次乘方与开 n 次方复合运算表现出下述规律:

$$(\mathrm{i}^n)^{\frac{1}{n}}=(\mathrm{i}^b)^{\frac{1}{n}}=\mathrm{i}^{\frac{b}{n}} \tag{7-13}$$

其中, b 为 n 模 4 运算后的结果, 即 $b=\mathrm{mod}(n,4)$. 当 $n=1$ 以及 $n=2$ 时, $\mathrm{i}^{\frac{b}{n}}=\mathrm{i}$. 所以, 虚数的乘方与开方复合运算不能完全照搬实数的乘方与开方复合运算规则.

比如,

$$\sqrt[5]{\mathrm{i}^5}=\sqrt[5]{\mathrm{i}^{4+1}}=\sqrt[5]{\mathrm{i}}\approx 0.951057+0.309017\mathrm{i}\neq \mathrm{i}$$
$$\sqrt[9]{\mathrm{i}^9}=\sqrt[9]{\mathrm{i}^{8+1}}=\sqrt[9]{\mathrm{i}}\approx 0.984808+0.173648\mathrm{i}\neq \mathrm{i}$$

进一步研究发现, 式 (7-13) 对应下述运算关系:

当 $b=\mathrm{mod}(n,4)=0$ 时, $(\mathrm{i}^n)^{\frac{1}{n}}=\mathrm{i}^{\frac{b}{n}}=1$ (7-14)

当 $b=\mathrm{mod}(n,4)=1$ 时, $(\mathrm{i}^n)^{\frac{1}{n}}=\mathrm{i}^{\frac{b}{n}}=\sqrt[2n]{-1}=\sqrt[n]{\mathrm{i}}$ (7-15)

当 $b=\mathrm{mod}(n,4)=2$ 时, $(\mathrm{i}^n)^{\frac{1}{n}}=\mathrm{i}^{\frac{b}{n}}=\sqrt[n]{-1}=\sqrt[\frac{n}{2}]{\mathrm{i}}$ (7-16)

当 $b=\mathrm{mod}(n,4)=3$ 时, $(\mathrm{i}^n)^{\frac{1}{n}}=\mathrm{i}^{\frac{b}{n}}=-\sqrt[2n]{(-1)^{2n-1}}=\sqrt[n]{-\mathrm{i}^{2n-1}}$ (7-17)

显然, 由式 (7-15) 和式 (7-16) 知, 存在以下等效关系: $\sqrt[10]{\mathrm{i}^{10}}=\sqrt[5]{\mathrm{i}^5}$, $\sqrt[18]{\mathrm{i}^{18}}=\sqrt[9]{\mathrm{i}^9}$, $\sqrt[26]{\mathrm{i}^{26}}=\sqrt[13]{\mathrm{i}^{13}},\cdots$.

以上述概念为基础, 以下研究一下虚数开实数次方的“旋转弧度”与“旋转维度”之间的关系.

$\sqrt[2]{\mathrm{i}}=1\times\mathrm{i}^{\frac{1}{2}}$, 意味着在 2 维复平面上旋转 $\dfrac{1}{2}$ 个正交维度, 而每个正交维度为 $\dfrac{\pi}{2}$ 弧度, 则与坐标原点相接的单位面积正方形绕原点旋转 $\dfrac{\pi}{4}$ 弧度. 进一步地, $\sqrt[n]{\mathrm{i}}=1\times\mathrm{i}^{\frac{1}{n}}$, 意味着在 2 维复平面上旋转 $\dfrac{1}{n}$ 个正交维度, 由于每个正交维度为 $\dfrac{\pi}{2}$ 弧度, 则与坐标原点相接的单位面积正方形绕原点旋转 $\dfrac{\pi}{2n}$ 弧度.

由于 $\mathrm{i}=\mathrm{e}^{\frac{\pi}{2}\mathrm{i}}$, $-\mathrm{i}=\mathrm{e}^{-\frac{\pi}{2}\mathrm{i}}$, 设 $p=\dfrac{1}{n}$ 为实数, 则有虚数 $\pm\mathrm{i}$ 的实数 p 次方表达式 $(\pm\mathrm{i})^p=\mathrm{e}^{\pm\frac{\pi}{2n}\mathrm{i}}$.

设 $\dfrac{\pi}{2n}=m$, 根据欧拉公式, $\mathrm{e}^{\pm m\mathrm{i}}=\cos(m)\pm\sin(m)\mathrm{i}$.

由于

$$\cos(m)=1-\frac{m^2}{2!}+\frac{m^4}{4!}-\cdots=\sum_{k=0}^{\infty}(-1)^k\frac{m^{2k}}{(2k)!}$$
$$\sin(m)=m-\frac{m^3}{3!}+\frac{m^5}{5!}-\cdots=\sum_{k=0}^{\infty}(-1)^k\frac{m^{2k+1}}{(2k+1)!}$$

所以有

$$e^{\pm m\mathrm{i}} = \sum_{k=0}^{\infty}(-1)^k\frac{m^{2k}}{(2k)!} \pm \sum_{k=0}^{\infty}(-1)^k\frac{m^{2k+1}}{(2k+1)!}\mathrm{i}$$

因为虚数 i 的乘方与开方运算仅仅涉及几何对象的旋转, 并不涉及几何对象的扩张运算, 所以我们只能从旋转的角度理解虚数的乘方与开方运算意义.

我们令 $m=1$, 则有 $\mathrm{i}=\mathrm{i}^1=\mathrm{i}^{\frac{1}{1}}$, 它们分别代表几何对象绕复平面原点旋转 $\frac{m\pi}{2}=\frac{\pi}{2}$ 弧度以及 $\frac{\pi}{2m}=\frac{\pi}{2}$ 弧度; 令 $m=2$, 则有 i^2 代表几何对象绕复平面原点旋转 $\frac{m\pi}{2}=\pi$ 弧度, $\mathrm{i}^{\frac{1}{2}}$ 代表几何对象绕复平面原点旋转 $\frac{\pi}{2m}=\frac{\pi}{4}$ 弧度; 令 $m=n$, 则有 i^n 代表几何对象绕复平面原点旋转 $\frac{m\pi}{2}=\frac{n\pi}{2}$ 弧度, $\mathrm{i}^{\frac{1}{n}}$ 代表几何对象绕复平面原点旋转 $\frac{\pi}{2m}=\frac{\pi}{2n}$ 弧度. 由于 $\frac{n\pi}{2}$ 弧度的旋转与 $\frac{\pi}{2n}$ 弧度的旋转不是互逆过程$\left(\text{即 } \frac{n\pi}{2}\times\frac{\pi}{2n}=\frac{\pi^2}{4}\neq 1\right)$, 所以虚数的实数乘方及开实数次方规则不同于扩张运算领域中的乘方与开方运算规则, 即一般情形下 $\sqrt[n]{\mathrm{i}^n}\neq\mathrm{i}$. 比如, $\sqrt[7]{\mathrm{i}^7}\approx 0.974928-0.222521\mathrm{i}\neq\mathrm{i}$.

7.3 虚数的虚数次方及虚数开虚数次方的几何意义

以上我们既讨论了实数的虚数次方及实数开虚数次方的几何意义问题, 又讨论了虚数的实数次方及虚数开实数次方的几何意义问题. 以下我们以上述两种运算的几何概念为基础, 讨论虚数的虚数次方以及虚数开虚数次方的几何意义问题.

在实数的虚数次方 m^{i} 及实数开虚数次方 $m^{\frac{1}{\mathrm{i}}}$ 运算中, 旋转弧度分别为 $\log_e m$ 以及 $\log_e \frac{1}{m}$, 所以两者的运算结果是共轭的 (几何对象旋转方向相反, 旋转角度大小相等, 几何对象的特征量实部相同, 虚部数值相同而符号相反).

在虚数的实数次方 i^m 及虚数开实数次方$\mathrm{i}^{\frac{1}{m}}$ 运算中, 旋转弧度分别为 $u_1=\frac{m}{2}\pi$ 以及 $u_2=\frac{\pi}{2m}$, 两者的运算结果不可能是共轭的. 但是有一点它们是相同的, 它们都是涉及对于几何对象进行实数弧度的旋转. 也就是说: 任何虚数的实数次方 i^m 及虚数开实数次方 $\mathrm{i}^{\frac{1}{m}}$ 运算都必须以实数为基本运算参数.

我们设想, 虚数开虚数次方的原理应该与实数开虚数次方原理一致, 也需要有实数参与到运算之中. 这个设想很容易得到验证.

因为 $\mathrm{i}=e^{\frac{\pi}{2}\mathrm{i}}$, 我们很方便地就可以导出:

$$\mathrm{i}^{\mathrm{i}}=\left(e^{\frac{\pi}{2}\mathrm{i}}\right)^{\mathrm{i}}=\left(e^{\frac{\pi}{2}}\right)^{\mathrm{i}^2} \tag{7-18}$$

化简式 (7-18) 得到

$$\mathrm{i}^{\mathrm{i}}=\left(\mathrm{e}^{\frac{\pi}{2}}\right)^{\mathrm{i}^2}=\mathrm{e}^{-\frac{\pi}{2}}=\frac{1}{\mathrm{e}^{\frac{\pi}{2}}}\approx 0.20788 \tag{7-19}$$

相似于式 (7-18) 及式 (7-19), 因为 $\mathrm{i}=\mathrm{e}^{\frac{\pi}{2}\mathrm{i}}$, 有虚数开虚数次方的运算表达式为

$$\sqrt[\mathrm{i}]{\mathrm{i}}=\mathrm{i}^{\frac{1}{\mathrm{i}}}=(\mathrm{e}^{\frac{\pi}{2}\mathrm{i}})^{\frac{1}{\mathrm{i}}}=\mathrm{e}^{\frac{\pi}{2}}\approx 4.81048 \tag{7-20}$$

有趣的是, 上述两个几何对象特征量初始时的几何对象特征量相同, 皆为 $\mathrm{e}^{\frac{\pi}{2}\mathrm{i}}$, 经虚数乘方和开虚数次方运算后几何对象特征量发生了分化：第一种情形得到的结果是 $\mathrm{e}^{-\frac{\pi}{2}}$, 第二种情形得到的结果是 $\mathrm{e}^{\frac{\pi}{2}}$, 两者互为倒数.

我们可以这样理解这种现象：由于

$$\mathrm{i}^{\frac{1}{\mathrm{i}}}=\frac{1}{\mathrm{i}^{\mathrm{i}}} \tag{7-21}$$

式 (7-19) 至式 (7-21) 意味着 i^{i} 的运算结果是一种复合运算结果, 即旋转 + 旋转运算后的结果; 而 $\mathrm{i}^{\frac{1}{\mathrm{i}}}$ 的运算结果也是一种复合运算结果, 即旋转 + 旋转运算后的结果, 两者互为倒数, 说明两种运算是一对互逆运算. 也可以理解为两者的表达基互为倒数, 旋转过程相同.

如果我们把 i^{i} 以及$\mathrm{i}^{\frac{1}{\mathrm{i}}}$ 分别作为一种几何对象特征量 $(m\mathrm{i})^{\mathrm{i}}$ 以及 $(m\mathrm{i})^{\frac{1}{\mathrm{i}}}$ 的简写形式, 令 $m=1$, 则对它们分别进行 $\log_{\mathrm{e}} m$ 弧度以及 $\log_{\mathrm{e}}\dfrac{1}{m}$弧度的旋转, 可以得到 i^{i} 的运算对应于逆时针旋转 $\log_{\mathrm{e}} 1=0$ 弧度, $\mathrm{i}^{\frac{1}{\mathrm{i}}}$ 的运算对应于顺时针旋转 $\log_{\mathrm{e}}\dfrac{1}{1}=0$ 弧度.

一般地, 令 $m\geqslant 1$, 如果将 i^{i} 改写为 $(1\times\mathrm{i})^{\mathrm{i}}$, 将 $\mathrm{i}^{\frac{1}{\mathrm{i}}}$ 改写为 $(1\times\mathrm{i})^{\frac{1}{\mathrm{i}}}$, 则对几何对象特征量 $(m\mathrm{i})^{\mathrm{i}}$ 以及 $(m\mathrm{i})^{\frac{1}{\mathrm{i}}}$ 分别进行 $\log_{\mathrm{e}} m$弧度以及 $\log_{\mathrm{e}}\dfrac{1}{m}$ 弧度的旋转, 可以得到一般虚数 $m\mathrm{i}$ 的虚数次方 $(m\mathrm{i})^{\mathrm{i}}$ 的运算结果以及 $(m\mathrm{i})^{\frac{1}{\mathrm{i}}}$ 的运算结果. 逆时针旋转的角度为 $u_1=\log_{\mathrm{e}} m$ 弧度, 顺时针旋转的角度为 $u_2=\log_{\mathrm{e}}\dfrac{1}{m}$ 弧度.

如果将i^{i} 改写为 $\left(\dfrac{1}{1}\mathrm{i}\right)^{\mathrm{i}}$, 一般虚数 $\dfrac{1}{m}\mathrm{i}$ 的虚数次方 $\left(\dfrac{1}{m}\mathrm{i}\right)^{\mathrm{i}}$ 运算结果之模也为 $\mathrm{e}^{-\frac{\pi}{2}}$; 如果将 $\mathrm{i}^{\frac{1}{\mathrm{i}}}$ 改写为 $\left(\dfrac{1}{m}\mathrm{i}\right)^{\frac{1}{\mathrm{i}}}$, 一般虚数 $\dfrac{1}{m}\mathrm{i}$ 开虚数次方 $\left(\dfrac{1}{m}\mathrm{i}\right)^{\frac{1}{\mathrm{i}}}$ 之模也为 $\mathrm{e}^{\frac{\pi}{2}}$. 不过, 此时在 m 相同的情况下 $(m\mathrm{i})^{\mathrm{i}}$ 的旋转方向与 $(m\mathrm{i})^{\frac{1}{\mathrm{i}}}$ 的旋转方向相反.

表 7-4 中所列的数据反映了上述性质.

表 7-4 部分虚数的虚数次方以及虚数开虚数次方运算的结果对照表

m	$(m\mathrm{i})^{\mathrm{i}}$	模	u_1/弧度	$\sqrt[\mathrm{i}]{m\mathrm{i}}$	模	u_2/弧度
1	0.20788	$\mathrm{e}^{-\frac{\pi}{2}}$	0	4.81048	$\mathrm{e}^{\frac{\pi}{2}}$	0
2	0.159909+0.132827i	$\mathrm{e}^{-\frac{\pi}{2}}$	0.693147	3.70041 −3.07371i	$\mathrm{e}^{\frac{\pi}{2}}$	−0.693147
3	0.0945504+0.185133i	$\mathrm{e}^{-\frac{\pi}{2}}$	1.09861	2.18796 −4.2841i	$\mathrm{e}^{\frac{\pi}{2}}$	−1.09861
4	0.038137+0.204351i	$\mathrm{e}^{-\frac{\pi}{2}}$	1.38629	0.882516 −4.72883i	$\mathrm{e}^{\frac{\pi}{2}}$	−1.38629
5	−0.0080308+0.207724i	$\mathrm{e}^{-\frac{\pi}{2}}$	1.60944	−0.185838−4.80689i	$\mathrm{e}^{\frac{\pi}{2}}$	−1.60944
6	−0.0455609+0.202825i	$\mathrm{e}^{-\frac{\pi}{2}}$	1.79176	−1.05431−4.69352i	$\mathrm{e}^{\frac{\pi}{2}}$	−1.79176
7	−0.0761626+0.193425i	$\mathrm{e}^{-\frac{\pi}{2}}$	1.94591	−1.76246−4.47599i	$\mathrm{e}^{\frac{\pi}{2}}$	−1.94591
8	−0.101236+0.181563i	$\mathrm{e}^{-\frac{\pi}{2}}$	2.07944	−2.34268−4.2015i	$\mathrm{e}^{\frac{\pi}{2}}$	−2.07944
24	−0.207741−0.00757785i	$\mathrm{e}^{-\frac{\pi}{2}}$	3.17805	−4.80728+0.175357i	$\mathrm{e}^{\frac{\pi}{2}}$	−3.17805
112	0.00127011−0.207876i	$\mathrm{e}^{-\frac{\pi}{2}}$	4.7185	0.0293913+4.81039i	$\mathrm{e}^{\frac{\pi}{2}}$	−4.7185
π	0.085915 +0.189295i	$\mathrm{e}^{-\frac{\pi}{2}}$	1.14473	1.98813 −4.38041i	$\mathrm{e}^{\frac{\pi}{2}}$	−1.14473
e	0.112318+0.174925i	$\mathrm{e}^{-\frac{\pi}{2}}$	1	2.59911−4.04788i	$\mathrm{e}^{\frac{\pi}{2}}$	−1

回顾表 7-1 的情形并进行对比, 不难看出: $m^{\mathrm{i}}=(m\times\mathrm{i}^0)^{\mathrm{i}}=m^{\mathrm{i}}$ 只是 $(m\times\mathrm{i}^k)^{\mathrm{i}}$ 的一种特例, $m^{\frac{1}{\mathrm{i}}}=\left(m\times\dfrac{1}{\mathrm{i}^k}\right)^{\frac{1}{\mathrm{i}}}=\left(m\times\dfrac{1}{\mathrm{i}^0}\right)^{\frac{1}{\mathrm{i}}}=m^{\frac{1}{\mathrm{i}}}$ 也只是 $\left(m\times\dfrac{1}{\mathrm{i}^k}\right)^{\frac{1}{\mathrm{i}}}$ 的一种特例, 其中 $k\geqslant 0$, $m\neq 0$. 表 7-5 中所列的数据反映了上述性质.

表 7-5 另一些虚数的虚数次方以及虚数开虚数次方运算的结果对照表

m	$\left(\dfrac{1}{m}\mathrm{i}\right)^{\mathrm{i}}$	模	u_2/弧度	$\sqrt[\mathrm{i}]{\dfrac{1}{m}\mathrm{i}}$	模	u_1/弧度
1	0.20788	$\mathrm{e}^{-\frac{\pi}{2}}$	0	4.81048	$\mathrm{e}^{\frac{\pi}{2}}$	0
2	0.159909−0.132827i	$\mathrm{e}^{-\frac{\pi}{2}}$	−0.693147	3.70041 +3.07371i	$\mathrm{e}^{\frac{\pi}{2}}$	0.693147
3	0.0945504−0.185133i	$\mathrm{e}^{-\frac{\pi}{2}}$	−1.09861	2.18796 +4.2841i	$\mathrm{e}^{\frac{\pi}{2}}$	1.09861
4	0.038137−0.204351i	$\mathrm{e}^{-\frac{\pi}{2}}$	−1.38629	0.882516 +4.72883i	$\mathrm{e}^{\frac{\pi}{2}}$	1.38629
5	−0.0080308−0.207724i	$\mathrm{e}^{-\frac{\pi}{2}}$	−1.60944	−0.185838+4.80689i	$\mathrm{e}^{\frac{\pi}{2}}$	1.60944
6	−0.0455609−0.202825i	$\mathrm{e}^{-\frac{\pi}{2}}$	−1.79176	−1.05431+4.69352i	$\mathrm{e}^{\frac{\pi}{2}}$	1.79176
7	−0.0761626−0.193425i	$\mathrm{e}^{-\frac{\pi}{2}}$	−1.94591	−1.76246+4.47599i	$\mathrm{e}^{\frac{\pi}{2}}$	1.94591
8	−0.101236−0.181563i	$\mathrm{e}^{-\frac{\pi}{2}}$	−2.07944	−2.34268+4.2015i	$\mathrm{e}^{\frac{\pi}{2}}$	2.07944
24	−0.207741+0.00757785i	$\mathrm{e}^{-\frac{\pi}{2}}$	−3.17805	−4.80728−0.175357i	$\mathrm{e}^{\frac{\pi}{2}}$	3.17805
112	0.00127011+0.207876i	$\mathrm{e}^{-\frac{\pi}{2}}$	−4.7185	0.0293913−4.81039i	$\mathrm{e}^{\frac{\pi}{2}}$	4.7185
π	0.085915 −0.189295i	$\mathrm{e}^{-\frac{\pi}{2}}$	−1.14473	1.98813 +4.38041i	$\mathrm{e}^{\frac{\pi}{2}}$	1.14473
e	0.112318−0.174925i	$\mathrm{e}^{-\frac{\pi}{2}}$	−1	2.59911+4.04788i	$\mathrm{e}^{\frac{\pi}{2}}$	1

相似地, 我们不难看出, $\left(\dfrac{1}{m}\right)^{\mathrm{i}}=\left(\dfrac{1}{m}\times\mathrm{i}^0\right)^{\mathrm{i}}=\left(\dfrac{1}{m}\right)^{\mathrm{i}}$ 只是 $\left(\dfrac{1}{m}\times\mathrm{i}^n\right)^{\mathrm{i}}$ 的一种特例, $\left(\dfrac{1}{m}\right)^{\frac{1}{\mathrm{i}}}=\left(\dfrac{1}{m}\times\dfrac{1}{\mathrm{i}^k}\right)^{\frac{1}{\mathrm{i}}}=\left(\dfrac{1}{m}\times\dfrac{1}{\mathrm{i}^0}\right)^{\frac{1}{\mathrm{i}}}=\left(\dfrac{1}{m}\right)^{\frac{1}{\mathrm{i}}}$ 也只是 $\left(\dfrac{1}{m}\times\dfrac{1}{\mathrm{i}^k}\right)^{\frac{1}{\mathrm{i}}}$ 的一种特例, 其中 $n\geqslant 0$, $m\neq 0$.

请注意, 表 7-5 中的 i 以及$\frac{1}{\mathrm{i}}$ 运算符所对应的旋转方向与表 7-4 中的 i 以及 $\frac{1}{\mathrm{i}}$ 运算符所对应的旋转方向相反 (表 7-5 中的 u_2 与 u_1 所对应的计算分别对应于虚数次乘方与虚数次开方运算, 而在表 7-4 中的u_2 与 u_1 所对应的计算分别对应于虚数次开方与虚数次乘方运算), 这说明, 旋转方向不仅与 i 以及 $\frac{1}{\mathrm{i}}$ 运算符相关, 也与运算对象的属性相关.

从表 7-4 及表 7-5 的所列结果中, 我们还发现了另一个有趣的现象: 在 m 从 4 变为 5 时发生了复数的实部符号变化, 这意味着在 $4 < m < 5$ 区间内将会出现实部为 0 的复数 (虚数). 实际上, 我们令 $m = \mathrm{e}^{\frac{\pi}{2}}$, 即可以得到 $(\mathrm{e}^{\frac{\pi}{2}}\mathrm{i})^{\mathrm{i}} = \mathrm{e}^{\frac{\pi}{2}\mathrm{i}}\mathrm{i}^{\mathrm{i}} = \mathrm{i}\times\mathrm{e}^{-\frac{\pi}{2}} = \mathrm{e}^{-\frac{\pi}{2}}\mathrm{i}$ 这个预期的结果. 以此为基础, 我们将推导出复平面上与 $\{1, \mathrm{i}, -1, -\mathrm{i}\}$ 相似的其他循环运算结果.

考虑到$m = 1 = (\mathrm{e}^{\frac{\pi}{2}})^0$, 以及 $m = \mathrm{e}^{\frac{\pi}{2}} = \left(\mathrm{e}^{\frac{\pi}{2}}\right)^1$, 我们设 $m = (\mathrm{e}^{\frac{\pi}{2}})^n$, 当 $n \geqslant 0$ 且为整数时, 将会出现与 $\{1, \mathrm{i}, -1, -\mathrm{i}\}$ 相似的结果, 所不同的是: $\left[\left(\mathrm{e}^{\frac{\pi}{2}}\right)^n \mathrm{i}\right]^{\mathrm{i}}$ 的运算结果是以 $\mathrm{e}^{-\frac{\pi}{2}}$ 为模的另一种实数、虚数交叉循环集合 $\{\mathrm{e}^{-\frac{\pi}{2}}, \mathrm{e}^{-\frac{\pi}{2}}\mathrm{i}, -\mathrm{e}^{-\frac{\pi}{2}}, -\mathrm{e}^{-\frac{\pi}{2}}\mathrm{i}\}$.

相似地, 我们还可得到另一种与 $\{1, -\mathrm{i}, -1, \mathrm{i}\}$ 相似的结果: $\left[\left(\mathrm{e}^{\frac{\pi}{2}}\right)^n \mathrm{i}\right]^{\frac{1}{\mathrm{i}}}$ 的运算结果是以 $\mathrm{e}^{\frac{\pi}{2}}$ 为模的特殊实数、虚数交叉循环集合 $\{\mathrm{e}^{\frac{\pi}{2}}, -\mathrm{e}^{\frac{\pi}{2}}\mathrm{i}, -\mathrm{e}^{\frac{\pi}{2}}, \mathrm{e}^{\frac{\pi}{2}}\mathrm{i}\}$. 这表明, 在复平面上存在各种模不同、周期同为 4 的循环运算结果. 表 7-6 记录了 n 取不同整数值时, 与 $\left[\left(\mathrm{e}^{\frac{\pi}{2}}\right)^n \mathrm{i}\right]^{\mathrm{i}}$ 以及 $\sqrt[\mathrm{i}]{\left(\mathrm{e}^{\frac{\pi}{2}}\right)^n \mathrm{i}}$ 对应的周期为 4 的相关运算结果.

表 7-6　部分虚数的虚数次方以及虚数开虚数次方运算结果对照表

n	$\left[\left(\mathrm{e}^{\frac{\pi}{2}}\right)^n \mathrm{i}\right]^{\mathrm{i}}$	模	u_1/弧度	$\sqrt[\mathrm{i}]{\left(\mathrm{e}^{\frac{\pi}{2}}\right)^n \mathrm{i}}$	模	u_2/弧度
0	$\mathrm{e}^{-\frac{\pi}{2}}$	$\mathrm{e}^{-\frac{\pi}{2}}$	0	$\mathrm{e}^{\frac{\pi}{2}}$	$\mathrm{e}^{\frac{\pi}{2}}$	0
1	$\mathrm{e}^{-\frac{\pi}{2}}\mathrm{i}$	$\mathrm{e}^{-\frac{\pi}{2}}$	$\frac{\pi}{2}$	$-\mathrm{e}^{\frac{\pi}{2}}\mathrm{i}$	$\mathrm{e}^{\frac{\pi}{2}}$	$-\frac{\pi}{2}$
2	$-\mathrm{e}^{-\frac{\pi}{2}}$	$\mathrm{e}^{-\frac{\pi}{2}}$	π	$-\mathrm{e}^{\frac{\pi}{2}}$	$\mathrm{e}^{\frac{\pi}{2}}$	$-\pi$
3	$-\mathrm{e}^{-\frac{\pi}{2}}\mathrm{i}$	$\mathrm{e}^{-\frac{\pi}{2}}$	$\frac{3\pi}{2}$	$\mathrm{e}^{\frac{\pi}{2}}\mathrm{i}$	$\mathrm{e}^{\frac{\pi}{2}}$	$-\frac{3\pi}{2}$
4	$\mathrm{e}^{-\frac{\pi}{2}}$	$\mathrm{e}^{-\frac{\pi}{2}}$	2π	$\mathrm{e}^{\frac{\pi}{2}}$	$\mathrm{e}^{\frac{\pi}{2}}$	-2π
5	$\mathrm{e}^{-\frac{\pi}{2}}i$	$\mathrm{e}^{-\frac{\pi}{2}}$	$\frac{5\pi}{2}$	$-\mathrm{e}^{\frac{\pi}{2}}\mathrm{i}$	$\mathrm{e}^{\frac{\pi}{2}}$	$-\frac{5\pi}{2}$
6	$-\mathrm{e}^{-\frac{\pi}{2}}$	$\mathrm{e}^{-\frac{\pi}{2}}$	3π	$-\mathrm{e}^{\frac{\pi}{2}}$	$\mathrm{e}^{\frac{\pi}{2}}$	-3π
7	$-\mathrm{e}^{-\frac{\pi}{2}}\mathrm{i}$	$\mathrm{e}^{-\frac{\pi}{2}}$	$\frac{7\pi}{2}$	$\mathrm{e}^{\frac{\pi}{2}}\mathrm{i}$	$\mathrm{e}^{\frac{\pi}{2}}$	$-\frac{7\pi}{2}$
8	$\mathrm{e}^{-\frac{\pi}{2}}$	$\mathrm{e}^{-\frac{\pi}{2}}$	4π	$\mathrm{e}^{\frac{\pi}{2}}$	$\mathrm{e}^{\frac{\pi}{2}}$	-4π

如果将 $\left[(\mathrm{e}^{\frac{\pi}{2}})^n\mathrm{i}\right]^{\mathrm{i}}$ 与 $\sqrt[\mathrm{i}]{(\mathrm{e}^{\frac{\pi}{2}})^n\mathrm{i}}$ 相乘, 则可得到 $\left[(\mathrm{e}^{\frac{\pi}{2}})^n\mathrm{i}\right]^{\mathrm{i}} \times \sqrt[\mathrm{i}]{(\mathrm{e}^{\frac{\pi}{2}})^n\mathrm{i}}=1$. 进一步地, $(m\mathrm{i})^{\mathrm{i}} \times \sqrt[\mathrm{i}]{m\mathrm{i}}$ 的结果也等于 1. 这说明 $(m\mathrm{i})^{\mathrm{i}} = \frac{1}{\sqrt[\mathrm{i}]{m\mathrm{i}}}$, 即虚数的虚数次方是虚数开虚数次方的倒数, 或者反过来讲, 虚数开虚数次方是虚数的虚数次方之倒数. 同时,

我们获得对应于 $\left[\left(e^{\frac{\pi}{2}}\right)^n i\right]^i$ 运算的逆时针旋转弧度 u_1 为 $\log_e(e^{\frac{\pi}{2}})^n = \frac{n\pi}{2}$, 对应于 $\sqrt[i]{\left(e^{\frac{\pi}{2}}\right)^n i}$ 运算的顺时针旋转弧度 u_2 的值为 $\log_e \frac{1}{\left(e^{\frac{\pi}{2}}\right)^n} = -\frac{n\pi}{2}$.

于是当 n 为任意实数时, 与 $\left[\left(e^{\frac{\pi}{2}}\right)^n i\right]^i$ 以及 $\sqrt[i]{(e^{\frac{\pi}{2}})^n i}$ 对应的运算结果可以是有周期的, 但周期不一定是 4. 其周期取决于实数 n 均匀取值的"间隙"大小. 当实数 n 均匀取值的"间隙"大小为 $\frac{1}{10}$ 时, 周期为 40; 当实数 n 均匀取值的"间隙"大小为 $\frac{1}{5}$ 时, 周期为 20. 依此类推, 当实数 n 均匀取值的"间隙"大小为 $\frac{1}{k}$ 时, 周期为 $4k$. 例如当 $k=5$ 时, 周期为 20, 得到表 7-7.

表 7-7 部分虚数的虚数次方以及虚数开虚数次方运算结果对照表

n	$\left[\left(e^{\frac{\pi}{2}}\right)^n i\right]^i$	模	u_1/弧度	$\sqrt[i]{\left(e^{\frac{\pi}{2}}\right)^n i}$	模	u_2/弧度
0	$e^{-\frac{\pi}{2}}$	$e^{-\frac{\pi}{2}}$	0	$e^{\frac{\pi}{2}}$	$e^{\frac{\pi}{2}}$	0
1/5	0.197705+0.0642383i	$e^{-\frac{\pi}{2}}$	π/10	4.57504−1.48652i	$e^{\frac{\pi}{2}}$	−π/10
2/5	0.168178+0.122189i	$e^{-\frac{\pi}{2}}$	π/5	3.89176−2.82753i	$e^{\frac{\pi}{2}}$	−π/5
3/5	0.122189+0.168178i	$e^{-\frac{\pi}{2}}$	(3 π)/10	2.82753−3.89176i	$e^{\frac{\pi}{2}}$	−(3 π)/10
4/5	0.0642383+0.197705i	$e^{-\frac{\pi}{2}}$	(2 π)/5	1.48652−4.57504i	$e^{\frac{\pi}{2}}$	−(2 π)/5
1	$e^{-\frac{\pi}{2}}i$	$e^{-\frac{\pi}{2}}$	π/2	$-e^{\frac{\pi}{2}}i$	$e^{\frac{\pi}{2}}$	−π/2
6/5	−0.0642383+0.197705i	$e^{-\frac{\pi}{2}}$	(3 π)/5	−1.48652−4.57504i	$e^{\frac{\pi}{2}}$	−(3 π)/5
7/5	−0.122189+0.168178i	$e^{-\frac{\pi}{2}}$	(7 π)/10	−2.82753−3.89176i	$e^{\frac{\pi}{2}}$	−(7 π)/10
8/5	−0.168178+0.122189i	$e^{-\frac{\pi}{2}}$	(4 π)/5	−3.89176−2.82753i	$e^{\frac{\pi}{2}}$	−(4 π)/5
9/5	−0.197705+0.0642383i	$e^{-\frac{\pi}{2}}$	(9 π)/10	−4.57504−1.48652i	$e^{\frac{\pi}{2}}$	−(9 π)/10
2	$-e^{-\frac{\pi}{2}}$	$e^{-\frac{\pi}{2}}$	π	$-e^{\frac{\pi}{2}}$	$e^{\frac{\pi}{2}}$	−π
11/5	−0.197705−0.0642383i	$e^{-\frac{\pi}{2}}$	(11 π)/10	−4.57504+1.48652i	$e^{\frac{\pi}{2}}$	−(11 π)/10
12/5	−0.168178−0.122189i	$e^{-\frac{\pi}{2}}$	(6 π)/5	−3.89176+2.82753i	$e^{\frac{\pi}{2}}$	−(6 π)/5
13/5	−0.122189−0.168178i	$e^{-\frac{\pi}{2}}$	(13 π)/10	−2.82753+3.89176i	$e^{\frac{\pi}{2}}$	−(13 π)/10
14/5	−0.0642383−0.197705i	$e^{-\frac{\pi}{2}}$	(7 π)/5	−1.48652+4.57504i	$e^{\frac{\pi}{2}}$	−(7 π)/5
3	$-e^{-\frac{\pi}{2}}i$	$e^{-\frac{\pi}{2}}$	(3 π)/2	$e^{\frac{\pi}{2}}i$	$e^{\frac{\pi}{2}}$	−(3 π)/2
16/5	0.0642383−0.197705i	$e^{-\frac{\pi}{2}}$	(8 π)/5	1.48652+4.57504i	$e^{\frac{\pi}{2}}$	−(8 π)/5
17/5	0.122189−0.168178i	$e^{-\frac{\pi}{2}}$	(17 π)/10	2.82753+3.89176i	$e^{\frac{\pi}{2}}$	−(17 π)/10
18/5	0.168178−0.122189i	$e^{-\frac{\pi}{2}}$	(9 π)/5	3.89176+2.82753i	$e^{\frac{\pi}{2}}$	−(9 π)/5
19/5	0.197705−0.0642383i	$e^{-\frac{\pi}{2}}$	(19 π)/10	4.57504+1.48652i	$e^{\frac{\pi}{2}}$	−(19 π)/10
4	$e^{-\frac{\pi}{2}}$	$e^{-\frac{\pi}{2}}$	2 π	$e^{\frac{\pi}{2}}$	$e^{\frac{\pi}{2}}$	−2 π

同样地, 对应于 $\left[\left(e^{\frac{\pi}{2}}\right)^n i\right]^i$ 运算的逆时针旋转弧度 u_1 为 $\log_e(e^{\frac{\pi}{2}})^n = \frac{n\pi}{2}$, 对应于 $\sqrt[i]{(e^{\frac{\pi}{2}})^n i}$ 运算的顺时针旋转弧度 u_2 的值为 $\log_e \frac{1}{\left(e^{\frac{\pi}{2}}\right)^n} = -\frac{n\pi}{2}$.

以上我们讨论了当 $m=\left(\mathrm{e}^{\frac{\pi}{2}}\right)^{n}$ 且 n 为任意实数时, 与 $\left[\left(\mathrm{e}^{\frac{\pi}{2}}\right)^{n}\mathrm{i}\right]^{\mathrm{i}}$ 以及 $\sqrt[\mathrm{i}]{(\mathrm{e}^{\frac{\pi}{2}})^{n}\mathrm{i}}$ 对应的运算结果. 以此为线索, 我们还可以定义任意多种虚数的虚数次方及开虚数次方.

例如, 设 $(m\mathrm{i})^{\mathrm{i}}$ 代表着以具有特征量 $m\mathrm{i}$ 的几何对象作为旋转运算的对象, 经过一次 $\log_{\pi}m$ 弧度旋转后, 我们获得一个新的几何对象, 这种几何对象的特征量之模为 $\pi^{\frac{-\pi}{2}}$; 同样地, $\sqrt[\mathrm{i}]{m\mathrm{i}}$ 代表着以具有特征量 $m\mathrm{i}$ 的几何对象作为旋转运算的对象, 经过一次 $\log_{\pi}\dfrac{1}{m}$ 弧度旋转后, 我们获得一个新的几何对象, 这种几何对象的特征量之模为 $\pi^{\frac{\pi}{2}}$.

当 $0\leqslant n$ 且为整数时, 由 $\left[\left(\mathrm{e}^{\frac{\pi}{2}}\right)^{n}\times\pi^{\frac{\pi}{2}\mathrm{i}}\right]^{\mathrm{i}}$ 以及 $\sqrt[\mathrm{i}]{(\mathrm{e}^{\frac{\pi}{2}})^{n}\times\pi^{\frac{\pi}{2}\mathrm{i}}}$ 可得到运算结果分别为以 $\pi^{\frac{-\pi}{2}}$ 为模的特殊实数、虚数交叉循环集合 $\left\{\pi^{-\frac{\pi}{2}},\pi^{-\frac{\pi}{2}}\mathrm{i},-\pi^{-\frac{\pi}{2}},-\pi^{-\frac{\pi}{2}}\mathrm{i}\right\}$, 以及以 $\pi^{\frac{\pi}{2}}$ 为模的特殊实数、虚数交叉循环集合 $\left\{\pi^{\frac{\pi}{2}},-\pi^{\frac{\pi}{2}}\mathrm{i},-\pi^{\frac{\pi}{2}},\pi^{\frac{\pi}{2}}\mathrm{i}\right\}$, 且此时 $\left[\left(\mathrm{e}^{\frac{\pi}{2}}\right)^{n}\times\pi^{\frac{\pi}{2}\mathrm{i}}\right]^{\mathrm{i}}$ 的模为 $\pi^{\frac{-\pi}{2}}\approx 0.165607$, $\sqrt[\mathrm{i}]{(\mathrm{e}^{\frac{\pi}{2}})^{n}\times\pi^{\frac{\pi}{2}i}}$ 的模为 $\pi^{\frac{\pi}{2}}\approx 6.03839$. 由于此时 $\left(\left(\mathrm{e}^{\frac{\pi}{2}}\right)^{n}\times\pi^{\frac{\pi}{2}\mathrm{i}}\right)^{\mathrm{i}}$ 以及 $\sqrt[\mathrm{i}]{(\mathrm{e}^{\frac{\pi}{2}})^{n}\times\pi^{\frac{\pi}{2}\mathrm{i}}}$ 的运算符号为虚数 (对应于旋转运算), 因此它们作旋转运算的角度可分别表示为$u_1=\log_{\mathrm{e}\times\pi^{\frac{1}{n}}}\left(\left(\mathrm{e}^{\frac{\pi}{2}}\right)^{n}\pi^{\frac{\pi}{2}}\right)=\dfrac{n\pi}{2}$, $u_2=\log_{\mathrm{e}\times\pi^{\frac{1}{n}}}\dfrac{1}{\left(\mathrm{e}^{\frac{\pi}{2}}\right)^{n}\pi^{\frac{\pi}{2}}}=-\dfrac{n\pi}{2}$.

事实上, 相似地我们还可以得到以下结论.

(1) 当 $n\geqslant 0$ 且为整数时, 由 $\left[\left(\mathrm{e}^{\frac{\pi}{2}}\right)^{n}\times 2^{\frac{\pi}{2}\mathrm{i}}\right]^{\mathrm{i}}$ 以及 $\sqrt[\mathrm{i}]{\left(\mathrm{e}^{\frac{\pi}{2}}\right)^{n}\times 2^{\frac{\pi}{2}\mathrm{i}}}$ 可得到运算结果分别为以 $2^{\frac{-\pi}{2}}$ 为模的特殊实数、虚数交叉循环集合 $\left\{2^{-\frac{\pi}{2}},2^{-\frac{\pi}{2}}\mathrm{i},-2^{-\frac{\pi}{2}},-2^{-\frac{\pi}{2}}\mathrm{i}\right\}$, 以及以 $2^{\frac{\pi}{2}}$ 为模的特殊实数、虚数交叉循环集合 $\left\{2^{\frac{\pi}{2}},-2^{\frac{\pi}{2}}\mathrm{i},-2^{\frac{\pi}{2}},2^{\frac{\pi}{2}}\mathrm{i}\right\}$. 旋转运算的角度却可分别表示为 $u_1=\log_{\mathrm{e}\times 2^{\frac{1}{n}}}\left(\left(\mathrm{e}^{\frac{\pi}{2}}\right)^{n}2^{\frac{\pi}{2}}\right)=\frac{n\pi}{2}$, $u_2=\log_{\mathrm{e}\times 2^{\frac{1}{n}}}\dfrac{1}{\left(\mathrm{e}^{\frac{\pi}{2}}\right)^{n}2^{\frac{\pi}{2}}}=-\dfrac{n\pi}{2}$.

(2) 当 $n\geqslant 0$ 且为整数时, 由 $\left[\left(\mathrm{e}^{\frac{\pi}{2}}\right)^{n}\times 7^{\frac{\pi}{2}\mathrm{i}}\right]^{i}$ 以及 $\sqrt[\mathrm{i}]{\left(\mathrm{e}^{\frac{\pi}{2}}\right)^{n}\times 7^{\frac{\pi}{2}\mathrm{i}}}$ 可得到运算结果分别为以 $7^{\frac{-\pi}{2}}$ 为模的特殊实数、虚数交叉循环集合 $\left\{7^{-\frac{\pi}{2}},7^{-\frac{\pi}{2}}\mathrm{i},-7^{-\frac{\pi}{2}},-7^{-\frac{\pi}{2}}\mathrm{i}\right\}$, 以及以 $7^{\frac{\pi}{2}}$ 为模的特殊实数、虚数交叉循环集合 $\left\{7^{\frac{\pi}{2}},-7^{\frac{\pi}{2}}\mathrm{i},-7^{\frac{\pi}{2}},7^{\frac{\pi}{2}}\mathrm{i}\right\}$. 旋转运算的角度却可分别表示为$u_1=\log_{\mathrm{e}\times 7^{\frac{1}{n}}}\left(\left(\mathrm{e}^{\frac{\pi}{2}}\right)^{n}7^{\frac{\pi}{2}}\right)=\dfrac{n\pi}{2}$, $u_2=\log_{\mathrm{e}\times 7^{\frac{1}{n}}}\dfrac{1}{\left(\mathrm{e}^{\frac{\pi}{2}}\right)^{n}7^{\frac{\pi}{2}}}=-\dfrac{n\pi}{2}$.

(3) 当 $n\geqslant 0$ 且为整数时, 由$\left[\left(\mathrm{e}^{\frac{\pi}{2}}\right)^{n}p^{\frac{\pi}{2}\mathrm{i}}\right]^{\mathrm{i}}$ 以及 $\sqrt[\mathrm{i}]{\left(\mathrm{e}^{\frac{\pi}{2}}\right)^{n}p^{\frac{\pi}{2}\mathrm{i}}}$ 可得到运算结果分别为以 $p^{\frac{-\pi}{2}}$ 为模的特殊实数、虚数交叉循环集合 $\left\{p^{-\frac{\pi}{2}},p^{-\frac{\pi}{2}}\mathrm{i},-p^{-\frac{\pi}{2}},-p^{-\frac{\pi}{2}}\mathrm{i}\right\}$, 以及以 $p^{\frac{\pi}{2}}$ 为模的特殊实数、虚数交叉循环集合 $\left\{p^{\frac{\pi}{2}},-p^{\frac{\pi}{2}}\mathrm{i},-p^{\frac{\pi}{2}},p^{\frac{\pi}{2}}\mathrm{i}\right\}$, 其中, p 为不为 0 的任意正实数. 旋转运算的角度却可分别表示为

$$u_1=\log_{\mathrm{e}\times p^{\frac{1}{n}}}\left(\left(\mathrm{e}^{\frac{\pi}{2}}\right)^{n}p^{\frac{\pi}{2}}\right)=\frac{n\pi}{2},\quad u_2=\log_{\mathrm{e}\times p^{\frac{1}{n}}}\frac{1}{\left(\mathrm{e}^{\frac{\pi}{2}}\right)^{n}p^{\frac{\pi}{2}}}=-\frac{n\pi}{2}.$$

显然, p 取值可以是 e, 也可以是 π, 或者是其他任何实数. 表 7-8 给出了 p 取值不同的典型参数下 $\left[\left(\mathrm{e}^{\frac{\pi}{2}}\right)^n p^{\frac{\pi}{2}\mathrm{i}}\right]^{\mathrm{i}}$ 以及 $\sqrt[\mathrm{i}]{(\mathrm{e}^{\frac{\pi}{2}})^n p^{\frac{\pi}{2}\mathrm{i}}}$ 的部分运算结果.

表 7-8　部分典型参数下 $\left[\left(\mathrm{e}^{\frac{\pi}{2}}\right)^n p^{\frac{\pi}{2}\mathrm{i}}\right]^{\mathrm{i}}$ 以及 $\sqrt[\mathrm{i}]{(\mathrm{e}^{\frac{\pi}{2}})^n p^{\frac{\pi}{2}\mathrm{i}}}$ 的部分运算结果

p	n	$\left[\left(\mathrm{e}^{\frac{\pi}{2}}\right)^n p^{\frac{\pi}{2}\mathrm{i}}\right]^{\mathrm{i}}$	模	u_1	$\sqrt[\mathrm{i}]{\left(\mathrm{e}^{\frac{\pi}{2}}\right)^n p^{\frac{\pi}{2}\mathrm{i}}}$	模	u_2
	0	$\mathrm{e}^{\frac{-\pi}{2}}$		0	$\mathrm{e}^{\frac{\pi}{2}}$		0
	1	$\mathrm{e}^{\frac{-\pi}{2}}\mathrm{i}$		$\pi/2$	$-\mathrm{e}^{\frac{\pi}{2}}\mathrm{i}$		$-\pi/2$
e	2	$-\mathrm{e}^{\frac{-\pi}{2}}$	$\mathrm{e}^{\frac{-\pi}{2}}$	π	$-\mathrm{e}^{\frac{\pi}{2}}$	$\mathrm{e}^{\frac{\pi}{2}}$	$-\pi$
	3	$-\mathrm{e}^{\frac{-\pi}{2}}\mathrm{i}$		$(3\pi)/2$	$\mathrm{e}^{\frac{\pi}{2}}\mathrm{i}$		$-(3\pi)/2$
	4	$\mathrm{e}^{\frac{-\pi}{2}}$		2π	$\mathrm{e}^{\frac{\pi}{2}}$		-2π
	0	$\pi^{\frac{-\pi}{2}}$		0	$\pi^{\frac{\pi}{2}}$		0
	1	$\pi^{\frac{-\pi}{2}}\mathrm{i}$		$\pi/2$	$-\pi^{\frac{\pi}{2}}\mathrm{i}$		$-\pi/2$
π	2	$-\pi^{\frac{-\pi}{2}}$	$\pi^{\frac{-\pi}{2}}$	π	$-\pi^{\frac{\pi}{2}}$	$\pi^{\frac{\pi}{2}}$	$-\pi$
	3	$-\pi^{\frac{-\pi}{2}}\mathrm{i}$		$(3\pi)/2$	$\pi^{\frac{\pi}{2}}\mathrm{i}$		$-(3\pi)/2$
	4	$\pi^{\frac{-\pi}{2}}$		2π	$\pi^{\frac{\pi}{2}}$		-2π
	0	$2^{\frac{-\pi}{2}}$		0	$2^{\frac{\pi}{2}}$		0
	1	$2^{\frac{-\pi}{2}}\mathrm{i}$		$\pi/2$	$-2^{\frac{\pi}{2}}\mathrm{i}$		$-\pi/2$
2	2	$-2^{\frac{-\pi}{2}}$	$2^{\frac{-\pi}{2}}$	π	$-2^{\frac{\pi}{2}}$	$2^{\frac{\pi}{2}}$	$-\pi$
	3	$-2^{\frac{-\pi}{2}}\mathrm{i}$		$(3\pi)/2$	$2^{\frac{\pi}{2}}\mathrm{i}$		$-(3\pi)/2$
	4	$2^{\frac{-\pi}{2}}$		2π	$2^{\frac{\pi}{2}}$		-2π
	0	$7^{\frac{-\pi}{2}}$		0	$7^{\frac{\pi}{2}}$		0
	1	$7^{\frac{-\pi}{2}}\mathrm{i}$		$\pi/2$	$-7^{\frac{\pi}{2}}\mathrm{i}$		$-\pi/2$
7	2	$-7^{\frac{-\pi}{2}}$	$7^{\frac{-\pi}{2}}$	π	$-7^{\frac{\pi}{2}}$	$7^{\frac{\pi}{2}}$	$-\pi$
	3	$-7^{\frac{-\pi}{2}}\mathrm{i}$		$(3\pi)/2$	$7^{\frac{\pi}{2}}\mathrm{i}$		$-(3\pi)/2$
	4	$7^{\frac{\pi}{2}}$		2π	$7^{\frac{\pi}{2}}$		-2π

7.4 部分复数的虚数次方及复数开虚数次方的几何意义

在研究了虚数的虚数次方以及虚数开虚数次方之后, 我们有条件研究一下复数的虚数次方 $(a+b\mathrm{i})^{\mathrm{i}}$ 以及复数开虚数次方 $\sqrt[\mathrm{i}]{a+b\mathrm{i}}$ 的概念.

为简便起见, 我们令复数的实部与虚部的符号及数值相同, 即$b=a=\left(\dfrac{\mathrm{e}^{2\pi}}{\sqrt{2}}\right)^n$, $n\geqslant 0$ 为实数, 得到部分复数的虚数次方及开虚数次方结果如表 7-9 所列.

显然, $(a+b\mathrm{i})^{\mathrm{i}}$ 对应的旋转运算为逆时针旋转, 而 $(a+b\mathrm{i})^{-\mathrm{i}}$ 对应的旋转运算为顺时针旋转, 运算结果的模分别保持不变, 对应的旋转方向相反但弧度值相同, 即 $u_1=\log_{\mathrm{e}}\sqrt{a^2+b^2}$, $u_2=\log_{\mathrm{e}}\dfrac{1}{\sqrt{a^2+b^2}}$.

表 7-9　部分复数的虚数次方以及复数开虚数次方运算结果对照表

n	$(a+b\mathrm{i})^{\mathrm{i}}$	模	u_1/弧度	$\sqrt[\mathrm{i}]{a+b\mathrm{i}}$	模	u_2/弧度
0	0.428829+0.154872i	$\lvert(1+\mathrm{i})^{\mathrm{i}}\rvert$	0.346574	2.06287−0.745007	$\lvert(1+\mathrm{i})^{-\mathrm{i}}\rvert$	−0.346574
0.05	0.364777+0.273528i	$\lvert(1+\mathrm{i})^{\mathrm{i}}\rvert$	0.643404	1.75475−1.3158	$\lvert(1+\mathrm{i})^{-\mathrm{i}}\rvert$	−0.643404
0.1	0.26882+0.36826i	$\lvert(1+\mathrm{i})^{\mathrm{i}}\rvert$	0.940235	1.29315−1.7715	$\lvert(1+\mathrm{i})^{-\mathrm{i}}\rvert$	−0.940235
0.15	0.149352+0.430783	$\lvert(1+\mathrm{i})^{\mathrm{i}}\rvert$	1.23707	0.718454−2.07227	$\lvert(1+\mathrm{i})^{-\mathrm{i}}\rvert$	−1.23707
0.2	0.0168205+0.455628i	$\lvert(1+\mathrm{i})^{\mathrm{i}}\rvert$	1.5339	0.0809145−2.19179	$\lvert(1+\mathrm{i})^{-\mathrm{i}}\rvert$	−1.5339
0.25	−0.117182+0.440622i	$\lvert(1+\mathrm{i})^{\mathrm{i}}\rvert$	1.83073	−0.563702−2.1196	$\lvert(1+\mathrm{i})^{-\mathrm{i}}\rvert$	−1.83073
0.3	−0.240935+0.387078i	$\lvert(1+\mathrm{i})^{\mathrm{i}}\rvert$	2.12756	−1.15901−1.86203	$\lvert(1+\mathrm{i})^{-\mathrm{i}}\rvert$	−2.12756
0.35	−0.343616+0.299679i	$\lvert(1+\mathrm{i})^{\mathrm{i}}\rvert$	2.42439	−1.65296−1.4416	$\lvert(1+\mathrm{i})^{-\mathrm{i}}\rvert$	−2.42439
0.4	−0.416242+0.186069i	$\lvert(1+\mathrm{i})^{\mathrm{i}}\rvert$	2.72122	−2.00232−0.895083	$\lvert(1+\mathrm{i})^{-\mathrm{i}}\rvert$	−2.72122
0.45	−0.452463+0.0561851i	$\lvert(1+\mathrm{i})^{\mathrm{i}}\rvert$	3.01805	−2.17656−0.270277	$\lvert(1+\mathrm{i})^{-\mathrm{i}}\rvert$	−3.01805
0.5	−0.44911−0.0786132i	$\lvert(1+\mathrm{i})^{\mathrm{i}}\rvert$	3.31488	−2.16043+0.378167	$\lvert(1+\mathrm{i})^{-\mathrm{i}}\rvert$	−3.31488
0.55	−0.406476−0.206536i	$\lvert(1+\mathrm{i})^{\mathrm{i}}\rvert$	3.61171	−1.95534+0.993536	$\lvert(1+\mathrm{i})^{-\mathrm{i}}\rvert$	−3.61171
0.6	−0.32829−0.316394i	$\lvert(1+\mathrm{i})^{\mathrm{i}}\rvert$	3.90854	−1.57923+1.52201	$\lvert(1+\mathrm{i})^{-\mathrm{i}}\rvert$	−3.90854
0.65	−0.221391−0.39858i	$\lvert(1+\mathrm{i})^{\mathrm{i}}\rvert$	4.20537	−1.065+1.91736	$\lvert(1+\mathrm{i})^{-\mathrm{i}}\rvert$	−4.20537
0.7	−0.0951283−0.445904i	$\lvert(1+\mathrm{i})^{\mathrm{i}}\rvert$	4.5022	−0.457612+2.14501	$\lvert(1+\mathrm{i})^{-\mathrm{i}}\rvert$	−4.5022
0.75	0.0394546−0.454228i	$\lvert(1+\mathrm{i})^{\mathrm{i}}\rvert$	4.79903	0.189796+2.18505	$\lvert(1+\mathrm{i})^{-\mathrm{i}}\rvert$	−4.79903
0.8	0.170587−0.422824i	$\lvert(1+\mathrm{i})^{\mathrm{i}}\rvert$	5.0958b6	0.820603+2.03398	$\lvert(1+\mathrm{i})^{-\mathrm{i}}\rvert$	−5.09586
0.85	0.286799−0.354438i	$\lvert(1+\mathrm{i})^{\mathrm{i}}\rvert$	5.39269	1.37964+1.70501	$\lvert(1+\mathrm{i})^{-\mathrm{i}}\rvert$	−5.39269
0.9	0.377926−0.255052i	$\lvert(1+\mathrm{i})^{\mathrm{i}}\rvert$	5.68952	1.81801+1.22692	$\lvert(1+\mathrm{i})^{-\mathrm{i}}\rvert$	−5.68952
0.95	0.435999−0.133358i	$\lvert(1+\mathrm{i})^{\mathrm{i}}\rvert$	5.98635	2.09736+0.641514	$\lvert(1+\mathrm{i})^{-\mathrm{i}}\rvert$	−5.98635
1	0.455938	$\lvert(1+\mathrm{i})^{\mathrm{i}}\rvert$	2π	2.19328	$\lvert(1+\mathrm{i})^{-\mathrm{i}}\rvert$	−2π

以下是较为一般的复数虚数次方及开虚数次方运算的情形 (表 7-10).

表 7-10　部分复数的虚数次方以及复数开虚数次方运算的结果对照表

k	$(a+b\mathrm{i})^{\mathrm{i}}$	模	u_2/弧度	$\sqrt[\mathrm{i}]{a+b\mathrm{i}}$	模	u_1/弧度
−5	−10.7701−1.24699i	e^{-c}	−3.25686	−0.0916218+0.0106083i	e^{c}	3.25686
−4	−10.8086−0.95006i	e^{-c}	−3.22927	−0.0918096+0.00806993i	e^{c}	3.22927
−3	−10.8399−0.643494i	e^{-c}	−3.20089	−0.0919275+0.00545712i	e^{c}	3.20089
−2	−10.8634−0.326933i	e^{-c}	−3.17168	−0.0919691+0.0027678i	e^{c}	3.17168
−1	−10.8781	e^{-c}	−π	−0.0919274	e^{c}	π
0	−10.8834+0.337692i	e^{-c}	−3.11057	−0.0917947−0.00284823i	e^{c}	3.11057
1	−10.8782+0.686544i	e^{-c}	−3.07856	−0.0915626−0.00577871i	e^{c}	3.07856
2	−10.8614+1.04696i	e^{-c}	−3.0455	−0.0912215−0.00879313i	e^{c}	3.0455
3	−10.8319+1.41937i	e^{-c}	−3.0113	−0.0907612−0.011893i	e^{c}	3.0113
4	−10.7884+1.80419i	e^{-c}	−2.97589	−0.0901701−0.0150795i	e^{c}	2.97589
5	−10.7294+2.20184i	e^{-c}	−2.93919	−0.0894352−0.0183535i	e^{c}	2.93919

我们令复数的实部$a=\frac{1}{2}\left(k-\sqrt{-1+2\mathrm{e}^{2\pi}}\right)$, 且令虚部 $b=a+1$, k 为实数, 得到部分较一般复数的虚数次方以及复数开虚数次方运算的结果对照表如下.

其中, c 表示$\log_{\mathrm{e}}(a+b\mathrm{i})$ 的虚部值. 显然, 当复数的实部 $a=\frac{1}{2}(k-\sqrt{-1+2\mathrm{e}^{2\pi}})$, 且 $b=a+1$, k 为实数时, $(a+b\mathrm{i})^{\mathrm{i}}$ 对应的旋转运算随着 k 值的增加而呈现顺时针旋转趋势, 即 $u_2=\log_{\mathrm{e}}\frac{1}{\sqrt{a^2+b^2}}$; $\sqrt[\mathrm{i}]{a+b\mathrm{i}}$ 对应的旋转运算随着 k 值的增加而呈现逆时针旋转趋势, 即 $u_1=\log_{\mathrm{e}}\sqrt{a^2+b^2}$.

7.5 部分复数的实数次方及复数开实数次方的几何意义

在研究了复数的虚数次方以及复数开虚数次方概念之后, 我们继续研究复数 $a+b\mathrm{i}$ 的实数次方 $(a+b\mathrm{i})^m$ 以及复数开实数次方 $\sqrt[m]{a+b\mathrm{i}}$ 的概念.

为简便起见, 我们令复数的实部与虚部的符号及数值相同, 即 $b=a$ 且 $a=1$ 为实数, 得到部分复数的实数次方及开实数次方结果如表 7-11 所列. 其中, $u_1=\frac{m\pi}{4}$, 对应于 $(a+b\mathrm{i})^{\mathrm{i}}$ 的旋转运算为逆时针旋转; 而$u_2=\frac{\pi}{4m}$, 对应于 $\sqrt[m]{a+b\mathrm{i}}$ 的旋转运算为顺时针旋转. 当 $m\to\infty$ 时, $u_1\to\infty$, 且 $(a+b\mathrm{i})^m$ 的模趋于无穷大.

对于此复数乘方运算的几何意义解读为：初始方位处于 2 维复平面坐标系 $\frac{\pi}{4}$ 处且有一个顶点与坐标原点重合的单位特征量几何对象, 其自乘一次之后获得方位处于 2 维复平面坐标系$\frac{\pi}{2}$ 处一个顶点与坐标原点重合, 特征量为 2i 的几何对象. 当 $m\to\infty$ 时, $u_2\to 0$, 且 $\sqrt[m]{a+b\mathrm{i}}$ 的模趋于 0.

对于此复数开方运算的几何意义解读为：初始方位处于 2 维复平面坐标系$\frac{\pi}{4}$ 处且有一个顶点与坐标原点重合的单位特征量几何对象, 其由方位处于2 维复平面坐标系 $\frac{\pi}{8}$处且有一个顶点与坐标原点重合, 特征量为 1.09868+0.45509i 的几何对象自乘获得.

上述几何意义表明复数的实数次方及开实数次方与实数的实数次方及开实数次方具有相似的性质：乘方的结果 (相位和幅度) 随着 m 的上升而变大, 开方的结果 (相位和幅度) 随着 m 的上升而变小 (最终相位回到 0, 幅度收缩为 1).

当 $b=a$, a 为任意实数时, 复数的实数次方及开实数次方运算的情形与 $b=a$ 且 $a=1$ 时的规律相同, 比如 $b=a=\mathrm{e}$, $b=a=\pi$ 等.

当 $b\neq a$ 且 a 与 b 皆为非 0 任意实数时, 对应一般复数的实数次方及开实数次方运算的情形, 几何概念上比较复杂, 有兴趣的读者可自行研究.

表 7-11　部分复数的实数次方以及复数开实数次方运算结果对照表

m	$(a+b\mathrm{i})^m$	模	u_1/弧度	$\sqrt[m]{a+b\mathrm{i}}$	模	u_2/弧度
1	1+i	$\sqrt{(a^2+b^2)^m}$	π/4	1+i	$\sqrt[2m]{a^2+b^2}$	π/4
2	0+2i	$\sqrt{(a^2+b^2)^m}$	π/2	1.09868+0.45509i	$\sqrt[2m]{a^2+b^2}$	π/8
3	−2+2i	$\sqrt{(a^2+b^2)^m}$	(3 π)/4	1.08422+0.290515i	$\sqrt[2m]{a^2+b^2}$	π/12
4	−4	$\sqrt{(a^2+b^2)^m}$	π	1.06955+0.212748i	$\sqrt[2m]{a^2+b^2}$	π/16
5	−4−4i	$\sqrt{(a^2+b^2)^m}$	(5 π)/4	1.05858+0.167662i	$\sqrt[2m]{a^2+b^2}$	π/20
6	0−8i	$\sqrt{(a^2+b^2)^m}$	(3 π)/2	1.0504+0.138288i	$\sqrt[2m]{a^2+b^2}$	π/24
7	8−8i	$\sqrt{(a^2+b^2)^m}$	(7 π)/4	1.04415+0.117647i	$\sqrt[2m]{a^2+b^2}$	π/28
8	16	$\sqrt{(a^2+b^2)^m}$	2 π	1.03925+0.102357i	$\sqrt[2m]{a^2+b^2}$	π/32
9	16+16i	$\sqrt{(a^2+b^2)^m}$	(9 π)/4	1.0353+0.0905774i	$\sqrt[2m]{a^2+b^2}$	π/36
10	0+32i	$\sqrt{(a^2+b^2)^m}$	(5 π)/2	1.03207+0.0812259i	$\sqrt[2m]{a^2+b^2}$	π/40
11	−32+32i	$\sqrt{(a^2+b^2)^m}$	(11 π)/4	1.02938+0.0736226i	$\sqrt[2m]{a^2+b^2}$	π/44
12	−64	$\sqrt{(a^2+b^2)^m}$	3 π	1.0271+0.0673196i	$\sqrt[2m]{a^2+b^2}$	π/48
13	−64−64i	$\sqrt{(a^2+b^2)^m}$	(13 π)/4	1.02514+0.0620098i	$\sqrt[2m]{a^2+b^2}$	π/52
14	0−128i	$\sqrt{(a^2+b^2)^m}$	(7 π)/2	1.02345+0.0574758i	$\sqrt[2m]{a^2+b^2}$	π/56
15	128−128i	$\sqrt{(a^2+b^2)^m}$	(15 π)/4	1.02197+0.0535593i	$\sqrt[2m]{a^2+b^2}$	π/60
16	256	$\sqrt{(a^2+b^2)^m}$	4 π	1.02067+0.0501421i	$\sqrt[2m]{a^2+b^2}$	π/64
17	256+256i	$\sqrt{(a^2+b^2)^m}$	(17 π)/4	1.01951+0.0471346i	$\sqrt[2m]{a^2+b^2}$	π/68
18	0+512i	$\sqrt{(a^2+b^2)^m}$	(9 π)/2	1.01847+0.0444674i	$\sqrt[2m]{a^2+b^2}$	π/72
19	−512+512i	$\sqrt{(a^2+b^2)^m}$	(19 π)/4	1.01754+0.0420857i	$\sqrt[2m]{a^2+b^2}$	π/76
20	−1024	$\sqrt{(a^2+b^2)^m}$	5 π	1.0167+0.0399461i	$\sqrt[2m]{a^2+b^2}$	π/80
21	−1024−1024i	$\sqrt{(a^2+b^2)^m}$	(21 π)/4	1.01593+0.0380134i	$\sqrt[2m]{a^2+b^2}$	π/84

7.6　虚对数与复对数的几何意义

本章前面的讨论我们已经注意到, 只有虚数次方及开虚数次方对应的旋转弧度才适用于采用对数形式计算, 实数次方及开实数次方对应的旋转弧度不适用于采用对数形式计算, 它们的弧度都是分数形式. 需要提请注意的是, 虚数次方及开虚数次方对应的旋转弧度计算表达式并非虚对数或者复对数, 它们都是实对数表达式.

以下我们首先将已经讨论过的几种虚数次方及开虚数次方对应的旋转弧度计算表达式进行归纳表 7-12.

表 7-12 所列表达式表明, 实数、虚数以及复数的虚数次方、开虚数次方运算对应的旋转弧度皆可用对数表示, 特殊情形下对数运算的结果是分数.

另一方面, 当 $m \geqslant 0$ 为任意实数时, 对于虚数的实数次方 i^m 以及虚数开实数次方 $\sqrt[m]{\mathrm{i}}$ 而言, 虚对数 $\log_{\mathrm{i}} \mathrm{i}^m$ 的几何意义是 (逆时针) 旋转运算所对应的 m 倍于正交旋转的弧度数乘以虚数 i, 虚对数 $\log_{\mathrm{i}} \sqrt[m]{\mathrm{i}}$ 的几何意义是 (顺时针) 旋转运算所对应的 m 倍于正交旋转的弧度数乘以虚数 i, 且存在下述转换关系:

$$
\begin{aligned}
\log_e \mathrm{i}^m &= \frac{\pi}{2}\mathrm{i} \times \log_{\mathrm{i}} \mathrm{i}^m \\
\log_e \sqrt[m]{\mathrm{i}} &= \frac{\pi}{2}\mathrm{i} \times \log_{\mathrm{i}} \sqrt[m]{\mathrm{i}}
\end{aligned} \tag{7-22}
$$

表 7-12 部分实数、虚数及复数的虚数次方及开虚数次方运算对应旋转弧度表达式汇总表

虚数次方	旋转角度/弧度	开虚数次方	旋转角度/弧度
m^{i}	$\log_e m$	$\sqrt[\mathrm{i}]{m}$	$\log_e \frac{1}{m}$
$(m\mathrm{i})^{\mathrm{i}}$	$\log_e m$	$\sqrt[\mathrm{i}]{m\mathrm{i}}$	$\log_e \frac{1}{m}$
$\left[(\mathrm{e}^{\frac{\pi}{2}})^n\mathrm{i}\right]^{\mathrm{i}}$	$\log_e \left(\mathrm{e}^{\frac{\pi}{2}}\right)^n = \frac{n\pi}{2}$	$\sqrt[\mathrm{i}]{\left(\mathrm{e}^{\frac{\pi}{2}}\right)^n \mathrm{i}}$	$\log_e \frac{1}{\left(\mathrm{e}^{\frac{\pi}{2}}\right)^n} = -\frac{n\pi}{2}$
$\left[\left(\mathrm{e}^{\frac{\pi}{2}}\right)^n p^{\frac{\pi}{2}\mathrm{i}}\right]^{\mathrm{i}}$	$\log_{\mathrm{e}\times p^{\frac{1}{n}}} \left(\left(\mathrm{e}^{\frac{\pi}{2}}\right)^n p^{\frac{\pi}{2}}\right) = \frac{n\pi}{2}$	$\sqrt[\mathrm{i}]{(\mathrm{e}^{\frac{\pi}{2}})^n p^{\frac{\pi}{2}\mathrm{i}}}$	$\log_{\mathrm{e}\times p^{\frac{1}{n}}} \frac{1}{\left(\mathrm{e}^{\frac{\pi}{2}}\right)^n p^{\frac{\pi}{2}}}, = -\frac{n\pi}{2}$
$b = a = \left(\frac{\mathrm{e}^{2\pi}}{\sqrt{2}}\right)^n$, $(a+b\mathrm{i})^{\mathrm{i}}$	$\log_e \sqrt{a^2+b^2}$	$b = a = \left(\frac{\mathrm{e}^{2\pi}}{\sqrt{2}}\right)^n$, $\sqrt[\mathrm{i}]{a+b\mathrm{i}}$	$\log_e \frac{1}{\sqrt{a^2+b^2}}$
$a = \frac{1}{2}\left(k - \sqrt{-1+2\mathrm{e}^{2\pi}}\right)$, $b = a+1, (a+b\mathrm{i})^{\mathrm{i}}$	$\log_e \frac{1}{\sqrt{a^2+b^2}}$	$a = \frac{1}{2}\left(k - \sqrt{-1+2\mathrm{e}^{2\pi}}\right)$, $b = a+1, \sqrt[\mathrm{i}]{a+b\mathrm{i}}$	$\log_e \sqrt{a^2+b^2}$

相似地, 对于复数的实数次方 $(a+b\mathrm{i})^m$ 以及复数开实数次方 $\sqrt[m]{a+b\mathrm{i}}$ 而言, 有复对数运算的转换关系式:

$$
\begin{aligned}
\log_e (a+b\mathrm{i})^m &= \frac{\pi}{2}\mathrm{i} \times \log_{\mathrm{i}} (a+b\mathrm{i})^m \\
\log_e \sqrt[m]{a+b\mathrm{i}} &= \frac{\pi}{2}\mathrm{i} \times \log_{\mathrm{i}} \sqrt[m]{a+b\mathrm{i}}
\end{aligned} \tag{7-23}
$$

虚对数 $\log_{\mathrm{i}} \mathrm{i}^m$ 以及 $\log_{\mathrm{i}} \sqrt[m]{\mathrm{i}}$ 的结果皆为虚数, 而复对数 $\log_e (a+b\mathrm{i})^m$ 以及 $\log_e \sqrt[m]{a+b\mathrm{i}}$ 的运算结果皆为复数.

以下介绍笔者研究虚对数与复对数所获得的部分相关结论 (表 7-13).

实际上, 在不同的虚对数与复对数之间还存在一些等效转换关系, 这些等效转换关系为在虚对数、复对数领域开展相关深入研究奠定了基础.

比如, 对于 $m = \left(\mathrm{e}^{\frac{\pi}{2}}\right)^n \mathrm{i}$ 而言, 存在着 $\log_e (m)^{\mathrm{i}}$ 以及 $\log_e \sqrt[\mathrm{i}]{m}$ 的一些特别有趣的变换关系:

当 $n = 1, 5, 9, \cdots$ 时, 有

$$
\begin{aligned}
\log_e (m)^{\mathrm{i}} &= \left(\frac{n+1}{2} - \left(\frac{n-1}{2}\right)\mathrm{i}\right) \mathrm{e}^{\frac{-n\pi}{2}} \pi \log_m \mathrm{i}^m = \frac{\pi}{2}(-1+\mathrm{i}) \\
\log_e \sqrt[\mathrm{i}]{m} &= \left(\frac{n+1}{2} - \left(\frac{n-1}{2}\right)\mathrm{i}\right) \mathrm{e}^{\frac{n\pi}{2}} \pi \log_m \sqrt[m]{\mathrm{i}} = \frac{\pi}{2}(1-\mathrm{i})
\end{aligned} \tag{7-24}
$$

表 7-13　部分虚对数及复对数运算表达式汇总表

	虚 (复) 数的乘方	虚 (复) 对数	虚 (复) 数开方	虚 (复) 对数
1	i^m	$\log_\mathrm{e}\mathrm{i}^m=\dfrac{\pi\mathrm{i}}{2}\log_\mathrm{i}\mathrm{i}^m$	$\sqrt[m]{\mathrm{i}}$	$\log_\mathrm{e}\sqrt[m]{\mathrm{i}}=\dfrac{\pi\mathrm{i}}{2}\log_\mathrm{i}\sqrt[m]{\mathrm{i}}$
2	$(a+b\mathrm{i})^m$	$\log_\mathrm{e}(a+b\mathrm{i})^m$ $=\dfrac{\pi\mathrm{i}}{2}\log_\mathrm{i}(a+b\mathrm{i})^m$	$\sqrt[m]{a+b\mathrm{i}}$	$\log_\mathrm{e}\sqrt[m]{a+b\mathrm{i}}$ $=\dfrac{\pi\mathrm{i}}{2}\log_\mathrm{i}\sqrt[m]{a+b\mathrm{i}}$
3	$(m\mathrm{i})^\mathrm{i}$	$\log_\mathrm{e}(m\mathrm{i})^\mathrm{i}$ $=\log_m(m\mathrm{i})^\mathrm{i}\times\log_\mathrm{e}m$	$\sqrt[\mathrm{i}]{m\mathrm{i}}$	$\log_\mathrm{e}\sqrt[\mathrm{i}]{m\mathrm{i}}$ $=\log_m\sqrt[\mathrm{i}]{m\mathrm{i}}\times\log_\mathrm{e}m$
4	$(a+b\mathrm{i})^\mathrm{i}$	$\log_\mathrm{e}(a+b\mathrm{i})^\mathrm{i}$ $=\log_{(a+b\mathrm{i})}(a+b\mathrm{i})^\mathrm{i}$ $\times\log_\mathrm{e}(a+b\mathrm{i})$	$\sqrt[\mathrm{i}]{a+b\mathrm{i}}$	$\log_\mathrm{e}\sqrt[\mathrm{i}]{a+b\mathrm{i}}$ $=\log_{(a+b\mathrm{i})}\sqrt[\mathrm{i}]{a+b\mathrm{i}}$ $\times\log_\mathrm{e}(a+b\mathrm{i})$

当 $n=2,6,10,\cdots$ 时, 有

$$\begin{aligned}\log_\mathrm{e}(m)^\mathrm{i}&=\left(\frac{n}{2}+1-\left(\frac{2n-1}{2}\right)\mathrm{i}\right)\mathrm{e}^{\frac{-n\pi}{2}}\pi\log_m\mathrm{i}^m=\pi\left(-\frac{1}{2}+\mathrm{i}\right)\\\log_\mathrm{e}\sqrt[\mathrm{i}]{m}&=\left(\frac{n}{2}-1+\left(\frac{2n+1}{2}\right)\mathrm{i}\right)\mathrm{e}^{\frac{n\pi}{2}}\pi\log_m\sqrt[m]{\mathrm{i}}=\pi\left(\frac{1}{2}+\mathrm{i}\right)\end{aligned}\tag{7-25}$$

当 $n=3,7,11,\cdots$ 时, 有

$$\begin{aligned}\log_\mathrm{e}(m)^\mathrm{i}&=\left(\frac{n-1}{2}+\left(\frac{n+1}{2}\right)\mathrm{i}\right)\mathrm{e}^{\frac{-n\pi}{2}}\pi\log_m\mathrm{i}^m=-\frac{\pi}{2}(1+\mathrm{i})\\\log_\mathrm{e}\sqrt[\mathrm{i}]{m}&=\left(\frac{n-1}{2}+\left(\frac{n+1}{2}\right)\mathrm{i}\right)\mathrm{e}^{\frac{n\pi}{2}}\pi\log_m\sqrt[m]{\mathrm{i}}=\frac{\pi}{2}(1+\mathrm{i})\end{aligned}\tag{7-26}$$

当 $n=4,8,12,\cdots$ 时, 有

$$\begin{aligned}\log_\mathrm{e}(m)^\mathrm{i}&=\left(\frac{n}{2}+\frac{1}{2}\mathrm{i}\right)\mathrm{e}^{\frac{-n\pi}{2}}\pi\log_m\mathrm{i}^m=-\frac{\pi}{2}\\\log_\mathrm{e}\sqrt[\mathrm{i}]{m}&=\left(\frac{n}{2}+\frac{1}{2}\mathrm{i}\right)\mathrm{e}^{\frac{n\pi}{2}}\pi\log_m\sqrt[m]{\mathrm{i}}=\frac{\pi}{2}\end{aligned}\tag{7-27}$$

还比如, 对于 $m=\left(\mathrm{e}^{\frac{\pi}{2}}\right)^n\mathrm{i}$ 而言, 也存在着 $\log_\mathrm{e}(m\mathrm{i})^\mathrm{i}$ 以及 $\log_\mathrm{e}\sqrt[\mathrm{i}]{m\mathrm{i}}$ 的一些特别有趣的变换关系:

当 $n=1,5,9,\cdots$ 时, 有

$$\begin{aligned}\log_\mathrm{e}(m\mathrm{i})^\mathrm{i}&=\left(n+1-\left(\frac{n-4}{2}\right)\mathrm{i}\right)\mathrm{e}^{\frac{-n\pi}{2}}\pi\log_{m\mathrm{i}}\mathrm{i}^m=\pi\left(-1+\frac{\mathrm{i}}{2}\right)\\\log_\mathrm{e}\sqrt[\mathrm{i}]{m\mathrm{i}}&=\left(n+1-\left(\frac{n-4}{2}\right)\mathrm{i}\right)\mathrm{e}^{\frac{n\pi}{2}}\pi\log_{m\mathrm{i}}\sqrt[m]{\mathrm{i}}=\pi\left(1-\frac{\mathrm{i}}{2}\right)\end{aligned}\tag{7-28}$$

当 $n=2,6,10,\cdots$ 时, 有

$$\begin{aligned}\log_{\mathrm{e}}(mi)^{\mathrm{i}} &= (n+2-(n-2)\mathrm{i})\,\mathrm{e}^{\frac{-n\pi}{2}}\pi\log_{mi}\mathrm{i}^{m}=\pi(-1+\mathrm{i})\\ \log_{\mathrm{e}}\sqrt[\mathrm{i}]{mi} &= (n+2+(n-2)\mathrm{i})\,\mathrm{e}^{\frac{n\pi}{2}}\pi)\log_{mi}\sqrt[m]{\mathrm{i}}=\pi(1+\mathrm{i})\end{aligned} \tag{7-29}$$

当 $n=3,7,11,\cdots$ 时, 有

$$\begin{aligned}\log_{\mathrm{e}}(mi)^{\mathrm{i}} &= \left(n-1+\left(\frac{n+4}{2}\right)\mathrm{i}\right)\mathrm{e}^{\frac{-n\pi}{2}}\pi\log_{mi}\mathrm{i}^{m}=-\pi\left(1+\frac{\mathrm{i}}{2}\right)\\ \log_{\mathrm{e}}\sqrt[\mathrm{i}]{mi} &= \left(n-1+\left(\frac{n+4}{2}\right)\mathrm{i}\right)\mathrm{e}^{\frac{n\pi}{2}}\pi\log_{mi}\sqrt[m]{\mathrm{i}}=\pi\left(1+\frac{\mathrm{i}}{2}\right)\end{aligned} \tag{7-30}$$

当 $n=4,8,12,\cdots$ 时, 有

$$\begin{aligned}\log_{\mathrm{e}}(mi)^{\mathrm{i}} &= (n+2\mathrm{i})\mathrm{e}^{\frac{-n\pi}{2}}\pi\log_{mi}\mathrm{i}^{m}=-\pi\\ \log_{\mathrm{e}}\sqrt[\mathrm{i}]{mi} &= (n+2\mathrm{i})\mathrm{e}^{\frac{n\pi}{2}}\pi\log_{mi}\sqrt[m]{\mathrm{i}}=\pi\end{aligned} \tag{7-31}$$

到此为止, 当我们令扩张表达基为任意实数甚至超越数时, "扩张+旋转" 空间将传统意义上的所谓 "实数""虚数""复数" 以及 "超越数" 的加、减、乘、除, 以及乘方、开方甚至求对数等初等运算连接起来, 形成一个统一的运算概念体系.

7.7 复数的 3 次方及开 3 次方的几何意义

在 6.3 节我们通过对 $(x+y\mathrm{i})^3=(x^3-3xy^2)+(3x^2y-y^3)\mathrm{i}$ 的分析, 获得了 $(x+y)^3=\mathrm{i}$, $(x+y)^3=-\mathrm{i}$, $(x+y)^3=-1$ 以及 $(x+y)^3=1$ 情形下, 当 x 与 y 均为实数时 $\sqrt[3]{\mathrm{i}}$, $\sqrt[3]{-\mathrm{i}}$, $\sqrt[3]{-1}$, $\sqrt[3]{1}$ 运算的结果. 依据同样的原理, 我们获得了其他部分复数开 3 次方运算的结果.

比如, 令 $x^3-3xy^2=-2$, $3x^2y-y^3=2$, 则 $\sqrt[3]{-2+2\mathrm{i}}=\sqrt[3]{(1+\mathrm{i})^3}=1+\mathrm{i}$. 还比如, 令 $x^3-3xy^2=-16$, $3x^2y-y^3=16$, 则 $\sqrt[3]{-16+16\mathrm{i}}=\sqrt[3]{(2+2\mathrm{i})^3}=2+2\mathrm{i}$; 令 $x^3-3xy^2=-54$, $3x^2y-y^3=54$, 则 $\sqrt[3]{-54+54\mathrm{i}}=\sqrt[3]{(3+3\mathrm{i})^3}=3+3\mathrm{i}$.

由上述例子可以推出, 当 $x=y=n$ 且 $\sqrt[3]{-A+B\mathrm{i}}=\sqrt[3]{-A+A\mathrm{i}}$ 时, $A=2n^3$, 即 $n=\sqrt[3]{\dfrac{A}{2}}$. 于是当 n=1, 2, 3, 4, 5, $\cdots$ 时, 有

$$\begin{aligned}&\sqrt[3]{-2+2\mathrm{i}}=1+\mathrm{i}\\ &\sqrt[3]{-16+16\mathrm{i}}=2+2\mathrm{i}\\ &\sqrt[3]{-54+54\mathrm{i}}=3+3\mathrm{i}\\ &\sqrt[3]{-128+128\mathrm{i}}=4+4\mathrm{i}\\ &\sqrt[3]{-250+250\mathrm{i}}=5+5\mathrm{i}\\ &\cdots\cdots\end{aligned}$$

当 n 为不等于 0 的实数时, 上述规律存在.

实际上, 由于 $n=\sqrt[3]{\dfrac{A}{2}}$ 有 3 个根, 因此 $\sqrt[3]{-A+A\mathrm{i}}$ 对应着 3 种根, 或者说 $-A+A\mathrm{i}$ 有 3 种表达基.

一般地, 对于 $\sqrt[3]{-A+A\mathrm{i}}$ 而言, 解 3 次方程组 $x^3-3xy^2=-A$, $3x^2y-y^3=A$, 当 x 与 y 均取实数时, 可获得 3 个复数表达基.

举例. 令 $x^3-3xy^2=-2$, $3x^2y-y^3=2$, 当 x 与 y 均取实数时, 可以获得 3 组解: $\left\{[1,1],\left[\frac{1}{2}(-1-\sqrt{3}),\frac{1}{2}(-1+\sqrt{3})\right],\left[\frac{1}{2}(-1+\sqrt{3}),\frac{1}{2}(-1-\sqrt{3})\right]\right\}$, 则有

$$\sqrt[3]{-2+2\mathrm{i}}=\left\{[1+\mathrm{i}],\left[\frac{1}{2}(-1-\sqrt{3})+\frac{1}{2}(-1+\sqrt{3})\mathrm{i}\right],\left[\frac{1}{2}(-1+\sqrt{3})+\frac{1}{2}(-1-\sqrt{3})\mathrm{i}\right]\right\}$$

同样地, 令 $x^3-3xy^2=-16$, $3x^2y-y^3=16$, 当 x 与 y 均取实数时, 也可以获得 3 组解: $\{[2,2],[(-1-\sqrt{3}),(-1+\sqrt{3})],[(-1+\sqrt{3}),(-1-\sqrt{3})]\}$, 则有

$$\sqrt[3]{-16+16\mathrm{i}}=\{[2+2\mathrm{i}],[(-1-\sqrt{3})+(-1+\sqrt{3})\mathrm{i}],[(-1+\sqrt{3})+(-1-\sqrt{3})\mathrm{i}]\}$$

令 $x^3-3xy^2=-54$, $3x^2y-y^3=54$, 当 x 与 y 均取实数时, 也可以获得 3 组解: $\left\{[3,3],\left[\frac{3}{2}(-1-\sqrt{3}),\frac{3}{2}(-1+\sqrt{3})\right],\left[\frac{3}{2}(-1+\sqrt{3}),\frac{3}{2}(-1-\sqrt{3})\right]\right\}$, 则有

$$\sqrt[3]{-54+54\mathrm{i}}=\left\{[3+3\mathrm{i}],\left[\frac{3}{2}(-1-\sqrt{3})+\frac{3}{2}(-1+\sqrt{3})\mathrm{i}\right],\left[\frac{3}{2}(-1+\sqrt{3})+\frac{3}{2}(-1-\sqrt{3})\mathrm{i}\right]\right\}$$

上述例子显示出规律:

$$\sqrt[3]{-A+A\mathrm{i}}=\left\{[n+n\mathrm{i}],\left[\frac{n}{2}(-1-\sqrt{3})+\frac{n}{2}(-1+\sqrt{3})\mathrm{i}\right],\left[\frac{n}{2}(-1+\sqrt{3})+\frac{n}{2}(-1-\sqrt{3})\mathrm{i}\right]\right\}$$

其中, n 为不等于 0 的实数.

读者不难验证以下结论:

$$\sqrt[3]{A+A\mathrm{i}}=\left\{[-n+n\mathrm{i}],\left[\frac{n}{2}(1-\sqrt{3})+\frac{n}{2}(-1-\sqrt{3})\mathrm{i}\right],\left[\frac{n}{2}(1+\sqrt{3})+\frac{n}{2}(-1+\sqrt{3})\mathrm{i}\right]\right\}$$

$$\sqrt[3]{A-A\mathrm{i}}=\left\{[-n-n\mathrm{i}],\left[\frac{n}{2}(1-\sqrt{3})+\frac{n}{2}(1+\sqrt{3})\mathrm{i}\right],\left[\frac{n}{2}(1+\sqrt{3})+\frac{n}{2}(1-\sqrt{3})\mathrm{i}\right]\right\}$$

$$\sqrt[3]{-A-A\mathrm{i}}=\left\{[n-n\mathrm{i}],\left[\frac{n}{2}(-1-\sqrt{3})+\frac{n}{2}(1-\sqrt{3})\mathrm{i}\right],\left[\frac{n}{2}(-1+\sqrt{3})+\frac{n}{2}(1+\sqrt{3})\mathrm{i}\right]\right\}$$

对上述特殊结论的几何意义进行分析, 有助于我们理解复数开 3 次方一般几何意义的理解.

我们以 $\sqrt[3]{-16+16\mathrm{i}}=\{[2+2\mathrm{i}],[(-1-\sqrt{3})+(-1+\sqrt{3}\mathrm{i})],[(-1+\sqrt{3})+(-1-\sqrt{3}\mathrm{i})]\}$ 中的第一个解为例, 分析 $(2+2\mathrm{i})^3$ 以及对应的 $\sqrt[3]{-16+16\mathrm{i}}$ 运算的几何意义.

第 1 个解 $\sqrt[3]{-16+16\mathrm{i}}=2+2\mathrm{i}$ 表明, 复表达基 $2+2\mathrm{i}$ 经 2 次扩张+旋转运算后得到 $-16+16\mathrm{i}$. 以下是具体的扩张+旋转运算步骤:

第一轮扩张+旋转运算. ① 对具有几何特征量 $2+2\mathrm{i}$ 的几何对象 (分别处于第 1 象限和第 2 象限) 进行第 1 次扩张运算 (实数自乘, 实数乘虚数), 得到特征量为 $2\times2+2\times2\mathrm{i}=4+4\mathrm{i}$ 的几何对象 (仍处于第 1 象限和第 2 象限); ② 对具有几何特征量 $2+2\mathrm{i}$ 的几何对象 (分别处于第 1 象限和第 2 象限) 进行第 1 次旋转运算 (实数乘虚数, 虚数乘虚数), 得到特征量为 $2\times2\mathrm{i}+2\mathrm{i}\times2\mathrm{i}=-4+4\mathrm{i}$ 的几何对象 (处于第 3 象限和第 2 象限). 于是获得第一轮扩张+旋转运算后的几何对象特征量为 $0+8\mathrm{i}$, 这意味着扩张运算及旋转运算结果具有 "与" 的逻辑关系.

第二轮扩张+旋转运算. ③ 对具有特征量 $0+8\mathrm{i}$ 的几何对象进行第 2 次扩张运算 (第一轮扩张运算后的特征量乘初始实数) 后得到的几何对象特征量为 $0+16\mathrm{i}$; ④ 对具有特征量 $0+8\mathrm{i}$ 的几何对象进行第 2 次旋转运算 (第一轮扩张运算后的特征量乘初始虚数) 后得到的几何对象特征量为 $-16+0\mathrm{i}$. 于是获得第二轮扩张+旋转运算后的几何对象特征量 (两者具有 "与" 的逻辑关系) 为 $-16+16\mathrm{i}$. 这是一个分布于第 2 象限以及第 3 象限的几何对象.

以下分析复数 $-16+16\mathrm{i}$ 开 3 次方运算的几何过程.

第二轮扩张+旋转运算的逆运算. ① 对具有特征量 $-16+16\mathrm{i}$ 的几何对象进行上述第二轮旋转运算的逆运算 (实数被初始虚数除), 得到特征量 $\dfrac{-16}{2\mathrm{i}}=8\mathrm{i}$的几何对象; ② 对具有特征量$-16+16\mathrm{i}$ 的几何对象进行上述第二轮扩张运算的逆运算 (虚数被初始实数除), 得到特征量$\dfrac{16\mathrm{i}}{2}=8\mathrm{i}$ 的几何对象. 取两种逆运算的结果之一 (两者具有 "或" 的逻辑关系), 得到特征量为 $0+8\mathrm{i}$ 的几何对象.

以下是第一轮扩张+旋转运算的逆运算. 首先将 $0+8\mathrm{i}$ 还原为 $4+4\mathrm{i}$ 以及 $-4+4\mathrm{i}$ 两组特征量. ③对具有特征量$-4+4\mathrm{i}$ 的几何对象进行上述第一轮旋转运算的逆运算 (实数被初始虚数除, 虚数被初始虚数除), 得到特征量$\dfrac{-4}{2\mathrm{i}}+\dfrac{4\mathrm{i}}{2\mathrm{i}}=2+2\mathrm{i}$ 的几何对象. ④ 对具有特征量 $4+4\mathrm{i}$ 的几何对象进行上述第一轮扩张运算的逆运算 (实数被初始实数除, 虚数被初始实数除), 得到特征量$\dfrac{4}{2}+\dfrac{4\mathrm{i}}{2}=2+2\mathrm{i}$ 的几何对象. 显然, 第一轮扩张+旋转运算之逆运算的结果具有 "或" 的逻辑关系, 即最终 $\sqrt[3]{-16+16\mathrm{i}}$ 的运算结果为 $2+2\mathrm{i}$, 换言之, $2+2\mathrm{i}$ 是 $\sqrt[3]{-16+16\mathrm{i}}$ 的三个根之一.

$\sqrt[3]{-54+54\mathrm{i}}$ 的其他两个根的几何意义与 $3+3\mathrm{i}$ 的几何意义相似.

我们再以

$$\begin{aligned}&\sqrt[3]{-54+54\mathrm{i}}\\=&\left\{[3+3\mathrm{i}],\left[\frac{3}{2}(-1-\sqrt{3})+\frac{3}{2}(-1+\sqrt{3})\mathrm{i}\right],\left[\frac{3}{2}(-1+\sqrt{3})+\frac{3}{2}(-1-\sqrt{3})\mathrm{i}\right]\right\}\end{aligned}$$

中的第一个解为例, 分析 $(3+3\mathrm{i})^3$ 以及对应的 $\sqrt[3]{-54+54\mathrm{i}}$ 运算的几何意义, 以便归纳出一般性的方法.

第一轮扩张+旋转运算. ① 对具有几何特征量 $3+3\mathrm{i}$ 的几何对象 (分别处于第 1 象限和第 2 象限) 进行第 1 次扩张运算 (实数自乘, 实数乘虚数), 得到特征量为 $3\times3+3\times3\mathrm{i}=9+9\mathrm{i}$ 的几何对象 (仍处于第 1 象限和第 2 象限); ② 对具有几何特征量 $3+3\mathrm{i}$ 的几何对象 (分别处于第 1 象限和第 2 象限) 进行第 1 次旋转运算 (实数乘虚数, 虚数乘虚数), 得到特征量为 $3\times3\mathrm{i}+3\mathrm{i}\times3\mathrm{i}=-9+9\mathrm{i}$ 的几何对象 (处于第 3 象限和第 2 象限). 于是获得第一轮扩张+旋转运算后的几何对象特征量为 $0+18\mathrm{i}$, 这意味着扩张运算及旋转运算结果具有 "与" 的逻辑关系.

第二轮扩张+旋转运算. ③ 对具有特征量 $0+18\mathrm{i}$ 的几何对象进行第 2 次扩张运算 (第一轮扩张运算后的特征量乘初始实数) 后得到的几何对象特征量为 $0+54\mathrm{i}$; ④ 对具有特征量 $0+18\mathrm{i}$ 的几何对象进行第 2 次旋转运算 (第一轮扩张运算后的特征量乘初始虚数) 后得到的几何对象特征量为 $-54+0\mathrm{i}$. 于是获得第二轮扩张+旋转运算后的几何对象特征量 (两者具有 "与" 的逻辑关系) 为 $-54+54\mathrm{i}$. 这是一个分布于第 2 象限以及第 3 象限的几何对象.

以下分析复数 $-54+54\mathrm{i}$ 开 3 次方运算的几何过程.

第二轮扩张+旋转运算的逆运算. ①对具有特征量$-54+54\mathrm{i}$ 的几何对象进行上述第二轮旋转运算的逆运算 (实数被初始虚数除), 得到特征量$\dfrac{-54}{3\mathrm{i}}=18\mathrm{i}$ 的几何对象; ② 对具有特征量$-54+54\mathrm{i}$ 的几何对象进行上述第二轮扩张运算的逆运算 (虚数被初始实数除), 得到特征量 $\dfrac{54\mathrm{i}}{3}=18\mathrm{i}$的几何对象. 取两种逆运算的结果之一 (两者具有 "或" 的逻辑关系), 得到特征量为 $0+18\mathrm{i}$ 的几何对象.

以下是第一轮扩张+旋转运算的逆运算. 首先将 $0+18\mathrm{i}$ 还原为 $9+9\mathrm{i}$ 以及 $-9+9\mathrm{i}$ 两组特征量. ③ 对具有特征量 $-9+9\mathrm{i}$的几何对象进行上述第一轮旋转运算的逆运算 (实数被初始虚数除, 虚数被初始虚数除), 得到特征量$\dfrac{-9}{3\mathrm{i}}+\dfrac{9\mathrm{i}}{3\mathrm{i}}=3+3\mathrm{i}$ 的几何对象. ④ 对具有特征量 $9+9\mathrm{i}$ 的几何对象进行上述第一轮扩张运算的逆运算 (实数被初始实数除, 虚数被初始实数除), 得到特征量$\dfrac{9}{3}+\dfrac{9\mathrm{i}}{3}=3+3\mathrm{i}$ 的几何对象. 显然, 第一轮扩张+旋转运算之逆运算的结果具有 "或" 的逻辑关系, 即最终 $\sqrt[3]{-54+54\mathrm{i}}$ 的运算结果为 $3+3\mathrm{i}$, 换言之, $3+3\mathrm{i}$ 是 $\sqrt[3]{-54+54\mathrm{i}}$ 的三个根之一.

$\sqrt[3]{-54+54\mathrm{i}}$ 的其他两个根的几何意义与 $3+3\mathrm{i}$ 的几何意义相似.

当 $A\neq 2n^3$ 以及 $A\neq B$ 时, x 及 y 的取值不一定为实数, $\sqrt[3]{(A+B)^3}$ 运算的几何意义分析要复杂得多, 这里不再讨论, 有兴趣的读者可以继续研究, 我们将在第 8 章讨论它的部分情形.

第8章　高次方程复代数解的几何意义

8.1 概　　述

有限次一元代数方程理论告诉我们, 一个 m 次方程至少有一个解, 最多有 m 个不同的解, 其中 m 总是已知的和有限的.

对于方程 $x^m+a_1x^{m-1}+a_2x^{m-2}+\cdots+a_{m-1}x+a_m=0$ 而言, 我们可以把它改写为这样的等效方程: $x^m=ax^{m-1}+b^2x^{m-2}+\cdots+c^{m-1}x^1+d^mx^0$. 显然, 当 a, b, c, d 等系数不同为 0 时, 由于等号右边多项式的每个求和项都可以对应一个 m 维几何对象的形体特征量, 这意味着除了等号左边特征量所对应的几何对象为 m 维正则几何对象之外, 等式中其他 (特征量) 求和项所对应的几何对象皆为 m 维非正则几何对象, 因为方程的等式决定了任何求和项都不可能等于各项之和.

这些 m 维非正则几何对象的维度可以认为是二元合成的 (皆由 2 种表达基扩张形成的几何对象合成为一个几何对象, 其维度求和皆为 m).

上述概念表明, 我们需要在 m 维空间中研究一个 m 维正则几何对象与若干个 m 维非正则几何对象的特征量等效性问题.

在上述等式中, 所有几何对象表达基中都包含一个公共因子 x(视为几何对象的广义边长), 满足方程的公共因子种类数就是方程独立解的个数. 这表明, 求解代数方程本质上是寻找构成方程的所有几何对象特征量之全部公共因子.

为方便起见, 以下称多项式中各个求和项所对应的 m 维非正则几何对象为 m 维几何碎块 (简称为几何碎块).

方程中的 x(通常称为变量) 对应于各个 m 维几何碎块广义边长之集合 (满足等式成立的条件). 由于 m 次多项式对应着各种 m 维几何碎块特征量的求和, 当前面所述等式 $x^m=ax^{m-1}+b^2x^{m-2}+\cdots+c^{m-1}x^1+d^mx^0$ 成立时, 表明等式右侧各个特征量求和的结果等于等式左侧 m 维正则几何对象形体特征量, 进而表明等式右侧各个特征量对应的 m 维非正则几何碎块可以拼接出左侧特征量所对应的 m 维正则几何对象.

于是代数学基本定理实际上指出了这样一个事实: 对于维度为 m 的各个几何碎块而言, 其表达基中至少存在一种广义边长作为公共因子, 即 $x=\{x_1\}$, 且最多存在 m 种公共因子, 即 $x=\{x_1,x_2,\cdots,x_m\}$, 使得全部 m 维几何碎块组合形成正则 m 维几何对象的方式至少一个、最多 m 个.

由于一元 m 次代数方程中包含的变量 (广义边长集合 x) 只有一个, 这就意味着一元 m 次代数方程有解的实质是: 当各种 m 维几何碎块组合而成的几何对象形体特征量与一个 m 维正则几何对象特征量相同时, 存在各种 m 维几何碎块中所包含的公共因子集合 x 的每一个元素都是方程的解. 但是后续我们将会看到, 即使知道方程是有解的, 有些解也无法以整数、有理数、无理数、虚数以及二元复数的形式简单地表达出来.

一元一次方程总是有解的且解可用代数方式表达 (通常称存在代数解公式). 一元二次方程总是有解的且解可用代数方式表达 (通常称存在代数解公式). 一元三次方程总是有解的且解可用代数方式表达 (通常称存在代数解公式). 一元四次方程总是有解的且解可用代数方式表达 (通常称存在代数解公式). 多数一元五次及以上方程的解不可用代数方式表达 (通常称不存在代数解公式). 事实上, 当一元二次方程的系数 $(b^2-4ac)<0$ 时, 解的表达式中就会出现虚数; 某些三次、四次方程的解的表达式中还会出现二元复数. 反而言之, 四次及以下一元代数方程的解总可以用整数、有理数、无理数、虚数以及二元复数的形式简单地表达 (我们称之为复代数解), 而五次及以上一元代数方程的解不一定可以用整数、有理数、无理数、虚数以及二元复数的形式简单地表达.

本章专题研究几种类型几何碎块组合的公共表达基因子集 x 之元素的确定方法 (即几种高次代数方程的复代数解求解方法), 并分析它们的几何意义, 使得解代数方程的过程与几何对象同维度切割、拼接概念对应起来, 这不仅有助于对高次代数方程求代数解过程与方法的进一步理解, 也为深入研究高次代数方程的复代数解找到几何概念基础. 本章给出的两类代数方程的任意次通解公式的获得, 正是得益于几何概念的推演.

在本书第 1 章我们已经知道, 以实数记录形体特征量所对应的几何对象从 0 维空间开始, 典型形体特征量等于 1(对应着 0 维空间中的任意表达基几何对象以及其他维度空间中的单位表达基几何对象).

我们知道, 除 0 之外, 任何一个实数都有一个相反数, 两者大小相等符号相反; 任何一个非 0 实数的相邻数都与该数符号相同数值不同; 任何一对相反数都对称于 0; 任何一对非 0 相邻数都不对称于 0. 这表明, 如果把几何特征量为 0 视为实空间中一个正特征量与一个负特征量相互抵消后的特征量, 并且把这种特征量称为中性几何特征量的话, 那么实空间中的几何对象特征量就是以中性几何对象特征量为起点, 向实数轴两极延伸分布的. 如果把实空间中组合特征量为 0 的几何对象特征量之组合关系表达出来, 就构成一元一次方程.

相似地, 在复空间中, 对两个及两个以上表达基不为 0 的同维度几何对象特征量进行求和运算, 所形成的结果可能为 0. 其原因同样是: 由于复空间被极化, 属于复空间中同维度的不同象限内几何对象的几何特征量也可以相互抵消或者叠加、

并列 (所在象限的极化性质不同). 因此拼接的结果是: 各几何对象的形体特征量既可以相互叠加, 也可以部分抵消甚至完全抵消, 还可以并列. 我们可以直观地理解复数与实数的逻辑一致性: 全部实数对称地分布在实数轴上 (以 0 为对称参考点) 的 2 端延长线上, 全部复数对称地分布在 2 维复平面上 (以 0 为对称参考点) 的 4 个开放区域内. 由于一个平面有 4 个象限, 那么所有的复数应该存在于 2 对赋极性象限中, 即分布在平面上的两大类各自对称的象限中, 两类相反数各自大小相等、符号相反, 且都对称于 0 点.

另外, 除了对称性之外, 分布在复平面上的两大类数还必须存在 "相邻" 关系. 由于对称数不可能相邻, 相邻数不可能对称, 那么自然地将平面上的数分为两大类四小类 (每个象限中不同几何对象特征量属于同一小类): 第一大类为实数, 有正负极性之分, 它们对称于 0; 第二大类为虚数, 也有正负极性之分, 它们也对称于 0. 又由于同一大类数属于对称数, 那么在平面上必然形成不同大类的数 "交叉相邻" 现象.

设第一大类数用 a 表示, 那么 $\pm a$ 就是相对于 0 的第一种对称数, 它们分别分布于复平面的第一与第三象限; 设第二大类数用 bi 表示, 那么 $\pm bi$ 就是相对于 0 的第二种对称数, 它们分别分布于复平面的第二与第四象限. 同时, 由于 a 类数不能与 $-a$ 类数相邻, bi 类数不能与 $-bi$ 数相邻, 于是 a 类数与 bi 类数及 $-bi$ 类数相邻, bi 类数与 a 类数及 $-a$ 类数相邻, $-a$ 类数与 bi 类数及 $-bi$ 数相邻, $-bi$ 类数与 $-a$ 类数及 a 类数相邻, 最终形成一个封闭的数类相邻循环关系.

同一小类中的数可以相邻 (符号相同大小不同, 可以比较大小), 这样 2 维复平面上 4 个区域中的数可以看成是 4 个象限中不同几何对象特征量, 这些几何对象的特征量被赋予极性 (a 类数所在区域和 bi 类数所在区域被赋予正极性, $-a$ 类数所在区域和 $-bi$ 类数所在区域被赋予负极性) 之后, 所有 4 小类数可以一一映射为划分象限的两组对称轴上的数, 其中横轴对应于实数轴上的数, 纵轴对应于虚数轴上的数. 于是, 如果将不同大类区域的 2 维几何对象进行组合, 其形体特征量就成为所谓的 "复数"——映射到实数轴上的数与映射到虚数轴上的数直接并列求和表达.

在 2 维复平面上, 扩张维度与实空间的扩张维度概念一致, 旋转维度则是以完成一次正交旋转视为变化一个完整维度.

如果设想把某一象限中的 2 维几何对象绕平面坐标原点旋转一个非完整维度, 表达此种状态几何对象的特征量就会出现所谓的 "复数". 比如, 将 a 类数所对应的几何对象 (以下简称为 a 类数) 所在区域具有单位特征量 1 的几何对象绕平面坐标原点向 bi 类数所在区域旋转半个维度, 那么 a 类数所在区域的几何对象与 bi 类数所在区域的几何对象就联合构成一个 2 维几何对象, 其一半面积处于 a 类数所在区域, 另一半面积处于 bi 类数所在区域, 表达这种状态下的几何对象形体特征

量为 $\dfrac{\sqrt{2}}{2}+\dfrac{\sqrt{2}}{2}\mathrm{i}$, 其模仍为 1(表明其面积大小不变); 将 a 类数所在区域具有单位特征量的几何对象绕平面坐标原点向 $b\mathrm{i}$ 类数所在区域旋转一个完整维度, 那么其全部面积处于 $b\mathrm{i}$ 类数所在区域, 处于 a 类数所在区域的面积为 0, 表达这种状态下的几何对象形体特征量为 $0+\dfrac{\sqrt{4}}{2}\mathrm{i}=\mathrm{i}$, 其模 为 1; 将 $b\mathrm{i}$ 类数所在区域具有单位特征量的几何对象绕平面坐标原点向 $-a$ 类数所在区域旋转半个维度, 那么其一半面积处于 $b\mathrm{i}$ 类数所在区域, 另一半面积处于 $-a$ 类数所在区域, 表达这种状态下的几何对象形体特征量为 $-\dfrac{\sqrt{2}}{2}+\dfrac{\sqrt{2}}{2}\mathrm{i}$, 其模为 1; 将 $b\mathrm{i}$ 类数所在区域具有单位特征量的几何对象绕平面坐标原点向$-a$ 类数所在区域旋转一个完整维度, 那么其全部面积处于$-a$ 类数所在区域, 处于 $b\mathrm{i}$ 类数所在区域的面积为 0, 表达这种状态下的几何对象形体特征量为 $-1+0\mathrm{i}=-1$, 其模为 1; 将 $-a$ 类数所在区域具有单位特征量的几何对象绕平面坐标原点向$-b\mathrm{i}$ 类数所在区域旋转半个维度, 那么其一半面积处于 $-b\mathrm{i}$ 类数所在区域, 另一半面积处于$-a$ 类数所在区域, 表达这种状态下的几何对象形体特征量为 $-\dfrac{\sqrt{2}}{2}-\dfrac{\sqrt{2}}{2}\mathrm{i}$, 其模为 1; 将$-a$ 类数所在区域具有单位特征量的几何对象绕平面坐标原点向$-b\mathrm{i}$ 类数所在区域旋转一个完整维度, 那么其全部面积处于$-b\mathrm{i}$ 类数所在区域, 处于$-a$ 类数所在区域的面积为 0, 表达这种状态下的几何对象形体特征量为 $0-\dfrac{\sqrt{4}}{2}\mathrm{i}=-\mathrm{i}$, 其模为 1; 将$-b\mathrm{i}$ 类数所在区域具有单位特征量的几何对象绕平面坐标原点向 a 类数所在区域旋转半个维度, 那么其一半面积处于$-b\mathrm{i}$ 类数所在区域, 另一半面积处于 a 类数所在区域, 表达这种状态下的几何对象形体特征量为 $\dfrac{\sqrt{2}}{2}-\dfrac{\sqrt{2}}{2}\mathrm{i}$, 其模为1; 将$-b\mathrm{i}$ 类数所在区域具有单位特征量的几何对象绕平面坐标原点向 a 类数所在区域旋转一个完整维度, 那么其全部面积处于 a 类数所在区域, 处于 -$b\mathrm{i}$ 类数所在区域的面积为 0, 表达这种状态下的几何对象形体特征量为 $\dfrac{\sqrt{4}}{2}-0\mathrm{i}=1$, 其模为 1.

类似地, 将 a 类数所在区域具有单位特征量 1 的几何对象绕平面坐标原点向 $b\mathrm{i}$ 类数所在区域旋转 $\dfrac{1}{3}$ 个维度, 那么其 $\dfrac{\sqrt{3}}{2}$ 的面积处于 a 类数所在区域, 另 $\dfrac{\sqrt{1}}{2}$ 的面积处于 $b\mathrm{i}$ 类数所在区域, 表达这种状态下的几何对象形体特征量为 $\dfrac{\sqrt{3}}{2}+\dfrac{1}{2}\mathrm{i}$, 其模为 1; 将 a 类数所在区域具有单位特征量 1 的几何对象绕平面坐标原点向 $b\mathrm{i}$ 类数所在区域旋转 $\dfrac{2}{3}$ 个维度, 那么其 $\dfrac{\sqrt{1}}{2}$ 的面积处于 a 类数所在区域, 另 $\dfrac{\sqrt{3}}{2}$ 的面积处于 $b\mathrm{i}$ 类数所在区域, 表达这种状态下的几何对象形体特征量为 $\dfrac{1}{2}+\dfrac{\sqrt{3}}{2}\mathrm{i}$, 其模为 1; 将 a 类数所在区域具有单位特征量 1 的几何对象绕平面坐标原点向 $b\mathrm{i}$ 类数所在区域旋转一个完整维度, 那么其处于 a 类数所在区域的面积为 0, 全部面积处于 $b\mathrm{i}$ 类数所在区域, 表达这种状态下的几何对象形体特征量为 $0+\frac{\sqrt{4}}{2}\mathrm{i}=\mathrm{i}$, 其模为 1.

对于需要用 3 维复空间的不同区域 (相似于 2 维复平面的不同象限概念) 表达的数, 同样需要满足其自身的内在逻辑与规则. 由于 3 维空间表达数的内在逻辑与规则同 2 维相比有差异, 所以 3 维以及 3 维以上复空间中表达高次方程解的方式应该与 2 维复空间中的表达方式不完全相同.

以下我们具体研究用 3 维以及 3 维以上复空间表达 3 维以及 3 维以上几何碎块表达基的公共因子的一些基本规律.

在 2 维空间中, 存在 1 个旋转原点, 绕原点每次旋转 $\frac{\pi}{2}$ 弧度, 旋转 4 次后, 几何对象将回到原来的象限. 因此逻辑上 2 维复空间共存在 4 个独立的 2 维旋转象限. 考虑到象限符号与正、负号的配合, 2 元复数即可表达几何对象在 2 维复空间中的旋转状态 (特征量).

在 3 维空间中, 存在 3 根旋转轴, 绕每根旋转轴每次旋转 $\frac{\pi}{2}$ 弧度, 分别旋转 4 次后, 几何对象将回到原来的象限, 因此保持同一种旋向情形下, 逻辑上 3 维复空间存在共 12 个 3 维正交旋转位置. 但由于在一个全覆盖的正交旋转过程中, 有一个正交旋转位置被重复使用 2 次, 另有两个正交旋转位置被各重复使用 1 次, 因此实际上仅存在 8 个正交旋转象限. 再考虑象限符号与正、负号的配合, 那么采用四元复数即可表达几何对象在 3 维复空间中的旋转状态 (特征量).

我们注意到: 在 1 维空间中, 几何对象只能是点或者线段, 线段可以自旋; 在 2 维空间中, 几何对象可以是点、线段或者平面, 平面可以绕划分平面为 4 个象限的 2 条线段之交叉点 (坐标原点) 旋转; 若几何对象绕坐标原点每次旋转 $\frac{\pi}{2}$ 弧度, 在 2 维空间中的独立旋转位置为 4 个; 在 3 维空间中, 几何对象可以是点、线段、平面或者 3 维体, 3 维体可以绕划分 3 维空间为 8 个象限的各个平面之关联线 (坐标轴) 旋转; 若几何对象在与坐标原点不分离的前提下绕坐标轴每次旋转 $\frac{\pi}{2}$ 弧度, 在 3 维空间中的独立旋转位置为 8 个; 依次类推, 在 $n \geqslant 2$ 维空间中, n 维空间中的几何对象在不离开坐标原点的前提下独立旋转位置为 2^n 个.

进一步地, 抛开 "旋转" 概念, 当 $n \geqslant 0$ 时, n 维空间与其坐标原点关联的独立区位共有 2^n 个. 比如, 0 维空间的独立区位仅有 1 个 (对应的几何对象特征量全部为 1); 1 维空间中的独立区位为 2 个, 不同区位中几何对象的特征量共 2 种 (正实数与负实数); 2 维空间中的独立区位为 4 个, 不同区位中几何对象的特征量共 4 种 (正实数、负实数, 正虚数、负虚数); 3 维空间中的独立区位为 8 个, 不同区位中几何对象的特征量共 8 种 (四元数). 依次类推必然还存在八元数、十六元数、三十二元数, 它们分别对应 4 维空间、5 维空间和 6 维空间中用于完整、准确表达几何对象特征量的广义复数.

根据 2.6 节的讨论知道, 具有同一空间标架的 r 个几何对象与具有 r 个不同空间标架的几何对象可以存在映射关系, 使得我们能够方便、快捷地在有限维度复空间中处理趋于无限维度复空间中的几何问题.

由于一元 m 次代数方程必然存在 m 个解, 这意味着 m 次代数方程所对应的几何对象特征量组合中必然存在 m 个可能的复合表达基公共因子, 或者说, 在满足每种同维度切割方案保证切割得到的各个几何对象至少有一个 "边长" 相同的前提下, m 维几何对象最多只有 m 种切割方案, 每种切割方案都必然对应地存在各种同维度几何 "碎块" 的一个特定 "统一边长", 这 m 种所谓的 "统一边长" 就是方程的 m 个解. 当方程有重根时, 其对应的几何对象的实际切割方案种类数小于 m.

当然, m 次代数方程必然存在 m 个解, 并不意味着必然存在 m 个复代数解, 在以下的研究中我们将会看到, 一些高次代数方程可求出全部复代数解, 一些高次方程可求出部分复代数解 (表明高维度几何对象的广义公共边长可以映射为 2 维复平面空间中的几何特征量), 一些高次方程无法求出复代数解 (表明高维度几何对象的广义公共边长不可以映射为 2 维复平面空间中的几何特征量), 这主要取决于构成高次方程各项的系数 (也可以视为非正则 m 维几何对象的非正则因素), 方程中的常数项可视为变量的指数为 0 的项.

本章内容重点研究存在复代数解的部分高次方程及其解的性质, 即部分高维几何对象切割成同维度 "几何碎块" 时的各种表达基的公共因子 (以下简称为公共因子) 及其性质.

举例

对于 1 次代数方程 $bx-c=0$, 其解仅有一个, 即 $x=\dfrac{c}{b}$. 表明如果 b 个长度相同 (未知) 的线段相加等于 c, 那么每个未知线段的长度为 $\dfrac{c}{b}$.

对于 2 次代数方程 $x^2+2px-c=0$, 设 $c=q^2$, 则 $x^2+2px-c=0$ 可以改写为另一种形式 $x^2=q^2-(2p)x$, 表明 2 维空间中特征量为 x^2 的 2 维几何对象由 2 个 2 维 "几何碎块" 组合而成, 其中之一的特征量为 q^2, 另一个 "几何碎块" 的特征量为 $(2p)x$, 其中 p 和 $q^2=c$ 皆为已知数, 也可以理解为在面积为 q^2 的正方形中剔除 $(2p)x$ 面积的几何对象之后, 获得一个面积为 x^2 的正则几何对象. 由于 x 的选择最多只有两种, 所以对应 "几何碎块" 的特征量为 $(2p)x$ 的 "公共边长" x 应该只有两种, 即 $x=\{x_1,x_2\}$.

当 $x_1=-p+\sqrt{p^2+q^2}$, $x_2=-p-\sqrt{p^2+q^2}$ 时, 在复空间中由特征量为 q^2 的几何对象剔除特征量为 $(2p)x$ 的 "几何碎块" 之后, 得到特征量为 x^2 的正则几何对象.

于是, $x^2+2(px)-q^2=0$ 可以改写为以下两个等式:

$$(-p+\sqrt{p^2+q^2})^2+2p(-p+\sqrt{p^2+q^2})-q^2=0$$

$$(-p-\sqrt{p^2+q^2})^2+2p(-p-\sqrt{p^2+q^2})-q^2=0$$

很显然, 由于 p 和 $q^2=c$ 皆为已知数, 那么解方程的过程实质上是求出能够用两个已知数 (p,q) 表达的未知“公共因子”集合 x 的过程.

当高次方程各项中包含的“公共因子”集合 x 各元素 (各个解) 能由变量的系数通过加、减、乘、除、幂、开方运算获得时, 则称方程能求出代数解; 反之则称方程不能求出代数解. 如果高次方程各项中包含的“公共因子”集合 x 各元素 (各个解) 除了含有变量的系数的加、减、乘、除、幂、开方运算表达式外, 还含有虚数 i, 则称方程存在复代数解.

部分高次代数方程还存在着能求出部分复代数解而不能求出全部复代数解的情形.

若高次方程不能求出复代数解, 并不意味着几何对象被切割为同维度几何碎块后其公共因子不存在, 只能说明其公共因子不能由变量系数以代数运算 (运算表达式仅包含加、减、乘、除、乘方、开方、旋转运算符) 形式表达.

另外请注意, 5 次及 5 次以上高次代数方程的复代数解并不是指像 2 次、3 次、4 次方程所具有的那种能概括所有同次方程解的公式, 它仅是某些特定类型高次方程的复代数解, 通常不能推广到同次的其他类型代数方程, 除非其他类型同次代数方程能通过有限次代数运算转化为与有复代数解同次方程相同的类型.

我们知道, 1 次代数方程表达的是 1 维空间中的几何对象特征量组合关系, 1 维空间中的几何对象特征量的“公共因子”必为实数, 1 次代数方程必有一元实数代数解公式.

2 次代数方程表达的是 2 维空间中的几何对象特征量的组合关系, 2 维空间中的几何对象特征量的“公共因子”必为复数, 则任何 2 次代数方程必有 2 元复数代数解公式. 请注意, 即使在实数领域一般 2 次方程 $ax^2+bx+c=0$ 根据解的判别式 $b^2<4ac$ 时无解, 但在复数领域 $b^2<4ac$ 时照样有解, 只不过解为复数而已. 这给了我们一个明确的信息: 2 次代数方程的解 (复合表达基的公共因子) 应该是复数; 但在 $b^2>4ac$ 情形下, 2 元复数解蜕化为实数解, 此时 2 次代数方程的代数解可用实数表达.

到目前为止, 所有已知的高次代数方程解皆以 2 元复数的形式表达, 为什么是这样? 这还需要从数集的类别与其涉及的运算性质角度予以理解.

一般认为数集的扩充是这样实现的: 早先人们根据计数的需要, 创造了自然数; 后来由于某些特殊计算的需要发现了分数, 以后又定义了零以及负数, 至此完成了有理数集的构造; 再后来由于发现几何学勾股定理及解代数方程的需要, 发现了无理数, 至此将数集扩充到实数; 再以后是由于对负数开方的需要, 发现了虚数进而将数的概念扩充到复数集; 最后, 人们突破了运算律 (运算律指: 加法交换律与结合律; 乘法交换律、结合律、分配律) 的限制将 4 元数、8 元数等超级复数等纳入 “数集” 之中.

各种数集之间的关系如下:

能进行加减乘除、开方、模运算, 不满足乘法交换律、结合律的数构成 8 元复数集;

能进行加减乘除、开方、模运算, 不满足乘法交换律的数构成 4 元复数集;

能进行加减乘除、开方、模运算并且满足运算律的数构成 2 元复数集;

能进行加减乘除运算并满足运算律, 限制负数开方的数构成实数集;

能进行加减乘除运算并满足运算律, 不存在开方运算的数构成有理数集

能进行加减乘运算并满足运算律, 限制除法的数构成整数集;

能进行加法及乘法运算并满足运算律, 限制减法的数构成自然数集;

能进行乘法运算并满足运算律, 限制加法的数构成奇数集;

限制乘法运算的奇数构成奇素数集;

偶素数 2 与全部奇素数构成素数集.

由此我们发现, 2 元复数并且仅仅 2 元复数能够满足全部的代数运算规则, 并且 2 元复数是 1 个分水岭. 实系数 1 元代数方程的代数解之所以能够由 2 元复数表达, 是因为 2 元复数集包含了实数集, 或者说实数集是 2 元复数集的一个子集, 对代数方程实系数的任意代数运算之结果, 可以落入复数集之中. 而 4 元复数和 8 元复数等数集由于不完全满足运算律而不便用来直接表示高次代数方程的复代数解, 所以我们所能见到的高次代数方程复代数解都是用 2 元复数表达的.

对于 $n \geqslant 5$ 次代数方程而言, 目前尚未找到将全部 2^{n-1} 元复代数解转换为 2 元复代数解的对应关系, 仅仅有部分 $n \geqslant 5$ 次代数方程的 2^{n-1} 元复代数解能被转换为 2 元复代数解, 所以通常只有部分实系数 5 次及以上 1 元代数方程的复代数解能够以 2 元复代数解的形式被列示出来.

于是, 从形体特征量角度看, 3 次代数方程表达的是 3 维空间中的几何对象形体特征量的组合关系, 其代数解公式如果存在的话应该是 4 元复数; 在某些规则支持下, 4 元复数解可以转化为 2 元复数解, 此时 3 次代数方程的代数解公式可用 2 元复数表达.

进一步地, 4 次代数方程表达的是 4 维空间中的几何对象形体特征量的组合关系, 其代数解公式如果存在的话应该是 8 元复数; 在某些规则支持下, 8 元复数解可以转化为 2 元复数解, 此时 4 次代数方程的代数解公式可用 2 元复数表达.

5 次代数方程表达的是 5 维空间中的几何对象形体特征量的组合关系, 其代数解公式如果存在的话应该是 16 元复数; 如果在某些规则支持下, 16 元复数解可以转化为 2 元复数解, 那么 5 次代数方程的代数解公式可用 2 元复数表达.

当 $n \geqslant 5$ 时, n 次代数方程表达的是 n 维空间中的几何对象形体特征量的组合关系, 其代数解公式如果存在的话应该是 2^{n-1} 元复数; 如果在某些规则支持下, 2^{n-1} 元复数解可转化化为 2 元复数解, 那么 n 次代数方程的代数解就可用 2 元复数表达.

到目前为止, 多数 5 次及 5 次以上 2^{n-1} 元复数解不可用 2 元复数表达, 那么这些代数方程的代数解就被称为 “无法获得”. 有兴趣的读者可以尝试使用 4 元复数或者 8 元复数对部分一元高次代数的复代数解进行表达.

8.2 代数方程复代数解的若干性质

8.2.1 几种代数方程的形式

1 元 n 次方程的一般形式为: $a_nx^n+a_{n-1}x^{n-1}+\cdots+a_1x+a_0=0$, 将等式两边同时除以最高次项系数 a_n, 得到 $a_nx^n/a_n+a_{n-1}x^{n-1}/a_n+\cdots+a_1x/a_n+a_0/a_n=0$, $\dfrac{a_{n-\mathrm{i}}}{a_n}=b_{n-\mathrm{i}}, \mathrm{i}=1,2,\cdots,n$, 于是 1 元 n 次方程一般形式又可写为: $x^n+b_{n-1}x^{n-1}+\cdots+b_1x+b_0=0$. 为了研究 1 元 n 次代数方程 (以下与 “n 次代数方程”, “n 次方程”, “代数方程”, “方程” 混用) 复代数解 (以下与 “代数解” “解” 混用) 的几何性质, 我们选择几种比较简单的代数方程的解进行分析.

对于 $a_nx^n+a_{n-1}x^{n-1}+\cdots+a_1x+a_0=0$ 而言, 令 $a_0=a^n$, $a_1=a^{n-1},\cdots,a_n=a^0$, 即得到第一种代数方程 $\sum\limits_{m=0}^{n}a^{n-m}x^m=0$.

对于 $a_nx^n+a_{n-1}x^{n-1}+\cdots+a_1x+a_0=q$, $q\neq 0$ 而言, 令 $a_0=a^n$, $a_1=a^{n-1},\cdots,a_n=a^0$, $q=p^n$, 即得到第二种代数方程 $\sum\limits_{m=0}^{n}a^{n-m}x^m-p^n=0$.

以下我们主要围绕这两种代数方程及其变形方程进行研究.

8.2.2 1 元 n 次代数方程解的性质

为了获得高次代数方程解的几何意义, 必须首先求出高次代数方程的解; 为了求出高次代数方程的代数解, 必须知道求高次代数方程代数解的方法; 为了知道求高次代数方程代数解的方法, 则必须了解高次代数方程解的性质. 因此首先让我们来简单地回顾一下前人给出的 1 元 2 次方程以及 1 元高次方程解的性质.

前人的研究表明, 对于 1 元 2 次方程 $a_2x^2+a_1x+a_0=0$ 而言, 有以下解的性质:

$$x_1+x_2=-\frac{a_1}{a_2}, x_1\times x_2=\frac{a_0}{a_2} \tag{8-1}$$

前人的研究还表明, 对于 1 元 n 次方程 $a_nx^n+a_{n-1}x^{n-1}+\cdots+a_1x+a_0=0$, 即 $x^n+b_{n-1}x^{n-1}+\cdots+b_1x+b_0=0$ 而言, 有以下解的性质 ($n\geqslant 2$):

首先, 所有根相加等于系数 b_{n-1} 的相反数; 第二, 所有根两两相乘并对所有乘积求和等于系数 b_{n-2}; 第三, 所有根三三相乘并对乘积求和等于系数 b_{n-3} 的相反数; 依次类推, 最后, 所有根相乘等于 $(-1)^nb_0$, 即有

$$\begin{aligned}&\sum_{\mathrm{i}=1}^{n}x_{\mathrm{i}}=-\frac{a_{n-1}}{a_n}\\&\cdots\cdots\\&\prod_{\mathrm{i}=1}^{n}x_{\mathrm{i}}=(-1)^n\frac{a_0}{a_n}\end{aligned} \tag{8-2}$$

实际上, 2 次方程 $a_2x^2+a_1x+a_0=0$ 解的性质只是式 (8-2) 当 n=2 时的特例, 而式 (8-2) 对于 $n\geqslant 2$ 的一元代数方程皆适用.

由式 (8-2), 我们不难得到以下 n 次代数方程解的 8 种性质 ($n\geqslant 2$):

对于**第一种**代数方程 $\sum\limits_{m=0}^{n}a^{n-m}x^m=0$, $n\geqslant 2$ 而言, 有以下解的性质

$$\begin{aligned}&\sum_{\mathrm{i}=1}^{n}x_{\mathrm{i}}=-\frac{a_{n-1}}{a_n}=-\frac{a^1}{a^0}=-a\\&\prod_{\mathrm{i}=1}^{n}x_{\mathrm{i}}=(-1)^n\frac{a_0}{a_n}=(-1)^n(\frac{a^n}{a^0})=(-1)^na^n\end{aligned} \tag{8-3}$$

对于**第二种 (E 型)**代数方程 $\sum\limits_{m=0}^{n}a^{n-m}x^m-a^n=0$, $n\geqslant 2$ 而言, 有以下解的性质

$$\begin{aligned}&\sum_{\mathrm{i}=1}^{n}x_{\mathrm{i}}=-\frac{a_{n-1}}{a_n}=-\frac{a^1}{a^0}=-a\\&\prod_{\mathrm{i}=1}^{n}x_{\mathrm{i}}=(-1)^n\frac{a_0-a^n}{a_n}=(-1)^n(\frac{a^n-a^n}{a^0})=0\end{aligned} \tag{8-4}$$

对于**第三种 (D 型)**代数方程 $\sum\limits_{m=0}^{n}a^{n-m}x^m-x^n=0$, $n\geqslant 2$ 而言, 由于当 $m=n$ 时 $a^{n-m}x^m=x^n$, 因此该 n 次方程实际上蜕化为一种特殊的 $n-1$ 次方程, 有以下

解的性质

$$\begin{aligned}&\sum_{\mathrm{i}=1}^{n-1} x_{\mathrm{i}}=-\frac{a_{n-2}}{a_{n-1}}=-\frac{a^{2}}{a}=-a\\&\prod_{\mathrm{i}=1}^{n-1} x_{\mathrm{i}}=(-1)^{n-1} \frac{a_{0}}{a_{n-1}}=(-1)^{n-1}(\frac{a^{n-1}}{a^{0}})=(-1)^{n-1} a^{n-1}\end{aligned} \tag{8-5}$$

对于**第四种** (**C 型**)代数方程 $\sum_{m=0}^{n} \frac{n!}{(n-m)!m!} a^{n-m} x^{m}-a^{n}=0,\ n \geqslant 2$ 而言, 将 $a^{n}-a^{n}$ 视为 a_{0} 项, 则有以下解的性质:

$$\begin{aligned}&\sum_{\mathrm{i}=1}^{n} x_{\mathrm{i}}=-\frac{a_{n-1}}{a_{n}}=-\frac{\dfrac{n!a}{(n-(n-1))!(n-1)!}}{\dfrac{n!}{(n-n)!n!}}=-na\\&\prod_{\mathrm{i}=1}^{n} x_{\mathrm{i}}=(-1)^{n} \frac{a^{n}-a^{n}}{a_{n}}=(-1)^{n}\left[\frac{a^{n}-a^{n}}{\dfrac{n!}{(n-n)!n!}}\right]=0\end{aligned} \tag{8-6}$$

对于**第五种** (**B 型**)代数方程 $\sum_{m=0}^{n} \frac{n!}{(n-m)!m!} a^{n-m} x^{m}-x^{n}=0,\ n \geqslant 2$ 而言, 由于当 $m=n$ 时 $a^{n-m} x^{m}=x^{n}$, 因此 n 次方程实际上蜕化为另一种特殊的 $n-1$ 次方程, 有以下解的性质:

$$\begin{aligned}&\sum_{\mathrm{i}=1}^{n-1} x_{\mathrm{i}}=-\frac{a_{n-2}}{a_{n-1}}=-\frac{\dfrac{n!a^{2}}{(n-(n-2))!(n-2)!}}{\dfrac{n!a}{(n-(n-1))!(n-1)!}}=-\frac{n-1}{2} a\\&\prod_{\mathrm{i}=1}^{n-1} x_{\mathrm{i}}=(-1)^{n-1} \frac{a_{0}}{a_{n-1}}=(-1)^{n-1}\left[\frac{a^{n}}{\dfrac{n!a}{(n-(n-1))!(n-1)!}}\right]=(-1)^{n-1}\left(\frac{a^{n-1}}{n}\right)\end{aligned} \tag{8-7}$$

对于**第六种** (**A 型**)代数方程 $\sum_{m=0}^{n} \frac{n!}{(n-m)!m!} a^{n-m} x^{m}-b^{n}=0,\ n \geqslant 2,\ b \neq x$, $b \neq a,\ b \neq 0$ 而言, 将 $a^{n}-b^{n}$ 视为 a_{0} 项, 则有以下解的性质:

$$\sum_{\mathrm{i}=1}^{n} x_{\mathrm{i}} = -\frac{a_{n-1}}{a_n} = -\frac{\dfrac{n!}{(n-(n-1))!(n-1)!}a}{\dfrac{n!}{(n-n)!n!}} = -na$$

$$\prod_{\mathrm{i}=1}^{n} x_{\mathrm{i}} = (-1)^n \frac{a_0}{a_n} = (-1)^n \left[\frac{a^n - b^n}{\dfrac{n!}{(n-n)!n!}}\right] = (-1)^n (a^n - b^n) \tag{8-8}$$

对于**第七种** (**G 型**)代数方程 $\sum_{m=0}^{n} x^m = 0$, $n \geqslant 2$ 而言, 有以下解的性质:

$$\sum_{\mathrm{i}=1}^{n} x_{\mathrm{i}} = -1$$

$$\prod_{\mathrm{i}=1}^{n} x_{\mathrm{i}} = (-1)^n \tag{8-9}$$

对于**第八种** (**H 型**)代数方程 $\sum_{m=0}^{n} a^m x^m = 0$, $n \geqslant 2$ 而言, 有以下解的性质:

$$\sum_{\mathrm{i}=1}^{n} x_{\mathrm{i}} = -\frac{1}{a}$$

$$\prod_{\mathrm{i}=1}^{n} x_{\mathrm{i}} = \frac{(-1)^n}{a^n} \tag{8-10}$$

另一方面, 由于代数方程的代数解都是构成方程的多项式所对应的同维度几何碎块之可能的“公共边长”, 各种可能的“公共边长”按照一定的规则相乘, 则必然得到某些维度空间中的几何对象.

比如, 当解为 0 时, 对应于 0 维空间中几何对象的公共边长; 当解不含根式时, 对应于 1 维空间的几何对象的公共边长; 当解含有 2 次根式时, 对应于 $2m$ 维空间的几何对象的公共边长, $2m$ 个解之积等于 $2m$ 维复空间中 $2m$ 维几何对象的形体特征量, 其中 m 为自然数; 当解含有 3 次根式时, 对应于 $3m$ 维空间的几何对象的公共边长, $3m$ 个解之积等于 $3m$ 维复空间中 $3m$ 维几何对象的形体特征量, 其中 m 为自然数; 当解含有 4 次根式时, 对应于 $4m$ 维空间的几何对象的公共边长, $4m$ 个解之积等于 $4m$ 维复空间中 $4m$ 维几何对象的形体特征量, 其中 m 为自然数; 当解含有 5 次根式时, 对应于 $5m$ 维空间的几何对象的公共边长, $5m$ 个解之积等于 $5m$ 维复空间中 $5m$ 维几何对象的形体特征量, 其中 m 为自然数; 等等.

对于不同种类的同次方程, 上述解的求和表达式结果不完全相同, 但也有规律可循, 以下我们在解相关方程时, 将分别介绍之.

尽管以往的理论研究表明, 一般而言 5 次及 5 次以上方程不存在以代数形式表达的求解通用公式, 但这并不意味着 5 次及 5 次以上代数方程不存在复代数解 (关键是看 5 次及 5 次以上 2^{n-1} 元复数解是否可用二元复数表达). 实际上, 部分 5 次及 5 次以上方程存在严格的 (以复数形式表达的) 复代数解.

由于同次不同种类方程复代数解的性质以及同种类不同次方程复代数解的结构是有联系的, 也是有规律可循的, 找到了其中的规律, 借助于高维度几何对象切割及 "解为几何碎块公共边长" 的概念, 就可以获得许多高次代数方程的复代数解, 其中有些复代数解是通过传统方法难以获得的, 以下我们将介绍这方面的内容.

8.3 部分第六种代数方程的复代数解

我们选择从 8.2 节所述第六种代数方程的解开始分析, 是因为这种方程比较具有代表性且其求解的方法容易推广到求解其他种类的方程.

第六种方程 $\sum_{m=0}^{n}\frac{n!}{(n-m)!m!}a^{n-m}x^m-b^n=0$, $n\geqslant 2$, $b\neq x$, $b\neq a$, $b\neq 0$ 可以改写为

$$(x+a)^n-b^n=0 \tag{8-11}$$

式 (8-11) 的另一种通常表达形式为

$$(x+a)^n-q=0 \tag{8-12}$$

只需令 $b^n=q$ 即可将式 (8-12) 转换为式 (8-11) 的形式. 为简便起见, 以下我们称形如式 (8-11) 的 n 次代数方程为 A 型代数方程 (简称为 A 型方程).

显然 A 型 n 次方程的显著特点是 n 次多项式 $(x+a)^n$ 及常量 q 分别具有可因子分解性. 所谓 "可因子分解性" 是指方程 (8-12) 中的 $(x+a)^n$ 总可以分解为 n 个 $(x+a)$ 因子连乘, 其中的 q 也总可以分解为 n 个因子 $b_1,b_2,b_3,\cdots,b_n$ 连乘. 所以解 A 型方程的根本方法, 就是将 n 个 $(x+a)$ 因子与 q 的 n 个因子 $b_1,b_2,b_3,\cdots,b_n$ 一一对应起来, 获得以 $b_1,b_2,b_3,\cdots,b_n$ 及 a 联合表达的关于 x 的 n 个代数解, 这可以作为对 A 型代数方程解的最为直接而又最为简单的理解.

式 (8-12) 的几何意义可以理解为: 具有复合表达基 $x_{\mathrm{i}}+a$ 的 i 种正则几何对象的 n 维形体特征量皆等于 q, 其中 a 和 q 是已知和确定的, x_{i} 是未知待求的, $(1\leqslant \mathrm{i}\leqslant n)$. 这表明, n 维形体特征量等于 q 的 n 维几何对象有 i 种切割方案, 切割的结果是形成 i 种由固定边长 a 与可变边长 x_{i} 相结合的 n 维几何碎块, 对它们对应地进行同维度拼接, 皆可以形成一个形体特征量等于 q 的 n 维正则几何对象.

A 型 n 次方程的代数解集 $x=\{x_1,x_2,\cdots,x_n\}$ 对应的几何意义, 是由已知数 a 和已知数 $b^n=q$ 的因子 b_i 联合表达的 n 维几何对象复合表达基 $x_\mathrm{i}+a$ 中的可变部分 x_i 之集合, $(1\leqslant \mathrm{i}\leqslant n)$.

根据式 (8-11) 可知, $(x+a)^n=b^n$ 成立, 而由于 $x=\{x_1,x_2,\cdots,x_\mathrm{i},\cdots,x_n\}$ 且有 $b=\{b_1,b_2,\cdots,b_\mathrm{i},\cdots,b_n\}$, 则必有 $b_\mathrm{i}=x_\mathrm{i}+a$, $1\leqslant \mathrm{i}\leqslant n$ 成立, 即表明

$$x_\mathrm{i}=-a+b_\mathrm{i} \tag{8-13}$$

成立. 式 (8-13) 是 A 型方程解的基本结构.

以上分析表明, 对应于方程 (8-11) 中的 $(x+a)^n$ 蕴含的 n 种未知数 $x_\mathrm{i}, 1\leqslant \mathrm{i}\leqslant n$, 已知数 a 与之求和形成 $1\leqslant \mathrm{i}\leqslant n$ 种表达基 $x_\mathrm{i}+a$. 每种复合表达基 $x_\mathrm{i}+a$ 自乘 $n-1$ 次都得到 n 维几何对象形体特征量 $(x_\mathrm{i}+a)^n$; 对应地 b^n 也蕴含 $1\leqslant \mathrm{i}\leqslant n$ 种因子 b_i, 每种因子自乘 $n-1$ 次都得到 b_i^n. 其中, 复合表达基 $x_\mathrm{i}+a$ 与因子 b_i 具有一一对应相等关系, 即 $x_\mathrm{i}=-a+b_\mathrm{i}$.

以下我们研究通过因子分解方法求解 6 次及以下 A 型方程, 这种方法具有可推广性, 读者可依据同样的思路自行尝试求解更高次代数方程.

对于n=1 次方程$x+a-b=0$ 而言, 将 $a-b$ 移到等号右边, 所得到的 $x=-a+b$ 即为其全部解.

对于n=2 次方程$x^2+2ax+a^2-b^2=0$ 而言, 解方程的第一步是分解已知数 $q=b^2$ 的 2 种因子. 由于 $b^2=b\times b=(-b)\times(-b)$, 那么解方程的第 2 步是整理方程并获得解. 因为

$$x_1^2+2ax_1+a^2=b_1\times b_1=(x_1+a)(x_1+a)=b\times b$$

且

$$x_2^2+2ax_2+a^2=b_2\times b_2=(x_2+a)(x_2+a)=(-b)\times(-b)$$

即有 $b_1=b$, $b_2=-b$, 于是得到

$$x_1+a=b_1=b,\quad x_2+a=b_2=-b$$

即

$$x_1=-a+b;\quad x_2=-a-b.$$

验证解

(1) 将 $x_1=-a+b$, $x_2=-a-b$ 分别代入方程 $x^2+2ax+a^2-b^2=0$, 等式两边皆相等.

(2) 将 $x_1=-a+b$, $x_2=-a-b$ 代入式 (8-8), $\sum\limits_{\mathrm{i}=1}^{2}x_\mathrm{i}=-2a$, $\prod\limits_{\mathrm{i}=1}^{2}x_\mathrm{i}=a^2-b^2$, 满足解的性质要求.

因此所求得的 2 个解式皆成立.

由于 A 型 2 次方程解中包含了 1 次方程的解, 或者说对于 A 型代数方程而言, 1 次方程的解构成 2 次方程解的一部分. 我们称 $x_1=-a+y$ 为 A 型 1 次方程与 2 次方程的公共解.

其解之和 $x_1+x_2=-2a$ 表明, 构成解的一部分之已知项 $b^n=q$ 的因子以 0 为参照对称出现 (称为对偶因子), 对偶因子作为解的一部分使得方程的解具有了**部分对称性**, 为区别于**完全对称性**, 通常称形如 $-a+b$, $-a-b$ 的数为共轭数, 称形如 $x_1=-a+b$, $x_2=-a-b$ 的解为共轭解.

提请注意: 这里出现了一个关键性概念, 由 b^n 分解得到的因子 b_1 与 b_2 是一对对偶因子, 两者之和为确定的求和关系 $b_1+b_2=-b+b=0$, 即 $b^n=q$ 的全部因子之和为 0. 同时还请注意, 对偶因子存在确定的乘积关系: $b_1\times b_2=-b^2$.

对于n=3 次方程$x^3+3ax^2+3a^2x+a^3-b^3=0$ 而言, 首先分解已知数 $q=b^3$ 的因子. 由于 $b^3=b_1\times b_2\times b_3=b\times b^2$, 因此得到第 1 种因子为 $b_1=b$, 于是 A 型 3 次代数方程的第一个解为 $x_1=-a+b_1=-a+b$.

因为 $b_1=b$, 于是已知数 q 的另外两个因子 b_2,b_3 之积应该等于 b^2; 又根据已知数 q 因子之和等于 0 的要求, 其另外两个因子 b_2,b_3 之和必须为 $-b$, 确保 $b_1+b_2+b_3$=0, 于是得到

$$b_2+b_3=-b \tag{8-14}$$

$$b_2\times b_3=b^2 \tag{8-15}$$

将式 (8-14) 中的 b_3 代入式 (8-15) 得到 $b_2(-b-b_2)=b^2$, $-b_2^2-b\times b_2-b^2=0$, 即

$$b_2^2+b\times b_2+b^2=0 \tag{8-16}$$

求解式 (8-16), 得到 b_2 的 2 个解 $b_2=-\frac{1}{2}(b\pm\sqrt{3}b\mathrm{i})$, 代入式 (8-14) 得到 $y_3=-\frac{1}{2}(b\pm\sqrt{3}b\mathrm{i})$, 我们取 $b_2=-\frac{1}{2}(b+\sqrt{3}b\mathrm{i})$, 则 $b_3=-\frac{1}{2}(b-\sqrt{3}b\mathrm{i})$, 获得 b^3 中的一对共轭因子.

由于满足方程 $x^3+3ax^2+3a^2x+a^3-b^3=0$ 的另外 2 个解的形式应该为

$$\begin{aligned} x_2&=-a+b_2\\ x_3&=-a+b_3 \end{aligned} \tag{8-17}$$

将分解 b^3 得到的共轭因子 b_2 和 b_3 分别代入式 (8-17), 得到 $x_2=-a-\frac{1}{2}(b+\sqrt{3}b\mathrm{i})$ 以及 $x_3=-a-\frac{1}{2}(b-\sqrt{3}b\mathrm{i})$.

于是满足 3 次代数方程 $x^3+3ax^2+3a^2x+a^3-b^3=0$ 的 3 个解分别为

$$x_1=-a+b$$

$$x_2=\frac{1}{2}(-2a-b-\sqrt{3}b\mathrm{i})$$

$$x_3=\frac{1}{2}(-2a-b+\sqrt{3}b\mathrm{i})$$

验证解

(1) 将$x_1=-a+b$, $x_2=\frac{1}{2}(-2a-b-\sqrt{3}b\mathrm{i})$ 以及 $x_3=\frac{1}{2}(-2a-b+\sqrt{3}b\mathrm{i})$ 分别代入方程 $x^3+3ax^2+3a^2x+a^3-b^3=0$, 等式两边皆相等.

(2) 将 $x_1=-a+b$, $x_2=\frac{1}{2}(-2a-b-\sqrt{3}b\mathrm{i})$ 以及 $x_3=\frac{1}{2}(-2a-b+\sqrt{3}b\mathrm{i})$ 分别代入式 (8-8), $\sum\limits_{\mathrm{i}=1}^{3}x_{\mathrm{i}}=-3a$, $\prod\limits_{\mathrm{i}=1}^{3}x_{\mathrm{i}}=-a^3+b^3$, 满足解的性质要求.

因此所求得的 3 个解式皆成立.

到此我们提请读者注意: b^3 的 3 种因子之和为 $b-\frac{1}{2}\left(b+\sqrt{3}b\mathrm{i}\right)-\frac{1}{2}\left(b-\sqrt{3}b\mathrm{i}\right)=0$, 而 b^3 的 3 种因子之积为 $b\left(-\frac{1}{2}(b+\sqrt{3}b\mathrm{i})\right)\left(-\frac{1}{2}(b-\sqrt{3}b\mathrm{i})\right)=b^3$. 考虑之前获得的 2 次方程中的 2 种因子和为 0, 2 种因子积为 $-b^2$, $n\geqslant 2$ 条件下我们归纳出已知数 $b^n=q$ 诸因子存在以下两个等式关系:

$$\sum_{\mathrm{i}=1}^{n}b_{\mathrm{i}}=0 \tag{8-18}$$

$$\prod_{\mathrm{i}=1}^{n}b_{\mathrm{i}}=(-1)^{n-1}b^n \tag{8-19}$$

式 (8-18) 指出, 已知数 $b^n=q$ 诸因子和等于零, 称该性质为**已知数因子和原则**(简称为因子和原则); 式 (8-19) 指出, 当 n 为偶数时已知数 $b^n=q$ 的因子积符号为负, 当 n 为奇数时已知数 $b^n=q$ 因子积的符号为正, 称该性质为**已知数因子积原则**(简称为因子积原则).

这两个原则不仅对于 2 次、3 次方程成立, 而且对于所有的 $\geqslant 2$ 次的 A 型方程都成立, 后续将要反复运用, 请读者留意.

对于n=4 次方程$x^4+4ax^3+6a^2x^2+4a^3x+a^4-b^4=0$ 而言, 由于已知数因子积 $b^4=b^2\times b^2$, 所以 4 次方程的解应该是由 2 对共轭解构成.

由于 $(x+a)^4-b^4=(x+a)^2(x+a)^2-b^2\times b^2=0$, 所以第一对共轭解应该与 2 次方程的解相同, 设第 1 对共轭因子分别为 b_1 和 b_2, 即有 $x_1=-a+b_1=-a+b$, $x_2=-a+b_2=-a-b$.

由于已知数 q 的第一对共轭因子之积为$-b^2$, 那么其第二对共轭因子之积必为 b^2; 同时由于其第一对因子之和为 0, 所以其第 2 对因子之和也应该等于 0, 以保证已知数 q 的全部因子之和等于 0 的原则依然成立.

设第二对共轭因子分别为 b_3 和 b_4, 则根据上述分析有

$$b_3 + b_4 = 0 \tag{8-20}$$

$$b_3 \times b_4 = b^2 \tag{8-21}$$

根据式 (8-20), $b_4 = -b_3$, 代入式 (8-19) 有, $b_3(-b_3) = b^2$, 即

$$-b_3^2 = b^2 \tag{8-22}$$

得到因子 $b_3 = \sqrt{-b^2} = b\mathrm{i}$, 代入式 (8-22) 得到另一个因子 $b_4 = -\sqrt{-b^2} = -b\mathrm{i}$.

因此, 第二对共轭解分别为 $x_3 = -a + b_3 = -a + b\mathrm{i}$, $x_4 = -a + b_4 = -a - b\mathrm{i}$.

验证解

(1) 将两对共轭解 $x_1 = -a + b$, $x_2 = -a - b$, $x_3 = -a + b_3 = -a + b\mathrm{i}$, 以及 $x_4 = -a + b_4 = -a - b\mathrm{i}$ 分别代入方程 $x^4 + 4ax^3 + 6a^2x^2 + 4a^3x + a^4 - b^4 = 0$. 等式两边皆相等.

(2) 将两对共轭解 $x_1 = -a + b$, $x_2 = -a - b$, $x_3 = -a + b_3 = -a + b\mathrm{i}$, 以及 $x_4 = -a + b_4 = -a - b\mathrm{i}$ 分别代入式 (8-8), $\sum\limits_{\mathrm{i}=1}^{4} x_{\mathrm{i}} = -4a$, $\prod\limits_{\mathrm{i}=1}^{4} x_{\mathrm{i}} = a^4 - b^4$, 满足解的性质要求.

因此所求得的 4 个解式皆成立.

对于n=5 次方程$x^5 + 5ax^4 + 10a^2x^3 + 10a^3x^2 + 5a^4x + a^5 - b^5 = 0$ 而言, 由于已知数因子积 $b^5 = b \times b^4 = b \times b^2 \times b^2$, 所以其解应该是由 1 个公共解和 2 对共轭解构成. 由前述分析知道, 其公共解应该为 $x_1 = -a + b_1 = -a + b$.

由于 b 是已知数因子积 b^5 的第一种因子, 所以求 5 次方程的其余 4 个解需要分解出 b^5 的其余 4 种因子. b^5 的其余 4 种因子应该是 2 对共轭因子, 且每对共轭因子之积均为 b^2, 使得 2 对共轭因子之积为 b^4.

设第一对共轭因子分别记为 b_2, b_3, 第二对共轭因子分别记为 b_4, b_5, 则有 $b_2 \times b_3 = b^2, b_4 \times b_5 = b^2$, 满足 $b_2 \times b_3 \times b_4 \times b_5 = b^4$, 并与 b_1 一起最终满足 $b_1 \times b_2 \times b_3 \times b_4 \times b_5 = b^5$.

另一方面, 构成 b^5 的 5 种因子之和应该为 0, 由于第 1 种因子 $b_1 = b$ 已经存在, 根据因子和原则, 其余 2 对共轭因子之和应该为 $-b$, 即 $b_2 + b_3 + b_4 + b_5 = -b$.

$b_2 + b_3 + b_4 + b_5 = -b$ 并不意味着每对共轭因子之和为 $-\dfrac{1}{2}b$, 因为如果每对共

轭因子之和皆为 $-\frac{1}{2}b$, 那么两对共轭因子所形成的解为重根. 为了既获得非重根又满足 "其余 2 对共轭因子之和应该为 $-b$" 的约束, 再考虑解的形式的二次共轭性, 我们令 $b_2+b_3=-\frac{1}{2}(b+r), b_4+b_5=-\frac{1}{2}(b-r)$, 显然在 2 对共轭因子和中配置了相互抵消项, 它们满足 $b_2+b_3+b_4+b_5=-b$ 的约束. 由于 $b_1=b$, 所以它们同时也能最终满足 $b_1+b_2+b_3+b_4+b_5=0$ 的总约束.

根据上述分析我们得到

$$b_2+b_3=-\frac{1}{2}(b+r) \tag{8-23}$$

$$b_2\times b_3=b^2 \tag{8-24}$$

于是有, $b_2\left(-\frac{1}{2}(b+r)-b_2\right)=b^2$, $-b_2^2-\frac{1}{2}(b+r)b_2-b^2=0$, 即

$$b_2^2+\frac{1}{2}(b+r)b_2+b^2=0 \tag{8-25}$$

求解式 (8-25), 得到 b_2 的 2 个解 $b_2=\frac{1}{4}(-b-r\pm\sqrt{-15b^2+2br+r^2})$. 已知 b_2, b_3 共轭, 因此得到 b^5 中第一对共轭因子为

$$b_2=\frac{1}{4}(-b-r+\sqrt{-15b^2+2br+r^2}) \tag{8-26}$$

$$b_3=\frac{1}{4}(-b-r-\sqrt{-15b^2+2br+r^2}) \tag{8-27}$$

于是我们得到第一对共轭解

$$x_2=\frac{1}{4}(-4a-b-r+\sqrt{-15b^2+2br+r^2}) \tag{8-28}$$

$$x_3=\frac{1}{4}(-4a-b-r-\sqrt{-15b^2+2br+r^2}) \tag{8-29}$$

相似地我们不难得到:

$$b_4+b_5=-\frac{1}{2}(b-r) \tag{8-30}$$

$$b_4\times b_5=b^2 \tag{8-31}$$

于是, $b_4(-\frac{1}{2}(b-r)-b_4)=b^2$, $-b_4^2-\frac{1}{2}(b-r)b_4-b^2=0$, 即

$$b_4^2+\frac{1}{2}(b-r)\times b_4+b^2=0 \tag{8-32}$$

求解式 (8-32), 得到 b_4 的 2 个解 $b_4=\frac{1}{4}(-b+r\pm\sqrt{-15b^2-2br+r^2})$. 已知 b_4, b_5 共轭, 因此得到 b^4 中第二对共轭因子为

$$b_4=\frac{1}{4}(-b+r+\sqrt{-15b^2-2br+r^2}) \tag{8-33}$$

$$b_5 = \frac{1}{4}(-b + r - \sqrt{-15b^2 - 2br + r^2}) \tag{8-34}$$

于是我们得到第二对共轭解

$$x_4 = \frac{1}{4}(-4a - b + r + \sqrt{-15b^2 - 2br + r^2}) \tag{8-35}$$

$$x_5 = \frac{1}{4}(-4a - b + r - \sqrt{-15b^2 - 2br + r^2}) \tag{8-36}$$

根据式 (8-8), $\prod_{\mathrm{i}=1}^{5} x_{\mathrm{i}} = -a^5 + b^5$, 由于 $x_1 = -a + b$, 那么将全部包含未知因子 r 的 x_{i} 代入式 (8-37)

$$\prod_{\mathrm{i}=2}^{5} x_{\mathrm{i}} - \frac{-a^5 + b^5}{-a + b} = 0 \tag{8-37}$$

并解式 (8-37), 得到 $r = \sqrt{5}b$, 将此结果分别代入式 (8-26), 式 (8-27), 式 (8-33) 以及式 (8-34), 得到

$$b_2 = \frac{1}{4}(-b - \sqrt{5}b + \sqrt{-15b^2 + 2\sqrt{5}b^2 + 5b^2})$$

$$b_3 = \frac{1}{4}(-b - \sqrt{5}b - \sqrt{-15b^2 + 2\sqrt{5}b^2 + 5b^2})$$

$$b_4 = \frac{1}{4}(-b + \sqrt{5}b + \sqrt{-15b^2 - 2\sqrt{5}b^2 + 5b^2})$$

$$b_5 = \frac{1}{4}(-b + \sqrt{5}b - \sqrt{-15b^2 - 2\sqrt{5}b^2 + 5b^2})$$

将 b_2, b_3, b_4, b_5 分别代入式 (8-28), 式 (8-29), 式 (8-35) 以及式 (8-36), 连同已经求得的 x_1, 我们最终得到方程 $x^5 + 5ax^4 + 10a^2x^3 + 10a^3x^2 + 5a^4x + a^5 - b^5 = 0$ 的 5 个代数解分别为

$$x_1 = -a + b_1 = -a + b$$

$$x_2 = -a + b_2 = \frac{1}{4}(-4a - b - \sqrt{5}b + \sqrt{-10b^2 + 2\sqrt{5}b^2})$$

$$x_3 = -a + b_3 = \frac{1}{4}(-4a - b - \sqrt{5}b - \sqrt{-10b^2 + 2\sqrt{5}b^2})$$

$$x_4 = -a + b_4 = \frac{1}{4}(-4a - b + \sqrt{5}b - \sqrt{-10b^2 - 2\sqrt{5}b^2}$$

$$x_5 = -a + b_5 = \frac{1}{4}(-4a - b + \sqrt{5}b + \sqrt{-10b^2 - 2\sqrt{5}b^2})$$

验证解

(1) 将上述分析得到的 5 个代数解 x_1, x_2, x_3, x_4, x_5 分别代入 5 次方程 $x^5 + 5ax^4 + 10a^2x^3 + 10a^3x^2 + 5a^4x + a^5 - b^5 = 0$, 各种情形下等式皆成立.

(2) 将 5 个代数解 x_1, x_2, x_3, x_4, x_5 代入式 (8-8), $\sum\limits_{\mathrm{i}=1}^{5} x_{\mathrm{i}} = -5a$, $\prod\limits_{\mathrm{i}=1}^{5} x_{\mathrm{i}} = -a^5 + b^5$, 满足解的性质要求.

因此所求得的 5 个解式皆成立.

对于 n=6 次方程$(x+a)^6 - b^6 = 0$ 而言, 由于已知数因子积 $b^6 = b^2 \times b^4$, 所以 6 次方程的解应该是由 2 组 3 对共轭解构成.

又由于 $(x+a)^6 - b^6 = (x+a)^2(x+a)^4 - b^2 \times b^4 = 0$, 所以 $(x+a)^6 - b^6 = 0$ 的第一对共轭解应该与 2 次方程的解相同, 即 $x_1 = -a + b_1 = -a + b$, $x_2 = -a + b_2 = -a - b$.

设第 2 对共轭因子分别为 b_3 和 b_4, 第 3 对共轭因子分别为 b_5 和 b_6, 已知数的另 2 对共轭因子之积为 b^4, 即 $b_3 \times b_4 \times b_5 \times b_6 = b^4$; 但由于第一对因子之和为 0, 所以另 2 对因子之和也应该等于 0, 即 $b_3 + b_4 + b_5 + b_6 = 0$, 以保证全部因子之和等于 0 的因子和原则依然成立.

根据上述分析设 $b_3 + b_4 = -b$, $b_5 + b_6 = b$, 满足 $b_3 + b_4 + b_5 + b_6 = 0$ 的要求, 于是有

$$b_3 + b_4 = -b \tag{8-38}$$

$$b_3 \times b_4 = b^2 \tag{8-39}$$

根据式 (8-38), $b_4 = -b_3 - b$, 代入式 (8-39) 有, $b_3(-b_3 - b) = b^2$, 即

$$-b_3^2 - b_3 b = b^2 \tag{8-40}$$

得到因子 $b_3 = -\dfrac{1}{2}(b \pm \sqrt{3}b\mathrm{i})$, 因此 $(x+a)^6 - b^6 = 0$ 的第二对共轭解为 $x_3 = \dfrac{1}{2}(-2a - b - \sqrt{3}b\mathrm{i})$,　$x_4 = \dfrac{1}{2}(-2a - b + \sqrt{3}b\mathrm{i})$

相似地, 有

$$b_5 + b_6 = b \tag{8-41}$$

$$b_5 \times b_6 = b^2 \tag{8-42}$$

根据式 (8-41), $b_6 = -b_5 + b$, 代入式 (8-42) 有, $b_5(-b_5 + b) = b^2$, 即

$$-b_5^2 - b_5 b = b^2 \tag{8-43}$$

得到因子 $b_5 = \dfrac{1}{2}(b \pm \sqrt{3}b\mathrm{i})$, 因此 $(x+a)^6 - b^6 = 0$ 的第三对共轭解为

$$x_5 = \frac{1}{2}(-2a + b + \sqrt{3}b\mathrm{i})\ x_6 = \frac{1}{2}(-2a + b - \sqrt{3}b\mathrm{i}).$$

于是有

$$x_1 = -a + b$$

$$x_2 = -a - b$$

$$x_3 = \frac{1}{2}(-2a - b - \sqrt{3}b\mathrm{i})$$

$$x_4 = \frac{1}{2}(-2a - b + \sqrt{3}b\mathrm{i})$$

$$x_5 = \frac{1}{2}(-2a + b + \sqrt{3}b\mathrm{i})$$

$$x_6 = \frac{1}{2}(-2a + b - \sqrt{3}b\mathrm{i})$$

验证解

(1) 将三对共轭解 $x_1, x_2, x_3, x_4, x_5, x_6$ 分别代入方程 $(x+a)^6 - b^6 = 0$, 等式两边皆相等.

(2) 将三对共轭解 $x_1, x_2, x_3, x_4, x_5, x_6$ 代入式 (8-8), $\sum_{\mathrm{i}=1}^{6} x_{\mathrm{i}} = -6a$, $\prod_{\mathrm{i}=1}^{6} x_{\mathrm{i}} = a^6 - b^6$, 满足解的性质要求.

因此所求得的 6 个解式皆成立.

到此为止, 我们已经对 6 次及以下 A 型方程代数解有了一个概貌的了解. 为了理解它们的几何意义, 我们有必要进一步研究上述解的性质.

简单归纳一下不难得到以下规则:

A 型 1 次方程的解出现在 6 次及以下所有方程的解集之中;

A 型 2 次方程的共轭解分别出现在 2 次、4 次及以 6 次方程的解集之中;

A 型 3 次方程的共轭解分别出现在 3 次及以 6 次方程的解集之中;

A 型 4 次方程的代数解除了包含 2 次方程的一对共轭解之外, 还包含 1 对新增的共轭解, 这一对新增的共轭解与 2 次方程的共轭解形式上对应, 但其不再属于实数解, 而是属于虚数解;

A 型 6 次方程的解除了包含 2 次方程的 1 对共轭解以及 3 次方程的 1 对共轭解之外, 还包含 1 对新增的共轭解, 新增加的 1 对共轭解与 3 次方程的共轭解形式上对应, 但含有 y 的各项符号不同;

而 A 型 5 次方程的解除了包含 1 次方程的解之外, 还包含另外的 2 对新增的共轭解, 它们与已知的 2 次, 3 次以及 4 次方程的共轭解形式上不对应, 因此 5 次方程的解集独立于 2 次、3 次以及 4 次方程的解集.

根据以上分析形成以下初步结论:

A 型 1 次方程的解与所有的方程的解集之间均存在关联关系;

A 型 2 次方程的解集与偶次方程的解集之间存在关联关系;

A 型 3 次方程解集仅与 1 次方程解集之间存在关联关系;

A 型 4 次方程解集与 2 次方程解集之间存在关联关系;

A 型 5 次方程解集仅与 1 次方程的解集存在关联关系;

A 型 6 次方程解集与 2 次方程解集、3 次方程解集存在关联关系.

非常奇妙的是, 不同次数方程的这些解集关联关系与自然数列中的 1、素数及合数之因子关联关系惊人地相似!

实际上读者不难验证, 3 次及以上素数次 A 型方程的解集仅与 1 次方程的解集存在关联关系, 所以 5 次, 7 次, 11 次, 13 次, 17 次等素数次 A 型方程解的形式与已知的 2 次至 6 次方程解的形式很不相同.

8.4 部分第五种代数方程的复代数解

令 $b=0$, 则第五种代数方程 $\sum\limits_{m=0}^{n}\dfrac{n!}{(n-m)!m!}a^{n-m}x^{m}-x^{n}=0$ 可以改写为另一种形式 $\sum\limits_{m=0}^{n}\dfrac{n!}{(n-m)!m!}a^{n-m}x^{m}-x^{n}-b^{n}=0$, 进一步地有

$$\sum_{m=0}^{n-1}\frac{n!}{(n-m)!m!}a^{n-m}x^{m}-b^{n}=0 \tag{8-44}$$

为简便起见, 以下我们称形如式 (8-44) 的代数方程为 B 型 n-1 次代数方程 (简称为 B 型方程).

不难看出, B 型 $n-1$ 次代数方程与 A 型 n 次代数方程区别与联系是: 令 A 型 n 次代数方程中的 $b=0$ 且去掉其中的 x^n 项, 即可获得 B 型 $n-1$ 次代数方程. 在考虑了这两个差异因素之后, 我们可以借用 A 型代数方程的求解方法和思路对 B 型代数方程进行求解.

对于 $\boldsymbol{n=1}$ 而言, 由于 $(x+a)^n-x^n-b^n=0$ 的展开式 x^n 项被抵消, 因此对应于 A 型 1 次代数方程的 B 型 0 次表达式不能构成代数方程, 因此不存在对应于 A 型 1 次代数方程的 B 型 0 次方程解.

对于 $\boldsymbol{n=2}$ 而言, 由 $(x+a)^n-x^n-b^n=0$ 得到 B 型 1 次方程 $2ax+a^2-b^2=0$, 即 $2x+a-b^2=0$, 因此方程的解是

$$x=-\frac{1}{2}\left(a-b^2\right)=-\frac{1}{2}a$$

我们注意到, 从形式上看它与 A 型 2 次代数方程的共轭解之一相同, 但同时又不存在与 A 型 2 次代数方程对应的共轭解. 我们可以这样理解这种现象: 它是一个破损了的共轭解的残留表达式. 关于这一点, 在后续内容讨论中表现尤为充分.

对于 $\boldsymbol{n=3}$ 而言, 令 $b=0$, 可将 $(x+a)^n-x^n=0$ 改写为 B 型 2 次方程的标准形式 $\sum\limits_{m=0}^{n-1}\dfrac{n!}{(n-m)!m!}a^{n-m}x^m-b^n=0$. 因为其已知数因子积 $b^3=0$, 所以可以套用 A 型 3 次方程的解法, 即 $b^3=0\times0^2$, 其解应该是由 1 个公共解和 1 对共轭解构成. 由于满足全部 B 型代数方程的公共解 (对应于 A 型 1 次方程的解) 不存在, 因此只剩下 (对应于 A 型 3 方程的)1 对共轭解.

设 $\sum\limits_{m=0}^{n-1}\dfrac{n!}{(n-m)!m!}a^{n-m}x^m-b^n=0$ 的共轭解记为 x_1、x_2, 已知 n=3, 根据式 (8-7) 知, $x_1+x_2=-\dfrac{(n-1)}{2}a=-a$, 且 $x_1\times x_2=(-1)^{n-1}\dfrac{a^{n-1}}{n}=\dfrac{a^2}{3}$. 解此联立方程得到共轭解

$$
\begin{aligned}
x_1&=\frac{1}{6}(-3a+\sqrt{3}a\mathrm{i})\\
x_2&=\frac{1}{6}(-3a-\sqrt{3}a\mathrm{i})
\end{aligned}
\tag{8-45}
$$

验证解

(1) 将上述分析得到的 2 个代数解x_1,x_2分别代入 B 型 2 次方程$\sum\limits_{m=0}^{n-1}\dfrac{n!}{(n-m)!m!}$ $a^{n-1-m}x^m-b^n=0$, 等式皆成立.

(2) 将 2 个代数解 x_1,x_2 代入式 (8-7), $\sum\limits_{\mathrm{i}=1}^{2}x_\mathrm{i}=-a$, $\prod\limits_{\mathrm{i}=1}^{2}x_\mathrm{i}=\dfrac{1}{3}a^2$, 满足解的性质要求.

因此所求得的共轭解成立.

对于 $\boldsymbol{n=4}$ 而言, 令 $y=0$, 可将 $(x+a)^n-x^n=0$ 改写为 B 型 3 次方程的标准形式 $\sum\limits_{m=0}^{n-1}\dfrac{n!}{(n-m)!m!}a^{n-m}x^m-b^n=0$. 因为其已知数因子积 $y^4=0$, 所以可以套用 A 型 4 次方程的解法, 即 $y^4=0^2\times0^2$, 其解应该是由 2 对共轭解构成, 由于其中第 1 对共轭解破损, 因此所求的解应该是第 1 对共轭解破损后的残留解以及另 1 对共轭解.

根据 B 型 1 次方程的解知道, 第 1 对共轭解破损后的残留解为

$$x_1=-\frac{a}{2}$$

设 $\sum_{m=0}^{n-1}\frac{n!}{(n-m)!m!}a^{n-m}x^m-b^n=0$ 的共轭解记为 x_2,x_3, 已知 n=4, 且 $x_1=-\frac{a}{2}$, 根据式 (8-7) 知, $x_1+x_2+x_3=-\frac{(n-1)}{2}a=-\frac{3}{2}a$, 那么 $x_2+x_3=-\frac{3}{2}a+\frac{1}{2}a=-a$; 根据式 (8-7) 又知, $x_1\times x_2\times x_3=(-1)^{n-1}\frac{a^{n-1}}{n}=-\frac{a^3}{4}$, 那么 $x_2\times x_3=-\frac{a^3}{4}\times\left(-\frac{2}{a}\right)=\frac{1}{2}a^2$. 解联立方程 $x_2+x_3=-a$, $x_2\times x_3=\frac{1}{2}a^2$ 得到共轭解

$$x_2=\frac{1}{2}(-a+a\mathrm{i})$$

$$x_3=\frac{1}{2}(-a-a\mathrm{i})$$

验证解

(1) 将上述分析得到的 3 个代数解 x_1,x_2,x_3 分别代入 B 型 3 次方程 $\sum_{m=0}^{n-1}\frac{n!}{(n-m)!m!}a^{n-m}x^m-b^n=0$, 等式皆成立.

(2) 将 2 个代数解 x_1,x_2 代入式 (8-7), $\sum_{\mathrm{i}=1}^{3}x_{\mathrm{i}}=-\frac{3a}{2}$, $\prod_{\mathrm{i}=1}^{3}x_{\mathrm{i}}=-\frac{1}{4}a^3$, 满足解的性质要求.

因此所求得的 3 个解式皆成立.

对于 $\boldsymbol{n=5}$ 而言, 令 $b=0$, 可将 $(x+a)^n-x^n=0$ 改写为 B 型 4 次方程的标准形式 $\sum_{m=0}^{n-1}\frac{n!}{(n-m)!m!}a^{n-m}x^m-b^n=0$. 因其已知数因子积 $b^5=0$, 套用 A 型 5 次方程的解法, 即 $b^5=0\times0^2\times0^2$, 其解应该是由 1 个公共解以及 2 对共轭解构成. 由于公共解不存在, 那么只剩下 2 对共轭解.

设 $\sum_{m=0}^{n-1}\frac{n!}{(n-m)!m!}a^{n-m}x^m-b^n=0$ 的第一对共轭解记为 x_1、x_2, 第二对共轭解记为 x_3,x_4, 根据式 (8-7) 知, $x_1+x_2+x_3+x_4=-\frac{(n-1)}{2}a=-2a$, 根据式 (8-7) 又知, $x_1\times x_2\times x_3\times x_4=(-1)^{n-1}\frac{a^{n-1}}{n}=\frac{a^4}{5}$.

由于 B 型 4 次方程对应于 A 型 5 次方程, 但又不存在类似于 A 型 5 次方程的第一个解, 因此无法利用类似于 A 型 5 次方程的第一个解, 以式 (8-35) 的方式求出共轭解中的抵消因子, 必须寻找新的求解途径.

一方面, 根据式 (8-7), $x_1+x_2+x_3+x_4=-2a$, 设 $x_1+x_2=-a$, $x_3+x_4=-a$,

满足 “2 对共轭因子之和应该为 $-2a$” 的约束, 即满足 $x_1+x_2+x_3+x_4=-2a$ 的约束.

另一方面, 如果设 $x_1\times x_2=\dfrac{a^2}{\sqrt{5}}$, $x_3\times x_4=\dfrac{a^2}{\sqrt{5}}$, 虽然满足 $x_1\times x_2\times x_3\times x_4=\dfrac{a^4}{5}$ 的约束, 但是由于已经设 $x_1+x_2=-a$, $x_3+x_4=-a$, 如果这样设定共轭解积, 即使能求出解也只能是 2 对重根. 为了正确地求出其全部共轭解, 我们设 $\{x_3,x_4\}$ 以及 $\{x_1,x_2\}$ 这 2 对共轭解之间存在抵消因子 $s\pm t$.

根据 8.2 节的分析, 共轭解之积实为两种 2 维几何碎块公共边长之积, 又由于第五种代数方程如果有解其解必为系数 a 的有限次代数运算表达式, 所以令 $x_1\times x_2$ 以及 $x_3\times x_4$ 的表达式分别为 $x_1\times x_2=(s+t)a^2$ 以及 $x_3\times x_4=(s-t)a^2$, 则根据式 (8-7) 有共轭解积之积表达式为

$$(s+t)a^2(s-t)a^2=\frac{a^4}{5} \tag{8-46}$$

又由于已经设定 $x_1+x_2=-a$, $x_3+x_4=-a$, 所以有共轭解积之和表达式为

$$(s+t)a^2+(s-t)a^2=a^2 \tag{8-47}$$

解方程 (8-47), 得到

$$s=\frac{1}{2} \tag{8-48}$$

将其代入式 (8-46) 得到

$$\left(\frac{1}{2}a^2+ta^2\right)\left(\frac{1}{2}a^2-ta^2\right)=\frac{a^4}{5} \tag{8-49}$$

求解式 (8-48), 得到 $t=\pm\dfrac{1}{2\sqrt{5}}$, 取

$$t=\frac{1}{2\sqrt{5}} \tag{8-50}$$

根据上述设定及分析我们得到求第一对共轭解的联立方程:

$$x_1+x_2=-a \tag{8-51}$$

$$x_1\times x_2=\frac{a^2}{2}+\frac{a^2}{2\sqrt{5}} \tag{8-52}$$

于是有, $x_2(-a-x_2)=\dfrac{a^2}{2}+\dfrac{a^2}{2\sqrt{5}}$, $-x_2^2-ax_2-\dfrac{a^2}{2}-\dfrac{a^2}{2\sqrt{5}}=0$, 即

$$-x_2^2-ax_2-\frac{1}{2}\left(a^2+\frac{a^2}{\sqrt{5}}\right)=0 \tag{8-53}$$

相似地, 则根据上述设定及式 (8-7), 我们不难得到

$$x_3 + x_4 = -a \tag{8-54}$$

$$x_3 \times x_4 = \frac{a^2}{2} - \frac{a^2}{2\sqrt{5}} \tag{8-55}$$

于是有, $x_4(-a - x_4) = \dfrac{a^2}{2} - \dfrac{a^2}{2\sqrt{5}}$, $-x_2^2 - ax_2 - \dfrac{a^2}{2} + \dfrac{a^2}{2\sqrt{5}} = 0$, 即

$$-x_2^2 - ax_2 - \frac{1}{2}\left(a^2 - \frac{a^2}{\sqrt{5}}\right) = 0 \tag{8-56}$$

分别解式 (8-53) 及式 (8-56), 最终得到 $\sum\limits_{m=0}^{n-1} \dfrac{n!}{(n-m)!m!} a^{n-m} x^m - b^n = 0$ 的 2 对共轭解

$$x_1 = \frac{1}{10}(-5a + \sqrt{5}\sqrt{-5a^2 - 2\sqrt{5}a^2})$$

$$x_2 = \frac{1}{10}(-5a - \sqrt{5}\sqrt{-5a^2 - 2\sqrt{5}a^2})$$

$$x_3 = \frac{1}{10}(-5a + \sqrt{5}\sqrt{-5a^2 + 2\sqrt{5}a^2})$$

$$x_4 = \frac{1}{10}(-5a - \sqrt{5}\sqrt{-5a^2 + 2\sqrt{5}a^2})$$

验证解

(1) 将上述分析得到的 4 个代数解 x_1, x_2, x_3, x_4 分别代入 B 型 4 次方程 $\sum\limits_{m=0}^{4} \dfrac{5!}{(5-m)!m!} a^{5-m} x^m - b^4 = 0$, 等式皆成立.

(2) 将 2 对共轭代数解 x_1, x_2, x_3, x_4 代入式 (8-7), $\sum\limits_{\mathrm{i}=1}^{4} x_{\mathrm{i}} = -2a$, $\prod\limits_{\mathrm{i}=1}^{4} x_{\mathrm{i}} = \dfrac{1}{5}a^4$, 满足解的性质要求.

因此所求得的 2 对共轭代数解皆成立.

对于$\boldsymbol{n=6}$ 而言, 令 $b = 0$, 可将 $(x + a)^n - x^n = 0$ 改写为 B 型 5 次方程的标准形式 $\sum\limits_{m=0}^{5} \dfrac{6!}{(6-m)!m!} a^{6-m} x^m - b^6 = 0$. 因为其已知数因子积 $b^6 = 0$, 所以可以套用 A 型 6 次方程的解法, 即 $b^4 = 0^2 \times 0^4$, 其解应该是由 3 对共轭解构成, 由于其中第 1 对共轭解破损, 因此所求的解应该是第一对共轭解破损后的残留解以及另 2 对共轭解.

根据 B 型 1 次方程的解知道, 第一对共轭解破损后的残留解为

$$x_1 = -\frac{a}{2}$$

设 $\sum_{m=0}^{5} \frac{6!}{(6-m)!m!} a^{6-m} x^m - b^6 = 0$ 的其余 2 对共轭解记为 x_2, x_3, x_4, x_5. 根据式 (8-7) 知, $x_1 + x_2 + x_3 + x_4 + x_5 = -\frac{5}{2}a$, $x_1 \times x_2 \times x_3 \times x_4 \times x_5 = -\frac{a^5}{6}$, 因此有 $x_2 + x_3 + x_4 + x_5 = -\frac{5}{2}a + \frac{a}{2} = -2a$, $x_2 \times x_3 \times x_4 \times x_5 = -\frac{a^5}{6} \times \left(-\frac{2}{a}\right) = \frac{a^4}{3}$.

我们分别设 2 对共轭解的和为 $x_2 + x_3 = -a, x_4 + x_5 = -a$, 显然它们满足 $x_2 + x_3 + x_4 + x_5 = -2a$ 的约束.

另一方面, 我们设 $x_2 \times x_3 = \frac{a^2}{3}, x_4 \times x_5 = a^2$, 或者 $x_2 \times x_3 = -\frac{a^2}{3}, {}_4 \times x_5 = -a^2$, 这里取前者.

根据上述分析我们得到

$$x_2 + x_3 = -a \tag{8-57}$$

$$x_2 \times x_3 = \frac{a^2}{3} \tag{8-58}$$

于是有, $x_2(-a - x_2) = \frac{a^2}{3}$, 即

$$-x_2^2 - ax_2 - \frac{a^2}{3} = 0 \tag{8-59}$$

求解式 (8-59), 我们得到 x_2 的 2 个解 $x_2 = \mp\frac{1}{6}(\pm 3a + \sqrt{3}a\mathrm{i})$. 已知 x_2, x_3 共轭, 因此得到 $\sum_{m=0}^{5} \frac{6!}{(6-m)!m!} a^{6-m} x^m - b^6 = 0$ 的第一对共轭解为

$$x_2 = -\frac{1}{6}(3a + \sqrt{3}a\mathrm{i})$$

$$x_3 = \frac{1}{6}(-3a + \sqrt{3}a\mathrm{i})$$

相似地我们不难得到

$$x_4 + x_5 = -a \tag{8-60}$$

$$x_4 \times x_5 = a^2 \tag{8-61}$$

于是有, $x_4(-a - x_4) = a^2$, 即

$$-x_4^2 - ax_4 - a^2 = 0 \tag{8-62}$$

求解式 (8-62), 得到 x_4 的 2 个解 $x_4=\mp\frac{1}{2}(\pm a+\sqrt{3}a\mathrm{i})$. 已知 x_4、x_5 共轭, 因此得到 $\sum\limits_{m=0}^{5}\frac{6!}{(6-m)!m!}a^{6-m}x^m-b^6=0$ 的第二对共轭解为

$$x_4=-\frac{1}{2}(a+\sqrt{3}a\mathrm{i})$$

$$x_5=\frac{1}{2}(-a+\sqrt{3}a\mathrm{i})$$

最终我们得到 B 型 5 次方程 $\sum\limits_{m=0}^{5}\frac{6!}{(6-m)!m!}a^{6-m}x^m-b^6=0$ 的代数解如下

$$x_1=-\frac{1}{2}a$$

$$x_2=-\frac{1}{6}(3a+\sqrt{3}a\mathrm{i})$$

$$x_3=\frac{1}{6}(-3a+\sqrt{3}a\mathrm{i})$$

$$x_4=-\frac{1}{2}(a+\sqrt{3}a\mathrm{i})$$

$$x_5=\frac{1}{2}(-a+\sqrt{3}a\mathrm{i})$$

验证解

(1) 将上述分析得到的 5 个代数解 x_1,x_2,x_3,x_4,x_5 分别代入 B 型 5 次方程 $\sum\limits_{m=0}^{5}\frac{6!}{(6-m)!m!}a^{6-m}x^m-b^6=0$, 各种情形下等式皆成立.

(2) 将 5 个代数解 x_1,x_2,x_3,x_4,x_5 代入式 (8-7), $\sum\limits_{\mathrm{i}=1}^{5}x_{\mathrm{i}}=-\frac{5a}{2}$, $\prod\limits_{\mathrm{i}=1}^{5}x_{\mathrm{i}}=-\frac{a^5}{6}$, 满足解的性质要求.

因此所求得的 5 个解式皆成立.

8.5 部分第四种代数方程的复代数解

令 $b=0$, 则第四种方程 (以下称为 C 型 n 次方程) 的形式为

$$\sum_{m=1}^{n}\frac{n!}{(n-m)!m!}a^{n-m}x^m-b^n=0 \tag{8-63}$$

其与 A 型 n 次方程的形式相似, 因此,C 型 n 次方程的解法与 A 型方程相似, 只需要把 A 型方程解中变量 b 置换为 0 即可.

在此前提下, C 型方程解的表观结构与具体内容则与 A 型方程不完全相同, 最显著的特点是所有的 C 型 n 次都有一个解值为 0 的公共解. 这样, 当 n 为奇数时, C 型方程解的结构不受影响; 当 n 为偶数时, C 型 2 次方程的共轭解就会出现破损(不对偶). 因此, 破损了的第一对共轭解在每个 $n \geqslant 4$ 的 C 型偶次方程解集中都会出现.

为节省篇幅起见, 以下我们不对 C 型方程求解过程进行重复, 只给出 6 次及以下 C 型方程的解, 便于与 A 型方程的解进行比较.

C 型 1 次方程的解: $x_1 = -a + b = 0$

C 型 2 次方程的解: $$\begin{cases} x_1 = 0 \\ x_2 = -2a \end{cases}$$

C 型 3 次方程的解: $$\begin{cases} x_1 = 0 \\ x_2 = \dfrac{1}{2}(-3a + \sqrt{3}a\mathrm{i}) \\ x_3 = \dfrac{1}{2}(-3a - \sqrt{3}a\mathrm{i}) \end{cases}$$

C 型 4 次方程的解: $$\begin{cases} x_1 = 0 \\ x_2 = -2a \\ x_3 = a(-1 - \mathrm{i}) \\ x_4 = a(-1 + \mathrm{i}) \end{cases}$$

C 型 5 次方程的解: $$\begin{cases} x_1 = 0 \\ x_2 = \dfrac{1}{4}(-5a - \sqrt{5}a - \sqrt{2(5 - \sqrt{5})}a\mathrm{i}) \\ x_3 = \dfrac{1}{4}(-5a - \sqrt{5}a + \sqrt{2(5 - \sqrt{5})}a\mathrm{i}) \\ x_4 = \dfrac{1}{4}(-5a + \sqrt{5}a - \sqrt{2(5 + \sqrt{5})}a\mathrm{i}) \\ x_5 = \dfrac{1}{4}(-5a + \sqrt{5}a + \sqrt{2(5 + \sqrt{5})}a\mathrm{i}) \end{cases}$$

C 型 6 次方程的解: $\begin{cases} x_1 = 0 \\ x_2 = -2a \\ x_3 = \dfrac{1}{2}(-a - \sqrt{3}a\mathrm{i}) \\ x_4 = \dfrac{1}{2}(-a + \sqrt{3}a\mathrm{i}) \\ x_5 = \dfrac{1}{2}(-3a - \sqrt{3}a\mathrm{i}) \\ x_6 = \dfrac{1}{2}(-3a + \sqrt{3}a\mathrm{i}) \end{cases}$

读者可自行利用式 (8-6) 验证上述结果的正确性.

8.6 部分第三种代数方程的复代数解

令 $b = 0$, 则第三种代数方程 $\sum\limits_{m=0}^{n} a^{n-m}x^m - x^n = 0$ 可以改写为另一种方程形式 $\sum\limits_{m=0}^{n} a^{n-m}x^m - x^n - b^n = 0$, 进一步地有

$$\sum_{m=0}^{n-1} a^{n-m}x^m - b^n = 0 \tag{8-64}$$

为简便起见, 以下我们称形如式 (8-64) 的代数方程为 D 型 $n-1$ 次代数方程 (简称为 D 型方程).

不难看出, D 型 $n-1$ 次代数方程形式上对应的是 B 型 $n-1$ 次代数方程, 求解的方法与解的结构同借鉴 B 型 $n-1$ 次代数方程有相似之处. 因此我们可以借用 B 型 $n-1$ 次代数方程的求解方法和思路对 D 型 $n-1$ 次代数方程求解.

为节省篇幅起见, 以下我们不对 D 型 $n-1$ 次方程求解过程进行重复, 直接给出 n=6 及以下 D 型 $n-1$ 次方程的解, 便于与 B 型方程的解进行比较.

D 型 0 次方程的解: 不存在

D 型 1 次方程的解: $x_1 = -a$

D 型 2 次方程的解: $\begin{cases} x_1 = -\dfrac{1}{2}(a + \sqrt{3}a\mathrm{i}) \\ x_2 = \dfrac{1}{2}(-a + \sqrt{3}a\mathrm{i}) \end{cases}$

D 型 3 次方程的解: $x_1 = -a, x_2 = -a\mathrm{i}, x_3 = a\mathrm{i}$

D 型 4 次方程的解: $\begin{cases} x_1 = \dfrac{1}{4}(-a-\sqrt{5}a-\sqrt{2(5-\sqrt{5})}a\mathrm{i}) \\ x_2 = \dfrac{1}{4}(-a-\sqrt{5}a+\sqrt{2(5-\sqrt{5})}a\mathrm{i}) \\ x_3 = \dfrac{1}{4}(-a+\sqrt{5}a-\sqrt{2(5+\sqrt{5})}a\mathrm{i}) \\ x_4 = \dfrac{1}{4}(-a+\sqrt{5}a+\sqrt{2(5+\sqrt{5})}a\mathrm{i}) \end{cases}$

D 型 5 次方程的解: $\begin{cases} x_1 = -a \\ x_2 = \dfrac{1}{2}(a-\sqrt{3}a\mathrm{i}) \\ x_3 = \dfrac{1}{2}(a+\sqrt{3}a\mathrm{i}) \\ x_4 = -\dfrac{1}{2}(a+\sqrt{3}a\mathrm{i}) \\ x_5 = \dfrac{1}{2}(-a+\sqrt{3}a\mathrm{i}) \end{cases}$

读者可自行利用式 (8-5) 验证上述结果的正确性.

8.7 部分第二种代数方程的复代数解

令 $b=0$, 则得到称为 E 型 n 次方程的第四种代数方程形式

$$\sum_{m=0}^{n} a^{n-m}x^m - a^n - b^n = 0 \tag{8-65}$$

E 型 n 次方程 $\sum\limits_{m=0}^{n} a^{n-m}x^m - a^n - b^n = 0$ 的解法及解的结构与 C 型方程相似.

为节省篇幅起见, 以下我们不对 E 型方程求解过程进行重复, 只给出 6 次及以下 E 型方程的解, 便于与 C 型方程的解进行比较.

E 型 1 次方程的解: $x_1 = -a + y = 0$

E 型 2 次方程的解: $\begin{cases} x_1 = 0 \\ x_2 = -a \end{cases}$

E 型 3 次方程的解: $\begin{cases} x_1 = 0 \\ x_2 = \dfrac{1}{2}(-a + \sqrt{3}a\mathrm{i}) \\ x_3 = \dfrac{1}{2}(-a - \sqrt{3}a\mathrm{i}) \end{cases}$

E 型 4 次方程的解: $\begin{cases} x_1 = 0 \\ x_2 = -a \\ x_3 = -a\mathrm{i} \\ x_4 = a\mathrm{i} \end{cases}$

E 型 5 次方程的解: $\begin{cases} x_1 = 0 \\ x_2 = \dfrac{1}{4}(-a - \sqrt{5}a - \sqrt{2(5-\sqrt{5})}a\mathrm{i}) \\ x_3 = \dfrac{1}{4}(-a - \sqrt{5}a + \sqrt{2(5-\sqrt{5})}a\mathrm{i}) \\ x_4 = \dfrac{1}{4}(-a + \sqrt{5}a - \sqrt{2}\sqrt{-5a^2 - \sqrt{5}a^2}\mathrm{i}) \\ x_5 = \dfrac{1}{4}(-a + \sqrt{5}a + \sqrt{2}\sqrt{-5a^2 - \sqrt{5}a^2}\mathrm{i}) \end{cases}$

E 型 6 次方程的解: $\begin{cases} x_1 = 0 \\ x_2 = -a \\ x_3 = \dfrac{1}{2}(a - \sqrt{3}a\mathrm{i}) \\ x_4 = \dfrac{1}{2}(a + \sqrt{3}a\mathrm{i}) \\ x_5 = \dfrac{1}{2}(-a - \sqrt{3}a\mathrm{i}) \\ x_6 = \dfrac{1}{2}(-a + \sqrt{3}a\mathrm{i}) \end{cases}$

读者可自行利用式 (8-4) 验证上述结果的正确性.

8.8　部分第一种代数方程的复代数解

令 $b = 0$, 则第一种方程 $\sum\limits_{m=0}^{n} a^{n-m}x^m = 0$(以下称为 F 型 n 次方程) 可以改写

为另一种形式

$$\sum_{m=1}^{n} a^{n-m}x^m - b^n = 0 \tag{8-66}$$

为节省篇幅起见, 以下我们不对 F 型方程求解过程进行展开, 只给出 6 次及以下 F 型方程的解, 便于与其他方程的解进行比较.

F 型 1 次方程的解: $x_1 = -a + y = -a$

F 型 2 次方程的解: $\begin{cases} x_1 = \dfrac{1}{2}(-a - \sqrt{3}a\mathrm{i}) \\ x_2 = \dfrac{1}{2}(-a + \sqrt{3}a\mathrm{i}) \end{cases}$

F 型 3 次方程的解: $\begin{cases} x_1 = -a \\ x_2 = -a\mathrm{i} \\ x_3 - a\mathrm{i} \end{cases}$

F 型 4 次方程的解: $\begin{cases} x_1 = \dfrac{1}{4}(-a - \sqrt{5}a - \sqrt{2(5-\sqrt{5})}a\mathrm{i}) \\ x_2 = \dfrac{1}{4}(-a - \sqrt{5}a + \sqrt{2(5-\sqrt{5})}a\mathrm{i}) \\ x_3 = \dfrac{1}{4}(-a + \sqrt{5}a - \sqrt{2}\sqrt{-5a^2 - \sqrt{5}a^2}\mathrm{i}) \\ x_4 = \dfrac{1}{4}(-a + \sqrt{5}a + \sqrt{2}\sqrt{-5a^2 - \sqrt{5}a^2}\mathrm{i}) \end{cases}$

F 型 5 次方程的解: $\begin{cases} x_1 = -a \\ x_2 = \dfrac{1}{2}(a - \sqrt{3}a\mathrm{i}) \\ x_3 = \dfrac{1}{2}(a + \sqrt{3}a\mathrm{i}) \\ x_4 = \dfrac{1}{2}(-a - \sqrt{3}a\mathrm{i}) \\ x_5 = \dfrac{1}{2}(-a + \sqrt{3}a\mathrm{i}) \end{cases}$

F 型 6 次方程的解: $\begin{cases} x_1 = -(-1)^{\frac{1}{7}}a, x_2 = (-1)^{\frac{2}{7}}a, x_3 = -(-1)^{\frac{3}{7}}a \\ x_4 = (-1)^{\frac{4}{7}}a, x_5 = -(-1)^{\frac{5}{7}}a, x_6 = (-1)^{\frac{6}{7}}a \end{cases}$

关于 F 型 6 次方程解的几何意义, 我们将在 8.9 节内容中分析.

读者可自行利用式 (8-3) 验证上述结果的正确性.

从几何特征量角度看, 上述代数方程的代数解代表着 “无中生有” 的概念——

将一个几何特征量为 0 的 n 维正则几何对象进行切割, 可以得到若干个几何特征量不为 0 的 n 维几何对象. 在这里, "整体大于局部之和" 的直观概念已不复存在 (倒是像财务核算上使用的资产负债表一样, 虽然企业的总资产为 0, 但是企业的债权与债务各自却不一定为 0). 这种现象深刻反映了对称空间的几何特性, 非对称空间不存在这种几何特性.

8.9 第七种代数方程的复代数解

本节以及 8.10 节研究两种存在任意次方程通解公式的任意次一元代数方程.

虽然不存在对所有种类高次代数方程皆适用的求解公式, 但是仍然存在一些具有通解表达式的特殊种类代数方程.

下述所称第七种代数方程就是一种具有通解表达式的特殊代数方程, 其形式为 $\sum\limits_{m=0}^{n} x^m = 0$, 以下我们称之为 **G** 型 n 次方程.

G 型 n 次方程有一个最显著的特点, 就是方程中多项式的所有项系数皆为 1, 正是因为这个特点, 使得 $n \geqslant 1$ 时其都有代数解. 以下我们以旋转运算的几何概念为基础, 并结合代数与三角函数概念研究这类方程解的构成.

$n = 1$ 时 $\sum\limits_{m=0}^{n} x^m = 0$ 的展开式为 $x + 1 = 0$, 显然其解为 $x = -1$. 该解满足式 (8 - 9), 因此解 $x = -1$ 是合法解.

我们这样理解这个解的几何意义: 第一象限中特征量为 1 的几何对象, 经过一次旋转后, 其特征量变为 -1, 两者并列求和, 几何特征量相互抵消. 显然, 旋转后的几何对象处于第三象限, 而第三象限与第一象限的角度相差 π 弧度, 求解结果在复平面上对应着三角函数 $\cos(\pi) + \mathrm{i}\sin(\pi)$, 因此有 $x = \cos(\pi) + \mathrm{i}\sin(\pi) = -1$. 我们称 π 弧度为一次方程中包含旋转运算的整维度.

$n = 2$ 时, $\sum\limits_{m=0}^{n} x^m = 0$ 的展开式为 $x^2 + x + 1 = 0$, 根据式 (8-9), 两个解具有以下关系: $x_1 + x_2 = -1, x_1x_2 = 1$, 解该联立方程得到 $x_1 = -\dfrac{1}{2} - \dfrac{\sqrt{3}}{2}\mathrm{i}, x_2 = -\dfrac{1}{2} + \dfrac{\sqrt{3}}{2}\mathrm{i}$.

另一方面, $x^2 + x + 1 = 0$ 又可改写为 $x^2 + x = -1$, 回顾第 6 章的旋转运算相关内容, 在表 6-1 中上述两个解对应着对广义虚数 1 开 3 次方的 3 个根中的两个复数根 (其另一个根是实数 1), 其中 $-\dfrac{1}{2} + \dfrac{\sqrt{3}}{2}\mathrm{i}$ 对应着三角函数 $\cos\left(\dfrac{2\pi}{3}\right) + \mathrm{i}\sin\left(\dfrac{2\pi}{3}\right)$, $-\dfrac{1}{2} - \dfrac{\sqrt{3}}{2}\mathrm{i}$ 对应着三角函数 $\cos\left(\dfrac{4\pi}{3}\right) + \mathrm{i}\sin\left(\dfrac{4\pi}{3}\right)$, 这意味着具有单位特征量的几

何对象从复平面的第一象限逆时针旋转, 旋转 2π 弧度为一个整维度, 旋转 $\frac{2\pi}{3}$ 弧度为 $\frac{1}{3}$ 维度, 旋转 $\frac{4\pi}{3}$ 弧度为 $\frac{2}{3}$ 维度. 与第二个旋转过程等价的另外一个旋转方向的旋转过程表达式可以写成: $-\left(\cos\left(\frac{\pi}{3}\right)+\mathrm{i}\sin\left(\frac{\pi}{3}\right)\right)=-\frac{1}{2}-\frac{\sqrt{3}}{2}\mathrm{i}$, 该表达的几何意义是具有单位特征量的几何对象从复平面的第一象限向顺时针旋转 π 弧度为一个整维度, 其顺时针旋转 $\frac{\pi}{3}$ 弧度时与逆时针旋转旋转 $\frac{2\pi}{3}$ 弧度所形成的几何对象在复平面中形成共轭关系. 记顺时针旋转所对应的三角函数表达式为负, 于是不难得到 $n=2$ 时 $\sum\limits_{m=0}^{n}x^m=0$ 的一对共轭解为

$$x_1=-\frac{1}{2}-\frac{\sqrt{3}}{2}\mathrm{i}=-\left(\cos\left(\frac{\pi}{3}\right)+\mathrm{i}\sin\left(\frac{\pi}{3}\right)\right)$$

$$x_2=-\frac{1}{2}+\frac{\sqrt{3}}{2}\mathrm{i}=\cos\left(\frac{2\pi}{3}\right)+\mathrm{i}\sin\left(\frac{2\pi}{3}\right)$$

另一方面, 直接解 $x^2+x+1=0$ 方程, 又可得到 $x_1=-(-1)^{\frac{1}{3}}$, $x_2=(-1)^{\frac{2}{3}}$. 由于 $-1=\mathrm{i}^2$ 且 $\mathrm{i}=\left(\frac{\sqrt{2}}{2}1+\mathrm{i}\right)^2$, 于是

$$x_1=-(-1)^{\frac{1}{3}}=-\left(\left(\frac{\sqrt{2}}{2}(1+\mathrm{i})\right)^2\right)^{\frac{2}{3}}=-\left(\sqrt[3]{\left(\frac{\sqrt{2}}{2}(1+\mathrm{i})^2\right)^2}\right),$$

$$x_2=(-1)^{\frac{2}{3}}=\left(\left(\frac{\sqrt{2}}{2}(1+\mathrm{i})\right)^2\right)^{\frac{4}{3}}=\left(\sqrt[3]{\frac{\sqrt{2}}{2}(1+\mathrm{i})^2}\right)^4$$

将上述两组解分别代入 $\sum\limits_{m=0}^{n}x^m$ 计算, 结果皆等于 0, 并且将两组解分别代入式 (8-9), 也全部满足解的性质等式要求. 这表明, 同一个 2 次代数方程的复数解同时存在 4 种等价表达形式.

代数基本定理指出: 每个复系数 n 次 (n 为正整数) 代数方程 (左端为多项式的方程), 至少有一个根.

代数基本定理推论: 复系数 n 次 (n 为正整数) 代数方程在复数域内有且仅有 n 个根 (重根按重数计算).

有人将 “代数基本定理” 与 “代数基本定理推论” 合并表述为: 任何一个复系数 n 次 (n 为正整数) 代数方程在复数域内至少有一个根, 至多有 n 个根 (不计算重根).

多项式的根和方程的解之间存在密切关系. 任何幂数都存在根, 比如平方根、立方根. 从这个意义上讲, 一个多项式完全分解后的乘积因子即为该多项式的根. 另一方面, 使得含有未知数的代数等式 (通常等式左侧为多项式, 右侧为 0) 成立的未知数之值的全部, 称为方程的根或零点, 又称为方程的解.

根据上述研究, 2 次代数方程的解可以由不同的表达式表达:

$$x_1=-\frac{1}{2}-\frac{\sqrt{3}}{2}\mathrm{i}=-\left(\cos\left(\frac{\pi}{3}\right)+\mathrm{i}\sin\left(\frac{\pi}{3}\right)\right)=-(-1)^{\frac{1}{3}}=-\left(\sqrt[3]{\left(\frac{\sqrt{2}}{2}(1+\mathrm{i})\right)^2}\right)^2$$

$$x_2=-\frac{1}{2}+\frac{\sqrt{3}}{2}\mathrm{i}=\cos\left(\frac{2\pi}{3}\right)+\mathrm{i}\sin\left(\frac{2\pi}{3}\right)=(-1)^{\frac{2}{3}}=\left(\sqrt[3]{\left(\frac{\sqrt{2}}{2}(1+\mathrm{i})\right)^2}\right)^4$$

读者不难验证, 上述两组 (每组 4 个) 解同时满足 n=2 时, $\sum\limits_{m=0}^{n}x^m=0$ 的要求, 且满足式 (8-9) 解的性质等式要求.

$n=3$ 时 $\sum\limits_{m=0}^{n}x^m=0$ 的展开式为 $x^3+x^2+x+1=0$, 其可以改写为 $x^3+x^2+x=-1$. 显然其第一个解为 $x_1=-1$. 根据式 (8-9) 知, $x_1+x_2+x_3=-1, x_1\times x_2\times x_3=-1$, 由于已知 $x_1=-1$, 所以上述两个方程可以改写为 $x_2+x_3=0, x_2\times x_3=1$, 解此联立方程组, 得到 $x_2=-\mathrm{i}, x_3=\mathrm{i}$.

另一方面, 由于 $\mathrm{i}=\left(\frac{\sqrt{2}}{2}(1+\mathrm{i})\right)^2$, $-\mathrm{i}=-\left(\frac{\sqrt{2}}{2}(1+\mathrm{i})\right)^2$ 且 $-\mathrm{i}=-(-1)^{\frac{1}{2}}$, $\mathrm{i}=(-1)^{\frac{1}{2}}$, 以及 $\mathrm{i}=\left(\cos\left(\frac{\pi}{2}\right)+\mathrm{i}\sin\left(\frac{\pi}{2}\right)\right)$, $-\mathrm{i}=-\left(\cos\left(\frac{\pi}{2}\right)+\mathrm{i}\sin\left(\frac{\pi}{2}\right)\right)$, 于是上述 3 个解可以改写为

$$x_1=-1=\cos(\pi)+\mathrm{i}\sin(\pi)=-1$$

$$x_2=-\mathrm{i}=-\left(\sqrt{\left(\frac{\sqrt{2}}{2}(1+\mathrm{i})\right)^2}\right)^2=-\left(\cos\left(\frac{\pi}{2}\right)+\mathrm{i}\sin\left(\frac{\pi}{2}\right)\right)=-(-1)^{\frac{1}{2}}$$

$$x_3=\mathrm{i}=\left(\sqrt{\left(\frac{\sqrt{2}}{2}(1+\mathrm{i})\right)^2}\right)^2=\cos\left(\frac{\pi}{2}\right)+\mathrm{i}\sin\left(\frac{\pi}{2}\right)=(-1)^{\frac{1}{2}}$$

提请读者注意, 这里也找到了 4 种等价解.

上述 3 个解的表达式表明, 具有单位特征量的几何对象从复平面的第一象限逆时针旋转 π 弧度为一个整维度, 顺时针旋转 $\frac{\pi}{2}$ 弧度与逆时针旋转旋转 $\frac{\pi}{2}$ 弧度所

形成的几何对象在复平面中形成共轭关系 (同样记顺时针旋转所对应的三角函数表达式为负).

$n=4$ 时 $\sum\limits_{m=0}^{n} x^m = 0$ 的展开式为 $x^4+x^3+x^2+x+1=0$, 其可以改写为 $x^4+x^3+x^2+x=-1$. 解此方程获得解为 $x_1=-(-1)^{\frac{1}{5}}, x_2=(-1)^{\frac{2}{5}}, x_3=-(-1)^{\frac{3}{5}}, x_4=(-1)^{\frac{4}{5}}$.

根据第 6 章及本节上述的分析知道, 这依然是一个关于旋转整维度所对应的角度为 π 弧度旋转复平面上单位特征量几何对象旋转角度求解问题. 由于最高旋转运算次数为 4, 所以单位特征量几何对象在旋转复平面上旋转之后获得的几何对象必然是两对共轭几何对象 (可通过两组对称的顺时针与逆时针旋转获得).

根据 n=2 时的经验及上述分析方法, 由于 $-1=\mathrm{i}^2$ 且 $\mathrm{i}=\left(\frac{\sqrt{2}}{2}(1+\mathrm{i})\right)^2$, 于是我们得到以下两组 8 个解的表达式.

第一组:

$$x_1=-\left(\sqrt[5]{\left(\frac{\sqrt{2}}{2}(1+i)\right)^2}\right)^2=-(-1)^{\frac{1}{5}}$$

$$x_2=\left(\sqrt[5]{\left(\frac{\sqrt{2}}{2}(1+\mathrm{i})\right)^2}\right)^4=(-1)^{\frac{2}{5}}$$

$$x_3=-\left(\sqrt[5]{\left(\frac{\sqrt{2}}{2}(1+\mathrm{i})\right)^2}\right)^6=-(-1)^{\frac{3}{5}}$$

$$x_4=\left(\sqrt[5]{\left(\frac{\sqrt{2}}{2}(1+\mathrm{i})\right)^2}\right)^8=(-1)^{\frac{4}{5}}$$

第二组:

$$x_1=-\left(\cos\left(\frac{\pi}{5}\right)+\mathrm{i}\sin\left(\frac{\pi}{5}\right)\right)=\frac{1}{4}\left(-1-\sqrt{5}-\sqrt{10-2\sqrt{5}}\mathrm{i}\right)$$

$$x_2=\cos\left(\frac{2\pi}{5}\right)+\mathrm{i}\sin\left(\frac{2\pi}{5}\right)=\frac{1}{4}\left(-1+\sqrt{5}+\sqrt{2\left(5+\sqrt{5}\right)}\mathrm{i}\right)$$

$$x_3=-\left(\cos\left(\frac{3\pi}{5}\right)+\mathrm{i}\sin\left(\frac{3\pi}{5}\right)\right)=\frac{1}{4}\left(-1+\sqrt{5}-\sqrt{2\left(5+\sqrt{5}\right)}\mathrm{i}\right)$$

$$x_4=\cos\left(\frac{4\pi}{5}\right)+\mathrm{i}\sin\left(\frac{4\pi}{5}\right)=\frac{1}{4}\left(-1-\sqrt{5}+\sqrt{10-2\sqrt{5}\mathrm{i}}\right)$$

有兴趣的读者请自行验证上数两组解是对应等价的.

$n=5$ 时 $\sum\limits_{m=0}^{n}x^m=0$ 的展开式为 $x^5+x^4+x^3+x^2+x+1=0$, 其可以改写为 $x^5+x^4+x^3+x^2+x=-1$. 解此方程获得解为 $x_1=-1,x_2=-(-1)^{\frac{1}{3}},x_3=(-1)^{\frac{1}{3}},x_4=-(-1)^{\frac{2}{3}},x_5=(-1)^{\frac{2}{3}}$. 根据第 6 章及本节上述的分析知道, 这也是一个关于旋转整维度所对应的角度为 π 弧度旋转复平面上单位特征量几何对象旋转角度求解问题. 由于最高旋转运算次数为 5, 所以单位特征量几何对象在旋转复平面上旋转之后获得的几何对象必然是一个独立几何对象与两对共轭几何对象 (可通过两组对称的逆时针与顺时针旋转获得) 的组合.

根据 n=3 时的经验及上述分析方法, 由于 $-1=\mathrm{i}^2$ 且 $\mathrm{i}=\left(\frac{\sqrt{2}}{2}(1+\mathrm{i})\right)^2$, 于是我们得到以下两组 10 个解的表达式.

第一组:

$$\begin{aligned}
x_1&=-1\\
x_2&=-\left(\sqrt[3]{\left(\frac{\sqrt{2}}{2}(1+\mathrm{i})\right)^2}\right)^2=-(-1)^{\frac{1}{3}}\\
x_3&=\left(\sqrt[3]{\left(\frac{\sqrt{2}}{2}(1+\mathrm{i})\right)^2}\right)^2=(-1)^{\frac{1}{3}}\\
x_4&=-\left(\sqrt[3]{\left(\frac{\sqrt{2}}{2}(1+\mathrm{i})\right)^2}\right)^4=-(-1)^{\frac{2}{3}}\\
x_5&=\left(\sqrt[3]{\left(\frac{\sqrt{2}}{2}(1+\mathrm{i})\right)^2}\right)^4=(-1)^{\frac{2}{3}}
\end{aligned}$$

第二组:

$$\begin{aligned}
x_1&=-1=\cos(\pi)+\mathrm{i}\sin(\pi)\\
x_2&=-\left(\cos\left(\frac{\pi}{3}\right)+\mathrm{i}\sin\left(\frac{\pi}{3}\right)\right)=-\frac{1}{2}\left(1+\sqrt{3}\mathrm{i}\right)
\end{aligned}$$

$$x_3=\cos\left(\frac{\pi}{3}\right)+\mathrm{isin}\left(\frac{\pi}{3}\right)=\frac{1}{2}\left(1+\sqrt{3}\mathrm{i}\right)$$

$$x_4=-\left(\cos\left(\frac{2\pi}{3}\right)+\mathrm{isin}\left(\frac{2\pi}{3}\right)\right)=\frac{1}{2}\left(1-\sqrt{3}\mathrm{i}\right)$$

$$x_5=\cos\left(\frac{2\pi}{3}\right)+\mathrm{isin}\left(\frac{2\pi}{3}\right)=\frac{1}{2}\left(-1+\sqrt{3}\mathrm{i}\right)$$

有兴趣的读者请自行验证上数两组解是对应等价的.

$n=6$ 时 $\sum\limits_{m=0}^{n}x^m=0$ 的展开式为 $x^6+x^5+x^4+x^3+x^2+x+1=0$, 其可以改写为 $x^6+x^5+x^4+x^3+x^2+x=-1$. 解此方程获得解为 $x_1=-(-1)^{\frac{1}{7}},x_2=(-1)^{\frac{2}{7}},x_3=-(-1)^{\frac{3}{7}},x_4=(-1)^{\frac{4}{7}},x_5=-(-1)^{\frac{5}{7}},x_6=(-1)^{\frac{6}{7}}$. 显然, 与 F 型 6 次方程的解相比, 各个解值中仅仅少了一个公共因子 a, 这说明此时各个解所对应的几何对象之公共表达基为 1, 而 F 型 6 次方程各个解所对应的几何对象之公共表达基为 a.

根据第 6 章及本节上述的分析知道, 这依然是一个关于旋转整维度所对应的角度为 π 弧度旋转复平面上单位特征量几何对象旋转角度求解问题. 由于最高旋转运算次数为 6, 所以单位特征量几何对象在旋转复平面上旋转之后获得的几何对象必然是三对共轭几何对象 (可通过三组对称的逆时针与顺时针旋转获得).

根据 n=4 时的经验及上述分析方法, 由于 $-1=\mathrm{i}^2$ 且 $\mathrm{i}=\left(\frac{\sqrt{2}}{2}(1+\mathrm{i})\right)^2$, 于是我们得到以下 6 个解的表达式:

$$x_1=-\left(\sqrt[7]{\left(\frac{\sqrt{2}}{2}(1+\mathrm{i})\right)^2}\right)^2=-\left(\cos\left(\frac{\pi}{7}\right)+\mathrm{isin}\left(\frac{\pi}{7}\right)\right)=-(-1)^{\frac{1}{7}}$$

$$x_2=\left(\sqrt[7]{\left(\frac{\sqrt{2}}{2}(1+\mathrm{i})\right)^2}\right)^4=\cos\left(\frac{2\pi}{7}\right)+\mathrm{isin}\left(\frac{2\pi}{7}\right)=(-1)^{\frac{2}{7}}$$

$$x_3=-\left(\sqrt[7]{\left(\frac{\sqrt{2}}{2}(1+\mathrm{i})\right)^2}\right)^6=-\left(\cos\left(\frac{3\pi}{7}\right)+\mathrm{isin}\left(\frac{3\pi}{7}\right)\right)=-(-1)^{\frac{3}{7}}$$

$$x_4=\left(\sqrt[7]{\left(\frac{\sqrt{2}}{2}(1+\mathrm{i})\right)^2}\right)^8=\cos\left(\frac{4\pi}{7}\right)+\mathrm{isin}\left(\frac{4\pi}{7}\right)=(-1)^{\frac{4}{7}}$$

$$x_5=-\left(\sqrt[7]{\left(\frac{\sqrt{2}}{2}(1+\mathrm{i})\right)^2}\right)^{10}=-\left(\cos\left(\frac{5\pi}{7}\right)+\mathrm{isin}\left(\frac{5\pi}{7}\right)\right)=-(-1)^{\frac{5}{7}}$$

$$x_6=\left(\sqrt[7]{\left(\frac{\sqrt{2}}{2}(1+\mathrm{i})\right)^2}\right)^{12}=\cos\left(\frac{6\pi}{7}\right)+\mathrm{i}\sin\left(\frac{6\pi}{7}\right)=(-1)^{\frac{6}{7}}$$

需提请注意的是, 这里只找到了 3 种等价解, 没有找到 4 种等价解, 有兴趣的读者可自行验证.

$n=7$ 时 $\sum\limits_{m=0}^{n}x^m=0$ 的展开式为 $x^7+x^6+x^5+x^4+x^3+x^2+x+1=0$, 其可以改写为 $x^7+x^6+x^5+x^4+x^3+x^2+x=-1$. 解此方程获得解为 $x_1=-1, x_2=-\mathrm{i}, x_3=\mathrm{i}, x_4=-(-1)^{\frac{1}{4}}, x_5=(-1)^{\frac{1}{4}}, x_6=-(-1)^{\frac{3}{4}}, x_7=(-1)^{\frac{3}{4}}$. 根据第 6 章及本节上述的分析知道, 这也是一个关于旋转整维度所对应的角度为 π 弧度旋转复平面上单位特征量几何对象旋转角度求解问题. 由于最高旋转运算次数为 7, 所以单位特征量几何对象在旋转复平面上旋转之后获得的几何对象必然是一个独立几何对象与三对共轭几何对象 (可通过三组对称的逆时针与顺时针旋转获得) 的组合.

根据 n=3 时的结果及上述分析, 我们得到以下解的表达式.

$$x_1=-1=\cos(\pi)+\mathrm{i}\sin(\pi)=-1$$

$$x_2=-\left(\cos\left(\frac{\pi}{2}\right)+\mathrm{i}\sin\left(\frac{\pi}{2}\right)\right)=-\mathrm{i}=-\left(\sqrt{\left(\frac{\sqrt{2}}{2}(1+\mathrm{i})\right)^2}\right)^2=-(-1)^{\frac{1}{2}}$$

$$x_3=\cos\left(\frac{\pi}{2}\right)+\mathrm{i}\sin\left(\frac{\pi}{2}\right)=\mathrm{i}=\left(\sqrt{\left(\frac{\sqrt{2}}{2}(1+\mathrm{i})\right)^2}\right)^2=(-1)^{\frac{1}{2}}$$

$$x_4=-\left(\cos\left(\frac{\pi}{4}\right)+\mathrm{i}\sin\left(\frac{\pi}{4}\right)\right)=-\frac{1+\mathrm{i}}{\sqrt{2}}=-\left(\sqrt[4]{\left(\frac{\sqrt{2}}{2}(1+\mathrm{i})\right)^2}\right)^2=-(-1)^{\frac{1}{4}}$$

$$x_5=\cos\left(\frac{\pi}{4}\right)+\mathrm{i}\sin\left(\frac{\pi}{4}\right)=\frac{1+\mathrm{i}}{\sqrt{2}}=\left(\sqrt[4]{\left(\frac{\sqrt{2}}{2}(1+\mathrm{i})\right)^2}\right)^2=(-1)^{\frac{1}{4}}$$

$$x_6=-\left(\cos\left(\frac{3\pi}{4}\right)+\mathrm{i}\sin\left(\frac{3\pi}{4}\right)\right)=\frac{1-\mathrm{i}}{\sqrt{2}}=-\left(\sqrt[4]{\left(\frac{\sqrt{2}}{2}(1+\mathrm{i})\right)^2}\right)^6=-(-1)^{\frac{3}{4}}$$

$$x_7=\cos\left(\frac{3\pi}{4}\right)+\mathrm{i}\sin\left(\frac{3\pi}{4}\right)=-\frac{1-\mathrm{i}}{\sqrt{2}}=\left(\sqrt[4]{\left(\frac{\sqrt{2}}{2}(1+\mathrm{i})\right)^2}\right)^6=(-1)^{\frac{3}{4}}$$

有兴趣的读者可自行验证上述解的正确性.

归纳一下, 令 n 为自然数, 我们得到第七种代数方程 $\sum_{m=0}^{n} x^m = 0$ 解的通用公式.

(1) 根式表达式.

当 $n \geqslant 1$ 为奇数时:

$$x_k = (-1)^k \times \left(\sqrt[n+1]{(\frac{\sqrt{2}}{2}(1+\mathrm{i}))^2}\right)^{2(k-1)} = (-1)^k(-1)^{\frac{k-1}{n+1}}$$

$$(1 \leqslant k \leqslant n, k\text{为奇数}) \tag{8-67}$$

$$x_k = (-1)^k \times \left(\sqrt[n+1]{(\frac{\sqrt{2}}{2}(1+\mathrm{i}))^2}\right)^{2k} = (-1)^k(-1)^{\frac{k}{n+1}}$$

$$(2 \leqslant k \leqslant n, k\text{为偶数}) \tag{8-68}$$

当 $n \geqslant 2$ 为偶数时:

$$x_k = (-1)^k \left(\sqrt[n+1]{\left(\frac{\sqrt{2}}{2}(1+\mathrm{i})\right)^2}\right)^{2k} = (-1)^k(-1)^{\frac{k}{n+1}} \quad (1 \leqslant k \leqslant n) \tag{8-69}$$

(2) 三角函数表达式.

当 $n \geqslant 1$ 为奇数时:

$$x_k = (-1)^k \left(\cos\frac{(k-1)\pi}{n+1} + \mathrm{i}\sin\frac{(k-1)\pi}{n+1}\right) \quad (1 \leqslant k \leqslant n, k\text{为奇数}) \tag{8-70}$$

$$x_k = (-1)^k \left(\cos\frac{k\pi}{n+1} + \mathrm{i}\sin\frac{k\pi}{n+1}\right) \quad (2 \leqslant k \leqslant n, k\text{为偶数}) \tag{8-71}$$

当 $n \geqslant 2$ 为偶数时:

$$x_k = (-1)^k \left(\cos\frac{k\pi}{n+1} + \mathrm{i}\sin\frac{k\pi}{n+1}\right) \quad (1 \leqslant k \leqslant n) \tag{8-72}$$

至此, 我们获得了第七类任意次代数方程 (**G** 型 n 次方程) 解的通用公式, 并且值得深思的是: 我们获得这类方程解的通用公式不是通过形式化的代数推演, 而是通过几何概念分析获得. 这再次提示我们, 数与形的关系是密不可分的.

进一步地, 根据欧拉公式 $\mathrm{e}^{\pm y\mathrm{i}} = \cos(y) \pm \mathrm{i}\sin(y)$, 如果 n 为奇数, 则根据式 (8-67) 及式 (8-68), 有第七类奇次代数方程通解公式为:

当 $n \geqslant 1$ 为奇数时:

$$x_k = (-1)^k \mathrm{e}^{\frac{(k-1)\pi}{n+1}\mathrm{i}} = (-1)^k \left(\cos\frac{(k-1)\pi}{n+1} + \mathrm{i}\sin\frac{(k-1)\pi}{n+1}\right)$$

$$(1 \leqslant k \leqslant n, k\text{为奇数}) \tag{8-73}$$

$$x_k = (-1)^k \mathrm{e}^{\frac{k\pi}{n+1}\mathrm{i}} = (-1)^k \left(\cos\frac{k\pi}{n+1} + \mathrm{i}\sin\frac{k\pi}{n+1}\right)$$

$$(2 \leqslant k \leqslant n, k\text{为偶数}) \tag{8-74}$$

当 $n \geqslant 2$ 为偶数时:

$$x_k = (-1)^k \mathrm{e}^{\frac{k\pi}{n+1}\mathrm{i}} = (-1)^k \left(\cos\frac{k\pi}{n+1} + \mathrm{i}\sin\frac{k\pi}{n+1}\right) \quad (1 \leqslant k \leqslant n) \tag{8-75}$$

更进一步地, 根据余弦三角函数的无穷级数展开式 $\cos(y) = \sum_{j=0}^{\infty}(-1)^j\frac{y^{2j}}{(2j)!}$ 以及正弦三角函数的无穷级数展开式 $\sin(y) = \sum_{j=0}^{\infty}(-1)^j\frac{y^{2j+1}}{(2j+1)!}$, 由式 (8-73) 和式 (8-74) 有 n 为奇数时第七类奇次代数方程通解公式为

$$x_k = (-1)^k \left(\sum_{j=0}^{\infty}(-1)^j\frac{\left(\frac{(k-1)\pi}{n+1}\right)^{2j}}{(2j)!} + \mathrm{i}\sum_{j=0}^{\infty}(-1)^j\frac{\left(\frac{(k-1)\pi}{n+1}\right)^{2j+1}}{(2j+1)!}\right)$$

$$(1 \leqslant k \leqslant n, k\text{为奇数}) \tag{8-76}$$

$$x_k = (-1)^k \left(\sum_{j=0}^{\infty}(-1)^j\frac{\left(\frac{k\pi}{n+1}\right)^{2j}}{(2j)!} + \mathrm{i}\sum_{j=0}^{\infty}(-1)^j\frac{\left(\frac{k\pi}{n+1}\right)^{2j+1}}{(2j+1)!}\right)$$

$$(2 \leqslant k \leqslant n, k\text{为偶数}) \tag{8-77}$$

由式 (8-75) 有 n 为偶数时第七类偶次代数方程通解公式为

$$x_k = (-1)^k \left(\sum_{j=0}^{\infty}(-1)^j\frac{\left(\frac{k\pi}{n+1}\right)^{2j}}{(2j)!} + \mathrm{i}\sum_{j=0}^{\infty}(-1)^j\frac{\left(\frac{k\pi}{n+1}\right)^{2j+1}}{(2j+1)!}\right) \quad (2 \leqslant k \leqslant n) \tag{8-78}$$

与上述结果相对应地, 由式 (8-67), 式 (8-68), 式 (8-70), 式 (8-71), 式 (8-73), 式 (8-74) 和式 (8-76), 式 (8-77) 得到, n 为奇数时以下等式成立:

$$(-1)^k \times \left(\sqrt[n+1]{\left(\frac{\sqrt{2}}{2}(1+\mathrm{i})\right)r^2}\right)^{2(k-1)} = (-1)^k(-1)^{\frac{k-1}{n+1}}$$

$$=(-1)^k\left(\cos\frac{(k-1)\pi}{n+1}+\mathrm{i}\sin\frac{(k-1)\pi}{n+1}\right)=(-1)^k\,\mathrm{e}^{\frac{(k-1)\pi}{n+1}\mathrm{i}}$$

$$=(-1)^k\left(\sum_{j=0}^{\infty}(-1)^j\frac{\left(\frac{(k-1)\pi}{n+1}\right)^{2j}}{(2j)!}+\mathrm{i}\sum_{j=0}^{\infty}(-1)^j\frac{\left(\frac{(k-1)\pi}{n+1}\right)^{2j+1}}{(2j+1)!}\right)$$

$$(1\leqslant k\leqslant n,k\text{为奇数})\tag{8-79}$$

$$(-1)^k\times\left(\sqrt[n+1]{\left(\frac{\sqrt{2}}{2}(1+\mathrm{i})\right)^2}\right)^{2k}=(-1)^k(-1)^{\frac{k}{n+1}}$$

$$=(-1)^k\left(\cos\frac{k\pi}{n+1}+\mathrm{i}\sin\frac{k\pi}{n+1}\right)=(-1)^k\,\mathrm{e}^{\frac{k\pi}{n+1}\mathrm{i}}$$

$$=(-1)^k\left(\sum_{j=0}^{\infty}(-1)^j\frac{\left(\frac{k\pi}{n+1}\right)^{2j}}{(2j)!}+\mathrm{i}\sum_{j=0}^{\infty}(-1)^j\frac{\left(\frac{k\pi}{n+1}\right)^{2j+1}}{(2j+1)!}\right)$$

$$(2\leqslant k\leqslant n,k\text{为偶数})\tag{8-80}$$

由式 (8-69), 式 (8-72), 式 (8-75) 和式 (8-78) 得到, n 为偶数时以下等式成立:

$$(-1)^k\left(\sqrt[n+1]{\left(\frac{\sqrt{2}}{2}(1+\mathrm{i})\right)^2}\right)^{2k}=(-1)^k(-1)^{\frac{k}{n+1}}$$

$$=(-1)^k\left(\cos\frac{k\pi}{n+1}+\mathrm{i}\sin\frac{k\pi}{n+1}\right)=(-1)^k\,\mathrm{e}^{\frac{k\pi}{n+1}\mathrm{i}}$$

$$=(-1)^k\left(\sum_{j=0}^{\infty}(-1)^j\frac{\left(\frac{k\pi}{n+1}\right)^{2j}}{(2j)!}+\mathrm{i}\sum_{j=0}^{\infty}(-1)^j\frac{\left(\frac{k\pi}{n+1}\right)^{2j+1}}{(2j+1)!}\right)$$

$$(2\leqslant k\leqslant n)\tag{8-81}$$

推论 第七类代数方程的复代数解至少有 5 种等价形式. 其中, n=1 且 $k=1$ 时方程 $\sum\limits_{m=0}^{n}x^m=0$ 的解为 $\cos(\pi)+\mathrm{i}\sin(\pi)=-1, n\geqslant 3$ 为奇数且 $k=1$ 时 $\sum\limits_{m=0}^{n}x^m=$

0 的解皆为 $\cos(\pi)+\mathrm{i}\sin(\pi)=-1$. 由于 $\mathrm{e}^{\pm y\mathrm{i}}=\cos(y)\pm\mathrm{i}\sin(y)$, 当 $y=\pi$ 时得到等式 $\mathrm{e}^{\pi\mathrm{i}}=-1$, 自然得到 $\mathrm{e}^{\pi\mathrm{i}}+1=0$.

由此, 我们可以构造出趋于无限个类似于欧拉等式的等式. 比如

$$\mathrm{e}^{\frac{(k-1)\pi}{n+1}\mathrm{i}}-\left(\sqrt[n+1]{\left(\frac{\sqrt{2}}{2}(1+\mathrm{i})\right)^2}\right)^{2(k-1)}=0\quad(n\text{为奇数},\quad 1\leqslant k\leqslant n,\quad k\text{为奇数})$$

$$\mathrm{e}^{\frac{k\pi}{n+1}\mathrm{i}}-\left(\sqrt[n+1]{\left(\frac{\sqrt{2}}{2}(1+\mathrm{i})\right)^2}\right)^{2k}=0\quad(n\text{为奇数},\quad 2\leqslant k\leqslant n,\quad k\text{为偶数})$$

$$\mathrm{e}^{\frac{k\pi}{n+1}\mathrm{i}}-\left(\sqrt[n+1]{\left(\frac{\sqrt{2}}{2}(1+\mathrm{i})\right)^2}\right)^{2k}=0\quad(n\text{为偶数},\quad 1\leqslant k\leqslant n)$$

其中, $(-1)^k\mathrm{e}^{\frac{(k-1)\pi}{n+1}\mathrm{i}}-\left((-1)^k\sqrt[n+1]{\left(\frac{\sqrt{2}}{2}(1+\mathrm{i})\right)^2}\right)^{2(k-1)}=\mathrm{e}^{\pi\mathrm{i}}+1=0$ ($n\geqslant 1$ 为整数, $k=1$)

8.10 第八种代数方程的复代数解

在 8.9 节中我们已经看到, 虽然不存在对所有种类代数方程皆适用的求解公式, 但是仍然存在一些具有通解表达式的特殊代数方程. 下述所要研究的第八种代数方程就是另一种具有通解表达式的特殊代数方程, 其形式为 $\sum\limits_{m=0}^{n}a^mx^m=0$, 以下我们称之为 **H** 型 n 次方程.

H 型 n 次方程有一个最显著的特点, 就是方程中多项式的所有项系数都是 a 的乘方且与变量的幂次相同, 也正是因为这个特点 (可以将第七种代数方程理解为第八类代数方程的特殊型, 因为只需令 $a=1$ 就可由第八类代数方程获得第七类代数方程), 使得 $n\geqslant 1$ 时其都有代数解.

以下我们以旋转运算的几何概念为基础, 并结合代数与三角函数概念研究这类方程解的构成.

$n=1$ 时 $\sum\limits_{m=0}^{n}a^mx^m=0$ 的展开式为 $ax+1=0$, 显然其解为 $x=-\dfrac{1}{a}$. 该解满足式 (8-10), 因此解 $x=-\dfrac{1}{a}$ 是合法解.

我们这样理解这个解的几何意义: 第一象限中特征量为 $\dfrac{1}{a}$ 的几何对象, 经过一次旋转后, 其特征量变为 $-\dfrac{1}{a}$, 两者并列求和, 几何特征量相互抵消. 显然, 旋转后

的几何对象处于第三象限，而第三象限与第一象限的角度相差 π 弧度，求解结果在复平面上对应着三角函数 $\frac{1}{a}(\cos(\pi)+\mathrm{i}\sin(\pi))$，因此有 $x=\frac{1}{a}(\cos(\pi)+\mathrm{i}\sin(\pi))=-\frac{1}{a}$. 我们称 π 弧度为一次方程中包含旋转运算的整维度.

$n=2$ 时，$\sum\limits_{m=0}^{n}a^mx^m=0$ 的展开式为 $a^2x^2+ax+1=0$，根据式 (8-10)，两个解具有以下关系：$x_1+x_2=-\frac{1}{a},x_1x_2=\frac{1}{a^2}$，解该联立方程得到

$$x_1=-\frac{(-\mathrm{i}+\sqrt{3})\mathrm{i}}{2a}=-\frac{1}{2a}-\frac{\sqrt{3}}{2a}\mathrm{i},\quad x_2=\frac{(\mathrm{i}+\sqrt{3})\mathrm{i}}{2a}=-\frac{1}{2a}+\frac{\sqrt{3}}{2a}\mathrm{i}$$

其中 $-\frac{1}{2a}+\frac{\sqrt{3}}{2a}\mathrm{i}$ 对应着三角函数 $\frac{1}{a}\left(\cos\left(\frac{2\pi}{3}\right)+\mathrm{i}\sin\left(\frac{2\pi}{3}\right)\right)$，$-\frac{1}{2}-\frac{\sqrt{3}}{2}\mathrm{i}$ 对应着三角函数 $\frac{1}{a}\left(\cos\left(\frac{4\pi}{3}\right)+\mathrm{i}\sin\left(\frac{4\pi}{3}\right)\right)$，这意味着具有 $\frac{1}{a}$ 单位特征量的几何对象从复平面的第一象限向第一象限逆时针旋转，旋转 2π 弧度为一个整维度，旋转 $\frac{2\pi}{3}$ 弧度为 $\frac{1}{3}$ 维度，旋转 $\frac{4\pi}{3}$ 弧度为 $\frac{2}{3}$ 维度.

与这两个旋转过程等价的另外两个旋转过程的表达式是：$-\frac{1}{a}\left(\cos\left(\frac{\pi}{3}\right)+\mathrm{i}\sin\left(\frac{\pi}{3}\right)\right)=-\frac{1}{2a}-\frac{\sqrt{3}}{2a}\mathrm{i}$ 以及 $\frac{1}{a}\left(\cos\left(\frac{2\pi}{3}\right)+\mathrm{i}\sin\left(\frac{2\pi}{3}\right)\right)=-\frac{1}{2a}+\frac{\sqrt{3}}{2a}\mathrm{i}$，它们表达的几何意义是具有 $\frac{1}{a}$ 单位特征量的几何对象从复平面的第一象限向第三象限逆时针旋转 π 弧度为一个整维度，顺时针旋转 $\frac{\pi}{3}$ 弧度与逆时针旋转旋转 $\frac{2\pi}{3}$ 弧度所形成的几何对象在复平面中形成共轭关系，而顺时针旋转 $\frac{\pi}{3}$ 弧度对应于旋转 $\frac{1}{3}$ 维度，逆时针旋转 $\frac{2\pi}{3}$ 弧度对应于旋转 $\frac{2}{3}$ 维度，记顺时针旋转所对应的三角函数表达式为负，于是不难得到 n=2 时 $\sum\limits_{m=0}^{n}a^mx^m=0$ 的两个解分别可写为

$$x_1=-\frac{1}{2a}-\frac{\sqrt{3}}{2a}\mathrm{i}=-\frac{1}{a}\left(\cos\left(\frac{\pi}{3}\right)+\mathrm{i}\sin\left(\frac{\pi}{3}\right)\right)=-\frac{(-1)^{\frac{1}{3}}}{a}$$

$$x_2=-\frac{1}{2a}+\frac{\sqrt{3}}{2a}\mathrm{i}=\frac{1}{a}\left(\cos\left(\frac{2\pi}{3}\right)+\mathrm{i}\sin\left(\frac{2\pi}{3}\right)\right)=\frac{(-1)^{\frac{2}{3}}}{a}$$

$n=3$ 时 $\sum\limits_{m=0}^{n}a^mx^m=0$ 的展开式为 $a^3x^3+a^2x^2+ax+1=0$，其可以改

写为 $a^2x^3+ax^2+x=\frac{-1}{a}$. 显然其第一个解为 $x_1=-\frac{1}{a}$. 根据式 (8-10) 知, $x_1+x_2+x_3=-\frac{1}{a}, x_1\times x_2\times x_3=-\frac{1}{a^3}$, 由于已知 $x_1=-\frac{1}{a}$, 所以上述两个方程可以改写为 $x_2+x_3=0, x_2\times x_3=\frac{1}{a^2}$, 解此联立方程组, 得到 $x_2=-\frac{\mathrm{i}}{a}, x_3=\frac{\mathrm{i}}{a}$.

根据 8.9 节的分析知道, 上述 3 个解可以改写为

$$x_1=\frac{-1}{a}=\frac{1}{a}(\cos(\pi)+\mathrm{i}\sin(\pi))=\frac{-1}{a}$$

$$x_2=-\frac{\mathrm{i}}{a}=-\frac{1}{a}\left(\sqrt{\left(\frac{\sqrt{2}}{2}(1+\mathrm{i})\right)^2}\right)^2=-\frac{1}{a}\left(\cos\left(\frac{\pi}{2}\right)+\mathrm{i}\sin\left(\frac{\pi}{2}\right)\right)=-\frac{(-1)^{\frac{1}{2}}}{a}$$

$$x_3=\frac{\mathrm{i}}{a}=\frac{1}{a}\left(\sqrt{\left(\frac{\sqrt{2}}{2}(1+\mathrm{i})\right)^2}\right)^2=\frac{1}{a}\left(\cos\left(\frac{\pi}{2}\right)+\mathrm{i}\sin\left(\frac{\pi}{2}\right)\right)=\frac{(-1)^{\frac{1}{2}}}{a}$$

上述 3 个解的表达式表明, 具有 $\frac{1}{a}$ 单位特征量的几何对象从复平面的第一象限向第三象限逆时针旋转 π 弧度为一个整维度, 顺时针旋转 $\frac{\pi}{2}$ 弧度与逆时针旋转旋转 $\frac{\pi}{2}$ 弧度所形成的几何对象在复平面中形成共轭关系 (同样记顺时针旋转所对应的三角函数表达式为负).

$n\geqslant 4$ 时 $\sum\limits_{m=0}^{n}a^mx^m=0$ 的情形与 $n=1$、$n=2$ 以及 $n=3$ 时情形相似, 与第七类方程相比, 仅仅是复平面上几何对象的特征量从单位值 1 变动到 $\frac{1}{a}$, 只需将这一因素考虑进去, 就可以获得它们的通解公式.

以下我们列出第八种代数方程 $\sum\limits_{m=0}^{n}a^mx^m=0$ 解的通用公式.

当 $n\geqslant 1$ 为奇数时:

$$x_k=\frac{(-1)^k}{a}\mathrm{e}^{\frac{(k-1)\pi}{n+1}\mathrm{i}}=\frac{(-1)^k}{a}\left(\cos\frac{(k-1)\pi}{n+1}+\mathrm{i}\sin\frac{(k-1)\pi}{n+1}\right)$$
$$(1\leqslant k\leqslant n, k\text{为奇数})\tag{8-82}$$

$$x_k=\frac{(-1)^k}{a}\mathrm{e}^{\frac{k\pi}{n+1}\mathrm{i}}=\frac{(-1)^k}{a}\left(\cos\frac{k\pi}{n+1}+\mathrm{i}\sin\frac{k\pi}{n+1}\right)$$
$$(2\leqslant k\leqslant n, k\text{为偶数})\tag{8-83}$$

当 $n\geqslant 2$ 为偶数时:

$$x_k=\frac{(-1)^k}{a}\mathrm{e}^{\frac{k\pi}{n+1}\mathrm{i}}=\frac{(-1)^k}{a}\left(\cos\frac{k\pi}{n+1}+\mathrm{i}\sin\frac{k\pi}{n+1}\right)\quad(1\leqslant k\leqslant n)\tag{8-84}$$

更进一步地, 根据余弦三角函数的无穷级数展开式 $\cos(y)=\sum\limits_{j=0}^{\infty}(-1)^j\dfrac{y^{2j}}{(2j)!}$ 以及正弦三角函数的无穷级数展开式 $\sin(y)=\sum\limits_{j=0}^{\infty}(-1)^j\dfrac{y^{2j+1}}{(2j+1)!}$, 由式 (8-73) 和式 (8-74) 有 n 为奇数时第八类奇次代数方程通解公式为

$$x_k=\frac{(-1)^k}{a}\left(\sum_{j=0}^{\infty}(-1)^j\frac{\left(\dfrac{(k-1)\pi}{n+1}\right)^{2j}}{(2j)!}+\mathrm{i}\sum_{j=0}^{\infty}(-1)^j\frac{\left(\dfrac{(k-1)\pi}{n+1}\right)^{2j+1}}{(2j+1)!}\right)$$
$$(1\leqslant k\leqslant n,k\text{为奇数})\tag{8-85}$$

$$x_k=\frac{(-1)^k}{a}\left(\sum_{j=0}^{\infty}(-1)^j\frac{\left(\dfrac{k\pi}{n+1}\right)^{2j}}{(2j)!}+\mathrm{i}\sum_{j=0}^{\infty}(-1)^j\frac{\left(\dfrac{k\pi}{n+1}\right)^{2j+1}}{(2j+1)!}\right)$$
$$(2\leqslant k\leqslant n,k\text{为偶数})\tag{8-86}$$

由式 (8-75) 有 n 为偶数时第八类偶次代数方程通解公式为

$$x_k=\frac{(-1)^k}{a}\left(\sum_{j=0}^{\infty}(-1)^j\frac{\left(\dfrac{k\pi}{n+1}\right)^{2j}}{(2j)!}+\mathrm{i}\sum_{j=0}^{\infty}(-1)^j\frac{\left(\dfrac{k\pi}{n+1}\right)^{2j+1}}{(2j+1)!}\right)\quad(2\leqslant k\leqslant n)\tag{8-87}$$

与上述结果相对应地, 由式 (8-67), 式 (8-68), 式 (8-70), 式 (8-71), 式 (8-73), 式 (8-74) 和式 (8-76), 式 (8-77) 得到, n 为奇数时以下等式成立:

$$\begin{aligned}&\frac{(-1)^k}{a}\times\left(\sqrt[n+1]{\left(\frac{\sqrt{2}}{2}(1+\mathrm{i})\right)^2}\right)^{2(k-1)}=\frac{(-1)^k}{a}(-1)^{\frac{k-1}{n+1}}\\&=\frac{(-1)^k}{a}\left(\cos\left(\frac{(k-1)\pi}{n+1}\right)+\mathrm{i}\sin\left(\frac{(k-1)\pi}{n+1}\right)\right)=\frac{(-1)^k}{a}\mathrm{e}^{\frac{(k-1)\pi}{n+1}\mathrm{i}}\\&=\frac{(-1)^k}{a}\left(\sum_{j=0}^{\infty}(-1)^j\frac{\left(\dfrac{(k-1)\pi}{n+1}\right)^{2j}}{(2j)!}+\mathrm{i}\sum_{j=0}^{\infty}(-1)^j\frac{\left(\dfrac{(k-1)\pi}{n+1}\right)^{2j+1}}{(2j+1)!}\right)\end{aligned}$$
$$(1\leqslant k\leqslant n,k\text{为奇数})\tag{8-88}$$

$$\frac{(-1)^k}{a}\times\left(\sqrt[n+1]{\left(\frac{\sqrt{2}}{2}(1+\mathrm{i})\right)^2}\right)^{2k}=\frac{(-1)^k}{a}(-1)^{\frac{k}{n+1}}$$
$$=(-1)^k\left(\cos\left(\frac{k\pi}{n+1}\right)+\mathrm{i}\sin\left(\frac{k\pi}{n+1}\right)\right)=\frac{(-1)^k}{a}\mathrm{e}^{\frac{k\pi}{n+1}\mathrm{i}}$$
$$=\frac{(-1)^k}{a}\left(\sum_{j=0}^{\infty}(-1)^j\frac{\left(\frac{k\pi}{n+1}\right)^{2j}}{(2j)!}+\mathrm{i}\sum_{j=0}^{\infty}(-1)^j\frac{\left(\frac{k\pi}{n+1}\right)^{2j+1}}{(2j+1)!}\right)$$
$$(2\leqslant k\leqslant n, k\text{为偶数})\tag{8-89}$$

由式 (8-69), 式 (8-72), 式 (8-75) 和式 (8-78) 得到, n 为偶数时以下等式成立:

$$\frac{(-1)^k}{a}\left(\sqrt[n+1]{\left(\frac{\sqrt{2}}{2}(1+\mathrm{i})\right)^2}\right)^{2k}=\frac{(-1)^k}{a}(-1)^{\frac{k}{n+1}}$$
$$=\frac{(-1)^k}{a}\left(\cos\left(\frac{k\pi}{n+1}\right)+\mathrm{i}\sin\left(\frac{k\pi}{n+1}\right)\right)=\frac{(-1)^k}{a}\mathrm{e}^{\frac{k\pi}{n+1}\mathrm{i}}$$
$$=\frac{(-1)^k}{a}\left(\sum_{j=0}^{\infty}(-1)^j\frac{\left(\frac{k\pi}{n+1}\right)^{2j}}{(2j)!}+\mathrm{i}\sum_{j=0}^{\infty}(-1)^j\frac{\left(\frac{k\pi}{n+1}\right)^{2j+1}}{(2j+1)!}\right)$$
$$(2\leqslant k\leqslant n)\tag{8-90}$$

至此, 我们获得了第八类任意次代数方程 (**H** 型 n 次方程) 解的通用公式. 也正是因为求第七类、第八类代数方程 (**G** 型、**H** 型 n 次方程) 的通解公式, 才将加减乘除运算、乘方运算、开方运算、三角函数运算、无穷级数运算、阶乘运算、旋转运算完美地结合起来.

8.11　部分高次方程复代数解的结构初步分析

尽管以往的理论已经证明, 一般而言 5 次及 5 次以上代数方程不存在以根式形式表达的求解通用公式, 但这并不意味着对于 5 次及 5 次以上的某些类别代数方程不存求解通用公式, 上述第七类、第八类代数方程就存在求解通用公式.

正如我们所知道的, 到目前为止, 除第七类、第八类方程外, 5 次及 5 次以上方程即使存在代数解, 这些代数解也不能用一个具有统一形式的所谓 “公式” 来概括.

接下来的一个问题是: 存在复代数解的同次不同类方程代数解的结构是否关联? 存在复代数解的同类不同次方程解的构造方式有规律可循吗? 以下重点研究这两个问题.

8.11.1 分析不同类型 5 次方程解的结构

为直观起见, 我们把上述八种代数方程中 $n=5$ 的方程解整理后列举如下.

A 型 5 次代数方程 $\sum_{m=0}^{5}\frac{n!}{(n-m)!m!}a^{5-m}x^m-b^5=0$**的解**

$$
\begin{aligned}
x_1&=-a+b\\
x_2&=\frac{1}{4}(-4a-b-\sqrt{5}b+\sqrt{2(5-\sqrt{5})}b\mathrm{i})\\
x_3&=\frac{1}{4}(-4a-b-\sqrt{5}b-\sqrt{2(5-\sqrt{5})}b\mathrm{i})\\
x_4&=\frac{1}{4}(-4a-b+\sqrt{5}b-\sqrt{2(5+\sqrt{5})}b\mathrm{i})\\
x_5&=\frac{1}{4}(-4a-b+\sqrt{5}b+\sqrt{2(5+\sqrt{5})}b\mathrm{i})
\end{aligned}
$$

B 型 4 次代数方程 $\sum_{m=0}^{5}\frac{n!}{(n-m)!m!}a^{5-m}x^m-x^5=0$**的解**

$$
\begin{aligned}
x_1&=\frac{1}{10}(-5a+\sqrt{5}\sqrt{5+2\sqrt{5}}a\mathrm{i})\\
x_2&=\frac{1}{10}(-5a-\sqrt{5}\sqrt{5+2\sqrt{5}}a\mathrm{i})\\
x_3&=\frac{1}{10}(-5a+\sqrt{5}\sqrt{5-2\sqrt{5}}a\mathrm{i})\\
x_4&=\frac{1}{10}(-5a-\sqrt{5}\sqrt{5-2\sqrt{5}}a\mathrm{i})
\end{aligned}
$$

C 型 5 次代数方程 $\sum_{m=0}^{5}\frac{n!}{(n-m)!m!}a^{5-m}x^m-a^5=0$**的解**

$$
\begin{aligned}
x_1&=0\\
x_2&=\frac{1}{4}(-5a-\sqrt{5}a-\sqrt{2(5-\sqrt{5})}a\mathrm{i})\\
x_3&=\frac{1}{4}(-5a-\sqrt{5}a+\sqrt{2(5-\sqrt{5})}a\mathrm{i})
\end{aligned}
$$

$$x_4 = \frac{1}{4}(-5a + \sqrt{5}a - \sqrt{2(5+\sqrt{5})}a\mathrm{i})$$

$$x_5 = \frac{1}{4}(-5a + \sqrt{5}a + \sqrt{2(5+\sqrt{5})}a\mathrm{i})$$

D 型 4 次代数方程$\sum\limits_{m=0}^{5} a^{5-m}x^m - x^5 = 0$的解

$$x_1 = \frac{1}{4}(-a - \sqrt{5}a - \sqrt{2(5-\sqrt{5})}a\mathrm{i})$$

$$x_2 = \frac{1}{4}(-a - \sqrt{5}a + \sqrt{2(5-\sqrt{5})}a\mathrm{i})$$

$$x_3 = \frac{1}{4}(-a + \sqrt{5}a - \sqrt{2(5+\sqrt{5})}a\mathrm{i})$$

$$x_4 = \frac{1}{4}(-a + \sqrt{5}a + \sqrt{2(5+\sqrt{5})}a\mathrm{i})$$

E 型 5 次代数方程$\sum\limits_{m=0}^{5} a^{5-m}x^m - a^5 = 0$的解

$$x_1 = 0$$

$$x_2 = \frac{1}{4}(-a - \sqrt{5}a - \sqrt{2(5-\sqrt{5})}a\mathrm{i})$$

$$x_3 = \frac{1}{4}(-a - \sqrt{5}a + \sqrt{2(5-\sqrt{5})}a\mathrm{i})$$

$$x_4 = \frac{1}{4}(-a + \sqrt{5}a - \sqrt{2(5+\sqrt{5})}a\mathrm{i})$$

$$x_5 = \frac{1}{4}(-a + \sqrt{5}a + \sqrt{2(5+\sqrt{5})}a\mathrm{i})$$

F 型 5 次代数方程$\sum\limits_{m=0}^{5} a^{5-m}x^m = 0$的解

$$x_1 = -a$$

$$x_2 = \frac{1}{2}(1 - \sqrt{3}\mathrm{i})a$$

$$x_3 = \frac{1}{2}(1 + \sqrt{3}\mathrm{i})a$$

$$x_4 = \frac{1}{2}(-1 - \sqrt{3}\mathrm{i})a$$

$$x_5 = \frac{1}{2}(-1+\sqrt{3}\mathrm{i})a$$

G 型 5 次代数方程 $\sum_{m=0}^{5} x^m = 0$ 的解

$$x_1 = -1$$

$$x_2 = -\left(\sqrt[3]{\left(\frac{\sqrt{2}}{2}(1+\mathrm{i})\right)^2}\right)^2 = -(-1)^{\frac{1}{3}}$$

$$x_3 = \left(\sqrt[3]{\left(\frac{\sqrt{2}}{2}(1+\mathrm{i})\right)^2}\right)^2 = (-1)^{\frac{1}{3}}$$

$$x_4 = -\left(\sqrt[3]{\left(\frac{\sqrt{2}}{2}(1+\mathrm{i})\right)^2}\right)^4 = -(-1)^{\frac{2}{3}}$$

$$x_5 = \left(\sqrt[3]{\left(\frac{\sqrt{2}}{2}(1+\mathrm{i})\right)^2}\right)^4 = (-1)^{\frac{2}{3}}$$

H 型 5 次代数方程 $\sum_{m=0}^{5} a^m x^m = 0$ 的解

$$x_1 = -\frac{1}{a}$$

$$x_2 = -\frac{1}{a}\left(\sqrt[3]{\left(\frac{\sqrt{2}}{2}(1+\mathrm{i})\right)^2}\right)^2 = -(-1)^{\frac{1}{3}}$$

$$x_3 = \frac{1}{a}\left(\sqrt[3]{\left(\frac{\sqrt{2}}{2}(1+\mathrm{i})\right)^2}\right)^2 = (-1)^{\frac{1}{3}}$$

$$x_4 = -\frac{1}{a}\left(\sqrt[3]{\left(\frac{\sqrt{2}}{2}(1+\mathrm{i})\right)^2}\right)^4 = -(-1)^{\frac{2}{3}}$$

$$x_5 = \frac{1}{a}\left(\sqrt[3]{\left(\frac{\sqrt{2}}{2}(1+\mathrm{i})\right)^2}\right)^4 = (-1)^{\frac{2}{3}}$$

显然, 其中是有规律可循的, 只要细心地加以整理, 就可以从一种类型方程解的结构了解另一些类型同次方程解的结构信息.

8.11.2 分析 B 型 7 次、11 次及 14 次方程解的结构

为了进一步研究高次方程解的结构规律, 我们先来分析 B 型 7 次、11 次及 14 次代数方程的代数解.

当 $n=8$ 时, 对于 B 型 7 次方程 $\sum_{m=0}^{8}\frac{8!}{(8-m)!m!}a^{8-m}x^m-x^8=0$ 而言, 我们可以把它改写为等价的形式 $\sum_{m=0}^{n-1}\frac{n!}{(n-m)!m!}a^{n-m}x^m-b^n=\sum_{m=0}^{7}\frac{8!}{(8-m)!m!}a^{8-m}x^m-b^8=0$, 根据对式 (8-44) 的分析, 其公共解为 $x_1=-\frac{a}{2}+b=-\frac{a}{2}$.

设 $\sum_{m=0}^{8}\frac{8!}{(8-m)!m!}a^{8-m}x^m-x^8=0$ 的第一对共轭解为 x_2,x_3, 第二对共轭解为 x_4,x_5, 第三对共轭解为 x_6,x_7.

根据式 (8-7) 有 $x_1+x_2+x_3+x_4+x_5+x_6+x_7=-\frac{n-1}{2}a=-\frac{7a}{2}$, 因为 $x_1=-\frac{a}{2}$, 则 $x_2+x_3+x_4+x_5+x_6+x_7=-3a$; $x_1\times x_2\times x_3\times x_4\times x_5\times x_6\times x_7=-\frac{a^{n-1}}{n}=\frac{a^7}{8}$, 因为 $x_1=-\frac{a}{2}$, $x_2\times x_3\times x_4\times x_5\times x_6\times x_7=-\frac{a^7}{8}\times\left(-\frac{2}{a}\right)=\frac{a^6}{4}$.

考虑到对称性, 取 $x_2\times x_3=\frac{a^2}{2}$, 取 $x_4\times x_5\times x_6\times x_7=\frac{a^4}{2}$.

相应地, 取 $x_2+x_3=-a$, $x_4+x_5=-a$, 以及 $x_6+x_7=-a$.

根据上述分析我们得到

$$x_2+x_3=-\frac{(n-1)a}{6} \tag{8-91}$$

$$x_2\times x_3=\frac{a^2}{2} \tag{8-92}$$

于是有, $x_2(-a-x_2)=\frac{a^2}{2}$, 即

$$-x_2^2-ax_2-\frac{a^2}{2}=0 \tag{8-93}$$

求解式 (8-93), 我们得到 x_2 的 2 个解 $x_2=\frac{1}{2}(-a\pm a\mathrm{i})$. 已知 x_2,x_3 共轭, 因此得到 $\sum_{m=0}^{8}\frac{8!}{(8-m)!m!}a^{8-m}x^m-x^8=0$ 的第一对共轭解为

$$x_2=\frac{1}{2}(-a+a\mathrm{i})$$

$$x_3=\frac{1}{2}(-a-a\mathrm{i})$$

由于 $x_2\times x_3=\dfrac{a^2}{2}$, $x_4\times x_5\times x_6\times x_7=\dfrac{a^4}{2}$, 如果取 $x_4\times x_5=\dfrac{a^2}{\sqrt{2}}$, 以及 $x_6\times x_7=\dfrac{a^2}{\sqrt{2}}$, 那么只能求出重解, 因此在这个环节我们必须增加两对共轭解之积的抵消项. 设抵消项为 t, 则得到 $x_4\times x_5=\dfrac{a^2}{\sqrt{2}}+t$, $x_6\times x_7=\dfrac{a^2}{\sqrt{2}}-t$, 于是有

$$x_4+x_5=-a \tag{8-94}$$

$$x_4\times x_5=\frac{a^2}{\sqrt{2}}+t \tag{8-95}$$

于是有, $x_4(-a-x_4)=\dfrac{a^2}{\sqrt{2}}+t$, 即

$$-x_4^2-ax_4-\frac{a^2}{\sqrt{2}}-t=0 \tag{8-96}$$

求解式 (8-96), 我们得到 x_4 的 2 个解为 $x_4=\dfrac{1}{2}(-a\pm\sqrt{a^2-2\sqrt{2}a^2-4t})$. 已知 x_4、x_5 共轭, 因此得到 $\displaystyle\sum_{m=0}^{8}\frac{8!}{(8-m)!m!}a^{8-m}x^m-x^8=0$ 的第二对共轭解为

$$x_4=\frac{1}{2}(-a+\sqrt{a^2-2\sqrt{2}a^2-4t}) \tag{8-97}$$

$$x_5=\frac{1}{2}(-a-\sqrt{a^2-2\sqrt{2}a^2-4t}) \tag{8-98}$$

在暂时未求出 t 的具体内容前提下, 我们继续求解第三对共轭解 x_6, x_7.

$$x_6+x_7=-a \tag{8-99}$$

$$x_6\times x_7=\frac{a^2}{\sqrt{2}}-t \tag{8-100}$$

于是有, $x_6(-a-x_6)=\dfrac{a^2}{\sqrt{2}}-t$, 即

$$-x_6^2-ax_6-\frac{a^2}{\sqrt{2}}+t=0 \tag{8-101}$$

求解式 (8-101), 我们得到 x_6 的 2 个解为 $x_6=\dfrac{1}{2}(-a\pm\sqrt{a^2-2\sqrt{2}a^2+4t})$. 已知 x_6, x_7 共轭, 因此得到 $\displaystyle\sum_{m=0}^{8}\frac{8!}{(8-m)!m!}a^{8-m}x^m-x^8=0$ 的第三对共轭解为

$$x_6=\frac{1}{2}(-a+\sqrt{a^2-2\sqrt{2}a^2+4t}) \tag{8-102}$$

$$x_7 = \frac{1}{2}(-a - \sqrt{a^2 - 2\sqrt{2}a^2 + 4t}) \tag{8-103}$$

根据 $x_4 \times x_5 \times x_6 \times x_7 = \dfrac{a^4}{2}$, 并结合式 (8-97), 式 (8-98) 以及式 (8-102), 式 (8-103) 得到

$$\left(\frac{a^2}{\sqrt{2}} + t\right)\left(\frac{a^2}{\sqrt{2}} - t\right) = \frac{a^4}{2} \tag{8-104}$$

求解式 (8-104) 得到, $t = \pm a^2$. 取 $t = a^2$, 分别代入式 (8-97), 式 (8-98) 和式 (8-102), 式 (8-103), 得到 $\sum\limits_{m=0}^{8} \dfrac{8!}{(8-m)!m!} a^{8-m} x^m - x^8 = 0$ 的第二和第三对共轭解为

$$x_4 = \frac{1}{2}(-a + \sqrt{-3a^2 - 2\sqrt{2}a^2})$$

$$x_5 = \frac{1}{2}(-a - \sqrt{-3a^2 - 2\sqrt{2}a^2})$$

$$x_6 = \frac{1}{2}(-a + \sqrt{-3a^2 + 2\sqrt{2}a^2})$$

$$x_7 = \frac{1}{2}(-a - \sqrt{-3a^2 + 2\sqrt{2}a^2})$$

运用式 (8-7) 验证解 x_1 至 x_7 的合法性, 无误. 说明最终所求出的解 x_1 至 x_7 均为 $\sum\limits_{m=0}^{8} \dfrac{8!}{(8-m)!m!} a^{8-m} x^m - x^8 = 0$ 的合法解.

当 $n = 12$ 时, 对于 B 型 11 次方程 $\sum\limits_{m=0}^{12} \dfrac{12!}{(12-m)!m!} a^{12-m} x^m - x^{12} = 0$ 而言, 我们可以把它改写为等价的形式 $\sum\limits_{m=0}^{n-1} \dfrac{n!}{(n-m)!m!} a^{12-m} x^m - b^n = \sum\limits_{m=0}^{11} \dfrac{12!}{(12-m)!m!}$ $a^{12-m} x^m - b^{12} = 0$, 根据对式 (8-44) 的分析, 其公共解为 $x_1 = -\dfrac{a}{2} + b = -\dfrac{a}{2}$.

设 $\sum\limits_{m=0}^{12} \dfrac{12!}{(12-m)!m!} a^{12-m} x^m - x^{12} = 0$ 的第一对共轭解记为 x_2, x_3, 第二对共轭解记为 x_4, x_5, 第三对共轭解记为 x_6, x_7, 第四对共轭解记为 x_8, x_9, 第五对共轭解记为 x_{10}, x_{11}. 根据式 (8-7) 知

$$x_1 + x_2 + x_3 + x_4 + x_5 + x_6 + x_7 + x_8 + x_9 + x_{10} + x_{11} = -\frac{n-1}{2} a = -\frac{11a}{2}$$

$$x_1 \times x_2 \times x_3 \times x_4 \times x_5 \times x_6 \times x_7 \times x_8 \times x_9 \times x_{10} \times x_{11} = -\frac{a^{n-1}}{n} = -\frac{a^{11}}{12}$$

因为已知 $x_1=-\frac{a}{2}$, 所以有 $x_2+x_3+x_4+x_5+x_6+x_7+x_8+x_9+x_{10}+x_{11}=-\frac{11}{2}a+\frac{1}{2}a=-5a$, 相应地, 取 $x_2+x_3=-a, x_4+x_5=-a,\quad x_6+x_7=-a, x_8+x_9=-a,\quad x_{10}+x_{11}=-a$. 同时, 根据 $x_1=-\frac{a}{2}$ 知道, $x_2\times x_3\times x_4\times x_5\times x_6\times x_7\times x_8\times x_9\times x_{10}\times x_{11}=-\frac{a^{11}}{12}\times\left(-\frac{2}{a}\right)=\frac{a^{10}}{6}$. 由于 6 可以分解为 2 与 3, 1 之积, 因此我们取 $x_2\times x_3=\frac{a^2}{2}, x_4\times x_5=\frac{a^2}{3}$, 则又有 $x_6\times x_7\times x_8\times x_9\times x_{10}\times x_{11}=a^6$, 取 $x_6\times x_7=a^2$. 当取 $x_6\times x_7=a^2$ 后, 则 $x_8\times x_9$ 以及 $x_{10}\times x_{11}$ 不能再取 a^2, 因为这样会形成 3 对共轭重根.

尽管已经知道 $x_8\times x_9$ 与 $x_{10}\times x_{11}$ 之积为 a^4, 但是它们毕竟是 2 对不同的共轭解, 必须将它们分离开来分别求出.

设 $x_8\times x_9$ 以及 $x_{10}\times x_{11}$ 这 2 对共轭解之间存在抵消因子 t, 且令 $x_8\times x_9$ 以及 $x_{10}\times x_{11}$ 的表达式分别为 $x_8\times x_9=(sa^2+ta^2)$ 以及 $x_{10}\times x_{11}=(sa^2-ta^2)$, 则应有

$$x_8\times x_9\times x_{10}\times x_{11}=(sa^2+ta^2)(sa^2-ta^2)=a^4 \tag{8-105}$$

$$(x_8\times x_9)+(x_{10}\times x_{11})=(sa^2+ta^2)+(sa^2-ta^2)=4a^2 \tag{8-106}$$

解方程 (8-105) 及方程 (8-106), 得到 $s=2, t=\sqrt{3}$. 于是有

$$x_8\times x_9=(sa^2+ta^2)=2a^2+\sqrt{3}a^2$$

$$x_{10}\times x_{11}=(sa^2-ta^2)=2a^2-\sqrt{3}a^2$$

采用与 B 型 7 次方程相同的思路及上述分析得到的结果, 得到求解 B 型 11 次方程第一对共轭解的表达式为

$$-x_2^2-ax_2-\frac{a^2}{2}=0 \tag{8-107}$$

求解式 (8-107), 我们得到 x_2 的 2 个解 $x_2=\frac{1}{2}(-a\pm a\mathrm{i})$. 已知 x_2, x_3 共轭, 因此得到 $\sum_{m=0}^{12}\frac{12!}{(12-m)!m!}a^{12-m}x^m-x^{12}=0$ 的第一对共轭解为

$$x_2=\frac{1}{2}(-a+a\mathrm{i})$$

$$x_3=\frac{1}{2}(-a-a\mathrm{i})$$

第二对共轭解的方程为

$$-x_4^2 - ax_4 - \frac{a^2}{3} = 0 \tag{8-108}$$

求解式 (8-112), 我们得到 x_4 的 2 个解 $x_4 = \frac{1}{6}(-3a \pm \sqrt{3}a\mathrm{i})$. 已知 x_4, x_5 共轭, 因此得到 $\sum\limits_{m=0}^{12} \frac{12!}{(12-m)!m!} a^{12-m} x^m - x^{12} = 0$ 的第二对共轭解为

$$x_4 = \frac{1}{6}(-3a + \sqrt{3}a\mathrm{i})$$

$$x_5 = \frac{1}{6}(-3a - \sqrt{3}a\mathrm{i})$$

第三对共轭解的方程为

$$-x_6^2 - ax_6 - a^2 = 0 \tag{8-109}$$

求解式 (8-109), 我们得到 x_6 的 2 个解 $x_6 = \frac{1}{2}(-a \pm \sqrt{3}a\mathrm{i})$. 已知 x_6, x_7 共轭, 因此得到 $\sum\limits_{m=0}^{12} \frac{12!}{(12-m)!m!} a^{12-m} x^m - x^{12} = 0$ 的第三对共轭解为

$$x_6 = \frac{1}{2}(-a + \sqrt{3}a\mathrm{i})$$

$$x_7 = \frac{1}{2}(-a - \sqrt{3}a\mathrm{i})$$

第四对共轭解的方程为

$$-x_8^2 - ax_8 - 2a^2 - \sqrt{3}a^2 = 0 \tag{8-110}$$

求解式 (8-110), 我们得到该式的 2 个解分别为 $\frac{1}{2}(-a \pm \sqrt{7a^2 - 4\sqrt{3}a^2})$. 已知 x_8, x_9 共轭, 因此得到 $\sum\limits_{m=0}^{12} \frac{12!}{(12-m)!m!} a^{12-m} x^m - x^{12} = 0$ 的第四对共轭解为

$$x_8 = \frac{1}{2}(-a + \sqrt{-7a^2 - 4\sqrt{3}a^2})$$

$$x_9 = \frac{1}{2}(-a - \sqrt{-7a^2 - 4\sqrt{3}a^2})$$

第五对共轭解的方程为

$$-x_{10}^2 - ax_{10} - 2a^2 + \sqrt{3}a^2 = 0 \tag{8-111}$$

求解式 (8-111), 我们得到 x_{10} 的 2 个解 $x_{10}=\frac{1}{2}\left(-a\pm\sqrt{7-4\sqrt{3}}a\mathrm{i}\right)$. 已知 x_{10},x_{11} 共轭, 因此得到 $\sum\limits_{m=0}^{12}\frac{12!}{(12-m)!m!}a^{12-m}x^m-x^{12}=0$ 的第五对共轭解为

$$x_{10}=\frac{1}{2}\left(-a+\sqrt{7-4\sqrt{3}}a\mathrm{i}\right)$$

$$x_{11}=\frac{1}{2}\left(-a-\sqrt{7-4\sqrt{3}}a\mathrm{i}\right)$$

验证解 x_1 至 x_{11} 的合法性, 无误. 说明最终所求出的解 x_1 至 x_{11} 均为 $\sum\limits_{m=0}^{12}\frac{12!}{(12-m)!m!}a^{12-m}x^m-x^{12}=0$ 的合法解.

以上我们研究了 2 种偶次 B 型方程解的结构, 以下我们继续研究奇次 B 型方程代数解的结构.

对于 n=15 高次 B 型代数方程 $\sum\limits_{m=0}^{15}\frac{15!}{(15-m)!m!}a^{15-m}x^m-x^{15}=0$ 而言, 其没有公共解, 解集应该是由 7 对共轭解构成.

设 $\sum\limits_{m=0}^{15}\frac{15!}{(15-m)!m!}a^{15-m}x^m-x^{15}=0$ 的第一对共轭解记为 x_1,x_2, 第二对共轭解记为 x_3,x_4, 第三对共轭解记为 x_5,x_6, 第四对共轭解记为 x_7,x_8, 第五对共轭解记为 x_9,x_{10}, 第六对共轭解记为 x_{11},x_{12}, 第七对共轭解记为 x_{13},x_{14}. 根据式 (8-7) 知, 其解之和 $x_1+\cdots+x_{14}=-\frac{14}{2}a=-7a$, 其解之积 $x_1\times\cdots\times x_{14}=(-1)^{14}\frac{a^{14}}{15}=\frac{a^{14}}{15}$.

由于数字 7 能分解为 7 个 1 求和, 所以取 $x_1+x_2=-a$, $x_3+x_4=-a$, $x_5+x_6=-a$, $x_7+x_8=-a$, $x_9+x_{10}=-a$, $x_{11}+x_{12}=-a$, $x_{13}+x_{14}=-a$; 又由于 15 只能分解为 3 与 5、1 这三个整数的乘积, 因此我们取 $x_1\times x_2=\frac{a^2}{3}$, $(x_3\times x_4)(x_5\times x_6)=\frac{a^4}{5}$, $(x_7\times x_8)(x_9\times x_{10})(x_{11}\times x_{12})(x_{13}\times x_{14})=a^8$.

$x_1+x_2=-a,x_1\times x_2=\frac{a^2}{3}$, 由此得到 B 型 14 次方程的第一个共轭解求解式为

$$-x_2^2-ax_2-\frac{a^2}{3}=0 \tag{8-112}$$

求解式 (8-112), 我们得到 x_1 的 2 个解 $x_1=\frac{1}{6}(-3a\pm\sqrt{3}a\mathrm{i})$. 已知 x_1,x_2 共轭, 因

此得到 B 型 14 次方程 $\sum_{m=0}^{15}\frac{15!}{(15-m)!m!}a^{15-m}x^m-x^{15}=0$ 的第一对共轭解为

$$x_1=\frac{1}{6}(-3a+\sqrt{3}a\mathrm{i})$$

$$x_2=\frac{1}{6}(-3a-\sqrt{3}a\mathrm{i})$$

尽管已知 $(x_3\times x_4)(x_5\times x_6)=\frac{a^4}{5}$, 但是 $\{x_3,x_4\}$ 以及 $\{x_5,x_6\}$ 毕竟是 2 对共轭解, 必须分别求解.

设 $\{x_3,x_4\}$ 以及 $\{x_5,x_6\}$ 这 2 对共轭解之间存在抵消因子 $s\pm t$, 且令 $x_3\times x_4$ 以及 $x_5\times x_6$ 的表达式分别为 $x_3\times x_4=(s+t)a^2$ 以及 $x_5\times x_6=(s-t)a^2$, 则有

$$(s+t)a^2(s-t)a^2=\frac{a^4}{5} \tag{8-113}$$

$$(s+t)a^2+(s-t)a^2=a^2 \tag{8-114}$$

解方程 (8-114), 得到 $s=\frac{1}{2}$, 代入式 (8-113) 得到 $\left(\frac{1}{2}a^2+ta^2\right)\left(\frac{1}{2}a^2-ta^2\right)=\frac{a^4}{5}$, 求解之, 得到 $t=\pm\frac{1}{2\sqrt{5}}$, 取 $t=\frac{1}{2\sqrt{5}}$.

采用与求第一对共轭解相同的思路, 得到求解第二对及第三对共轭解的方程分别为

$$-x_3^2-ax_3-\left(\frac{a^2}{2}-\frac{a^2}{2\sqrt{5}}\right)=0 \tag{8-115}$$

$$-x_5^2-ax_5-\left(\frac{a^2}{2}+\frac{a^2}{2\sqrt{5}}\right)=0 \tag{8-116}$$

求解式 (8-115), 我们得到 x_3 的 2 个解 $x_3=\frac{1}{10}(-5a\pm\sqrt{5}\sqrt{-5a^2-2\sqrt{5}a^2})$. 已知 x_3,x_4 共轭, 因此得到 $\sum_{m=0}^{15}\frac{15!}{(15-m)!m!}a^{15-m}x^m-x^{15}=0$ 的第二对共轭解为

$$x_3=\frac{1}{10}(-5a+\sqrt{5}\sqrt{-5a^2-2\sqrt{5}a^2})$$

$$x_4=\frac{1}{10}(-5a-\sqrt{5}\sqrt{-5a^2-2\sqrt{5}a^2})$$

求解式 (8-116), 我们得到 x_5 的 2 个解 $x_5=\frac{1}{10}(-5a\pm\sqrt{5}\sqrt{-5a^2+2\sqrt{5}a^2})$. 已知 x_5,x_6 共轭, 因此得到 $\sum_{m=0}^{15}\frac{15!}{(15-m)!m!}a^{15-m}x^m-x^{15}=0$ 的第三对共轭解为

$$x_5=\frac{1}{10}(-5a+\sqrt{5}\sqrt{-5a^2+2\sqrt{5}a^2})$$

$$x_6 = \frac{1}{10}(-5a - \sqrt{5}\sqrt{-5a^2 + 2\sqrt{5}a^2})$$

由于 $\sum_{m=0}^{15} \frac{15!}{(15-m)!m!} a^{15-m} x^m - x^{15} = 0$ 的共轭解结构只能是 1+2+4=7 对共轭解, 因此最后 4 对共轭解必须联解, 这是一个关键的概念.

设 $\{x_7, x_8\}$ $\{x_9, x_{10}\}$ 与 $\{x_{11}, x_{12}\}$、$\{x_{13}, x_{14}\}$ 这 2 组共 4 对共轭解之中各自存在抵消因子 s, t, 则有 $4(sa^2 + ta^2) + 4(sa^2 - ta^2) = 8a^2$, 将其改写为

$$(sa^2 + ta^2) + (sa^2 - ta^2) = 2a^2 \tag{8-117}$$

解方程 (8-117), 得到 $s = 1$. 因为最后 4 对共轭解必须联解, 所以对于余下的 4 对共轭解而言, 这个参数均有效.

又因为 $4(sa^2 + ta^2)^2 \times 4(sa^2 - ta^2)^2 = a^8$, 将 $s = 1$ 代入其中, 得到方程

$$4(a^2 + ta^2)^2 \times 4(a^2 - ta^2)^2 = a^8 \tag{8-118}$$

解这个方程得到 $t_1 = \frac{\sqrt{5}}{2}$, $t_2 = -\frac{\sqrt{5}}{2}$, $t_3 = \frac{\sqrt{3}}{2}$, $t_4 = -\frac{\sqrt{3}}{2}$.

综合上述分析, 在类似于式 (8-111) 和式 (8-112) 含有抵消项的方程中, $2a^2$ 是其中已知数的基本项, $\frac{\sqrt{5}}{2}a^2$ 为第一个抵消项, $\frac{\sqrt{3}}{2}a^2$ 为第二个抵消项. 由于当第一个抵消项发挥作用时, 第二个抵消项将随之发生变化, 即抵消因子 t 是一个复合因子. 为了保证第二个抵消项随着第一个抵消项变化而发生变化, 在复合因子中还必须存在下一层级的抵消因子, 因此设下一层级的抵消因子为 w, 则下一层级的抵消因子为 w 的系数应该为 $\frac{2}{\sqrt{3}}$, 以保持与初始定义的抵消因子 t 具有相同的系数 1, 那么可以得到

$$\left(2a^2 + \frac{\sqrt{5}}{2}a^2 + \frac{2}{\sqrt{3}}w\right)\left(2a^2 + \frac{\sqrt{5}}{2}a^2 - \frac{2}{\sqrt{3}}w\right)$$
$$\left(2a^2 - \frac{\sqrt{5}}{2}a^2 + \frac{2}{\sqrt{3}}w\right)\left(2a^2 - \frac{\sqrt{5}}{2}a^2 - \frac{2}{\sqrt{3}}w\right) = a^8 \tag{8-119}$$

我们将式 (8-119) 分解为以下 2 个方程

$$\left(2a^2 + \frac{\sqrt{5}}{2}a^2 + \frac{2}{\sqrt{3}}w\right)\left(2a^2 + \frac{\sqrt{5}}{2}a^2 - \frac{2}{\sqrt{3}}w\right) = a^4 \tag{8-120}$$

$$\left(2a^2 - \frac{\sqrt{5}}{2}a^2 + \frac{2}{\sqrt{3}}w\right)\left(2a^2 - \frac{\sqrt{5}}{2}a^2 - \frac{2}{\sqrt{3}}w\right) = a^4 \tag{8-121}$$

分别求解式 (8-120) 及式 (8-121), 得到

$$w_1 = -\frac{1}{2}\sqrt{3}\sqrt{5a^4 + 2\sqrt{5}a^4}$$

$$w_2 = \frac{1}{2}\sqrt{3}\sqrt{5a^4 + 2\sqrt{5}a^4}$$

$$w_3 = -\frac{1}{2}\sqrt{3}\sqrt{5a^4 - 2\sqrt{5}a^4}$$

$$w_4 = \frac{1}{2}\sqrt{3}\sqrt{5a^4 - 2\sqrt{5}a^4}$$

得到求解第四对至第七对共轭解的方程为

$$-x^2 - ax - \left(2a^2 + \frac{a^2}{2}\sqrt{5} + w\right) = 0 \tag{8-122}$$

采用与七次 B 型方程相同的思路, 将 w_1 代入式 (8-122) 得到求解第四对共轭解的方程为

$$-x_7^2 - ax_7 - \left(2a^2 + \frac{a^2}{2}\sqrt{5} + \frac{1}{2}\sqrt{3}\sqrt{5a^4 + 2\sqrt{5}a^4}\right) = 0 \tag{8-123}$$

求解式 (8-123), 得到第四对共轭解为

$$x_7 = \frac{1}{2}\left(-a - \sqrt{-7a^2 - 2\sqrt{5}a^2 - 2\sqrt{3}\sqrt{5a^4 + 2\sqrt{5}a^4}}\right)$$

$$x_8 = \frac{1}{2}\left(-a + \sqrt{-7a^2 - 2\sqrt{5}a^2 - 2\sqrt{3}\sqrt{5a^4 + 2\sqrt{5}a^4}}\right)$$

将 w_2 代入式 (8-122) 得到求解第五对共轭解的方程为

$$-x_9^2 - ax_9 - \left(2a^2 + \frac{a^2}{2\sqrt{5}} - \frac{1}{2}\sqrt{3}\sqrt{5a^4 + 2\sqrt{5}a^4}\right) = 0 \tag{8-124}$$

求解式 (8-124), 得到第五对共轭解为

$$x_9 = \frac{1}{2}\left(-a - \sqrt{-7a^2 - 2\sqrt{5}a^2 + 2\sqrt{3}\sqrt{5a^4 + 2\sqrt{5}a^4}}\right)$$

$$x_{10} = \frac{1}{2}\left(-a + \sqrt{-7a^2 - 2\sqrt{5}a^2 + 2\sqrt{3}\sqrt{5a^4 + 2\sqrt{5}a^4}}\right)$$

将 w_3 代入式 (8-122) 得到求解第六对共轭解的方程为

$$-x_{11}^2 - ax_{11} - \left(2a^2 - \frac{a^2}{2\sqrt{5}} + \frac{1}{2}\sqrt{3}\sqrt{5a^4 - 2\sqrt{5}a^4}\right) = 0 \qquad (8\text{-}125)$$

求解式 (8-125), 得到第六对共轭解为

$$x_{11} = \frac{1}{2}\left(-a - \sqrt{-7a^2 + 2\sqrt{5}a^2 - 2\sqrt{3}\sqrt{5a^4 - 2\sqrt{5}a^4}}\right)$$

$$x_{12} = \frac{1}{2}\left(-a + \sqrt{-7a^2 + 2\sqrt{5}a^2 - 2\sqrt{3}\sqrt{5a^4 - 2\sqrt{5}a^4}}\right)$$

将 w_4 代入式 (8-122) 得到求解第七对共轭解的方程为

$$-x_{13}^2 - ax_{13} - \left(2a^2 - \frac{a^2}{2\sqrt{5}} - \frac{1}{2}\sqrt{3}\sqrt{5a^4 - 2\sqrt{5}a^4}\right) = 0 \qquad (8\text{-}126)$$

求解式 (8-126), 得到第七对共轭解为

$$x_{13} = \frac{1}{2}\left(-a - \sqrt{-7a^2 + 2\sqrt{5}a^2 + 2\sqrt{3}\sqrt{5a^4 - 2\sqrt{5}a^4}}\right)$$

$$x_{14} = \frac{1}{2}\left(-a + \sqrt{-7a^2 + 2\sqrt{5}a^2 + 2\sqrt{3}\sqrt{5a^4 - 2\sqrt{5}a^4}}\right)$$

简单归纳上述 G 类方程、H 类方程的求解根式的规律, 我们发现求解的基本方法是一致的, 解的结构也是类似的. 是否存在代数解, H 类方程主要取决于系数 a_{i} 的取值特点及其组合规律 (对应着 n 维几何对象的不同切割方式), 对于 G 类方程而言, 还同时取决于 $b^{\frac{G}{S}}$ 的情形. 显然, 由于 1 的任意次方等于 1, 1 开任意次方等于 1, 且 1 总可以成为任意整数的分解因子之一, 因此, H 类方程可求出代数解的情形更为普遍, 这种情形对应着对几何特征量为 0 的 n 维正则几何对象实施 n 次对称切割, 得到 n-1 个非正则 n 维几何对象, 以及以 1 为表达基和以 x_{i} 为表达基的正则几何对象各 1 个. n-1 个非正则 n 维几何对象仅仅具有 2 种类型的广义"边长": 1 以及 x_{i}, 或者说 n-1 个非正则 n 维几何对象具有复合表达基.

另一方面, H 类方程是 G 类方程的派生型方程. 在 G 类方程中, b 还可以是超越数, 也就是说, 表达基为 e、π 等超越数的 n 维正则几何对象同样是可切割、可拼接的.

8.11.3　方程 $(x+a)^{24}-b^3=0$ 解的结构分析

通过对 H 类方程解的几何意义理解, 让我们引申出这样一个概念: 虽然被切割的几何对象的维度与切割得到的几何碎块维度相同, 但是其在表达的时候却不一定是显性的. 比如, 方程 $(x+a)^{24}-b^3=0$ 还可以显性地表达为 $(x+a)^{24}-b^3\times 1^{21}=0$, 虽然这两种方程的解是完全相同的, 但是前者表达更简练, 后者表达几何概念更清晰. 其解为

$$x_1=-a-b^{\frac{1}{8}},\quad x_2=-a+b^{\frac{1}{8}},\quad x_3=-a-b^{\frac{1}{8}}\mathrm{i},\quad x_4=-a+b^{\frac{1}{8}}\mathrm{i}$$

$$x_5=-a-(-1)^{\frac{1}{4}}b^{\frac{1}{8}},\quad x_6=-a+(-1)^{\frac{1}{4}}b^{\frac{1}{8}},\quad x_7=-a-(-1)^{\frac{3}{4}}b^{\frac{1}{8}}$$

$$x_8=-a+(-1)^{\frac{3}{4}}b^{\frac{1}{8}}$$

$$x_9=\frac{1}{4}\left(-4a-2^{\frac{3}{8}}(2+2\mathrm{i})\times\sqrt[8]{-b\mathrm{i}(-\mathrm{i}+\sqrt{3})}\right)$$

$$x_{10}=\frac{1}{4}\left(-4a-2^{\frac{3}{8}}(2-2\mathrm{i})\times\sqrt[8]{-b\mathrm{i}(-\mathrm{i}+\sqrt{3})}\right)$$

$$x_{11}=\frac{1}{4}\left(-4a+2^{\frac{3}{8}}(2+2\mathrm{i})\times\sqrt[8]{-b\mathrm{i}(-\mathrm{i}+\sqrt{3})}\right)$$

$$x_{12}=\frac{1}{4}\left(-4a+2^{\frac{3}{8}}(2-2\mathrm{i})\times\sqrt[8]{-b\mathrm{i}(-\mathrm{i}+\sqrt{3})}\right)$$

$$x_{13}=\frac{1}{2}\left(-2a-2^{\frac{7}{8}}\times\sqrt[8]{-b\mathrm{i}(-\mathrm{i}+\sqrt{3})}\right)$$

$$x_{14}=\frac{1}{2}\left(-2a+2^{\frac{7}{8}}\times\sqrt[8]{-b\mathrm{i}(-\mathrm{i}+\sqrt{3})}\right)$$

$$x_{15}=\frac{1}{2}\left(-2a-2^{\frac{7}{8}}\mathrm{i}\times\sqrt[8]{-b\mathrm{i}(-\mathrm{i}+\sqrt{3})}\right)$$

$$x_{16}=\frac{1}{2}\left(-2a+2^{\frac{7}{8}}\mathrm{i}\times\sqrt[8]{-b\mathrm{i}(-\mathrm{i}+\sqrt{3})}\right)$$

$$x_{17}=\frac{1}{4}\left(-4a-2^{\frac{3}{8}}(2+2\mathrm{i})\times\sqrt[8]{b\mathrm{i}(\mathrm{i}+\sqrt{3})}\right)$$

$$x_{18}=\frac{1}{4}\left(-4a-2^{\frac{3}{8}}(2-2\mathrm{i})\times\sqrt[8]{b\mathrm{i}(\mathrm{i}+\sqrt{3})}\right)$$

$$x_{19}=\frac{1}{4}\left(-4a+2^{\frac{3}{8}}(2+2\mathrm{i})\times\sqrt[8]{b\mathrm{i}(\mathrm{i}+\sqrt{3})}\right)$$

$$x_{20}=\frac{1}{4}\left(-4a+2^{\frac{3}{8}}(2-2\mathrm{i})\times\sqrt[8]{b\mathrm{i}(\mathrm{i}+\sqrt{3})}\right)$$

$$x_{21} = \frac{1}{2}\left(-2a - 2^{\frac{7}{8}} \times \sqrt[8]{bi(i+\sqrt{3})}\right)$$

$$x_{22} = \frac{1}{2}\left(-2a + 2^{\frac{7}{8}} \times \sqrt[8]{bi(i+\sqrt{3})}\right)$$

$$x_{23} = \frac{1}{2}\left(-2a - 2^{\frac{7}{8}} i \times \sqrt[8]{bi(i+\sqrt{3})}\right)$$

$$x_{24} = \frac{1}{2}\left(-2a + 2^{\frac{7}{8}} i \times \sqrt[8]{bi(i+\sqrt{3})}\right).$$

显然, 方程 $(x+a)^{24} - b^3 = 0$ 有代数解. 有兴趣的读者可将上述全部解逐一代入方程 $(x+a)^{24} - b^3 = 0$, 验证上述解的正确性.

另一方面, 由于 $(x+a)^{24} - b^3 = 0$ 是 $(x+a)^{24} - b^{24} = 0$ 的变形, 根据式 (8-2) 以及式 (8-8), 即 $\sum\limits_{i=1}^{n} x_i = -\frac{a_{n-1}}{a_n}$ $\prod\limits_{i=1}^{n} x_i = (-1)^n \frac{a_0}{a_n}$. 令 $n = 24$, 验证上述解, 得到 $\sum\limits_{i=1}^{n} x_i = -24a, \prod\limits_{i=1}^{n} x_i = a^{24} - b^3$. 说明式 (8-8) 所显示的对于 $(x+a)^n - b^n = 0$ 类方程解的性质对于方程 $(x+a)^n - b^k = 0$, $k \neq n$ 也有效.

8.11.4 第九种 (W 型) 代数方程 $\sum\limits_{m=0}^{n} x^m - \sum\limits_{m=0}^{n} c^m = 0$ 解的性质分析

当 $n \geqslant 2$, $c \neq 0$ 时, 代数方程 $\sum\limits_{m=0}^{n} x^m - \sum\limits_{m=0}^{n} c^m = 0$ 称为第九种 (W 型) 方程. 这种方程与第七种 (G 型) 方程具有相似性. 若令 $c = 0$, 则第九种代数方程就蜕变为第七种代数方程.

为了获得第九种 (W 型) 方程解的性质, 我们再次回顾代数方程解的一般性质.

n 次方程 $a_n x^n + a_{n-1}x^{n-1} + \cdots + a_1 x + a_0 = 0$, 即 $x^n + b_{n-1}x^{n-1} + \cdots + b_1 x + b_0 = 0$, 首先, 所有根相加等于系数 b_{n-1} 的相反数; 第二, 所有根两两相乘并对所有乘积求和等于系数 b_{n-2}; 第三, 所有根三三相乘并对乘积求和等于系数 b_{n-3} 的相反数; 依次类推, 最后, 所有根相乘等于 $(-1)^n b_0$, 即有

$$\begin{gathered}\sum_{i=1}^{n} x_i = -\frac{a_{n-1}}{a_n} \\ \cdots\cdots \\ \prod_{i=1}^{n} x_i = (-1)^n \frac{a_0}{a_n}\end{gathered} \tag{8-127}$$

显然, 对于 $\sum\limits_{m=0}^{n} x^m - \sum\limits_{m=0}^{n} c^m = 0$ 而言, 系数 $b_{n-1} = 1$, b_{n-1} 的相反数为 -1, 则有 $\sum\limits_{\mathrm{i}=1}^{n} x_{\mathrm{i}} = -\dfrac{a_{n-1}}{a_n} = -1$; 另一方面, 我们把常数项求和表达式 $-\sum\limits_{m=0}^{n} c^m$ 视为 b, 而 $a_0 = 1$, 则 $b_0 = -1$, 于是 $a_0 + b_0 = 0$, 那么待求解的代数方程 $\sum\limits_{m=0}^{n} x^m - \sum\limits_{m=0}^{n} c^m = 0$ 就可以改写为 $\sum\limits_{m=1}^{n} x^m - \sum\limits_{m=1}^{n} c^m = 0$, 令 $a_0^* = -\sum\limits_{m=1}^{n} c^m$ 为新的代数方程 $\sum\limits_{m=1}^{n} x^m - \sum\limits_{m=1}^{n} c^m = 0$ 之常数项, 则有 $\prod\limits_{\mathrm{i}=1}^{n} x_{\mathrm{i}} = (-1)^n \dfrac{a_0^*}{a_n} = (-1)^{n+1} c(1 + c + c^2 + \cdots c^{n-1})$.

于是我们获得了第九种 (W 型) 代数方程 $\sum\limits_{m=0}^{n} x^m - \sum\limits_{m=0}^{n} c^m = 0$, $n \geqslant 2$ 时解的性质:

$$
\begin{aligned}
&\sum_{\mathrm{i}=1}^{n} x_{\mathrm{i}} = -1 \\
&\prod_{\mathrm{i}=1}^{n} x_{\mathrm{i}} = (-1)^n \frac{a_0^*}{a_n} = (-1)^{n+1} c(1 + c + c^2 + \cdots + c^{n-1})
\end{aligned} \tag{8-128}
$$

运用式 (8-128) 并结合前述方法, 不难获得 W 类二次、三次方程的复代数解如下

$n = 2$ 时, 第九种 (W 型) 方程 $\sum\limits_{m=0}^{n} x^m - \sum\limits_{m=0}^{n} c^m = 0$ 的解为

$$
x_1 = c
$$

$$
x_2 = -1 - c
$$

$n = 3$ 时, 第九种 (W 型) 方程 $\sum\limits_{m=0}^{n} x^m - \sum\limits_{m=0}^{n} c^m = 0$ 的解为

$$
\begin{aligned}
x_1 &= c \\
x_2 &= \frac{1}{2}(-1 - c - \sqrt{-3 - 2c - 3c^2}) \\
x_3 &= \frac{1}{2}(-1 - c + \sqrt{-3 - 2c - 3c^2})
\end{aligned}
$$

实际上, 当 $n = 4$ 和 $n = 5$ 时 $\sum\limits_{m=0}^{n} x^m - \sum\limits_{m=0}^{n} c^m = 0$ 的复代数解也存在, 但由于其解的表达式比较繁琐, 这里不再列示, 有兴趣的读者可自行推演.

参 考 文 献

伯恩赛德班登 W S. 2011. 方程式论. 幹仙椿, 译. 哈尔滨：哈尔滨工业大学出版社

布拉斯克 W. 2015. 圆与球. 苏步青, 译. 北京：高等教育出版社

蔡德勒, 埃伯哈德, 等. 2012. 数学指南. 李文林, 等, 译. 北京：科学出版社

高红卫. 2010. 空间结构与几何对象. 北京：科学出版社

高红卫. 2013. 素数研究与应用参考手册. 2 版. 北京：科学出版社

胡国定. 2000. 简明数学词典. 北京：科学出版社

沈以淡. 2003. 简明数学词典. 北京：北京理工大学出版社

数学手册编写组. 1979. 数学手册. 北京：高等教育出版社

西格尔. 2011. 超越数. 魏道政, 译. 哈尔滨：哈尔滨工业大学出版社

希尔伯特 D, 康福森 S. 2013. 直观几何 (上、下册). 王联芳, 译. 江泽涵, 校. 北京：高等教育出版社

叶其孝, 沈永欢. 2006. 实用数学手册. 北京：科学出版社

张济中. 1995. 分形. 北京：清华大学出版社

朱尧辰, 徐广善. 2003. 超越数引论. 北京：科学出版社

Falconer K. 2007. 分形几何. 2 版. 曾文曲, 译. 北京：人民邮电出版社

Needham T. 2009. 复分析可视化方法. 齐民友, 译, 北京：人民邮电出版社